경호, 실패는 없다

* Copyright © 2021 by Carol Leonnig All Rights Reserved. Korean translation copyright © 2025 by Book&tree Korean translation rights arranged with Elyse Cheney Associates, LLC dba The Cheney Agency through EYA Co.,Ltd

이 책의 한국어판 저작권은 EYA Co.,Ltd를 통해 Elyse Cheney Associates, LLC dba The Cheney Agency와 독점 계약한 '도서출판 책과나무'에 있습니다. 저작권법에 의하여 한국 내에서 보호를 받는 저작물이므로 무단전재 및 복제를 금합니다.

ZERO
FAIL
경호, 실패는 없다
미국 비밀경호국의 흥망성쇠

캐럴 리오닉 지음
오상민 옮김

저자의 말

2012년 미국 비밀경호국에 대해 보도하기 시작했을 때, 이 특수한 법집행 기관은 현대 역사상 가장 굴욕적인 스캔들로 보이는 사건에 휩싸여 있었다. 대통령의 남미 휴양지 방문을 준비하던 10여 명의 경호요원과 경관*들이 라스베이거스에서 총각 파티를 즐기듯 음주와 성매매를 했다는 혐의로 기소되었다. 비밀경호국 요원들은 헌신, 이타심 그리고 미국 민주주의를 지키기 위해 기꺼이 총알받이가 되는 애국자들로 알려져 있기 때문에 이 같은 비위는 미국을 충격에 빠뜨렸다.

하지만 취재를 이어가면서 『매드맨』 드라마에서나 볼법한 이 사건보다 더 심각한 문제가 있다는 것을 알게 되었다. 그동안 존경받아온 비밀경호국은 대통령 안전을 지키는 가장 숭고한 의무를 다하지 못하고 있었다. 오만하고 고립된 리더십, 능력보다는 충성도에 기반한 승진, 수년간의 긴축 예산 및 구식 기술로 인해 어떻게 유명무실한 조직이 되어가고 있는지를 차근차근 보여주었을 뿐이다. 나는 비밀경호국 직원들의 증언을 바탕으로 이런 일이 발생한 원인을 더 깊이 파헤치고, 자랑스러운 비밀경호국의 50여 년 역사를 기록하겠다고 결심했다. 비밀경호국은 어떻게 케네디 대통령 암살 사건이 벌어진 후 조직을 재건하여 세계가 우러러보는 경호기관으로 거듭났다 나락의 길을 걷게 되었는가?

비밀경호국 전현직 직원들 중에는 나의 노력을 깎아내리겠다고 다짐한 사람들도 있다. 그들은 내가 비밀경호국의 결점만을 강조해 명예를 실

---

* 비밀경호국 소속 제복요원을 말한다. 'Uniformed agent' 또는 'Uniformed officer'로도 불리지만 사복요원(agent)과 구분하기 위해 'officer'를 쓰는 경향이 있다. 경찰계급을 따르지만 계급과 상관없이 'officer'로 호칭된다. 'Officer'는 '경찰관'으로도 번역되지만 제복요원은 일반 경찰이 아니기 때문에 경관이라는 단어를 사용했다.

추시킨다고 생각한다. 하지만 진실을 밝히는 이유는 비밀경호국 요원들과 그들의 미래를 위한 것이다. 나는 공동의 목적을 위해 노력하는 요원들과 경관들, 그리고 그들이 여전히 어려운 상황 속에서도 매일같이 성취하는 일들이 있다는 사실에 경외심을 느낀다. 그들은 전략이 없는 지휘부로부터 감사함이나 적절한 지원 없이도 일과를 이어가고 있다. 그리고 그들이 더 나은 대우를 받을 자격이 있기 때문에 이 글을 쓴다는 점을 분명히 밝혀 두고 싶다.

이 책은 180명 이상의 인물들과 수백 시간 동안 진행한 인터뷰를 바탕으로 집필되었다. 지난 8개 정부에서 재직한 요원, 경관과 국장을 포함한 전현직 비밀경호국 직원들, 내각 구성원, 고문, 고위 공무원과 의원 및 참모진 그리고 내가 다룬 사건들의 증인 등이 그들이다.

나는 대통령을 가장 가까이서 모신 요원들, 머나먼 지부에서 근무한 요원들 그리고 그들과 똑같이 헌신한 가족들과도 이야기를 나눴다. 그들 대부분은 자신의 커리어를 보호하거나, 기관의 명예를 지키려는 조직과 전직 요원들로부터 보복당할까 두려워 익명 조건으로 인터뷰에 응했다. 많은 사람들은 경험담을 통해 특정 시대와 사건의 배경을 알려주었고, 그 사람들의 신원을 밝힐 수 있는 세부 정보를 공개하지 않는 선에서 경험담을 책에 담도록 허락해 주었다.

나는 스스로를 진실을 추구하는 기자라고 생각한다. 그래서 이번에도 철저하게 취재하여 최대한 진실에 가까운 이야기를 알려주겠다고 다짐했다. 이 책에 수록된 내용은 사람들이 직접 겪은 일들을 재구성한 것이며, 가능한 경우에는 다른 사람들의 이야기와 비교해 내용을 확인하였다. 또한, 정부기관 보고서를 보며 책 내용에 오류가 없는지 검토하였다. 인터뷰에 응한 사람 대다수는 엄격한 사실 확인 절차에 동의했으며, 그들이 여태 간직하고 있던 메모·달력·서신 등을 증빙자료로 제공해주었다. 인터뷰라는 게 항상 정확할 수는 없다. 하지만 이 책은 여러 사람의 기억을 바탕으로 하고 있다. 몇몇 제보자는 핵심 요소를 다르게 기억했는데, 사람들마다 사건을 다르게 기억할 수 있다는 점을 인정하며 그 부분을 본문에 밝혔다.

『제로 페일』은 내가 워싱턴포스트 기자로서 보도한 내용의 결과물이기도 하다. 이 책에서 다룬 에피소드 중에는 동료 기자들의 도움을 받아 취재를 시작하게 된 경우도 있다. 그러나 대부분의 대사, 인용문 등 세부 내용은 오로지 이 책을 집필하기 위해 실시한 광범위한 취재 및 연구에 그 기반을 두고 있다.

이 책은 역사적인 기록이기 때문에 동시대 워싱턴포스트 기사와 출판물을 참조했고, 특정 시기를 다룬 몇 안 되는 책들도 참고했다. 그중 일부는 자신의 경험이 실질적인 역사의 산물이라는 점을 인식한 전직 경호요원들이 쓴 책으로, 이러한 기록에서 얻은 정보도 그 출처를 밝혔다.

프롤로그

1981년 3월 30일 저녁, 버지니아주 노퍽(Norfolk, Virginia)에 살고 있던 8살 소년은 TV 화면에서 눈을 떼지 못하고 있었다. 그날은 존 힝클리 주니어(John Hinckley Jr.)가 워싱턴 힐튼 호텔(Washington Hilton) 앞에서 레이건 대통령 암살을 시도한 날이었다. CBS 저녁 뉴스에서 암살 시도 장면을 슬로모션으로 방송하였는데, 소년의 눈은 대통령 앞을 막아선 남자를 향하고 있었다. 그 남자는 총을 향해 몸을 틀어 막아섰고, 이내 배를 움켜쥐며 쓰러졌다. 소년은 놀란 눈으로 반복되는 장면을 바라보았다.

기자는 이렇게 보도했다.

"팀 맥카시(Tim McCarthy)가 자신의 몸으로 총알을 막아 대통령의 목숨을 구했습니다."

그 순간, 어린 브래드 게이블(가명, 이하 게이블)은 자기가 장차 무슨 일을 하고 싶은지를 깨달았다. 그는 비밀경호국 요원이 되기로 결심했다.

30년 후 게이블은 그 꿈을 이루어 비밀경호국 대테러팀*의 일원이 되었다. 대통령 경호를 위해 각기 다른 임무를 수행하는 다양한 팀이 있는데, 대테러팀의 임무는 위험도가 꽤 높은 편에 속한다고 볼 수 있다.

많은 사람들이 비밀경호국을 떠올릴 때 정장을 입은 요원이 위협 상황에서 대통령을 둘러싸고 대피시키는 장면을 상상하지만, 중무장한 대테러팀은 위협 세력과 직접 교전해야 한다.

대테러팀의 신조는 명확하다.

"대통령에게 위해를 가하려는 자는 오직 두 가지 운명을 맞는다. 죽거나 체포된다."

---

* Counter Assault Team. 짧게 CAT라 지칭한다.

게이블은 자기가 선택한 길이 자랑스러웠다. 그는 깊은 애국심과 꼼꼼한 업무처리 능력으로 직원들의 인정도 받았다. 이랬던 그가 왜 2012년 늦여름에 노스캐롤라이나(North Carolina) 포트 브래그(Fort Bragg)* 근처 식당에 앉아 구역질을 느끼고 있었을까?

그 주, 게이블과 그의 팀은 델타포스** 대원들과 함께 암살 및 기습공격에 대비한 훈련을 받고 있었다. 근거리 전투 상황에서 자신과 동료를 방어하는 기술을 익히는 과정이었다. 훈련이 끝난 날, 그들은 근처 식당에 들러 스테이크, 립, 치킨으로 저녁식사를 했다.

식사를 마친 뒤, 게이블은 의자에 걸터앉아 델타포스 소속 존(가명) 원사와 함께 맥주를 마셨다. 게이블은 존이 과거 비밀작전에 참여한 인물임을 알고 있었다.

2001년 9·11 테러 이후, 미국은 오사마 빈 라덴에게 은신처를 제공한 물라 오마르(Mullah Omar)***의 거점으로 지목된 칸다하르를 급습했다. 존은 이 작전에 투입된 인물이었다. 일부 동료들은 존을 '9·11의 숨은 영웅'이라 불렀지만, 그는 이를 떠벌리지 않았다. 게이블은 그런 존에게 자연스레 존경과 신뢰를 갖게 되었다.

맥주를 두 병 마시자 긴장이 풀렸던지 게이블은 그동안 궁금했던 점을 존에게 물어봤다.

"수많은 기관을 훈련시켜 본 경험으로 판단했을 때 비밀경호국의 수준이 어떻다고 생각해?"

존이 대충 얼버무리려 하자 게이블이 다시 물었다.

---

*　미 육군 특수전사령부 본부가 위치한 군부대이다.

**　미 육군 소속 특수부대.

***　탈리반을 이끌었던 인물로 9·11 테러를 주도한 알카에다의 수장인 오사마 빈 라덴에게 은신처를 제공해서 미국의 표적이 되었다.

"진심으로, 솔직히 말해줘. 우리 조직을 어떻게 평가해?"

"이봐. 너희를 보면 정말 안타깝다는 생각이 들어. 비밀경호국이 정말 잘못하고 있는 거야. 너희가 진짜로 공격받게 되면 그것을 막아낼 수 없을 거야."

이는 게이블이 기대했던 답이 아니었다. 존이 계속해서 비밀경호국이 구식 장비를 사용하고 훈련이 부족하다고 하자, 게이블은 속이 메스꺼워졌다. 게이블 스스로도 비밀경호국이 장비도 부족하고 시대에 뒤처진다는 점을 알고 있었지만, 자기가 존경하는 사람이 지적하자, 더 이상 부정할 수 없었다. 그 순간 게이블은 비밀경호국이 실수했던 기억들이 떠올랐다.

가장 최근 사건으로는 2010년 오바마 대통령이 뭄바이를 방문했을 때 게이블의 팀이 총을 소지한 사람을 적으로 오인해 사살할 뻔했는데, 그는 알고 보니 현지 경찰이었다. 만약 그 경찰을 죽였다면 전 세계 언론에 보도되었을 것이다. 이 사건 외에도 그가 대테러팀에 몸담은 5년 동안 비밀경호국이 실수한 경우는 많았다.

게이블은 진실을 마주해야만 했다. 비밀경호국은 '무결점' 즉, 한 치의 오차도 없이 완벽하게 수행해야 하는 임무를 인적 자원, 훈련과 장비에 기반하지 않고 운에 맡기고 있었다. 운이 다하기까지 얼마나 걸릴까? 이런 질문을 하는 사람들 중에는 한때 헌신적이었으나 현재는 조직에 대한 환멸을 느끼는 직원들도 있었다. 특히 지휘부에 크게 실망하고 있다는 것도 익히 듣고 있었다. 그럼에도 조직 분위기가 표면적으로 평온했던 이유는 후폭풍이 두려워 다들 입을 다물었기 때문이다. 그러나 이제는 아니다. "이렇게는 더 이상 안 된다"고 생각하는 직원들이 생겨나고 있었다.

내가 비밀경호국에 관심 갖기 시작한 시기가 그런 때와 우연히 맞아떨어졌다고 해야겠다. 나는 2012년부터 비밀경호국을 취재하기 시작했다.

그때 처음으로 보도한 사건은 후커게이트(Hookergate)*였다. 이 사건을 취재하며 비밀경호국의 숨겨진 조직 문제를 엿볼 수 있었다. 그 후로 많은 경호요원들이 나에게 다가왔다. 그들은 비밀경호국이 대통령과 그 가족 그리고 정부 주요 요인을 지킬 능력을 갖추고 있는지 걱정된다며 속내를 털어놓았다. 비밀경호국이 인력 부족에 시달리고 있으며, 지휘부와 직원 간뿐만 아니라 직원들 간에도 신뢰가 없어 보안이 유출될 위험에 놓여 있다고 했다.

나와 접촉한 경호요원들은 보안을 지키는 일 대신 경종을 울리기로 선택한 사람들이다. 그들은 워싱턴포스트 탐사보도 전문기자를 통해 조직의 문제점을 외부에 알리면 지휘부가 수치심을 느껴 사태를 바로잡을 것이라 기대했다. 나는 그들의 이야기를 전하기 위해 수많은 경호요원, 법률가, 대통령과 비서관들을 인터뷰했으며, 그 내용을 다시 면밀히 검토하였다. 또한 대통령기록물, 비밀경호국 내부 문건, 감찰 자료 및 보안성 검토 서류 등 그동안 외부에 공개되지 않았던 수천 건의 문건들을 검토했다. 그 안에는 용맹과 부패, 헌신과 무능력이 뒤섞인 복잡한 이야기들이 있었다. 나는 그 모든 것을 외면할 수 없었다.

이 책은 학술적 역사 자료가 아니다. 나의 목적은 비밀경호국이 케네디부터 트럼프까지 이르는 60년의 세월 동안 어떻게 정상에 올랐고, 어쩌다 하락의 길을 걷게 되었는지 알리는 데 있다.

우리는 대통령과 모든 위협 사이에 그림자처럼 존재하는 사람들이 있다는 사실을 잊지 말아야 한다. 대통령을 경호하는 것은 민주주의를 수호하는 것이기 때문이다.

---

* 2012년 오바마 대통령의 카르타헤나 방문을 준비하던 비밀경호국 요원들이 매춘부들을 호텔 방으로 끌어들인 사건

한때 비밀경호국은 불가능해 보이는 상황에서도 완벽하게 임무를 수행해 내는 불굴의 의지와 헌신의 상징이었다. 그러나 지금은 예상치 못한 위기 속에서 흔들리는 조직이 되어가고 있다. 시시각각 변화하는 상황에 능동적으로 대처하지 못하게 만드는 규정들, 규율과 단결만을 강요하는 경직된 관리체계가 요원들에게 반항심과 무력감을 심어준다.

비밀경호국은 그 어떤 연방 기관보다 복무 기준이 엄격함에도 때로는 사기와 도덕관념이 떨어지는 조직이다. 많은 직원들이 평범한 삶을 포기하고, 지칠 때까지 일하며, 때로는 자신의 안위보다 조직의 지시를 따르는 '노예처럼' 일하고 있다. 그리고 비극을 막기 위해 존재하는 조직이지만, 아이러니하게도 비극이 벌어져야만 변화를 시작할 수 있는 조직이다. 나는 이런 역설을 보여주고 싶었다.

이 책을 쓰는 목적은 그런 현실을 세상에 알리는 것이다. 이를 통해 비밀경호국이 필요로 하는 자원 확보, 명예 회복 및 사기를 높일 수 있는 계기가 마련되기 바란다.

지난 60년간, 비밀경호국은 300명 규모에 연간 예산이 500만 달러밖에 안 되는 작은 조직에서 7,000여 명이 근무하며 연간 22억 달러를 집행하는 기관으로 성장했다. 과거에는 대통령만을 경호했지만, 지금은 대통령의 가족, 부통령, 내각 고위 인사, 심지어 대통령의 정치적 적수까지 경호 대상에 포함된다. 또한 단순한 물리적 위협 대응을 넘어, 국가 기반시설에 대한 사이버공격 방어, 슈퍼볼 같은 대규모 행사에서의 대중 안전 확보까지 그 임무 범위가 넓어졌다.

이렇게 비밀경호국은 조직을 확장하여 나갔지만 안타깝게도 관리체계는 그에 맞춰 성장하지 못했다. 그 결과, 비밀경호국 요원들이 조직에 대한 회의를 느끼기 시작했다.

케네디 대통령이 죽고 나서 대통령의 암살을 막기 위해서는 어떠한 일도 하겠다고 다짐했던 근면하고 애국심 강한 엘리트 조직이었는데, 어쩌다 사교 클럽처럼 내분과 사치에 휩싸인 진부한 조직이 되었을까?

"국민이 뽑고 우리가 경호한다"며 정치적 중립을 지키는 업무를 자랑스러워했던 조직이었는데, 어쩌다 대통령의 정치 도구로 이용되는 상황을 가치를 인정받는 길이라고 믿게 되었는가? 버지니아 노퍽에 살고 있던 8살 소년에게 영감을 준 조직이었는데, 어쩌다 퇴직하는 인원들로 생긴 공석을 채우지도 못한 채 '연방기관 중에서 가장 일하기 싫은 조직'이라는 평가를 3년 연속 받게 되었을까?

이 책은 지난 수십 년간의 세월을 통해 퇴보한 비밀경호국의 모습을 기록하였다. 비밀경호국은 긴 시간만큼 수치스러운 일을 많이 겪었다. 그럼에도 케네디 이후로 모든 대통령을 지켰다는 공로만큼은 인정해 줘야 한다. 이는 헌신적인 요원들이 임무 중에 겪게 되는 수많은 난관을 극복하고 비밀경호국의 좌우명인 "믿음과 신뢰를 받을 자격(Worthy of Trust and Confidence)"을 얻었음을 의미하기도 한다. 하지만 안타깝게도 헌신만으로 모든 암살자를 막을 수는 없다.

이 책을 집필하면서 비밀경호국의 퇴보가 몇십 년간에 걸쳐 진행된 결과임을 알게 되었고, 그러한 악조건 속에서도 꿋꿋이 업무에 매진하는 경호요원들을 존경하게 되었다. 아이젠하워 대통령이 "군복을 입지 않은 군인"이라고 칭한 경호요원들은 언제나 한결같이 백악관을 지켰다. 또한, 컨벤션 센터의 계단과 호텔 복도에서 근무하는 지루함을 견디고 있다. 그들은 몇 시간씩 지속되는 선거 유세 때 남들 모르게 땀을 쏟고 있으며, 일반인이라면 십여 분조차 견디기 힘든 과잉 각성 상태를 길게는 며칠씩 유지해야만 한다.

동시에 나는 비밀경호국이 미국 민주주의의 이상과 본질적으로 상반된 개념에서 출발했다는 사실도 알게 되었다. 미국은 '국민의 정치'에 어울릴 만한 자유롭고 개방적인 정치 이미지를 중시하기에, 대통령 경호대는 오랫동안 왕실 호위부대처럼 보일까 우려되어 공식화되지 못했다.

클린턴과 케네디는 경호요원들의 만류에도 아랑곳하지 않고 대중에게 더 다가가려 했으며, 특히 케네디는 경호요원들을 따돌리면서 캘리포니아 해변으로 수영하러 가기도 했다. 이뿐만이 아니다. 레이건 암살 시도 이후에도, 비서관들은 금속탐지기 사용을 거부했고, 백악관 옥상에 저격수를 배치하는 문제를 놓고 내부 다툼이 벌어지기도 했다.

그런데 두 개념이 흔치 않게 조화를 이룬 적이 있다. 2008년 11월 4일 밤, 오바마 대통령 당선 연설이 열린 시카고 그랜트 파크(Grant Park)에서였다. TV로 본 7,100만 명의 시청자에게는 즉흥적인 축제처럼 보였지만, 카메라에 잡히지 않았을 뿐 공역은 비행금지구역으로 설정되었고, 저격수의 공격을 막기 위해 당선인 양옆으로는 거대한 방탄유리가 설치되었다.

비밀경호국의 일이란 이처럼 드러나지 않지만 어렵고 중요하다. 그렇기 때문에 경호요원들의 각오는 남다를 수밖에 없다. 클린턴의 경호를 담당했던 래리 코클(Larry Cockell, 이하 코클) 경호팀장*이 대통령 경호 임무를 처음 부여받은 요원들을 대상으로 한 교육 내용이 이를 잘 보여준다. 코클은 케네디 대통령이 암살당할 당시 차를 운전했던 요원의 사례를 들며 다음처럼 당부하였다고 한다.

"너희는 이제 대통령의 목숨과 민주주의의 안정을 책임지는 기관의 일원이 되었다. 실패한 모습이란 이렇다. 너희 하나하나가 성공하지 못하면 나도 성공할 수 없다. 우리 모두 함께하지 않으면 다 같이 실패할 것이다. 나는 너희가 헌신적으로 임무에 임하기 바라며 그 어떠한 순간에도 책임을 다하리라 기대한다. 만약 임무를 완수하지 못할 것 같다는 생각이 든다면 지금 당장 떠나도 좋다."

---

*   팀장의 직급은 Special Agent In Charge이다. 짧게 SAIC(발음은 sack과 같다)으로 지칭하며 우리나라 공무원 직급으로는 통상 국장에 해당한다.

프롤로그

　이야기를 들은 후 요원들의 어깨에 놓인 무게가 얼마나 무거운지 짐작할 수 있었다.
　이 책은 이와 같이 숙연해지는 이야기도 담고 있는데 이는 결국 전현직 요원들이 나누고자 하는 이야기이기도 하다. 그래서 이 책에서 다뤄지는 역사는 매우 주관적일 수밖에 없는데, 파면될 위험을 감수하며 많은 정보를 제공해 준 경호요원들에게 무한한 감사를 느낀다. 나는 그들이 대통령과 그 가족에 대한 험담을 좋아하지 않지만, 비밀경호국의 발전을 위해 결단을 내렸다고 생각한다. 그들은 자신들이 너무나 사랑한 비밀경호국이 옛 모습을 되찾기를 간절히 소망한다. 또다시 대통령을 잃을 수 있다는 두려움에서 벗어날 수 있게끔 그들에게 조직 재건의 기회를 주어야 한다.
　미국 대통령과 국민들이 비밀경호국의 중요성을 간과하는 동안 미국은 너무나 많은 비극을 겪었다.

차례

저자의 말   5
프롤로그   8

1부   비밀경호국을 재탄생시킨 비극
케네디부터 닉슨까지(1963~1976년)

:: 1   케네디 경호   20
:: 2   악마의 유혹   39
:: 3   댈러스에서 울려 퍼진 총성   53
:: 4   슬퍼할 시간이 없다   76
:: 5   선거유세의 마지막 날   100
:: 6   대통령의 스파이   119

2부   시험에 들다
포드부터 클린턴까지(1974~1999년)

:: 7   교회로의 가벼운 산책   144
:: 8   위기에 대비하다   178
:: 9   장검의 밤   193
:: 10   폭풍전야   209
:: 11   록스타 대통령   226
:: 12   인턴   260

3부 테러와 정치
부시 정부(2000~2007년)

- 13   9·11 테러   284
- 14   "당신은 여기 속하지 않아"   308
- 15   "그는 모든 것을 예측했습니다"   323

4부 재앙의 시작
오바마 정부(2008~2015년)

- 16   "그는 틀림없이 총살당할 겁니다"   338
- 17   설리번과 그 일당   356
- 18   백악관이 충격 받은 밤   369
- 19   "깨어나서 최악의 상황을 맞았어"   383
- 20   설리번의 고비   404
- 21   파면   419
- 22   새로운 보안관   436
- 23   침몰하는 배   447
- 24   "그는 내부에 있다"   469

5부 과거로의 회귀
트럼프 정부(2016~2021년)

- 25   클랜시의 차례   500
- 26   혼돈의 후보   521
- 27   트럼프를 위한 희생   549

에필로그   566

ZERO

1부

비밀경호국을 재탄생시킨 비극

케네디부터 닉슨까지
(1963~1976년)

FAIL

1
케네디 경호

키가 크고 마른 윈 로슨(Win Lawson, 이하 로슨)은 뉴욕주 버펄로(Buffalo, New York)에 도착하자 가슴이 부풀어 오르는 것을 느꼈다. 그래서 그런지 로슨은 평소보다 커 보였다.

그는 스스로 인정했다. 원래는 수줍고 근심 많은 로슨은 오늘따라 유난히 자기 자신이 자랑스러웠다.

34세의 그는 뉴욕주 북부에서도 잘 알려지지 않은, 에리 호숫가(Lake Erie)에 자리한 작은 마을 포틀랜드(Portland)에서 자랐다. 버펄로에서 남쪽으로 약 60마일 떨어진 이 마을은 신호등 하나 없는 조용한 시골로, 차가운 호수 바람과 포도밭, 사과 농장, 그리고 그 작물들만큼이나 강인한 주민들로 유명했다.

로슨은 대학 진학을 위해 정든 고향을 떠나 대학 사교 클럽에서 사귄 친구의 여동생과 결혼하였고, 한국전쟁이 터지자 정보병과로 육군에 입대하였다.

그로부터 12년 후인 1962년 가을에 그는 미국 대통령을 지키는 비밀경호국 요원이라는 명예로운 직책을 갖고 자기가 나고 자란 지역을 다시 방문하게 되었다. 약 20만 명의 시민들이 당시 지구상에서 가장 유명하다는 존 F. 케네디 대통령을 보기 위해 버펄로 시내로 몰려들었고, 로슨은 대통령 옆에 서 있었다.

케네디는 1962년 10월 14일에 버펄로를 방문하였다. 이날은 버펄로 시민의 자랑거리인 폴란드 문화유산 행진이 열리는 날이기도 했다. 로슨은 대통령이 탄 차량이 지나는 동선상에 엄청난 인파가 집결한 것을 보고는, 생각했다.

"폴란드계뿐 아니라, 뉴욕 북부 주민들 모두가 대통령을 보러 나왔겠군."

그날 그를 포함해 7명이 근접경호를 담당했는데, 케네디를 지키기 위해서는 시작부터 끝까지 고도의 집중력이 필요했다. 그들은 대통령이 에어포스원*에서 내리는 순간부터 시작해 도시 중심인 나이아가라 스퀘어(Niagara Square)에서 대중을 향해 연설하는 시점까지 대통령을 그림자처럼 수행하였다.

근접에서 경호하는 요원들은 긴장을 늦추지 않은 채 육감을 살려 주변을 경계해야 한다. 경호요원들은 '보스(비밀경호국 요원들이 대통령을 부르는 용어)'가 연단에 올라서면 관중 속에서 이상한 행동을 하는 사람이나 손을 주머니에 넣고 있는 사람이 있는지 살핀다. 케네디는 모여든 사람들과 일일이 악수하는 것을 좋아했는데, 그럴 때마다 경호요원들은 케네디 양옆에 서서 총, 칼 등의 공격처럼 혹시 모를 위험에 대비하였다.

로슨은 버펄로 시청 앞에 설치된 연단 밑에서 좌우를 응시하며 광장에 모여든 사람들 사이에 수상한 낌새가 있는지 살폈다. 그때 그는 근접경호와 더불어 경호계획을 수립하는 임무를 맡았다. 이를 위해 로슨은 대통령이 버펄로에 오기 3일 전에 와서 대통령의 동선을 확인하고 위협을 평가하였다. 대통령의 동선은 각본처럼 세밀하게 짜이는데 로슨의 이런 활동을

---

*   미국 대통령이 탑승한 비행기를 일컫는 용어이다.

'선발'이라고 한다. 로슨은 모터케이드* 동선에 따라 어느 도로를 폐쇄할지, 군중의 접근은 어디까지 허용할지 그리고 지역 경찰을 어디에 배치할지 등을 판단했다.

하지만 아무리 치밀하게 계획을 수립한다 해도, 군중에 비해 경호인력(경호요원과 경찰 등 관계기관 포함)이 절대적으로 부족했다.

케네디가 폴란드를 위해 기도하면 언젠가는 폴란드 국민들 또한 공산주의 치하에서 벗어날 수 있을 것이라 하자 대중들이 환호하였다.

"폴란드 국가 가사처럼 '당신들이 살아가는 한 폴란드는 무너지지 않으리.'"

위와 같이 케네디가 연설하자, 우레 같은 박수가 터져 나왔다. 박수가 잦아들지 않는 것을 보며 케네디는 흐뭇한 미소를 지었다.

케네디는 대중의 환심을 샀고 케네디의 보좌관들은 이것이 투표로 이어지길 기대했다. 같은 해 11월에 예정된 총선에서 민주당이 승리하기 위해, 백악관은 대통령이 더 많은 유권자들과 접촉하기를 원했다. 반면, 비밀경호국의 생각은 달랐다. 퍼레이드 구간이 길수록 그리고 대중과 가까워질수록 위험한 상황이 발생할 가능성이 높아졌다. 그런 이유로 대통령이 대중과 너무 가까워지는 상황을 반대했지만 대통령을 막을 수 있는 권한은 없었다.

나이아가라 광장에 모인 군중이 환호하는 모습을 보면 경호가 필요 없어 보일 수도 있었지만, 경호요원들은 군중 속에 적이 있을 수 있다는 가정을 해야만 했다. 명문가 자제인 케네디가 잘생기고 매력이 넘쳤지만, 그를 혐오하는 사람들도 못지않게 많았으며, 일부는 그가 죽기를 바랐다.

그 이유는 43세의 케네디가 기존의 질서를 무너뜨리고 있었기 때문이

---

* 자동차 행렬. 이 책에서는 대통령과 수행원들이 탑승한 차량들의 행렬을 말한다.

다. 케네디는 미국 대통령에 당선된 첫 천주교 신자였다. 이는 미국의 기득권층이 개신교라고 믿는 기성세대에겐 받아들이기 어려운 결과였다. 또한 케네디가 흑인들도 백인들과 같은 학교에서 공부하고, 같은 화장실을 이용하고, 같은 식당에서 식사하도록 강조했는데, 많은 미국인들이 이를 못마땅해하였다.

케네디가 1960년에 대통령에 당선되고 몇 주 지났을 때, 73세의 리처드 파블릭(Richard Pavlick, 이하 파블릭)은 그의 차 트렁크에 다이너마이트 7개를 실었다. 그리고 그가 살던 뉴햄프셔부터 케네디가 대통령 취임식 행사를 준비하고 있던 팜비치까지 차를 몰고 갔다. 그는 은퇴한 우편집배원으로 천주교 신자들만 보면 화를 내는 이상한 증세를 보였다. 파블릭은 케네디가 미사를 드리러 성당으로 나갈 때 차로 돌진한 후 다이너마이트를 터뜨려 케네디를 죽이려 했으나, 케네디의 부인과 자녀들이 같이 걸어가는 모습을 보고 계획을 접었다. 그로부터 며칠 후, 파블릭은 팜비치 경찰에 체포되었다. 그가 대통령을 스토킹하는 사실을 알아챈 친구가 경찰에 신고했기 때문이다.

케네디가 대통령의 직을 시작하고 첫 6주 동안, 백악관에 도착한 협박 편지의 수는 과거 대통령들이 받은 평균치를 훌쩍 뛰어넘었다. 로스엔젤레스(Los Angeles)에서 무기명으로 보내온 편지에는 "우리는 더러운 흑인 천주교도들이 싫다"는 내용이 있었고, 또 어떤 편지에는 "다음 폭탄은 당신을 위한 것입니다"라는 문장이 적혀 있었다.

당시 케네디의 경호를 담당했던 요원들은 겉으로 내색하지 않았지만 그의 안전을 심각하게 걱정했다. 이는 단지 경호업무가 항상 최악의 상황을 가정하고 임무를 수행해서만은 아니었다. 그는 지성과 외모를 겸비하고 화목한 가정을 꾸린 이상적인 사람으로 대중에게 비쳤지만, 비밀경호국 입장에서는 위험을 자초하는 사람으로 인식되었다.

케네디는 과거 대통령들에 비해 과하다 싶을 정도로 활발한 활동을 이어갔다. 이런 행동은 경호요원들을 불안하게 하고 때로는 화나게 했다. 비록 경호요원들이 대통령을 인간적으로 좋아했으나 업무적인 측면에서는 가장 어려운 대상으로 평가했다.

1961년 케네디와 가족이 백악관에 입주했을 당시, 비밀경호국은 규모가 작아 연방기관보다는 경찰서와 유사했고 비밀경호국장 또한 서장이라고 칭했다. 비밀경호국의 예산은 500만 달러였고 총원은 약 300명에 달하였다. 하지만 직원 대다수가 50개 주에 설립된 지부에 뿔뿔이 흩어져 근무하고 있어 대통령 경호에 투입된 인원은 고작 34명이 전부였고 보통 6인조로 8시간씩 교대근무를 했다.

비밀경호국 요원들은 모두 남자로 대다수가 중산층 가정에서 자랐는데, 제2차 세계대전을 겪으면서 성장하였기 때문에 애국심이 투철한 편이었다. 비밀경호국이 채용한 인원들은 통상 운동신경이 좋고 대학을 졸업한 군필자 또는 경찰 경력자였다.

신입 요원들은 지부에서 근무를 시작하였고 자질이 우수한 인재들에게는 1~2년 내에 백악관에서 근무할 기회가 주어졌다. 비밀경호국은 연방정부와 협의하여 국가에서 실시하는 공개채용 대신 비밀경호국에 적합한 인재를 자체적으로 채용하기로 했는데, 신입 요원들을 계속 고용하려면 2년 내 대통령 경호 임무를 부여하는 조건을 연방정부에서 내걸었기 때문이다.

신입 요원들은 정식 경호 훈련을 전혀 받지 않은 상태였기 때문에, 현장에서 선배 요원들로부터 직접 배우는 수밖에 없었다. 케네디 경호팀에서 근무했던 팀 맥인타이어(Tim McIntyre)는 이렇게 회상했다.

"비밀경호국이 일하는 방식이 그랬습니다. 당신에게 임무를 주고, 일을 잘하는 선배와 짝을 지어주었죠. 비밀경호국은 '당신이 임무를 받으면 그에 맞춰 일하라'는 식이었어요. 어떤 임무를 받게 될지도 모르는 상황에서, 갑자기 강당에서 경호하라는 지시를 받고도 무슨 일을 어떻게 해야 하는지 설명도 없이 투입되는 경우가 많았죠. 그럴 때는 그냥 눈치껏 하는 수밖에 없었습니다."

경호업무는 한 장소에 고정된 채 근무해야 하는 경우가 많아 힘들고 때로는 지루한 일이지만 대통령 덕분에 경호요원들은 일에서 재미와 가치를 느낄 수 있었다. 케네디는 군 출신인 아이젠하워 전 대통령과 달리 경호요원들과의 관계를 중시하며 개인의 이름으로 불러줬다. 화려한 인생을 살았던 케네디는 프랭크 시나트라(Frank Sinatra), 마릴린 먼로(Marilyn Monroe), 영국 여왕 등 유명 인사들과 자주 어울렸기에 경호요원들은 덩달아 황홀함을 느끼며 역사의 증인이 된 것을 즐거워했다.

"존슨 대통령 사저에서 야간 근무를 할 때면 집 앞 오크 나무 밑에 서 있어야 했어요. 새벽 두 시가 되면 참 추웠습니다."

로슨은 얼굴을 찡그리며 과거를 회상했다.

"도대체 내가 지금 여기서 무엇을 하고 있는 건지… 대학 학위가 있는데도 가족과 떨어져 야간 경비 업무를 서야 한다는 생각을 했죠. 그러다 2주 후 당신이 돈이 아무리 많아도 초청받을 수 없는 행사에 참석하게 되었어요. 케이프 커내버럴(Cape Canaveral)에서 인류가 최초로 달 착륙선을 발사하는 장면을 목격한 겁니다. 그때는 뉴욕주 서부 촌구석에 살던 내가 이런 순간을 보게 된 것에 여러 생각이 들었어요."

로슨에게는 폴란드 문화유산의 날도 달 착륙선을 목격했던 날처럼 의미 있는 날이었다. 일정이 종료되자 미국 대통령은 오픈카를 타고 버펄로를 떠나 공항으로 향했고, 로슨은 계획한 대로 나이아가라 공항 활주로에서 부모님과 동생을 만나 그들을 통제선 안쪽으로 안내하였다. 그는 대통령이 워싱턴으로 향하는 비행기에 탑승하기 전에 통제선 안쪽에 있는 사람들에게 악수를 청할 것을 알고 있었다. 케네디는 자기를 환영하기 위해 오랜 시간 기다려준 사람들과 얼굴을 맞대고 인사를 나눌 수 있는 순간을 가장 좋아했다.

대통령이 로슨의 가족들이 서 있는 곳으로 다가가자 케네디 왼편에 있던 로슨이 가족을 보고 고개를 끄덕였다. 그러자 팀장인 플로이드 보링(Floyd Boring, 이하 보링) 요원이 로슨의 가족 앞에서 발걸음을 멈췄다.

"대통령님."

보링이 말했다.

"이분들은 로슨 요원의 가족입니다."

케네디가 환하게 웃으며 로슨의 아버지와 동생과 악수하고는 로슨처럼 훌륭한 인재를 보내주셔서 감사하다는 말을 건넸다. 이어 로슨의 어머니께서 긴장된 표정으로 손을 내밀었다. 이를 눈치챘는지 케네디는 어머니의 창백한 팔을 잡으며 "아드님을 너무 바쁘게 해서 죄송합니다"라고 말했다. 이어서 케네디가 특유의 유머를 발휘했다.

"제가 아직 총에 안 맞은 것을 보면 아드님이 일을 잘하고 있는 것 같습니다."

우연이지만 케네디가 버펄로에서 방문한 나이아가라 광장에는 대통령이 일상에서 겪을 수 있는 위험을 암시하는 건축물이 있다. 그것은 바로 맥킨리 기념비(McKinley Monument)로 케네디가 연설했던 나이아가라 광장 중앙에 위치해 있다. 25대 대통령인 윌리엄 맥킨리(William McKinley, 이하 맥킨리)는 1901년에 버펄로를 방문했다가 레온 촐고시(Leon Czolgosz, 이하 촐고시)에게 암살당했다. 그러자 버펄로시는 맥킨리를 기념하기 위해 오벨리스크 모양의 기념비를 제작하였다. 맥킨리가 죽어 비밀경호국이 설립되고, 그로부터 수십 년이 지나 로슨과 그의 팀이 다시 버펄로에 오게 된 것은 묘한 인연이었다.

맥킨리를 암살한 촐고시의 부모님은 폴란드에서 미국으로 이민을 와 디트로이트(Detroit)에 정착하였다. 그의 가족은 가난 때문에 궁핍한 삶을 살았다. 그러다 촐고시가 10살이 되던 해에 어머니가 돌아가시자 그는 생활 전선에 뛰어들어 유리 및 철강 공장에서 일을 시작하였다. 하지만 1893년 경제 공황이 닥치자 일자리를 잃고 수년간 실업자로 어려운 생활을 영위했다. 거기에 호흡기 질환까지 얻어 혼자 버틸 수 없는 지경이 되자 아버지 농장에서 살아야 하는 신세가 되었다. 여기서 그는 점점 고립된 생활을 이어갔으며 미국 자본주의에 기인한 사회적 불평등에 불만을 품기 시작하였다. 그 무렵 그는 사회주의 및 무정부주의 선전물을 접하게 되면서, 정부가 자본가들과 결탁하여 노동자 계층을 착취하고 있으며 빈곤 문제 해결에 무관심하다는 신념을 갖게 되었다.

1901년 5월, 촐고시는 무정부주의자인 엠마 골드만(Emma Goldman)의 연설을 들으러 클리블랜드(Cleveland)로 갔다. 여기서 촐고시는 몇 개월 전 이탈리아의 국왕인 움베르토 1세(Umberto I)가 무정부주의자에게 암살되었다는 소식을 접했다. 그 암살자는 본인의 행동이 국민이 처한 곤경을 알리기 위한 불가피한 선택이었다고 했는데, 그 말이 촐고시가 범행을 결심하는 계기가 되었다.

9월 버펄로에서 열리는 세계 박람회에 맥킨리가 참석한다는 사실을 알게 된 촐고시는 그리로 향하여 암살을 단행하였다.

이 사건에 국회의원들은 큰 충격을 받았다. 맥킨리가 너무 쉽게 암살당했다는 자책이 있었고, 링컨과 가필드에 이어 36년 사이에 세 명의 대통령을 잃었다는 현실은 그들을 더욱 무겁게 만들었다. 결국, 의회는 당시 위조지폐 수사를 전담하던 소규모 연방기관인 비밀경호국*에 대통령 경호 임무를 추가하기로 결정했다. 그러나 이 법안은 충분한 논의나 검토 없이

---

*   Secret Service는 위조지폐 수사를 위해 잠복근무를 많이 했다고 한다(현재는 금융범죄 전반에 대한 수사권한을 갖고 있다). 잠복근무 때는 본인의 신분을 숨겨야 하기 때문에 Secret Service라 불렸다 한다. 경호 임무가 추가된 이후에는 금융범죄 수사보다는 경호 임무로 더 잘 알려져 있어 비밀경호국으로 번역되는 것 같다.

서둘러 통과된 것이었다.

사실 1865년 비밀경호국이 설립될 당시에도, 이런 급조된 방식으로 출범한 바 있다. 당시 링컨과 그의 재무장관은 악명 높았던 화폐위조범 피트 맥카트니(Pete McCartney, 이하 맥카트니)가 탈출했다는 소식에 골머리를 앓고 있었다. 남북전쟁이 끝난 것은 분명 자축할 일이었으나 취약해진 경제가 위조지폐로 인해 흔들리고 있었기 때문이다. 전쟁 동안 미국의 모든 주가 화폐를 발행했는데 모양이 제각각이어서 상인들과 은행이 모든 화폐를 알아볼 수 없을 정도였으니 범죄자들에게는 돈을 위조할 수 있는 더없이 좋은 기회였다. 이를 해결하고자 재무부는 1862년에 그린백(greenback) 화폐를 발행하였다. 그린백은 뒷면이 초록색이었기 때문에 그렇게 불렸다고 한다. 하지만 연방정부 문양이 들어간 인쇄판이 너무나도 쉽게 위조되었다. 연방은행은 1865년에 미국 내에서 유통되던 화폐의 1/3에서 절반 정도가 위조지폐일 것으로 추정했다.

맥카트니는 재무부에 눈엣가시 같은 존재였다. 영리하면서도 조용한 성품으로 아버지로부터 일리노이주(Illinois)에 있는 농장을 물려받을 수도 있었지만, 청소년 시절에 윌리엄 존슨(William Johnson, 이하 존슨)이라는 판화가 밑에서 일을 시작하였다. 이즈음 존슨이라는 인물이 맥카트니의 위조 지폐 제작 능력을 알아보았다. 존슨은 인디애나주 로렌스(Lawrence, Indiana)에서 활동하던 화폐 위조 집단의 두목으로, 맥카트니를 필요로 했다. 제도 및 인쇄 업무에 뛰어났고 일 처리는 정교했기 때문이다. 심지어 외모도 출중하고 예의도 발랐기에 존슨은 그를 눈여겨보다가 1840년대에 자기 기술을 전수하였다.

남북전쟁이 터질 무렵인 1861년, 맥카트니의 화폐 위조 기술은 그 누구와도 견줄 수 없을 정도로 발전하였다. 그는 자신의 집단을 거느린 채 인디애나폴리스(Indianapolis)에서 부유하게 살고 있었다. 하지만 그것으로 부족했는지 전쟁으로 유발된 인플레이션을 활용해 더 많은 위조지폐를 만들 계획을 세웠다. 늘어난 화폐량 때문에 범죄가 드러나지 않을 거라고 생각했던 것이다. 그는 자기가 위조한 $10와 $20짜리 지폐를 내고 거스름돈을 보관하는 방법으로 인디애나주에 위조지폐를 대량으로 유통했다. 맥카트니가 1864년까지 유통한 위조지폐는 10만 달러로 추정되는데 이는 현재 가치로 약 150만 달러에 달하는 금액이다.

맥카트니는 '바보들의 왕'이라는 별명을 얻으며 유명세를 탔지만 동시에 정부의 표적이 되었다. 존슨과 맥카트니 일당을 소탕하기 위해 기병대 장교 출신인 윌리엄 P. 우드(William P. Wood, 이하 우드) 지휘하에 재무부 수사팀이 꾸려졌다. 그는 1864년 여름에 양동작전을 펼쳐 인디애나폴리스 우체국에서 맥카트니를 체포하고 로렌스에서 존슨의 일당을 붙잡았다. 그리고 체포한 사람들을 워싱턴행 기차에 태웠는데 맥카트니는 순순히 잡힐 생각이 없었던 듯하다. 그날 밤 경비원들이 잠깐 한눈을 판 사이에 그는 손발이 쇠사슬로 묶여 있는 채 시속 60km로 달리던 기차에서 뛰어내렸다. 이를 뒤늦게 알아챈 우드가 바로 기차를 멈추고는 수색을 실시했지만 그를 찾지 못했다.

탈출 사건은 신문 1면을 차지하며 정권을 당혹스럽게 하였고, 링컨 정부 내부에서 위조지폐가 미국의 금융제도를 약화시킨다는 볼멘소리가 이어졌다. 링컨은 문제를 해결하기 위해 위원회를 소집했다. 당시 재무장관 휴 맥컬록(Hugh McCulloch, 이하 맥컬록)에게는 해결책이 있었다. 바로 위조지폐 수사를 전담하는 기구를 설립하는 것이었다. 그는 재무부 산하에 화폐 위조범을 추격, 체포 및 기소하는 특수조직을 두자고 제안했다.

안타깝게도 링컨은 맥컬록의 생각이 현실이 되는 것을 보지 못했다. 1865년 4월 14일 밤, 링컨은 그의 부인과 함께 『우리 미국인 사촌(Our American Cousin)』이라는 연극 공연을 보러 워싱턴 시내에 있는 포드 극장(Ford's Theatre)을 갔다. 링컨은 수년간 살인 협박을 받아 왔는데 보좌진의 오랜 설득 끝에 경호를 받는 데 동의했다. 경호를 위해 지역 경찰 4명이 선발됐으며 링컨이 백악관 외부로 나갈 때마다 1명씩 교대로 대통령과 동행했다. 그런데 하필이면 링컨과 포드 극장으로 동행한 경찰이 업무 중에 술을 먹고 곯아떨어지는 등의 행위를 보인 태만한 사람이었다. 그는 대통령이 공연을 보는 동안 자기도 공연을 보기 위해 자리를 옮겼으며, 그 이후에는 술을 마시기 위해 극장 밖에 있는 술집으로 발걸음을 옮겼다. 배우이자 남부 연합을 추종하던 존 윌크스 부스(John Wilkes Booth, 이하 부스)는 대통령이 공연을 보러 온 것을 확인하고는 대통령석 뒤에서 링컨을 저격하였다. 머리에 총을 맞은 링컨은 다음 날 아침 세상을 떠났다.

시간이 지나면서 링컨이 암살당한 날 아침에 맥컬록이 제안한 비밀경호국 창설 법안에 서명했다는 소문이 돌았다. 이것이 사실이라면 매우 아이러니하지만 사실이 아닐 듯싶다. 어떤 역사가들은 '링컨이 암살당한 날 오후에 맥컬록을 만났고 맥컬록이 비밀경호국 창설을 제안하자 링컨이 매우 흡족해했다'고 하지만 이런 논의조차 없었다고 반박하는 역사가들도 있다. 링컨과 맥컬록 사이에 어떤 말이 오갔든 간에 미국은 그날 밤을 계기로 큰 변화를 맞이하게 된다. 링컨이 포드 극장에서 저격당하자 암살자를 잡기 위한 추격전이 전개되었다. 이와 더불어 혹시 모를 공조자를 찾기 위한 수사도 개시되었다. 흥미롭게도 수사를 이끈 인물이 바로 맥카트니를 놓친 우드였다. 그는 멕시코-미국 전쟁에서 기병대 장교로 참전했으며 이후 재무부에서 근무하며 위조범 체포에 관해 전문가가 되어 있었다. 그는 무모한 사람으로 평판이 나 있었으며 정보를 캐기 위해 잔인한 고문도 서슴지 않는 것으로 유명했다. 우드는 링컨 정부에서 교도소장으로 임명되었는데, 그곳은 북부 연방의 배신자와 남부 연합의 스파이가 수감된 감옥이었다. 하지만 재무부는 필요에 따라 그에게 수사를 의뢰하곤 하였다.

링컨이 암살되고 12일 후, 전쟁부* 요원들이 부스를 버지니아주 포트로얄(Port Royal)의 외양간에서 발견하여 사살했지만 사건은 여기서 일단락되지 않았다. 링컨의 암살이 남부 연합의 음모일 수 있고 그 배후가 남부 연합의 총사령관인 제퍼슨 데이비스(Jefferson Davis)라는 가정하에 수사가 계속되었다. 우드는 부스와 공모한 용의자로 지목된 의사 새뮤얼 머드(Samuel Mudd) 등 5명을 심문하였고, 약 1개월 뒤 머드를 제외한 4명에게 사형이 집행되었다.

1865년 7월 5일, 맥컬록은 우드를 재무부 소속 비밀경호국 초대 국장으로 임명하고 소속 직원으로 10명의 요원을 임용하였다. 당시 일당은 근무시간과 관계없이 3달러가 책정되었다. 황당한 일이지만 인원과 인건비 외에 비밀경호국의 창설을 증빙하는 그 어떠한 문서도 없었다. 그 때문에 비밀경호국의 임무가 무엇인지 명확하지 않았다. 더구나 다음 대통령과 의회 또한 형식상의 절차를 무시한 채 비밀경호국에 추가로 임무를 부여한다는 점에서도 어처구니가 없었다.

비밀경호국은 당시 미국 정부에서 매우 특수한 부서였기에 많은 의심을 샀다. 그때까지만 해도 연방정부는 법집행기관을 두지 않았는데 그 이유는 민주주의 이념에 입각하여 시민들의 권리와 자유를 제한하는 유럽의 기관들 또는 중앙집권화된 관료체제와 유사성을 띠는 조직의 창설을 경계했기 때문이다. 하지만 2년 후, 링컨의 후임자인 앤드류 존슨(Andrew Johnson) 대통령은 비밀경호국이 국가의 근심거리를 해결하는 데 유용한 도구가 될 수 있다고 보았다. 1867년, 비밀경호국은 국가를 대상으로 사기 친 사람들을 '지목'하는 권한을 받게 되는데 비밀경호국은 이 권한을 악용해 용의자를 부지기수로 지정하게 된다. 비밀경호국의 두 번째 수장인 히

---

*   국방부의 전신

람 C. 휘틀리(Hiram C. Whitley, 이하 휘틀리)는 이 폭넓은 권한을 특히나 마음에 들어 했다고 한다.

휘틀리는 키가 2m가 넘는 장신이었으며 밀매업 단속 업무를 하다가 1869년에 비밀경호국장으로 임명되었다. 그는 부임하자마자 북부군 장교로 복무한 경험을 바탕으로 군대 및 관료체제를 도입하여 비밀경호국 차석인 차장 직위를 신설하고 20명의 구성원을 효율적으로 관리할 수 있게 중간관리자를 두었다. 또한, 전과 있는 요원*들을 퇴출시키고 좋은 배경을 갖고 있는 인재들을 새로 고용하도록 하였다. 휘틀리는 이 외에도 내실을 다지기 위한 작업을 일사천리로 진행하였다. 그는 요원들 간의 갈등과 근무 태만을 방지하기 위해 내부규정을 신설하였고, 요원들을 효율적으로 관리하기 위해 하루 일과 및 지출비용을 기록한 일일보고서를 제출토록 했으며, 동기부여를 위해 범인 검거 및 기소율에 기반한 승진제도를 도입하였다. 그는 은행 절도, 밀매 및 도박, 우편열차 강도 등 중요하다고 생각되는 곳으로 비밀경호국의 수사 범위를 넓혀갔다. 휘틀리는 업무영역 확장이 정부 내에서 비밀경호국의 위상과 자신의 권력을 높이는 길이라고 믿었다.

이런 노력 덕분에 남부에서 쿠 클럭스 클랜(Ku Klux Klan, KKK)에 의한 폭력사태가 발생하자 의회는 휘틀리를 찾았다. 1871년에 의회가 KKK의 '린칭** 행위'를 규탄하는 결의안을 채택하자 비밀경호국은 KKK에 대한 수사를 시작했다. 이 수사에 투입된 8명의 요원은 재무장관이 아닌 법무장관의 지시를 받도록 되어 있었다. 향후 3년 동안 비밀경호국은 남부 지역에

---

* 범죄자가 체포된 후 정보원 역할을 하다 나중에 경호요원 등 공직에 임용되는 경우가 많았다.

** 폭력적인 사적 제재를 뜻하며 KKK 단원들이 흑인을 폭행하고 교수형으로 죽이는 행위를 말한다.

거점을 둔 KKK 지도자들을 미행하며 조직원 500여 명을 기소하였고 이보다 더 많은 단원들을 자수하게 하는 성과를 거두었다.

이러한 성과에도 불구하고 휘틀리는 1874년 스캔들에 연루되는 바람에 비밀경호국과 함께 엄청난 지탄을 받았다. 스캔들의 내막은 이랬다. 워싱턴 지방공무원의 공금 횡령 사건 수사가 진행되던 와중에 주요 증거물인 장부들이 담당 검사 금고에서 도난당했는데 용의자들이 휘틀리로부터 금고를 딸 수 있는 사람을 소개받았다고 진술한 것이다. 휘틀리는 혐의를 강력하게 부인하고 조작된 진술이라고 주장하였지만 재무장관은 비밀경호국을 위해 그에게 사임을 권유했다. 그는 1874년 9월에 사직서를 제출하였다.

이 스캔들의 여파가 십 년간 지속되어 비밀경호국의 영향력이 감소했다. 그 결과 1880년에 비밀경호국 예산의 40%가 삭감되었고, 송무차관으로부터 강도 높은 감찰을 받기도 하였다. 이어서 의회는 비밀경호국의 권한을 위조지폐 수사로 제한하는 부칙을 통과시켰고, 조직 정원도 47명에서 25명으로 축소되었다.

비밀경호국의 예산이 삭감되고 규모가 축소되는 사이 미국에는 또 다른 국가 위기가 발생했다. 링컨이 암살되고 16년밖에 지나지 않은 시점에 또 다른 대통령이 목숨을 잃었다.

1881년 7월 2일, 가필드 대통령은 뉴저지(New Jersey) 해변으로 휴가를 가기 위해 그의 보좌관들과 서둘러 발티모어(Baltimore) 및 포토맥(Potomac) 기차역으로 향했다. 기차역 안에는 찰스 귀토우(Charles Guiteau, 이하 귀토우)가 대통령 일행을 기다리고 있었다. 그는 가필드가 대통령에 당선되도록 큰 공을 세웠다고 생각했는데 정부 인사에서 제외돼 불만을 품고 있었다. 마침 그는 신문을 통해 대통령 일행이 기차역에 온다는 사실을 알게 되었고, 아주 가까운 거리에서 가필드의 팔과 등에 총을 쏘았다. 가필드는 몇 개월간 치료를 받았지만 결국 패혈증과 심장마비로 사망하였다.

지금 생각하면 이해할 수 없는 부분이지만, 가필드가 죽은 이후에도 정부와 의회는 대통령 경호를 위한 전담 조직을 창설할 시도를 하지 않았다. 링컨과 가필드의 암살로 인해 의회 내에서는 대통령 경호 인력을 늘리면 좋겠다는 논의가 있었으나 미국 국민들은 왕실 호위부대 같은 조직을 극도로 싫어했다. 임시방편이었지만 백악관 소속 비서관들이 대통령들의 반대에도 불구하고 외출할 경우에만 지역 경찰을 대동하도록 설득하였다.

그렇다면 비밀경호국은 어떻게 경호 임무를 맡게 되었을까? 비밀경호국은 공식 승인 없이 대통령 경호 임무를 시작하게 된다. 1894년 봄, 윌리엄 헤이즌(William Hazen, 이하 헤이즌) 비밀경호국장은 콜로라도(Colorado)에 파견된 요원들로부터 무정부주의자와 도박꾼들이 그로버 클리블랜드(Grover Cleveland) 대통령을 죽이려 한다는 첩보를 보고 받았다. 그는 즉시 요원 2명을 백악관으로 보내 대통령의 신변을 지키라는 명령을 하달하였다. 대통령 경호 업무가 아직은 비밀경호국에 주어진 권한이 아니었기에 비밀경호국 내에서 이를 아는 사람은 극소수에 불과했다.

같은 해 여름, 대통령이 가족과 함께 매사추세츠주 버자드 만(Buzzard's Bay, Massachusetts) 별장에서 휴양하고 있을 때였다. 영부인은 누군가 자기 가족을 납치하려 한다는 소문을 들었다. 그녀는 헤이즌이 대통령을 비공식적으로 경호하고 있다는 사실을 아는 몇 안 되는 사람 중 한 명이었다. 몹시 걱정된 영부인은 직접 헤이즌에게 연락해 보호를 요청하였다. 그러자 헤이즌은 요원 3명을 파견하여 여름 동안 별장을 지키도록 하였다. 여행에서 돌아온 대통령은 영부인의 걱정을 덜어주기 위해 증가된 경호 인력을 받아들이기로 하였다. 클리블랜드 대통령과 그의 가족, 헤이즌 그리고 사정을 아는 소수의 비밀경호국 요원들은 이 비밀, 즉 의회 또는 정부가 승인하지 않은 경호 임무를 몇 년간 외부에 발설하지 않았다.

이러한 사실은 맥킨리가 대통령으로 취임한 이후에 외부로 알려졌는데, 그 결과 헤이즌은 공금 남용 혐의로 강등당했다. 다만 같은 해에 미국-스페인 전쟁이 발발하자 비상시국이 감안되어 비밀경호국은 맥킨리 경호에 요원 4명을 배치하게 된다. 전쟁이 끝나자 비밀경호국에게 주어진 긴급 권한도 소멸되지만 몇몇 요원이 남아 대통령을 경호하였다. 맥킨리가 1901년 뉴욕주 버펄로에서 열린 팬아메리칸 박람회에서 방문객들과 인사를 나누다 암살당했을 때도 그의 곁을 수행하는 요원이 있었다. 그럼에도 맥킨리가 너무나 쉽게 암살당한다. 이는 박람회를 총괄한 위원장이 한 말 때문이다. 그는 인사하는 동안 자신이 대통령 옆에 있어야 한다고 주장했고 경호요원은 순순히 자리를 비켜주었다.

맥킨리의 죽음으로 미국은 36년간 세 명의 대통령을 잃었다. 의회는 그제야 대통령 경호를 위한 전담 기구를 두는 사안에 합의했다. 의원들은 공식적으로 비밀경호국에 대통령 경호 임무를 추가하였으나 관련 예산은 5년 후인 1906년에서야 배정하였다.

1950년대까지 비밀경호국은 위조지폐 수사와 대통령 경호 임무로 바쁜 나날을 보냈다. 재무부의 일개 부서에 지나지 않았지만 위조지폐 수사에 더 많은 노력을 기울였으며, 의회는 대통령 경호 임무가 비밀경호국 전체 업무의 작은 부분만을 차지할 것으로 예상했다. 하지만 경호업무는 점차 확대되었다. 두 번의 세계대전과 더불어 유럽에서 암살 사건이 많이 발생하자 비밀경호국은 자국 내에서 같은 일이 되풀이되지 않게 경호요원을 늘렸으며 대통령 일정도 일부 제한하도록 하였다.

공식 경호를 처음으로 받은 시어도어 루스벨트(Theodore Roosevelt) 대통령은 비밀경호국을 "아주 작지만 절대적으로 필요한, 살에 박힌 가시"로 비꼬면서 그 능력을 신뢰하지 않았다. 루스벨트가 친구인 헨리 캐보트 롯지(Henry Cabot Lodge)에게 보낸 편지에는 "만약 암살자가 정말로 나를 죽이려 한다면 비밀경호국은 아무런 도움이 되지 못할 것이다"라고 쓰여 있었다. 하지만 다음 대통령이 총격을 받을 때 비밀경호국은 유감없이 진면목을 발휘하게 된다.

1950년 가을, 백악관 내부 공사로 인해 해리 S. 트루먼(Harry S. Truman, 이하 트루먼) 대통령은 임시로 블레어하우스(Blair House)*에 머물고 있었다. 11월 1일 오후, 푸에르토리코 독립을 지지하는 36세의 오스카 콜라조(Oscar Collazo, 이하 콜라조)와 25세의 그리셀리오 토레쏠라(Griselio Torresola, 이하 토레쏠라)는 이 사실을 듣고 블레어하우스에 침입해 트루먼을 총으로 쏴 죽일 계획을 세웠다. 그로 인해 푸에르토리코 독립에 대한 일반인의 관심이 고취되기를 바랐다.

그들은 펜실베이니아 애비뉴(Pennsylvania Avenue)를 통해 침투할 작전을 세우고는 각각 동서 양쪽에서 진입하였다. 당시, (나중에 케네디 경호팀장으로 발탁되는) 보링 요원은 그날 블레어하우스 정문 옆에 있는 동쪽 경비초소에서 근무를 서고 있었다. 그의 동료인 백악관경찰** 소속 레슬리 코펠트(Leslie Coffelt, 이하 코펠트) 경찰관은 서쪽 경비초소에서 근무하고 있었는데 고개를 돌리는 순간 총을 든 남자가 다가오는 것을 보았다.

"대통령은 알링턴 묘지 헌화를 앞두고 2층에서 잠시 낮잠을 주무시고 있었습니다. 우리는 초소 밖 계단에 서 있었는데 두 남자가 다가왔어요. 그중 한 명이 저를 향해 총을 쏘았고 저도 총을 꺼내 대응하였는데 이후 모든 사람이 총을 쏘고 있었습니다."

보링이 당시 상황을 설명하였다. 보링과 또 다른 경찰관의 사격으로 가슴에 총을 맞은 콜라조는 계단 가에 쓰러졌다. 블레어하우스 안에 있던 스튜어트 스타우트(Stewart Stout) 요원은 총소리가 들리자 무기고에서 기관

---

* 미국의 국빈 전용 숙소로 사용되는 백악관 부속 건물이다. 필요에 따라 미국 주요 인사가 사용하는 경우도 있다.

** White House Police. 비밀경호국 소속 Uniformed Division의 전신이다.

단총을 꺼내 들고 경계를 강화하였다. 낮잠을 자던 트루먼이 총소리에 깨어 창문 밖을 내다보자, 밖에 있는 경호요원이 대통령을 향해 안쪽으로 들어가라고 외쳤다.

한편, 토레쏠라는 루거 권총으로 코펠트의 가슴에 두 발 그리고 복부에 한 발을 명중시켰다. 총에 맞은 코펠트는 초소 바닥에 쓰러졌다. 토레쏠라는 다른 경찰관 두 명을 향해 사격을 가하고는 울타리를 넘어 정문을 향해 뛰었다. 이때 코펠트가 다시 일어나 토레쏠라의 머리를 겨냥하여 총을 쏘았다. 토레쏠라는 그 자리에서 즉사하였으며, 코펠트 또한 바닥에 다시 쓰러졌다.

이날 많은 요원들이 총상을 입었다. 코펠트는 수술을 위해 긴급하게 병원으로 후송되었지만 4시간 후 결국 눈을 감았다. 그는 비밀경호국 역사상 처음이자 유일하게 대통령 경호 임무를 수행하다 순직한 요원으로 기록되어 있다.

트루먼은 대외적으로 동요하지 않는 모습을 보였다. 다음 날 기자간담회에서 트루먼은 "대통령은 이런 일을 당할 수 있다"고 태연하게 말했다.

제1차 세계대전에서 대위로 복무했던 트루먼은 자신의 명령 때문에 군인들이 목숨을 잃는 일도 있었지만 코펠트의 죽음은 그에게 다르게 느껴졌던 것 같다. 그는 코펠트의 친구들과 과부가 된 부인에게 코펠트가 덕망이 있었고 그의 죽음으로 비통함을 느낀다고 하였다. 또한, 국무부 장관에게 보낸 편지에는 코펠트의 죽음은 너무나 애석한 일이며, 부상자들도 더없이 훌륭한 사람들이라는 내용이 담겨 있었다. 트루먼은 대통령에 당선된 날부터 경호요원들의 만류를 뿌리치고 매일 같이 산책하러 나갔는데, 이 사건 이후로 그들의 권유를 받아들였다.

"두 미친놈들이 며칠 전 나를 죽이려 했기 때문에 나의 믿음직스럽고 정의로운 경호원들이 걱정하고 있다. 그래서 나는 그들에게 도움이 되고자 한다"고 트루먼이 말했다.

고향인 셰난도아 마운틴(Shenandoah Mountains)에 살고 있던 코펠트의 여동생 밀드레드 구드(Mildred Good)는 오빠가 죽었다는 소식을 라디오 방송을 통해 들었다. 그녀는 오빠가 대통령의 안전을 책임지는 일을 항상 자랑스러워했다고 했으며, 이 사건을 계기로 경호요원은 언젠가 대통령을 위해 목숨을 바쳐야 한다는 것을 실감했다고 하였다.

"오빠는 그의 일을 정말 사랑했고 다른 방법으로 죽는 것은 상상도 안 했을 거예요. 분명 후회 없이 갔을 겁니다."

2
악마의 유혹

1961년, 케네디는 당선된 지 1년 만에 백악관 외부 일정을 가장 많이 소화한 대통령이었다. 그가 외부 일정이 많은 데에는 이유가 있었다. 케네디와 대통령 자문위원들은 그가 간발의 차로 당선되었다는 사실을 잊지 않았으며, 외모가 한몫했다는 것도 알고 있었다. 또한, 지지를 얻기 위한 가장 좋은 방법은 대통령과 그의 가족을 국민 앞에 내세우는 것이라고 생각했다.

비밀경호국에 케네디는 충격 그 자체였다. 그동안 나이가 많고 보수적이어서 주로 백악관 안에 머무는 것을 좋아했던 대통령들에 익숙해져 있었기 때문이다. 케네디의 바쁜 일정으로 경호요원들은 휴식과 휴일 모두 반납해야 했으며 바쁜 시기에는 근무하면서 다음 일정을 계획해야 할 때도 있었다.

1963년 여름이 막바지에 다다랐을 무렵 많은 요원들이 케네디 경호팀 업무에 더 이상 매력을 느끼지 못했다. 케네디는 그 시기에 독일, 아일랜드, 영국과 이탈리아를 방문했는데, 윈 로슨을 포함해 고작 8명의 요원들이 대통령에게 가까이 가려는 군중과 씨름하며 24시간 근무를 서야만 했다. 2년 반 동안 대통령을 수행하며 세계 곳곳을 누빈 요원들은 그즈음 지쳐 있었다.

케네디는 휴양지에서 와인을 곁들인 오찬을 즐기는 부유층을 비난하였지만 본인도 이런 삶을 영위하곤 하였다. 그는 계절에 따라 본인이 소유한 케이프 코드(Cape Cod) 별장과 아버지 소유의 팜비치 저택에 놀러 갔고 때로는 영부인과 함께 버지니아주 미들버그(Middleburg) 교외 저택에서 시간을 보내기도 하였다. 영부인은 20만 평이나 되는 대지 위에 지은 저택에 자식을 위한 놀이터를 꾸미고 싶어 했다고 한다.

래리 뉴먼(Larry Newman, 이하 뉴먼) 요원은 당시를 다음과 같이 기억했다. "우리는 마치 철새처럼 여름에는 히어니스 포트(Hyannis Port), 겨울에는 팜비치에 머물렀습니다."

비밀경호국은 34명의 요원으로 대통령을 수행하고 경호계획을 수립하는 일이 불가능하다고 판단했다. 그도 그럴 것이 바쁠 때는 케네디를 종일 수행하고 나서, 밤 비행기를 타고 다음 방문 도시로 넘어가 1주일 뒤에 도착하는 대통령을 맞이할 준비를 마친 후, 다시 대통령과 함께 3번째 방문지로 이동해야만 했다.

제리 블레인(Jerry Blaine) 요원은 "그때는 너무 바빠서 쉴 시간이 없었다"고 했다. 이를 좀 더 자세하게 설명하자면 아침 6시부터 밤 10시까지 근무하는 동안 땅콩이나 샌드위치로 한 끼 식사라도 하면 다행이고, 맥주 또는 양주 한잔 마시고 밤 11시 또는 12시에 잠이 드는 것을 말한다. 경호요원들은 또한 한정된 예산 때문에 호텔을 2인 1실로 써야 했다. 팀 맥인타이어(이하 맥인타이어) 요원은 그 시절 "방을 같이 쓰는 동료가 코를 골지 않길 빌었다"고 했다.

경호요원들이 워싱턴에 복귀하면 가족들과 같이 보낼 수 있는 시간이 하루 정도였다. 부인들은 남편이 와서 다시 짐을 챙겨 나가는 것에 익숙해졌다. 케네디 자녀 경호를 담당하다 영부인경호팀*에 배속되었던 폴 랜디

---

* 비밀경호국은 대통령, 부통령, 전직 대통령 등으로 경호팀을 편성하며, 영부인경호팀은 대

스(Paul Landis) 요원은 1년에 출장을 약 300일 다녔다고 한다.

"저는 독신이었기 때문에 크게 개의치 않았지만 많은 동료들은 가족이 있었습니다. 그들이 결혼한 상태로 어떻게 이 일을 계속했는지 모르겠습니다."

랜디스의 말이다.

제임스 라울리(James Rowley, 이하 라울리) 비밀경호국장은 아일랜드계 뉴욕 출신이었다. 그는 대통령경호팀에서 22년간 일했기 때문에 직원들이 새로운 '보스'를 맞이한 변화에 적응하기 위해서는 인원이 보충되어야 한다는 것을 알고 있었다. 그는 같은 아일랜드계인 케네디가 자신을 국장으로 임명한 것에 감사하고 있었지만 직원들이 대통령 때문에 혹사당하고 있다고 느꼈다.

라울리는 케네디가 당선되자 대통령경호팀을 증원하려 두 번 시도했으나 실패하였다. 첫 시도로 1962년 봄에 정원을 58석 늘리고 기존 예산의 19%인 100만 달러를 증액하는 안을 백악관과 의회에 제출하였다. 그러나 의회는 1950년 트루먼 암살미수사건 이후 정원을 두 배로 늘렸다는 이유로 라울리의 요구안을 절반만 수용하여 30석을 증원하였다. 두 번째는 이듬해인 1963년, 1962년에 추가된 부통령 경호 임무를 근거로 35석을 다시 증원해달라고 요청하였으나 완전히 거절당했다.

라울리에게는 의회가 유일한 장애물이 아니었다. 대통령도 경호요원을 줄이고 싶어 했다. 케네디는 경호요원들을 항상 다정하게 대했지만, 경호 목적을 위해 대통령이 대중에 가까워지지 못하도록 제한받는 상황을 극도로 싫어했다. 그는 경호팀에 사전 경고 없이 정해진 동선을 무시하며 대중에게 다가가려 했다. 그들과 악수하려는 목적이었다. 그는 국민을 만

통령경호팀 소속이다.

나지 않으면 정치인이 될 수 없다는 입장을 반복해서 경호팀장에게 표명하였다.

대통령의 즉흥적인 행동은 도를 넘어설 때도 많았다. 1962년 8월 중순 주말에 케네디가 대낮에 경호요원들을 따돌렸다는 기사가 신문의 1면을 장식하였다. 이 장난으로 그를 향한 국민의 사랑은 더욱 커졌지만, 경호팀은 창피해서 분노하였고 라울리도 신경이 곤두섰다. 이는 비밀경호국이 그토록 제어하려 했던 상황으로, 케네디의 무모함이 잘 드러난 사건이었다.

사건의 전말은 이렇다. 케네디는 매제인 피터 로퍼드(Peter Lawford)가 소유한 캘리포니아주 산타 모니카(Santa Monica, California) 바닷가 저택에서 남자들끼리 주말을 보내기로 했다. 8월 19일 일요일, 그는 저택 내 수영장에서 유유히 시간을 보내다가 문득 저택 후면과 이어진 바닷가에서 수영하고 싶다는 생각에 외부로 나갔다.

케네디를 목격한 시민들이 "대통령이다!" 외치며 그에게 다가왔다.

그는 자신이 좀 더 빨리 움직이지 않으면 물속으로 들어가기 전에 사람들한테 둘러싸일 것 같다고 생각했다. 그래서 멋쩍은 표정을 지으면서도 입고 있던 셔츠를 재빨리 벗어던지고 물로 뛰어들었다. 신이 난 일부 시민들이 그를 따라 옆에서 수영했다. 한편, 케네디 경호팀은 바닷가 반대편인 저택 정문 쪽에서 근무를 서고 있었는데, 소란스러운 소리를 듣고는 바로 바닷가로 뛰어갔지만 이미 대통령은 수영하고 있었다.

때마침 현장에서 이를 직접 목격한 빌 비브(Bill Beebe) 사진기자는 "비밀경호국과 연방수사국(FBI)*이 대통령을 놓쳤다"고 했다.

---

*　비밀경호국은 정보공유 등 다양한 이유로 관계기관으로부터 지원을 받는다. 관계기관은 연방수사국뿐 아니라 군, 경찰, 교통안전국 등 대다수 정부기관을 포함한다.

2 악마의 유혹

현장에서 최고참이었던 경호팀의 조장은 즉시 해양경찰에 연락해 순찰선을 대통령 가까이 이동하도록 조치하였다. 10분간 더 수영을 즐긴 대통령이 뭍으로 나올 때 경호요원들이 물속으로 들어가 대통령 주변으로 대형을 갖췄다. 그때는 이미 대통령을 보기 위해 해변에 천여 명이 운집해 있었다.

"이럴 수가! 믿기지 않는군."

케네디는 자신의 사진을 찍는 사진기자를 발견하고는 웃으면서 말했다.

신발과 바지가 다 젖은 경호요원들은 밝게 웃고 있는 그를 다시 로퍼드 저택 안으로 안내하였다. 대통령은 수영장 옆 의자에 털썩 앉았고 로퍼드와 데이비드 파워스(David Powers, 이하 파워스) 비서관이 뒤따라왔다.

"요 근래 한 수영 중 최고였어."

케네디가 말했다.

백악관 대변인 피에르 살린저(Pierre Salinger)는 재빨리 로스엔젤레스 타임스(Los Angeles Times) 편집장에게 연락해 대통령이 수영복을 입은 사진을 게재하지 말아달라고 요청하였으나 설득하지 못했다. 다음 날 케네디가 물방울무늬 비키니를 입고 있는 여자와 환하게 인사하는 장면이 담긴 사진은 로스엔젤레스 타임스 1면의 절반을 차지하였다. 기사의 제목은 "케네디의 마지막 일정은 태평양에서의 수영"이었다.

대통령 일행이 워싱턴에 복귀했을 때 살린저는 안전을 위해 경호요원 없이 일반 군중 속으로 들어가는 행동을 삼가는 편이 좋겠다는 의견을 전달하였다. 이에 케네디는 비밀경호국을 포함해 그 누구도 확고한 의지가 있는 암살자를 막을 수 없다고 일축했다. 그러면서 "미국 대통령을 죽이겠다고 마음먹는 미친 사람이 있다면 목표를 이룰 수 있다. 단지 자신의 목숨을 희생하면 될 뿐이다"라고 살린저에게 말했다.

케네디는 경호요원들이 느끼는 불안감을 달래기 위해 유머를 발휘하기도 하였다. 존슨(Lyndon B. Johnson) 부통령이 엘리너 루스벨트(Eleanor

Roosevelt) 전 영부인 장례식에 갔다가 자기를 태우러 오는 헬기가 몇 분 늦어지자, 홧김에 욱해서 평소 평판이 좋았던 경호요원을 해고하겠다고 윽박질렀다. 이 소식을 전해 들은 대통령은 자기 경호팀에게 "너희가 존슨과 일하기 싫어서 나를 과잉 경호하는구나?"라며 농담을 건넸다. 그리고 케네디는 영부인한테 "만약 존슨이 대통령이 된다면 나라 꼴이 뭐가 되겠어?"라며 솔직한 심정을 털어놓았다.

경호요원들에게는 보안을 지키는 것도 업무의 일환이다. 그들은 백악관 내부에서 벌어지는 일들과 대통령과 그 가족의 사생활을 외부에 알리지 않아야 한다. 케네디 경호팀 일원이었던 조셉 파오렐라(Joseph Paollela, 이하 파오렐라) 요원은 백악관을 라스베이거스(Las Vegas)에 비유했다.

"백악관에서 일어난 일은 백악관에 머물러야 해요. 저는 천사도 성직자도 아니에요. 누군가 저의 일거수일투족에 대해 떠벌리고 다닌다면 당연히 싫겠죠. 대통령이 편해지려면 비밀경호국을 믿어야 해요. 비밀경호국이 비밀을 지킬 것이라 믿지 못하면 누구를 믿을 수 있겠어요?"

그러나 케네디 경호팀은 지켜야 하는 어두운 비밀이 더 있었다. 라울리와 케네디 경호팀만 알고 있었지만 대통령은 가끔가다 그의 동생 또는 친구와 함께 일반 차에 몰래 숨어 타서 백악관을 빠져나갔다 꼭두새벽에 들어왔다. 그가 어디를 갔다 오는지 대충 짐작은 됐지만 정확하게 알 수는 없었기에 라울리와 경호팀의 걱정은 커져만 갔다.

이제는 비밀도 아니지만 케네디는 채워지지 않는 성적 욕구를 충족시키기 위해 밀회를 즐기러 백악관 밖으로 나갔었다. 그는 위험을 자초하였고 경호팀은 대통령이 밀회를 즐기는 수많은 여인들 중에 그를 협박하거나 독살할 수 있는 사람이 있을 가능성을 우려했다.

맥인타이어는 1963년 여름에 케네디 경호팀에 합류해 동료 및 선배 직원들로부터 직무훈련을 받았다. 그러다 야간조로 근무하고 있을 때 조장인 에모리 로버츠(Emory Roberts, 이하 로버츠) 요원이 자기를 불러 "여기서 대통령과 관련된 많은 일들을 보게 될 텐데 보더라도 그냥 잊고 너 자신만 알고 있어. 부인한테도 절대로 말하면 안 된다"고 하였다.

대통령의 문란한 성생활에 대해 말로만 들었던 맥인타이어는 처음에 "여자가 대통령을 입으로 물어버리면 어쩌죠?"라고 농담하며 가볍게 여겼으나 얼마 지나지 않아 여비서, 신인 배우, 매춘부 등이 대통령이 머무르고 있는 호텔과 사저 방으로 안내되는 것을 목격하고는 생각이 달라졌다. 비밀경호국은 대통령과 만나는 사람들에 대한 신원조사를 실시했지만, 밀회 대상인 여자들에 관해서는 이름조차 물어볼 수 없었다.

케네디의 사적 공간으로 여자를 안내하는 역할은 주로 비서관이자 오랜 친구인 파워스가 맡았다. 경호팀 야간 조는 낯선 여자의 방문에 익숙해졌고, 오후 조는 밤 10시에 교대하며 다음 조장에게 손님에 관해 간단히 인계해주는 것이 일상이 되었다.

그 상황을 기억하던 전직 요원은 "근무를 마치고 교대할 때 '누가 누가 금발을 데려왔어' 또는 '방 안에 손님 두 명 있어요'" 하는 식으로 다음 조에게 알려줬다고 한다. 그 요원은 "야간 조에 어떤 상황인지 알려줘야 했습니다. 그 이유는 만약 새벽 4시까지 손님이 나오지 않으면 무슨 일이 일어났다고 봐야 했기 때문입니다"라고 설명했다.

케네디 경호팀은 혼란스러워했다. 그들은 대통령을 정말로 존경했다. 파오렐라는 케네디에 대해 "정말 특별한 사람이었습니다. 그는 영국 여왕이든 정리원이든 신분과 상관없이 모든 사람을 동등하게 대했습니다"라고 회상했다. 하지만 대통령의 비도덕적인 행동 때문에 경호 원칙을 무시해야 했는데, 이를 창피하게 생각하는 요원들이 생겨났고 일부는 분개하기까지 하였다. 때마침 미국 정보기관에서 쿠바와 소련이 대통령을 협박하거나 암살하려는 첩보가 있다고 알려왔다. 이에 케네디 경호팀은 암살을 위한 가장 확실한 방법으로, 적국에 포섭된 아름다운 여자가 접근할 수 있다고 생각하였다.

뉴먼은 이에 대해 다음과 같이 말했다.

"맙소사 그 시절에 미국과 소련은 냉전 중이었잖아요. 대통령이 손님에게 암살당하는 장면을 상상하며 무척 괴로워했어요. 대통령 방 안으로 확인되지 않은 사람을 들여보내지 말라는 지침을 받았지만, 아무도 그 일을 못 했어요. 데이비드 파워스가 여자를 데려와서는 방 안으로 들어가는데, 그냥 보고만 있었어요. 명백한 실패입니다. 우리는 국가와 대통령에게 위험한 일을 묵인했던 겁니다."

앤소니 셔먼(Anthony Sherman, 이하 셔먼) 요원도 케네디가 지닌 매력과 용기 때문에 그를 흠모하였으나, 앞날을 걱정하지 않는 태도는 대통령이라는 직을 모욕하는 의미로 보았다.

셔먼은 케네디가 1963년 6월 호놀룰루(Honolulu)를 방문했을 때 인내가 한계에 다다랐음을 느꼈다. 대통령이 시장들과의 간담회를 갖고 진주만 습격 때 침몰한 해군함 애리조나 기념비를 찾기로 되어 있었다. 이를 위해 케네디와 수행원들은 전날 밤에 하와이(Hawaii)에 도착했다. 그는 공항에서 하와이 주요 인사들로부터 영접과 화환을 받았고, 차에 탑승하여 바로 숙소로 향했다. 해병대 기지가 근처에 있었기 때문에 부대장이 대통령이 묵을 게스트하우스를 준비해 놓은 상태였다. 케네디가 숙소로 들어가자 10분 후에 백악관 비서관이 어린 여자 두 명을 데리고 셔먼을 지나 숙소 내부로 들어갔다. 부대장은 얼떨떨한 표정을 지으며 셔먼을 돌아봤다.

"누구예요?"

여자들을 가리키며 부대장이 셔먼에게 물었다.

"비서들입니다. 대통령께서 오늘 밤에 꼭 마무리해야 할 일이 있는 듯하네요."

셔먼은 거짓말을 지어 내는 것이 한심하다고 생각하면서도 그렇게 답변했다.

거짓말을 간파한 부대장이 그를 빤히 쳐다보았다.

2 악마의 유혹

"우리는 대통령의 신변경호뿐 아니라 그 이상을 해야 했지만 호놀룰루 사건은 저를 정말 화나게 했어요. 제가 다른 사람들에 비해 도덕적으로 우월하다는 것은 절대 아니지만 대통령이 그러면 안 된다고 생각했습니다."

1997년 ABC 뉴스 인터뷰에서 셔먼이 한 말이다.

경호요원이 어떻게 행동하는 것이 맞을까? 대통령이 도착하기를 기다릴 때면 경호요원들은 자기들끼리 걱정하는 점을 털어놓았다. 대통령의 사생활과 결정에 대해 왈가왈부할 수는 없었지만, 만약 대통령의 목숨이 위태로워진다면 자기들도 책임이 있는 게 아닐까 염려했다.

하지만 결국에는 비밀경호국의 좌우명인 '믿음과 신뢰를 받을 자격'에 충실하기 위해 로버츠의 결정에 따라 그냥 침묵하기로 했다.

11월 12일 화요일 이른 아침에 윈 로슨의 부인 바바라(Barbara)가 남편을 알렉산드리아(Alexandria) 집에서 백악관까지 차로 태워주었다. 뒷좌석에는 두 아이가 함께 타고 있었다. 로슨은 케네디의 댈러스 방문을 준비하기 위해 열흘간 출장을 다녀올 예정이었다. 그는 출장으로 인해 아들 제프(Jeff)의 다섯 번째 생일을 놓치고, 갓 입양한 딸 안드레아(Andrea)에게 밤마다 우유를 먹이지도 못할 것이었다.

1963년 여름과 초가을은 경호팀에 매우 바쁜 시기였지만 그중에서도 11월 일정은 혀를 내두를 정도로 꽉 차 있었다. 케네디는 11월 초에 미국 동부를 훑은 다음, 추수감사절 전까지 플로리다와 텍사스(Texas) 전 지역을 방문할 예정이었다. 인권 운동으로 논란이 많았던 시기라 케네디 선거캠프에서는 남부에서 이길 수 있는 주로 플로리다와 텍사스를 꼽았다. 케네디가 재선되기 위해서는 이 두 주에서 반드시 승리해야 했기 때문에 선거캠프는 이 지역에서 비공식적으로 출마 선언을 하는 전략을 갖고 있었. 로슨은 자기에게 주어진 일정표를 보며 고개를 내저었다. 일주일 안에 9개 도시 22개 지역을 돌아야 했다.

대통령경호팀장 제리 벤(Jerry Behn)은 로슨을 신뢰했기 때문에 댈러스(Dallas)에 선발로 가서 준비하도록 했다. 댈러스는 공개적으로 케네디를 적대시하는 도시였다. 지역 보수주의자들은 그의 사진으로 현상수배 전단지를 제작하여 곳곳에 뿌렸고, 한 달 전 대통령 특사가 방문했을 때는 시위대가 침을 뱉고 폭행을 가하는 일도 벌어졌다.

로슨은 오로지 일만 아는 사람이었다. 그는 음주를 하지 않았고, 여자를 밝히지도 않았으며, 선발 나가면 대통령이 도착하기 전까지 잠도 잊은 채 경호계획을 점검하고 또 점검하는 것으로 정평이 나 있었다. 한 예로, 로슨이 처음으로 선발을 맡은 닉슨(Richard Nixon) 부통령의 뉴욕주 빙햄톤(Binghamton) 지방법원 방문을 준비하면서 부통령이 도착하는 날 일반인들이 법원에 출입을 못 하도록 판사에게 요청하였다. 닉슨을 보러 법원 직원들이 지인들을 초청했는데 법원 건물 위에서 부통령을 내려다보는 대중이 위협요인이 될 수 있다고 판단했기 때문이다. 판사는 충분히 일리가 있다며 로슨의 요청을 수락하였다.

항상 그랬듯이 그는 댈러스로 출발하기 전인 11월 8일에 비밀경호국 경호정보부를 방문하였다. 매우 작은 부서였지만 경호정보부는 대통령에게 실질적인 위협이 될 수 있는 400여 명의 인물을 데이터베이스로 관리하고 있었기에, 데이터베이스 중에 댈러스에 거주하는 인물이 있는지 문의하기 위한 것이었다. 꽤 큰 도시인데도 불구하고 명단에는 그런 인물이 없다는 답이 돌아왔다. 혹시 새로운 첩보가 있어 데이터베이스에 추가된 인물이 있을지 모른다는 생각에 로슨은 11월 12일에 다시 한번 확인하였으나 역시 그런 인물은 없었다.

같은 날 정오쯤에 그는 6명의 요원들과 군용기에 몸을 실었다. 모두 다 텍사스로 가고 있었지만 각기 다른 도시에서 있을 대통령 일정을 준비하고 있었다. 그들이 남쪽을 향해 비행하고 있을 무렵 경호정보부에 긴급한 전화가 걸려 왔다. 전화를 한 사람은 대통령을 암살하려는 첩보가 있다고 알려왔다.

　11월 12일 화요일 오전, 마이애미(Miami) 지부의 로버트 제이미슨(Robert Jamison, 이하 제이미슨) 요원은 조지아주(Georgia) KKK 단원의 녹취록이 사실인지 아닌지 감이 안 왔다. 그렇지만 녹취록의 내용은 심각했다. 그 단원은 케네디를 암살하려는 계획을 알고 있다고 했다.
　그로부터 일주일 전, 백인우월주의 단체들의 자금줄이었던 조셉 밀티어(Joseph Milteer, 이하 밀티어)는 남부로 자동차 여행을 하다가 마이애미에 살고 있는 소꿉친구 윌리엄 소머셋(William Somersett, 이하 소머셋)과 만났다. 밀티어는 자기 친구가 KKK에 침투하기 위해 경찰이 심어 놓은 정보원으로 도청장치까지 착용하고 있는 걸 전혀 알지 못했다.
　밀티어는 백인우월주의 단체들과 교류하며 과격 성향의 KKK 지도자들과 만났는데 이들 상당수가 폭발물 및 살인 사건의 용의자로 지목된 사람들이었다. 특히 밀티어는 테네시주(Tennessee) KKK 서열 1위인 잭 브라운(Jack Brown, 이하 브라운)과 두터운 관계였다. 그리고 브라운은 지난 9월에 발생한 앨라배마주 버밍햄(Birmingham, Alabama) 교회 폭파 사건의 유력한 용의자였다. 그 사건으로 흑인 소녀 4명이 꽃다운 나이에 목숨을 잃었고, 그 때문에 경찰은 범인을 잡으려고 혈안이 되었다. 그들은 밀티어가 단서를 제공해 주기를 기대하고 있었다.
　소머셋이 정보를 캐기 위해 밀티어를 계속 떠보았으나 밀티어는 교회 폭파 사건에 대해서는 말을 아꼈다.
　"케네디가 연설하기 위해 11월 18일에 마이애미를 방문하는 것 같아. 경호요원만 1천 명 동원될 것이니까 아무 일 없겠지."
　소모셋이 화제를 전환해서 대통령의 마이애미 방문에 관해 말하자 그는 말이 많아졌다.
　"경호요원이 많을수록 그를 죽이기 쉬울 거야."

"뭐라고?"

소머셋이 물었다.

"경호요원이 많을수록 그를 죽이기 쉬울 거야."

밀티어가 같은 말을 반복했다.

"어떻게 하면 대통령을 죽일 수 있는데?"

소머셋이 되물었다.

"건물 안에서 고성능 총으로 저격하면 돼."

밀티어가 답변했다.

"그들이 진짜로 대통령을 죽일 생각이야?"

소머셋이 물었다.

"응, 지금 계획을 수립하는 중이야."

밀티어가 말했다.

밀티어는 브라운이 케네디를 죽일 가능성이 가장 높다고 했으며, 시민운동가 마틴 루터 킹(Martin Luther King) 역시 죽이기 위해 그를 미행하고 있다고 했다.

"브라운이 마틴 루터 킹을 오랜 시간 미행했지만, 죽일 수 있을 정도로 가까이 접근하지는 못했어."

밀티어가 말했다.

"사무실 건물 등 케네디를 죽이기 위해 필요한 사항들을 다 알아보았겠지만, 케네디를 죽이는 건 쉽지 않아 보여. 비밀경호국 요원들이 사무실 건물들에 대한 안전조치도 하지 않을까? 너 그런 것도 알아보았니?"

소머셋이 정보를 얻기 위해 계속 질문을 던졌다.

그러자 밀티어는 로슨 같은 선발 담당이 왜 대통령 동선상에 있는 사무실 건물들을 확인하지 않는지 자세하게 설명해 주었다.

"만약 첩보가 있다면 당연히 확인하지. 하지만 첩보가 없다면 확인하지 않을 가능성이 커."

2 악마의 유혹

밀티어는 제대로 짚고 있었다. 비밀경호국은 작은 규모 때문에 모터케이드 이동 동선상에 있는 수백 개의 건물들을 일일이 확인할 수 없었다. 만약 특정한 첩보가 있거나 빙햄톤 때처럼 안전상에 문제가 있다고 판단되면 건물 안을 확인하거나 폐쇄하는 조치를 취하였지만 그렇지 않을 경우에는 아무런 조처를 하지 않았다.

다시 11월 12일 화요일 오전으로 돌아가자. 제이미슨은 비밀경호국 마이애미 지부장과 녹취록에 관해서 상의한 후 경호정보부장 로버트 벅 (Robert Bouck, 이하 벅)에게 전화를 넣었다.

벅은 유능한 수사관이자 타고난 리더로서 비밀경호국 내에서 존경받는 인물이었다. 그는 전자감시의 필요성을 주창했으며 '전자 기술의 천재'라는 별명으로 불리기도 하였다. 1962년에는 케네디의 요청으로 백악관 내 대통령 집무실에 도청장치를 설치하기도 하였다. 케네디는 백악관 내에서 이뤄지는 주요 행사와 회의에 관한 기록을 남기고 싶어 했다. 대통령이 되기 전에 작가로 이름을 알렸던 것으로 미루어 보건대 아마도 회고록을 쓰기 위한 용도로 추측되고 있다.

대통령 암살에 대한 첩보를 입수한 벅은 조심스럽게 행동해야 했다. 보통은 요원들을 파견하여 밀티어를 심문하는 것이 절차였지만 그렇게 했다간 정보원의 정체가 탄로 날 수 있었다. 그래서 벅은 제이미슨에게 비밀 보고서를 작성하게 한 후 일부만 보고서를 공유토록 했다. 공유하는 이들은 케네디의 마이애미 방문을 준비하는 선발 요원, 그리고 애틀란타(Atlanta), 내슈빌(Nashville), 인디애나폴리스 및 필라델피아(Philadelphia) 지부였다. 보고서를 공유 받은 지부에서는 밀티어가 거론한 인물들에 대한 정보를 비밀리에 수집하기로 하였다.

로슨은 댈러스에 같은 날인 11월 12일에 도착하여 다음 날 경찰과 만나 대통령과 영부인의 모터케이드 동선을 논의하였다. 대통령은 러브필드 공항(Love Field)에서 연설 장소인 트레이드 마트(Trade Mart)로 이동해야 했다. 로슨은 케네디가 댈러스의 중심인 메인 스트리트(Main Street)를 지나야 하는 것을 알고 있었다. 그는 그때 기억을 떠올리며 다음과 같이 말했다.

"대통령 또는 부통령이 어느 도시를 방문하는 이유는 국민을 보고 또 국민들이 자신을 볼 수 있게 하기 위함입니다. 이런 이유로 점심 또는 저녁 시간에 맞춰 방문하는 경우가 많은데 대다수의 사람들이 사무실 건물 밖에 나와 있기 때문이죠. 사무실 건물과 상가가 많은 시내 중심부를 가로지르면 자연스럽게 군중이 모이는 효과도 있고요. 우리가 댈러스에서 시내 중심을 가로지르는 길을 택한 것도 그런 이유였습니다. 백악관은 국민들이 대통령을 직접 볼 수 있기를 원했으며 그러기 위해서는 시내 중심이 최적의 장소였죠. 그 길 외에는 다른 선택이 없었습니다."

로슨은 이를 실현하기 위해 경찰 등 관계기관과 준비하기 시작했는데 여러 기관이 한 치의 오차도 없이 같이 움직여야 했기 때문에 여러 계획을 수립해놓아야 했다. 예를 들어 러브필드 공항에서는 활주로를 살필 수 있게 청사 옥상에 경찰을 배치하였으며, 환영 인파가 운집한 장소에는 사복 요원들을 군중 속에 배치하여 일반인처럼 행세하며 감시활동을 실시하도록 하였다. 모터케이드가 이동할 때는 경찰 모터사이클로 하여금 대통령차 주변을 에워싸서 완충 역할을 하도록 했고 다리와 고가도로 등은 통행을 금지하도록 했다.

로슨은 경호정보부가 입수한 첩보에 대해서 알지 못했다. 나중에 알려졌지만 경호정보부는 시카고(Chicago) 지부로부터 동일한 내용의 첩보, 즉 모터케이드 동선상에서 고성능 총으로 케네디를 암살할 계획이 있다는 정보를 입수하였다고 한다.

"저는 전혀 듣지 못했습니다. 그런 정보를 들었다면 분명히 기억했을 겁니다."

로슨이 말했다.

3
댈러스에서 울려 퍼진 총성

1963년 11월 18일 월요일, 케네디는 아버지가 팜비치에 소유한 지중해식 건축 양식의 바닷가 저택에서 일어나 경호팀과 공항으로 향했다. 주말을 이곳에서 보낸 케네디는 이제 에어포스원에 타고 탐파(Tampa)로 가야 했다. 그는 탐파를 시작으로 일주일간 선거유세를 위해 플로리다와 텍사스를 방문하기로 되어 있었다.

대통령은 플로리다와 텍사스에서의 선거 유세를 통해 재선되기를 희망했다. 당시 영부인이 텍사스를 같이 방문하기로 결정했다는 소식이 들렸는데, 조산으로 낳은 넷째 아들이 사망해서 한동안 우울증에 빠져 있던 터라, 영부인의 방문 소식에 보좌관들은 긍정적인 반응을 보였다. 살린저 대변인은 케네디에게 "여태까지 보지 못했던 인파가 모여 있을 텐데 영부인이 같이 간다니 정말 다행"이라고 말했다.

경호팀은 백악관 외부 일정이 있을 때마다 그랬듯이 아무 일이 없기를 기도했다. 그들은 이미 지난 몇 개월간 다닌 출장으로 지쳐 있었고, 인력 부족에 시달리고 있었으며, 그나마 있는 경호요원들 중에 경험이 많은 인원은 별로 없었다. 그러다 보니 어쩔 수 없이 한 지역에 선발로 보내는 인원도 2명에서 1명으로 줄이는 경우가 다반사였다.

그럼에도 경호팀은 불평하지 않았다. 그들은 앞으로 5일만 참고 견디면 '보스'를 팜비치부터 탐파, 마이애미, 워싱턴(Washington), 샌안토니

오(San Antonio), 휴스턴(Houston), 포트워스(Fort Worth), 댈러스, 오스틴(Austin), 존슨 부통령(이하 존슨) 목장, 그리고 다시 워싱턴까지 안전하게 모실 수 있다고 생각했다. 그때는 어떤 위험이 도사리고 있는지 몰랐다.

1963년 11월 18일 오전 11시 24분이었다. 대통령과 수행원을 태운 에어포스원이 맥딜 공군기지(MacDill Air Force Base)에 착륙했다. 경호팀은 케네디 재임 기간 중 가장 바쁜 한 주를 시작하였다. '보스'는 앞으로 3일간 22개의 일정이 예정되어 있었다.

비행기에서 내린 대통령은 기운찬 모습으로 걸었다. 그는 아무 걱정 없이 충분한 휴식을 취한 모습이었다. 케네디는 회색 정장을 입은 채 특유의 밝은 미소를 짓고 있었다. 그는 고개를 들고는 한껏 당당한 모습으로 환호하는 군중을 향해 손을 흔들었다.

조장 에모리 로버츠는 대통령 뒤에서 몇 걸음 걷다가 밝은 햇살에 눈을 찌푸렸다. 그는 피부가 창백했고 검정색 머리에 크림을 발라 올백으로 하고 있어 드라마에 나오는 심각한 형사를 연상케 했다. 그는 메릴랜드주(Maryland) 경찰로 수년간 일하다 비밀경호국에서 20년간 일했는데, 항상 침착함을 유지하며 냉철하게 판단하는 사람이었다. 하지만 같이 일하는 요원들은 그가 신입 요원들의 적응을 돕기 위해 발 벗고 나서는 모습을 보며 그를 '로버츠 신부님' 또는 '엄마 닭'으로 즐겨 불렀다.

그날따라 로버츠는 대통령에 대한 불만도 털어놓았다. 탐파에서 모터케이드로 이동할 때 우리가 대통령 차에 올라타 있으면 대통령이 싫어할까? 대통령이 군중과 악수할 때 우리가 옆에 서 있으면 짜증을 내지 않았던가? 경호요원들이 케네디를 군중과 떨어뜨리려 하면 대통령은 좋은 말로 불평을 늘어놓았다.

"군중과 가까이하지 않으면 반장으로도 당선 안 될 거야."

대통령이 당시 조장에게 말했다.

케네디 경호팀에 배속된 34명의 요원은 그 해 바쁜 일정을 소화하기 위해 건강을 잃어가면서 일했다. 가장 경험이 많은 요원 11명은 플로리다와 텍사스에서 방문하는 장소에 선발로 가 미리 준비하느라 교대근무도 원활하지 않았다.

로버츠가 주말 내내 대통령을 수행하면서 보니 탐파에서 근접경호 인원이 12명밖에 안 되었다. 탐파에서 약 13만 명이 운집할 것으로 예상되었기에 이는 매우 적은 인원이었다. 더군다나 모터케이드 이동 구간도 45km에 달했다. 케네디 재임 기간 중 가장 긴 거리였다.

모터케이드는 경호팀을 항상 피곤하게 했다. 군중이 흥분하다 보면 대통령에게 가까이 다가가기 위해 갑자기 튀어나오곤 했다. 대통령을 위해 하려는 사람이 군중 속에 섞여 있을 가능성을 간과해서는 안 되었다.

탐파 선발 담당인 제리 블레인(이하 블레인) 요원은 로버츠에게 모터케이드 구간이 걱정된다고 하였다. 그는 플로리다에 있는 여러 단체가 잠재적 위협요인이 될 수 있다는 점에 주목했다. 우선 플로리다는 마피아의 규모가 꽤 컸고 케네디 정부는 폭력 조직과의 전쟁을 선포한 바 있었다. 플로리다에서 활동 중인 쿠바 출신 운동가들(친카스트로 및 반카스트로 포함)은 입장을 발표하기 위해 대통령의 방문을 어떤 식으로든 이용할 계획이었다. 어떤 쿠바인들은 실패한 피그스만 침공에 참전한 쿠바인들에 대한 지원책이 없다며 격노하였다.

블레인은 모터케이드가 이동하는 동안 대통령이 타는 차량에 설치된 발판을 이용해 두 명의 요원을 차 뒤편에 배치하는 방안을 제안했다.

모터케이드가 느린 속도로 행진할 때는 후미경호차*가 경호의 중심이 되었다. 후미차는 1955년식 캐딜락 오픈카였고 기관총이 탑재되어 있었

---

* 경호대상자가 탑승하는 VIP차 뒤에서 경호하는 차를 말한다. 줄여서 후미차라고 한다.

다. 후미차도 동일하게 발판이 설치되어 있어 4명의 요원이 후미차 양옆에 서서 이동하였다. 만약 누군가 대통령 차량에 가까이 접근하면 재빨리 대통령 곁으로 다가가기 위함이었다. 군중이 너무 많아 모터케이드가 속력을 줄여야 하거나 도로가 좁아 경찰 모터사이클이 대통령 차량 방호를 못 하는 상황 등 위급한 상황이 발생하면 대통령 차량으로 이동해 방호대형을 보강하기도 하였다.

케네디는 맥딜 공군기지에서 장병들을 사열한 후 군인들과 그 가족 및 일반인들과 환영식을 가졌다. 이후 기지 내에서 간단히 점심을 먹고는 연설을 위해 헬기에 타서 알 로페즈 야구장(Al Lopez Field)으로 이동했다. 헬기가 착륙하자 로버츠는 놀라 눈이 휘둥그레졌다. 구장은 마치 비틀즈 콘서트장을 방불케 했다. 여자들은 대통령을 보자 소리를 질러 댔고 긴 줄을 피하기 위해 울타리를 넘으려는 사람들이 보였다. 5천석 규모의 구장에 대략 1만 명이 모여들었다.

연설을 마친 후 대통령은 지역 하원의원 두 명과 함께 차에 탑승해 다음 장소로 이동했다. 그리고 가는 도중에 차 내부에 특별히 설치된 롤바를 잡고 일어나 손을 흔들며 유권자들과 눈을 마주치려 했다.

그는 시시때때로 뒤에 있는 경호요원들에게 시선을 돌렸다. 척 즈보릴(Chuck Zboril) 요원과 돈 로튼(Don Lawton) 요원은 블레인의 제안대로 차 뒤 발판에 서서 트렁크에 설치된 손잡이를 잡고 가고 있었다. 길가에 운집한 군중이 줄어들자 케네디가 앞좌석에 타 있는 조장 플로이드 보링 요원에게 "플로이드, 아이비리그 사기꾼들은 후미차로 갔나?"라고 물어보았다.

보링은 '사기꾼'이라는 단어에 잠시 머뭇거렸다. 비밀경호국에서 케네디 자신을 부르는 암호명이 랜서(Lancer)*라는 것을 알고는 대통령도 장난

---

*   원탁의 기사들 중 '랜슬롯'을 줄여서 부르는 이름이며, 랜슬롯이 케네디와 마찬가지로 바람

삼아 경호요원들을 암호명으로 부른다고 짐작했다. 그는 무전기를 이용해 후미차에 있는 로버츠에게 대통령의 말을 그대로 전했다.

"랜서가 아이비리그 사기꾼들이 위치로 이동하기 원한다."

로버츠가 휘파람을 불어 신호하자 VIP차가 속력을 줄였고 뒤편에 있던 요원들이 후미차로 자리를 옮겼다. 공군기지에 도착했을 때 보링은 케네디로부터 또다시 잔소리를 들었다.

"플로이드, 경호요원이 너무 많아. 국민들에게 잘못된 신호를 보내고 있다고. 팀원들에게 후미차에 있으라고 해. 다가오는 선거가 있어. 국민들이 내게 좀 더 쉽게 다가올 수 있어야 한다고."

케네디는 탐파에서 마이애미로 장소를 옮겨 다시 공항에서 환영 인파와 인사하고, 헬기로 바닷가 호텔로 가서 연설을 하였다. 대통령이 마이애미에서 3시간을 체류하고 다시 백악관으로 안전하게 복귀하자 밤 12시가 되었다.

워싱턴으로 가는 비행기 안에서 블레인은 고민에 빠졌다. 우선 경호요원들을 VIP차 뒤에 배치한 것이 대통령을 화나게 했는지 걱정되었다. 하지만 한편으로는 경호요원을 멀리 떨어뜨리면 보스가 위험할 수 있었다.

비행기에 같이 타고 있던 보링이 블레인을 다독이면서 모든 일정을 마치고 케네디가 직접 블레인에게 수고했다는 말을 건넸으니 걱정하지 말라고 했다. 더군다나 지금은 그런 고민을 하기보다 앞으로 닥쳐올 일에 대비가 필요했다. 텍사스 방문 일정이 빠르게 다가오고 있었다.

"그만 잊어."

보링이 블레인에게 말했다.

"대통령이 너에게 수고했다 하셨잖아? 이제 그만 휴식 좀 취하자. 오

둥이였기 때문에 붙여진 암호명이라고 한다.

늘이 길게 느껴졌겠지만 텍사스 일정을 보면 놀랄 거다."

　로버츠와 같은 조로 근무하는 요원들은 11월 21일 목요일 새벽에 잠에서 깨어 백악관으로 출근한 뒤 케네디와 존슨을 모시고 앤드류스 공군기지(Joint Base Andrews)로 이동했다. 그곳에서 에어포스원을 탔고 샌안토니오에는 12시에 착륙했다. 이어지는 12시간 동안 공로와 육로를 포함해 텍사스 내에서 800km를 이동하였다. 먼저 샌안토니오 중심가에서 오찬과 연설이 있고, 이후 휴스턴에서 만찬과 연설이 있었다. 일정 종료 후 다시 비행기를 타고 포트워스로 가서 모두 하룻밤을 묵었다. 다음 날 댈러스에서 하루를 보내고 주말을 오스틴에 있는 존슨 부통령 목장에서 보내기로 했다.

　대통령과 영부인이 가는 곳마다 사람들이 몰렸다. 하지만 경호팀에 전입해 온 지 얼마 안 된 팀 맥인타이어 요원에게는 칼스웰 공군기지(Carswell Air Force Base) 활주로를 이동하면서 본 환영 인파가 여전히 놀라운 광경이었다. 늦은 시간에도 불구하고 대통령과 영부인을 보기 위해 약 300명이 공항 펜스 바깥에 모여 있었다.

　모터케이드가 밤 11시 45분이 돼서 보자르 건축 양식의 호텔 텍사스(Hotel Texas)에 도착했을 때도 수백 명이 모여 있었다. 이는 지친 경호요원들이 기대하는 광경이 아니었다. 늦은 시간이었지만 대통령은 그들과 악수를 해주는 수밖에 없었다. 그러고 나서야 호텔 내로 들어가 하루 일과를 마무리했다.

　밤 12시가 지나서야 로버츠와 근무조가 쉴 수 있었다. 그는 배가 몹시 허기짐을 느꼈다. 생각해 보니 비행기 안에서 점심으로 먹은 작은 샌드위치가 마지막 식사였다.

　녹초가 되어버린 맥인타이어도 방으로 걸어가며 하루를 돌이켜봤다. 그와 그의 팀은 23시간 근무했으며 16km를 걷거나 뛰었다. 애를 4명이나 둔 가장은 자기가 전날 어디서 잤는지조차 헷갈렸다. 마이애미? 아니면 워싱턴? 기억을 되짚으며 복도를 걷고 있는데 낯익은 얼굴이 자기와 같은 방향으로 가고 있었다. 로버츠와 같은 방을 쓴다는 것을 깨닫자, 벌칙을 받았다고 생각했다. 로버츠는 코를 엄청 골기로 유명했다. 맥인타이어는 "그때 잠을 많이 자지는 못했습니다. 한 6시간 정도 잤던 것 같아요. 당연히 다음 날 똑같은 일상이 반복되었습니다"라고 말했다.

하지만 일부는 이보다 더 적게 휴식을 취했다. 경호요원 9명은 밤까지 수행기자단을 위해 간단한 먹을거리와 음료가 준비된 호텔 근처 포트 워스 프레스 클럽(Fort Worth Press Club)으로 갔다. 도착했을 때 샌드위치는 이미 바닥이 난 상태여서 기자들과 술을 한두 잔 마셨다. 새벽 1시가 되자 클럽 회장인 캘빈 서튼(Calvin Sutton)이 밤 12시 넘어 술을 판매하는 것이 불법이라 영업을 종료해야 한다고 했다. 그러자 기자 한 명이 지역에서 유명하다는 셀라 클럽(Cellar)에 전화를 걸어 매니저 리처드 맥키(Richard Mackie)에게 대통령과 같이 온 기자들, 비밀경호국 요원들 그리고 백악관 직원들과 가도 되는지 물었다.

CBS 뉴스 신참 기자 밥 쉬퍼(Bob Schieffer)의 안내에 따라 9명의 요원은 셀라로 따라갔다. 그중 클린트 힐(Clint Hill, 이하 힐), 잭 레디(Jack Ready, 이하 레디), 글렌 베네트(Glen Bennett, 이하 베네트) 그리고 폴 랜디스(이하 랜디스) 요원은 오전부터 근무가 예정되어 있었다. 셀라는 신사 클럽과 커피숍을 섞어 놓은 테마로 워싱턴에서는 찾아볼 수 없는 장소였다. 여직원들의 복장은 노출이 심해 옷보다는 비키니를 방불케 했다. 셀라는 주류 판매 허가증이 없었지만 주요 고객들에게 몰래 양주와 칵테일을 대접하였다. 셀라의 주인 팻 커크우드(Pat Kirkwood)는 겁이 없고 카우보이 복장을 즐겨 입는 사람이었는데 그에게 주요 고객이란 "이쁜 여자, 기자, 경찰" 등 그에게 도움이 될 수 있는 모든 사람들이었다. 그는 새벽 2시가 다 된 시간이었는데도 맥키와 함께 워싱턴에서 온 손님들을 빈 테이블로 안내하였다.

여직원이 힐과 랜디스에게 노란색 음료를 가져다주었다. 힐이 뭐냐고 물어보자 여직원이 "솔티 딕(짠 남자 성기)"이라고 대답했다.

신맛이 나는 음료는 자몽을 사용한 듯했다. 음료에 가짜 술이 섞였는지 정확히 알 수 없었지만 힐은 크게 개의치 않았다. 그는 맛이 별로여서 한 잔도 비우지 못했지만 랜디스는 두 잔을 마셨다. 야간조 중 3명이 휴식 시간을 이용해 갑갑한 호텔을 빠져나와 셀라로 왔다. 커크우드는 경호요원들이 자리를 이탈한 것과 관련해 "소방대원들이 호텔 텍사스에서 대통령을 지키고 있다"*라고 농담하며 웃는 소리를 들었다. 힐은 새벽 2시 45분쯤에 호텔로 돌아갔고 레디와 베네트도 3시경에 자리를 떴다. 미혼자인 랜디스는 클럽에서 만난 여성과 대화하다 5시가 되어서야 돌아갔다.

비밀경호국은 대통령경호팀이 출장 중에 음주를 금지하는 규정이 있었다. 출장 중에는 언제든지 근무에 투입될 수 있기 때문이었다. 하지만 개인 판단에 맡겨 단속하지 않았다. 힐은 "긴 하루 일과를 마치고 나면 피곤해도 바로 잠이 오지 않는 경우가 있죠. 그때는 파티라기보다는 그냥 긴장을 풀려던 것뿐이었습니다"라고 말했다.

오전 조가 근무를 위해 금요일 아침 8시에 호텔 로비에 모였을 때 상당수가 잠이 부족한 상태였다. 그건 그나마 자주 있는 일이었다. 경험 많은 직원 대다수가 없다는 것은 자주 있는 일이 아니었다. 통틀어 베테랑 요원 11명이 플로리다와 텍사스에서 방문할 도시에 선발로 가서 준비하고 있었다. 케네디가 당선됐을 때부터 경호팀에 있던 요원 중 10명은 승진하거나 인사이동에 따라 다른 보직으로 옮겼고, 그나마 남아 있는 한 명은 4년 만에 휴가를 받아 이번 출장에는 동행하지 않았다.

서글서글한 경호팀장 제리 벤은 그의 부하들이 플로리다 및 텍사스 방

---

* 대통령이 호텔에 투숙하면 화재 등 비상 상황에 대비하기 위해 소방관들이 동원된다.

문 관련 경호를 맡을 능력이 충분하다고 믿었다. 그래서 케네디가 댈러스를 방문하는 금요일에는 워싱턴으로 돌아가 밀린 사무업무를 처리하기로 했다.

대통령은 7시에 기상해서 짙은 색 정장을 입은 후 요원들의 경호를 받으며 호텔 밖에 운집하고 있는 지지자들을 만나러 나갔다. 지지자들은 박수와 환호로 화답했으나 일부는 영부인이 같이 나오지 않아 실망하는 눈치였다. 이를 눈치챈 대통령이 상황을 수습하였다.

"제 부인은 아직 단장을 하고 있습니다. 우리보다 준비하는 시간이 더 필요한데 단장을 마치면 당연히 우리보다는 훨씬 근사해 보입니다."

호텔 안으로 발걸음을 옮기던 케네디가 진지한 표정으로 "당장 영부인을 모시고 오라"고 가장 가까이 있는 경호요원에게 지시했다.

영부인경호팀장인 힐이 영부인을 모시러 재빠르게 위로 올라갔다. 스위트에 도착했을 때 다행히 영부인은 단장을 마치고 장갑을 끼던 중이었다. 그는 영부인을 즉시 연회장으로 모시고 갔다. 영부인이 연회장으로 들어가 케네디와 같이 연단에 올라서자 포트워스 상공회의소 조찬 행사에 모인 2천 명의 참석자가 기립박수를 보냈다.

오전 11시 20분경에 대통령 내외와 수행원들은 칼스웰 공군기지에서 에어포스원에 탑승하였고 댈러스 러브필드 공항까지 13분간 비행하였다. 육로를 택했어도 거리가 약 50km밖에 안 되었기 때문에 금방 갈 수 있었지만, 케네디 보좌관들은 비행기로 이동할 것을 강력하게 제안하였다. 대통령이 수많은 댈러스 시민들로부터 환영을 받으며 새로 도색된 에어포스원에서 내리는 사진으로 신문과 뉴스를 도배하고 싶었기 때문이다.

경호팀이 얼마나 인력 부족에 시달렸는지는 모터케이드 내 요원들의 위치에서 잘 드러났다. 영부인 경호부팀장 랜디스는 예비 항공기에서 내려오면서 자기가 임무를 잘못 받은 것이 아닐까 의심하였다. 그는 로버츠가 자기에게 후미차 발판근무를 맡긴 것이 놀라웠다. 한 번도 안 해봤기 때문이다. 쾌활한 성격의 랜디스가 후미차 옆에 서서는 헷갈린다는 듯 고개를 좌우로 흔들더니, 후미차를 운전하는 샘 키니(Sam Kinney) 요원에게 물었다.

"샘, 나보고 후미차에서 근무하라는데 어디 있는지 아니?"

랜디스는 자기가 한 농담에 스스로 웃었지만, 여전히 의아함을 떨쳐버릴 수가 없어 로슨에게 다시 물었다.

"후미차에서 근무하라는데 맞아요?"

"그게 맞아."

로슨이 재확인해 주었다.

후미차 근무를 처음으로 해보는 사람은 랜디스뿐만이 아니었다. 맥인타이어도 스포캔(Spokane) 지부에서 전입해 온 지 일주일밖에 안 되었기 때문에 경험이라고는 근접에서 몇 번 수행한 것이 전부였다. 그런 그에게도 힐 요원과 함께 영부인 쪽을 담당하라며 후미차 왼편 발판근무가 주어졌다. 베네트는 워싱턴 본부 경호정보부에서 근무하는 요원이었는데 이번에 지원 나와 후미차 뒷좌석에 타야 했다. 운전 요원인 죠지 히키(George Hickey, 이하 히키)도 마찬가지로 후미차 뒷좌석 근무를 명 받았다.

후미차 근무 인원 중에 조장인 로버츠를 제외하면 일 년 넘는 경력자는 레디밖에 없었다. 그는 랜디스와 함께 오른쪽 발판에 위치해 케네디를 담당하는 임무를 받았다.

공항 펜스 밖에 2천여 명이 모여 대통령 내외를 향해 박수 치며 환호하였다. 대통령 내외는 비행기에서 내려오자 영접자들로부터 선물을 건네받았다. 케네디는 자신의 초상화를, 영부인은 장미 한 다발을 받았다. 케네디가 펜스 밖에 모인 사람들과 악수하기 위해 선물을 랜디스에게 건네고서는 영부인과 펜스로 다가갔다.

경호요원들이 재빠르게 따라붙었다. 대통령 내외가 펜스 쪽에서 몇 분간 인사하자 로슨이 이제 가야 할 시간이라고 알려줬다. 요원들은 텍사스

주지사 존 코날리(John Connally)와 그의 부인을 차 내 보조 좌석으로 먼저 안내한 후 대통령 내외가 뒷좌석에 올라타는 것을 도와드렸다. VIP차를 운전하는 아일랜드계 빌 그리어(Bill Greer, 이하 그리어) 요원은 서서히 댈러스를 향해 출발했다. 그는 절단된 공항 펜스 구간을 통과했는데, 펜스 절단은 로슨이 공항 측에 요청한 사항이었다.

노련한 힐과 레디는 보통 VIP차 뒤쪽 발판에 몸을 실었지만 로버츠는 대통령이 탐파에서 한 요청을 명백하게 전달했다. 케네디가 희망한 대로 레디는 VIP차에 타지 않았다.

반면에 힐은 자신이 영부인경호팀장으로서의 역할이 있다고 생각하여 대통령의 요청을 곧이곧대로 받아들이지 않았다. 그는 다른 차에 타 있다 영부인이 군중과 너무 가까워진다 싶으면 VIP차에 올라타서 만약의 경우에 대비할 생각이었다. 그리어가 대통령과 군중의 거리를 벌리기 위해 일부러 차를 도로 왼편 가까이 몰았기 때문에 반대편에 앉은 영부인과 군중 간의 거리가 두 팔 간격으로 좁아지는 경우가 많았다. 당연히 그날따라 힐이 VIP차로 옮겨야 하는 경우가 많았다.

메인 스트리트 구간에는 인파가 4~5열씩 모여 있었다. '더 댈러스 모닝 뉴스(The Dallas Morning News)'에서 모터케이드가 이동하는 구간을 세부적으로 공개했는데, 어떤 사람들은 이를 두고 시민들이 구경 올 수 있게 지역 정치인이 정보를 흘린 결과라고 의심했다.

차가 딜리 플라자(Dealey Plaza)로 들어설 때쯤 인파가 적어지는 게 보였다. 이제 고층 건물 사이로 오르막길만 지나면 고속도로였다. 힐은 고속도로에서 모터케이드가 속력을 높일 것으로 예상하고 VIP차에서 내려 후미차로 자리를 옮겼다.

젊은 아놀드(Arnold)와 바버라 로우랜드(Barbara Rowland) 부부는 대통령 내외를 보고 싶어 고속도로 진입로 부근에서 기다리고 있었다. 모터케이드가 지나기 얼마 전 아놀드는 자기가 서 있는 곳 건너편 벽돌 건물에서 이상한 것을 목격했다. 어떤 남자가 건물 창가에 서서 라이플총을 어깨에 견착하고 있었다.

아놀드가 부인을 쿡 찌른 후 건물 창가에 서 있는 남자를 가리키며 "모터케이드 경호를 위해 배치된 비밀경호국 요원인가 보다"라고 말했다.

말을 마치자 선도경호차*가 보이기 시작했다. 그리어는 휴스턴가(Houston Street)에 이어 엘름가(Elm Street)로 좌회전 후 우회전하기 위해 차의 속력을 20km 이하로 줄였다. 고속도로를 얼마 안 남기고 힐은 폭약이 터지는 듯한 소리를 들었다. 대통령이 양손을 목으로 가져가는 것이 보였다. 누군가 대통령을 총으로 쏜 것이다.

'VIP차 뒤에 있어야 했어!'

힐은 생각했다. 그가 자리를 옮기지 않았다면 암살자의 시야를 가렸을 수도 있었다. 하지만 폭약 소리가 대통령을 향한 공격이라는 것을 인지한 사람은 힐뿐이었다. 후미차 오른쪽 발판에 있던 랜디스와 레디는 군중과 건물들을 살피며 소리의 근원지를 찾고 있었다.

"무슨 소리야? 폭죽인가?"

레디가 소리쳤다.

"모르겠어. 연기는 보이지 않아."

랜디스가 대답했다.

"무슨 소리였지?"

좌우를 살피며 맥인타이어도 혼자 생각했다. 당시 팀장 역할을 맡고 있던 로이 캘러만(Roy Kellerman, 이하 캘러만)은 VIP차 조수석에 타고 있다가 같은 소리를 듣고 뒤를 돌아보았다. 그도 총소리였다는 것을 알아차

---

*   VIP차 앞에 위치해서 경호하는 차량이다. 짧게 선도차라고 한다.

리지 못했다. 그리어는 그 소리가 경찰 모터사이클에서 난 소리인 줄 알고 반사적으로 액셀에서 발을 뗐다. 나중 일이지만 모터사이클을 몰던 몇몇 경찰은 VIP차의 브레이크등이 켜지는 것을 본 것 같다고 말하기도 하였다. 이유가 어떻게 됐든 간에 그리어가 캘러만의 지시를 기다리는 동안 VIP차는 속력을 줄였다.

캘러만이 고개를 돌리는 순간 익숙한 대통령의 보스턴 억양이 귀에 들렸다.

"아, 내가 총에 맞았어."

대통령이 양손으로 목을 움켜잡는 모습이 보였다. 캘러만이 상황을 파악하려고 잠시 머뭇거리는 사이 두 번째 총성이 울려 퍼졌다.

힐은 두 번째 총성을 듣지 못했다. 그는 첫 번째 총성을 들은 후 후미차에서 뛰어내려 VIP차로 뛰어가고 있었다. 그가 휘청했지만 다행히 트렁크 쪽에 설치된 손잡이를 잡고 차에 올라탔다. 그때 세 번째 총성이 울려 퍼졌는데 힐은 소리를 들었을 뿐 아니라 느끼기까지 했다. 대통령의 머리 오른쪽이 터지면서 핑크색 액체가 튀었고, 그 후 대통령은 왼편에 있는 영부인 쪽으로 고개를 떨구었다.

영부인이 외쳤다.

"맙소사, 잭*! 잭! 그들이 당신에게 무슨 짓을 하는 거예요?"

랜디스는 두 번째 총성을 듣고도 대통령이 공격당한 사실을 몰랐다. 하지만 세 번째 총성의 결과는 똑똑히 보았다. 그는 대통령의 머리가 터지는 소리를 듣고 소름이 돋았다. 마치 누군가 수박을 목표물로 총을 쏜 것 같은 소리였다.

"저는 대통령의 살과 피가 공중에 뿌려지고는 영부인 방향으로 쓰러지

＊　케네디 대통령의 애칭이다.

는 모습을 보았습니다."

랜디스는 말했다.

대통령의 살과 피를 뒤집어쓴 캘러만은 무전기를 잡고 그리어에게 "밟아! 공격당했어"라고 지시했다. 그는 부통령경호팀이 들으라고 일부러 무전기를 잡은 것이다. 이어 추가 지시를 하달했다.

"대거한테 볼룬티어(Volunteer)* 주변을 에워싸라고 해!"

그리어가 액셀을 힘차게 밟았다. 캘러만은 "우리는 망할 도로에서 빨리 벗어나려고 했다"면서 그 순간에 대해 얘기했다.

로버츠는 힐이 VIP차로 뛰어가는 모습과 케네디 머리에서 피가 뿜어져 나오는 모습을 보았다. 레디도 후미차에서 뛰어내리려 하자 로버츠가 말렸다. 액셀을 밟고 있는 상황에서 뛰어내리는 것이 위험할 뿐만 아니라 이미 도움이 되기에는 글렀다고 판단했다.

"로슨 여기는 해프백(Halfback)**."

로버츠가 차량 무전기로 선도차에 타고 있는 선발 담당을 찾았다.

"대통령이 총에 맞았다. 빨리 구급병원으로 간다."

히키는 후미차 바닥에서 AR-15 소총을 꺼내 들고 혹시 모를 다음 공격에 대비했으나 2차 공격은 없었다.

힐은 가속하는 차 뒤에서 겨우 매달려 가고 있는데 영부인이 어떤 이유인지 자기 쪽으로 다가오고 있었다. 그녀가 이제 피로 얼룩진 차 뒷좌석에 서서 트렁크 쪽으로 몸과 오른팔을 뻗었다. 그녀가 멍한 시선으로 힐 너머를 보고 있는 것 같았다. 그녀가 트렁크 위에서 무언가를 주우려고 했다. 바로 대통령의 뇌와 두개골 조각이었다.

---

* 당시 존슨 부통령의 암호명이다.

** 후미차 암호명이다.

힐은 영부인을 다시 자리로 밀어 넣은 다음, 자기 몸을 확장하여 대통령 내외를 방호하였다.

이때까지 첫 총성이 들린 지 6~7초가 지난 후였다. 차 내부를 살피자 뒷좌석은 붉은색 피와 흰색과 회색이 뒤섞인 살과 뇌 조각이 낭자했다. 주지사도 셔츠 뒤가 피로 물든 채 자기 부인 위로 쓰러져 있었다. 힐은 그때까지 주지사도 총에 맞았다는 사실을 몰랐다.

대통령은 축 늘어져 영부인 무릎 위에 쓰러져 있었다. 힐의 눈에는 케네디 오른쪽 머리에 난 골프공만 한 구멍 사이로 뇌가 보였다. 차 바닥에는 머리카락이 붙어 있는 작은 두개골 조각이 있었다.

힐이 비통한 표정을 지으며 후미차에 타고 있는 동료들을 돌아봤다. 그러고는 고개를 좌우로 돌린 다음 엄지손가락을 아래로 향해 신호를 보냈다. 그는 대통령이 죽었거나 죽어가고 있다고 확신했다.

"그들이 대통령을 죽였어. 그들이 대통령을 죽였어."

로버츠가 허공에 대고 소리를 질렀다.

로버츠가 맥인타이어에게 "차가 멈추면 베네트와 함께 부통령 경호를 보강하라"고 지시했다. 존슨은 아무것도 보지를 못했다. 그의 경호팀장이 자기를 차 바닥에 엎드리게 한 다음 방호하고 있었기 때문이다. 첫 번째 또는 두 번째 총성이 울려 퍼졌을 때 루푸스 영블러드(Rufus Youngblood, 이하 영블러드) 요원이 부통령에게 "엎드려" 하고 소리쳤다. 그는 조수석에 앉아 있다 좌석 칸막이를 넘어 존슨을 덮쳤다.

경찰 모터사이클 한 대가 로슨이 타고 있는 선도차 옆으로 다가와 "대통령이 총에 맞았다"고 알려줬다. 로슨에게는 캘러만이 무전기에 대고 "대통령이 총에 맞았다. 빨리 구급병원으로 간다"고 한 말이 메아리처럼 들렸다. 선도차 운전요원인 댈러스 경찰서장 커리(Curry)가 파크랜드 메모리얼 병원(Parkland Memorial Hospital)으로 방향을 바꾸자 로슨은 '이런 일이 있을 수도 있다고 예상했지'라고 생각했다.

'맙소사 이런 일이 정말로 발생하다니.'

얼마 후, 방송을 통해 파크랜드 메모리얼 병원 1층 식당에서 여자 목소리가 흘러나왔다. 그녀는 외과 과장을 찾고 있었다.
"톰 샤이어스(Tom Shires) 선생님, 긴급한 일입니다."
30세인 론 존스(Ron Jones, 이하 존스) 외과 레지던트는 점심을 먹다가 방송을 들었다. 그는 톰 샤이어스가 컨퍼런스 참석차 갤버스턴(Galveston)에 가 있는 걸 알고 있었다. 방송에서 다른 외과 전문의들의 이름을 계속 호출했다.
'무슨 일이지?' 존스는 의아했다. 그는 벽에 걸려 있는 전화기를 들고 교환원에게 방송을 하는 이유를 물어봤다.
"존스 선생님, 대통령이 총에 맞아 지금 응급실로 오고 있습니다. 바로 수술할 의사들이 필요합니다."
교환원이 숨에 차서 답했다.
존스가 동료 의사인 말콤 페리(Malcolm Perry, 이하 페리)에게 소식을 건넸다. 그들은 식사를 멈추고 바로 계단을 통해 응급실로 뛰어갔다. 사이렌 소리가 점점 가까워지고 있었다.
대통령 모터케이드 일부가 12시 35분경에 응급실로 도착하였다. 기자단 등 일부 차량은 선도차와 VIP차가 어디로 간지 모른 채 다음 행선지인 트레이드 마트로 이동했다.
캘러만이 VIP차에서 내리며 경호요원들에게 빨리 들것을 갖고 오라고 하였다. 존슨 부부도 타고 있던 차에서 급하게 내렸다. 존슨 부인은 케네디 여사가 남편을 보호하듯이 감싸고 있는 모습을 보았다. 영블러드는 급하게 부통령 내외를 병원 안으로 모시고는 간호사에게 "일반인에게 통제된 방을 구해달라"고 요청하였다.
한편, 로버츠가 VIP차 뒤로 다가갔다가 대통령의 모습을 보고 그가 살아남지 못할 것이라고 결론짓고는 캘러만에게 "부통령 곁에 가 있겠다"고 하였다.

경호요원들이 들것을 갖고 나오자 힐과 랜디스가 대통령을 옮길 수 있게 케네디 여사에게 차에서 나오라고 하였으나 케네디 여사는 "싫어요! 남편과 있겠어요"라며 한사코 거절하였다.

힐이 차의 뒷문을 열고 케네디 여사 옆에 탔다. 청각 장애가 있는 어머니를 극진히 위했던 경험이 있어서인지 겁에 질린 가녀린 여성을 어떻게 보호해야 할지 본능적으로 아는 듯 보였다. 그가 상의를 벗어 대통령의 얼굴을 가리고는 여사의 팔을 잡아주었다. 그러자 여사가 그를 따라 차에서 내렸다.

"영부인님, 당신의 남편을 빨리 치료해야 해요."

힐이 말했다.

힐, 랜디스, 로슨 그리고 몇몇 요원이 대통령을 들어 들것에 실은 후 간호사들의 안내에 따라 대통령을 수술실로 데리고 갔다. 의사와 간호사들이 대통령 주변으로 몰려들었고 경호요원들은 그들이 일할 수 있도록 자리를 비켜주었다. 케네디 여사가 딜리 플라자에서부터 손에 쥐고 온 남편의 두개골 조각을 의사에게 건넸다. 더 많은 의사들이 들어오자 힐이 수술실 밖에 의자를 마련하여 영부인을 앉게 하였다.

항상 대통령 옆을 지키도록 훈련받은 캘러만은 힐에게 백악관과 통화할 수 있게 전화선을 준비하고 언제든 사용할 수 있게끔 대비하라고 하였다. 전화기가 준비되자 백악관 이스트윙 사무실에 있는 제리 벤(이하 벤)과 연결했다.

"제리, 댈러스에서 안 좋은 일이 있었어. 대통령과 주지사가 총에 맞았다. 우리는 지금 파크랜드 메모리얼 병원 응급실에 와 있다. 시간을 기록해 둬."

캘러만이 말했다. 벤은 주먹으로 한 대 얻어맞은 것 같았다. 그는 케네디가 당선된 1960년부터 항상 그의 곁을 지켜 그동안 가까운 관계가 되었다. 대통령을 수행하지 않은 것은 이번이 처음이었다.

"라울리 국장님을 연결해!"

벤이 그의 비서를 급하게 찾아서 말했다.

한편, 병원 복도에서 통화를 마친 캘러만은 수화기를 힐에게 돌려주고 응급실 안으로 다시 들어갔다. 그때 백악관 교환원으로부터 전화가 걸려왔다.

"법무부 장관님께서 통화하시길 원하십니다."

그녀가 힐에게 말했다. 수화기 너머에서는 대통령의 동생인 로버트 F. 케네디(Robert F. Kennedy)의 목소리가 떨리고 있었다.

"상태가 얼마나 안 좋은가?"

그가 유일하게 할 수 있는 말이었다.

"이보다 더 나쁠 수 없습니다."

힐이 답했다. 그는 로버트의 형이 죽을 게 확실하다고는 차마 말하지 못했다. 한편, 로버츠는 부통령 내외가 있는 병원 사무실로 가서 대통령이 살 가능성이 없다는 소식을 전했다.

"최대한 빨리 댈러스에서 벗어나야 합니다."

로버츠가 말했다. 존슨은 여기를 떠나는 것이 좋을지 현장에 있는 백악관 직원들에게 물어봐 달라고 하였다.

응급실에서 수술을 집도하고 있던 페리는 상황이 좋지 않음을 깨달았다. 들것에 누워 있는 환자는 의식이 없었다. 그 환자는 피를 많이 흘렸고 동공은 확장된 상태였으며 머리에는 구멍이 나 있었다. 페리는 스스로 생각했다.

'이런 환자들은 대부분 살지 못해.'

하지만 자기가 담당한 환자는 대통령이었다. 의료진은 어떻게 해서든지 대통령을 살려보겠다고 지혈하고 뇌에 산소를 공급하기 위해 기관 절개

술을 실시하였다.

1분 후, 누군가 응급실에서 나와 대통령이 숨을 쉬고 있다고 말했다. 케네디 여사가 자리에서 일어나 물었다.

"그가 살 수도 있다는 말인가요?"

다들 기다렸지만 답이 없었다.

의사들이 간호사들에게 심전도 기계를 갖고 오라고 하였다. 심전도 기계를 케네디와 연결하고 있을 때 신경외과 과장 캠프 클라크(Kemp Clark, 이하 클라크) 박사가 들어왔다. 그는 케네디 목에서 맥박을 찾을 수가 없었다. 페리가 대통령의 심장을 다시 뛰게 하기 위해 심폐소생술을 시도하였다. 심폐소생술을 하는 5분 동안 대통령의 심장이 아주 약하게 몇 번 뛰는 것을 느꼈으나 그뿐이었다. 기계에서 표시되는 수평선은 모습이 바뀌지 않았다. 케네디의 심장이 멈추었다.

"맥, 너무 늦었어."

클라크가 페리에게 말했다.

클라크가 대통령이 사망했다고 선고하였다. 1시 정각이었다.

선고가 내려짐에 따라 경호요원들은 익숙하지 않은 역할을 담당하게 되었다. 그들은 더 이상 누군가의 생명을 지키는 것이 아니라 장례를 치를 준비를 해야 했다.

캘러만은 창백해진 얼굴로 응급실을 빠져 나와 힐에게 조용히 말했다.

"클린트, 제리에게 전해. 아직 언론에 공개하거나 공식적으로 발표할 사항은 아니지만 대통령이 죽었다고."

힐은 고개를 숙인 채 끄덕였다. 그가 벤에게 소식을 전할 때 라울리 국장이 벤의 사무실에 와 있었다. 힐은 벤에게 케네디의 동생인 법무부 장관과 가족들이 대통령의 사망 소식을 TV나 라디오에서 먼저 듣지 않게 미리 부고를 전하는 것이 좋겠다고 하였다. 케네디의 보좌관 데이브 파워스가 병원 복도에서 히키를 마주치자 그에게 시급한 부탁을 했다.

"신부님을 빨리 모시고 와주세요."

영부인은 신부가 병자성사를 행하기 전까지는 자기 남편이 죽었다는 소식을 외부에 알리지 말아 달라고 의사들에게 요청했다. 오스카 휴버(Oscar Huber) 신부님이 10분 후에 도착했을 때 케네디는 이미 죽어서 하얀 시트로 덮여 있는 상태였다. 신부님은 영부인의 차분한 모습에 놀랐다. 그는 케네디가 아무런 반응도 하지 못할 것을 알면서 병자성사를 집전하였다. 그리고 성사를 마치며 라틴어로 기도하였다.

"성부와 성자와 성신의 이름으로 당신의 죄를 사하노라, 아멘."

부통령 내외는 대기하던 방에서 대통령의 소식을 기다리고 있었다. 로버츠가 방으로 들어와 대통령이 사망했다는 소식을 전했다. 이는 존슨이 대통령이 되었다는 의미이기도 했다.

로버츠는 존슨에게 자신이 에어포스원의 이륙 준비를 위해 미리 떠나야 하며 백악관이 대통령의 사망 소식을 알리기 전에 존슨도 빨리 떠나는 편이 좋겠다고 했다. 그리고 준비가 다 되면 영부인이 케네디의 시신을 공항으로 최대한 빨리 운구할 계획이라고 하였다. 존슨은 로버츠의 말에 따르는 편이 좋겠다는 생각에 얼마나 서둘렀는지 경호요원 한 명을 두고 가버렸다. 그는 공항으로 가면서 일반인 눈에 띄지 않기 위해 커리 경찰서장이 운전하는 표식 없는 차량에 탔으며, 영블러드가 시키는 대로 뒷좌석에 누워서 갔다. 케네디 경호를 위해 후미차에 탔던 맥인타이어, 베넷과 레디도 마찬가지로 표식 없는 승용차에 타서 뒤를 따라갔다.

힐과 캘러만은 병원에 남아 사망한 대통령과 영부인을 수행하였다. 케네디의 친구이자 비서관인 케니 오도넬(Kenny O'Donnell)이 힐에게 관을 구할 수 있는지 물어보자, 힐은 가장 가까운 장례식장에 연락해 제일 비싼 관을 가져다 달라 하였다.

오후 1시 36분에 맥 킬더프(Mac Kilduff) 부대변인이 기자들이 모여 있는 병원 내 사무실로 들어갔다. 기자들은 대통령의 상태에 관한 정보를 기다리고 있었다. 부대변인의 눈은 붉게 충혈되어 있었고, 소란스러운 기자들에게 자신을 추스를 수 있게 잠시만 기다려 달라 하였다. 그는 두세 번의 시도 끝에 겨우 입을 뗄 수 있었다.

"케네디 대통령은 오늘 여기 댈러스에서 중부 표준시간으로 약 1시에 사망하셨습니다. 대통령은 머리에 총을 맞고 사망하셨으며 아직 암살 사건과 관련해서는 말씀드릴 내용이 없습니다."

기자들 입에서 나지막한 탄성이 흘러나왔다. 이어서 기자들은 존슨이 언제 어디서 대통령 취임 선서를 하는지 묻고는 기사를 송고하기 위해 방에서 뛰쳐나가 비어 있는 공중전화를 찾았다. 일부는 병원 전화를 쓰게 해달라고 직원들에게 빌었다.

대통령이 죽었는데도 상황에 따라 경호요원들에게 주어지는 일들이 있었다. 어떤 요원들은 너무 정신이 없어 그때 무슨 일을 했는지 정확하게 기억하지 못했지만, 우선 요원들은 수행원들을 러브필드 공항으로 태우고 갈 모터케이드를 준비해야 했다. 차가 준비되자 다른 문제가 터졌다. 댈러스 카운티 검시관이 대통령이 댈러스에서 살해당했으니 카운티 안에서 부검해야 한다며 길을 막아섰다. 캘러만과 남아 있는 경호요원들뿐 아니라 영부인의 출발도 늦어졌다. 영부인은 대통령을 두고 갈 수 없었고, 존슨도 영부인을 남기고 떠날 수 없는 노릇이었다. 지방 판사가 와서는 법에 의하면 검시관의 말이 맞다고 하였지만 캘러만은 검시관을 욕하고 법을 비웃었다.

"여기 두고 갈 수 없습니다."

캘러만이 말했다. 경호요원들이 관을 영구차에 싣는 사이 영부인이 영구차 뒷좌석에 앉았다. 병원 직원이 운전석 창문을 두드리자 운전수가 창문을 내렸다.

"장례식장에서 뵐게요."

직원이 말하자 캘러만은 그러겠다고 답했다. 창문이 닫히자 캘러만은 운전수한테 공항으로 차를 몰라고 지시하였다. 그나마 얻은 작은 승리였다.

영부인 일행이 공항에 도착했을 때는 경호요원이 승무원의 도움을 받아 에어포스원 뒤쪽 좌석을 뜯어내 관을 놓을 자리를 마련한 뒤였다. 하지만 관이 너무 커서 비행기 문 사이로 들어가지 않았다. 어쩔 수 없이 관 옆의 손잡이를 뜯어내고 힘으로 밀어 넣었는데 그 과정에서 관이 손상되었다.

그러는 사이 존슨은 2시 38분에 비행기 안에서 취임 선서를 하였다. 9분 후인 2시 47분에 에어포스원 조종사 짐 스윈달(Jim Swindal) 대령이 앤드류스 공군기지를 향해 이륙했다. 케네디 여사는 관 옆에 앉았는데 케네디와 가장 가까운 친구이자 보좌관 2명이 같이 앉아 위스키를 마셨다.

경호요원들도 자리를 찾아 앉았다. 대부분 말없이 조용히 있었고 나이가 가장 어렸던 랜디스는 많은 시간을 함께 보낸 영애와 영식을 생각하며 눈물을 흘렸다.

힐은 나중에 후배들로부터 VIP차에 올라탄 행동으로 영웅 평가를 받게 되지만 평생 끊임없이 밀려오는 죄책감에 시달렸다.

'내가 차 뒤편에 타 있었더라면! 세 번째 총탄을 쏘기 전에 내가 대통령을 가릴 수 있을 만큼 가까이 있었을 텐데. 내가 조금만 더 빨랐더라면.'

경호계획을 수립한 로슨은 그날 만약 비가 그치지 않았다면 어떻게 되었을까 생각했다.

'차에 덮개를 씌웠다면 암살자가 총을 쏠 생각을 못했을 텐데.'

로슨과 경호요원들은 자기들이 역사적인 실패 사건의 당사자들이라는 사실을 깨달았다.

"비밀경호국 역사상 대통령을 잃은 것은 우리가 처음이야!"

로슨이 크게 말했다.

그리어는 차를 운전하면서 반응을 제대로 못한 것에 대해 이미 영부인께 사과의 말씀을 드린 상태였다. 그는 파크랜드 메모리얼 병원에서 울면서 영부인께 말했다.

"일부러 그런 것이 아닙니다. 듣지를 못했어요. 차를 좌우로 흔들었어야 하는데 하지 못했습니다. 제가 보기만 했어도……."

그리어가 한 말은 케네디 여사 머리에서 계속 맴돌게 된다. 그녀는 그리어의 말과 함께 딜리 플라자에서 울려 퍼진 총성, 케네디의 살점들과 병원으로 급하게 달렸던 기억을 떠올리며 비밀경호국에 실망감을 느낀다. 다만 자신을 경호한 힐에게는 항상 감사하는 마음이 있었다고 한다.

장례식을 마치고 2주가 지났을 때, 케네디 여사는 자신의 비서에게 비밀경호국이 마땅히 훈련하고 대비했어야 할 일이었는데 아무래도 그날 몇몇 요원들이 준비가 부족했던 듯하다고 불평하였다.

"첫 총탄 이후 그리어가 액셀만 밟았다면……."

여사는 이어서 그리어를 자기네 영국인 보모에 빗대며 말했다.

"보모 이상의 역할을 한 것이 없잖아. 너 자신을 돌보기 위해서는 좋은 운전수를 고용해야 해."

4
슬퍼할 시간이 없다

군 공항 활주로에 모여 있는 사람들 중에 튼실하면서도 부드러운 얼굴의 신사가 눈에 띄었다. 라울리 국장이었다. 그는 평범한 직장인이 즐겨 입는 트렌치코트를 입고 아무 말 없이 마치 무언가를 기다리듯이 하늘을 주시하고 있었다. 갈색 머리 사이사이로 보이는 회색 머리가 오랜 세월을 대변하였다. 그는 25년간 법집행기관에서 일했다. 그중 23년을 비밀경호국에 몸담아 오면서 미국의 대공황을 겪고 프랭클린 루스벨트(Franklin Roosevelt) 때부터 대통령들을 경호해 왔다.

백악관 비서관들, 항공기 입항을 준비하는 공군 병력, 내각 및 의회 주요 인사 등 앤드류스 공군기지에서 에어포스원을 기다리는 모든 사람들은 대통령이자 지도자를 잃었기에 먹먹한 슬픔을 느꼈다. 특히 라울리는 존경했던 사람이자 비밀경호국을 이끌 인재라고 믿어주었던 사람을 잃었다는 실패감에 더 큰 슬픔을 느꼈다. 당시 55세의 라울리는 2주 전 백악관 근처에서 역사가이자 기자인 오랜 친구 짐 비숍(Jim Bishop)과 맞닥뜨린 일이 떠올랐다. 라울리는 비숍의 신간 『링컨이 총에 맞은 날(The Day Lincoln Was Shot)』에 대해 궁금한 점을 물어보았고 비숍은 라울리가 자기보다 책의 내용을 더 많이 알고 있는 듯하다며 재밌어했다.

"내가 세어 봤어."

라울리가 말했다.

"링컨이 암살당한 날 우연찮은 일이 50개나 일어났더군. 만약 그중 하나라도 안 일어났다면……."

링컨이 죽은 지 거의 100년이 지난 그때, 라울리는 만약 댈러스에서 벌어졌던 크고 작은 일들 중 하나라도 다르게 일어났다면 어땠을까 생각했다. 경호요원이 수십 명 더 있었다면 분명 일은 다르게 전개되었을 것이다. 지난 2년간 라울리는 경호요원 96명을 증원해달라고 의회에 애원하다시피 했다. 그럴 때마다 의회는 가당치 않다고 비웃으며 거절하였다. 예를 들어 캐롤라인 케네디(Caroline Kennedy)의 말을 끌기 위해 필요하냐고 하거나, 아니면 케네디가 별장을 방문할 때 레크리에이션을 준비해야 해서 그런 건 아니냐는 식으로 트집을 잡았다.

"제가 수상 스키 탈 때 비밀경호국 요원들이 앞에서 끌어줄 수 있을까요?"

예산 배정 심의 때 아이오와주(Iowa)의 공화당 소속 해롤드 그로스(Harold Gross) 의원이 물었다. 이는 영부인이 수상 스키를 탈 때 경호요원이 배를 운전한 사진이 잡지에 실린 것에 화가 나 던진 질문이었다. 존슨 부통령조차 라울리가 부통령의 경호를 위해 35명을 증원 요청한 사안에 반대하였다. 존슨은 이것도 모자랐던지 개인적으로 부통령 경호 법안을 폐지해달라고 의원들에게 부탁하였다. 그는 예산과 인원을 늘린 장본인이 되어 유권자들의 공분을 사기 싫어 그랬지만 운명의 장난인지 대통령이 되어 있었다.

전직 대통령이 되어버린 케네디의 시신을 태운 비행기는 오후 6시에 착륙하여 기다리던 사람들 앞까지 이동하였다. 은색 비행체의 옆문이 열리자 라울리는 자기가 손수 채용한 5명의 요원들이 300kg짜리 관을 허리 높이로 들고 있는 모습을 볼 수 있었다. 라울리는 자기 직원들이 상황에 어울리지 않는 하역 장비에 관을 실으려는 모습을 보고는 도와주러 갔다. 라울리와 경호요원들은 고인이 된 대통령과 그의 미망인에게 위엄과 품위를 갖춰 드리고 싶었다.

한편, 비행기 안 중앙 통로에 혼자 남은 새 대통령은 울화가 치밀었다. 케네디 여사, 로버트 케네디, 경호요원과 비서관 모두 전직 대통령에게만 정신이 팔려 자기가 언제 어떻게 비행기에서 내리면 좋을지 조언해 주는 사람이 없었다. 존슨은 부통령일 때도 케네디가 자신을 등한시한다고 느꼈다. 이제 대통령이 된 지 4시간이나 지났건만 아직도 들러리라는 느낌이 들었다. 이를 두고 존슨이 그의 대변인에게 "그들은 나에게 아무런 관심도 없었다"고 말한 것으로 보아, 자신이 대통령으로서 예우를 받지 못했다고 생각했던 것 같다. 존슨은 그때 느낀 감정을 오랜 시간 기억하게 된다.

캘러만과 힐이 부검을 위해 베데스다 해군 병원(Bethesda Naval Hospital)으로 케네디 시신을 운구하였다. 그리고 몇 분 후 존슨이 비행기에서 내려와, 모여 있는 사람들을 향해 말했다.

"우리는 큰 지도자를 잃었습니다. 전 세계가 케네디 여사와 가족의 슬픔을 같이하고 있을 겁니다. 저는 최선을 다하겠습니다. 그것이 제가 할 수 있는 유일한 일입니다. 여러분과 하느님의 도움이 있기를 기도합니다."

존슨은 헬기에 타서 백악관으로 가서는 그의 비서관들과 앞으로의 일들을 논의하였다. 사람들은 그가 암살 사건에 대해 말을 아낀 것을 이상하게 생각하였다.

"영블러드 요원은 오늘 매우 용감했습니다. 그는 저를 보호하기 위해 자신을 희생했습니다."

존슨이 한 말은 이게 전부였다.

라울리가 행정동(Executive Office Building) 건물 로비에 도착했을 때 댈러스에서 돌아온 경호요원들과 백악관 직원들이 말없이 개인 짐가방을 챙겨가고 있었다. 그들은 로봇처럼 움직였다. 아무런 경황이 없을 동료들을 위로하기 위해 달려온 래리 뉴먼 요원은 당시를 다음과 같이 기억했다.

"그 자리에 75명 정도 있었던 것 같습니다. 그런데도 쥐 죽은 듯이 조용했습니다. 그 누구도 그들에게 괜찮냐고 물어볼 엄두조차 못 냈어요. 아직 충격에서 벗어나지 못한 상태였습니다."

라울리는 벤에게 출장 갔다 온 경호요원들을 자기 사무실로 집결시켜 달라고 하였다. 직원들이 다 모이자, 라울리는 아직 기억이 생생할 테니 그날 안으로 텍사스에서 어떤 일이 있었고 각자가 한 일은 뭐였는지 상세하게 기록으로 남기라고 하였다. 이어서 직원 모두 계속해서 임무에 최선을 다해야 하는 프로라는 점을 각인시켰다. 마지막으로, 직원들과 비밀경호국은 이 위기를 헤쳐 나갈 수 있고 더욱 발전할 수 있다고 하였다.

그가 이런 말을 내뱉은 것은 처음이었지만 모두 진심이었다. 경호요원들은 아직 이런 말을 믿을 정신 상태가 아니었지만 국장의 차분한 모습을 보는 것만으로도 위안을 느꼈다. 그에 관해 블레인은 이렇게 말했다.

"국장님께서 우리를 탓하거나 암살을 막을 수도 있었다는 느낌을 주지 않았습니다. 많은 직원들이 치유되는 느낌을 받았고 그것이 그나마 정신과 치료를 받지 못한 우리에게는 상담에 가까웠습니다."

직원들을 보내고 조장 이상만 남았을 때 라울리는 어떤 잘못이 있었는지 세세하게 검토하였다. 이는 적어도 일반 직원을 위한 배려였다. 그들이 기억을 떠올려 트라우마를 겪는 일이 없기를 바랐던 것이다.

독실하고 극기심 강한 라울리는 평생 남을 지켜오며 살았다. 그는 어렸을 때부터 과부가 된 어머니와 동생들을 보살폈다. 그런 그가 대통령을 잃은 비밀경호국장으로 기억된다는 것은 너무나도 뼈아픈 일이었다. 그래서 그날 밤 어떤 유산을 남길지 원대한 계획을 세우기 시작하였다. 그는 자신은 물론 직원들을 보호하겠노라 다짐하였다. 그리고 그토록 사랑하는 비밀경호국을 더욱 강한 조직으로 만들기로 결심하였다.

제임스 죠셉 라울리 쥬니어는 아일랜드계 이민자 부부의 장남으로 브롱스(Bronx)의 천주교 교구에서 중산층 가정에서 자랐다. 그의 아버지는 시청에서 시설관리자로 일했는데 자기가 점검하던 교량이 무너지는 사고를 당해 사망하였다.

당시 라울리는 17세였다. 그와 그의 남동생은 학기를 마치고 여름방학을 즐겁게 맞이할 생각에 들떠 있었다. 하지만 기대와 달리 가장이 된 라울리는 어머니와 동생들을 보살피기 위해 장례식을 마친 후 바로 하찮은 직업을 구해 일을 시작하였다. 그는 낮에는 일하고 포드햄 야간 고등학교(Fordham Evening High School)를 다니며 학교를 마쳤다.

고등학교를 졸업한 후, 라울리는 다시 천주교 재단 대학의 야간과정에 등록해 법학 학위를 받았다. 그는 배달원, 증권회사 잔심부름꾼 그리고 대공황 때 망한 은행들의 자산 처분을 도와주는 주립은행의 보조원으로 일하기도 했다. 1936년, 라울리는 그의 법학 학위 덕분에 많은 사람들이 꿈의 직장으로 여긴 연방수사국에 임용되었다. 그는 샬롯(Charlotte) 지부에서 큰 활약을 하며 조직 내에서 좋은 평가를 받았지만, 다음 해 필라델피아 법원에서 열린 재판에 증인으로 출석하면서 큰 고비를 맞게 되었다. 재판 도중 판사가 밖에서 들려오는 소음 때문에 라울리의 목소리가 들리지 않자 더 큰 소리로 말하라고 하였다. 신문 기사를 통해 이를 알게 된 J. 에드가 후버(J. Edgar Hoover) 연방수사국장은 FBI 요원이 재판장에서 솔직하지 못하거나 약해 보이면 절대로 안 된다면서 화를 내며 씩씩거렸다. 그는 즉시 라울리를 자르라고 하였다.

라울리는 크게 실망했지만 어쩔 수 없이 새 직장을 구하기 위해 원서를 넣었고 로펌과 비밀경호국으로부터 합격통지서를 받았다. 그는 1938년에 비밀경호국 요원으로 임용되었고 다음 해인 1939년에 루스벨트 대통령 경호팀에 배정되었다. 그의 노력은 빛을 보았다. 그가 전시에 카사블랑카(Casablanca), 테헤란(Tehran)과 얄타(Yalta) 회담에 참석하는 루스벨트 대통령 선발 담당으로 지명되었다. 그 덕분에 라울리는 루스벨트 경호팀 조장과 트루먼 대통령경호팀장을 역임하며 승승장구했다.

하지만 그를 비밀경호국의 수장으로 앉힌 것은 새로 당선된 케네디 대통령이었다. 직전 비밀경호국장은 임기를 마치면서 케네디 대통령에게 다음 국장으로 3명을 추천했었다. 케네디한테는 너무나 쉬운 선택이었다. 라울리는 그와 같은 아일랜드계 천주교 신자였을 뿐 아니라 대선후보로 유세하는 동안 몇 번 보면서 그가 어떤 사람인지 알고 있었기 때문이다. 케네디는 한때 워싱턴에서 자기보다 라울리가 훨씬 막강한 권력을 휘둘렀던 기억을 떠올리며 싱긋 웃었다. 케네디가 아이젠하워 대통령에게 볼 일이 있어 다가가려 할 때 경호요원들이 제지했던 적이 있었는데 그때 라울리가 와서는 이 어린 신사가 의원이라고 밝혀주었다. 케네디는 자기와 라울리가 처음 만났던 이야기를 즐겨하곤 하였다. 1948년, 케네디가 메사추세츠 주 브룩클라인(Brookline)에서 유세할 때 라울리가 트루먼 대통령의 앞길을 확보하기 위해 케네디를 옆으로 밀어냈었다.

라울리는 존슨에 대한 경호를 강화해야 한다고 생각했다. 하지만 그 전에 자기가 여태 경험해 보지 못한 위험한 행사를 잘 마쳐야 했고, 이를 위해 심신이 갈가리 찢어진 요원들을 이끌어야 했다. 행사의 위험요소는 케네디 여사의 고집에서 비롯되었다. 그녀는 자기가 "투박한 검정 캐딜락"이라 부르는 전용차에 타지 않겠다고 버텼다.

여사는 대통령이 암살된 금요일 밤에 베데스다 해군 병원에 도착해 장례식 계획을 세우기 시작했다. 그녀는 케네디 가족 및 국장에 참석하는 국빈들과 함께 관을 실은 마차를 따라 걸어가려고 했다. 행렬은 국회의사당에서 시작하여 시내에 있는 성당을 거쳐 포토맥 강(Potomac River) 건너에 있는 알링턴 국립묘지(Arlington National Cemetery)에서 끝날 예정이었다. 케네디 대통령의 매부인 사전트 슈라이버(Sargent Shriver)는 국장을 준비하면서 군과의 연락을 담당하고 있었는데 그도 여사를 말리지 못했다. 슈라이 버는 여사가 걸어가면 다른 국빈들도 어쩔 수 없이 걸어서 뒤따르게 되고, 그들도 위험에 놓이게 된다고 설득하려 했지만 그녀는 아랑곳하지 않았다.

"나 외에는 아무도 걸을 필요 없어요."

여사가 말했다.

그녀의 계획을 토요일 아침에서야 알게 된 라울리는 깜짝 놀랐다. 그 계획은 국장에 참석하는 대통령과 19명의 국빈들을 더없이 좋은 표적으로 만들 것이었다. 그는 벤을 불러 여사의 계획은 말이 안 되니 그녀가 고집을 꺾게끔 힐에게 대화를 시도해 보라고 하였다. 여사를 만난 힐은 "여사님, 다시 고려하실 수 없을까요?"라고 물으며 예정된 계획을 바꾸려고 하였다.

힐은 케네디 여사가 가장 신뢰하는 경호요원이었다. 그녀는 힐과 담배를 같이 피우곤 했는데 그러면서 농담을 주고받고 서로의 비밀도 털어놓는 사이가 되었다. 거기에 더불어 트라우마까지 공유하게 되었으니 막역한 관계가 아닐 수 없었다. 그런 힐이 부탁하자 여사도 생각을 바꿔 백악관부터 추도 미사가 열리는 성당까지만 걷기로 하였다.

아직 안심하기에는 일렀다. 라울리는 그의 상관인 C. 더글라스 딜론(C. Douglas Dillon) 재무부 장관에게 존슨이 행렬을 따라 걷지 않도록 설득해달라고 하였다. 딜론 장관은 예산 관련 회의 때 기회를 잡아 라울리가 우려하는 사항을 전달했다. 이에 존슨이 "행렬을 따라 걷는 것이 무모하다고 생각되지만 안사람이 나에게 같이 걷는 것이 좋겠다고 하였다"며 어쩔 수 없다는 입장을 털어 놓았다.

이를 전해 들은 라울리는 각 지부에 흩어져 있는 요원들을 워싱턴으로 불러 모았다. 비록 케네디 여사가 도보 구간을 줄이기로 결심했지만 비밀경호국은 국장이 치러지는 이틀 동안 케네디 가족, 대통령과 그 가족, 국빈으로 방문하는 왕족들과 대통령 등의 안전을 책임져야 했다. 국장이 거행된 일요일에 국회의사당 로툰다에 안치된 케네디를 보기 위해 30여만 명이 모였다. 비밀경호국은 군 병력을 지원받아 안전을 확보하였다. 월요일에는 케네디 가족, 대통령과 국빈들이 백악관에서부터 미사가 열리는 성 마태오 성당으로 행진하였다.

주말 동안 국장에 관한 준비가 한창이었지만 라울리는 권한을 위임하는 데 애를 먹었다. 그는 직접 경호요원들과 검문소 등의 위치를 검토하였고 국장이 시작된 일요일부터는 과거의 역할로 돌아가 존슨의 왼편에 서서 경호하였다. 이미 지칠 대로 지친 요원들은 충격으로 케네디 대통령을 잃었음에도 불구하고 대통령을 노출한 채 행진한다는 것이 믿기지 않았다. 주변 고층 건물들로 인해 마치 댈러스에 다시 돌아온 느낌을 받았다.

힐은 총성이 다시 울릴 것 같다는 두려움과 싸우며 주먹을 꽉 쥐었다. "2km 남짓 되는 거리였지만 그 어떤 길보다 멀게 느껴졌습니다"라고 힐은 말했다.

추도 미사가 진행되던 월요일에 드류 피어슨(Drew Pearson, 이하 피어슨)이라는 기자가 충격적인 제보를 받았다. 케네디 경호요원들이 댈러스 행사 전날 밤에 새벽까지 술을 먹었다는 내용이었다. 제보한 사람은 포트 워스 스타 텔레그램(Fort Worth Star Telegram)의 테이어 왈도(Thayer Waldo) 기자였다. 그는 피어슨에게 자신의 편집장인 캘빈 서튼(Calvin Sutton)이 포트워스 기자 클럽의 회장이라고 밝힌 다음, 경호요원들이 전날 밤 그 기자 클럽에 들러 술을 먹었고 이후 셀라 클럽으로 가서 한 잔 더했다고 설명했다. '워싱턴 메리고라운드' 칼럼을 통해 수많은 정치가들을 비난했던 피어슨은 전화를 돌리기 시작했다.

그날 밤 피어슨은 셀라 클럽의 주인 패트 커크우드에게 전화를 걸어 "어떤 일이 있었는지 정확하게 할 필요가 있어요. 이미 경호요원들이 전날 술을 먹었다는 소문이 파다합니다"라고 말했다.

서튼도 피어슨을 거들며 커크우드에게 취재를 도와달라고 부탁했다. 커크우드는 자기 클럽이 기자, 경찰 등 주요 고객에게 술을 제공한다는 사실을 거론하지 않는 조건으로 응하기로 했다. 피어슨은 커크우드의 협조가 있었는데도 칼럼을 쓰는 데 일주일이 걸렸다. 11월 30일 토요일, 피어슨은 NBC 라디오 방송을 통해 자기가 알게 된 사실을 폭로하였고, 얼마 후 신문에는 경호요원들에 대한 수사를 촉구하는 칼럼이 실렸다.

케네디 경호를 담당하는 요원 중 6명이 케네디가 암살당한 날 새벽에 포트 워스 기자 클럽에서 목격되었다. 그들 중 새벽 3시까지 남아 있는 인원이 있었으며…… 술을 먹은 이들도 있었다…… 전하는 바에 의하면 그중 3명은 기자 클럽에서 나와 셀라 클럽으로 갔다.

그러면서 피어슨은 요원들이 밤늦게까지 모터케이드 동선상에 있는 건물들을 확인해야 했다고 주장했다.

라울리는 이 소식을 듣고 큰 충격에 빠졌다. 그것은 자기 직원들이 전날 술을 마셨기 때문이 아니라 하필이면 영향력 있는 기자가 대통령 암살과 관련해 직원들의 업무태만을 꼬집었기 때문이다. 이를 수습하기 위해 라울리는 다음 날 감찰담당관을 포트 워스로 보내 목격자들을 인터뷰하였다. 또한, 댈러스 출장을 갔다 온 직원들에게 11월 21일 저녁에 어디 있었고, 무엇을 마셨으며, 몇 시에 방으로 돌아갔는지 각자 보고서를 제출하라고 하였다.

백악관은 언론의 비난을 무마하기 위해 힘을 보탰다. 살린저 대변인은 신문 기사가 실린 다음 날인 일요일에 피어슨에게 전화를 걸어 포트 워스에서 술을 마신 요원들이 모터케이드에서 경호한 인원들이 아닐 수 있다며 기사에 대해 항의하였다. 이에 피어슨이 이름을 대라고 하자 살린저는 모른다고 하였다.

"당신이 이런 기사를 쓰는 것은 요원들을 무시하는 꼴입니다."

살린저가 재차 강조했다. 피어슨은 추후 자기 입장을 글로 발표하였다.

"나는 비밀경호국을 오랜 시간 존경해왔지만 최근 들어 기강이 해이해진 것을 느꼈다. 철도기관사, 신문 배달원, 의사 등 그 누구든 간에 일하기 전에 술을 먹는다는 것은 받아들이기 어려운 일이다."

감찰담당관 제럴드 맥캔(Gerald McCann)은 조사한 내용을 대외비 보고서로 작성하여 라울리에게 12월 10일에 보고했다. 보고서에는 모든 목격자들이 요원들의 술 취한 모습을 보지는 못했다는 내용이 담겨 있었다. 특히, 셀라는 술을 판매할 수 있는 허가증도 없다는 점을 강조했다.

물론, 이 보고서는 현실을 제대로 반영하지 못했다. 셀라에선 술을 팔았다. 20년 후 스타 텔레그램 기자와의 인터뷰에서 셀라의 매니저 지미 힐(Jimmy Hill)은 "우리가 그때 말은 안 했지만 요원들은 취해 있었다. 그들은 에버클리어 술을 마시고 있었다"고 털어 놓았다.

요원들이 각자 올린 보고서를 통해서도 기자 클럽 및 셀라에 가서 술을 먹은 인원이 9명이었다는 것이 판명되었다. 다만, 셀라에서 마신 음료는 주스인 줄 알았다고 했고 복귀한 시간은 새벽 2시 45분에서 5시 사이였다.

그중 레디, 힐, 랜디스 및 베네트는 오전 8시부터 근무가 예정되어 있었다. 그들은 모두 모터케이드에서 후미차에 탑승해 대통령과 영부인을 경호해야 했다. 그 누구도 긴장을 풀기 위해 마신 술 몇 잔으로 인해 자기네 이름이 전국 신문에서 오르락내리락하리라고는 예상하지 못했다. 비밀경호국은 수모를 겪어야만 했다.

비밀경호국 입장에서 피어슨의 칼럼은 시기적으로 좋지 않았다. 케네디 경호팀 대다수가 대통령이 암살당한 것은 본인들이 재빨리 반응하지 못한 결과라고 자책하며 충격에서 빠져나오지 못하고 있었는데, 피어슨이 요원들이 술을 마셔 일어난 일이라고 만천하에 공개하는 바람에 여론까지 악화되었으니 말이다. 라울리는 표창 수여식을 통해 이 난관을 극복하려 하였다.

12월 3일, 케네디 여사의 요청으로 딜런 재무장관이 힐에게 먼저 표창을 직접 수여하였다. 힐은 댈러스에서 보여준 투철한 사명감과 용기를 인정받았지만, 대통령의 머리가 산산조각 나는 것을 목격했기에 표창 수상이 기쁘거나 자랑스럽지 않았다. 그는 아무 생각 없이 수여식이 빨리 끝나기만을 바랐다.

다음 날인 12월 4일, 라울리는 존슨과 수여식에 참석했다. 이번 표창 대상자는 영블러드였다. 존슨은 영블러드를 "내가 아는 가장 덕망 있고 능력 있는 공무원"이라고 치켜세우고 영블러드 부인에게 감사를 표했다. 당시 사진을 보면 라울리는 마치 아버지가 아들이 상 받는 모습을 보며 좋아하듯이 밝은 미소를 머금고 있었는데 그는 이런 행사를 통해 대통령과 비밀경호국 간에 신뢰가 싹트길 희망했다.

하지만 비밀경호국은 또 한 번 타격을 입게 되었다. 이번에는 전직 비밀경호국장 U. E. 보우만(U. E. Baughman)이 댈러스에서 경호요원들의 대응을 문제 삼았다. 기자들이 버지니아주 알렉산드리아에 있는 보우만 자택으로 찾아가 그의 견해를 묻자, 건물 안전조치를 위한 절차가 무시된 듯하고 총격 후에도 요원들이 제대로 반응하지 않은 것 같다고 하였다. 또한, "왜 캘러만과 후미차에 타고 있던 요원들이 대통령을 방호하러 VIP차로 가지 않았는지, 왜 VIP차 운전요원이 즉시 가속하지 않았는지 그리고 왜 VIP차 조수석에 타고 있던 요원이 영블러드처럼 대통령을 보호하지 않았는지" 궁금하다고 하였다.

라울리는 비밀경호국 대변인에게 입장 표명을 하지 말라고 하였다.

라울리로부터 댈러스 사태를 분석하라는 지시를 받은 짐 버크(Jim Burke) 요원은 어느 날 밤 행정동 복도에서 라울리가 서류 뭉치를 들고 가는 것을 보았다. 대통령이 암살된 후 라울리는 매일 같이 밤늦게까지 야근하고 있었다. 아무도 그가 눈물을 흘리는 모습을 보지 못했다. 엄청난 압박감에 시달렸을 텐데도 직원들에게 화내는 것조차 본 사람이 없었다. 버크가 그에게 물었다.

"어떻게 그럴 수 있나요? 어떻게 계속 전진할 수 있는 건가요?"

"나는 괜찮아야만 해. 모든 사람들이 나를 보고 있어. 모든 요원들이 나에게서 어떤 신호를 찾으려 할 거야. 그래서 나는 괜찮아야만 해. 그들을 위해."

라울리가 답했다.

리 하비 오스왈드(Lee Harvey Oswald, 이하 오스왈드)가 케네디 대통령을 암살하고 1주일 지나자, 존슨은 사건을 조사하기 위한 블루리본위원회를 소집하였다. 위원회는 7명으로 구성되었으며 하원의원, 전직 CIA 국장과 얼 워런(Earl Warren, 이하 워런) 대법원장 등이 포함되었다. 존슨은 위원들에게 조사의 목적이 세밀한 내용까지 파악하는 것이 아니고, 암살 배후에 소련과 쿠바가 연루되어 있다는 음모론을 잠재우기 위한 것임을 분명히 했다. 위원회가 파악해야 할 사항은 두 가지였다. 첫째, 오스왈드가 왜 그런 일을 벌였는지 그리고 공모자가 있었는지 확인해야 했다. 둘째, 비밀경호국이 왜 경호하는 데 실패했는지 분석해야 했다.

새해가 되어서야 조사가 본격적으로 이뤄졌는데 이때부터 위원들에게서 권한을 위임받은 변호사들이 경호요원, 경찰, 목격자, 총기 전문가 등 수백 명을 인터뷰하였다. 위원회의 수석고문 리 랜킨(Lee Rankin)은 당시 경호상의 문제점들에 대해서는 라울리의 의견을 물어보았다. 라울리는 위원회의 조사 결과에 따라 등 떠밀리듯이 대안을 내놓기보다는 그 이전에 주도적으로 개선 방안을 모색하고 싶었다. 그는 오스왈드가 암살을 실행할 수 있게 한 비밀경호국의 약점을 보완하기 위한 대책을 실행에 옮겼다.

첫째, 대통령이 노출된 상태에 놓이는 모터케이드 또는 공개 일정 때 대통령을 경호하는 인원이 부족했다. 이를 보완하기 위해 경호 경험이 있는 요원들을 각 지부에서 차출하여 대통령경호팀으로 배속시켰다. 단 하루 만에 경호팀은 50명으로 두 배 가까이 늘어났다. 둘째, 모터케이드 동선상에 있는 모든 건물들에 대한 안전조치를 실시하고 군중 사이에 사복 입은 요원을 추가로 배치하는 원칙을 세웠다. 다만, 이를 비밀경호국 단독으로 담당하기에는 인원이 부족해 1964년 전반기에만 연방수사국, 연방우정수사국 등으로부터 670명을 지원받아 관련 업무를 수행토록 하였다.

이후 라울리는 다가오는 가을에 진행될 예산심사 때 공개할 장기 과제를 도출하기 위한 작업에 착수했다. 이를 통해 그는 비밀경호국 역사에 길이 남을 업적을 남기게 되는데 그것은 바로 IBM과의 합작을 통한 위협분석 업무의 전산화였다.

경호요원들은 선발로 출장을 가기 전에 항상 그 지역에 잠재적 위협 인물이 있는지 명단을 확인하는 절차를 거쳤다. 명단에는 연방수사국 또는 경찰 조사를 받은 사람들 중 폭력 또는 반정부행위 전과가 있어 대통령 안전에 실질적인 위협이 될 수 있다고 판단되는 인물들이 수록되었다. 이 명단에 포함된 인원은 400여 명에 달했으며 한 명 한 명 심층적으로 분석되어 있었다. 비밀경호국은 이와 별도로 첩보에 근거해 관심 대상자로 분류한 별도의 명단을 보유했다. 이 명단은 단순히 첩보만을 갖고 작성됐기 때문에 간단한 인적 사항과 첩보의 내용 정도만을 기록하고 있었고 인원은 약 5천 명에 달했다.

이 두 명단은 치명적인 결함이 있었다. 비밀경호국은 각 연방기관과 백악관에서 대통령을 협박하거나 위해를 가하려는 사람에 관한 첩보 또는 정보를 입수할 경우, 이를 즉시 공유해달라고 요청했다. 이에 따라 백악관은 협박 편지가 접수되면 비밀경호국 앞으로 전달했고 비밀경호국은 발신자를 추적해 명단에 추가하였다. 결국 명단의 업데이트를 위해서는 다른 기관의 협력이 필요했는데, 모든 기관이 이를 비밀경호국과 공유했던 것은 아니다. 연방수사국과 중앙정보국의 경우 관심을 두고 지켜보는 인물들이 있었지만 모든 정보를 공유하지 않았다. 설령 공유하려고 해도 그들이 관리하는 명단도 종이서류철이었기 때문에 검색하는 데 많은 시간이 소요되었다.

그래서 라울리는 IBM에 전산 데이터베이스 구축을 의뢰했던 것이다. IBM은 연방사회보장국을 위해 수백만 명에 달하는 근로자 소득 정보를 전산화한 이력이 있기 때문에 위협인물에 관한 정보를 통합해서 관리하는 전산 데이터베이스도 구축할 수 있었다.

이 외에도 그는 방탄조끼, 전기충격기 등 비밀경호국이 도입할 수 있는 현대식 장비를 물색하였다. 그리고 당연히 대통령을 완벽하게 경호하기 위해 몇 명을 증원해야 하는지 분석하였다. 당시에는 케네디의 죽음으로 전 국민이 너무나 큰 충격을 받았기에 의회의 태도가 180도 달라져 있었다. 의원들은 비밀경호국의 예산과 인원을 늘리는 데 공개적으로 앞장섰다.

1962년까지만 해도 라울리는 인원을 늘리는 데 실패했다. 그는 그때부터 인원을 늘려 경호팀을 4개 조로 운영할 생각을 하고 있었는데 4개 조가 만들어지면 1개 조는 경호 임무 대신 교육훈련과 휴가를 실시하며 충전 시간을 갖도록 할 예정이었다.

그는 "이미 늦은 감이 있다"는 말과 함께 동일한 요구사항을 의회에 제출했다.

당시 비밀경호국의 정원을 늘리려는 데 한사코 반대했던 인물이 공화당 소속의 매사추세츠주 하원의원 실비오 콘테(Silvio Conte, 이하 콘테)였다. 그러나 케네디가 죽자 콘테는 비밀경호국을 적극적으로 지원하였고, 그 과정에서 라울리와 두터운 우정을 쌓아 평생 친구로 남게 되었다.

그때를 회상하던 콘테는 케네디 사건과 관련해 다음과 같이 말했다.

"그동안 대통령 경호에 소홀했던 부분이 있었지만 결과적으로 많은 것을 배우기도 했습니다. 저와 라울리는 개선해야 할 부분들을 논의한 후 의원들을 설득하기 위해 로비했습니다. 진작에 했으면 좋았겠다는 생각이 들었습니다. 하지만 이런 일이 일어나리라고 누가 예측할 수 있었겠어요?"

콘테는 또한 라울리가 함부로 말할 수 없는 민감한 사항들에 대해서는 비공개회의를 개최해 증언할 수 있도록 도왔다. 한 예로 비공개 예산심사 때 라울리에게 케네디가 밤마다 경호요원을 두고 밀회를 즐기러 백악관 밖으로 나간 일이 사실인지 물었다.

"네, 맞습니다. 하지만 경호를 받지 않겠다는 사람을 어떻게 경호할 수 있나요? 그가 우리의 동행을 원하지 않아 할 수 있는 일이 없었습니다."

라울리가 답했다.

라울리가 비밀경호국을 위해 싸우는 동안 존슨은 그와 대립하였다. 원래 의심이 많았던 존슨은 대통령경호팀이 아직도 케네디 가문에 충성을 다하지는 않는지 미심쩍어했다. 그는 비서관들에게 경호요원들이 생각이 짧고 뒤에서 자기 욕을 한다고 불평하였다. 몇몇 요원들이 존슨이 비교적 거칠다고 느낀 것은 사실이었다. 존슨은 요원들 앞에서 소변을 보았고, 누워 있거나 변기에 앉은 자세로 지시를 내렸으며, 짜증이 나 있을 때는 욕하는 경우도 다반사였다. 그런 와중에 존슨이 비서관으로부터 보고 받은 내용이 상황을 더욱 악화시켰다. 보고서에는 존슨이 대통령으로 취임한 후 경호요원들의 사기가 급격하게 저하되어 전보 요청이 급증하였다고 명시되어 있었다. 또한, 경호요원들의 고의적인 정보 유출 가능성을 언급하며 존슨이 사슴 사냥을 나갔을 때 후미차 바퀴를 총으로 쏴버리겠다고 한 사례를 예로 들었다. 존슨은 당시 후미차가 너무 가까이에서 따라와 사냥을 망친다는 이유로 역정을 부렸는데, 스포츠 일러스트레이티드(Sports Illustrated)에 관련 기사가 실렸었다.

이에 존슨이 라울리에게 전화를 걸어 "대통령경호팀에 소속된 요원들에게 불평 좀 그만하라고 해. 대통령 경호하는 게 그렇게 싫다면 법을 개정해서 연방수사국이 담당하도록 하겠어"라고 윽박질렀다.

"경호요원들이 그토록 불행하다고 느낀다면 비밀경호국과의 관계를 기꺼이 끊겠다"고 말하는 대통령과 통화하며 라울리는 몹시 당황했다.

"에드가 후버한테 애들 좀 보내라고 하면 돼. 그러면 너네는 위조지폐 수사만 열심히 하면 되고."

전화를 끊으면서 존슨이 퉁명스럽게 내뱉었다.

비밀경호국과 연방수사국이 라이벌 관계여서 그랬는지 몰라도 연방수사국에 경호를 맡기겠다는 존슨의 협박은 시간이 지날수록 늘어만 갔다. 연방수사국 창설은 비밀경호국 덕분이었다. 1908년, 법무부는 투기꾼들이 사기를 쳐서 거주자들이 마땅히 받아야 할 무상 토지를 가로챈 사건을 수사하기 위해 비밀경호국에 도움을 요청했었다. 이미 관련 수사로 오리건주(Oregon)의 상원 및 하원 의원이 의원직을 상실하여 언짢아하는 의원들이 있었는데, 연방 요원들이 본래의 관할을 벗어나 국민들 뒷조사를 한다고 하자 의회는 합심하여 권력이 남용될 수 있다며 반대하였다. 입법부가 행정부에 간섭한다며 격노한 시어도어 루스벨트 대통령은 비밀경호국 요원 8명을 뽑아 새로운 부서를 만들었는데 이것이 연방수사국의 전신이었다. 하지만 세월이 흘러 연방수사국은 규모와 영향력 측면에서 비밀경호국을 능가하게 되었다. 1900년대 초반 신도시들의 건설과 함께 범죄가 기하급수적으로 증가하였는데 이에 맞서기 위해서는 연방수사국의 역할이 너무나 중요했기 때문이다.

1964년 초에 존슨은 라울리에게 대통령경호팀을 축소하라고 하였다. 경호요원을 100여 명 늘리기 위해 의회에 로비하던 상황에서 대통령의 지시는 충격적이었다. 존슨은 "내가 유세를 시작하면 케네디가 암살되기 전보다 더 적은 인원으로 경호하라"고 말했다.

존슨의 요구는 정치적 쇼맨십을 위한 것이었다. 얼마 전 그는 연방정부 예산을 줄이겠다고 공약했었다. 또 라울리에게는 "더 많은 경호요원을 배치하면 나는 화장실도 안 갈 거야. 아예 백악관 밖으로 나가지 않겠어"라고 하였다.

존슨은 라울리와의 관계가 더욱 나빠지자 그를 적대시하였다. 그는 라울리가 독재체제로 기관을 운영한다거나 자신을 죽일 모략을 꾸미고 있다는 등의 험담을 늘어놓고 비밀경호국의 위계질서와 보고체계를 무너뜨리기까지 하였다. 그 방편으로 영블러드 요원을 경호팀장으로 임명하여 대통령 일정을 경호팀 외에는 알지 못하게 정보를 차단하고, 경호팀 내 전입과 승진에 관한 인사권을 영블러드가 행사하도록 하였다. 존슨은 영웅으로 추앙받는 힐도 경호팀에서 내쫓으려 하였다. 그가 케네디 가문과 너무 가깝게 지내 신뢰할 수 없다는 이유였다. 영블러드는 그에게 기회를 주라고 존슨을 설득하였다.

래리 뉴먼 요원은 대통령과 비밀경호국장 간의 힘겨루기로 인해 요원들의 사기가 더욱 저하되었다고 하였다. 그는 당시 상황을 이렇게 설명했다.

"라울리 국장은 영블러드 요원의 동의 없이는 아무것도 할 수 없었기 때문에 국장이 두 명 있는 형국이었습니다. 직원들은 연방수사국이 우리 임무를 넘겨받게 될 것이라고 떠들어댔고 언론은 비밀경호국을 비난하기 일쑤였습니다. 지부는 지부대로 혼란스러워했고 아무도 앞날을 알 수 없었습니다."

라울리는 대통령의 학대를 참고 견뎠다. 그럴수록 비밀경호국 요원들에게는 조용한 그가 진짜 영웅처럼 비쳤다. 요원들은 그가 워런 위원회 앞에 증인으로 출석해 논쟁이 오갔을 때 국장을 향한 그들의 감정이 옳았음을 목격하게 된다.

1964년 6월 18일, 라울리는 케네디 암살과 관련한 질문에 답하기 위해 위원회가 소집된 장소에 도착하였다. 그는 위원회가 비밀경호국에 책임을 물을 것이라고 예상하였지만 경호요원들이 전날 술을 먹었다는 사실에 아직도 워런이 분개한다는 점은 모르고 있었다.

리 랜킨 수석고문이 출장 중에는 음주를 금지하는 비밀경호국 규정을 라울리에게 소리 내어 읽어 달라고 하였다. 그러자 라울리는 경호요원들이 그날 수칙을 어긴 것은 맞으나 그들을 징계하지 않기로 결정했다고 말했다.

"그 요원들에게 징계를 내렸다면 결국 국민들은 케네디 대통령이 암살당한 책임이 그 요원에게 있다고 결론 내렸겠죠. 저는 그들이 그런 낙인이 찍힌 인물로 역사에 기록되어서는 안 된다고 생각했습니다."

워런은 인상을 찌푸리며 앞으로 기대앉았다. 라울리와 마찬가지로 그 또한 케네디에게 진 빚이 있었다. 그가 시민의 권리를 옹호하는 판결을 내릴 때마다 각계각층에서 반대 목소리를 냈지만 케네디는 유일하게 워런을 지지해 주었다.

"국장님, 경호 임무를 수행할 때는 반드시 맑은 정신으로 임해야 하고 약간의 음주 또는 수면 부족이 큰 영향을 미칠 수 있다고 보입니다."

워런이 따졌다.

이에 라울리가 다음과 같이 부연 설명을 했다.

"저도 그들이 음주했다는 점을 용납하지 않습니다. 하지만 그 요원들은 아직 젊습니다. 그들의 나이와 경험에 비추었을 때, 저는 그들이 적절하게 대응했다고 생각하며 다른 누군가가 그 자리에 있었다 해도 그들보다 잘했을 것이라고 보지 않습니다."

하지만 워런에게는 이 대답이 만족스럽지 않았다. 그는 아놀드 로우랜드를 거론하며, 댈러스에 집결한 군중 속에 총을 겨누고 있는 남자를 봤다고 진술한 사람들이 있다는 점을 언급하였다.

"만약 경호요원이 전날 클럽에 가서 늦은 시간까지 술을 마시지 않고 일찍 잠에 들었다면 총을 들고 있었다는 그런 남자를 발견하지 않았겠어요?"

라울리는 로우랜드가 그런 남자를 봤다고는 하지만 경찰이나 비밀경호국에 신고하지 않았다고 설명하였다.

그러자 워런이 라울리의 말을 끊으며 질문했다.

"다시 말하지만, 항상 주변을 경계해야 하는 경호요원이 잠이 부족했거나 술을 마시지 않고 맑은 정신 상태였다면 그런 위협을 발견했을 가능성이 높지 않았을까요?"

라울리가 "물론 맞습니다"라고 대답했지만 과거에도 경호요원들이 잠을 3시간만 자고도 근무에 투입되었던 경우가 많았다고 덧붙였다.

"저는 과거를 얘기하고 있는 것이 아니에요!"

워런이 역정을 냈다.

"우리는 지금 9명의 요원이 늦은 밤을 지나 이른 새벽까지 술을 먹은 것에 대해 말하고 있는 겁니다. 그들은 다음 날 모터케이드 행진에서 벌어질 수 있는 일에 대비하기 위해 몸 상태를 관리했어야만 했습니다. 그들이 술을 먹지 않았다면 대응을 더 잘할 수 있지 않았을까요?"

라울리는 잠시 머뭇거렸지만 전혀 위축되지 않은 듯 대답했다.

"네, 맞습니다. 하지만 그날 그들이 할 수 있음에도 하지 않은 일은 전혀 없었습니다."

이는 사실이 아니었다. 그 역시 그날 요원들이 취할 수 있는 조치가 더 있었다는 사실을 알고 있었다. 열흘 후 그는 자기가 한 발언을 수정할 수 있는지 위원회에 문의했다. 그 결과 역사는 라울리의 답변을 "네, 맞습니다. 하지만 그러지 않았다 해도 암살을 막을 수 있었다고 보지 않습니다"로 기록하게 되었다.

모든 비밀경호국 요원들은 라울리가 질문 공세에도 자기들을 옹호하자 그를 응원하였다. 그는 조직과 직원들을 위해 자기를 희생했다. 케네디 경호팀에서 근무했던 조셉 파오렐라는 라울리에 대해 다음과 같이 말했다.

"그는 직원들을 탓하고 자기 자신을 구할 수 있었지만 오히려 직원들을 보호하려 하였습니다. 그런 그가 너무 멋지다고 생각했습니다. 그는 또한 대통령이 암살당한 것을 두고 직원들이 평생 자기 자신을 탓하지 않았으면 좋겠다고 했습니다. 그는 직원들이 완전히 실패했고 그래서 그들을 해고하겠다고 할 수 있었는데 말이죠. 그는 아무도 해고하지 않았고 직원들을 보호하기 위해 거짓말을 하지도 않았습니다."

그럼에도 라울리는 케네디 대통령 암살로 훨씬 많은 지탄을 받게 된다.

어떻게 했는지 모르지만 그는 존슨의 억압을 슬기롭게 극복하였다. 존슨은 전화로 화를 내고, 대면해서 혼을 내며 협박도 하였지만 라울리는 인내하며 "알겠습니다"와 "바로 조치하겠습니다"로 응대하였다.

라울리는 성당에서 안식을 찾았다. 그는 토요일 오후마다 막내 딸 도나(Donna)와 함께 가로수길을 지나 미사를 드리러 갔다. 출근하지 않으면 반드시 성당에서 생각하는 시간을 가졌다. 그렇게 인내한 덕분에 비밀경호국의 다음 세대를 위한 준비를 마칠 수 있었다.

1964년 8월 27일, 워런 위원회 보고서가 나오기 한 달 전에 라울리는 조직 발전 전략에 관한 기밀 보고서를 완성하였다. 27장짜리 보고서는 정원을 205명 늘리는 방안을 언급했다. 이는 415명인 현원의 50%에 해당하는 수치였다. 그는 증원되는 정원 중 145석을 각 지부에 배치하여 위조지폐 수사와 더불어 대통령 등 주요 요인 방문 준비와 관련 위협에 대한 수사를 담당시킬 계획이었다.

라울리는 경호팀을 보강하는 안도 갖고 있었다. 대통령경호팀에 18명을 증원하여 그가 바라던 대로 4개 조를 운영할 계획이었다. "인원이 부족하다"라고 한 부통령경호팀에도 25명을 추가 배치하여 총원을 35명으로 늘려야겠다고 생각했다. 이는 모두 케네디 대통령이 죽기 전에 요구한 내용이었다. 라울리가 가장 심혈을 기울인 사안은 바로 주요 요인에 대한 위협을 추적하고 수사하는 데 필요한 인력과 예산을 10배 늘리는 거였다. 그는 위협인물 명단을 전산화하는 데만 100만 달러를 책정하였다.

이 외에도 야심 차게 준비한 훈련장의 윤곽이 드러났다. 훈련 시설은 농업연구청이 메릴랜드주 벨츠빌(Beltsville, Maryland)에 보유하고 있던 80,000㎡가 넘는 땅에 지을 예정이었다. 그곳에서 암살자의 저격, 칼 공격 등 현장에서 발생 가능한 상황에 대응하는 훈련을 제안하였다. 훈련장이 확정되면 조달청에서 예산을 투입하여 사격장, 기동 훈련장과 시가지 훈련장을 짓기로 하였다.

그 계획을 실현하려면 자기를 도와줄 협력자가 필요했는데 때마침 케네디의 가까운 지인 중에 그런 인물이 있었다. 바로 C. 더글라스 딜런 재무장관이었다. 딜런은 가족이 소유한 투자업체에서 일하며 많은 돈을 벌 수 있었지만 국가를 위해 봉사하는 길을 선택했다. 그는 공화당 소속이었지만 당원들과 더불어 상대편인 민주당과 재계의 존경을 받는 인물이었다. 그는 존슨조차 쉽게 압박하지 못하는 몇 안 되는 공직자 중 한 명이었다.

딜런은 9월 2일 워런 위원회에 증인으로 출석해 자기도 발생한 사건으로 인해 후회하고 있다는 점을 인정하였다. 그는 라울리가 케네디 암살 사건에 앞서 증원 요청을 했을 때, 이미 인력난과 자원 부족에 시달리는 절박한 상황이었던 것을 미처 몰라보았다고 하였다. 이어서 그는 라울리가 문제의 심각성을 알리려 했으나 "그때에는 세출위원회의 관심을 끌지 못했다"라고 덧붙였다.

딜런은 이후 공직자로서 상상도 할 수 없는 일을 하였다. 대통령한테 보고도 안 된 라울리의 계획을 위원회에 제출해 버렸다.

"이 문서는 대통령께서 아직 승인을 안 했을뿐더러 보지도 못했습니다. 이는 저와 라울리가 개선해야 할 점들을 명시한 보고서입니다."

이렇게 논리 정연하게 작성된 개선안은 워런과 위원들이 원했던 바였다. 3주 후인 9월 27일, 워런 위원회는 10개월간 120만 달러를 쓰며 실시한 조사 결과를 발표하였다. 대통령의 희망대로 888쪽짜리 보고서에는 오스왈드가 케네디를 암살하기 위한 거대 음모의 일부였다는 증거를 찾지 못했다는 내용이 실렸다. 그러면서 비밀경호국에 심각한 하자가 있다면서 이를 개선하려는 노력을 경주해야 한다고 되어 있었다. 비밀경호국은 창설되고 100년 동안 업무의 확장에 맞춰 인력을 보충하지 않았고 기술의 발전에도 뒤처지고 있었다고 했다. 그리고 백악관 요구에 너무 순응적이었다고도 했다. 존슨의 신임을 받고 있던 국가안보위원은 보고서를 읽고는 "제가 라울리 국장이라면 이 보고서를 읽고 사직서를 내겠습니다"라고 말했다.

위원회는 비밀경호국이 모터케이드 동선상에 있는 건물 등 암살자가 숨어 있을 만한 곳을 사전에 확인 안 한 것을 문제 삼으며 위험요소를 분석하는 방법을 갈아엎어야 할 판이라고 했다. 또한, 경호요원들이 정기적으로 훈련을 받지 못했기 때문에 댈러스에서 대응이 빠르지 않았고 결국 암살자에게 이점으로 작용했다고 하였다.

보고서는 댈러스에서 존슨 부통령과 같은 차를 탔던 랠프 얄보로(Ralph Yarborough) 상원의원의 말을 인용하였다.

"그때 경호요원들의 반응이 엄청 느렸고 표정을 보아하니 무슨 일이 일어나고 있는지 모르는 것 같았습니다. 보병과 해병대가 어떤 훈련을 받는지 알고 있어 더욱 그렇겠지만 총격이 시작되었는데도 경호요원들이 순간적으로 반응하지 못한 것이 저에게는 큰 충격으로 느껴졌습니다."

보고서는 댈러스에서의 사건을 조사하러 급파된 비밀경호국 조사관 톰 캘리(Tom Kelley)의 말도 인용하였는데 그것은 다음과 같았다.

"우리는 인원이 부족했습니다. 이렇게 중요한 임무를 맡고도 그에 필요한 인원도 없었고 훈련도 받지 못했습니다."

보고서는 비밀경호국이 개선해야 할 문제점 12가지를 나열하였고, 이를 개선하기 위해 인력을 충분히 증원해야 한다고 제언하였다.

존슨이 보고서에 담긴 개선방안을 알게 되었을 때 피가 거꾸로 솟는 것을 느꼈다. 그는 국가안보보좌관 맥조지 번디(McGeorge Bundy)에게 "비밀경호국이 이것을 빌미로 조직을 키울까 봐 걱정돼. 그들이 나를 보호하기는커녕 위험에 빠뜨리고 있다고 생각해!"라고 말했다.

존슨의 반응이 어떻든 딜런과 라울리는 아랑곳하지 않고 계획을 이행하기 위해 의회를 계속 밀어붙였다. 딜런과 라울리는 1965년 2월 15일에 세출위원회와 개별적으로 회의를 했다. 연초에 제출된 정부예산안에는 비밀경호국 예산을 5% 증액해 870만 달러를 반영했지만 여기서 그들은 1,260만 달러를 배정해달라고 요구하였다.

"저는 내각 구성원이, 그것도 재무장관이, 정부예산안에 반영된 금액을 초과하여 배정액을 요청하는 전례가 없다고 압니다."

딜런이 말문을 열었다. 그렇지만 "이는 매우 특별하고 특수한 상황"이라는 점을 강조한 뒤 필요한 예산 없이는 대통령 경호를 제대로 할 수 없는데, 존슨이 이를 승인해 주지 않고 있다고 상황을 설명하였다.

"이미 벌어진 일을 되돌릴 수는 없습니다. 우리 모두 국가와 전 자유세계를 위해 다음 대통령이, 그가 누가 됐든 간에, 최상의 경호를 제공받을 수 있도록 할 무한한 책임을 갖고 있습니다"라고 딜런이 계속 말했다.

라울리가 1964년에 계획했던 거의 모든 일들이 이행되었다. 의원들은 아직까지 대통령의 죽음을 애도하는 국민들을 위로하고 또 다른 참사를 막기 위해 라울리를 지원해 주었다.

1965년 가을, 비밀경호국은 전례 없던 규모로 인원을 모집해 200명 이상을 채용하였다. 이때 채용된 인원 중에는 케네디 암살이 동기가 되어 지원한 사람들도 있었는데, 이들은 나중에 대통령의 목숨을 구하고 전설이 된다.

케네디 경호팀에 소속되어 있던 요원들은 대통령을 잃은 상처 때문에 인력이 보강되는 것을 보면서도 마냥 기뻐하지 못했다.

"보세요."

케네디 경호팀에서 근무했던 래리 뉴먼 요원이 말했다.

"의회는 결국 우리에게 새로운 훈련시설을 지어주고 새로운 요원들을 채용하게 해줬지만 그걸 위해 대통령을 잃어야 했어요."

5
선거유세의 마지막 날

코넬리아 월리스(Cornelia Wallace, 이하 코넬리아)는 그녀가 살고 있는 주지사 관저 1층에서 아침을 간단히 먹은 후 비단 장식을 두른 침실로 올라왔다. 방에 들어와서는 옷장에 걸린 옷들을 스치듯이 만졌다. 33세의 아름다운 앨라배마주 영부인*은 선거유세 때 자기가 입을 옷을 고르는 것을 좋아했다. 그녀는 자신의 구릿빛 피부를 더욱 돋보이게 할 크림색 옷을 고르며 자신이 고른 얇고 가벼운 옷이 메릴랜드주의 뜨겁고 습한 날씨에 잘 어울리길 바랐다.

월요일이었던 1972년 5월 15일은 대통령 예비선거가 열리기 하루 전이었다. 앞으로 한 시간 후면 코넬리아는 자기 남편인 조지 월리스(George Wallace, 이하 월리스) 주지사와 앨라배마주 몽고메리(Montgomery)를 출발해 워싱턴으로 갈 예정이었다. 월리스는 워싱턴에 도착한 후 인접한 메릴랜드주의 두 카운티에서 유세 활동을 벌일 계획이었다.

"코넬리아, 가지 말까 봐. 안 가는 편이 낫겠다는 생각이 들어."

월리스가 말했다.

"하루 더 유세한들 뭐가 달라지겠어? 지금 이기고 있지 않으니 하루 더

---

*   미국에서 주지사 부인도 영부인이라고 한다.

유세한다 해도 판도가 바뀌지 않을 거야"라고 덧붙였다.

코넬리아는 자기 남편이 긴장한 내색을 하지 않는 것이 이상하다고 생각했다. 무언가 잘못된 느낌이었다. 그런데 월리스는 갑자기 말을 바꿔 코넬리아에게 준비하는 데 너무 오래 걸린다며 비행기 시간에 늦겠다고 화를 냈다.

부부는 표식이 없는 주경찰(state police) 차를 이용해 공항으로 갔다. 마지막 하루였다. 하루만 더 버티면 부부는 유세로부터 비롯되는 심리적 부담에서 벗어나 필요한 휴식을 취할 수 있었다.

월리스는 원래 유세하는 것을 좋아했다. 그가 대통령 후보로 나서려고 하는 것은 이번이 세 번째였으며 과거 때와 비교하면 매우 잘하고 있었다. 그는 플로리다주 예비선거에서 이겼고 다른 두 개 주에서는 간소한 차이로 2등을 했다. 그래서 미시건주(Michigan)와 메릴랜드주에서 이기면 민주당 대통령 후보로 선정되리라는 기대가 컸다.

월리스는 논란이 많은 후보였다. 많은 사람들은 월리스가 10년 전 두 흑인 학생이 앨라배마주립대(University of Alabama)에 등록하러 오는 길을 막아섰기 때문에 그를 분리주의자로 기억했다. 월리스는 이 외에도 1963년 "오늘, 내일, 영원한 분리주의"를 주장하는 연설을 했기 때문에 백인의 편협심을 상징하는 인물로 각인되었다.

하지만 1972년 선거 때는 더 많은 유권자들의 지지를 얻기 위해 인종차별 발언 대신 주정부 권한 강화를 내세우고 아름답고 젊은 코넬리아를 앞세워 이미지 쇄신을 꾀하였다.

그럼에도 월리스가 정치 신인 시절이던 1960년대에 만들어 놓은 이미지가 워낙 강하게 남아 있어 반감이 있는 사람들도 있었다. 월리스가 지난 5월 메릴랜드주 해거스타운(Hagerstown)에서 유세할 때 백인과 흑인 200여 명이 집회를 벌이는 바람에 연설 도중에 자리를 떠야 했다. 그리고 며칠 후에는 메릴랜드주 프레드릭(Frederick)에서 시위 참가자들이 던진 돌에 어깨를 맞는 참사를 당하기도 했다. 월리스의 과거가 계속 그를 쫓고 있었다.

그를 신경 쓰이게 하는 것이 또 있었는데 그것은 바로 정치 라이벌들의 죽음이었다. 케네디 대통령이 암살된 지도 어느덧 10년이 지났건만 월리스와 케네디가 인종과 평등에 관해 벌인 토론의 여파가 아직도 미국 사회를 흔들고 있었다. 케네디가 흑인들의 권리 증진을 위해 진보적 가치를 내세우자 수면 아래 가라앉아 있던 인종 간 갈등이 드러났고, 월리스가 총대를 메고 차별과 혐오의 끈을 놓지 못하는 사람들을 대변하였다. 케네디가 암살되고 5년이 지난 1968년에는 월리스의 정적 2명이 또 살해를 당했다. 그들은 인권운동가 마틴 루터 킹(이하 킹)과 대통령 후보이자 케네디 전 대통령의 동생인 로버트 F. 케네디(이하 로버트 케네디)였다. 비록 서로의 정치 철학은 달랐지만 국가를 위한다는 공통된 명분을 갖고 경쟁한 상대들이었기에 그들의 죽음은 월리스에게 큰 영향을 미쳤다.

케네디 전 대통령 시절 법무장관이었던 로버트 케네디는 1963년 월리스를 설득하러 몽고메리를 방문했었다. 흑인 학생들이 앨라배마주립대에 다닐 수 있도록 하려는 행보였다. 하지만 월리스는 이에 반대했고 결국 둘은 학교 입구에서 팽팽하게 맞섰다. 로버트 케네디와 월리스는 1968년 대통령 후보 자리를 놓고 다시 대결했다.

한편, 킹과 월리스는 그 대립의 정도가 더 심해서 지지자들끼리도 서로를 적으로 간주했다. 월리스가 1963년에 분리주의를 옹호한 것이 킹에게는 "나에게는 꿈이 있습니다"라는 명연설을 쓰는 계기가 되었다. 이 연설에서 킹은 그가 소원하는 소박한 꿈이 월리스의 고향이자 지역구인 앨라배마주에서 실현되는 순간을 그렸다.

"오늘 나에게는 꿈이 있습니다. 언젠가 저 아래 앨라배마주에서, 사악한 인종주의자들이, 주지사가 늘 주의 결정이 연방정부에 우선한다느니, 연방법의 실시에 대한 거부권이 있다느니 하는 말을 반복하는 바로 그 앨라배마주에서, 언젠가 흑인 소년 소녀들이 어린 백인 소년 소녀들과 손을 잡고 형제자매로서 함께 걸어갈 수 있게 되는 꿈입니다."

1965년 3월, 킹은 셀마(Selma)부터 몽고메리까지 행진 시위를 벌인 후 앨라배마 주청사 앞에서 연설을 통해 윌리스를 비난하였다.

"먼지가 날리는 이 주의 길과 도로에서 악은 질식으로 죽을 지경에 이르렀습니다. 저는 앨라배마에서 분리주의가 더 이상 설 자리가 없다는 믿음을 갖고 오늘 여러분 앞에 섰습니다. 다만, 윌리스와 그의 지지 세력이 분리주의를 매장하는 데 쓸 비용이 얼마인지 확신할 수 없을 뿐입니다."

킹은 시민 불복종을 설교했기 때문에 끊임없는 살인 협박을 받았고, 가족과 친구들에게 자신이 평화롭게 죽지 못할 것 같다고 말하곤 했다. 마치 그것이 예언이었던 듯, 1968년 4월 킹이 흑인 청소노동자들의 공정한 임금과 복지급여 쟁취를 위한 시위를 이끌 목적으로 멤피스(Memphis)를 방문했을 때, 묵고 있던 호텔 발코니에 서 있다 총에 맞아 사망하였다. 그의 죽음은 윌리스와 연관이 없지 않았다. 킹을 암살한 남자는 윌리스의 열렬한 지지자로 몇 개월 전 캠페인에서 자원봉사자로 지원한 적이 있었다.

그로부터 2개월 지난 1968년 6월, 민주당 대선후보로 확실시되던 로버트 케네디가 로스앤젤레스 소재 호텔에서 암살당했다. 암살자인 팔레스타인 이민자 시란 시란(Sirhan Sirhan)은 로버트 케네디의 친이스라엘 정책에 반대해 그를 암살했다.

사건 발생 하루 만에 존슨 대통령은 지명도가 높은 모든 대선후보에게 즉시 경호를 제공하라고 라울리 국장에게 명하였다. 이로 인해 윌리스는 1968년부터 비밀경호국의 경호를 받게 되었다.

당시 존슨 대통령경호팀의 조장 중 한 명인 캔 이아코본(Ken Iacovone, 이하 이아코본)이 윌리스 경호팀장으로 선발되었다. 그는 팀원들에게 윌리스가 인종차별적 발언을 했기 때문에 암살자의 표적이 될 가능성이 높다고 강조하며 철저한 근무를 당부하였다. 이아코본 본인도 책임을 다하기 위해 팀장직을 맡은 6월부터 선거가 끝나는 11월까지 단 하루도 쉬지 않고 월리스를 수행하였다.

이아코본의 후배이자 같은 기간에 대통령 후보였던 넬슨 록펠러(Nelson Rockefeller) 뉴욕 주지사 경호팀장을 맡은 밥 데프로스페로(Bob DeProspero)는 당시 상황을 이렇게 설명했다.

"안타까운 일이었습니다. 이아코본이 임무를 마칠 때 정신을 잃고 쓰러져 그를 병원에 입원시켜야 했습니다. 그는 월리스가 수많은 위협을 받고 있다는 사실에 큰 책임감을 느껴 쉴 수 있는 여유를 갖지 못했습니다."

묘하게도 월리스는 킹과 로버트 케네디의 전철을 그대로 밟고 있었다. 그는 대통령 후보가 되려고 유세하고 비밀경호국의 경호를 받았다. 그리고 킹이 그랬던 것처럼 월리스 또한 자기의 죽음을 예견하고 있는 듯했다.

"예비선거가 끝나기 전에 누군가 목숨을 잃을 텐데 그게 내가 아니길 바라."

월리스가 친구에게 한 말이다.

몇 주 후, 월리스는 디트로이트 뉴스(Detroit News) 기자의 질문에 유세 현장에서 자기를 공개적으로 비난하는 히피족을 두려워하지 않는다고 답했다. 오히려 침묵하고 있는 사람들이 무섭다고 하였다.

"저를 두렵게 하는 것은 눈에 띄지 않는 사람들이에요. 마치 케네디를 암살한 시란처럼 아무도 관심 갖지 않는 사람이 주머니에 손을 넣어 총을 꺼낸 것처럼요."

1972년 5월 15일 아침, 아더 브레머(Arthur Bremer, 이하 브레머)는 본인 소유의 67년식 레벨 램블러 쿠페 차량 뒷좌석에서 자다 깨어났다. 21살에 실업자가 되었을 때 그는 월리스를 보기 위해 미시간주 칼라마주(Kalamazoo)에서 메릴랜드주 휘튼(Wheaton)까지 약 1,000km나 되는 거리를 하루 만에 달려왔다. 그러고는 3월부터 오직 한 목적을 위해 월리스를 따라다니고 있었는데 지금이 거의 바닥나 주차장에서 밤을 보내야만 하는 신세가 됐다.

그럼에도 브레머는 옷에 각별히 신경을 썼다. 그는 짙은 색 바지와 살짝 구겨진 파란색 재킷을 고른 다음 빨간색, 파란색과 흰색이 들어간 티셔츠를 입고 재킷의 양 라펠에 월리스 캠페인 버튼을 패용하였다. 이는 브레머가 월리스 유세 행사에 갈 때마다 입는 복장이었다. 그는 키가 170cm에 비교적 작은 체구였고 머리와 수염을 단정하게 깎고 있어 어딜 봐도 위협이 될 사람으로 보이지 않았다.

브레머는 자기가 열광적인 월리스 지지자로 보이길 원했다. 하지만 그의 진짜 모습은 살인을 저지르고 싶어 하는 외톨이였다. 그는 원래 닉슨 대통령을 암살하려 했으나 그에게 접근하는 것을 여러 번 실패하자 자기 일기장에 다음과 같이 썼다.

"나는 월리스가 영광을 누리도록 하겠다. 만약 누군가 나에게 그를 왜 죽였냐 물으면 '내가 누군가를 죽여야만 했다'고 답할 것이다."

그는 어렸을 적에 위스콘신주 밀워키(Milwaukee, Wisconsin)에서 살았다. 어머니는 그를 학대했고 아버지는 어머니의 감정 기복 때문에 술을 마시고 크게 싸우는 일이 반복되었다. 브레머에게는 어머니가 자신과 형제들을 단 한 번이라도 안아준 기억이 없었다. 그는 단지 밖에서 놀다가 신발이 더러워져서 들어오면 어머니한테 맞았던 기억밖에 없었다. 그래서인지 모르지만 브레머는 4살이 될 때까지 말을 하지 않았다.

브레머는 가정환경 때문에 또래 아이들과 어울리지 못했고 결국 학교에서 따돌림을 당해 광대라는 별명을 얻었다. 그는 자기가 사람들과 어울리지 못하는 아픔을 일기장에 기록하였다.

"영어, 역사 또는 수학 시험보다 점심시간에 줄 선 채 모든 사람들이 나를 보며 웃고 떠드는 상황을 견디기가 더 힘들었다. 나는 10~15분 동안 내가 평생 웃었던 것보다 더 많이 웃는 사람들의 모습을 보았다."

브레머는 고등학교를 졸업한 후 밀워키 스포츠클럽의 버스 안내원으로 고용되었으나 걸음걸이가 특이하고 이상한 콧노래를 불러 탑승객들이 불안해한다는 민원이 제기되어 설거지 담당으로 재배치되었다. 1971년 10월에는 고등학교 청소부로 취직됐는데 여기서 처음으로 자기와 공감하는 여자를 만나 사귀게 되었다. 그러나 16세 여자 친구는 그가 바보 같다면서 사귄 지 2개월 만에 헤어졌다. 그럴 만도 한 것이 둘이 만난 지 얼마 안 되었을 때 그는 자기 성기가 너무 커져 터지지 않게 약물을 복용 중이라 했고, 블러드 스웻 앤 티어스(Blood, Sweat and Tears) 콘서트에서는 부끄러울 정도로 어색한 행동을 보이고는 모르는 여자에게 입을 맞추었다. 그는 만남을 다시 이어가길 바랐지만 여자 친구의 어머니가 경찰에 신고하겠다고 협박하자 단념하였다.

이후 브레머는 새롭지만 섬뜩한 여정을 시작한다. 우선 38구경 리볼버 권총을 카사노바(Casanova)라는 총기 판매점에서 구매한 뒤 청소부 일을 때려치웠다. 그 순간부터 일기를 쓰기 시작했는데 일기장에 더 이상 한심한 인생을 살지 않겠다면서, 유명해지기 위해 거물급 정치인을 죽이겠다고 썼다. 1972년 3월 1일 일기에는 "나는 이제 리처드 닉슨 또는 조지 월리스를 권총으로 쏴 죽일 계획을 갖고 일기를 시작한다. 나의 남자다움을 전 세계가 볼 수 있도록 대담하면서 감격적이고 동시에 강렬하고 박진감 넘치는 일을 하고 싶다"고 쓰여 있었다.

수년간 경멸 받아온 브레머는 이제 명성을 얻기 위해 목숨을 맞바꿀 수 있는 사람으로 변모되어 있었다. 이는 비밀경호국이 가장 두려워하는 존재였다.

그는 월리스를 암살하겠다고 마음먹은 날부터 비밀경호국 요원들을 관찰하기 시작했다. 경호가 어떻게 이뤄지는 알아보려는 의도였다. 그는 자기 집에서 얼마 떨어지지 않은 밀워키의 레드카펫 에어포트 인(Red Carpet Airport Inn)에서 월리스가 유세했을 때 일부러 찾아가 경호요원들이 어떤 일을 하는지 유심히 살폈다.

  브레머는 그의 일기장에 자기가 마음만 먹었다면 연단 위에 서 있는 앨라배마 주지사를 쉽게 죽일 수 있었다고 적었다.

  "내가 원했다면 그는 지금쯤 죽었거나 죽어가고 있을 것이다."

  하지만 그의 목표는 닉슨 대통령이었기에 우선 참았다. 대통령을 죽이면 자신이 더 유명해질 것이라 판단했기 때문이다. 그는 일기장에 "편집장들은 '월리스가 죽었어? 그래서 어쨌다고'라고 말할 거야. 아마 뉴스에서도 3분 이상 다루지 않겠지"라고 남겼다.

  1972년 4월, 브레머는 닉슨이 2일간 캐나다를 방문해 총리를 면담하고 의회에서 연설한다는 소식을 접하고는 렌트카에 총기를 싣고 캐나다 오타와(Ottawa)로 향했다. 그는 닉슨이 2일간 캐나다 총리를 면담하고 의회를 방문하는 동안 닉슨을 죽일 생각이었다. 그래서 계획을 수립하고 지리를 익힐 겸 닉슨이 방문하기 하루 전에 도착해 업랜즈 캐나다군기지(Canadian Forces Base Uplands, 닉슨이 이용한 군 공항)에서 오타와로 이어지는 도로를 답사하였다. 그는 답사하면서 보게 된 대통령 방문 준비과정을 기록하였다.

  오렌지색 작업복을 입고 손전등을 든(아직 어둡지 않았다) 남자 3명이 대통령이 사용할 도로를 점검하며 폭발물, 전선, 땅을 판 흔적 등을 찾는 것 같았다. 폭발물 등을 숨길 수 없게 눈더미를 녹여 없앴다고 들었다. 몇 명이 호스를 들고 길을 닦는 모습이 보였다. 도로상에 있는 모든 주택과 가게에 비밀경호국 요원들이 방문해 수상한 사람을 본 적 있는지 물었고 혹시 그런 사람이 있으면 즉시 신고해 달라고 요청하였다. 코트를 입은 남성이 집에서 나와 차에 타는 것을 보았는데 그는 분명 비밀경호국 요원이었다. 그를 지나치는 동안 그 남자가 계속 나를 응시했다.

4월 13일 목요일, 브레머가 기지 정문으로 가 닉슨이 도착하는 순간을 볼 수 있게 안으로 들어갈 수 있는지 묻자, 정문을 지키던 병사가 직원 외에는 출입이 안 된다며 그를 돌려보냈다. 이를 본 경찰이 브레머를 조금 떨어진 주유소로 안내하였다. 거기에는 닉슨의 모터케이드가 지나는 광경을 보려고 차량 10여 대가 자리를 잡고 있었다.

브레머는 자기가 계획을 세밀하게 세웠다고 생각했다. 그는 점잖은 지지자로 보이려고 정장과 단정한 코트까지 갖춰 입었다. 또한, 경호요원들과 경찰이 주머니에 손을 넣고 있는 사람들을 의심의 눈초리로 바라본다는 사실을 알고 영하의 날씨에도 일부러 손을 내놓고 다녀야 한다고 되뇌었다. 일기장에는 "손을 주머니에 넣고 있다는 이유로 검문당하기 싫었다"라고 쓰여 있었다.

비가 살짝 와서 더욱 춥게 느껴지는 날씨였다. 브레머와 구경꾼들은 길가에서 40분 넘도록 기다리다 도저히 안 되겠다 싶어 모두 차로 가서 몸을 녹였다. 그러다 사람들이 다시 길가로 나가자 브레머도 뒤따라 차에서 나갔다. 얼마 후 닉슨이 탄 검정색 링컨 컨티넨탈 차량이 지나갔다.

"다 끝났네."

구경꾼 중 한 명이 혼잣말로 중얼거렸다. 브레머는 총에 손도 대지 못했다.

그리고 그날 일기장에 "내가 미처 알기도 전에 지나갔다. 눈 깜짝할 사이에. 어두운 실루엣"이라고 적었다.

브레머는 다음 날 다시 암살을 시도하려 했지만 라디오 방송에서 반닉슨 시위 규모가 커서 캐나다를 방문한 역대 미국 대통령 중 가장 철저한 경호가 제공될 것이라는 소식을 듣고 좌절하였다. 시위대 중에는 베트남 전쟁에 반대하는 사람들이 많았지만 일부는 캐나다에 과도한 영향력을 행사하는 미국의 정책을 문제 삼는 이들도 있었다. 보나 마나 비밀경호국은 캐나다 경찰의 도움을 받아 시위대를 대통령 동선과 멀리 떨어진 장소로 이

격시킬 것이 뻔했다.

"나는 오타와에 있는 동안 망할 시위대를 저주했다. 바보 같은 놈들 때문에 경호가 과잉이다 싶을 정도로 강화되었다"고 브레머가 썼다.

그래도 브레머는 포기하지 않고 다음 날인 금요일에 의회 주변을 배회하며 닉슨에게 가까이 갈 수 있는 기회를 엿봤다. 하지만 확성기로 "닉슨은 당장 떠나라!" 외치는 시위대 덕분에 의회는 바리케이드와 캐나다 경찰로 둘러싸여 있었다.

브레머 일기장에는 "소음이 너무 크다. 나는 닉슨이 도중에 군중과 악수하러 오길 바랐지만 이런 군중을 상대로는 절대로 오지 않을 것이다"라고 당시 상황이 묘사되어 있었다.

어느 순간 그는 비밀경호국 요원들이 망원경을 들고 건물 옥상에서 자기와 군중을 내려다보는 광경을 목격했다. 이를 두고 "나는 그들을 조롱하고 싶어 일부러 손을 흔들며 아는 체를 했다"라고 썼다.

브레머는 이틀간 닉슨을 6번이나 목격했지만 너무 멀리 있거나 재빨리 반응하지 못해 총을 쏘지 못했다. 결국 "가까이 가지 못하면 닉슨을 죽일 수 없다"며 애통해했다. 그는 비밀경호국이 철저한 경호작전을 이행한다고 평가했지만, 빈틈이 있을 것이라는 희망을 버리지 않았다.

"약간의 빈틈과 시간이 필요하다."

오타와를 떠나며 일기장에 남긴 내용이다.

브레머는 여러 유세 현장에서 비밀경호국을 관찰하고는 조지 월리스, 조지 맥거번(George McGovern) 등 대선후보들이 대통령에 비해 현저하게 낮은 수준의 경호를 받는다는 사실을 깨달았다. 그는 대선후보가 군중에게 다가가도 경호요원들이 허용한다는 점을 알게 되자 기회가 왔다고 생각했다.

그렇게 목표를 월리스로 변경하고 5월부터 월리스 경호를 담당하는 요원들을 더욱 가까이에서 살피기 시작했다. 월리스가 미시간주에서 유세할 때 브레머는 그와 팔이 닿는 거리까지 다가갈 수 있었다. 그는 경호요원들이 암살자가 그렇게 가까이 있는데도 발견하지 못한 것을 비웃으며 기회가 오기만을 기다렸다. 브레머는 5월 10일 월리스가 미시간주 캐딜락(Cadillac)을 방문했을 때 수행한 경호요원들에 대해 "이 요원들은 디어본(Dearborne)에서 본 요원들과 달리 아무런 의심도 안 한다"고 평가했다.

"또 다른 구멍 발견."

브레머가 월리스 차 바로 뒤까지 갔는데도 아무도 그를 제지하지 않자 남긴 기록이었다.

5월 13일 미시간주 칼라마주에서 월리스를 유리 벽 너머로 지나쳤을 때 브레머는 그를 총으로 쏘고 싶었다. 그때 유리 벽 때문에 일을 그르칠 수 있어 참았을 수도 있지만 주지사를 보기 위해 자기 앞에 나타난 두 명의 여자아이를 핑계 삼았다.

"그들의 얼굴이 유리 벽과 너무 가까이 있어 만약 내가 총을 쐈다면 그들은 유리 파편에 눈이 멀거나 심하게 다쳤을지도 모른다. 나는 순진한 바보들을 다치게 하기 싫어 월리스를 놔주려 한다. 다른 기회가 있을 것이다."

5월 15일 아침, 월리스 부부는 수행원들과 함께 정오가 조금 지난 시간에 워싱턴 내셔널 공항(Washington National Airport)*에 도착했다. 월리스 경호팀장 지미 테일러(Jimmy Taylor, 이하 테일러)는 팀원들과 주지사 부부를 공항 밖으로 안내한 후 차량 4대로 구성된 모터케이드에 탑승해 약 30km 떨어진 휘튼으로 이동했다.

---

*   1998년에 Ronald Reagan Washington National Airport로 개명되었다.

5 선거유세의 마지막 날

월리스의 첫 일정은 야외 쇼핑센터 주차장에서 하는 유세 연설이었다. 거기에는 그에게 반대하는 시위대가 운집해 있었다. 로렌스 도밍게즈(Lawrence Dominguez) 요원은 유세 현장에 설치된 연단으로 이동하며 적대적인 분위기를 감지했다. 그는 월리스가 도착하기 전에 모여 있던 사람들이 연단을 향해 계란을 투척한 흔적을 볼 수 있었다. 수십 명의 시위대가 반월리스 구호를 외치며 분리주의 정책을 비난하는 피켓을 흔들어 댔다. 한 피켓에는 '월리스를 대통령으로, 히틀러를 부통령으로', 다른 피켓에는 '셀마를 기억하라'는 문구가 담겨 있었다.

오후 1시가 조금 넘어 등장한 월리스는 연방정부가 주정부 내정에 간섭하는 행위를 비판하며 연설을 시작했다. 나팔바지를 입고 머리를 길게 기른 대학생 같아 보이는 사람들이 "개소리! 개소리!"라고 외치며 월리스의 연설을 방해하려 했다. 그러자 월리스는 시위대를 쏘아붙였다.

"당신들이 고작 그런 추잡한 말만 한다는 것은 당신들의 어휘력이 그만큼 낮다는 뜻입니다."

자극받은 시위대는 주변에서 물건을 주워 월리스에게 던지기 시작했다. 연단 위에 있던 도밍게즈 요원은 투척물이 월리스 근처까지 닿지 않자 안심하면서도 긴장을 놓지 않았다. 그때 누군가 던진 오렌지가 월리스 옆으로 날아갔고, 다음 토마토가 월리스 얼굴을 향해 날아갔다. 그러자 후보 시절 전부터 주지사 경호를 담당했던 앨라배마 주경찰 E. C. 도타르드(E. C. Dothard, 이하 도타르드)가 월리스를 보호하기 위해 그의 앞을 막아섰다.*

"볼티모어 오리올스 코치가 와서 투수를 스카우트하기에 좋겠네."

월리스는 킬킬 웃었다.

＊　평상시 주지사 경호는 주경찰에서 담당한다.

월리스가 긴장하지 않는 이유는 믿는 구석이 있기 때문이었다. 그가 사용한 연단은 3면이 방탄 재질로 제작된 것으로 비밀경호국 요원들이 유세 현장에 항상 설치하는 장비 중 하나였다. 하지만 경호팀장인 테일러와 비밀경호국 요원들은 주지사를 대피시키는 편이 좋겠다고 생각했다.

분리주의를 지지하는 정책 때문에 지난 1968년 월리스의 경호를 담당했던 요원들이 어려운 상황에 놓였듯이, 휘튼에서도 시위대를 자극하는 발언을 하는 바람에 요원들이 또 곤란한 상황에 놓이게 되었다.

하지만 월리스 캠페인 버튼을 패용하고 총기로 무장한 채 유세 현장을 쫓아다니는 젊은 남자에게 시민운동과 분리주의는 관심 밖의 일이었다. 브레머는 미국 국기를 연상케 하는 티셔츠를 입은 채 그 누구보다 열렬하게 박수를 쳤고 아무도 웃지 않을 때 웃었다. 그의 주변에 있던 사람들은 곧바로 그가 수상하다는 낌새를 눈치챘다. 지역방송국 프로듀서 프레드 파라르(Fred Farrar, 이하 파라르)는 브레머의 밝은 미소 때문에 오히려 그가 불안정해 보이고 동시에 낯이 익다고 생각했다. 그를 다른 유세 현장에서 본 적이 있는 것일까? 파라르는 브레머에 대해 다음과 같이 표현했다.

"수상하고 그의 웃음이 등골을 오싹하게 만든다고 느꼈습니다."

파라르는 카메라 감독에게 브레머를 찍으라고 하였다. 얼마 지나지 않아 비밀경호국 요원들이 군중의 접근을 막기 위해 설치해 놓은 통제선 뒤에 선 브레머가 입을 열었다.

"저랑 악수할 수 있게 조지에게 좀 내려오라고 해줄 수 있나요?"

질문을 받은 경찰이 안 된다며 어깨를 으쓱해 보이자 그는 옆에 있던 비밀경호국 요원에게 똑같은 질문을 하였다. 그러자 요원은 아예 그를 무시한 채 자리를 옮겼다. 브레머는 비밀경호국 요원들이 위협으로 간주했던 히피족의 모습과는 거리가 멀었던 것이다.

월리스 바로 뒤에 서 있던 경호팀장 테일러가 자리를 떠야 하니 연설을 마무리 지으라고 귓속말로 속삭이자 월리스는 일정보다 15분 앞당겨 연설을 마무리했다. 테일러는 즉시 월리스 부부를 경호요원들이 지키고 있던 차로 안내했다. 차 문이 닫히고 모터케이드가 출발하자 테일러가 조수석에서 고개를 돌려 월리스에게 말했다.

"주지사님, 다음 일정을 취소하는 것이 좋겠습니다."

하지만 월리스는 별로 걱정이 안 되고 먼 길을 왔는데 지지자들을 실망시키고 싶지 않다고 하였다. 어쩔 수 없이 모터케이드는 다음 유세 장소인 로렐 플라자 쇼핑센터(Laurel Plaza Shopping Center)를 향해 속력을 올렸다.

월리스는 식민지 개척시대에 세워진 메릴랜드주 로렐에 오후 2시 15분에 도착했다. 다음 일정이 3시였던 것을 감안했을 때 너무 빨리 도착한 월리스 일행은 여유가 생겼다. 그래서 함박스테이크로 점심을 먹은 후 쇼핑센터 인근에 예약해놓은 하워드 존슨 모텔(Howard Johnson's motel)에서 휴식을 취했다.

한편, 통제선 및 군중 감시 역할을 맡은 요원들과 4시에 교대로 투입될 인원들이 다른 식당에 모여 간단한 점심을 먹었다. 식사를 마치자 선발 담당인 톰 스티븐스(Tom Stephens) 요원이 월리스의 동선을 동료들에게 설명해 주고 개인별로 임무를 부여했다. 그는 휘튼에서 벌어진 히피족의 시위가 여기서도 재현될 수 있으니 경각심을 늦추지 말라고 하였으며, 혹시 모를 상황에 대비해 프린스 조지 카운티경찰(county police) 저격수를 쇼핑센터 옥상에 배치했다고 알려주었다.

시간에 맞춰 월리스 일행이 현장에 도착했을 때 그들을 맞이한 군중은 휘튼 때와는 전혀 달랐다. 미소 짓고 있는 사람들, 아이와 같이 온 부모 등 '월리스를 대통령으로'라는 문구가 새겨진 모자와 버튼을 패용하지 않았다면 주일예배를 드리러 온 사람들로 착각할 정도였다. 코넬리아는 기억을 떠올리며 군중이 "차분하고 화기애애했다. 모든 것이 그냥 좋아 보였다"고 했다.

월리스는 정치인들의 위선적 행동을 비판하며 연설을 시작했다. 군중이 환호했다. 이어서 베트남에서 미군을 철수시킬 것을 촉구하자 군중이 더욱 크게 환호했다. 주지사가 연설하는 동안 비밀경호국 정보요원들이 지역 경찰과 짝을 지어 군중 속을 파고들었다. 그들의 임무는 수상한 행동을 미리 식별해 문제를 방지하는 것이었다. 정보요원 중 28살 랄프 바샴(Ralph Basham)이라는 2년 차 새내기 요원이 있었다. (그는 나중에 국장까지 역임하게 된다.)

"저 사람을 잘 감시하세요."

바샴은 주지사의 연설 도중에 통제선을 지키고 있던 카운티경찰 존 데이비(John Davey)에게 다가가 조용히 지시했다. 그러면서 데이비의 왼편을 가리켰는데 거기에는 오렌지색 티셔츠와 초록색 잠바를 입고 캠페인 버튼을 달고 있는 검은 머리 남자가 서 있었다. 큰 소리로 월리스의 이름을 외치고 있던 그 남자는 월리스의 열렬한 지지자로, 프린스조지카운티전문대학(Prince George's County Community College) 학생인 다니엘 카피치(Daniel Capizzi, 이하 카피치)였다. 그러나 군중은 카피치 말고 그 옆에 서 있는 키가 작고 알비노 증후군 환자 같아 보이는 사람을 더 수상하게 여겼다. 바로 브레머였다.

카피치는 그가 광기 어린 눈빛과 미소를 머금고 있는 모습을 보고는 불안함을 느꼈다. 거기다 브레머가 카피치와 계속 몸을 부딪치자 카피치는 그가 게이이고 자기에게 수작을 걸려는 것일지도 모른다고 생각했다. 그때 브레머가 카피치를 팔꿈치로 툭 치며 공연하는 밴드에게 박수갈채를 보내라고 하였다.

카운티경찰 마이크 랜드럼(Mike Landrum) 또한 브레머의 소름 끼치는 미소 때문에 그를 예의주시하였다. 그는 브레머가 마치 최면에 빠진 양 앞뒤로 몸을 계속 흔들고 있어 수상하게 여겼다. 랜드럼은 근처에 있는 비밀경호국 요원에게 다가가 브레머를 지목하였다. 랜드럼은 그 후 그 요원이 어디로 갔는지 기억은 못 했지만 브레머에게 가지 않았다고 확신했다.

5 선거유세의 마지막 날

월리스는 연설이 끝나갈 무렵 연방 스쿨버스 제도*를 두고 무의미하고 터무니없다 비판하였다. 아이들을 강제로 먼 동네로 통학시키는 점을 이유로 들었다. 그런 다음 캠페인 슬로건으로 마무리했다.

"그들에게 말씀하세요. 내일 조지 월리스에게 투표하세요!"

모여 있던 사람들이 박수갈채를 보내자 월리스는 주경찰의 안내를 받으며 무대 앞쪽으로 내려왔다. 테일러와 도타르드는 월리스를 뒤에서 따라갔다. 월리스는 무대 하단에서 기다리던 캠페인 직원 도라 톰슨(Dora Thompson)의 볼에 가볍게 입맞춤하고는 그녀와 다른 사람들에게 사인을 해줬다.

선두를 담당하는 빌 브린(Bill Breen, 이하 브린) 요원은 월리스를 안내하기 위해 무대 하단에서 합류해 차가 대기하는 장소로 앞장서려 했다. 월리스가 브린 요원 뒤를 따르려던 그때 반대편에서 브레머가 "주지사님, 이쪽이요! 악수해 주세요!"라고 소리쳤다.

그러자 군중 속에 있던 여자가 브레머에게 힘입어 똑같이 소리를 질렀다.

"조지, 이쪽으로 와요. 이쪽이에요!"

월리스가 테일러에게 "가서 악수를 해주는 게 좋겠다"고 말하고는 입고 있던 파란색 재킷을 벗어 비서관인 프랭크 다니엘(Frank Daniel)에게 건넸다.

"주지사님, 가지 마세요."

테일러가 말했다.

"걱정하지 마."

---

*   인종 융합을 위해 학생들을 스쿨버스에 강제로 태워 등교시키는 제도로 흑인을 백인학교로, 백인을 흑인학교로 보내려는 목적이 있었다.

월리스가 답했다.

경호팀은 방향을 틀어 월리스를 따라갔다. 월리스보다 키가 30cm나 더 크고 마른 테일러가 과거 모든 경호팀장이 그랬듯이 월리스의 오른쪽 뒤에 붙자 도타르드는 반대편에서 주지사를 수행했다. 다른 요원들도 상황에 맞춰 월리스의 좌·우측으로 뻗어 나가며 자리를 잡았고 일부는 월리스의 후방을 전담하였다.

비밀경호국은 통상 경호대상자(여기서는 월리스)가 군중을 격려할 때 왼쪽으로 움직이며 운집한 인원에게 차례대로 악수해 주고 경호요원들이 보조에 맞춰 움직이도록 시나리오를 짠다. 왼편에서 앞서 나가는 요원들이 모여 있는 사람들의 태도와 자세, 특히 그들의 손을 예의주시하며 전진하는 방식이다. 하지만 이날 월리스는 차가 대기하는 오른쪽 출구를 향해 발걸음을 옮겨 경호요원들은 즉흥적으로 대형을 바꿔야 했다.

이것 자체가 바람직하지 않았는데 더 심각하게도 움직이는 방향에 장애물이 있었다. 테일러는 몇 발자국 가다가 랄프 페퍼스(Ralph Peppers, 이하 페퍼스) 요원과 부딪힌 다음에야 그것을 깨달았다. 테일러가 페퍼스 요원에게 공간을 더 확보하라 말하려는 순간 옆에 있는 음향장비를 보았고 결국 주지사 일행은 그 자리에 멈춰 서게 되었다.

"주지사님, 여기까지만 하시죠."

테일러가 월리스에게 말했다.

3~4초 정도의 짧은 찰나였지만 브레머는 자기 앞에 모인 군중을 뚫고 통제선 앞에 섰고 빈틈을 발견하였다. 그러고는 악수하려는 듯이 왼손을 쭉 내밀었다. 그는 38구경 리볼버 권총을 한 발 발사하고는 잠시 주춤하는 듯하더니 이어서 4발을 연달아 발사하였다.

한 발을 제외한 나머지 네 발이 월리스에게 명중했다. 복부에 총상을 입은 월리스는 양팔을 벌린 채 뒤로 쓰러졌다. 월리스와 팔을 맞대고 있던 도타르드는 주지사가 뒤로 넘어가는 모습을 보았고 자신 또한 바닥으로 쓰러지고 있는 것을 깨달았다. 그도 복부에 총상을 입었다.

닉 자르보스(Nick Zarvos) 요원은 무슨 일이 일어났는지 인지하기도 전에 몸을 왼쪽으로 틀어 뒤를 향했다. 그는 자신의 턱을 움켜잡고는 피를 토하기 시작했다.

테일러와 제임스 미첼(James Mitchell, 이하 미첼) 요원은 총을 들고 있는 무표정한 얼굴을 발견하고는 그를 향해 몸을 날렸다. 미첼은 브레머를 바닥에 내리꽂은 후 무릎으로 그의 등을 누르며 제압하다 신발 한 짝이 벗겨졌다. 페퍼스는 브레머의 머리를 옆으로 돌려 바닥을 향해 눌렀다. 군중이 브레머를 향해 "죽여라! 죽여라!" 외치며 공격할 기세를 취하자 페퍼스와 미첼은 오히려 브레머를 보호해야 하는 입장이 되었다.

코넬리아는 캠페인 직원들과 얘기하다 말고 쓰러진 남편을 향해 달려갔다. 그녀는 월리스를 보호하기 위해 무릎을 꿇고 그를 안았다.

PBS 다큐멘터리에 출연한 코넬리아는 그때의 심정을 다음과 같이 고백했다.

"저는 그들이 제 남편에게 또 총을 쏠 줄 알았어요. 그래서 그의 머리, 가슴 등 주요 부위를 가리려 했어요. 그이 주변에는 아무도 없었거든요. 앨라배마에서부터 따라온 경호원은 총에 맞아 쓰러졌어요. 비밀경호국 요원 둘이 제 남편을 보호해야 했지만, 턱에 총을 맞고는 계속 피를 토하고 있었어요. 저는 남편에게 '내가 집에 데리고 가줄게. 집에 데리고 가줄게. 우리 이제 집에 가자고'라고 계속 반복해 말했어요."

월리스의 캠페인 매니저는 코넬리아의 아름다운 자태와 활발한 성격이 월리스가 당선되는 데 큰 도움이 되리라고 늘 자랑하곤 했었다. 그는 코넬리아를 '촌뜨기들의 재키 케네디(Jackie Kennedy, 케네디 여사)'로 만들어주겠다고 호언장담했고 코넬리아는 이를 흐뭇하게 생각했다. 그러나 로렐의 뜨거운 태양 아래에서 코넬리아가 바닥에 쓰러진 월리스를 안고 있는 광경은 그것과 거리가 멀었다.

총에 맞은 윌리스의 배 위로 피가 고여 그의 셔츠를 붉게 물들였고, 총상을 입은 팔에서도 피가 서서히 흘러나왔다. 의사가 도착해서 비밀경호국 요원들과 경찰이 코넬리아를 일으켜 세웠을 때는 그녀의 옷 또한 붉은 피로 물들어 있었다.

6
대통령의 스파이

월요일 오후 4시 30분, 닉슨 대통령은 오후 내내 예산과 관련한 보고를 받은 후 그의 집무실(Oval Office)로 갔다. 거기서 그는 국무장관과 펩시 대표이사를 만나 예정된 모스크바 방문에 대한 회의를 시작하였다. 회의가 시작되고 약 15분이 지났을 때, 비서실장인 해리 홀더만(Harry Haldeman, 이하 홀더만)이 회의를 잠시 중단시키고서는 닉슨을 옆방으로 끌고 가 놀라운 소식을 전하였다.

"방금 조지 월리스가 메릴랜드에서 유세하다 총에 맞았다는 소식을 비밀경호국에서 알려 왔습니다."

닉슨이 가장 신뢰하는 측근이 계속해서 알고 있는 내용을 대통령께 전달하였다. 월리스가 심각한 부상을 당해 근처 실버스프링(Silver Spring)에 있는 홀리크로스병원(Holy Cross Hospital)으로 이송되었으며, 의사들이 월리스의 복부에서 총알을 제거하기 위해 준비하고 있다고 하였다.

항상 전략적으로 생각하는 습관이 있던 닉슨은 즉시 이 사건을 어떻게 본인의 이익을 위해 이용할 수 있을까 고민했다. 자정을 넘어서까지 여기저기 전화하며 업무에 매달린 닉슨은 두 가지 목표를 세웠다. 첫째, 그는 정치적 라이벌이 폭력의 피해자가 된 사건을 빌미 삼아 다른 라이벌을 미행하는 것을 정당화하고자 했다. 둘째, 수사에 관여해서 이 사건을 진보세력의 탓으로 돌리고자 했다. 그리고 이 두 목적을 위해 그는 비밀경호국 요원들을 이용할 생각이었다.

　닉슨은 피해자인 월리스가 반대 진영인 민주당 소속이기 때문에 진심으로 걱정하는 것처럼 보여야 한다고 생각하였다. 그래서 그는 부인 팻(Pat Nixon)한테 전화해 총격 사건이 벌어져 만찬에 참석하지 못하게 되었음을 알렸다. 그 만찬은 블루 룸(Blue Room)의 리모델링에 맞춰 전국 각지에서 부유한 후원자들을 초대한 행사였다. 그는 월리스가 병원에 누워 있는데, 턱시도를 입고 샴페인을 마시며 웃는 모습이 사진에 찍혀서 좋을 것이 없다고 하였다.

　그런 다음 닉슨은 비밀경호국을 소속기관으로 두고 있는 존 코널리(John Connally, 이하 코널리) 재무장관을 집무실로 불렀다. 그리고 코널리에게 말하기를, 민주당 후보 암살 시도가 발생했으니 케네디 형제 중 마지막 생존자인 테드 케네디(Ted Kennedy) 의원이 즉시 비밀경호국 경호를 받도록 설득해야 한다고 하였다.

　닉슨의 법률고문은 대통령의 제안이 법률적으로 문제가 될 수 있다고 경고했다. 케네디 의원은 대통령 후보가 아니어서 비밀경호국의 경호 대상이 아니었다. 하지만 대통령은 뜻을 굽히지 않으면서, 테드 케네디가 케네디 가문의 일원이고 자신의 상대인 민주당 후보 조지 맥거번(이하 맥거번)을 지원하는 것만으로도 충분히 테러 목표가 될 수 있음을 강조하였다.

　닉슨은 오랜 시간 케네디가에 질투심을 느껴 왔고 지난 2년간 젊은 테드 케네디의 뒷조사에 심취해 있었다는 심정을 코널리에게 밝히지 않았다. 그는 1960년 대선에서 존 F. 케네디에게 패한 후 미국의 엘리트 정치 가문인 케네디가를 흠모하고 또 동시에 시기했다.

　비록 테드 케네디 의원이 1972년 대선 출마 가능성을 일축했지만 1976년 대선에는 출마할 가능성이 높을 것으로 평가되고 있었다. 닉슨은 테드 케네디에 대한 정보를 유출해 그의 명성에 먹칠을 하고 싶었다. 실제로 대통령은 1971년 4월 홀더만에게 "정말 케네디를 도청하고 싶다"고 했다.

코널리가 테드 케네디에게 전화를 걸자 닉슨이 옆에 그대로 앉아 통화 내용을 들었다.

"테드, 대통령께서 나를 조금 전에 부르셔서는 법에 어떻게 명시되었는지 신경 안 쓰신다고 하시네. 조지 월리스를 제외하고는 자네가 미치광이의 공격 대상이 될 가능성이 가장 높다고 하시면서 자네에게 비밀경호국 경호를 제공하길 원하셔. 자네만 괜찮다면 오늘 밤부터 바로 경호를 제공할 수 있다고 알려주려 전화했네."

테드 케네디는 자기 형 바비(로버트 케네디의 닉네임)가 암살당해 경호를 받고 싶은 마음도 있었지만, 대통령이 케네디 가문의 정치적 유산을 무시한다는 사실을 너무 잘 알고 있었다. 생각이 거기까지 미치자 닉슨이 코널리를 연락책으로 이용한 것이 놀랍지 않았다. 존 F. 케네디가 댈러스에서 암살당했을 때 텍사스 주지사였던 코널리가 같은 차에 타고 있다 총상을 당했기 때문이다.

"존, 경호는 우선 일시적으로 받으면서 앞으로 어떡할지는 그때 가서 다시 생각해 보기로 하지."

테드 케네디는 잠시 생각하다 마지못해 승낙했다.

"대통령께서는 경호를 제공한다는 사실을 발표하고 싶어 하시는 듯해."

코널리는 확고한 답을 받으려고 은근히 압박을 가했다.

"경호팀을 아예 파견해 줄게. 자네는 경호를 받아야 해. 솔직히 경호를 받는다고 자네 목숨을 완벽히 보장할 수는 없겠지만, 자네를 해치려는 정신 이상자로부터 경호요원들이 자네를 지킬 가능성이 높다고 보네. 아직 대통령 후보는 아니지만 이미 대중의 관심을 받고 있다는 것을 진작부터 알고 있었어."

"우선은 일시적인 것으로 하는 게…… 알겠어, 고마워. 나중 일은 그때 가서 다시 생각해 보도록 하지."

코널리도 동의하며 다음 날 아침 경호팀을 즉시 파견하기로 했다. 통화가 끝나자 닉슨은 코널리에게 고마움을 표하고는 자리를 떴다. 대통령은 자기가 원하는 바를 손에 넣게 되었다.

그러고는 홀리크로스병원에 있는 코널리아에게 전화를 걸어 자기가 월리스의 안위에 대해 무척 걱정하고 있다고 했다. 코넬리아는 별로 걱정을 하지 않았는데 엑스레이를 찍어본 결과 총알 한 개가 척추 부근에 박혀 있어 매우 우려가 된다고 하였다.

"그이가 별로 감각이 없고 허리 밑으로는 움직일 수가 없다고 해서 그 부분이 걱정돼요."

"그에게 희망을 잃지 말라고 하세요. 우리처럼 정치에 몸담고 있는 사람들은 그런 위험을 감수해야 하죠. 저와 제 부인이 잊지 않고 기도하고 있으니 쾌차하길 바란다고 전해주세요."

닉슨이 말했다.

코넬리아는 전화를 끊기 전에 "그이가 11월에 당신을 상대로 경쟁해야 할 의무가 있잖아요?"라며 우스갯소리를 하였다.

닉슨은 헛웃음을 짓고는 "그렇지요"라고 답한 후 인사를 건네고 전화를 끊었다. 통화를 마친 대통령은 관저로 가 옷을 갈아입고 영부인과 함께 이스트 룸(East Room)에 준비된 리셉션으로 향했다. 그는 손님들을 환영한 후 그들이 보내준 기부금에 감사를 표한 뒤 급하게 자리를 떠야 함을 설명했다.

"집무실로 돌아가 월리스 주지사의 상태를 살펴야 하니, 이해해 주시기를 바랍니다."

닉슨은 최측근들과 집무실에서 모여 속마음을 털어놓을 수 있게 되자 이번 총격 사건은 월리스 자신이 자초한 일이라고 하였다.

"누군가 월리스를 총으로 쏠 것은 당연한 일 아닌가? 그는 증오심을 불러일으키잖아?"

닉슨이 홀더만과 특별고문 찰스 콜슨(Charles Colson, 이하 콜슨)에게 말했다.

 닉슨은 두 번째 목표를 달성하기 위해 측근들과 늦은 밤까지 전략을 계속 논의하였다. 그는 저격범에 대한 정보라면 아무리 사소하더라도 자기에게 직접 보고해야 한다고 하였다. 또한, 비밀경호국과 연방수사국을 통제하여 정보가 언론에 유출되는 것을 방지하려 하였다. 홀더만은 늦은 시각에도 아랑곳하지 않고 라울리 국장에게 전화를 걸어 대통령에게 수사 진척 사항을 보고하라고 요구했다.

 "이 사건에 대해 반드시 우리가 언론보다 먼저 알아야 합니다. 최대한 빨리 상세한 보고를 해주세요. 저격범의 신원과 사건 내막을 언론에서 보도하기 전에 반드시 우리가 먼저 알아야 합니다."

 보고를 받아본 닉슨은 저격범의 신원에 대한 정보가 턱없이 부족하다며 화를 냈다. 그는 비밀경호국이 수사에서 손을 뗄 것을 명령하며, 홀더만 앞에서 화풀이했다.

 "라울리 이 개자식은 멍청한 새끼야. 정말 바보라고. 다른 사람에게 이 일을 맡겨야겠어. 얼리크먼(John Ehrlichman, 국내담당보좌관)더러 하라고 해. 어서 얼리크먼에게 이 일을 맡으라고 해. 그렇지 않아? 비밀경호국이 이 일을 망치겠어."

 닉슨은 바로 리처드 클라인디엔스트(Richard Kleindienst, 이하 클라인디엔스트) 법무부 차관에게 전화를 걸어 연방수사국에 수사를 맡기고 저격범에 대해 상세하게 파악하라고 지시하였다.

 "진보언론과 다른 사람들이 알기 전에 우리 쪽 사람을 붙여서 피의자 심문을 해. 알아듣겠나?"

 클라인디엔스트는 닉슨의 요구에 어리둥절해하며 피의자는 현재 수감되어 있어 기자나 일반인이 그를 만날 수 없다고 설명하였다.

 "이렇게 말하지. 이 사건에 대해 워싱턴포스트가 먼저 알아서는 안 돼.

무슨 일이 있어도 그들보다 연방수사국이 먼저 알아야 해."

　닉슨이 화를 내는 데에는 또 다른 이유가 있었는데 그것은 내용이 다른 두 개의 보고가 올라갔기 때문이다. 라울리와 비밀경호국 수사관은 브레머가 저격범이고 단독범행이라는 사실을 정확하게 대통령에게 보고하였지만, 클라인디엔스트는 경찰이 용의자 3명을 붙잡았으며 이 중 한 명이 저격범이고 나머지 둘은 공범이라고 허위보고를 하였다.

　닉슨은 책상을 내리치며 사실을 보고하라고 했지만, 그가 원했던 바는 '본인이 원하는 사실'이었다. 그날 저녁 무렵 닉슨은 측근들에게 날조된 증거를 친정부 기자들에게 흘리라고 했다. 그러면서 다음과 같이 기사를 쓰기를 원했는데, 그 내용이란, 조사 결과 브레머가 진보 진영뿐 아니라 맥거번 후보와도 관련 있다는 것이었다.

　"진보 진영에 덮어씌우라고 해. 그냥 저격범이 케네디와 맥거번 지지자라고 하자. 그렇게 보도하라고 해. 이를 뒷받침할 분명한 증거도 있다고 하고."

　홀더만은 브레머가 전과 기록이 있어 누군가 그의 정신 상태가 이상하다는 것을 알게 되면 문제가 될 수 있다고 제언하였다. 하지만 닉슨은 "전과 기록은 상관없어. 그냥 걔가 진보 지지자라고 발표하고 이를 확인한 보고를 받았다고 해"라며 홀더만의 의견을 무시하였다.

　대통령은 그의 재선에만 관심이 있었다. 그는 만약 수사에서 브레머가 보수 진영과 연관이 있거나 닉슨 지지자로 드러나면, 대선에서 질 수 있다고 걱정하였다. 그날 밤 닉슨은 콜슨과 집무실에 앉아 칵테일을 마시며 이 문제를 해결할 방안을 중얼거렸다.

　"그 사람 집에 진보 선전물이 있다면 얼마나 좋을까? 그런 걸 심을 사람이 없어 안타깝다."

　콜슨은 닉슨이 간접적으로 부탁한다는 것을 너무나 잘 알고 있었기에, 그 말을 듣고 집무실에서 나와 전직 중앙정보국 요원이었던 하워드 헌트

(Howard Hunt, 이하 헌트)에게 연락했다. 헌트는 백악관을 위해 테드 케네디 의원을 포함한 닉슨의 정적들을 뒷조사한 경험이 있었다. 콜슨은 그에게 다음 날 밀워키로 가라며 새로운 임무를 부여하였다.

하지만 대통령이 바라던 대로 일이 풀리지는 않았다. 총격이 발생한 날 밤 라울리도 브레머에 대해 낱낱이 밝혀야 한다는 확고한 신념이 생겼다. 비밀경호국은 총격 사건이 더 거대한 음모의 일부분인지 알아야만 했다. 라울리는 밀워키 지부에서 임시로 근무하던 요원에게 브레머의 아파트를 수색하라고 지시하였다.

건물 관리인은 비밀경호국 요원을 즉시 내부로 안내하였다. 그는 어질러진 투룸 아파트에서 '슈뢰더 쉐라톤 호텔에서 닉슨을 만나요'라는 제목의 기사 등 여러 신문 스크랩과 더불어 흑표당과 미국시민자유연맹 팸플릿, 그리고 아더 헤르만(Arthur Herman)이라는 돼지 주인공이 동료 돼지들과의 섹스를 계획한 포르노 만화책도 발견하였다. 요원은 필체 분석을 위해 브레머가 필기한 수첩 하나를 증거물로 챙겼다. 아파트에서 발견된 수첩들에는 일관성 없이 알아보기 힘들게 휘갈겨 쓴 글들이 적혀 있었다.

"나를 카누라고 불러줘. 우리 엄마는 나를 때리는 걸 좋아하셨어."

"닉슨은 밤을 무서워해."

"미국에 아더 헤르만이라는 돼지가 살았다."

같은 시간 연방수사국 요원들은 다음 날 아침 영장을 발부받을 생각으로 브레머의 이웃들을 인터뷰하다 그의 아파트에서 인기척을 느꼈다. 그들이 들어가 비밀경호국 요원을 발견하자 수사 관할을 침범했다며 언쟁을 했다. 그러다 자칫 주먹다짐으로 번질 뻔하였다. 결국 양쪽이 대화로 풀기로 협의하고 아파트에서 나가자, 기자들이 빈틈을 놓치지 않고 내부로 들어갔다. 그들은 구석구석 사진을 찍고는 브레머의 소유물을 목록으로 정리까지 하였다.

이로 인해 증거물을 심으려는 닉슨의 계획은 물거품이 되고 말았다.

콜슨의 비서는 헌트에게 즉시 전화를 걸어 밀워키 출장을 취소시켰다. 대통령은 비밀경호국이 개입한 사실에 대노하였고 모든 증거를 연방수사국에서 압수하라고 강력하게 요구하였다.

얼마 지나지 않아 테드 케네디는 경호팀을 해산시켰다. 잘 알려지지 않은 사실이지만 테드 케네디는 자기 형인 로버트의 죽음 때문에 외상 후 스트레스 장애가 생겼고, 알코올 중독에 빠져 있었다. 이런 상황에서 월리스 총격 사건은 케네디가에 다시금 충격을 안겨주었다. 특히 그의 어머니인 로즈(Rose)와 아들 패트릭(Patrick)은 큰 쇼크를 받았다고 한다.

가문에 저주가 흐른다는 우려에도 불구하고 테드 케네디는 약 3주 만에 경호팀을 해산시켰는데, 그때가 6월 5일이었다. 테드 케네디는 라울리에게 자신이 더 이상 맥거번 캠페인에 합류하지 않고 여름을 케이프 코드(Cape Cod) 별장에서 지낼 예정이라며 경호가 필요 없다는 뜻을 전달하였다. 테드 케네디의 대변인 딕 드레인(Dick Drayne)은 항상 근엄한 경호요원들이 스트레스 요소가 되고 있다고 언론에 설명하였다.

"그는(테드 케네디) 매번 자식들에게 총을 들고 서 있는 사람이 누구인지 설명하기를 싫어합니다."

월리스 총격 사건은 월리스가 테일러를 무시하며 자신을 위험에 노출했기 때문에 나타난 결과였다. 비록 그는 평생 불구로 살아가야 하지만 목숨을 건진 것은 사실이었고, 닉슨은 삼엄한 경호 덕분에 브레머의 위협에서 벗어났다. 그럼에도 비밀경호국은 경호시스템이 총체적으로 실패했다고 인정했다. 그래서 이 사건을 계기로 교훈점을 도출하는 동시에 충격에서 회복하고자 노력하였다.

무엇보다 이번 사건으로 경호요원들이 이미 알고 있는 사실이 표면으로 드러났다. 바로 후보자에 대한 경호가 대통령 또는 부통령 경호만큼 시스템적으로 이뤄지지 않는다는 것이었다. 후보자 경호팀은 인원교체가 수시로 이뤄져 팀이 유기적으로 돌아가지 않는 경우가 많았다.

"한 번도 팀으로 일해보지 않은 경호요원들이 많았고 조직화되지 않은 부분이 많았어요. 순환근무가 계속되었는데 비극적인 사건이 있고서야 모두 정신을 차렸습니다."

당시 조셉 페트로(Joseph Petro)의 말로, 그는 레이건 부통령경호팀에 근무하다 레이건이 대통령에 당선되면서 경호팀장이 되는 인물이다.

월리스 총격 사건 이후 비밀경호국은 현장에서 발생할 수 있는 공격에 대처하기 위한 훈련을 강화하였다. 경호요원들은 경호요원과 군중의 역할을 번갈아 수행하며 상황조치훈련을 반복하였다. 훈련교관은 군중에 암살자가 있으며, 총으로 경호대상자를 죽이려 할 것이라고 미리 알려주었다. 심지어 암살자 역할이 누구인지도 알려주었다.

"누가 무기를 갖고 있는지 알려주었어요."

전직 경호요원이 말했다.

"그래서 경호요원들은 훈련 동안 평소대로 현장에서 임무를 수행하듯 하면서 계속 그 사람이 언제 공격을 가할지 눈치를 살폈어요. 그 사람이 누군지 아니까요."

경호요원들은 자신들 앞에 있는 군중을 보다가도 암살자 역할을 수행하는 동료를 살피며, 어떻게 하면 가장 빠른 동작으로 그를 제압할 수 있을지 생각하였다. 하지만 아무리 훈련을 반복해도 결과는 똑같았다.

"그가 총을 두 번 쏘기 전까지는, 막을 수가 없었습니다."

전직 경호요원이 말했다.

닉슨과 그의 측근들이 월리스 총격 사건을 이용하려는 의도는 그들이 비밀리에 구상하는 큰 그림의 일부분에 지나지 않았다. 그들은 이번 사건을 통해 진보 진영에 타격을 주고 재선을 획책하려는 구상을 하고 있었다. 하지만 총격 사건이 발생하고 약 한 달 후 대통령의 행동대원들이 붙잡했다. 1972년 6월 17일 새벽 2시 30분에 워싱턴 경찰이 워터게이트 호텔 내 민주당 전국위원회 본부에 침입한 인원 5명을 체포하였다. 워싱턴포스트는 체포된 인원 중 도청장치를 심으려 했던 사람은 전직 중앙정보국 요원이라고 보도하였다. 그 사람은 제임스 맥코드(James McCord)로 닉슨 캠페인에서 보안 자문위원으로 활동한 적도 있었다.

이 사건은 석연찮은 구석이 있었지만 단순 절도 사건으로 인식되면서 언론과 대중에게서 서서히 잊혀졌다. 이 사건에 닉슨의 측근들이 연루되었고 대통령이 사건을 은폐하려 했다는 사실이 밝혀지긴 했는데, 이는 2년 넘게 사건을 수사한 연방수사국, 그들을 추적한 워싱턴포스트 기자들 그리고 상원에서의 조사가 있었기에 가능했다.

닉슨과 그의 측근들은 연방수사국이 백악관을 향해 수사망을 좁혀오자 분노했다. 하지만 그런 와중에도 닉슨은 법과 규칙을 준수할 생각을 하지 않았다. 이와 더불어 닉슨은 고위공무원들의 충성심에 집착하였고, 비밀경호국을 백악관의 도청 기구로 사용하려 하였다. 실제로 충성심과 도청은 1972년 7월 닉슨이 최측근인 홀더만과 캠프 데이비드(Camp David)*에서 나눈 대화에서 많은 비중을 차지하였다.

"우리가 비밀경호국을 통해 맥거번 캠페인 내부 정보를 빼낼 수 없을까?"

닉슨이 물었다.

"하면 좋겠는데 어떻게 해야 할지 모르겠습니다."

"몇 가지 방법이 있을 것 같은데 해야 하는지 확신이 안 서네. 만약 우리가 걸린다면……."

대통령이 말끝을 흐렸다.

---

* 미국 대통령의 전용 별장.

그는 대화를 나누는 동안 고위공무원단 명단을 들고 백악관을 향한 그들의 충성심을 평가하였다. 그런 다음 홀더만과 함께 마음에 안 드는 사람을 대체할 예스맨을 물색하였다.

먼저 거론된 사람은 워터게이트 사건 수사를 지휘하는 연방수사국 국장대행 팻 그레이(Pat Gray)였다. 닉슨은 그가 자리에서 물러나야 한다고 생각했다.

다음은 비밀경호국장이었다.

"결국 언젠가는 바꿀 거야. 국장 이름이 라울리였지? 우리가 바꿔버리면 그만이지."

닉슨이 비웃었다.

"네, 당연히 그래야죠. 그런데 누가 적임자인지 아직 모르겠다는 게 문제네요"

홀더만이 동의했다.

그는 립번 '팻' 보그스(Lipburn 'Pat' Boggs, 이하 보그스) 비밀경호국 부국장을 눈여겨 본 결과, 가능성이 있을 것 같다고 하였다. 그러더니 보그스가 순종적인 것 같고, 충성심 기준에도 부합하는 것 같다고 덧붙였다. 워터게이트 사건이 발생했을 때 전직 중앙정보국 요원이 체포되었다는 사실을 얼리크먼에게 미리 알려준 사람도 보그스였다.

"그를 몇 번 떠봤는데 아주 흡족했습니다. 워터게이트 수사와 관련해서 유일하게 믿을 수 있는 사람이고 우리가 시키는 대로 하는 사람입니다."

홀더만의 말에 대통령은 "나는 우리 사람을 원해. 그것은 원칙처럼 지켜져야 한다"고 말했다.

닉슨과 맥거번의 유세 활동이 정점에 오른 노동절 무렵, 대통령은 다시금 테드 케네디에게 경호팀을 붙이려 하였다. 그래서 홀더만과 알렉산더 버터필드(Alexander Butterfield, 이하 버터필드) 비서실 차장을 불러 비밀경호국 마이애미 지부 소속 밥 뉴브랜드(Bob Newbrand, 이하 뉴브랜드) 요원을 테드 케네디 경호팀장으로 임명하라고 지시하였다. 뉴브랜드는 닉슨 부통령경호팀에서 근무한 적이 있어 그와는 안면이 두터운 관계였고, 대통령에게 충성도가 높은 인물이라는 평을 받고 있었다.

닉슨이 테드 케네디에게 경호팀을 파견하려는 데에는 특별한 이유가 있었다. 당시 테드 케네디는 뉴욕의 사교계 명사 아만다 버든(Amanda Burden)과 염문설에 휩싸였다는 루머가 돌고 있었다. 대통령은 이 소식을 국무장관인 헨리 키신저(Henry Kissinger)로부터 처음 들었는데, 그 소문을 증명할 정보를 언론에 흘려 테드 케네디를 곤궁에 빠뜨리려 했다. 그는 뉴브랜드가 그것을 도와줄 적임자라고 판단하였다.

"이번 일은 라울리가 원하는 사람을 뽑게 두어서는 안 돼."

닉슨이 버터필드에게 말했다.

"뉴브랜드를 임명해야죠."

옆에 있던 홀더만이 끼어들었다.

"분명히 해야 해."

대통령이 재차 강조했다.

"이미 뉴브랜드로 정해졌고 경호팀 규모는 40명이 될 겁니다."

버터필드가 답했다.

"그렇지. 경호팀 규모는 커야 해. 그래야 케네디를 24시간 감시할 수 있지."

닉슨과 홀더만이 같이 웃었다.

"이제 라울리도 어쩔 수 없겠지?"

닉슨이 홀더만에게 물었다.

"찍소리도 못할 겁니다."

"뉴브랜드에게는 자네가 말할 거지?"

"네, 뉴브랜드는 제가 시키는 대로 할 테니 제가 말할게요. 그는 저와 대통령에게 은혜를 입었다며 심지어 사람을 죽이는 일도 할 수 있다고 두 번이나 말했습니다."

"정말 운 좋게 테드를 잡을지도 모르겠어. 그러면 1976년 대선에 출마할 수 없겠지. 무척 흥미롭겠어."

홀더만은 버터필드에게 비밀경호국에 연락을 취하라고 하였다. 뉴브랜드를 경호팀장으로 임명하도록 압력을 가하라는 취지였다. 그러나 백악관 직원의 전화를 받은 클린트 힐은 완강하게 반대하였다. 경호본부장으로 승진한 힐은 이미 경호팀이 선발되었고 파견 준비도 마친 상태라고 설명하였다. 그렇게 두 사람은 전화를 끊었다.

얼마 후, 진 로시즈(Gene Rossides) 재무부 차관보가 뉴브랜드 임명 건으로 힐에게 연락하였고 힐은 같은 설명을 반복하였다. 그러자 로시즈는 힐의 말을 잘랐다.

"클린트, 아직 상황 파악을 못 하고 있구나. 이것은 부탁이 아니라 명령이네."

힐은 뉴브랜드가 동료들과는 어울리지 못하는 외톨이지만 닉슨의 측근들과는 원만한 관계를 유지하는 것을 알고는 무언가 이상한 낌새를 느꼈다. 힐은 아직까지도 케네디가를 지켜야 한다는 의무감이 있었지만 그것보다 경호요원들이 정치적으로 사용되는 것을 몹시 못마땅하게 생각하였다.

힐은 자기가 우려하는 사항을 뉴브랜드의 직속 상사인 짐 버크(Jim Burke)에게 털어 놓았다. 힐의 이야기를 들은 버크는 뉴브랜드를 따로 불러, 경호 임무를 수행하면서 밀탐하는 등의 행위를 하면 절대로 안 된다고 경고하였다.

경호팀의 임무가 시작되는 9월 8일, 버터필드는 테드 케네디와 관련해서 급하게 보고할 내용이 있다며 홀더만의 비서에게 비서실장의 소재를 물었다. 버터필드가 홀더만에게 반드시 알려야 했던 내용이 무엇인지는 알려진 바가 없다. 하지만 둘이 대화를 나누던 중, 홀더만은 "힐이 무슨 일이 일어날지 알고 있다"는 간략한 메모를 작성하였다.

오후 3시 15분, 홀더만은 뉴브랜드를 자기 사무실로 불렀다. 거기서 무슨 얘기가 오갔는지도 알려진 바가 없다. 뉴브랜드가 닉슨과 비밀경호국 사이에서 누구에게 충성을 바치기로 결심했는지도 명확하지 않다. 하지만 11월에 실시된 대선에서 닉슨이 큰 표 차로 맥거번을 누르고 재선되자 뉴브랜드는 테드 케네디 경호팀장직에서 물러나게 된다. 임무를 맡은 지 겨우 두 달 만이었다. 테드 케네디에 대한 루머나 정보가 유출된 것도 없었다.

그럼에도 뉴브랜드는 대통령의 비호 아래 비밀경호국 내에서 승승장구하였다. 그는 닉슨이 재선된 후 비밀경호국 대변인을 역임하고 마이애미 지부장으로 승진하였다.

월리스 총격 사건에 대해 닉슨이 보인 반응을 보건대, 그 자신을 파멸로 이끌 치명적인 약점이 있었다. 그는 정적을 악으로 간주하고 자신을 선의의 피해자로 보았다. 또, 자기 이익을 위해 정부를 마음대로 주물러도 된다고 생각하였다. 시간이 지나면서 그는 법과 규칙을 무시하는 데 점점 익숙해졌다.

일련의 사건은 대통령의 태도가 비밀경호국에 얼마나 큰 영향을 미치는지 보여주었다. 닉슨과 그의 측근들은 오만하게 굴면서 비밀경호국의 사기를 떨어뜨리고 임무도 바꾸었다. 그뿐만이 아니다.

1969~1970년간 닉슨의 측근들은 산클레멘테(San Clemente)와 키비스케인(Key Biscayne)에 위치한 대통령 개인 별장에 비치할 물품 구매 및 보수 비용을 비밀경호국 예산으로 지불하라고 압박하였다. 견디다 못한 비밀경호국이 어쩔 수 없이 경호에 필요하다는 사유로 이를 정당화했고, 그 덕분에

닉슨은 비싼 소파 등 호화 가구를 헐세로 구매할 수 있었다. 이와 더불어 키비스케인 별장에 새로운 하수도와 난방시스템을 설치하고 닉슨의 부인이 즐겨 찾는 바다 전망의 정자도 보수하였다. 더욱 놀라운 사실은 닉슨이 친한 친구인 비비 레보조(Bebe Rebozo)의 집을 보수하는 데에도 비밀경호국 예산을 사용했다는 것이다. 그곳에는 헬기장, 요트 부두 그리고 사우나탕을 위한 변압기가 설치되었다.

한번은 닉슨이 집의 벽난로 배기 팬이 제대로 작동하지 않는다고 불평하였다. 그러자 그의 법률고문은 경호에 필요하다는 이유로 팬을 비밀경호국에서 구매해야 한다고 설득했고 이를 자랑하고 다녔다 한다. 법률고문이 대통령에게 올린 메모에는 "팬이 작동하지 않으면 질식할 위험이 있기 때문에 경호 목적을 위해 팬을 구매하려 한다고 하자, 켄 이야코본이 비밀경호국 예산으로 처리하겠다고 하였음"이라고 적혀 있었다.

라울리는 경호와 관련 없는 지출에 비밀경호국 예산이 사용되는 상황을 우려하면서, 비밀경호국을 감독하는 하원 예결소위 톰 스티드(Tom Steed, 이하 스티드) 위원장을 찾아갔다. 라울리는 그에게 함께 산클레멘테를 방문해 달라고 부탁했지만 스티드는 시간을 내지 못하였다.

"라울리는 백악관 실세들이 예산을 남용한 뒤 자기에게 뒤집어씌우려 한다고 말하려 했던 듯해요. 라울리를 이용해 먹으려 한 것이죠"

1973년 7월 잭 앤더슨(Jack Anderson)과의 인터뷰에서 스티드가 한 말이다.

닉슨은 비밀경호국을 정치 도구로도 이용하려 하였다. 그는 경호요원들에게 시위를 해산시키라* 할 때도 있었고 때로는 경호를 믿고 시위대를

---

* 미국 헌법은 표현의 자유를 보장하기 때문에 질서가 유지되는 집회를 강제로 해산시킬 수 없다.

자극하기도 하였다.

　가장 위험했던 순간은 1970년 10월 29일 중간 선거를 앞두고 대통령이 공화당원 지지 연설을 하기 위해 산호세(San Jose) 시민회관을 방문했을 때 일어났다.

　닉슨의 방문을 준비하러 선발을 간 래리 뉴먼 요원은 호텔 바에서 믿을 수 없는 얘기를 들었다. 백악관 직원이 집회에서 난동을 부리고 기물을 파손할 가짜 시위자를 심을 계획을 떠들어대고 있었기 때문이다. 그 직원은 닉슨과 그의 측근들이 무질서한 시위대의 모습을 사진으로 배포하여 공화당 지지를 이끌어낼 생각이고 자기는 그 계획을 이행하기 위해 왔다고 했다.

　"당신이 그 계획을 실행에 옮기면 많은 사람이 다칩니다. 그리고 저는 당신을 체포해야 하고요. 그러니 시도조차 하지 마세요."

　뉴먼은 반대하였다.

　닉슨이 연설을 위해 저녁 7시에 회관에 도착했을 때는 외부에 약 1,000명이 운집해 있었다. 모인 사람 대다수는 근방에서 열린 반전 집회에 참가했던 산호세 학생들이었다. 그리고 일부는 높은 실업률을 비난하는 노동자들과 급진 세력이었다. 연설 입장권을 구하지 못해 회관 안으로 들어가지 못한 인원들도 꽤 보였다. 닉슨이 회관 안으로 들어가자 여러 단체는 피켓을 들고 구호를 외치며 대통령이 다시 나타나길 기다렸다.

　연설이 진행되는 동안 현지 경찰이 비밀경호국 요원에게 도움을 요청하였다. 자원봉사자들이 시위대를 회관 안으로 들여보낸다는 이유였다. 요원이 경찰을 따라가자 거기에는 백악관 대변인 론 지글러(Ron Ziegler, 이하 지글러)가 있었다.

　"무슨 짓을 하는 거예요?"

　요원이 따져 물었다.

　"우리는 의미 있는 대화를 원해요."

지글러가 답했다.
"그런 좆 같은 일은 없을 거예요."
경찰이 말했다.
회관 밖의 집회는 대체로 평화로웠으나 반전 슬로건을 외치고 있어 긴장감이 돌고 있었다.
"하나, 둘, 셋, 넷. 당신의 빌어먹을 전쟁을 우리는 원하지 않아!"
약 40분 후 대통령은 레이건과 공화당 상원의원 조지 머피(George Murphy)와 함께 회관을 나왔다. 하지만 닉슨은 예정과 달리 바로 출발하지 않았다. 오히려 닉슨 일행은 양면이 시위대로 둘러싸인 주차장에서 뜸을 들였다.
그러다 대통령은 측근의 도움을 받아 VIP차 후드 위로 올라가, 그를 에워싸고 있던 경호요원들과 경찰들을 놀라게 했다. 닉슨은 마치 승자인 것처럼 시위대를 향해 양팔을 흔들어 보였다.
한 경호요원은 그 순간 레이 블랙모어(Ray Blackmore, 이하 블랙모어) 산호세 경찰서장의 눈이 마치 "공포영화를 보는 사람마냥 휘둥그레졌다"고 하였다. 경찰서장은 선도차에 미리 탑승해 빨리 출발하기만을 기다리던 터라 더욱 놀랐을 것이다. 경호 임무에 동원되었던 한 형사는 당시 암살 사건이 빈번한 때라 대통령의 무모함에 놀랐다고 하였다.
놀라기는 시위대도 마찬가지였다. 한 젊은 남성과 그 주변에 있던 사람들은 즉시 땅을 보며 돌이나 던질 수 있는 물건을 찾았지만 구하지 못했다고 하였다. 이와는 반대로 닉슨과 좀 떨어져 있던 경찰들은 작은 돌멩이들이 날아왔다고 진술하였다.
긴장한 경호요원들은 즉시 대통령을 차에 태워 자리를 이탈하였다.
"내가 기뻐하는 것을 정말 못 봐주겠나 봐."
닉슨이 웃으며 비서에게 말하였다.
몇 년이 지나서 블랙모어가 밝힌 일이지만, 그날 비밀경호국은 비상탈

출계획을 갑작스럽게 바꿨다고 한다.

선도차에 타고 있던 블랙모어가 듣기로, 같은 차에 타고 있던 경호요원이 무전기에 대고 경찰 모터사이클에 좌회전해서 파크 애비뉴(Park Avenue)로 가라고 명령하고 있었다.

"계획은 우회전이야! 모든 경찰이 그쪽에서 대비하고 있다고!"

블랙모어가 말했다. 그의 말대로 계획은 우회전하는 것이 맞았다. 거기에는 경찰들이 일렬로 나열해서 시위대가 도로로 못 나오게 막고 있었다.

"알고 있어! 이번에 기자들이 협력하지 않으니 그들을 먹이로 던져줄 생각이야."

경호요원이 답했다. 그에 따르면 모터케이드 전방에 위치한 차량은 좌회전 후 신속하게 시위대를 피해 빠져나갈 수 있지만 뒤에 따라오는 기자단 버스는 분명 시위대에 막힐 것이라고 하였다.

공항에 도착하자 젊은 비서관이 오함마로 VIP차의 측면을 내려치기 시작했다. 그것을 본 경호요원은 아연실색하였다. 비서관은 시위대가 어떤 사람들인지 보여주기 위한 것이라고 설명하였다.

"당신은 지금 정부 재산을 파손하고 있습니다."

경호요원이 멈추라고 하자 그제야 젊은 비서관이 오함마를 내려놓았다.

닉슨은 이 기회를 놓치지 않고 비행기로 이동하는 동안 지글러에게 시위대가 돌을 던진 내용을 보도 자료로 내라고 하였다. 보도 자료의 내용은 다음과 같았다.

"산호세에서 시위대가 돌을 투척한 행위는 법을 무시하는 사회 구성원들의 악랄함을 보여주는 사례이며, 미국의 가장 어두운 면모를 대표하는 단체의 행동이다."

다음 날 더 새크라멘토 비(The Sacramento Bee)와 일부 지역신문 1면에는 "산호세 시위대 닉슨에게 돌 투척", "과격분자 닉슨 모터케이드 공격" 등의 기사가 실렸다.

연설 행사에 참석했던 군중과 기자들 모두 기사가 과장된 면이 있다며 고개를 갸우뚱했다. 경찰은 닉슨이 팔을 흔들 때 돌멩이가 날아오기 시작했다는 점에는 동의했지만 모터케이드가 출발할 때에야 시위대가 과격해지기 시작했다고 하였다. 블랙모어는 돌에 맞은 VIP차는 별 타격이 없었지만 뒤에 따라오던 차량들, 특히 기자단 버스는 파손을 입었다고 하였다.

백악관은 원하던 바를 얻었다. 홀더만은 그날 밤 일기장에 다음과 같이 썼다.

"산호세는 성공적이었다. 우리는 누군가와 대립하는 상황이 일어나길 바랐지만 건물 내부에는 그런 세력이 없었다. 그래서 밖에서 일부러 시간을 끌었는데 걸려들고 말았다."

1973년 가을이 되면서 닉슨 정권은 내부적으로 분열이 일어나기 시작하였다. 대통령이 가장 신뢰했던 홀더만과 얼리크먼은 닉슨의 권고로 같은 해 4월에 이미 사직한 상태였다. 홀더만과 얼리크먼이 사직한 이유는 그들이 특검 수사에 협력했기 때문이다. 특검 또한 대통령에게 홀더만과 얼리크먼 외에도 많은 백악관 직원들이 워터게이트 사건에 연루되어 조사를 받고 있다고 보고하였다. 상원 특별조사위원회도 백악관이 워터게이트 사건에 개입했는지 여부를 조사하고 있었다. 당시 백악관에서 고위직으로 근무했던 직원은 백악관 개입 정황을 은폐할 방안을 닉슨 본인이 직접 챙겼다고 주장하였고, 버터필드는 이를 증명할 자료를 제출하였다. 그 자료란 대통령 집무실과 비서관들의 사무실에 설치된 비밀 녹음장치였다. 닉슨의 모든 대화와 통화가 녹음되었기에, 닉슨의 대통령직이 이 장치에 좌우될 것이라고 해도 과언이 아니었다.

백악관을 향한 수사의 여파가 비밀경호국에도 영향을 미쳤다. 그때까지만 해도 국민들은 백악관이 정치적 목적을 위해 비밀경호국을 이용한 사실을 몰랐지만 그즈음 라울리는 이러한 일들이 외부로 공개될 수밖에 없음을 직감했다.

9월 6일, 워싱턴포스트는 닉슨의 명령으로 비밀경호국이 그의 동생을 도청했다고 폭로했다. 대통령은 경제적 어려움에 처한 동생으로 인해 자기가 곤란해지는 상황을 방지하려고 도청을 지시한 것으로 알려졌다. 기사가 나간 다음 날, 상원의 워터게이트 사건 특별조사위원회는 라울리에게 도청의 사유와 그 법적 근거를 공식적으로 질의했다.

라울리는 수사가 진행됨에 따라 다른 비밀들이 터져 나올 것이라 보았는데, 그 예상은 적중하였다. 그를 피의자로 고소한 사건으로 인해 비밀경호국이 백악관의 지시로 반닉슨 시위대를 여러 번 해산시킨 사실이 밝혀졌다. 닉슨의 사저 보수비용을 세금으로 지불할 수 있게 경호상 필요하다는 논리를 들어 백악관이 비밀경호국에 압력을 행사한 사실도 공개된 내부 보고서로 드러났다.

기사가 나가고 몇 주가 흐른 뒤 백악관 도청 사건이 정점에 다다랐다. 10월 20일 밤, 닉슨은 백악관 도청 테이프를 제출하라는 법원 명령에 따르라고 강조한 특검을 해고했다. 특검을 해고하라는 닉슨의 명령에 반대한 법무부 장관과 차관은 항의의 표시로 사의했다. 언론은 이를 "토요일 밤의 대학살"이라고 불렀다.

이틀 후, 라울리도 자리에서 물러난다고 동료들에게 알렸다. 그는 35년간 비밀경호국에 몸담았고 그중 12년을 국장으로 봉사했으니 이제 시간이 됐다고 설명하였다. 케네디 대통령을 잃은 사건은 용서받지 못할 일이지만 그 후 선후배 직원들과 비밀경호국을 더욱 발전된 모습으로 변모시켜서 자랑스럽다고 하였다. 그러나 정작 가장 가까운 동료들에게는, 그가 최대한 저항했는데도 닉슨이 비밀경호국을 도구로 삼는 것을 막지 못했기에 후회를 안고 떠난다고 고백하였다.

그래도 라울리는 믿을 만한 사람한테 조직을 넘기고 간다며 안도하였다. 대통령은 라울리의 후임자로 스튜어트 나이트(Stuart Knight, 이하 나이트)를 임명하였다. 닉슨은 부통령 시절에 베네수엘라를 방문했을 때 나이트가 시위대로부터 대피할 수 있게 도와줘서 그를 가장 용감한 경호요원으로 기억했다. 반면, 라울리는 나이트를 현명하면서도 독립적인 리더로 평가하였다. 나이트 임명의 인사실무를 담당했던 관료는 그 배경을 묻는 기자 질문에 다음과 같이 답변했다.

"이것은 그동안 닉슨이 보인 행보와는 다르다고 할 수 있습니다. 나이트는 닉슨의 라인도 아니고 빚진 것도 없기 때문입니다."

라울리가 국장으로 재직하는 동안 닉슨은 정치적 목적을 이루기 위해 비밀경호국을 전략적으로 활용하였다. 예를 들어 월리스 사건을 살인도 마다하지 않는 진보주의자에 의한 충격 사건으로 포장하기 위해 저격범에 관한 뒷조사를 비밀경호국에 지시하였다. 그는 정치 라이벌인 테드 케네디와 조지 맥거번의 오점을 들춰내고자 경호팀을 정보원으로 이용하려고 하였다. 또한, 동생의 잘못을 반대 세력들이 역이용하지 못하도록 비밀경호국을 활용했다. 이와 더불어 자신을 반대하는 단체를 폭력난동 세력으로 몰아갔고, 경호 수칙을 무시하면서 과격 시위를 조장하기도 하였다. 그는 법에 아랑곳하지 않고, 시위가 거슬리면 경호요원들에게 백악관에서 보이지 않는 곳으로 시위대를 밀어내라 하였다. 특히 경호 목적이라는 말도 안 되는 이유로 개인이 소유한 부동산을 국민의 세금으로 개보수한 일은 너무도 부도덕했다.

나이트는 이를 인지하고 있다는 듯 라울리가 강조한 훈련을 더욱 확대하고 "현실과 이상의 간격을 좁히겠다"고 약속했다. 닉슨의 잘못으로 더럽혀진 비밀경호국의 평판을 되찾겠다는 목표를 에둘러 표현한 것이었다.

하지만 나이트는 닉슨 정권에서 오랫동안 일하지 못하였다. 그것은 대통령이 나이트를 임명한 지 약 9개월 만에 불명예스럽게 백악관을 떠났기 때문인데 여기에는 앞서 버터필드가 제출한 자료가 그 원인이 되었다.

대통령 취임 1년 후 닉슨은 비밀경호국에 백악관과 캠프 데이비드 등 그가 사용하는 주요 집무실에 음성인식 녹음시스템을 설치하라고 명령하였다. 홀더만은 버터필드에게 이에 대한 준비를 맡겼다.

1971년 2월, 버터필드는 녹음장치 설치를 알 웡(Al Wong, 이하 웡) 기술안전부장*에게 요청했다. 웡의 팀은 대통령 집무실과 회의실, 대통령이 묵는 호텔 방 등에서 도청장치를 정기적으로 수색했기 때문에 버터필드와는 잘 아는 사이였다. 닉슨이 2월 12일 키비스케인에서 주말을 보내기 위해 백악관을 떠났을 때, 웡의 팀은 대통령 집무실 책상에 눈에 띄지 않는 마이크 6개를 설치했고, 캐비닛 룸(Cabinet Room) 벽난로 위에도 4개를 설치했다. 이 시스템은 지하실에 설치된 붙박이장에 보관된 카세트테이프에 대화를 녹음하도록 설치됐다. 그때 웡은 과거에 케네디와 존슨을 위해 비슷한 녹음시스템을 만들었지만, 이러한 일이 항상 계획대로 되지는 않는다고 경고했다.

닉슨이 복귀하였을 때 버터필드가 녹음시스템에 대해 설명하자 닉슨은 한 가지만을 물어보았다.

"이 테이프에 대해서 누가 알고 있지?"

버터필드는 시스템을 설치한 약 4명의 비밀경호국 요원들과 기술자들이 이 사실을 알고 있다고 답하자 닉슨은 불같이 화를 내었다.

"젠장, 젠장. 이건 절대로 밖으로 알려져선 안 된다고!"

1973년 7월 13일, 상원 특별조사위원회는 워터게이트 사건을 조사하기 위해 버터필드를 포함한 백악관 직원들을 소환하였는데, 이때부터 테이프를 둘러싼 비밀이 서서히 드러나기 시작했다. 버터필드는 상원에 출두하며 위원들이 너무 많은 질문을 하지 않기를 바랐다. 조사가 끝나갈

---

* 도청, 폭발물 탐지 등을 담당하는 부서의 장

무렵, 안도하던 버터필드에게 공화당 측 법률담당 도널드 샌더스(Donald Sanders)가 물었다.

"제출받은 보고서 문구가 왜 이리 정확한 거죠?"

그러면서 특정 회의에서 대통령과 고위 보좌관들 사이에 오간 대화가 보고서에 그대로 인용된 점을 언급했다.

"당신이 언급한 딕터폰 외에 다른 녹음장치가 있었나요?"

샌더스가 물었다.

조사를 받으러 가면서 직접적인 질문에는 거짓말을 하지 않기로 결심한 버터필드는 "네"라고 답하며 침을 꿀꺽 삼켰다.

순간 방 안에 있던 조사관들이 웅성거리기 시작했다. 워터게이트 사건 은폐에 대통령이 관여했다는 정황을 뒷받침하는 증언처럼 들렸기 때문이다. 조사관들의 흥분을 감지한 버터필드는 당황했다. 대통령이 굳게 숨기고 싶어 하는 비밀을 누설해 버린 것이다.

닉슨은 녹음테이프가 공개되는 것을 막기 위해 연방 대법원에 이르기까지 싸웠다. 닉슨의 변호인들은 비밀리에 녹음된 대화들이 행정특권*의 보호를 받는다고 주장하였다. 그러나 버터필드가 테이프의 존재를 밝힌 지 1년여가 지난 1974년 7월 24일 대법원은 만장일치로 특검의 손을 들어 주었다.

15일 후, 미국의 37대 대통령 리처드 닉슨이 사임했다. 아이러니하게도, 닉슨이 비밀경호국에 내린 명령이 부메랑이 되어 자신의 몰락에 결정적인 역할을 하였다.

---

*　고도의 기밀성을 요할 때 행정부가 공개를 거부할 수 있는 권한

ZERO

2부

시험에 들다

포드부터 클린턴까지
(1974~1999년)

FAIL

7
교회로의 가벼운 산책

"밥, 이리 오는 편이 좋겠어. 우리는 약 20분 후 세인트 존스(St. John's)로 갈 거야."

1981년 3월 29일 오전 11시, 로널드 레이건 대통령의 비서실 차장인 마이크 디버(Mike Deaver, 이하 디버)가 갑작스러운 계획 변경으로 대통령경호팀 부팀장에게 전화를 걸었다. 새롭게 당선된 대통령과 영부인은 오랜만에 바람도 쐴 겸 백악관 정문 맞은편 광장에 있는 교회에 가기를 원했다.

레이건은 두 달 전 대통령에 취임하면서 제리 파(Jerry Parr, 이하 파) 요원과 밥 데프로스페로 요원을 각각 대통령경호팀 팀장과 부팀장으로 임명하였다. 이 둘은 대통령이 갑자기 백악관을 나갈 경우에 대비해 교대로 근무했는데 때마침 이날은 데프로스페로가 근무하는 날이었다.

데프로스페로는 교회로 걸어가겠다는 이야기를 듣고 놀라 코를 찡긋거렸다. '밥 D'로 더 잘 알려진 부팀장은 고지식한 사람으로 정평이 나 있었다. 전직 레슬링 코치였던 그는 직원들이 피로와 스트레스에 지쳐도 나태해지는 것을 용납하지 않았다. 그는 항상 입버릇처럼 "절대로 긴장을 풀지 말라"고 직원들에게 말하고 다녔다.

레이건 당선 이후 데프로스페로는 디버가 잊지 않도록 규칙을 여러 번 얘기했다. 그 규칙이란 바로 아무런 준비 없이 대통령을 백악관 밖으로 모시지 않는 것이었다. 비밀경호국은 준비할 수 있게 적어도 한 시간의 여유가 필요하다고 하였다.

　데프로스페로는 구행정동(Old Executive Office Building)에 있는 자신의 사무실에 앉아 검은색 수화기에 대고 깊은 한숨을 내쉬었다.

　"이러지 않기로 했잖아?"

　"알아, 알아. 나도 어쩔 수 없어. 그냥 가시겠다는 걸 어떡해?"

　디버가 약간 짜증스럽다는 목소리로 대답했다. 그는 레이건이 주지사 시절부터 함께 해온 신뢰받는 보좌관으로 당시엔 레이건의 이미지 관리도 담당하고 있었다.

　"적어도 차를 준비할 시간을 줘."

　데프로스페로가 말했다.

　"그럴 필요 없어. 걸어가시겠대."

　데프로스페로는 화를 참기 위해 잠시 뜸을 들인 뒤 최대한 절제된 말투로 따지고 들었다.

　"그렇게 하면 안 된다고 분명히 얘기했는데……."

　디버는 데프로스페로의 말을 끝까지 듣지 않고 최후통첩을 하였다.

　"밥, 이쪽으로 빨리 오는 게 좋을 거야. 우리는 곧 출발할 예정이야."

　말을 마친 비서실 차장은 전화를 끊어버렸다.

　경호적으로 전혀 준비가 안 된 상태에서 미국 대통령이 공원을 가로질러 펜실베이니아 애비뉴(Pennsylvania Avenue)를 따라 걸을 거라는 말을 들은 데프로스페로는 서둘러야 했다. 그는 즉시 수화기를 내려놓고 의자에서 벌떡 일어나 복도를 따라 웨스트윙(West Wing)을 향해 뛰었다.

　데프로스페로는 뛰어가는 내내 무전기 이어마이크에 대고 지시를 내렸다. 그는 W-16*에서 대기하던 경호요원들에게 대통령이 곧 백악관 밖으

＊　웨스트윙에서 경호요원들이 사용하는 대기실

로 나가니 출동 태세를 갖추고 모터케이드를 빨리 준비하라고 하였다.

데프로스페로는 준비하면서도 여전히 대통령이 차에 타기 바랐다. 그러기 위해서는 빨리 디버를 만나 설득해야만 했다. 데프로스페로는 행정동 안뜰을 지나 백악관으로 연결되는 지하 경사로를 달려가며 디버가 계획을 바꿀 방법을 바쁘게 생각하였다. 하지만 웨스트윙 로비에 도착하자 나갈 채비를 마친 대통령 내외가 코트를 입고 집무실 앞에 서 있는 모습을 발견하였다. 인제는 그들을 따라 걷는 수밖에 없었다.

백악관 북서문을 통해 밖으로 나오자 데프로스페로는 대통령과의 거리를 좁히기 위해 오른쪽 뒤로 붙었다. 그런 다음 무전을 통해 VIP차와 후미차를 교회로 가져오라고 지시하였다. 백악관으로 돌아올 때는 디버가 무슨 말을 하던 대통령을 방탄차에 태울 생각이었다.

대기하던 경호요원 중 8명이 장비를 차고 부랴부랴 달려왔다. 그들은 장벽을 두르듯이 '로하이드(Rawhide)와 레인보우(Rainbow)* 주위로 경호대형을 형성하였다.

펜실베이니아 애비뉴를 건너 라파예트 공원(Lafayette Park)에 들어서자 대통령 내외는 다시 밖으로 나왔다는 사실에 기뻐하며 환한 미소를 지었다. 낸시 레이건(Nancy Reagan) 여사는 선거 이후로 간단한 산책이나 친구와의 저녁 식사도 제한되어 몹시 답답해하던 터였다. 그녀는 차가운 봄 공기를 들이마시고 싹트는 목련나무를 보며 활기를 되찾는 기분이 들었다. 레이건도 그랬는지 자신을 알아보는 시민들에게 윙크하며 손을 흔들었다.

디버도 대통령 내외 뒤에 바짝 붙어서 갔다. 그는 걷는 동안 데프로스페로와 낮은 속삭임으로 언쟁을 벌였는데 그 모습이 마치 부모님 앞에서 싸운 티를 안 내려는 부부 같기도 하였다.

---

* 레이건 대통령과 영부인의 암호명

"디버, 당신이 이러면 안 돼. 내가 대통령과 말할 시간이 있었다면, 안 된다고 말했을 거야."

데프로스페로는 차분한 어조를 유지하였지만 표정에서는 열 받았다는 것이 역력하였다.

반면, 레이건의 이미지를 책임지고 있는 디버는 비밀경호국의 규정이 과하다 못해 터무니없다고 반박하였다. 그는 대통령이 국민들과 가까이해야 하고 또 그렇게 하기를 원한다고 하였다.

"디버, 분명히 말하는데,"

데프로스페로가 말을 하려고 하자 디버가 그의 말을 끊으며 큰 소리로 따져 물었다.

"밥, 미국 대통령이 펜실베이니아 애비뉴를 걸어갈 수 없다는 말이야? 대통령이 도시의 거리를 걸어가는 것조차 안전하지 않다는 말이냐고?"

데프로스페로도 지지 않고 똑같이 큰 소리로 대답했다.

"그래! 내가 하는 말이 그 말이야!"

그 말에 레이건이 고개를 돌려 인상을 찌푸리며 물었다.

"너희들 무슨 일로 다투니?"

디버는 아무 일 아니라는 듯이 손을 흔들었다.

"아무것도 아닙니다, 대통령님. 신경 안 쓰셔도 됩니다."

데프로스페로는 그의 의견이 무시되자 더욱 화가 났다. 그는 자신이 항상 위험을 경고하기 때문에 팀원들과 백악관 직원들에게 인기가 없고 심지어 일부는 자신을 편집증 환자로 치부한다고 알고 있었다. 하지만 남이 자신을 어떻게 생각하는지는 중요하지 않았다. 그는 자신이 옳다고 확신했다. 그러나 당장 대통령을 언짢게 할 생각은 없었기에 일단 입을 다물었다. 이 문제를 나중에 다룰 생각이었다.

당시 데프로스페로와 디버는 모르고 있었지만 이 둘은 이 대화를 평생 잊지 못하게 된다. 그리고 디버는 그의 말을 후회하고 데프로스페로의 가장 든든한 후원자로 변모하게 된다.

대통령 내외가 교회 안으로 들어가 맨 뒷자리에 앉자 데프로스페로와 디버도 잠잠해졌다.

그 무렵에 조현병을 앓던 25세 방랑자가 약 10블록 떨어져 있는 버스터미널에 도착하였다. 그는 버스터미널 내 버거킹에서 와퍼를 주문한 다음 워싱턴 시내 지도를 꺼내 구석구석 살펴보았다. 그가 워싱턴으로 온 이유는 의사의 조언 때문이었다. 부모를 떠나 독립적인 생활을 하면 치료에 도움이 된다는 말을 들은 것이다. 하지만 부모의 바람과 달리 그가 워싱턴으로 온 진짜 목적은 대통령 암살이었다. 그래야 유명한 젊은 여배우의 마음을 얻을 수 있다고 생각했다.

비밀경호국은 닉슨이 퇴임한 1974년 8월부터 레이건이 집권하기까지 7년이라는 기간 동안, 절실하게 필요했던 회복과 치유의 시간을 가질 수 있었다. 이때 스튜어트 나이트 국장은 조직의 전문성 강화에 집중하였다.

비밀경호국은 더 이상 자신들을 정치도구로 삼으려는 대통령에 저항하며 에너지를 낭비할 필요도 없었다. 경호요원들은 온화하고 겸손한 신임 대통령 제럴드 포드(Gerald Ford)가 권력과 명예를 경계하고, 가족들과 평범하게 생활하는 모습을 보고 놀라워했다. 포드는 경호요원들을 초대해 음료나 샌드위치를 함께 나눠 먹었고, 경호수칙을 이해하기 위한 부연 설명 외에는 비밀경호국에 그 어떤 것도 요구하지 않았다.

그러나 포드가 닉슨을 대체할 당시 비밀경호국 조직 내 긴장감은 폭발하기 일보 직전이었다. 닉슨 재임 기간에 대통령경호팀 소속 요원들은 자기들만의 사조직을 만들어 정보를 차단하였으며, 다른 부서 직원들을 열등한 존재로 치부하여 냉대하였다. 이는 닉슨을 모방하는 것처럼 보였다. 한 예로, 비밀경호국의 경호를 받고 있는 포드 부통령과 키신저 국무장관이 백악관에 올 때면 당연히 경호요원들이 수행한다는 것을 알면서 백악관에 도착한 요원들에게 '하급' 요원들이 무슨 볼일이 있어 백악관에 왔는지 따져 물었다.* 그 결과 조직 내에는 대통령경호팀과 그 외 인원들 간에 불신이 쌓여만 갔다.

닉슨이 사임을 발표한 날 저녁, 그의 불명예스러운 퇴임을 기념하기 위해 거의 만 명이 인근 거리에서 행진하였다. 그와 반대로 포드의 경호요원들은 알렉산드리아(Alexandria) 퀘이커 레인(Quaker Lane)에 있는 부통령 사저 지하실에서 조용하게 하룻밤을 보냈다. 그만큼 포드와 경호요원들은 친밀한 관계였다. 그러나 약 12시간 후인 8월 9일 포드가 대통령이 되자 그의 경호요원들은 더 이상 그를 보호할 수 없게 되었다. 비밀경호국 관례에 따라 닉슨을 보호했던 대통령경호팀이 발톱의 때처럼 취급했던 부통령경호팀으로부터 경호 임무를 인계받도록 되어 있었기 때문이다.

8월 9일 아침, 대통령경호팀과 부통령경호팀은 서로를 노려보며 백악관에 출근했다. 비밀경호국 역사상 이보다 더 험악한 분위기 속에서 인수인계가 이뤄진 적은 없었다. 부통령경호팀 소속 조셉 페트로 요원은 "그날 아침 대통령경호팀이 나타나자 우리에게 지시를 내리는 등 마치 자기들이 주인공인 것처럼 행동했다. 숨을 쉴 수 없을 만큼 팽팽한 긴장감이 맴돌았다"고 하였다.

오전 9시경 닉슨이 이스트룸에 모인 보좌관, 각료와 직원들에게 고통스러운 작별 인사를 하였다. 가족이 뒤에 서 있는 가운데 닉슨은 울먹이며 직원들의 열정과 희생에 감사를 표하였다. 몇몇 비서관들도 훌쩍거렸다.

---

* 미국 부통령은 비밀경호국의 경호대상자이다. 반면, 국무장관은 국무부 산하 외교안보국(Diplomatic Security Service, Bureau of Diplomatic Security 또는 간단히 Diplomatic Security) 경호를 받는다. 키신저는 국가안보보좌관일 때 받았던 비밀경호국 경호를 국무장관이 된 이후에도 계속 받았다. 이는 키신저가 외교안보국보다 비밀경호국을 선호했기 때문인데 그가 얼마나 큰 영향력을 행사했는지 짐작할 수 있는 대목이다.

2부 시험에 들다

닉슨은 사우스론(South Lawn)*에서 헬리콥터를 이용해 백악관을 떠났다. 그로부터 약 3시간 후, 포드가 같은 방에서 제38대 대통령으로 취임하였다. 중서부 출신이며 감정적이지 않은 포드는 방송에서 국민의 지지를 받아 선출되지 않았음을 인정하고, 국민을 우선시하겠다고 약속하며 연설을 짧게 마쳤다.

"국민 여러분, 우리의 긴 국가적 악몽은 끝났습니다……. 우리 헌법은 살아 있고, 우리의 위대한 공화국은 사람이 아닌 법에 의해 다스려지고 있습니다. 이는 곧 국민이 지배함을 의미합니다."

지난 1년간 닉슨 경호팀장이었던 딕 카이저(Dick Keiser, 이하 카이저)는 새롭게 포드의 경호를 책임지게 되면서 혼란스러울 정도로 많은 감정을 느꼈다.

"개인적으로 매우 감정적이었습니다. 그날 일어난 일은 정말 놀라웠죠. 저는 한 사람의 삶과 경력이 무너지고 동시에 다른 사람의 삶과 경력이 완전히 바뀌는 순간을 목격하고 있다고 느꼈으니까요. 물론 저에게는 누가 대통령이든 상관없이 그를 안전하게 지켜줘야 하기에 변한 것은 없었습니다."

연설을 마친 포드는 내각과 비공개 회담을 가졌다. 이때도 대통령경호팀과 부통령경호팀 사이에는 여전히 긴장감이 고조되고 있었다. 대통령경호팀 조장 중 한 명이 자신이 책임자라는 것을 보여주기 위해 임무를 인계하고 떠나는 부통령경호팀에 지시하려 하자 부통령경호팀 조장이 맞서며 목소리를 높였다. 두 사람이 서로의 얼굴에 침을 튀기며 욕하는 지경에 이르렀고, 자칫 포드의 대통령 취임 첫날부터 경호팀 간의 패싸움이 발생할 수도 있었다. 다행히 몇몇 요원들이 그들을 말려 최악의 위기는 모면했다.

---

*   백악관 남쪽에 있는 잔디밭이며 헬기장으로 사용되는 장소이다.

두 경호팀 간의 불협화음을 감지한 포드가 이를 바로잡겠다며 다음 날 직접 개입하였다. 그는 조직 내 단결심을 회복하기 위해 기존 부통령경호팀 소속 인원 중에서 희망하는 사람을 대통령경호팀에 합류시키겠다고 하였다. 그러나 대통령이 직접 제안했음에도 부통령경호팀에서 지원한 사람은 단 한 명에 그쳤다. 그만큼 두 팀 사이의 증오감은 심각했다. 하지만 대통령의 제안 덕분에 새로운 분위기가 형성되었고 긴장감은 점차 가라앉았다.

포드가 정부에 대한 국민의 신뢰 회복을 강조하였기 때문에 나이트는 더 이상 비밀경호국을 좌지우지하지 않는 대통령 밑에서 일할 수 있었다. 이로써 비밀경호국은 개인이 아닌 민주주의를 보호하는 정치 중립적 전문기관으로 위상을 다질 수 있었다. 이 기간은 대통령 경호 방법을 되돌아볼 수 있는 시간이기도 했다. 나이트는 월리스 총격 사건을 계기 삼아 경호대형 강화방안을 구상하고 이를 이행하도록 하였다. 더 나아가 라울리 지휘 아래 개발된 경호위협정보시스템을 더욱 발전시킬 것을 촉구하였다. 전자정보를 수집하는 이 시스템은 아직 초기 단계였지만 이후 강력하고 유용한 도구로 자리 잡게 된다. 또한, 그는 비밀경호국을 교체 가능한 경호원 집단 이상으로 만들려고 노력하였다. 프린스턴대학에서 받은 교육의 영향 덕분인지, 전직 경찰과 군인만을 채용했던 오랜 비밀경호국의 전통을 깨고 관리와 회계 분야 등에 민간 경력직을 채용하였다. 나이트의 혁신은 여기서 그치지 않았다. 1970년대 후반에는 경호요원들이 비밀 유지를 보장한 심층 상담을 받도록 외부 전문가를 섭외해 다시 한번 비밀경호국을 놀라게 하였다. 그는 저명한 심리학자 프랭크 오크버그(Frank Ochberg)에 의뢰해 경호요원들이 받는 스트레스의 원인을 진단토록 하고, 경호업무가 알코올 중독과 이혼율 증가에 미치는 영향을 1년에 걸쳐 연구토록 하였다.

물론, 포드 재임 기간에도 비밀경호국은 어김없이 위기를 맞이하였다. 대표적으로 1975년 9월 3주 간격으로 발생한 포드 암살미수 사건들이 있는데 케네디를 잃은 악몽을 다시 떠올리게 할 정도로 위험한 순간들이었다.

우선은 1975년 9월 5일 아침이었다. 포드는 새크라멘토(Sacramento)의 세너터 호텔(Senator Hotel) 스위트룸에서 눈을 떴다. 대통령은 오전에 캘리포니아주 의회에서 강력범죄 근절에 관한 연설을 할 예정이었다. 흰색 돔 모양의 주 의사당 건물은 호텔에서 불과 몇 걸음 떨어진 거리에 있었다.

대통령경호팀 간부였던 래리 부엔도르프(Larry Buendorf, 이하 부엔도르프) 요원은 그날 기억을 더듬으며 다음과 같이 말했다.

"우리는 전날 밤에 도착해 주 의사당 건물이 보이는 공원 옆에 있는 호텔에 묵었습니다. 그래서 다음 날 아침 대통령이 잠에서 일어나 아름다운 아침풍경을 보았을 때 차를 타는 대신 걷기로 결정하였습니다."

포드와 수행원들은 호텔 정문을 지나 주 의사당으로 이어지는 짧은 공원길로 향했고 부엔도르프는 포드 바로 뒤에 붙었다. 그는 친구들에게 부니(Boonie)로 더 잘 알려졌는데 힙한 은색 선글라스를 쓰는 금발 머리의 마른 40대 남성이었다. 그는 힘든 하루를 보낸 후에도 유머 감각을 잃지 않는 성격과 흠잡을 데 없는 스키 실력으로 팀원들의 존경을 받았다. 포드가 콜로라도(Colorado) 리조트 마을에 별장을 갖고 있을 정도로 스키를 좋아했기에 부엔도르프는 그의 역량을 인정받아 대통령 스키팀을 이끌기도 하였다. 이는 그가 겨울과 봄에 대통령과 함께 베일(Vail)에서 스키를 타는 데 많은 시간을 보냈다는 의미다. 스키팀을 이끄는 일에 비교하면 부엔도르프가 오늘 해야 할 일은 딱히 화려하지는 않았다. 단지 포드가 땀에 젖은 군중으로 붐비는 공원을 안전하게 통과하도록 하면 되었다.

그러나 호텔 정문을 나서자 부엔도르프는 혼란스러운 광경을 목격하였다. 많은 사람들이 대통령을 보러 호텔 앞 공원에 모여 있었고 지역 언론사 기자들이 사진을 찍기 좋은 자리를 찾아 돌아다녔다. 포드는 머뭇거리지 않고 즉시 캘리포니아 유권자들을 향해 나아갔다. 대통령보다 앞서 나가는 경호요원들은 포드가 안전하게 지나갈 수 있도록 사람들을 옆으로 밀어내며 통로를 만들었다.

그때 적갈색 머리에 아담한 체구를 가진 26세 여성인 리네트 프롬(Lynette Fromme, 이하 프롬)이 군중 속에 서 있었다. 그녀는 체격과 어울리게 목소리도 작아서 스퀴키(Squeaky)*라는 별명으로도 불렸다. 프롬은 찰스 맨슨(Charles Manson)의 폭력적인 '가족**' 컬트가 생기던 초기부터 이를 헌신적으로 추종했는데 그때는 전혀 다른 목적으로 그곳에 와 있었다. 그녀는 동식물을 죽이고 있는 환경오염 문제를 해결하지 않는 정치인들에게 메시지를 전하고 싶었다. 이를 위해 후드가 달린 빨간색 망토를 뒤집어쓰고 발목 홀스터에 45구경 권총을 착용하고 있었다.

부엔도르프는 캘리포니아의 뜨거운 햇살도 잊은 채 대통령을 가까이서 보기 위해 서로 밀치는 군중을 살폈다. 으레 볼 수 있는 모습이고 다들 웃고 있어 위협은 없어 보였다. 이런 경우 대부분 누군가 대통령의 시계를 낚아채려 하거나 대통령의 손을 너무 오래 잡고 있어 떼놓아야 하는 정도에 그쳤다. 그럼에도 만약의 상황을 대비해야만 하였다. 그렇게 불과 30m를 걸어갔을 때 그는 이상한 무언가를 발견하였다. 포드와 겨우 1m 앞에 있는 누군가가 두 손으로 금속 덩어리를 무릎 높이에서부터 들어 올리고 있었다.

부엔도르프가 기억을 떠올리며 말했다.

---

* '끼익' 하는 소리가 난다는 의미. 리네트 프롬보다 별명인 스퀴키 프롬으로 더 잘 알려져 있다.

** 찰스 맨슨을 추종하는 집단을 일컫는 말

"저는 그때 아래를 내려다보고 있었습니다. 스쿼키는 우리 앞에 있는 사람 뒤에 서 있었던 것 같고 45구경 권총을 발목 홀스터에 착용하고 있었습니다. 45구경은 발목에 차고 다니기엔 큰 총이에요. 그래서 총을 은밀하게 숨겨서 들어 올리지 못했던 것 같은데 제가 우연히 그 방향을 보고 있었죠. 그것이 총인지 몰랐지만 꽤 빨리 들어 올리는 모습을 보고 대통령 앞을 막아섰습니다."

그 물체가 총이라는 것을 알아본 부엔도르프는 경고하기 위해 "총!"이라 외쳤다.

그와 동시에 그는 프롬의 권총 슬라이드에 손을 얹었다. 빨간 망토를 입은 프롬이 슬라이드를 당겨 실탄을 장전하려 하였지만 부엔도르프의 손가락이 슬라이드의 움직임을 막고 있었다.

"총"이라는 소리에 부엔도르프를 제외한 나머지 경호요원들이 대통령을 현장에서 즉시 대피시켰다. 그들은 포드를 둘러싸고는 들다시피 하며 공원을 빠져나갔고, 서두르는 바람에 사람을 들이받기도 하였다. 그러자 현장에는 육중한 체격의 전직 해군장교 부엔도르프와 왜소한 젊은 여성이 씨름하는 모습만이 남게 되었다. 프롬은 비명을 질렀고 당황한 군중도 비명을 질렀다.

부엔도르프는 순간적으로 오만가지 생각이 다 들었다.

'나 방탄조끼를 안 입었는데.'

'그녀는 아마 혼자가 아닐 거야.'

'다음 총알은 어디서 날아올까?'

프롬이 여전히 비명을 지르며 그에게서 떨어지려 발버둥 쳤다. 그러자 부엔도르프는 그녀의 팔을 등 뒤로 꺾어 바닥에 넘어뜨렸다.

"총을 쏘지 못했어! 총을 쏘지 못했어!"

그녀가 한스럽다는 듯이 소리쳤다. 부엔도르프는 프롬의 팔에 수갑을 채워 경찰에 넘긴 다음 공원을 가로질러 대통령이 있는 곳으로 뛰어갔다.

포드가 일정을 예정대로 소화하기 위해서는 부엔도르프가 신속하게 경호대형에 합류해야만 했다.

주 의사당 안에 들어서자 대통령은 아무 일도 없었던 것처럼 행동했다. 심지어 의회에서 연설하기 전 제리 브라운(Jerry Brown) 주지사와 면담했을 때도 아무런 언급조차 하지 않았다. 그 이유에 대해 포드는 "글쎄, 주 의사당 밖에서 누군가가 나를 쏘려 했다고 말하자니, 예의가 아니라고 생각했다"고 하였다.

그러나 포드는 연방수사국 조사를 마치고 나온 부엔도르프를 따로 불러 그에게 감사 인사를 전하였고 비밀경호국장을 포함한 부엔도르프의 상관들은 그의 빠른 대응을 치하하였다.

그리고 부엔도르프의 친구인 조셉 페트로 요원도 다음과 같이 평가하였다.

"그는 영웅적이었습니다. 그는 스퀴키 프롬에게서 총을 빼앗았어요……. 총이 발사됐을 수도 있었습니다. 이런 상황은 정말 순식간에 일어납니다."

하지만 정작 부엔도르프 본인은 자신이 특별한 일을 했다고 생각하지 않았다. 그는 단지 훈련받은 대로 대응했을 뿐이었다. 그는 가끔가다 만약을 가정하며 그날을 되새겨보곤 하였다. 만약 그 순간 다른 누군가가 그의 주의를 끌었다면 그와 포드 둘 다 죽을 수도 있었다.

"그녀가 이미 총을 장전한 상태였다면, 그녀를 막을 수 없었을 것이고 총알은 저와 대통령을 뚫고 나갔을 것입니다."

부엔도르프는 말했다.

"적시 적소입니다. 그러니까 제 말은, 케네디 암살사건을 되돌아보면 그 많은 경호요원들이 죄책감을 느낄까요? 네, 그렇다고 생각합니다. 그들은 적시 적소에 있지 못했고 사건이 발생한 후에야 반응했기 때문이죠."

둘째로는 17일 후인 9월 22일 월요일이었다. 대통령이 북부캘리포니아를 방문하던 중에 또다시 위험한 상황이 발생했다. 포드는 전날 스탠퍼드대학(Stanford University) 행사와 월요일 오후 국제정세협의회(World Affairs Council) 연설이 있어 샌프란시스코 세인트 프란시스 호텔(St. Francis Hotel)에 투숙하였다. 그의 방문 사실을 알고 밖에 모인 수많은 구경꾼들 사이에 시설관리업체에서 경리로 재직 중인 45세의 새라 제인 무어(Sara Jane Moore, 이하 무어)가 끼어 있었다. 그녀는 다섯 아이를 키우는 엄마였는데 패티 허스트(Patty Hearst)*에 매료되어 급진좌파 세력의 유명 인사가 되려는 생각에 사로잡힌 사람이었다. 한때 연방수사국 정보원으로 활동했지만 신문 인터뷰를 통해 자신의 신분을 노출하자 연방수사국은 그녀와의 관계를 끊어버렸다. 그럼에도 지역 경찰은 여전히 그녀를 정보원으로 고용했다.

무어는 대통령이 참석하는 스탠퍼드대학 행사에 총을 들고 가 "경호시스템을 시험해 보겠다"고 샌프란시스코 경찰에 말하였다. 그러자 경찰은 무어가 위협이 될 수 있다고 비밀경호국에 경고하였고, 비밀경호국은 21일 밤늦게 무어를 조사하였다. 무어는 조사에서 자신이 그렇게 떠벌리고 다닌 것뿐이지 대통령을 해칠 의도가 없다고 했지만, 요원들은 경찰에 요청해 그녀의 총을 압수하였다.

무어는 경찰이 총을 압수한 조치를 그녀의 삶을 통제하기 위한 시도로 받아들였다. 다음 날인 월요일, 그녀는 자신을 조사한 경호요원들과 대화를 시도하려고 이른 아침에 비밀경호국 샌프란시스코 지부에 두 번이나 전화를 하였지만 받는 사람이 없었다. 그러자 중고 38구경 권총을 판매하는 총포사에 연락하였고, 11시쯤에 145달러 수표를 내고 총기를 구매하였다.

---

* 본명은 패트리샤(Patricia)이며 미국 신문 재벌 상속녀이자 배우이다. 공생해방군(Symbionese Liberation Army)에 납치되어 같이 은행 강도를 한 것으로 유명하다. 경찰에 붙잡혀 재판을 받을 때 강요에 의한 것이라고 주장하였으나, 결국 수감되었다.

그런 다음 대통령을 보기 위해 호텔로 가 군중과 합류하였다. 포드는 오후 3시 30분쯤 호텔에서 나와 차를 타려다 모여 있는 사람들과 악수를 할까 고민하며 잠시 멈칫하였다. 그때 길 건너 약 15m 거리에서 무어가 포드에게 총을 겨누고 발사하였다. 불행 중 다행으로, 총의 가늠자와 가늠쇠가 불량이어서 그녀가 쏜 총알은 포드의 머리를 약 10cm 빗나갔다.

무어와 몇 발짝 떨어진 곳에는 해병대로 입대해 베트남전에 참전한 올리버 시플(Oliver Sipple)이 있었다. 그는 장애가 있어 거동이 자유롭지 않은데도 총소리를 듣고는 즉시 그녀에게 다가가 총을 잡았다. 그는 무어의 팔을 밀어 그녀가 두 번째 시도를 하지 못하도록 막았다. 포드 주변에 있던 경호요원들은 얼어붙은 채 서 있었고 대통령은 몸을 웅크리며 차 뒤로 숨었다. 한 요원이 차의 뒷문을 열자 다른 요원이 대통령을 안으로 밀어 넣었고 차가 속도를 내며 현장을 이탈했다. 지역 경찰이 무어에게서 총을 빼앗았고 다른 경호요원이 무어를 제압하였다.

공교롭게도 경호팀장인 카이저는 두 사건 모두 대통령과 동행하지 않았다. 미신을 믿는 일부 요원들은 이를 두고 경호팀장이 없었기 때문에 대통령이 산 것 아니냐며 비아냥거렸다. 카이저는 하필 사건이 발생했을 때 자신이 옆에 없었던 점을 죄스럽게 생각했다. 그는 당시를 이렇게 회상했다.

"오늘날까지 비밀경호국을 포함해 그 누구도 왜 포드 대통령이 표적이 되었는지 이해하지 못하고 있습니다. 그는 좋은 사람이었고, 국민에게 자긍심을 심어준 사람이었습니다."

경호를 강화하라는 나이트의 명령에 따라 비밀경호국은 가급적 대통령과 검색받지 않은 군중 간 거리를 최소한 20m 이상 벌리기로 하였다. 또한, 영상을 통해 사건을 재조명한 비밀경호국 조사위원회는 포드가 안전한 장소인 VIP차로 탑승하기까지 시간이 지연된 것을 취약 요소로 지적하였다. 그때부터 비밀경호국은 VIP차 문을 미리 열고 기다리도록 기법을 변경하였다.

2년 후 지미 카터(Jimmy Carter)가 대통령으로 선출되었을 때도 카이저는 경호팀장으로 남았다. 경호요원들에게 카터는 대하기 어려운 상대였다. 경호요원들은 카터가 포드와 달리 따뜻함이 부족하고 심지어 비밀경호국을 무시한다고 한탄했다. 백악관에서 근무하는 제복경호대*와 사복요원**들은 카터와 거리를 유지해야 했다. 그리고 꼭 필요한 경우가 아니라면 말도 섞지 말라고 지시받았다.

그러다 보니 레이건이 카터를 누르고 당선되었을 때, 많은 경호요원들은 자신들이 레이건에게 투표했음을 공개적으로 인정하고 새로운 대통령의 선출을 환영할 변화로 받아들였다. 이는 민주당 지지자들이 보수적인 영화배우를 백악관에 입성시킨 국민의 결정을 애도하였던 것과는 사뭇 다른 반응이었다.

비밀경호국은 카터를 해치겠다고 위협한 수백 명의 사람들을 조사했지만 그 누구도 대통령에게 실질적인 위협이 될 만한 사람은 없었다. 오히려 카터가 직면한 가장 큰 암살 위험은 아무도 눈치채지 못한 곳에 도사리고 있었다. 그 존재는 카터가 대통령직에서 물러난 이후에야 드러났다.***

각설하고, 레이건은 일요일에 도보로 교회를 갔다 온 후 남은 하루를 조용히 보냈다. 월요일 동트기 전, 자신의 동네인 몽고메리 카운티

---

*   Uniformed Division. 비밀경호국 내 제복을 입고 근무하며 special agent가 아닌 officer로 호칭한다. 이들의 임무는 백악관, 부통령 관저 등의 경비, 폭발물 탐지견과 금속탐지기 운용, 긴급대응 등 다양한 임무를 수행한다.

**   Special agent. 보통 경호요원이라고 하나 제복경호대와 구분하기 위해 사복요원으로 지칭한다. 이들이 우리가 흔히 알고 있는 정장 입고 대통령 등 경호대상자 가까이에서 임무를 수행하는 사람들이다.

*** 저자는 존 힝클리를 말하는 것으로 추정된다. 그는 레이건 대통령 암살 미수 사건으로 존재가 밝혀졌다.

(Montgomery County)에서 잠이 깬 파는 차가운 이슬비를 맞으며 3km를 조깅했다. 대통령경호팀장으로 올해 50세가 된 그는 조깅을 좋아하지 않았지만 머리를 맑게 하기에는 좋은 방법이라고 생각했다. 역시나 뛰다 보니 새로운 아이디어가 떠올랐다. 그는 그날 계획한 서류 작업을 뒤로하고 새 대통령과 함께 시간을 보내기로 하였다.

전력회사 설비담당과 공군 경력을 소유한 파는 대부분의 사람들보다 늦은 31세의 나이로 비밀경호국에 임용되었다. 그러나 그는 아주 어렸을 때부터 경호요원이 되겠다는 꿈을 품었다. 파는 마이애미에서 가난한 어린 시절을 보낼 때 대공황으로 실직한 아버지가 보여준 B급 영화『Code of the Secret Service』를 엄청 재미있게 보았다. 그때 위조범을 추적하기 위해 전 세계를 누비는 용감하고 대담한 범죄투사 브래스 밴크로프트(Brass Bancroft) 요원이라는 주인공 캐릭터에 매료되었다.

로널드 레이건이라는 젊은 배우가 주인공을 연기했는데, 40년이 지난 지금, 운명은 기이하게도 두 사람을 한자리에 모이게 하였다. 그 배우는 정치인이 되어 70세에 미국의 대통령으로 당선되었고, 파는 50세에 대통령경호팀장이 되어 있었다.

그는 카터가 재선을 노리며 대선에 출마한 1980년부터 대통령경호팀장 직을 수행했다. 그리고 레이건이 카터를 누르고 대통령이 되어서도 그 직책을 그대로 유지했다. 다만, 레이건이 당선되자마자 파는 고위공무원들을 위한 교육과정에 참여하였고 두 달 동안 샬러츠빌(Charlottesville) 소재 연방인력개발원(Federal Executive Institute)에서 대부분의 시간을 보냈다. 그 짧은 공백 기간이 불안했는지 그는 대통령과 호흡을 맞추고 친밀감을 쌓고 싶었다.

파가 조깅을 마치고 W-16에 도착했을 때 쟈니 가이(Johnny Guy, 이하 가이)를 발견했다. 그는 자신의 밑에 있는 중간 간부 중 한 명이었다. 파는 대통령이 노동조합을 상대로 연설하러 워싱턴 힐튼호텔(Washington Hilton hotel)로 가는 동안 가이 대신 자신이 대통령 옆에 있어도 되는지 물었다. 가이는 선뜻 동의했다.

파는 힐튼호텔 연설 행사 위협이 낮다고 보았다. 지난 몇 년간 대통령과 부통령 행사가 한 달에 한 번꼴로 같은 호텔에서 열려 익숙한 장소였기 때문이다. 너무 익숙한 나머지 파는 대통령이나 경호팀도 방탄조끼를 입을 필요가 없다 판단했는데 때마침 날씨도 습하고 후덥지근해서 방탄조끼를 안 입는 것이 더욱 편하게 느껴졌다.

하지만 아무리 익숙한 장소라 해도 방심할 수 없어 선발 담당 빌 그린(Bill Green, 이하 그린) 요원은 힐튼호텔 행사 경호계획을 수립하는 데 5일을 소비하였다. 그리고 대통령을 만나거나 그에게 접근하는 모든 사람의 신원조사를 경호정보 요원들이 실시하도록 하였다. 그린의 팀은 호텔 내 위험물 제거를 위해 모든 층을 구석구석 뒤졌으며 심지어 쓰레기통 내용물까지 조사하였다. 그들은 VIP 전용 입구, 엘리베이터, 대기실, 그리고 무대 뒤까지 레이건의 모든 동선을 세밀하게 점검하였다.

이 '익숙한' 방문을 준비하기 위해 67명의 요원이 동원되었다. 이들은 대통령을 경호하기 위해 인적, 물적 및 기술적 장벽을 만들었다. 이와 별도로 20여 명이 연회장, 옥상, 복도, 출입구와 호텔 주변을 순찰하였다. 이보다 더 많은 요원들이 탐지견으로 폭발물을 찾고 참석자와 호텔 직원에 대한 신원조사를 실시하였으며, 호텔 외부에서는 집결한 군중을 관리하고 교통을 통제할 예정이었다. 그린은 계획을 수립하는 5일 내내 현장을 방문하였고 당일 아침에도 답사를 실시하였다.

백악관 의전선발* 릭 아헌(Rick Ahearn)은 기자단 자리를 연회장 앞으로 배치하기를 희망했지만, 노동조합은 카메라가 회원들의 시야를 가린다며

---

* 의전팀도 사전 준비를 위해 선발로 활동한다.

행사장 뒤편으로 자리를 옮겨 달라 요청하였다. 그러나 여기에 만족하지 못한 세 개의 주요 지역방송국 카메라맨들은 결국 대통령을 잘 클로즈업할 수 있는 다른 장소를 찾아 나갔다. 그들이 자리를 잡은 곳은 호텔 밖 승하차 지점*과 불과 5m 떨어져 있는 자리로 검색 받지 않은 일반인들을 위한 구역이었다.

캘리포니아에서 포드 대통령 암살미수 사건이 두 번 발생한 후 비밀경호국은 군중을 대통령으로부터 20m 이상 이격시키기로 규칙을 정했으나 그 규칙은 워싱턴 외 지역에서만 적용되었다. 그로 인해 대통령을 보다 가까이 보기 위해 카메라맨 뒤에 모인 구경꾼들은 그대로 방치되었다.

카메라맨들이 좋은 각도를 찾기 위해 장비를 설치하는 동안 금발 머리의 대학 중퇴자가 구경꾼들 사이에 자리를 잡았다. 그는 긴장한 모습으로 좌우를 오가다 이따금 바지 주머니를 만지작거렸다.

"나간다."

그린이 오후 2시 20분경 무전을 쳤다. 이는 모터케이드를 포함해 호텔 외부에 있는 경호요원들에게 대통령이 행사를 마치고 나가니 준비하라는 의미였다.

노동조합은 레이건의 친기업 정책에 깊이 우려하고 있었다. 레이건이 그런 청중을 상대로 큰 인상을 주지 못한 채 연설을 마쳤는데도 조합원들은 정중하게 박수를 쳤다. 레이건이 손을 흔들며 인사를 마치자 경호요원들은 기자단이 먼저 나가 대통령이 출발하는 모습을 촬영할 수 있는 위치에 갈 수 있게 배려하며, 대통령을 대기실로 안내하였다. 준비가 되자 레이건과 함께 VIP 엘리베이터**를 타고 T가를 따라 1층 출구로 갔다.

---

* 대통령이 차에서 내리고 타는 지점을 말한다.
** 호텔 측에서 대통령 등 VIP 손님들이 전용으로 사용할 수 있게 준비하는 엘리베이터이다.

레이건이 경사진 호텔 보도까지 나오자 4명의 경호요원이 대통령 주위로 '다이아몬드*' 대형을 형성하였다. 이 대형은 1972년 월리스 총격 사건 이후 경호대상자를 중심으로 사방을 경호하기 위해 사용하는 경호대형이었다. 체구가 가장 좋은 팀 매카시(Tim McCarthy, 이하 매카시) 요원이 앞자리를 맡았다. 파와 그의 동료인 레이 섀딕(Ray Shaddick, 이하 섀딕) 요원은 출구를 나가면서 대통령 가까이로 위치를 옮겼다. 레이건이 호텔 맞은편에 있는 군중에게 오른손을 흔들었다.

대통령은 이제 VIP차와 불과 25걸음 떨어져 있었다. 파는 10분 이내에 대통령과 함께 웨스트윙으로 안전하게 복귀할 것이라고 예상했다.

"대통령님, 레이건 대통령님."

한 여성이 현지 카메라맨, 언론인과 행인들이 모인 차도 지역에서 고음으로 외쳤다.

대통령은 잠시 멈추고 여성의 목소리를 향해 고개를 돌리고는 그 특유의 사람 좋아 보이는 미소를 지었다. 좋은 영상을 찍을 수 있기를 기대하며 한 시간 동안이나 같은 자리에서 기다리던 세 개의 주요 지역방송국 카메라맨들이 바쁘게 움직였다. 레이건이 단지 몇 걸음 떨어진 곳에서 그들을 바라보고 있어 절호의 기회라 생각했다.

디버는 기자들의 질문을 받기 위해 대통령 앞으로 빠르게 걸어갔다. 레이건은 자신을 부른 여성과 카메라를 향해 정중하게 작별 인사를 하기 위해 왼손을 들었다. 이제 2m만 더 가면 VIP차에 탈 수 있었다.

그때 파의 귀를 찢는 듯한 소리가 났다. 탕! 탕!

버스터미널에서 온 문제의 방랑자 존 W. 힝클리 주니어(John W. Hinckley Jr., 이하 힝클리)가 카메라맨 옆에서 무릎쏴 자세로 방아쇠를 당겼

---

* 경호대상자를 중심에 두고 경호요원들이 전후좌우에 위치해서 붙여진 이름이다.

다. 순식간에 두 발의 총성이 들렸다. 레이건이 놀라 얼굴을 찡그리며 요란한 소리가 난 쪽을 향해 왼쪽으로 몸을 돌렸다.

파는 총성이 들리면 반사적으로 대응할 수 있게 지난 19년 동안 같은 훈련을 반복해 왔다. 이런 훈련을 할 수 있었던 데에는 케네디 암살 사건 이후 모든 요원이 어떠한 위협에도 대응할 수 있는 역량을 갖추기를 원했던 라울리의 공이 컸다. 파 시대의 요원들은 여러 종류의 위험에 즉각 대응하도록 AOP(Attack on the Principal, 경호대상자에 대한 공격)로 알려진 일련의 훈련을 실시하였다.

그리고 오랜 세월이 흘러 마침내 노력이 결실을 맺는 순간이 찾아왔다. 파는 본능적으로 대통령을 덮고 대피해야 한다는 것을 알았다. 그것은 모든 경호요원의 무의식 속에 새겨진 명령이자 사명이었다.

생각하거나 주변을 살필 시간이 없었다. 그는 두 발의 총격에 사람이 맞아 보도에 쓰러진 것도 보지 못했다. 대변인 짐 브래디(Jim Brady, 이하 브래디)와 메트로폴리탄 경찰* 토마스 델라한티(Thomas Delahanty)는 각각 이마와 목에 총을 맞았다.

파는 즉시 행동을 취했다. 왼손으로 대통령의 어깨를 움켜쥐고 본인의 상체를 대통령 등에 밀착시킨 다음, 앞으로 구부리며 VIP차 뒷좌석으로 몸을 날렸다. 파는 마치 매카시 요원의 몸과 열려있던 VIP차 문을 방패 삼아 움직이는 것 같았다.

레이건은 엎드린 자세로 차 바닥에 떨어졌고 그 위를 80kg가 넘는 파의 몸이 덮쳤다. 섀딕은 문밖으로 튀어나온 파의 발과 다리를 차 안으로 밀어 넣고는 차 문을 쾅 닫았다.

파와 섀딕이 본능적으로 레이건을 차 안으로 밀어 넣는 동안 힝클리는

---

*   Metropolitan Police. 워싱턴 경찰을 말한다.

대통령 방향으로 총을 네 발 더 쐈다. 매카시는 VIP차 뒤쪽에 빨간 벨벳 로프를 친 구역에서 들려오는 총성을 확인하기 위해 몸을 돌렸다. 그는 빨간 머리와 우람한 체격 그리고 당일 입고 있던 하늘색 정장으로 인해 눈에 띄었다. 한때 일리노이주립대학의 미식축구 선수였던 그가 VIP차 문 가장자리에서 몸과 팔을 넓게 뻗었다. 축구장에서는 볼 수 없는 수비 자세였다. 그는 자신의 몸으로 가능한 한 가장 큰 공간을 채울 수 있도록 체위를 확장했다. 수년간 AOP 훈련을 받은 매카시는 대통령을 겨냥한 총알을 막고 있었다.

섀딕이 파와 대통령 뒤에서 차 문을 쾅 닫았을 때 세 번째 총알이 매카시의 오른쪽 몸통에 명중했다. 충격으로 인해 100kg에 달하는 매카시가 중심을 잃으며 팽이처럼 시계 반대 방향으로 돌았다.

네 번째와 다섯 번째 총알이 스테이지코치(Stagecoach)라는 암호명으로 불리는 VIP차에 맞았다. 마지막 여섯 번째 총알은 호텔 맞은편 건물에 명중했다.

레이건은 차 바닥에서 신음하고 있었다. 파는 운전석에서 기다리던 드류 언루(Drew Unrue, 이하 언루) 요원에게 소리쳤다.

"여기서 나가! 가, 가!"

언루는 액셀을 밟아 진입로를 빠져나가면서 불안감이 들었다. 그는 조수석 창문을 통해 친구인 매카시가 총격 중에 몸을 회전하며 바닥으로 떨어지는 모습을 보았다. 언루는 매카시의 다리나 팔이 현장을 벗어나는 2톤짜리 VIP차 도주 경로 어딘가에 놓여 있을지 확신할 수 없었다.

'신이시여, 제가 매카시를 밟지 않게 해주세요. 매카시를 밟지 않기를 바랍니다.'

언루는 조용히 기도했다.

이날 군중 감시를 맡은 선임 요원 데니스 매카시(Dennis McCarthy)는 군중을 뛰어넘어 범인을 제압했다. 데니스 매카시는 몇 초 만에 힝클리를 덮쳤지만 긴장한 아마추어가 6발을 발사하는 데 걸린 시간은 단 2초였다.

"개자식!"

데니스 매카시의 후배 파트너인 대니 스프릭스(Danny Spriggs, 이하 스프릭스)가 소리쳤다. 스프릭스는 총을 뽑은 채로 범인 제지를 돕기 위해 돌진하다 생각을 바꿔 모터케이드가 빠져나갈 길을 확보하려 하였다.

"비켜! 다들 비켜!"

스프릭스는 사람들에게 고함을 치며 차가 빠져나갈 길을 터주기 위해 필사적으로 노력했다.

VIP차가 속도를 내며 출발한 후에야 파는 몸을 일으켜 세웠다. 그러자 조수석 유리창에 생긴 골프공 크기만 한 균열이 그의 시야에 들어왔다. 힝클리가 발사한 네 번째 총알이 방탄유리에 박혀 있었다. 파는 레이건이 뒷좌석에 올라앉는 것을 도운 다음, 우선 눈으로 상의를 살펴보았다. 피의 흔적은 없었다. 혹시 몰라 손으로 코트 안을 더듬으며 축축함이 느껴지는지 확인했다. 아무런 느낌이 없었다.

파는 무전기가 벨트에서 떨어진 것을 깨닫고 운전석 옆에 놓여 있던 언루의 무전기를 움켜쥐었다. VIP차 바로 뒤에 따라오는 후미차에 타고 있던 섀딕에게 "후미차, 로하이드는 괜찮다"라고 말했다.

"로하이드는 괜찮아."

"병원으로 갈까요? 아니면 백악관으로 바로 갈까요?"

섀딕이 응답했다.

"우리는 크라운(Crown)*으로 간다."

파가 지시를 내렸다. 그러나 무전을 마치자 레이건이 아프다며 투덜거렸다. 그의 모습은 창백했고 파가 그를 깔고 누운 이후로 가슴이 정말 아

---

* 백악관을 뜻하는 암호명

프다고 말하였다.

"당신이 내 갈비뼈를 부러뜨린 것 같아."

레이건이 거칠고 쌕쌕거리는 목소리로 말했다.

"숨쉬기가 힘드네."

"심장 쪽입니까?"

파가 물었다.

레이건은 기침을 하며 고개를 저었다. 그는 힐튼호텔에서 챙긴 하얀 종이 냅킨을 주머니에서 꺼내 입술을 닦았다. 냅킨을 내려다보자 거기에는 밝은 분홍색 핏자국이 듬성듬성 찍혀 있었다. 거품이 낀 붉은 혈액은 폐에서 나와 신선한 산소로 가득 차 있다는 것을 암시했다.

파는 가슴이 쿵쾅거리는 것을 느꼈다. 대통령이 상처를 입었다. 하지만 어떻게?

"미스터 D, 빨리 와보셔야 할 것 같습니다."

젊은 요원이 전화에 대고 덜덜 떨리는 목소리로 말했다.

"힐튼에 총격이 있었습니다."

월요일 오후 2시 30분쯤 데프로스페로는 1층 사무실에 앉아 다가오는 행사에 대비해 선발 담당이 수립한 경호계획을 검토하고 있었다. 그러나 W-16에서 근무하던 요원이 불안해하며 그를 호출하자 하던 일을 중단하였다.

데프로스페로는 다시 행정동을 통해 웨스트윙으로 뛰어갔다. 이틀 연달아 옷이 펄럭일 정도로 뛴 처음인 것 같았다. W-16에 들어서자 무전기를 통해 대통령이 힐튼호텔을 출발했다고 알리는 섀딕의 목소리가 들렸다.

"백악관으로 갑니다. 백악관으로 갑니다. 로하이드는 괜찮습니다."

7 교회로의 가벼운 산책

섀딕이 대통령경호팀 무전망*에 대고 말했다.

데프로스페로가 더 많은 정보를 얻기 위해 섀딕에게 무전을 쳤다. 무전기 반대편에서 핵 위협이 있을 경우에 대비해 항상 대통령 근처에 있어야 할 백악관 군사보좌관 루이 무라티(Louis Muratti) 중령이 혼란 속에서 레이건과 떨어졌다는 보고가 들어왔다.

"해프백, 여기는 크라운."

데프로스페로가 말했다.

"무라티가 로하이드의 상태를 알려달라고 요청하고 있다."

"당분간은 무전하지 말라고 전하세요."

섀딕이 재빨리 답했다.

"로하이드는 괜찮습니다."

"고마워요."

항상 예의 바른 데프로스페로가 응답했다.

하지만 데프로스페로는 이상하게 안심이 되지 않았다. 그는 섀딕이 다 괜찮다고 하였지만 그의 서두르는 말투로 보선대 오히려 그 반대일 수 있다고 생각했다. 데프로스페로는 영부인경호팀장인 조지 옵퍼(George Opfer, 이하 옵퍼) 요원과 눈이 마주쳤다. 옵퍼는 무전을 듣다 초조해진 나머지 의자에서 일어나 있었다. 데프로스페로는 그에게 관저에 있을 영부인을 빨리 찾아 그녀가 놀라지 않도록 힐튼호텔에서 총격이 있었음을 설명하라고 하였다. 옵퍼가 즉시 문밖으로 나갔다.

1분 후, VIP차를 운전하는 요원의 무전이 나왔다. 데프로스페로의 우려가 현실이 되는 순간이었다.

"우리는 조지워싱턴대학병원 응급실로 가려……."

---

* 대통령, 부통령 등 각 경호팀마다 무전망을 달리 사용한다.

언루가 무전을 하다 멈추었다.
"빨리 조지워싱턴대학병원으로 가."
데프로스페로 귀에 파의 목소리가 들렸다.
"구급차를, 아니, 들것을 준비하라고 해."
VIP차 뒷좌석에서 파가 계속 말했다.
"어서 서둘러."
분명 대통령이 총에 맞았을 것이라고 데프로스페로는 생각했다. 그러나 그는 누군가 이를 확인해 줄 때까지 기다리지 않았다. 그는 북서문을 빠져나와 펜실베이니아 애비뉴에서 서쪽으로 방향을 틀어 여섯 블록 떨어진 조지워싱턴대학병원을 향해 빠르게 걸어갔다.

옵퍼는 관저 3층에 있는 조용한 솔라리움(Solarium)에서 백악관 인테리어 디자이너와 관리인과 편하게 이야기를 나누고 있는 영부인을 발견했다.
상황실에서부터 4층의 계단을 뛰어 올라간 호리호리한 금발의 뉴요커는 숨이 가쁜 소리를 내지 않으려 애썼다. 그는 올라가는 도중에 파가 경로를 변경하여 대통령을 병원으로 데려가고 있다는 소식을 무전기 이어폰으로 들었다. 이는 좋은 징조가 아니었다.
옵퍼는 대통령이 총에 맞았음을 거의 확신했지만 확실한 정보 없이 영부인을 놀라게 하고 싶지 않았다. 그는 영부인에게 오라고 손짓하였다. 경호요원이 관저 내부로 들어오는 일이 흔치 않았기에 그녀는 매우 의아하다는 표정을 지었다. 영부인이 가까이 오자 옵퍼가 침을 꿀꺽 삼키고는 거짓말을 했다. 그걸로 잠시나마 시간을 벌 수 있기를 바랐다.
옵퍼는 일부러 말을 천천히 하려 안간힘을 쓰며 대통령이 연설을 마치고 힐튼호텔을 떠날 때 충격이 있었다고 말했다.
"몇몇 사람들이 부상당했지만 남편께서는 맞지 않았습니다. 다들 지금 병원에 있습니다. 여기에 계시는 것이 좋겠습니다. 거기는 지금 난장판일 겁니다."

"그가 다치지 않았다면 왜 병원에 데려갔을까요?"

영부인이 눈썹을 치켜세우며 물었다.

"아마도 부상당한 사람들의 상태를 보고 싶어 하시는 것 같습니다."

옵퍼가 억지로 답변하였다.

영부인이 그것을 받아들일 리 없었다. 그녀는 옵퍼를 지나 엘리베이터로 곧장 걸어갔다. 그가 영부인에게 머물 것을 재차 권고하였으나, 그녀가 자신을 즉시 병원으로 데려가지 않으면 걸어서 병원으로 가겠다고 큰소리치자 명에 따를 수밖에 없었다. 차량 2대를 이용해 병원에 가던 중 한 블록 정도 떨어진 곳에서 교통량이 많아 차가 앞으로 나아가지 못하자 영부인이 옵퍼의 어깨를 움켜잡으며 말했다.

"조지, 이 교통 체증을 뚫지 못하면 여기서부터 그냥 뛰어 가겠어요."

"안 돼요. 그렇게 하실 수 없습니다."

옵퍼가 말했다. 그는 출발 전에 뒷문을 잠글 생각을 한 게 천만다행이라 생각하였다.

영부인이 병원으로 가는 동안 파와 데프로스페로는 병원 건물의 안전을 확보하기 위해 주변으로 경계선을 설정하고 경호요원들이 지키도록 하였다. 힐튼호텔 총격 사건은 더 큰 음모의 일부일 수 있었다. 그래서 또 다른 공격이 임박했을 가능성도 대비해야 했다. 병원 내부에서는 직원과 환자들이 대통령을 보지 못하도록 일부 구역을 통제했다.

레이건은 응급실에 들어오자마자 경호요원들의 품에 쓰러졌다. 응급실에서는 급하게 들어온 여러 의사들이 대통령의 상태를 진찰하였고, 심장마비 가능성을 염두에 두었다. 파는 대통령의 맥박이 짚이지 않는다는 간호사의 말을 듣고 현기증을 느꼈다. 의식을 잃은 대통령의 혈압은 위험할 정도로 낮았다. 순간 파의 머리에 한 가지 생각이 스쳐 지나갔다.

'케네디 대통령을 경호했던 요원들이 파크랜드 병원에서 나와 같은 감

정을 느꼈겠군.'

　간호사들이 가위로 레이건의 파란색 옷을 잘라 상체가 드러나자 외상외과의사인 조셉 지오다노(Joseph Giordano)가 대통령의 가슴에서 총상의 흔적을 찾기 시작했다. 그는 베트남 전쟁에서 많은 총상을 본 경험이 있는 외과 인턴의 도움을 받아 레이건의 왼팔 아래에서 총알의 진입 지점을 발견하였다. 눈에 띄지 않는 부위에 난 작은 상처였기에 까딱하면 놓칠 뻔했다. 그들은 아직 몸에 박힌 총알을 보지 못했지만 탄두가 납작해졌을 것이라 짐작했다. 총알이 단단한 무언가에 맞고 튕겨 나온 게 분명했다. 그들이 이걸 빨리 깨달은 것은 정말 큰 행운이었다.

　대통령과 병원에 같이 도착한 디버는 응급실 밖에서 대통령의 상태를 실시간으로 백악관에 보고하였다. 그는 이 사건으로 워싱턴 시내 어디서나 2초간의 총성이 울려 퍼질 수 있고, 그로 인해 큰 혼란이 발생할 수 있다는 가슴 아픈 교훈을 배웠다.

　도착한 지 몇 분 만에 디버는 짐 베이커(Jim Baker, 이하 베이커) 비서실장과 에드 미즈(Ed Meese, 이하 미즈) 고문에게 전화를 걸어 힐튼호텔에서 일어난 일을 보고하였다. 그는 백악관 대변인 브래디와 경호요원 한 명이 총에 맞았으나 다행히 대통령은 가슴에 타박상만 입었다고 하였다.

　그러나 의사 중 한 명이 응급실에서 나와 새로운 소식을 전달하자 디버는 다시 백악관을 연결해 상황이 생각보다 훨씬 더 안 좋다는 보고를 올려야만 했다.

　"대통령이 총에 맞으신 것 같습니다."

　그리고 출혈이 심하다고 덧붙였다.

　디버가 아직 전화를 끊지 않았는데 다른 의료팀이 브래디를 들것에 싣고 들어오는 모습이 눈에 들어왔다. 심하게 부어오른 브래디의 머리를 보자 디버는 작게 한숨을 쉬며 "그의 상태가 매우 좋지 않다"고 설명하였다.

7 교회로의 가벼운 산책

디버는 베이커와 미즈에게 관저에 있는 영부인을 찾아 병원에 오지 않게 설득하라고 했다. 혼란스러운 상황으로 인해 영부인이 와봤자 좋을 것이 없다고 말했다. 그들은 그 말에 동의하고 누군가를 관저로 보냈다. 그들은 영부인이 이미 병원으로 출발했다는 사실을 모르고 있었다.

그렇게 10분도 지나지 않아 빨간 비옷을 입은 영부인이 병원 안으로 뛰어들었으니, 디버로서는 놀랄 수밖에 없었다. 옵퍼가 뒤를 따르고 있었다.

"대통령께서 총에 맞았습니다."

디버가 영부인에게 말했다.

"하지만 저에게는 그가 맞지 않았다고 하던데요."

"실은 맞았어요. 그런데 의사들이 심각하지 않다고 합니다."

"어디예요? 어디에 맞았다는 거예요?"

그녀가 물었다.

"그들도 모릅니다. 지금 총알이 어디 박혀 있는지 찾고 있습니다."

영부인은 더 이상 참을 수 없었다.

"그를 당장 봐야겠어요!"

디버는 영부인이 대통령의 모습을 봐서는 안 된다고 생각하였다. 그녀의 남편은 의식을 잃고 많은 피를 흘리고 있었는데 의사들은 출혈을 멈출 방법조차 찾지 못하고 있었다.

디버는 영부인에게 먼저 의사와 상의해야 한다고 말했다. 그는 그녀를 잠깐만이라도 붙잡아 둘 방법을 찾아야만 했다. 그때 그의 눈에 작은 사무실과 영부인에게 위안을 줄 수 있는 친숙한 얼굴이 들어왔다. 존 심슨(John Simpson, 이하 심슨) 요원이었다.

레이건이 정말 가깝게 지내는 경호요원이 둘 있었는데 그중 한 명이 심슨이었다. 그는 경찰의 호송을 받아 병원에 도착했다. 경호본부장인 심슨은 그날 베데스다 해군 병원에서 신체검사를 받았다. 그는 차량 무전기가 작동하지 않는 바람에 총격 사건을 듣지 못하였다. 그래서 비밀경호국은 심슨을 찾기 위해 비상을 걸고 지역 경찰에 심슨의 차량을 추적해달라고 요청하였다. 록빌 파이크(Rockville Pike)에서 심슨의 차량을 발견한 경찰이 경광등을 번쩍이자 심슨이 갓길에 차를 세웠다.

"선생님, 지금 당장 같이 가셔야 합니다."

경찰이 말했다.

"대통령께서 총에 맞으셨습니다."

그 말이 끝나기가 무섭게 두 차량은 조지워싱턴대학병원으로 급하게 달려갔다.

심슨에게 레이건은 일반적인 경호대상자가 아니었다. 보스턴 토박이인 심슨은 1968년 대선에 처음으로 도전한 레이건 후보의 경호팀장을 맡으며 대통령 내외와 특별한 관계를 맺었다. 심슨은 키가 작지만 운동선수같이 체구가 다부졌고, 흰머리로 인해 진지해 보이는 인상을 풍겼다. 심슨은 조용하지만 강인하고 도덕을 중시했기 때문에 많은 후배들이 그를 롤모델 삼아 종종 조언을 구하기도 하였다. 그는 청교도는 아니었지만 과음하고 여자를 밝히는 요원을 보면 눈살을 찌푸렸다. 심슨은 카터 전 대통령의 경호팀장이었으며 경호본부장으로 승진한 후 데프로스페로와 옵퍼 등 레이건 경호팀의 많은 요원을 직접 뽑을 정도로 대통령에 대한 애착이 컸다.

병원에 도착한 심슨은 상황 보고를 받기 위해 먼저 파를 찾았다. 그는 파가 많이 놀란 것 같아 걱정했지만 파는 괜찮다고 하였다. 심슨은 임시 지휘소가 된 병원 사무실에서 데프로스페로를 만났다. 심슨은 데프로스페로에게서 메트로폴리탄 경찰의 지원을 받아 펼친 병원 경비계획을 보고 받았다. 데프로스페로는 레이건의 자녀들과 부시 부통령 가족을 경호하는 요원들에게 연락해 그들의 위치와 상태도 파악했다고 보고하였다. 그들은 레이건 총격 사건이 국가에 대한 광범위한 공격의 일부일 가능성을 고려해야만 했다.

그 후 심슨은 영부인이 있는 작은 사무실로 찾아가 남편이 얼마나 건강하고 원기 왕성한지 상기시켰다. 그는 영부인에게 대통령이 괜찮을 것이라고 말하였다.

심슨이 그때를 회상하며 말했다.

"저는 평소 대통령이 육체적으로나 정신적으로나 매우 강한 사람이라고 생각했어요. 분명 회복할 것이라고 믿었죠."

한편, 의료진은 인제야 레이건이 착탄 시 폭발하는 '약탈자(Devastator)' 총탄에 맞아 폐에 구멍이 난 것을 발견하였다. '약탈자' 총탄은 충돌 시 최대 피해를 입히기 위해 산산조각 나도록 설계되었지만 탄두가 다행히 납작해진 상태로 박혀 있었다. 의료진은 총알을 제거하고 지속적인 출혈의 원인을 찾기 위해 수술을 해야만 했다. 레이건이 수술실로 옮겨진 시간은 대략 오후 3시였다.

심슨과 파는 녹색 수술복을 입고 대형 수술실 뒤쪽에서 경과를 지켜보았다. 그렇게 두 사람은 세 시간 동안 수술실을 떠나지 않았다.

수술실에 있는 동안 심슨과 파를 놀라게 한 게 두 가지 있었다. 첫째, 그들은 포기하지 않고 납작해진 탄두와 출혈의 원인을 찾는 중년 남성 의사와 젊은 여성 레지던트에게 경외감을 느꼈다. 두 번째는 간호사들이 레이건에게 혈액을 계속 공급하는 모습이었다. 레이건이 피를 절반 가까이 잃고서야 의료진은 그의 폐 뒤에 가느다란 동맥의 찢어진 부분을 봉합하여 출혈을 멈출 수 있었다.

"그때 주의 기도, 성모송 등 천주교 신자로서 알고 있는 모든 기도문을 다 외웠습니다."

심슨은 그 순간을 떠올리며 말했다.

대통령은 수술을 무사히 마쳤다. 레이건이 수술대에 있었을 때 의사들과 간호사들이 그가 죽을지도 모른다고 걱정했던 것과 달리 다음 날 아침 레이건의 외과의는 그가 완전히 회복할 것이라 하였다. 이와 반대로, 사건 당일에 레이건을 보호하려 했던 많은 사람들이 앞으로 완전히 다른 삶을 살 수밖에 없었다. 브래디를 강타한 총알은 그를 불구로 만들었다. 그는 뇌에 손상을 입어 슬픈 소식에 웃고 기쁠 때 울었다. 그는 자신이 "생계를 위해 질문에 답했다"고 기억했지만 누구로부터 질문을 받았는지는 몰랐다. 그래도 브래디는 목숨을 건졌다. 이는 의전선발인 릭 아헌이 구급차 운전수에게 경로를 변경해 가장 가까운 병원인 조지워싱턴대학병원으로 가야 한다고 강력하게 요구한 덕분이었다.

가장 다행스러운 것은 매카시였다. 의사들은 그의 가슴에서 총알을 제거하였고, 그는 몇 시간 만에 가족들과 재회할 수 있었다.

도시 반대편에 있는 워싱턴의료센터(Washington Hospital Center) 의사들은 추가 손상의 위험을 줄이기 위해 델라한티 경찰관 목에 박힌 총알을 건드리지 않았다. 그러나 3일 후 연방수사국 연구소로부터 그것이 '약탈자' 총알이며 언제든지 폭발할 수 있다는 경고를 받고는 델라한티와 상의하여 총알을 제거하기 위해 또 한 번의 수술을 집도하였다. 델라한티는 그로 인한 신경 손상으로 일찍 은퇴하였다.

파의 아내 캐롤린(Carolyn)은 그날 인생에서 가장 큰 충격을 받았다. 그녀는 힐튼호텔 건너편 건물에서 변호사로 일했는데 사건 당일 남편의 제안으로 대통령이 힐튼호텔에서 출발하는 모습을 보기 위해 T가로 나왔다. 총성이 울리고 VIP차가 속도를 내며 멀어지자 그녀의 비명 소리가 남성 경호요원들이 지르는 소리를 덮을 정도로 크게 들렸다.

"내 남편! 내 남편!"

캐롤린은 곧장 길을 가로질러 피가 낭자한 인도로 향했다. 거기에는 우지 기관단총을 든 경호요원이 있었다.

7 교회로의 가벼운 산책

"내 남편, 제리 파예요!"

그녀가 바닥에 쓰러져 있는 남자 중 한 명이 자기 남편이라고 생각하며 울부짖었다. 다행히 추가 공격에 대비해 우지 기관단총을 붙잡고 있던 경호요원이 그녀를 알아봤다.

"그는 차 안에 있어요!"

그가 VIP차가 향한 방향을 가리키며 소리쳤다.

"그는 대통령과 함께 갔어요!"

사무실로 돌아온 캐롤린은 남편의 상태를 확인하러 W-16에 전화를 걸었다. 파는 레이건과 곧바로 수술실로 들어갔기 때문에 그녀에게 연락할 시간이 없었다. W-16에 있던 경호요원들은 자세한 내용을 몰랐기 때문에 그녀에게 파가 괜찮은 듯하다고 둘러댔다. 그녀는 세 딸들이 뉴스를 통해 경호요원들이 총에 맞았다는 소식을 먼저 접할까 봐 서둘러 연락을 취했다. 그리고 딸들에게 아빠는 괜찮다고 말했다. 첫째와 둘째는 이미 힐튼호텔 총격 사건을 들은 다음이라 전화를 받자 울음을 터뜨렸다. 캐롤린은 최대한 침착하려 애썼다. 힐튼호텔 현장에서 받은 충격을 딸들에게 내색하고 싶지 않았다.

걱정하던 동료가 캐롤린을 집으로 데려다주었다. 집에 들어가기 위해 세탁실을 지나던 캐롤린이 발길을 멈추고 결국 울음을 터뜨리고 말았다. 그녀 앞에는 옷걸이에 걸린 남편의 방탄조끼가 있었다.

"괜찮아, 제리?"

심슨이 파에게 물었다.

심슨은 파에게서 여전히 아드레날린이 뿜어져 나오는 것을 느낄 수 있었다. 둘은 외과의가 대통령이 더 이상 피를 흘리지 않는다고 말한 후에야 수술실을 나왔다. 레이건이 아직 고비를 넘기진 않았지만 서서히 안정을 찾고 있었다. 두 사람이 병원 중환자실 사무실에 있는 비밀경호국 임시 지

휴소로 들어섰다. 파는 그제야 앉을 수 있었다. 총격이 일어나고 거의 4시간 만이었다.

"이제 어떻게 되나요?"

파가 물었다.

심슨이 기본적인 사항을 설명했다. 조만간 경호계획에 공백이 있었거나 실수가 있었는지 확인하는 내부 감찰과 연방수사국이 주도하는 수사가 개시되어야 했다. 파에 대해서는 그가 감찰과 더불어 신체적, 정신적 충격을 받았는지 진단을 받아야 하기 때문에 일시적으로 보임이 해직될 것이라고 하였다. 심슨은 파가 임무를 완벽하게 수행했다고 생각했기에 안타까워했지만 동시에 파가 그 기간 동안 강제로라도 휴식을 취할 수 있어 다행이라 여겼다.

파는 집으로 돌아가기 전에 한 가지 더 해야 할 일이 있었다. 아직 기억이 생생할 때 W-16으로 돌아가 그날 일어난 모든 일에 대한 경위서를 작성해야 했다. 그가 5일 전에 경호계획을 검토하고 승인한 것부터 쓰러진 대통령을 응급실 문으로 운반하는 것까지 경위서를 다 작성하자 때는 이미 밤 9시를 훌쩍 넘긴 시간이었다. 그때 비로소 파는 자신이 아침 식사 이후로 아무것도 먹지 않았다는 사실을 깨달았다. 그는 백악관 구내식당으로 터벅터벅 걸어갔다. 그곳에는 에드 히키(Ed Hickey, 이하 히키)가 있었다. 1968년 레이건이 공화당 대통령 후보 경선자였을 때 경호팀에서 근무했던 히키는 그 후 레이건의 보안팀을 운영하기 위해 비밀경호국에서 사임했고 대통령과 평생 친구가 되어 백악관 비서관으로 일하고 있었다.

"우리 술 한잔할까?"

히키가 제안했다. 파는 보드카 두 잔을 물처럼 마셨다. 그는 아무것도 느끼지 않았다.

"당신이 대통령의 생명을 구했다고 생각해."

히키가 말했다.

파는 놀랐다. 병원에서 자신이 무엇을 잘못했을까 생각하며 괴로워한 나머지 잘한 일들은 생각조차 못했기 때문이다.

8
위기에 대비하다

3월 30일 월요일, 외과의사들이 레이건의 생명을 구하기 위해 일하는 동안 비밀경호국 감찰 업무를 맡은 직원들은 이미 경호시스템의 깊숙한 부분까지 들여다보고 있었다. 스튜어트 나이트 국장과 주요 간부들은 카메라맨들이 찍은 영상을 프레임별로 띄우며 모든 각도에서 사건을 분석하였다.

레이건은 사건 당일 죽음의 문턱까지 갔었다. 다행히 팀 매카시가 총을 맞아가면서까지 경호요원의 임무에 충실한 덕분에 대통령은 목숨을 건질 수 있었다. 경호요원답게 날카로운 반사 신경과 판단력이 있었기 때문에 가능했다. 케네디가 죽은 후 비밀경호국 차원에서 훈련을 거듭했고, 그러한 지혜로운 방침을 유지해 준 결과였다.

나이트는 경호요원들이 보인 반응에 엄청난 자부심을 느꼈다. 비밀경호국과 레이건 정부는 그들을 영웅으로 칭송했다. 잭 워너(Jack Warner) 대변인은 다음 날 아침 기자들에게 "비디오테이프를 본 결과, 우리는 대통령 경호가 완벽하게 이루어졌음을 알게 되었습니다. 이 사람들은 총알과 경쟁하고 있었습니다"라고 말했다.

전 세계가 같은 뉴스를 보며 진심으로 동의했다.

공화당 소속 네바다(Nevada)주 상원의원 폴 락살트(Paul Laxalt)는 다음 날 NBC 투데이(Today) 방송 인터뷰에서 "비밀경호국은 정말 놀라운 일을 했습니다. 현장에 있던 사람들은 비밀경호국이 정말 뛰어나게 대응했다고 믿습니다"라고 말했다.

그러나 비밀경호국은 이번 총격 사건이 경호시스템의 심각한 약점을 드러냈다고 평가했다. 대통령과의 거리가 가까워질수록 경호는 더욱 삼엄해지는데, 그 남자는 대통령 5m 이내까지 접근해 사격을 가했다. 이는 힐튼호텔 연설에 참석한 노조원들과 달리 검색이나 검문을 받지 않았다는 의미였다.

영부인은 다음 날 아침 마이크 디버에게 명령을 내렸다.

"비밀경호국에서 필요하다고 하면 무엇이든 줘. 이런 일이 다시는 일어나지 않도록 네가 직접 챙겨."

"로니*가 죽을 수도 있었어!"

그녀가 디버에게 상기시켰다.

영부인은 무엇을 어떻게 해야 할지 몰랐지만 경호를 강화하길 원했기 때문에 존 심슨에게도 똑같은 명령을 내렸다. 때마침 디버가 비밀경호국 요원 중 가장 가까이 지내는 사람이 심슨이었다. 심슨은 1968년 레이건이 대선후보였을 때 경호팀장을 맡아 디버와 인연을 맺게 되었다. 디버와 심슨은 단둘이 있을 때 영부인과 그들 자신을 평안하게 만들 수 있는 전략을 세웠다. 심슨은 백악관 경비와 대통령 경호를 강화하기 위해 수년간 기회를 엿보던 한 남자를 염두에 두고 있었다. 바로 그의 멘티 바비 데프로스페로였다. 데프로스페로는 경호 방식이 지나치다는 평이 있었으나 그는 이를 오히려 자랑스럽게 생각했다. 그에게 경호는 종교와 같았다.

심슨은 제리 파, 팀 매카시, 레이 섀딕 그리고 다른 요원들이 레이건의 목숨을 구하는 혁혁한 공을 세웠으니 데프로스페로가 다음 위협을 막는 데

---

*   Ronnie. 로널드 레이건의 닉네임.

도움을 주면 좋겠다고 생각했다.

웨스트버지니아주 탄광촌에 정착한 이탈리아 이민자들의 아들인 데프로스페로는 어렸을 때 레슬링과 미식축구를 즐겼고 공군 조종사가 되는 꿈을 키웠었다. 그는 고등학교 시절 사랑에 빠진 팻(Pat)과 결혼하였고, 꿈을 이루기 위해 트래비스 공군기지(Travis Air Force Base) 조종사 훈련에 지원하였다. 데프로스페로는 교육장교의 실수로 불합격 판정을 받는 바람에 버지니아주 비엔나(Vienna)에서 고등학교 생물 교사이자 레슬링 코치로 취직하였다. 불합격 사유는 어금니 두 개가 없다는 것이었다. 어느 오후 레슬링 연습을 마치고 집으로 차를 몰던 데프로스페로는 대통령이 댈러스에서 총에 맞아 죽었다는 라디오 방송을 들었다. 그는 눈물이 맺혀 차를 갓길에 세워야만 했다. 자신이 느끼는 감정에 놀란 데프로스페로는 문득 한 가지 궁금증이 떠올랐다.

'대통령의 경호를 책임지는 사람은 지금 어떤 기분일까?'

당시 데프로스페로는 대통령경호팀장인 렘 존스(Lem Johns, 이하 존스)와 다른 두 고위 간부의 아들들을 지도하고 있었는데, 그들이 데프로스페로에게 비밀경호국에 지원하도록 부추겼다. 결국 데프로스페로는 1965년 여름 200여 명의 동기들과 함께 채용되었는데, 이는 라울리 국장이 인원을 늘리기 위해 그토록 힘겹게 싸워 이뤄낸 결과이기도 했다. 26세의 젊은 데프로스페로가 일을 시작한 지 9개월밖에 되지 않았을 때, 존스는 그를 존슨 대통령경호팀으로 전입시켰다. 과거 그 어떤 신입 요원도 대통령경호팀에 그렇게 빨리 합류한 적이 없었기에 다른 요원들은 이를 아니꼽게 바라보았다.

그로 인해 데프로스페로는 대다수 동료들과 가까이 지내지 못했지만, 여기서 가장 중요한 멘토가 될 심슨을 만나 그의 밑에서 경호 업무를 배웠다. 그는 심슨이 계획을 수립할 때 땀 흘리면서 모든 출입구, 고속도로,

상점 등을 확인하는 모습을 지켜보았다.

그렇게 3년이 흘렀을 때, 데프로스페로는 새벽 4시에 로이 캘러먼(Roy Kellerman, 이하 캘러먼)으로부터 전화를 받았다. 케네디 대통령이 댈러스에서 암살당했을 때 경호팀장이었던 캘러먼은 경호본부장이 되어 있었다. 그에 따르면 대통령 후보인 로버트 케네디가 로스앤젤레스 호텔에서 총에 맞은 지 한 시간이 지난 시점에 존슨 대통령이 라울리를 웨스트윙으로 불러 모든 대통령 후보를 경호하라고 명령하였고, 데프로스페로가 후보 경호에 차출되었다 했다. 역사적인 과제였다. 캘러먼의 지시가 이어졌다.

"최대한 짐을 많이 챙겨. 네가 어디로 가는지 언제 돌아올지도 모르겠어."

그는 6월 아침 이른 시각에 버지니아 북부 자택을 빠져나와 대선이 끝난 11월까지 부인인 팻과 두 자녀에게 돌아가지 못했다. 첫 6주 동안, 데프로스페로는 혼자서 넬슨 록펠러(Nelson Rockefeller, 이하 록펠러) 유세 현장 경호계획을 수립했다. 록펠러는 그 기간에만 11개 도시를 방문했다. 이는 4일마다 계획을 세웠다는 뜻으로 한 명이 담당하기에는 기록적인 업무량이었다.

록펠러가 7월 말 경선에서 탈락한 후에도 데프로스페로는 집에 갈 수 없었다. 그는 민주당 전당대회를 앞두고 모인 과격 반전시위대로부터 조지 맥거번 후보를 경호하기 위해 시카고로 가야 했다. 5개월 후 데프로스페로는 10kg 이상 야위었다. 부인조차 근육질이던 그를 간신히 알아볼 정도였다.

닉슨이 당선되자 데프로스페로는 부통령 당선자 스피로 애그뉴(Spiro Agnew) 경호팀에 합류했다. 그는 매일 새벽 버지니아 북부에서 아나폴리스(Annapolis)로 차를 몰고 갔다 밤늦게 집으로 돌아갔다.

"저는 제가 안전하지 않은 상태에서 여러 번 운전했다고 생각합니다. 깨어있기 위해 살을 꼬집는 등 무엇이든지 했습니다. 때로는 어떻게 집에 왔는지 기억이 나지 않는다고 팻에게 솔직하게 털어 놓았습니다."

데프로스페로는 간부가 되면서 거칠고 예외 없는 상사로 명성을 얻었으나 부하 직원들에게 자기가 하는 것 이상을 요구하지 않았다. 그는 직원들이 경호계획을 수립하면서 간과한 문제들을 지적했지만 그들의 체면을 생각해 따로 조용히 불러 조언했으며, 백악관 직원들이 엄격한 경호규칙에 저항할 때 직원들 대신 나서서 싸워주기도 했다. 또한, 직원들을 객관적으로 평가해야 한다고 믿어 사적으로 친해지기를 거부하고 격식을 차려 직원들을 'ㅇㅇ씨'라고 불렀다.

데프로스페로는 자신의 약점에도 솔직하였다.

"나는 천재가 아니다. 나는 확실히 가장 온화한 사람도 아니다. 그렇다고 성격이 좋은 것도 아니다. 하지만 리더가 될 능력이 있다고 생각한다."

그가 대통령에 당선된 레이건의 안전을 책임지는 2인자로서 경호팀에 합류했을 때는 16년 경력 대부분을 힘든 경호분야에서 종사한 상태였다. 이는 당시 그 어떤 요원보다 많은 경호 업무 경력이었다.[*]

그는 대통령이 백악관을 나가면 그 주변으로 더 많은 경호요원을 배치해야 한다고 강력하게 주장하였다. 그러면서 국민들이 거리감을 느낀다는 둥, 사진을 망친다는 둥 말하며 자기가 대통령 가까이 못 가게 막으려는 백악관 참모들에게 발끈했다. 그래서 백악관 직원들은 데프로스페로를 노박사(Dr. No) 또는 노요원(Agent No)이라 불렀다. 그도 그럴 것이 데프로스페로는 경호대상자에게 무언가를 할 수 없다고 말한 몇 안 되는 요원 중 한 명이었다.

---

[*] 비밀경호국은 금융범죄 수사도 담당하고 개인이 두 업무를 병행하지 않기 때문이다. 다만, 필요시 수사업무를 하는 요원들이 경호 임무를 지원하기도 한다.

록펠러가 부통령으로 취임한 지 며칠 안 됐을 무렵, 그가 일하는 구 행정동 2층 사무실에서 나와 직원들이 있는 신행정동(New Executive Office Building)으로 걸어가겠다고 경호팀장인 데프로스페로에게 말한 적이 있었다. 두 길만 건너면 되는 거리였기에 록펠러는 대수롭지 않게 생각하였다.

"차를 준비하겠습니다."

데프로스페로가 말했다.

"아, 그냥 걸어갈게."

부통령이 일을 복잡하게 만들기 싫다는 듯이 대꾸했다.

"안 됩니다."

데프로스페로가 침착하게 말했다.

"우리가 차를 가져오겠습니다."

부통령이 약간 놀란 듯 어깨를 으쓱했다.

"그러지."

옆에 있던 톰 퀸(Tom Quinn)이 놀라 눈이 휘둥그레졌다. 부통령한테 안 된다고 하다니!

"경호대상자에게 그렇게 말하는 간부를 본 적이 없었습니다."

나중에 퀸이 한 말이다.

데프로스페로는 앞으로 안 된다고 말할 기회가 많아질 것이었다. 그것도 미국 대통령을 상대로…….

월요일 오후 6시 30분경, 힐튼호텔 총격과 레이건의 수술로 얼룩져 불안했던 순간도 지나갈 즈음에 간호사들은 대통령을 외상 회복실로 옮겼다. 경호요원들은 대통령을 다른 환자들과 분리하기 위해 가벽을 설치하였다. 데프로스페로는 피곤한 하루를 보냈을 파와 교대하고, 누워있는 레이건의 오른쪽 어깨 뒤에 서서 아침 9시까지 보초를 섰다.

그날 저녁 그는 대통령이 의식을 되찾는 것까지 지켜보았다. 대통령은 기억이 가물가물한지 상황 파악을 위해 많은 질문을 하였다. 그러자 의사들은 대통령에게 그가 총에 맞았고, 총알이 제거되었으며, 회복하고 있다고 설명하였다. 레이건이 다시 공기호흡기를 껴서 말을 할 수 없게 되자, 간호사는 그를 위해 종이와 연필을 가져다주었다. 대통령이 새로운 글을 쓰면 얼굴을 돌려 데프로스페로에게 알렸고 대통령의 그런 행동은 밤새 이어졌다.

대통령이 종이에 쓴 글은 농담인 경우가 많았다.

"우리가 그 장면을 다시 찍을 수 있을까?"

활력징후를 측정하기 위해 밤에 온 간호사에게도 마찬가지로 농담을 건넸다.

"낸시가 우리에 대해 알고 있나요?"

대통령은 데프로스페로가 차마 대답할 수 없는 질문도 글로 적었다.

"또 다친 사람이 있나?"

"대통령님, 안정을 취하셔야 합니다. 그 얘기는 나중에 하시죠."

하지만 데프로스페로의 바람과 달리 레이건은 그날 브래디가 영구적인 뇌 손상을 입었다는 소식을 듣고는 혼잣말로 욕하며 눈물을 흘렸다.

"이런 젠장. 이런 젠장."

오후 3시경 의료진이 대통령을 비어있는 중환자실로 옮겼다. 데프로스페로는 또다시 레이건의 어깨 뒤에 선 채 문을 바라보며 보초를 섰다. 백악관 밖으로 나가면 파나 데프로스페로 중 한 명이 항상 대통령 옆에 있어야 하는데, 파가 총격 직후 일시적으로 보임이 해직되어 데프로스페로를 대신할 사람이 없었다. 다시금 아침이 오고서야 데프로스페로는 다른 요원과 교대하였다. 만 하루가 넘도록 눈을 붙이지 못해 그도 이제 한계에 다다름을 느꼈다. 지칠 대로 지친 몸과 달리 그는 안도감을 느끼며 집으로 향했다. 그날 아침 레이건을 진찰한 의사들이 엄지손가락을 치켜세우며 대통령이 아무 이상 없이 회복할 것이라고 확신시켜 주었기 때문이다.

데프로스페로는 레이건이 조지워싱턴대학병원에서 12일간 입원해 있는 동안 그의 곁을 지켰다. 그 기간에 진통제를 맞고 자던 레이건이 아직 약기운이 가시지 않은 상태로 눈을 떴다. 그는 주변을 파악하기 위해 두리번거리다 침대 발치에 서 있는 데프로스페로를 발견하고는 "바비, 난 네가 말하면 언제든지 방탄조끼를 입을 거다"라고 말하였다. 불과 몇 주 전까지만 해도 데프로스페로가 방탄조끼를 권했을 때 분명한 위험이 있는 게 아니라면 입지 않겠다고 고집을 부린 대통령이었기에, 그는 놀라지 않을 수 없었다.

레이건은 4월 11일, 비가 오던 일요일에 백악관으로 돌아갔다. 조지 부시(George Bush) 부통령 내외, 백악관 직원들과 친구들을 포함해 250여 명이 사우스론에서 우산을 들고 그의 귀환을 환영했다. 반가운 듯이 레이건이 왼손을 들어 흔들었다. 그 모습을 지켜보던 디버는 대통령이 총에 맞기 직전에 취했던 자세와 똑같다고 깨달으며 등골이 오싹해지는 것을 느꼈다.

대통령과 영부인은 총격 사건을 두고 단 한 번도 비밀경호국을 탓하지 않았다. 오히려 영부인은 대통령을 구한 파에게 "내 삶을 돌려줘서" 고맙다는 인사를 거듭 표했다. 하지만 남편과 사별하기 일보 직전까지 갔던 경험 이후 그녀는 많이 달라졌다. 그녀는 그 일이 있고 난 후 디버와 경호팀장에게 귀가 따갑도록 잔소리를 하기 시작했다.

"그는 70살이야. 이런 일을 또 겪으면 그때는 살지 못할 거야."

영부인이 그들에게 반복해서 말했다.

이런 상황에서 레이건이 백악관으로 돌아오자 디버는 서로 상충되는 두 가지 난관에 봉착하게 되었다. 첫째, 대통령이 공개 석상에 모습을 드러내어 아직도 나라를 잘 운영할 수 있다는 확신을 국민들에게 심어주어야 했다. 둘째, 대통령에게 어떤 피해도 입히지 않겠다고 한 영부인과의 약속을 지켜야만 했다.

충격 사건 이후, 디버는 데프로스페로가 자기의 절대적 우군임을 깨달았다. 충격이 있기 하루 전까지만 해도 시내 거리에서 대통령이 직면한 위험에 대해 말다툼을 벌였지만, 이제는 같은 목적을 추구하는 파트너가 되어 있었다.

디버는 레이건 복귀 이틀 후인 화요일에 웨스트윙에서 회의를 소집하였다. 그는 비밀경호국 지휘부, 백악관 참모들 그리고 군 관계자들과 모여 최우선 과제인 대통령의 안전을 확보하는 방법을 논의하고자 하였다. 이를 기회라고 생각한 데프로스페로는 34개의 새로운 경호조치들을 3페이지로 요약해 회의 참석자들에게 나눠주고 의견을 구했다. 사실 그는 모든 내용을 즉시 도입하기를 원했지만 그렇게까지 말하지는 못했다.

그날 데프로스페로가 한 제안은 10년 후 당연하게 여겨질 조치들이었지만 그 시점에서는 받아들이기 쉽지 않은 내용이었다.

힐튼호텔에서의 총격 사건을 돌이켜보면 대통령이 너무 오랫동안 외부에 노출되어 있었다. 데프로스페로는 앞으로 가능하면 대통령이 도착하고 출발하는 지점에 텐트를 쳐서 시야를 가려야 한다고 말했다. 이를 통해 인근 건물에서 총격을 가할 가능성을 차단할 수 있다고 설명했다. 만약 텐트 설치가 불가하다면, 대통령을 건물의 차고나 하역장으로 모셔야 한다고 덧붙였다.

이와 더불어, 필요시 경호요원들이 대통령을 대피시킬 수 있게 대통령이 가는 모든 장소 인근에 VIP차* 또는 비상대피소**가 준비되어야 한다고

---

*   VIP차가 방탄이고 소규모 폭발물을 견딜 수 있게 설계되어 있어 비상대피소로 활용되기도 한다.

** 일시적으로 대통령이 피신할 수 있는 곳을 의미한다.

주장했다. 대통령이 대중 앞에서 연설할 때는 방탄 처리된 연단 뒤에 서야 한다고도 했다. 또, 유사시 신속하게 대응할 수 있게 항상 대통령과 한팔 간격에 두 명의 경호요원이 있어야 한다고 말했다. 비서실에서 사진 촬영을 위해 경호요원에게 대통령으로부터 떨어지라고 해도 고려조차 하지 않겠다고 하였다. 이렇게 주장하는 데에는 분명한 근거가 있었다. 힝클리는 1.7초 동안 대통령을 향해 6발을 쐈다. 데프로스페로는 대통령에 대한 위협의 첫 징후가 나타나서 끝날 때까지 "20초도 아니고 2초보다 적게" 걸린다고 강조하였다. 따라서 경호요원들이 즉각 조치를 취할 수 있는 거리에 있어야만 했다.

그러나 데프로스페로가 그 무엇보다 중요시한 최우선 과제는 애초부터 총기의 접근을 막는 것이었다. 그는 비밀경호국에서 몇 차례 도입을 시도했으나 백악관에서 과하고 국민친화적이지 않다는 이유로 반대했던 조치를 다시 꺼내들었다. 힝클리의 사례를 볼 때 반드시 필요하다고 설명했다.

그건 다름 아닌 금속탐지기의 도입이었다. 그는 대통령 행사에 참석하는 모든 사람들을 금속탐지기로 검색해 무기 소지 여부를 확인하고 싶었다.

"우리는 그동안 이에 대한 논의를 했습니다. 이제는 실행에 옮길 때입니다."

몇몇 백악관 직원들은 그의 말에 경악했다. 대통령이 대중과 함께하는 행사는 따뜻한 느낌을 전달하는 것이 핵심인데 금속탐지기가 이를 망친다고 생각했다. 또한, 손님들과 유권자들이 용의자 취급 받기를 원하지 않을 뿐더러 거액 기부자들과 동맹국 VIP들이 긴 줄을 서서 기다리게 하고 싶지 않았다.

5월 11일, 총격 사건 이후 대통령이 대중 앞에 다시 모습을 드러내기까지 1주일을 남겨두고 열린 회의에서 이 공방은 더욱 거세졌다. 백악관은 5월 17일 노터데임대학(University of Notre Dame) 졸업식 축사를 비밀리에 준비하고 있었다. 대통령의 등장이 대중을 안심시키고 동시에 유권자들로부터 동정표를 얻을 수 있을 것으로 내다봤다. 과거 노터데임대학의 전설적인 미식축구 코치 크누트 로크니(Knute Rockne)를 다룬 영화에서 레이건이 노터데임대학 선수 조지 깁(George Gipp)을 연기한 것도 한몫하리라고 예상했다.

"바비, 당신이 이번 행사를 내키지 않아 한다고 들었네."

회의 시작 때 짐 베이커 비서실장이 말했다.

데프로스페로는 영국 정부로부터 누군가 총기를 행사장에 반입하려 한다는 첩보를 입수했다며 숨겨진 총기에 대한 우려를 거듭 강조했다.

"그래서 어떻게 하고 싶은데?"

베이커가 물었다.

"백악관 외부에서 실시하는 대통령 행사에는 금속탐지기를 사용해야 할 때라고 생각합니다. 더 철저한 검사를 하지 않으면 이 행사는 너무 위험합니다."

베이커는 방에 모여 있는 디버, 백악관 의전담당, 군사보좌관, 주치의 등의 의견을 차례로 들은 뒤 대통령의 일정 담당이자 의전선발 팀장인 조셉 칸제리(Joseph Canzeri, 이하 칸제리)의 생각을 물어보았다. 칸제리는 자신이 미국에서 가장 높은 봉급을 받는 벨보이라고 비하했지만, 대통령의 신뢰를 받는 사람이라 그런지 다른 사람은 안중에도 없다는 듯이 자신의 의견을 말했다.

"말도 안 됩니다! 사람들은 대통령이 두려워한다고 생각할 겁니다. 또 시민들을 의심한다고 생각해 모욕감을 느낄 거고요. 더구나 금속탐지기를 통과하려면 시간이 많이 지체될 거예요. 사람들이 모두 금속탐지기를 통과할 때까지 밖에서 대기하도록 할 수 없습니다."

데프로스페로는 줄 서서 기다리는 시간을 줄이는 방법을 찾을 수 있다고 하였다.

그럼에도 칸제리는 지연이 불가피하다고 말했다. 노터데임대학 졸업식은 졸업생과 가족, 교수, 직원, 친구 등 약 15,000명이 참석하는 행사였다.

데프로스페로는 누군가 몰래 총을 반입할 위험이 너무 크다고 말했다.

"글쎄, 그렇게 위험하다면 대통령이 노터데임에 가지 말아야겠네요."

칸제리가 목소리를 높였다.

"맞아요! 만약 금속탐지기를 쓰지 않는다면, 대통령 방문을 취소하는 편이 낫습니다!"

데프로스페로도 물러서지 않았다.

베이커는 논쟁을 가라앉히려고 노력했다.

"그만. 당장 가는 게 아니잖아? 아직 시간이 있으니 나중에 다시 얘기하기로 합시다."

이틀 후인 5월 13일 수요일, 뜻밖의 사건으로 데프로스페로의 주장에 힘이 실리게 되었다. 터키 감옥에서 탈옥한 죄수가 교황 요한 바오로 2세의 암살을 시도한 사건이었다. 교황은 매주 성 베드로 광장에서 오픈카를 타고 신자들을 알현했는데, 암살자는 그 틈을 노리고 교황을 향해 반자동 권총을 4차례 발사하였다. 교황은 왼손과 복부에 총을 맞아 심각한 출혈이 발생했으나 다행스럽게도 병원으로 급히 옮겨져 회복할 수 있었다. 수사당국은 얼마 지나 암살 시도에 구소련 국가보안위원회(KGB)가 연루되어 있다는 단서를 포착하였다고 발표하였다.*

교황 암살 미수 사건 다음 날, 노터데임대학 행사 관계자들이 예정대로 경호를 다시 논의하기 위해 베이커의 사무실에 집결하였다. 그들이 다

---

* 암살자인 '메흐메트 알리 아그자(Mehmet Ali Ağca)'가 왜 암살을 시도했는지 아직까지도 명확하게 밝혀지지 않았으며, KGB의 사주를 받았다는 것은 여러 설 중 하나이다.

자리를 잡았는데도 방은 조용했다. 베이커가 입을 열기도 전에 칸제리가 데프로스페로를 향해 몸을 돌려 항복한다는 뜻으로 두 손을 들어 보였다.
"항복합니다. 당신이 이겼어요! 금속탐지기를 사용합시다!"
칸제리가 말했다.

비밀경호국의 가장 좋은 기법들은 위기가 발생해 약점이 드러나는 순간에 개발되었다고 요원들은 종종 말한다. 비밀경호국은 암살 시도나 공격이 있을 때마다 기법을 바꾸었고, 이전에 예측도 대처도 하지 못한 위협에 대한 방어를 강화하였다.

케네디가 암살당했을 때도 마찬가지로 경호요원들은 새로운 기법들을 개발하였다. 그들은 대통령을 향한 시선에 초점을 맞춰 저격수가 대통령을 완벽하게 조준할 수 없게 만들려고 하였다. 이를 위해 모터케이드 동선 상에 있는 건물들의 보안을 점검하기 시작하였다. 비록 존슨 대통령이 크게 불평했지만, 더 이상 대통령이 오픈카를 타지 못하도록 설득하였다. 또한, 컴퓨터를 도입해 대통령에게 위협이 될 수 있는 수천 명의 의심인물과 정신병자들의 데이터베이스를 만들어 그들의 상태를 추적하는 시스템을 구축하였다. 기관 운영 측면에서는 의회 로비를 통해 예산을 두 배로 늘리고 정원 200명을 추가로 확보하였다.

월리스 총격 사건 후에는 행사 참석자들을 격려할 때 취해야 할 새로운 조치들이 시행되었다. 우선, 대통령이 참석자들과 악수하면서 이동하는 동안 경호대형이 무너지지 않게 훈련을 반복하였다. 다음으로는 군중 관찰기법을 연구하였다. 군중 관찰은 마치 구조대원이 사고의 징후를 찾기 위해 수영장을 계속 살피는 것과 유사한데 경호요원에게 그런 징후란 군중 속에 팔을 들고 있는 사람, 갑작스러운 움직임 또는 이상한 눈빛이 될 수도 있었다. 파는 1981년 보고서에 "나는 요원들에게 특정 구역을 선택하고, 눈을 뜨고 있고, 아무도 믿지 말라고 가르쳤다"고 썼다.

"당신들은 증오와 적대감에 빛나는 눈을 찾아야 한다. 대부분의 사람들은 호기심이 많고, 기대감에 차 있으며, 행복하다. 하지만 때때로 그렇지 않은 한 쌍의 눈을 발견하게 된다."

레이건 암살 미수 사건 후, 비밀경호국이 추가하거나 수정한 경호조치는 24개가 넘었다. 이 중 가장 중요한 조치는 대통령이 참석하는 모든 행사에 금속탐지기를 사용하는 것이었다.

"비밀경호국의 기법은 결국 피로 만들어진 것입니다."

오바마 대통령경호팀에 근무했던 조너선 웨크로우(Jonathan Wackrow)가 한 말이다.

"아는 것에 대해서만 대비할 수 있기 때문에 위기를 넘길 때마다 비밀경호국은 더욱 발전합니다."

의전선발 직원이었던 릭 아헌은 레이건이 저격당한 1981년까지 10년 넘게 비밀경호국이 공격에 반응하고 적응하는 것을 지켜보았다. 그가 로버트 케네디가 암살된 1968년 이후부터 대통령 의전을 담당했기 때문이다. 알다시피 그는 힐튼호텔에서 자기 옆에 서 있던 세 남자가 쓰러지는 것을 목격하였고, 후에는 도널드 트럼프 후보의 선거유세를 준비하는 선발팀 고문을 맡기도 하였다. 그에 따르면, "비밀경호국은 총격 사건이 발생할 때마다 정책과 절차를 변경했다. 케네디 암살 이후, 리무진 오픈카를 사용하지 않았다. 조지 월리스 총격 사건 후에는, 그가 군중 속으로 그냥 들어갔기 때문에…… 군중을 통제하기 위해 더 많은 통제선을 사용했다. 그리고 1981년 3월 이후, 그 누구도 금속탐지기를 통과하지 않고서는 대통령 가까이 가지 못하게 되었다."

비밀경호국은 금속탐지기 도입 외에도 데프로스페로가 추진한 다른 아이디어들을 채택하였다.

"우리는 그때 경호가 새로운 단계로 도약할 수 있도록 발전시키는 데 세월을 보냈습니다."

1985년 데프로스페로의 뒤를 이어 레이건 대통령경호팀장이 된 조셉 페트로의 말이다.

여기에는 대통령이 차고나 하역장으로 도착하는 방법도 포함되어 있었다. 호텔과 컨벤션센터 등의 하역장은 비록 화려하지 않지만 괴한이나 공격자들로부터 대통령을 숨기기에는 안성맞춤이었다.

어느 날 호텔에서 연설하기 위해 레이건이 하역장에 도착했을 때 페트로가 차 문을 열어주자, 대통령은 많은 새로운 경호조치 중에 이것이 눈에 제일 잘 띈다고 농담을 건넸다.

"쓰레기 냄새가 나지 않으면 잘못된 장소에 온 줄 알았어."

레이건이 나중에 한 말이다.

9
장검의 밤

비밀경호국장인 스튜어트 나이트는 일에 자부심을 느끼고 지위를 확고히 할 수 있었는데, 그럴 만한 이유가 많았다. 미국은 레이건 암살 미수 사건으로 충격을 받았으나, 팁 오닐(Tip O'Neill)* 하원의장부터 샘 도널드슨(Sam Donaldson) ABC 뉴스 앵커까지 모든 사람들이 국가적 비극을 방지한 비밀경호국에 찬사를 보냈다. 나이트는 훈련에 대한 그의 투자가 대통령의 생명을 구하는 데 보탬이 되었다는 점에서 위안을 얻었다.

그러나 외부로 알려지지 않았을 뿐 레이건과 그의 정치 참모들은 나이트의 입지를 위태하게 만들고 있었다. 그 여파로 비밀경호국 고위 지도부는 두 세력으로 나뉘었고, 암살 미수 사건을 계기로 양측은 조직을 장악하기 위한 싸움을 본격적으로 시작하였다.

한쪽은 나이트 국장을 지지했는데, 그는 사상가였고 정치적 중립을 강조해 닉슨 대통령이 남긴 오점을 씻는 데 큰 기여를 한 인물이었다. 나이트는 경호뿐만 아니라 비밀경호국의 모든 임무에 대해 전문화를 강조했다. 또한, 비밀경호국이 체력과 용기만으로 대통령을 경호할 수 있다고 믿지 않았다. 그래서 그는 잠재적인 암살자들을 사전에 식별하기 위해 정보

---

* Thomas P. O'Neill.

를 수집하길 원했으며 경호요원들이 수사, 재무와 경영에 관한 지식도 쌓도록 장려하였다.

다른 진영은 나이트의 주요 라이벌인 밥 포위스(Bob Powis, 이하 포위스)를 지지했다. 베트남전쟁 참전용사인 포위스는 지휘관이 지녀야 할 명확한 지휘방침과 카리스마와 더불어 사내다운 면모에 날카로운 수사본능을 겸비해 직원들의 존경을 받았다. 이 야심 찬 남자는 일찍이 상당한 규모를 자랑하는 로스앤젤레스 지부를 이끌었다. 여기서 그는 충성스러운 요원들로 권력 기반을 다졌고 나이트의 간섭을 뿌리쳤기 때문에 "서해안 국장"으로 불렸다. 그는 또한 대통령에 대한 어떠한 공격도 진압해야 하는 중무장한 대테러팀 창설을 기안한 사람이기도 했다.

나이트는 레이건 취임 전부터 경호시스템을 현대화하는 방법을 연구해 왔다. 그는 미시간주립대학교를 졸업하고 프린스턴대학 펠로우십에 선발된 배경 때문인지 지식에서 그 답을 찾으려 하였으며, 탐구 끝에 행동과학으로 눈을 돌리게 되었다. 그는 전형적인 암살자들의 프로파일링을 통해 그들이 공격하기 전에 먼저 찾아내야 한다고 믿었다. 이러한 노력은 단순히 그의 생각에서 비롯된 것이 아니었다. 1970년대에는 연방수사국의 내국인 불법 사찰을 금지하는 규칙들이 채택되었는데, 이로 인해 1981년 비밀경호국에 접수된 대통령 위협 관련 첩보가 10년 전과 비교해 절반으로 줄어있었다. 나이트는 이런 시도를 통해 첩보 감소에 대한 문제를 제기했다.

그런가 하면, 직원들이 격무에 시달려 사기가 떨어지고 있음을 느끼고는 행동과학을 통해 직원들의 사기를 객관적으로 측정하고자 하였다. 그는 직원들을 대상으로 한 심층행동연구를 실시한 최초의 국장이었고, 이러한 시도로 비밀경호국 역사에서 특별한 사람으로 기록되었다. 나이트는 직원들이 고된 업무로 받는 스트레스를 해소하기 위해 술을 먹고, 이것이 결국 연애와 가족생활에 악영향을 끼친다고 걱정하였다. 해결책을 찾기 위해 국립정신건강연구소(National Institute of Mental Health) 정신과 의사 프랭크 오크버그에게 연구를 의뢰하였고, 오크버그는 연구를 위해 1년 동안 1,200명의 요원과 그들의 부인을 대상으로 상담을 실시하였다.

오크버그는 요원들이 전체적으로 "헌신적이고 훌륭한 사람들"이라고 평가하였다. 그러나 국가의 기대와 달리 로봇처럼 일할 수는 없다고 하였다.

오크버그는 많은 요원들이 공통적으로 갖고 있는 전문성과 임무에 대한 헌신에 깊은 인상을 받았다. 그는 경호팀에 근무하는 한 요원을 상담한 적이 있는데, 40도의 열이 나고 맥박이 빠르게 뛴다는 것을 알고 놀라 물었다.

"이런 몸 상태로 출근을 왜 했어요?"

"우리는 임무가 우선이라 아프다는 이유로 쉴 수 없습니다."

요원이 딱 잘라 말했다.

오크버그는 대통령을 위협했던 정신질환자들을 인터뷰한 요원들과 대화를 나눠보고는, 그들 대다수가 낯선 사람에게서 정보를 수집하는 데 자신 같은 상담사보다 더 능숙하다고 느꼈다.

오크버그가 비밀경호국을 대상으로 실시한 연구결과는 공개되지 않았지만, 알코올 중독과 불행한 결혼생활이 만연하지 않다고 결론 내린 것으로 알려져 있다. 그리고 더욱 중요한 사실은 오크버그가 스트레스의 원인이 고된 업무가 아니고 권위주의적이고 경직된 조직문화라고 밝힌 것이었다.

비밀경호국 간부들은 위에서 내려오는 지시에 대해 직원들이 왈가왈부하는 행태를 용납하지 않았다. 케네디 시대의 선배 요원들은 일로 인해 크리스마스와 추수감사절 등 가족 모임에 참석하지 못한 이야기를 자랑스럽게 늘어놓았다. 반면, 후배 직원들의 아내들은 달랐다. 그들로서는 남편을 조직에 빼앗기는 상황이 싫었다. 상사의 배려가 없어 남편이 중요한 가족행사에 참석하지 못하는 것을 두고 직원과 가족을 존중하지 않는다고 보았다.

"후배를 상대하는 선배들의 태도는 '왜 그런지 궁금해하지 말라. 너는 단지 시키는 대로 하면 된다'였습니다."

오크버그가 말했다.

"후배 요원들은 아이처럼 취급받는 것에 모욕감을 느꼈습니다."

나이트는 오크버그의 연구를 근거 삼아 폭군처럼 행동한 몇몇 지부장의 조기 은퇴를 유도하였다. 그는 또한 출장 때 예산절감 차원에서 직원 2인이 1실을 쓰도록 강요했던 제도를 철폐하였다. 이는 직원들이 그토록 싫어했던 제도였기에 비밀경호국 역사상 가장 환영받은 변화로 알려져 있다. 이로 인해 직원들은 출장 가서도 더 이상 남의 방귀와 코 고는 소리에 깨지 않고 잘 수 있었다.

이러한 변화를 추진하면서도 나이트는 여전히 포위스와 경쟁해야 했다. 1970년대 후반, 나이트는 포위스를 수사본부장으로 발령 내어 그를 가까이에서 통제하려 하였다. 본부장은 워싱턴 본부에 사무실을 두고 있어 표면적으로는 단순한 승진으로 보였지만, 포위스는 나이트가 자신을 감시하려는 속내를 눈치 챘다. 그는 캘리포니아에 남아 자신의 왕국을 계속 운영하길 원했다.

포위스는 마지못해 본부장직을 받아들였으나 이후에도 포위스는 부하들 앞에서 나이트를 "개자식"이라고 부르며 그에 대한 경멸을 숨기지 않았다. 포위스는 이도 모자랐던지 나이트의 지시를 무시하였고, 연방수사국에서 금융사기 수사업무를 비밀경호국에 이관하도록 의회에 로비하였다. 연방수사국과 영역 싸움에 휘말리기 싫었던 나이트는 이에 격노하였다. 둘의 신경전이 더욱 심각해지고 있을 때 포위스가 로스앤젤레스 지부의 정보원 관리자금을 이용해 격무에 시달리는 요원들에게 식사를 제공한 사실이 본부 감찰에서 드러났다. 이는 분명한 규칙 위반이었지만 이로 인해 포위스를 향한 직원들의 충성심은 높아졌다. 나이트는 감찰에서 지적한 사항이 대수롭지 않지만, 고위 관료가 그런 모습을 보여서는 안 된다고 생각하였다. 결국 나이트는 포위스를 강등시켜 워싱턴 지부장으로 발령 내었고, 은퇴 압박을 했다. 포위스는 1980년 한 해 동안 워싱턴 지부를 소신껏 운영하는 조건으로 은퇴하는 데 동의하였다.

그러나 레이건이 1979년 11월 대통령으로 당선되자, 포위스와 그의 측근들은 백악관과 직접적인 연결고리를 갖게 되었다. 포위스가 로스앤젤레스 지부에서 근무할 때 레이건 주지사가 대통령 후보가 되어 선거캠프와 우호적인 관계를 맺은 인연 덕분이었다. 특히, 포위스는 백악관 비서관인 에드 히키와 고문인 에드 미즈와 가깝게 지냈는데, 그들은 레이건의 친구이자 측근이었다.

대통령이 총격에서 회복되자, 미즈와 히키는 포위스를 비밀경호국 상급기관인 재무부 차관보로 임명하는 계획을 조용히 추진하였다. 성사될 경우 포위스가 나이트를 지휘하는 입장에 놓이게 되어 나이트의 진영은 미즈와 히키의 계획이 비밀경호국을 정치화할 것이라며 저항하였으나 역부족이었다. 백악관은 6월에 포위스를 재무부 차관보로 임명하였고 나이트는 같은 해 11월 자신이 연말에 은퇴할 거라고 선언하였다. 주변에서는 나이트의 은퇴가 포위스의 승진과 관련 있다고 떠들었으나 당사자는 이를 부인하였다.

"전혀 사실이 아닙니다."

나이트가 자신을 인터뷰한 기자에게 말했다.

"많은 사람들이 그렇게 인식하고 있다는 것을 알고 있고, 그것이 어떤 관점에서는 논리적이거나 합리적인 추측이라 생각됩니다. 하지만 절대 사실이 아닙니다."

비밀경호국 내부에서 그의 말을 믿는 사람은 없었다. 나이트가 측근들에게 절대로 포위스의 지휘를 받을 수 없다 말하고, 포위스의 임명을 막으려 백악관에 이러한 뜻을 전달했기 때문이다. 또한, 그는 자신이 아끼던 마이런 "마이크" 와인스타인(Myron "Mike" Weinstein, 이하 와인스타인)이 국장직을 물려받길 원했는데 포위스의 승진으로 자신의 계획이 틀어져 조용히 퇴장하는 방안을 선택했다고 할 수 있다.

일주일 후, 백악관은 레이건의 첫 경호요원 중 한 명이자 포위스의 측근인 존 심슨을 비밀경호국장으로 내정하였다. 심슨은 12월 4일 금요일에 베이커, 디버와 미즈가 보는 앞에서 선서를 마치고 정식으로 취임하였으며, 선서에 참석한 3명 모두 레이건 저격사건을 계기로 비밀경호국의 경호를 받게 되었다.

얼마 지나지 않아 레이건 대통령 내외는 백악관에서 첫 크리스마스를 맞이하였다. 그들은 기부자, 친구, 자원봉사자, 직원, 경호요원, 그리고 심지어 기자들을 백악관으로 초청하며 연달아 연회를 주최하였다. 비밀경호국 또한 12월을 일종의 홈커밍데이로 여겨 고대하는 시간이었다. 그 이유는 전직 요원들을 백악관으로 초청해 크리스마스 오찬과 더불어 옛 동료들과 시간을 보낼 수 있는 자리를 마련하였기 때문이다.

그러나 당시 비밀경호국은 숙청을 단행하고 있었다. 포위스, 심슨과 그들의 측근들은 크리스마스이브 밤에 모여 주요 보직에 앉힐 요원들을 선별하기 위한 작업에 돌입하였고, 비밀경호국 요원들은 이를 '장검의 밤*'이라 칭하였다.

그날 밤, 1800 G가에 위치한 비밀경호국 본부에서 근무하던 소수의 요원들은 포위스의 오른팔인 수사본부장 책상 위에 놓인 불길한 명단을 발견하였다. 노란색 용지 한쪽에는 포위스와 심슨이 선호하는 요원들의 이름이 적혀 있었고, 한쪽에는 나이트에게 충성하는 사람들의 명단이 적혀 있

---

* 원래는 히틀러가 독일군 내 반항 세력과 반나치 세력을 숙청한 사건을 말한다.

었다.

그날 밤부터 약 60명의 요원들이 본부에서 다른 지부 등으로 전출되었다. 한 중간 관리자가 그때를 회상하며 말했다.

"이를 지켜보는 직원들에게 상당한 영향을 미쳤습니다. 정말 19세기식 경영 방법이었습니다."

당시 간부로 갓 승진한 조셉 페트로는 나이트 전 국장과 와인스타인 전 부국장의 인정을 받아 재무부 연락관으로 일하고 있었다. 어느 쪽에도 충성하지 않았던 그는 조직 내 변화를 보면서 자기도 곧 좌천될 것이라고 확신하였다.

'내 경력도 이제 끝났구나. 줄을 댈 것을······.'

그러나 포위스는 베트남전에 장교로 참전했던 페트로가 타고난 지도자임을 알아보고 이전부터 그를 눈여겨보고 있었다. 포위스는 페트로에게 새롭게 창설된 대테러팀의 훈련을 일시적으로 맡아달라고 요청하였다. 그리고 얼마 후, 어머니 집에서 휴가를 즐기던 페트로는 포위스-심슨 팀의 보좌관으로부터 전화를 받았다. 상대방이 대변인을 맡을 생각이 있냐고 물어왔다. 그것은 신뢰의 신호였다.

'내 경력이 끝나지 않았나 보군!'

페트로는 생각했다.

이와 반대로, 선택받지 못했음을 깨닫는 사람도 많았다. 그들 또한 파벌을 형성했던 사람들이었다. 이전에는 조직에서 영향력을 행사하려는 사람들로 구성된 소규모 파벌이 여러 개 있었으나 이번 인사를 계기로 비밀경호국은 경쟁하는 두 세력으로 쪼개져 버렸다. 과거 케네디 대통령 시절에 경호요원들이 즐겼던 가족 같은 조직문화는 이제 추억일 뿐이었다.

하위직 경호요원들은 대체로 나이트와 포위스, 그리고 그들의 측근들을 존경하였다. 1981년에 벌어진 일명 국장 쟁탈전을 직접 겪은 고위 간부들도 상대 진영의 장점을 인정하였다. 나이트를 지지했다가 밀려난 전직 본부장은 "둘 다 장점이 있다"고 말했다.

"두 사람 사이에 극도의 긴장감이 감돌았습니다. 하지만 두 사람 모두 다른 방식으로 더 나은 비밀경호국에 대한 비전을 갖고 있었습니다."

권력을 위한 싸움에서 포위스는 레이건 대통령 진영과 우호적 관계를 맺어온 이점을 갖고 있었다. 그 인연은 레이건이 캘리포니아 주지사 시절부터 맺어진 것이었다. 포위스와 달리 나이트는 정계 쪽에 연줄이 없었다. 심슨은 포위스가 맺은 레이건과의 인연보다도 더 각별하게 대통령과 연결되어 있었다. 그는 1968년 레이건이 대통령 선거에 출마했을 때 경호팀장이었으며, 1981년 암살미수 사건 이후 영부인이 병원에서 자기 옆에 두고 싶어 했던 인물이기도 하였다. 결국 레이건은 나이트가 포위스를 좌천시킨 결정을 뒤집었다. 그렇게 포위스를 재무부 고위 관료로 임명하였고 얼마 지나지 않아 심슨을 새로운 비밀경호국장으로 임명하였다.

모든 대통령은 비밀경호국장을 임명할 권리가 있다. 그러나 비밀경호국이 대통령 경호를 담당한 짧은 기간 동안 백악관은 보통 비밀경호국 인사체계를 존중하여 내부적으로 정해진 인물을 국장으로 승진시키는 일이 다반사였고, 이는 하나의 전통으로 자리 잡을 정도였다. 케네디가 암살되었을 때도 편집증적인 존슨 대통령은 비밀경호국장을 교체하려고 여러 번 시도하였지만 실제로 하지는 않았다. 이런 전통이 깨진 적이 딱 한 번 있었는데 1948년 트루먼이 재선에 성공하고 국장을 교체했을 때였다. 당시 비밀경호국장인 제임스 J. 멀로니(James J. Maloney, 이하 멀로니)는 뉴욕 주지사 토머스 듀이(Thomas Dewey, 이하 듀이)를 경호하기 위해 요원들을 뉴욕으로 파견하여 대통령을 화나게 했다. 많은 사람들이 그랬듯 멀로니도 듀이의 당선을 확신하고는 그에게 잘 보이려다가 직장을 잃었다.

레이건이 비밀경호국 전통을 무시했다지만 그는 단순히 신뢰할 수 있는 사람들을 선택하려 했을 뿐이다. 결과적으로 심슨은 비밀경호국에서 가장 존경받는 국장 중 한 명이 되었다.

그럼에도 불구하고 레이건의 결정은 조직에 후유증을 남겼다. 포위스와 심슨의 승진으로 한 파벌 전체가 덕을 보자 승진을 바라는 야심 찬 경호팀장부터 가장 젊은 신임직원까지 똑같은 생각을 하였다.

'대통령을 기쁘게 하면 그만한 보답이 따라온다.'

레이건 암살 미수 사건 이후 백악관은 잠시나마 비밀경호국 결정에 따랐다. 정치 보좌관들은 평소 대통령이 가능한 한 대중과 가까이 있어야 한다고 주장했지만, 사건 이후에는 그를 대중과 이격시키는 사안에 동의하였다.

그러나 백악관과 비밀경호국 사이에서 때때로 자연스러운 힘겨루기가 생기곤 했다. 총격 사건이 기억 속에서 점차 멀어지자 백악관은 다시 레이건이 유권자들을 가까이할 수 있게 시도하였다. 데프로스페로는 당시 "철통같은 경호를 위해 고위 관료들의 분노나 자신의 해고 가능성까지도 염두에 두고" 출근해야 했다고 말했다. 그는 키가 겨우 170cm였지만, 넓은 이깨와 깊은 미간 주름으로 백악관 직원들과 부하 요원들의 기를 죽일 수 있었다. 그는 비밀경호국에 몸담고 있는 동안 엄격한 운동과 식단을 따랐다. 그 덕분에 경호팀장일 때에도 벤치프레스로 대통령 몸무게의 두 배를 들었다. 페트로는 그를 상사로 모신 것이 행운이었다면서도 "그는 무서웠다"고 말했다.

"그는 덩치가 큰 사람이 아닙니다. 하지만 그는 제게 2m가 넘는 사람처럼 보였습니다."

레이건이 선거 기간 중 중서부 지역을 방문했을 때 데프로스페로는 백악관 직원들과 크게 붙었다. 당시 그는 테러단체들이 세계 지도자들을 암살하기 위해 트럭폭탄을 사용하려 한다는 정보를 입수하였다고 말했다. 그리고 디버에게 레이건이 중서부를 방문할 때 주요 교차로에 견인트레일러를 배치할 계획이라고 알려줬다. 그러면서 지역 주민들을 끌어내기 위해 종종 했듯이 모터케이드 경로를 알려서는 안 된다고 말했다.

"사람들이 대통령을 보고 싶어 한다는 것을 알잖아?"

디버가 그의 계획에 반대했다.

"알아, 마이크. 하지만 지금은 때가 아니야."

그러나 대통령이 방문하기 전날 밤, 선발 담당 요원이 데프로스페로에게 전화를 걸어 백악관이 지역 언론에 모터케이드 경로를 유출할 가능성이 있다고 보고하였다. 그러자 만약 그런 일이 일어난다면 예비경로*를 이용하겠다고 답했다. 아니나 다를까, 다음 날 아침 기자들에게 정보가 유출된 것이 확인되었고, 데프로스페로는 계획대로 선발 요원에게 예비경로를 사용하라고 지시하였다.

"도대체 네가 뭔데 그렇게 경로를 바꾸는 거야?"

레이건이 연설할 강당에 도착했을 때 디버가 데프로스페로를 향해 소리쳤다.

"너한텐 그럴 권리가 없어."

데프로스페로는 트럭폭탄과 폭발이 일어났을 때의 위험을 고려해야 한다고 거듭 강조했다. 그렇게 말하면서도 자신이 이 일로 경호팀장직을 잃겠구나 생각했다. 말을 마친 데프로스페로는 곧바로 대통령을 경호하기 위해 그의 옆으로 갔다. 다행히 레이건의 보좌관들은 다시는 이 문제를 거론하지 않았다.

데프로스페로는 이후 신임 백악관 보좌관들에게 경호를 주제로 브리핑을 하였다. 여기서 그는 비밀경호국이 대통령의 생명과 더 나아가 국가안

---

* 교통사고, 테러 등의 이유로 도로를 사용 못 할 것에 대비해 모터케이드 경로를 한 개 이상 준비한다.

보를 지키는 책임을 무겁게 받아들인다고 설명하였다. 이어서, 아무리 사소한 경호 규칙이라도 그것을 완화해 달라는 요청은 경호요원에게 생사의 선택을 강요하는 일이라는 점을 이해시키려 노력하였다.

"저는 여러분에게 책임을 분담하려는 것이 아닙니다. 그건 알아주셨으면 좋겠습니다."

데프로스페로가 말했다. 그는 브리핑에 참석한 사람들의 이해를 돕기 위해 과거 선발팀이 겪은 사례들을 예로 들었다. 케네디 암살사건, 월리스 총격 사건, 그리고 레이건의 힐튼호텔 방문을 준비했던 백악관 의전선발 릭 아헌을 상기시켰다. 그는 아헌이 대변인 짐 브래디의 이마에서 흘러나오는 피를 막기 위해 손수건을 달라고 했던 이야기를 해주고는, 비밀경호국과 아헌은 그날 경호계획을 지켰는데도 비참한 결과를 맞았다고 주지시켰다.

"장담하는데 힐튼호텔 선발을 담당했던 사람들은 아직도 그 사건의 기억에서 헤어나지 못하고 있습니다!"

데프로스페로는 아웅산 테러 사건 후 한국 경호팀을 만났던 이야기도 즐겨하였다. 전두환 대통령은 1983년 10월 랑군*에 있는 아웅산 묘소를 참배하고 헌화할 예정이었는데, 그가 듣기로는 한국 경호팀이 직접 묘소를 검측**하기보다는 버마 경호팀에서 하는 것이 낫겠다고 판단하였다고 한다. 준비를 마치자 미리 와있는 수행원들이 제자리에 위치해 전두환 대통령의 도착을 기다렸다. 그렇게 대통령의 도착을 몇 분 남겨두고 있던 중, 북한 공작원들이 전두환 대통령을 죽이기 위해 지붕에 미리 설치한 폭탄을 실수로 일찍 터뜨려버렸다. 이 폭발로 수행원 14명이 죽었는데 그중에 장

---

* 1989년 개칭되어 현재는 양곤이다.
** 경호를 위해 위험물을 제거하고 시설물을 점검하는 등의 활동을 말한다.

관 4명과 경호요원 2명이 포함되어 있었다. 이러한 배경 속에서 레이건은 한국의 반공산주의 투쟁을 지지하기 위해 같은 해 11월 한국 방문을 계획하였고, 데프로스페로는 방한을 준비하면서 한국의 대통령경호팀과 만났다.* 그때 한국 경호팀장이 그에게 말했다.

"우리도 당신들처럼 직접 검측을 했으면 좋았을 겁니다."**

그는 한국 관련 일화를 언급하고는 백악관 직원들에게 다음과 같이 말하며 브리핑을 마쳤다.

"저는 당신들이 하는 일이 중요하지 않다고 말하는 것이 아닙니다. 그러나 만약 당신들이 일을 망친다면, 그 결과는 언론의 질타를 받는 것이겠지요. 반면, 만약 우리가 랑군에서 벌어진 일이 다시 발생하도록 허용한다면 분명히 전 세계에 영향을 미칠 것입니다."

이미 몸집이 작은 낸시 레이건은 총격 후 남편을 걱정하며 10파운드나 빠져 옷도 두 사이즈나 줄여야 했다. 그래서인지 그녀는 더더욱 남편의 안전을 책임지는 경호팀에 많은 관심을 보였다. 1981년 3월 이후, 그녀는 경호팀장에게 가장 많은 주문을 하는 사람이 되었으나 동시에 비밀경호국의 가장 든든한 지원자가 되었다.

영부인은 암살 미수 사건 이후 남편이 백악관을 나설 때마다 느끼는 공포감을 결코 떨쳐버릴 수 없을 듯하다며 걱정하였다. 레이건이 대통령으로 재임한 기간 동안 영부인은 자기도 모르게 대통령이 다시 총에 맞는 상상을 하며 괴로워하였다. 그녀는 난기류에 흔들리는 비행기 안에서 승객

---

* 저자의 아웅산 테러 사건 묘사는 정확하지 않은 부분이 있는데 이는 아무래도 영문 자료에서 나타나는 오차 때문인 것으로 보인다.

** 미국도 해외 나가서 검측을 직접 하지 않는 경우가 있으며, 이럴 경우 상대국 경호기관에서 검측하는 것을 확인하기도 한다.

이 안전한 착륙을 기도하듯이 어딘가에 집중하면 두려움을 극복할 수 있다고 생각하였다.

그때부터 영부인은 점성술에 관심을 보이기 시작했다. 그녀는 대통령 외부 일정이 잡히면 조안 퀴글리(Joan Quigley, 이하 퀴글리)라는 점성술사와 함께 그날의 좋은 징조와 나쁜 징조를 꼼꼼히 살펴보았다. 그녀는 힐튼호텔에서 암살 미수 사건이 벌어졌을 때 함께 있지 않았기 때문에 단독 일정인 경우에 남편의 안위를 더욱 걱정하였다. 영부인 스스로도 비합리적이라고 생각했지만, 대통령이 워싱턴에서 총에 맞았는데도 워싱턴을 벗어나는 일정이 있을 때 특히 초조해했다. 영부인은 퀴글리와 이야기를 나눈 후 디버를 불러 일정을 하루이틀 늦추거나 재조정하는 방안을 제시하였다. 디버는 그 후 대통령의 일정 담당과 경호팀장에게 어떠한 설명도 없이 일정이 변경되었음을 알렸다.

영부인은 회고록에서 "남편이 총격을 받아 거의 사망할 뻔한 후, 총을 가진 미친 사람이 섞여 있을 수도 있는데도 또다시 수만 명의 군중에 노출되는 상황을 받아들여야 하는 처지를 이해할 수 있는 사람은 매우 드물 것이다"라고 밝혔다.

"나는 점성술에 눈을 돌렸다는 이유로 비난과 조롱을 받았지만, 얼마 후 신경 쓰지 않는 지경에 이르게 되었다. 남편을 보호하고 살려내기 위해 생각할 수 있는 모든 일을 하고 있었다. 로니 없이 산다는 건 상상도 할 수 없었다. 그의 안전을 위해서라면 뭐든 할 수 있었다…… 점성술은 내가 안심하는 데 도움이 되었고, 아무도 그것이 로니나 나라에 해를 끼쳤다는 것을 증명한 적이 없다."

이런 영부인조차 점성술에 의존한다는 사실을 남편에게는 숨겼었다. 대통령은 그녀와 디버가 비밀리에 일정을 조정하고 있다는 것을 몰랐다. 그러던 어느 날 레이건이 아내와 퀴글리가 통화하는 내용을 듣고 무슨 일이냐고 물었다. 그제야 영부인이 모든 사실을 털어 놓았다.

"그것이 당신의 기분을 나아지게 한다면 그렇게 하세요."

대통령이 말했다.

"하지만 조심하세요. 만약 외부에 알려진다면 조금 이상하게 보일지도 모릅니다."

영부인은 디버뿐만 아니라 경호팀장인 데프로스페로와 페트로에게 대통령 일정 관련 경호에 대해 그들이 "확신"을 느끼는지와 대통령에게 방탄조끼를 입힐 계획인지를 자주 물었다. 레이건은 방탄조끼를 입으면 덥고 무거워서 싫어했지만 회복실에 있을 때 약속한 대로 경호요원들의 착용하라는 요구에 응하였다. 한번은 부활절 예배를 위해 대통령 전용헬기인 마린 원(Marine One)*을 타고 교회로 가던 중, 영부인이 남편이 보고 있지 않는 틈을 타 페트로에게 신호를 보냈다. 그녀가 오른손으로 가슴뼈를 쓰다듬었다.

"그녀는 암살 시도 후 정신적 충격을 받았습니다. 여러분도 충분히 짐작하실 수 있을 거예요."

페트로가 말했다.

"그녀는 대통령 경호에 깊이 관여하였습니다. 그리고 제 경험상, 그녀가 옳았던 경우가 많았습니다."

1983년, 비밀경호국은 영부인의 지원에 힘입어 연방정부가 메릴랜드주 벨츠빌에 소유한 약 2백만㎡ 땅에 훈련 시설을 신축하였다. 이로써 경호요원들은 실제 크기의 건물들로 구성된 시가지 훈련장에서 폭탄 테러와 총격 훈련을 받을 수 있게 되었다. 또한, 훈련장 덕분에 대통령을 신속하게 이동시키는 방법, 의료 비상사태에서 대피하는 절차, 저격수 공격 때

---

* 미국 대통령이 탑승한 전용 헬기의 호출부호이다.

대통령을 엄호하는 훈련과 위험을 회피하기 위한 경호운전 등을 숙달할 수 있었다. 비밀경호국은 훈련장 사업을 최초로 추진한 라울리 전 국장을 기리기 위해 훈련장 이름을 제임스 라울리 트레이닝 센터(James Rowley Training Center)로 명명하였다.

힐튼 암살 미수 사건을 직접 겪은 사람들 중에서 레이건이 영향을 가장 덜 받은 것 같았다. 몸에 총알을 맞은 매카시 요원은 대통령이 회복하는 동안 존 힝클리를 용서한 것을 보며 놀라움을 감추지 못했다. 또한, 경호팀 일부는 그가 자신의 경호를 강화하기 위해 비밀경호국이 어떤 조치를 취하는지 의문을 제기하지 않았다는 점에도 놀라워했다. 레이건은 그의 경호팀이 갖고 있는 우려를 존중하면서도 위험을 최대한 무시하고 싶어 했다.

"저는 암살 시도 이후에도 대통령이 두려워하거나 우려하는 모습을 결코 보지 못했습니다."

데프로스페로의 뒤를 이어 대통령경호팀장이 된 페트로가 말했다.

1986년 여름, 페트로는 다가오는 유엔 총회에서 레이건 암살 시도가 또 발생할 수 있다고 걱정하였다. 백악관은 유엔 전체회의 동안 대통령이 미국 대표단과 함께 회의장에 앉아 있기를 원했다. 여기에는 두 가지 문제점이 있었다. 첫째, 유엔본부 건물 전체를 검측하지 않았다. 둘째, 레이건 자리가 리비아 대표단 바로 앞에 있었다. 몇 개월 전, 레이건은 미국 시민들이 베를린에서 당한 공격에 대한 보복으로 리비아에 미사일 공격을 명령했었다. 그 공격이 이뤄진 시점이 4월이었는데 폭격으로 무아마르 알 카다피의 관저가 일부 파괴되었고 그의 딸이 사망하였다. 페트로는 레이건의 비서실장 돈 리건(Donald Regan, 이하 리건)*에게 대통령이 회의에 참석하지 않도록 강력히 촉구하였다.

---

*   본명은 도널드 리건이고 '돈'은 그의 닉네임이다.

2부 시험에 들다

"안 돼. 이는 우리가 원하는 것이지만 동시에 매우 중요하기도 하다. 이렇게 해야만 하는 외교적 이유가 있으니 가능하도록 방법을 찾아보게."

리건이 페트로에게 말했다.

"돈, 난 이게 불편해. 이 문제는 대통령과 상의해 보고 싶어."

"마음대로 해!"

리건이 코웃음 쳤다.

결국 두 사람은 이 문제를 논의하기 위해 대통령 집무실로 향했다. 레이건은 예정된 부시 부통령과의 점심을 막 마무리하던 참이었다. 그는 긴급한 경호 문제라는 말에 부시와 더불어 의전선발팀장을 불러 같이 해결 방안을 찾기로 하였다.

페트로와 리건은 서로의 주장을 펼치며, 때로는 격앙된 모습을 보이기도 하였다. 페트로는 카다피가 예측하기 어려운 인물이고 유엔 건물에 무기를 반입하기가 쉽다고 설명하였다. 반대로, 리건은 백악관이 국제무대에서 당당한 모습을 보여야 하고, 위험 통제 방법을 찾아야 한다고 주장하였다.

그때 레이건이 끼어들었다.

"음, 나는 조의 말에 동의한다. 이건 내가 해서는 안 된다고 생각하네."

대통령이 이맛살을 찌푸리며 잠시 멈추더니, "이것은 조지*가 해도 될 것 같은데"라고 덧붙였다. 부시를 포함한 모든 사람들이 웃음을 터뜨렸다.

"물론이죠. 아예 제 등에 과녁을 그려야겠네요!"

부시가 말했다.

레이건도 크게 웃었다. 대통령은 암살처럼 심각한 주제를 갖고도 팀 전체를 웃게 할 수 있는 능력의 소유자였다.

---

*　조지 부시 부통령.

10
폭풍전야

경호요원들에 의하면, 비밀경호국은 조지 H. W. 부시(George H. W. Bush, 이하 부시)가 정권을 잡았을 때 가장 행복한 날들을 보냈다고 한다.

부시는 엘리자베스 1세 여왕까지 거슬러 올라가는 귀족 혈통에서 태어났다. 미국 상원의원이 된 그의 아버지는 아들에게 부유한 와스프(WASP*)의 신조를 심어줬다.

"많은 것이 주어진 자에게는 많은 것이 요구된다."

부시는 열여덟 살이 되며 공직에 첫발을 내디뎠다. 1941년 진주만 공격이 발생하자 필립스 아카데미(Phillips Academy) 4학년생이던 부시는 해군에 입대하기 위해 예일대학교(Yale University) 진학을 연기하였다. 이로써 그는 제2차 세계대전에서 복무한 최연소 해군 비행사 중 한 명으로 기록을 세우기도 하였다. 이후에는 부모님께 받은 자금으로 텍사스에 석유 및 가스 회사를 설립해 수백만 달러를 벌었다. 그러다 1960년대에 공화당원으로 정계에 입문하여 하원의원, 중국과의 최고 연락책, CIA 국장과 부통령까지 일련의 중요 요직을 맡으며 국가를 위해 봉사하였다. 이처럼 부와 특

---

* White Anglo-Saxon Protestant의 약자. 앵글로색슨계 백인 신교도를 줄인 말로, 미국 주류 지배계급을 뜻한다.

권을 누렸음에도 부시는 자기보다 훨씬 더 낮은 계급의 동료 공무원들과도 진정한 친분을 맺었다. 그와 그의 가족을 경호하도록 발령받은 비밀경호국 요원들은 그에게서 존중받았다. 부시도 여느 대통령과 마찬가지로 대중에게 더 가까이 다가가기를 희망하였으나 그런 내색을 하지 않고 경호요원들의 요구사항을 받아들였다. 아마도 1981년 부시가 부통령일 때 레이건 대통령의 목숨을 앗아갈 뻔했던 힐튼호텔 총격 사건을 가까이에서 보았기 때문일 것이다. 그는 순전히 비밀경호국 요원들 덕분에 레이건이 목숨을 건질 수 있었다고 믿었다.

부시와 아내 바바라(Barbara Bush, 이하 바바라)는 그들의 대가족을 경호하는 요원들을 가족처럼 대했다. 부시 내외는 다른 대통령 가족들과 달리 자신들의 삶 속으로 경호요원들을 깊이 끌어들였고, 요원들은 화답하듯이 그 호의를 반겼다. 요원들은 대통령이 화가 난 손주를 차분히 달래는 모습을 보았고, 그가 백혈병으로 죽은 세 살배기 딸의 죽음을 떠올리며 우는 모습도 지켜보았다. 대통령과 영부인은 종종 경호요원의 자녀와 가족에 대해 물었다. 부시와 그의 아이들은 경호요원들을 복식 경기 파트너 혹은 가족 축구 경기에서 깍두기로 뛰도록 끼워주었다. 바바라는 행사에서 남은 샌드위치 등 요깃거리를 요원들에게 나눠주었고, 자신의 보좌관들을 시켜 밖에 서 있는 요원들에게 커피를 가져다주도록 하였다. 또한 경호요원을 자식 대하듯이 했는데, 그녀에게는 너무나 당연한 듯했다.

"애야, 전화 좀 받아주겠니?"

그녀가 여름방학 동안 잠시 머물던 케네벙크포트(Kennebunkport) 자택에서 요원에게 외쳤다. 그리고 어느 겨울, 그녀가 내민 남편의 니트 모자를 요원이 거절하자 그를 꾸짖었다.

그러자 부시는 "바바라가 하라는 대로 하는 편이 좋을 거야"라고 경고했다.

부시 대통령경호팀원 중 한 명이었던 마크 코널리(Marc Connolly)는 전혀 예상치 못한 방식으로 부시 가족의 일원이나 다름없게 되었다. 부시의 딸 도로시(Dorothy Bush)를 돌보던 유모와 결혼했기 때문이다.

부시 내외는 크고 작은 행동으로 경호팀에 감사를 표했다. 대통령은 일과를 마치고 관저로 돌아오면 경호요원들의 이름을 부르며 감사를 표하는 습관을 들였다. 그들 부부가 여름에 몇 주 동안 케네벙크포트에 머물 계획을 세우면 경호요원들의 가족을 초대해 워커스포인트(Walker's Point)*에서 바비큐 파티를 열어주기도 하였다.

그는 부통령일 때 대통령을 경호하기 위해 요원들이 가족들과 크리스마스를 보내지 못하고 대통령 사저로 따라간다는 사실을 알고는 매우 놀랐다고 한다. 크리스마스 연휴를 매번 휴스턴에서 보내던 부시는 경호팀 일부만이라도 가족들과 짧게나마 연휴를 함께할 수 있게 휴스턴 출발을 크리스마스 당일로 연기하였다. 대통령이 된 후에도 부부는 같은 이유로 크리스마스를 캠프 데이비드에서 보내기 시작했다. 메릴랜드주에 위치한 별장은 군 병력이 연간 경비를 담당하고 있어 경호요원들은 그 시기에 휴가를 낼 수 있었다.

"세계에서 가장 영향력 있는 사람이 자신의 휴가를 24시간이나 48시간 늦춰 다른 사람들이 가족과 함께 있을 수 있게 배려한다는 것은 믿기 어려운 일입니다."

부시의 전 경호팀장인 리치 밀러(Rich Miller)가 말했다.

"그래서 대통령과 여사님을 위해서라면 무엇이든 할 수 있는 겁니다."

부시와 그의 경호팀은 다른 정부와 비교하기 어려울 정도로 서로에 대한 존중과 애정을 느꼈다. 하지만 애정에도 단점은 있었다. 비밀경호국은

---

* Walker's Point Estate를 줄여서 부르는 말. 부시가 여름 별장으로 사용해 '여름 백악관'으로 불리기도 하였다.

그들이 가장 좋아한 대통령 중 한 명을 기쁘게 해주려다 그를 위험의 문으로 인도하게 되었다.

1988년 4월, 부시가 대통령으로 취임한 지 3개월 되었을 무렵, 백악관과 비밀경호국은 새 대통령의 지지도를 끌어올리기 위해 서로 협력하고 있었다. 그들은 동유럽 공산정권의 몰락에 부시도 일부 기여했음을 인정받고자 하였다. 이는 레이건이 미국 내에서 높은 지지율을 기록한 배경이기도 했다. 폴란드에서도 민주주의가 태동할 기미가 보이자 백악관과 비밀경호국은 이 기회를 살리기 위해 서둘러 부시가 조명을 받을 무대를 기획하려 안간힘을 썼다.

그러나 그들의 노력은 당시 전혀 알려지지 않았던 부시의 스토커 존 스펜서 도어티(John Spencer Daughetee, 이하 도어티)에게 대통령을 저격할 기회를 주고 말았다. 도어티는 1988년 가을, 부시가 부통령이자 공화당 대통령후보였던 시절부터 비밀경호국의 눈에 띄지 않게 부시 주변을 맴돌고 있었다.

그가 드러난 시기는 그해 봄이었다. 부시 보좌관들은 대통령의 지지도를 끌어올리려 폴란드에 기여한 부시의 역할을 홍보하고 싶어 했다. 그는 폴란드 정부가 자국 노동자들로 구성된 연대당(Solidarity Party)을 와해하지 못하게끔 역할을 했었다.

이를 위해 백악관은 미국에서 폴란드인이 가장 많이 사는 디트로이트 근교 마을에 대통령이 방문하는 행사를 기획했다. 폴란드 정부가 대중적이고 개혁적인 연대당을 인정하려는 상황에 맞춰, 수억 달러의 원조 계획을 발표한다는 구상이었다. 이 소식을 전할 장소의 상징성 등을 고려해 2제곱마일 면적에 벽돌집과 아파트가 빽빽하게 들어찬 햄트램크 (Hamtramck)가 무대로 선택되었다. 지난 한 세기 동안 폴란드인들이 디트로이트로 이민을 온 이유는 자동차 산업의 중심지여서 일자리가 많은 요인도 있었지만, 무엇보다 교민들로 구성된 공동체로 인한 친숙한 음식과 언어가 있었기 때문이다. 부시는 레흐 바웬사(Lech Walesa, 이하 바웬사)가 이끌었던 연대당이 폴란드 정부에 의해 강제 해산되었으나 고등법원이 복권시킬 계획이라는 관측에 따라 바웬사에게 금전적 지원을 제공하겠다고 발표할 예정이었다. 대통령의 발표에 환호할 지지자들을 찾자면 바웬사를 응원하는 폴란드계 미국인들로 가득한 도시보다 더 좋은 곳이 어디 있겠는가?

그러나 비밀경호국 본부에서는 대통령 행사 장소를 햄트램크로 정한 결정을 격렬히 반대하였다. 디트로이트 지부 요원들도 도시의 비좁은 구조 때문에 매복으로부터 취약하다고 주장하며 본부와 뜻을 같이 했다.

이 중산층 마을은 좁은 도로들이 많아 차가 양방으로 통행하려면 속도를 줄여야 하는 경우가 다반사였다. 햄트램크의 도심은 고속도로와 단절되어 있었고, 주요 도로변에는 벽돌 건물들이 빽빽하게 들어차 있어 위험한 순간이 발생했을 때 경호요원들이 대통령을 재빨리 대피시킬 탈출로가 없었다.

"고속도로도 없고 근처에 병원도 없었습니다. 헬리콥터를 착륙시킬 곳도 없었고, 그곳은 단지 정말 사람들이 많이 붐비는 곳이었습니다……. 대통령을 행사장까지 또는 행사장으로부터 신속하게 이동시키기 어려운 환경이었습니다. 가끔은 누군가 '여기는 끔찍한 곳이다. 우리는 대통령을 이곳으로 모실 수 없다'고 해야만 합니다."

부시의 방문을 준비하기 위해 햄트램크를 답사했던 전직 요원이 한 말이다.

그러나 이곳은 백악관이 원하는 무대였다. 결국 부시 경호팀 선발 요원이 햄트램크를 답사했고, 가능한 방법을 찾을 수 있을 듯하다고 보고하였다. 당시 백악관 정무팀은 폴란드 법원 결정에 맞춰 대통령이 폴란드계 미국인 공동체 앞에서 연설할 수 있도록 서두르고 있었는데, 이러한 보고 내용에 안도했다.

비밀경호국은 경호를 강화하기 위해 요원들을 추가로 파견해 대통령을 위한 무대가 세워질 햄트램크 시청 양쪽에 스쿨버스들을 줄지어 세워 차벽을 만들었다. 4월 17일, 주민 등 약 4천 명이 대통령을 보기 위해 모였고, 비밀경호국은 그들을 시청 앞 잔디광장으로 안내했다.

"우리는 스쿨버스들을 동원해 두 줄로 나란히 세운 다음, 확인된 사람들만 잔디광장 안으로 들여보냈습니다. 그 광경이 매우 끔찍했기 때문에 백악관과 싸워야 했습니다."

한 전직 요원이 말했다.

그 와중에 부시 암살을 본인의 의무라고 믿고 있던 지저분한 차림새의 한 남자가 버스 사이로 얼굴을 빼꼼 내밀었다.

실패한 의대생인 33세의 도어티는 인디애나주의 작은 마을인 플로라(Flora)에서 어머니와 함께 살고 있었다. 그는 지역신문에서 부시의 방문 소식을 읽었고, 행사 하루 전날 4시간을 운전해 햄트램크로 이동했다. 대통령을 암살할 절호의 기회로 여겼기 때문이다.

그는 짙은 파란색 정장에 흰색 셔츠를 입고 10일 전에 산 38구경 권총을 허리춤에 쑤셔 넣었다. 그는 정장을 입음으로써 남들이 자신을 비밀경호국 요원으로 착각해 경비를 뚫고 무대 가까이 다가갈 수 있기를 바랐다. 부시보다 하루 일찍 햄트램크에 도착한 도어티는 시청 광장을 둘러보고는 범행을 저지를 장소로 무대 왼쪽 지점을 선택했다. 거기라면 방해를 안 받고 부시에게 총격을 가할 수 있겠다고 판단했다.

지난 몇 년간, 도어티의 머릿속에서는 그에게 살인을 부추기는 목소리가 맴돌았다. 도어티는 와이오밍주립대(University of Wyoming)에서 동물학 학위를 받았으며, 졸업 후 육군으로 입대해 한국에서 2년간 복무하였다. 이후 그는 의대에 진학했지만 2년 만에 자퇴하였다. 그는 한 직장을 꾸준히 다니거나 친구와 오랫동안 관계를 유지하는 데 어려움을 겪었고, 계속해서 대통령을 죽이라는 목소리에 시달렸다. 만약 대통령을 죽일 수 없다면 한 무리의 초등학생들을 죽여야 한다는 환청이 들렸다.

비밀경호국은 도어티를 과거에 만난 적이 있었다. 1987년, 인디애나에 사는 동안 도어티는 친구에게 레이건을 죽이고 싶다고 불쑥 말했다. 당시 비밀경호국 요원들이 그를 조사했지만 그가 정신질환을 앓고 있어 단지 혼란을 겪는 중이라고 결론 내렸다. 어차피 도어티가 대통령을 해칠 만한 음모를 꾸몄다는 증거가 없어 대통령을 협박한 죄로 기소할 수도 없었다. 따라서 인디애나 지부 경호요원들은 도어티를 비밀경호국의 컴퓨터 데이터베이스에 "경호적 관심인물"로 등록하지 않았다. 그것은 도어티가 위협적이지 않아 비밀경호국이 그의 움직임을 주기적으로 확인할 필요가 없다는 의미였다. 그래서 비밀경호국은 도어티가 인디애나에서 대통령을 죽이겠다는 발언을 하고 몇 개월이 지난 시점에 인디애나폴리스 보훈병원에 두 번이나 입원한 사실을 몰랐다. 그는 의사들에게 머릿속에서 누군가 자꾸 살인을 저지르라고 부추긴다고 말했다.

다음 해인 1988년, 부시 당시 부통령이 대통령에 출마해 선거 운동을 하고 있을 때 도어티는 부시가 곧 경합주의 대도시인 디트로이트, 인디애나폴리스와 시카고를 방문한다는 뉴스를 보게 되었다. 이 도시들은 그의 집과 멀지 않았다.

1988년 10월 말, 대통령 선거 운동이 막바지에 다다랐을 무렵에 부시가 미시간주 새기노(Saginaw)에 있는 헤리티지 고등학교(Heritage High School)를 방문했다. 오후 늦게 시작된 유세 현장에서 도어티는 부시를 보기 위해 학교 밖에 서 있었다. 부시가 당선되고 몇 주가 흐르자 도어티는 워싱턴까지 운전해서 갈 수 있는 충분한 돈을 모았다. 그는 힝클리가 그랬던 것처럼 워싱턴 시내의 한 건물 밖에 몇 시간 동안 서서 대통령이 행사를 마치고 나오기를 기다렸다.

그러나 도어티는 새기노와 워싱턴에서 부시를 향해 총을 쏘지 않았다. 총을 쏠 수 있는 거리까지 다가가지 못했기 때문이다. 하지만 경호요원들이 도어티의 접근을 눈치채지 못하는 바람에 여전히 그는 자신의 계획을 포기하지 않았다.

아직 쌀쌀하기만 한 4월 아침, 도어티는 햄트램크 시청 광장 가장자리에 서서 대통령이 연설할 건물을 바라보았다. 언론에 공지된 일정에 따르면 그는 정확히 11시 45분에 무대에 도착할 예정이었다. 시간이 다 돼가자 많은 사람들이 광장으로 몰려들었고 도어티는 순간 당황하였다. 현지 경찰이 광장 안으로 들어가려는 사람들을 금속탐지기가 설치된 장소로 안내하고 있었다. 도어티는 범행 실행 장소에 다다르기도 전에 경찰에게 총을 소지한 걸 들킬 수 있겠다는 생각이 들었다. 그는 사방으로 뛰며 금속탐지기를 피해 안으로 들어갈 수 있는 길을 찾아보았지만 아무런 틈도 찾지 못했다. 총을 쏠 수 있게 시야가 확보된 곳을 겨우 발견했을 때는 이미 부시가 연설을 마치고 무대를 내려오고 있었다. 그는 낙담한 채 멍하니 서 있을 수밖에 없었다.

비밀경호국 요원들은 도어티가 대통령에게 얼마나 가까이 다가갔는지 알지 못한 채 대통령과 행사장을 떠났다. 희한하게도 그날 다른 상황이 발생했다. 워싱턴으로 돌아가는 에어포스원에 탑승하기 위해 대통령을 태운 모터케이드는 디트로이트 북쪽에 있는 셀프리지 주방위군 공군기지 (Selfridge Air National Guard Base)로 향하고 있었다. 이동하는 도중에 후미차량에 타고 있던 경호요원들은 무언가가 모터케이드를 가로질러 날아가는 것을 보았는데 마치 그 모습이 석궁 화살 같았다. 다행히 대통령은 아무것도 눈치채지 못했다. 하지만 이것이 실제 공격일 가능성이 있기 때문에 모터케이드에 타고 있던 경호요원들은 연설 현장에 남아있는 동료들에게 상황을 전파하였다. 비밀경호국 디트로이트 지부와 미시간 경찰이 인근 숲으로 출동했다. 그들은 며칠 동안 도로 주변지역을 수색하며 공격자의 흔적을 찾으려 했으나 결국 아무것도 찾지 못했다. 당시 비밀경호국 본부에서 근무했던 전직 요원이 말했다.

"그들은 무슨 일이 일어났는지 알아내려고 주경찰과 함께 며칠 동안 숲을 샅샅이 뒤졌습니다. 분명한 것은 누군가 있었다는 겁니다."

경호요원들은 자신들이 보았다고 생각한 발사체가 무엇이었는지 끝끝내 밝혀내지 못했다.

그나마 다행스럽게도, 4개월 후 도어티가 범행을 저지르는 바람에 그가 햄트램크에서 꾸민 음모가 드러났다. 이로 인해 비밀경호국은 그의 존재를 확실히 인지하게 되었다.

1989년 8월, 도어티는 베이 에어리어(Bay Area)에서 은행을 털려다 실패하고 도주하였다. 그러나 얼마 못가 캘리포니아주 오클랜드(Oakland) 경찰에 의해 근처 초등학교 공원에서 검거됐다.

도어티는 자신의 계획을 실행하기 위한 돈이 필요해 강도 행각을 벌였다고 진술했다. 머릿속에서 누군가 자신에게 대통령을 죽이라고 하는 소리도 들린다고 하였다. 이와 더불어 몇 년 전 레이건의 생명을 위협한 혐의로 조사를 받았던 전력에도 불구하고 여전히 대통령을 죽이려 하고 있고 1년간 암살 준비를 했다고 고백하였다.

이어서 고백한 내용은 지역 형사들을 놀라게 하였다.

"부시 대통령이 디트로이트에 왔을 때 그를 죽일 수도 있었지만 경호요원을 통과할 수 없었어요."

햄트램크 연설 행사 경호계획을 도왔던 한 전직 요원은 40년이 지났는데도 도어티 사건만 생각하면 아직 괴롭다고 했다. 그는 범행 가능성이 가장 높은 망상장애 환자들에 수사력을 더욱 집중해야 한다고 믿고 있다.

물론, 비밀경호국에서 그러한 노력을 안 한 것은 아니다. 비밀경호국은 대통령 암살을 시도할 가능성이 있는 사람들의 유형을 파악하기 위해 대대적인 심리 연구를 의뢰했었다. 이 연구는 1949년부터 1996년까지 미국의 저명한 공인을 공격했거나 공격을 시도한 83명을 대상으로 선정해 사례연구방법으로 실시되었다. 조사결과는 명확했다. 대부분의 잠재적 암살자들은 악명을 추구하였고, 목표물로 삼은 사람의 정치신념에는 무관심했다. 그들 중에는 교육을 잘 받은 사람들이 많았지만 고립된 삶을 사는 경우가 허다했으며, 목표물을 스토킹하다 장애물에 직면하면 대상을 바꾸기도 했다.

이런 잠재적 암살자들은 아무 생각 없이 위협적인 말을 지껄이는 것으로 징후를 보인다고 한다. 처음에는 그런 말들이 터무니없어 바보 같은 소리로 들린다. 그렇기 때문에 그들의 동료나 가족은 이를 순간적인 불만 표출 행위로 간주하는 경우가 많다. 하지만 시간이 지남에 따라 그들은 암살 계획과 목표물을 구체화한다. 도어티도 잡히기까지 4년 동안 암살 계획을 구체화했다. 연구진의 주장에 따르면 이 범주에 속하는 살인범들은 유명인을 죽여야만 하는 소명을 타고났다고 믿는다. 그 소명을 다하기 위해 살인범들이 대통령 암살에 집착하게 된다(물론 다중이 이용하는 장소에서 총기 난사 등 다른 방식을 추구하는 자들도 있다). 그러한 집착과의 연관성을 정치신념에서는 찾을 수 없었지만 명성과는 뚜렷한 관계가 있었다. 따라서 존 힝클리의 경우 대통령이 카터(진보)인지 레이건(보수)인지는 중요하지 않았다. 마찬가지로 도어티에게도 레이건인지 부시인지는 중요하지 않았다. 단지 그의 목표가 대통령이면 되었다.

휴스턴 경찰이었던 토니 볼(Tony Ball, 이하 볼) 요원은 20대 초반에 비밀경호국으로 전직하여 휴스턴 지부에서 일하게 된 기회를 감격스럽게 생각했다. 비밀경호국은 많은 특전이 있었다. 그는 엘리자베스 여왕(Queen Elizabeth)과 마가렛 대처(Margaret Thatcher)를 만났고, 대통령과 초청된 몇몇 인원들을 위해 바브라 스트라이샌드(Barbra Streisand), 다이애나 로스(Diana Ross)와 스티비 원더(Stevie Wonder)가 연 소규모 콘서트도 경험하였다. 하지만 다른 요원들처럼 그런 자리에서도 본인의 임무를 잊지 않았다고 했다.

"당신은 해야 할 일이 있고, 너무 흥분하면 안 됩니다. 어차피 조지 H. W. 부시를 처음 봤을 때 '방금 대통령을 만났으니 이제 더 바랄게 없다'고 생각했어요."

볼은 미국 역사가 위험한 전환점을 도는 시점에 요인 경호 임무를 맡았다. 1990년 9월 어느 늦은 밤, 볼이 일을 마치고 퇴근하려는데 미국을 방문한 셰이크 자베르 알-아흐메드 알-사바 쿠웨이트 국왕 경호를 지원하라는 지시를 받았다. 국왕은 1990년 8월 2일 이라크 침공으로 인해 이웃 나라인 사우디아라비아로 망명한 상태였고, 암살 위협도 받고 있었다.

국왕은 사담 후세인(이하 후세인)의 군대를 몰아내기 위해 미군의 파병을 요청할 생각이었다. 이를 위해 전용기를 타고 미국까지 날아와 부시와의 면담을 요구하였다. 7일간 볼의 유일한 임무는 암살 목표가 된 국왕을 미국 영토에서 안전하게 지키는 것이었다.

"제가 할 일은 그가 공항에 착륙하는 순간부터 떠날 때까지 살아있도록 하는 것뿐이었습니다. 간단했습니다."

볼이 말했다. 그의 말이 틀리지는 않았다. 하지만 볼은 국왕 경호가 국가 간의 거래를 성사시키는 데 기여한다는 점을 간과했다. 그 거래로 중동 지역은 뒤흔들리고, 수십 년 동안 미국에 긴 그림자를 드리우게 된다.

국왕은 부시가 후세인을 상대하도록 설득할 필요가 없었다. 영국의 대처 총리와 미국 국방장관 딕 체니(Dick Cheney, 이하 체니)는 이라크가 아무런 대가 없이 쿠웨이트를 침공하도록 허용할 경우 위험한 선례가 된다고 하였다. 부시도 이미 전적으로 동의한 상태였다. 더불어 아무런 행동을 취하지 않으면 영토를 늘리려는 강국들이 더욱 대담해질 수도 있었다. 그리고 무엇보다 후세인이 미국의 충실한 석유수출국이자 세계 석유 매장량의 20%를 보유한 나라를 장악하는 상황이 두려웠다. 이라크를 내버려두면 이웃인 사우디아라비아까지 침공하는 대범함을 보일 수 있었다. 만약 그렇게 된다면 후세인은 세계 석유 공급량의 45%를 차지하게 될 것이었다. 부시는 8월부터 사우디아라비아와 인근 지역 군사기지에 미군의 대규모 병력 투입을 명령했다. 짧은 기간에 25만 명에 달하는 병력이 파병되었다.

1990년 11월, 미국의 압력으로 유엔 안전보장이사회는 쿠웨이트를 침공한 이라크에 대한 제재안을 통과시켰다. 안보리는 후세인에게 1991년 1월 15일까지 철수하라는 최후통첩을 했다. 부시는 20만 명에 달하는 미군 병력을 이라크 국경으로 진군시켜 압박을 강화할 계획이라고 발표했다.

그러나 이라크 지도자가 물러서기를 거부하자 미국이 주도하는 연합군이 1월 16일 밤 11시 30분에 바그다드를 공격해 '사막의 폭풍 작전(Operation Desert Storm)*을 개시했다. 연합군은 전례 없는 공습 작전을 펼쳐 이라크의 군사 거점, 무기고, 공군 기지와 통신시설에 8만 8천 톤 이상의 폭탄을 투하했다. 43일간 계속된 전쟁으로 이라크군의 사기가 땅에 떨어졌고 군사 방어체계와 전력망이 상당 부분 파괴되었다.

미국인들은 사상 최초로 체육관 러닝머신과 안락한 거실 소파에서 TV를 보며 자국의 가공할 군사력에 경탄했다. 위성 생중계를 통해 토마호크 순항미사일의 강력한 폭발뿐 아니라, 나이트호크 스텔스 전투기가 레이더에 포착되지 않은 채 수십 개의 폭탄을 투하하는 모습도 시청할 수 있었다. CNN은 심지어 바그다드 공화국수비대 본부의 환기구를 뚫고 폭탄이 명중하는 장면을 방영하였다. 또한, 전투기의 목표물에 초록 형광색 십자선이 표시된 영상이 밤 뉴스에 자주 등장했는데, 여기서 '비디오 게임 전쟁'이라는 말이 유래되었다.

---

* '사막의 폭풍 작전'이 1월 17일 개시되었다고 기록한 자료는 이라크 시간을 근거로 기록했기 때문이다. 저자가 1월 16일이라고 한 것은 미국 시간의 관점에서 쓴 것이며 실제로 부시 대통령은 전쟁의 시작을 1월 16일 저녁에 발표하였다.

10 폭풍전야

공중폭격이 시작되고 불과 4일 만에 전쟁은 끝났다.* 대부분의 이라크 군은 항복하거나 퇴각했다. 미군은 결정적인 승리를 거두었고, 전투에서 단지 147명의 병사를 잃었다. 쿠웨이트는 해방되었고, 사우디아라비아 인근 왕국과 왕자들은 안도의 한숨을 내쉬었다.

아라비아반도에서 미군이 주도한 전쟁은 역사상 가장 일방적인 전쟁 중 하나로 기록되었다. 그러나 미국은 사우디아라비아에 45만 명 이상의 미군 병력을 주둔시키면서 새로운 적을 만들게 되었고, 적은 공격할 기회를 엿보며 힘을 비축했다. 걸프전에서 미군은 압도적인 강력함을 보여주었지만 그러한 군사력으로도 숨어 있는 새로운 적을 탐지할 수 없었다.

오사마 빈 라덴(이하 빈 라덴)은 사우디 건설업계 거물의 아들로 그의 가족은 오랫동안 사우드 왕가와 밀접한 관계를 누려왔다. 전략적 사상가이자 내성적인 빈 라덴은 걸프전 발발 1년 전 전쟁 영웅이라는 호칭을 받으며 고국으로 돌아왔다. 아프가니스탄을 침략한 소련을 성공적으로 격퇴한 무자헤딘** 전사들을 훈련시키고 재정적으로 도운 덕분에 사우디 국민은 그의 승리를 환호했다. 빈 라덴은 아프가니스탄에서 10년간 전쟁을 치르면서 공동 설립자와 함께 부대를 창설하였다. 이 부대는 언제든지 싸울 준비가 되어있게 정신적으로 무장하고 있었기에 그의 부름을 받으면 전사들이 세계 어느 곳이든 와줄 것이라 확신했다. 빈 라덴과 공동 설립자는 부대 이름을 '알 카에다'라고 지었다.

---

*   원문을 그대로 번역하였으나 공중폭격은 실제 5주간 지속되었고 이후 지상군이 투입되었다.

**   무자헤딘이라는 단어가 서구권에 소개된 시기가 소련-아프가니스탄 전쟁 때라 영어권 국가에서 아프간 전사들을 지칭하는 의미로 통용되었으나 지금은 성전(聖戰)에 참여하는 무슬림 전투원을 말한다.

빈 라덴은 사우디 내 미군 주둔을 반대했다. 그는 리야드로 들어오는 미군 화물기의 광경을 "내 인생에서 가장 충격적인 순간"이라고 하였다. 그래서 미국의 "십자군"에 무슬림 성지가 "점령"되도록 사우디 국왕이 부추기고 있다며 반대여론을 형성하려 했으나 국왕을 언짢게 하는 결과만 초래하였다. 빈 라덴은 예언자 무함마드의 가르침을 인용해 사우디에 두 종교가 공존할 수 없으며, 이교도들이 메카나 메디나 같은 성지에서 생활해서는 안 된다고 경고하였다. 이런 주장은 스승의 영향 때문이기도 했다. 그는 무슬림들이 이교도들에게 총구를 겨눠야만 이슬람을 보존할 수 있다고 가르친 사이드 꾸뜹을 신봉했다.

　빈 라덴은 개인적인 이유로도 미군을 환영하지 않았다. 후세인의 쿠웨이트 침공 이후 빈 라덴은 자신에게 국가를 위해 봉사할 기회를 달라고 사우디 왕가에 요청했다. 그는 훈련받은 무슬림 전사들을 소집해 이라크를 물리칠 수 있다고 말했다. 그러나 사우디는 빈 라덴 대신 부시와 미군을 선택하였다. 그러자 앞서 언급했듯이 빈 라덴이 사우디 왕가를 공개적으로 비방하였고 왕실은 빈 라덴을 가택 연금에 처했다. 1991년, 사우디에서 추방된 빈 라덴은 거점을 수단으로 옮겼다.

　걸프전이 끝나고도 미군이 사우디 기지에 남자 빈 라덴은 더욱 격분하였다.

　"미군을 걸프 지역에 두어 우리 석유와 돈을 빼앗도록 내버려둘 수 없다. 미군을 제거하기 위해 무언가를 해야 한다. 우리는 싸워야 한다."

　수단의 새로운 본부에서 빈 라덴이 추종자들에게 말했다.

　1990년대 초반에는 경호 장비와 수법 등이 낙후되어 있었다. 휴대폰 등 다양한 부문에서 혁명적 변화가 일어났지만 경호 분야는 기술의 발전을 따라가지 못했다. 걸프전에서 미군이 보여준 첨단 무기들에 비하면 대통령 경호는 구식 같아 보였다. 행사를 준비하는 경호요원들은 여전히 방문

지역에서 인원을 동원하기 위해 부지런히 전화를 돌렸고 컴퓨터를 거의 사용하지 않았다. 비밀경호국 자산 중 그나마 첨단장비라고 할 수 있는 것은 금속탐지기가 전부였다. 이는 1981년 레이건이 총격 당한 후 행사 참석자와 손님들을 검색하기 위해 도입한 것이었다. 결국 케네디 때와 마찬가지로 직원들의 순수한 의지와 헌신에 의존해야 했다. 따라서 비밀경호국이 경호 문제를 해결하는 방법은 대부분 땀과 노동이었다.

"항상 '인력을 더 투입하자'는 식이었죠."

전직 고위 요원이 설명했다.

"전략 없이 단순히 반응만 하는 것이었습니다."

미드웨스트 출신의 존 마고(John Magaw, 이하 마고)는 '땀과 노동' 해결책을 실천하는 사람이었다. 그는 오하이오주(Ohio) 경찰로 근무하다 케네디가 암살되고 몇 년 지난 시점에 비밀경호국에 임용되었고 나중에 부시 대통령경호팀장으로 발탁되었다.

마고는 원칙에 대해서는 매우 세부적인 부분까지 챙기는 까다로운 사람이었다. 부시의 보좌관인 조 헤이긴(Joe Hagin)*은 마고를 매우 존경했다. 하지만 그런 그조차 한때 마고의 엄격한 성격 때문에 완벽주의자라는 이미지가 생겼고 결과적으로 더 빨리 승진하지 못한 것이라고 보았다. 또 다른 부시의 보좌관은 마고의 승진이 늦어진 이유가 "다른 경호요원들과 어울리기에는 너무 진지하고, 너무 직설적이며, 너무 투철"하기 때문이라고 해석했다.

마고는 팀장의 역할에 충실하기 위해 일부러 부하들과 친해지지 않았다. 그는 마지막 순간까지 경호계획을 손질한 것으로 알려졌는데, 만약 경호요원들이 펼치는 경계선이 무너질 수 있다고 판단하면 요원들이 서 있어

---

* Joseph W. Hagin II를 줄여서 부른 이름이다.

야 할 위치를 센티미터 단위까지 세밀하게 조정할 정도였다. 한번은 그가 부하 요원에게 폭발물 탐지견이 지나가는 동안 부시 옆을 막아서라고 했다. 이유를 묻자, "만약 그 개가 누군가를 물면 그게 너여야지 대통령이면 안 된다"는 답변이 돌아왔다고 한다.

마고는 한밤중에도 경호계획을 걱정하다 잠에서 깬 뒤 시간과 관계없이 변경 사항을 제안하러 전화하는 사람이었다. 그는 또한 1950년대식 차림새와 복장 기준을 직원들에게 요구했다. 모든 요원들이 머리를 짧게 깎고, 깔끔하게 면도하고, 반드시 끈이 달린 신발을 신어야 했다. 로퍼 등은 절대 안 됐다. 만일 위기의 순간에서 뛰어야 한다면 신발이 벗겨질 수도 있다는 이유를 들었다.

그는 경호에 있어서는 보수주의자였다. 또, 대통령 생명에 대한 가장 큰 위험이 단독으로 범행을 저지르는 총격범이라 확신하고 거기에 초점을 맞췄다. 특히 유명해지려는 정신 나간 총격범을 찾기 위해 군중을 주시하고 의심스러운 움직임을 포착하는 방법을 요원들에게 훈련시켰다.

부시와 마고는 일을 하면서 서로 존중하게 되었고, 둘 사이에 공통적인 특성을 발견하고는 가까운 친구 관계를 맺었다. 둘 모두 무미건조하고 말을 장황하게 늘어놓는 것을 싫어했으며, 공직에 대한 자부심이 있었다. 부시 임기 마지막 해인 1992년 2월, 대통령은 공무원이자 가족의 충실한 보호자인 마고를 비밀경호국의 차기 국장으로 임명함으로써 그에게 보답했다.

같은 달, 빈 라덴은 망명지인 수단에서 전 세계 이슬람 전사들을 향해 선언하였다. 비밀경호국에서 사우디 출신 신생 테러리스트의 이름이나 목표를 아는 사람은 많지 않았다. 그러나 모국에서 쫓겨난 빈 라덴은 해외 주둔 미군과의 전쟁을 선포했다. 그와 알 카에다 지도자들은 이슬람 땅을

"점령"한 서방 세력 특히 미군에 대항하는 지하드*가 필요하다며, 이를 요구하는 파트와**를 발표하였다. 빈 라덴은 여러 강연을 통해 "우리는 뱀의 머리를 잘라 그들을 막아야 한다"고 그의 추종자들에게 말했다.

"뱀은 미국이다."

빈 라덴은 아프가니스탄 언덕에서 키워낸 이슬람 전사들의 네트워크를 확장하기 시작했다. 그의 오랜 형제들은 서방을 증오하는 공통점으로 단결했다. 빈 라덴은 약 2,500만 달러의 유산과 수단 망명 기간에 부유한 기부자들로부터 받은 기부금도 있었다.

미국이 걸프전에서 승리한 지 1년밖에 안 된 시점에 빈 라덴은 구상하던 여러 음모 중 하나를 실행할 계획을 수립하였다. 이는 1992년 12월 부시가 기근 구호를 위해 소말리아에 파병한 미군을 폭격하는 것을 시작으로, 미국인들을 살해할 원대한 계획이었다.

머지않아 그는 미국 대통령들을 암살할 계획도 꾸몄다.

---

* 성전(聖戰)을 의미한다.
** 이슬람 법 전문가인 무프티가 법을 해석한 내용을 말한다. 파트와가 결정이나 명령으로 알려져 있지만 실은 의견일 뿐 이를 따를 의무는 없다.

11
록스타 대통령

1992년, 대통령 선거운동이 한창일 때 아칸소(Arkansas) 출신의 잘 알려지지 않은 빌 클린턴(Bill Clinton, 이하 클린턴) 주지사는 상상도 할 수 없는 일을 해냈다.

클린턴은 여섯 명의 민주당 후보들과 경쟁하고 있었는데, 그가 전직 리포터이자 카바레 가수와 불륜을 저질렀다는 기사가 타블로이드 신문에 실렸다. 그때는 민주당 대통령 후보를 판가름할 뉴햄프셔(New Hampshire) 예비선거가 코앞이었기 때문에 언론보도는 클린턴의 출마를 무산시킬 정도의 파괴력을 지니고 있었다. 그러나 며칠이 지나자 놀랍게도 클린턴은 난관을 무사하게 극복하였을 뿐만 아니라, 대중에게 훨씬 더 호감이 가는 인물로 각인되어 유력한 대통령 후보가 되어있었다.

더스타(The Star)의 1월 23일호에는 "빌 클린턴과의 12년 연애" 제하 제니퍼 플라워스(Gennifer Flowers, 이하 플라워스)라는 예쁜 금발의 사진이 표지에 실렸다. 플라워스는 기사에서 클린턴이 힐러리 로드햄(Hillary Rodham, 이하 힐러리)과 결혼한 지 2년 만인 1977년에 처음 만나 불륜관계를 시작했다 털어놓았고, 클린턴이 주지사가 된 후 둘의 관계가 외부에 알려지지 않게 각별히 신경을 썼다고 고백하였다. 클린턴의 권고로 플라워스는 클린턴의 보좌관들 중 일부가 살고 있는 리틀록(Little Rock)의 고층 아파트로 이사했었다. 그렇게 해야 의심 받지 않고 그녀를 방문할 수 있었기 때문이다. 플라워스는 인터뷰 비용으로 10만 달러를 받은 것으로 알려졌는데, 그 대가로 클린턴과의 녹취록도 공개하였다.

"누군가 '그래, 내가 그와 바람을 피웠어'라고 말하지 않는 한 그런 기사를 내보낼 수 없어."

클린턴과 힐러리는 플라워스가 폭로한 내용이 정치생명의 종말을 불러올 수준이라 여기고 반격을 꾀하였다. 부부는 미국인들이 즐겨 보는 CBS 채널 시사 프로 '60분(60 Minutes)'에 나와 공동 인터뷰를 하기로 하였고, 시청률을 높이기 위해 3일 후 슈퍼볼(Super Bowl) 경기가 끝나는 시간에 방송을 편성하였다. 클린턴은 스티브 크로프트(Steve Kroft, 이하 크로프트)와의 인터뷰에서 플라워스가 주정부 직원으로 알게 된 친근한 지인일 뿐인데, 타블로이드 신문이 그녀에게 돈을 지불하겠다고 하자 "그녀가 말을 바꿨다"고 말했다. 클린턴 부부는 이런 식으로 인터뷰 내내 교묘한 말로 플라워스의 주장이 거짓이라고 반박하였으나 내용을 전면적으로 부인하지는 않았다. 또한, 클린턴은 부부가 서로 노력해서 문제를 극복했다 언급하여 결혼생활에 고비가 있었다는 것을 암시했다.

"당신은 바람을 피운 적이 없다고 말할 준비가 되어 있습니까?"

크로프트가 물었다. 클린턴이 대답했다.

"저는 부부 사이의 일을 다른 누군가와 논의해야 한다고 말할 준비가 되어 있지 않습니다. 저는 결혼생활에 고통을 준 것을 인정했습니다."

클린턴과의 불륜에 대해 사실대로 말한 플라워스는 기자들에게 "혐오스럽다"고 하였다.

"이전에 본 적 없는 빌의 일면을 보았어요. 완전히 거짓말을 하고 있습니다."

그녀의 말대로 클린턴은 거짓말하고 있었지만 미국인들은 방송을 통해 그가 당당하고, 진실하며, 호감이 간다는 인상을 받았다. 더구나 클린턴 입장에서는 다행스럽게도 많은 기자들이 과거 불륜관계를 기사로 다루는 일을 싫어했다. 클린턴이 주정부 직원이자 나이트클럽 가수인 플라워스가 인터뷰 대가로 상당한 액수를 받은 사실을 두고 "쓰레기를 위한 비용"이라고 칭하자, 기자들은 그녀의 폭로에 대해 한층 더 거부반응을 보였다.

클린턴 부부의 '60분' 인터뷰는 역대 최고의 시청률을 기록했고, 아칸소 주지사는 하룻밤 사이에 유력한 민주당 후보가 되었다. 이후 두 달 동안 클린턴은 여러 주 예비선거에서 승리하였다. 비밀경호국 지도부는 클린턴을 "낚아채야 할 때"라는 데 동의했다. 이는 아칸소 주지사가 더 이상 별 볼 일 없는 후보가 아니라는 의미였고, 법에 의해 선거기간 동안 비밀경호국 전담 경호를 받을 자격이 있는 선두 주자라는 뜻이었다.*

몇 주가 지나자 클린턴의 경호요원들은 국민들이 모르는 내용을 알게 되었다. 타블로이드 신문이 클린턴의 불륜관계에 대해 보도한 내용이 사실이라는 것이었다. 클린턴의 로맨틱한 밀회를 모르는 체하는 것도 임무라고 깨달았을 때, 소수의 경호요원들은 이를 불편하게 생각하였다.

비밀경호국 본부는 2월부터 전국에서 20여 명의 요원들을 차출해 클린턴 전담경호대에 배치했다. 대통령 후보 전담경호대는 4년마다 지부에서 요원을 선발해 임시로 구성되는 팀으로, 모든 요원들이 예상하는 일이었다. 이들은 3주 동안 클린턴을 경호한 뒤 3주 동안 기존에 속해있던 지부 또는 본부로 돌아가 평시 업무를 수행하는 교대방식으로 근무하였다.

새로 뽑힌 요원들이 리틀록에 도착하자 세 조장은 클린턴이 유세하지 않을 때의 일과를 설명하였다. 거기에는 한 가지 특이점이 있었다. 그는 아침마다 주지사 공관에서 나와 사우스 브로드웨이(South Broadway)에 있는 YMCA로 조깅하는 것을 좋아했다. 황갈색 벽돌로 세워진 이 역사적인 건

---

*   로버트 케네디가 1968년 6월 로스앤젤레스에서 선거운동을 하다 총살된 사건을 계기로 유력한 후보들에게 비밀경호국 경호를 제공하는 사안이 법제화되어 있었다.

물에는 체육관, 수영장과 사무실이 들어서 있었다. 거기서 그는 간단히 운동을 한다고 알려졌다.

조깅 코스에 따라 차이가 있었지만, 클린턴은 두 경호요원과 함께 보통 북쪽으로 약 3km 거리를 20분에 주파하는 속도로 달렸다. 일행은 YMCA로 가기 위해 시내 주요 도로를 벗어나 조용한 샛길을 택했다. YMCA 안에는 클린턴이 샤워를 하고 옷을 갈아입는 개인 방이 있었다. 그가 나오면 경호요원들과 한 블록을 걸어 브로드웨이 사거리에 있는 맥도날드로 갔다. 그곳에서 클린턴은 디카페인 커피와 에그맥머핀을 산 후 차를 이용해 공관으로 돌아갔다.

이처럼 별 문제가 없어 보였지만, 몇몇 경호요원들은 YMCA 방문에서 경호상 허점을 발견하였다. 비밀경호국의 수칙에 따르면 누군가는 반드시 경호대상자 가까이 있어야 했다. 그러나 클린턴이 운동하는 동안 경호요원들은 YMCA 건물 밖과 출입문 바로 안쪽에서만 근무했다. 검색 받지 않은 낯선 사람들로 가득 찬 공공시설 안에서 문제가 발생할 경우에 대비해야 했지만, 그러지 않은 것이다.

3주 후 교대로 투입된 경호요원들이 YMCA 일과에 대한 설명을 들었을 때, 이는 실수임에 틀림없다고 생각하였다. 그들 중 일부는 이 상황을 바로잡아야 한다고 보았다.

"왜 우리 중에 아무도 같이 들어가지 않나요?"

새로 투입된 요원이 물었다.

"그건 문제 삼을 필요 없다."

"하지만…"

"그만둬."

비록 전담경호대 대다수가 하위 직급 요원들이었지만 같은 훈련을 받은 사람들이었다. 경호상 문제를 제기했을 때 그 요원에게 그만두라고 하는 것은 이들의 문화가 아니었다. 경호팀의 장점은 경호요원들이 발견한 취약점을 서로 공유하고 상대방의 부족한 부분을 메꿔준다는 점이었다. 비밀경호국은 9·11 테러 이후 유행어가 된 "무언가를 보면 말하라(See something say something)" 캠페인 문구를 훨씬 이전부터 시행하고 있었다.

젊은 요원이 조장에게 다시 말했다.

"그는 안에서 운동하고 있습니다. 그러다 다칠 수도 있고, 미친놈이 있을 수도 있습니다. 안으로 들어가야만 합니다. 이 안에서 무슨 일이 일어날 수도 있습니다."

조장이 한숨을 쉬며 고개를 저었다.

"저 안에 그를 기다리는 여자가 있다. 섹스를 하고 있는 거야."

이를 들은 젊은 요원은 할 말을 잃었다. 경호팀은 대통령 후보자가 일주일에 몇 번씩 운동하는 척하며 여자들과 밀회를 즐기는 것을 사실상 방조하며 도와주는 셈이었다. 생각을 가다듬은 젊은 요원이 수십 년 전 케네디 대통령의 경호요원들이 물어본 똑같은 질문을 하였다. "그녀가 그를 해치지 않을지 어떻게 확신하시나요?"

YMCA 경호를 담당한 요원은 클린턴이 여자를 만날 때 쓰는 방만큼은 점검했는데, 방의 안전만 확보되면 나머지 위험은 수용이 가능한 정도라고 판단했다고 말했다. 그러나 이 문제가 외부에 알려지자 클린턴의 대변인 엔젤 우레나(Angel Urena)는 대통령 후보자가 경호팀 중 그 누구와도 동행하지 않은 채 일반인이 사용하는 대형 건물에 출입하는 것은 "경호수칙 위반"이라며 "이는 사실일 수 없다"고 하였다.

일부 요원들은 클린턴이 YMCA에서 여성들을 몰래 만날 때도 경호를 받는 것을 대통령 후보의 특권으로 여겼다. 클린턴이 아칸소 주지사였을 때는 조깅을 핑계로 새벽에 공관을 빠져나와 여자의 차에 타서는 어딘가 몰래 즐길 수 있는 곳으로 가야만 했다. 클린턴을 경호하던 주경찰은 그를 태우러 사전에 약속된 맥도날드로 갔다. 한여름임에도 실제로는 운동을 하지 않아 땀의 흔적이 있을 리 없었고, 이를 본 주경찰들이 그를 놀리기도 하였다.

로저 페리(Roger Perry) 전직 주경찰의 이야기다.

"그가 8km나 뛰었다길래, '땀샘에 이상이 있는 것 같으니 병원에 가보시는 게 좋을 것 같다'고 하였습니다."

이에 한번은 클린턴이 다음과 같이 대답했다고 한다.

"너희들을 속일 수 없어, 그렇지?"

공관으로 돌아온 클린턴은 경비실 화장실에 들러 얼굴과 셔츠에 물을 뿌려 땀을 흘린 것처럼 꾸미고 들어갔다.

클린턴이 1992년에 유세하면서 YMCA로 초대한 여성이 여럿 있는데, 선거캠프에서 빌린 전용기 익스프레스원(Express One)의 예쁘고 젊은 스튜어디스도 그중 하나였다.

클린턴의 전용기는 롱혼원(Longhorn One)이라는 별명으로 불렸고, 승무원으로 젊은 금발 여성 여섯 명이 고용되었다. 그중 크리스티 저처(Christy Zercher, 이하 저처)는 당시 27세로, 비싼 스트립 클럽에서 잠깐 일한 경력이 있었다. 그녀가 마이클 이시코프(Michael Isikoff) 전 워싱턴포스트 기자와 인터뷰한 내용에 의하면 클린턴이 조리실로 와 그녀를 유혹하듯 바라보며 "아, 그 파란 눈동자. 선거운동을 접고 버뮤다로 가자"고 말했다 한다.

클린턴은 선거운동 기간 내내 롱혼원에서 승무원들과 선정적인 농담을 계속했다. 그는 저처에게 이전 남편들과의 섹스가 만족스러웠는지 물었고, 그녀의 몸매를 칭찬했으며, 그녀의 어깨에 머리를 얹기도 하였다. 그는 승무원들에게 "너희 복장이 나를 얼마나 흥분시키는지 모를 거다"라고 한 적도 있었다.

저처는 클린턴이 수작을 부릴 때마다 웃어넘겼지만 한 가지 이상한 점이 있었다고 했다. 바쁜 유세 활동으로 인해 승무원들도 간혹 외박해야 하는 경우가 생겼는데, 리틀록에서 하룻밤을 보낼 때면 그가 승무원들에게 YMCA에서 운동을 같이 하자고 거듭 요청했다는 것이다. 그럴 때마다 선거캠프 보좌관 브루스 린지(Bruce Lindsey, 이하 린지)가 개입해 "그것은 좋은 생각이 아니다"라며 승무원들을 말렸다고 한다.

린지는 착륙할 때마다 승무원들에게 클린턴과 함께 비행기에서 내리지 말라고 부탁하였다. 린지는 클린턴이 예쁜 금발 여성들과 사진 찍히는 것을 원치 않았다. 그의 충실한 직원들은 그를 가정적인 아버지이자 남편인 동시에, 유권자를 위해 열심히 일하는 정치인으로 각인시키기 위해 밤낮을 가리지 않고 일했다. 실제로 클린턴은 그 이미지와 흡사한 부분이 많았다. 그와 힐러리의 관계는 정치적 파트너로 보이기도 했지만 딸을 무척 사랑했고, 아칸소 주민들에게 도움이 된다고 믿는 법안을 통과시키기 위해 늦은 밤까지 협상을 계속하였다. 그러나 성적 욕구를 충족하기 위해 다양한 여성들과 밀회를 가졌고, 이를 아내와 국민에게 숨기기 위해 신뢰하는 주경찰만 경호팀에 배속시켰다. 그는 비밀경호국 경호를 받은 첫날부터 요원들에게 보안을 강조했다.

클린턴이 민주당 선두주자가 되자 때마침 여론조사 기관들은 정권을 바꿀 수 있는 절호의 기회가 찾아왔다고 하였다. 후보들은 통상 현직 대통령과 맞붙으면 고전을 면치 못했지만 1992년은 상황이 달랐다. 2월 초, 미국 유권자 절반이 조지 H. W. 부시 대통령의 경제정책에 반대하고 민주당을 지지하는 것으로 나타났다. 이와 동시에 클린턴은 민주당 내 나머지 다섯 후보들보다 대의원을 두 배 이상 확보했고, 결국 11월에 당의 대통령 후보가 되었다.

클린턴은 부시를 이기고 미국의 42번째 대통령이 되었다. 이와 같은 결과에 영향을 미친 요소는 행운과 더불어 클린턴이 정치적 노련함으로 스캔들을 극복한 측면도 있었지만, 경기침체로 인해 새로운 인물을 원했던 민심의 덕을 톡톡히 누린 부분도 적지 않았다.

클린턴 내외와 비밀경호국의 관계는 처음부터 순조롭지 않았다. 사실,

그들의 관계는 명백한 불신에서 시작되었다고 해도 과언이 아니다.

　신임 대통령과 영부인은 임기 초부터 비밀경호국을 경계했고, 특히 대통령경호팀과 본부에서 고위직에 오른 인사들을 의심했다. 클린턴이 대통령 후보로 9개월간 경호를 받는 동안 자신의 경호팀과 비밀경호국 지휘부 다수가 전임 대통령에 강한 충성심을 느끼고 있다는 것을 간파했으니 그럴 수밖에 없었다. 백악관 뒤에 주차된 경호요원들의 차 범퍼에 부착된 '부시 대통령 재선' 스티커가 그 증거였다. 그럼에도 클린턴은 대통령에 당선되고 비밀경호국 전통에 따라 가장 경험이 많은 요원들을 거느리게 되었다. 바로 부시 전 대통령을 담당한 경호요원들이었다.

　그러나 클린턴이 경호팀에 의심을 품기 시작한 시기는 이보다 조금 앞선 대선 막바지 무렵이었다. 때는 1992년 10월 25일 일요일, 부시 대통령과 민주당 후보 클린턴은 각자 유세를 위해 디트로이트(Detroit)로 향했다. 부시는 아침 비행기로 도착해 디트로이트 컨벤션 센터에서 열린 국제경찰장협회(International Association of Chiefs of Police)에서 뜨거운 환영을 받았다. 부시는 이후 디트로이트 공항을 출발해 사우스다코타(South Dakota)와 몬태나(Montana)를 방문했다. 한편, 미시간주 유티카(Utica)에 있는 고등학교에서 유세 연설이 있던 클린턴은 부시가 이륙한 이후에 공항에 착륙했다.

　도착하자 부시를 수행해야 할 마고 비밀경호국장이 기다리고 있었다. 부시가 대통령 후보였을 당시부터 경호팀장을 맡고 국장까지 승진한 마고를 클린턴 캠프에서 환영할 리 만무했다. 그러나 이를 차치하고, 국장이 현직 대통령 곁을 비우면서 후보자 옆을 지킨다는 것은 같은 요원들이 보기에도 이상한 구석이 있었다.

　클린턴의 고위 보좌관 중 한 명은 학교에 도착하자 "그가 여기는 왜 온 거냐"며 코웃음을 쳤다. 그 말을 들은 클린턴이 고개를 돌리자, 전직 오하이오 주경찰이자 현직 비밀경호국장인 마고가 눈에 들어왔다. 그는 트레이드마크인 트렌치코트를 걸치고 요원들과 함께 축구장 앞에 서 있었다.

클린턴과 그의 선거 참모들은 마고를 부시의 스파이로 의심했다. 마고가 부시와 긴밀했을 뿐 아니라 불과 몇 개월 전에 국장으로 임명되었기 때문이다.

클린턴의 최측근들은 한편으로 화가 났다. 클린턴 행사에서 마고를 본 경우는 그때가 처음이었는데, 마고에게 직접 듣지 않아도 그가 온 이유를 알 수 있다고 생각했다. 대세는 이미 기울어진 상태였다. 여론조사기관들은 클린턴이 대통령선거일까지 남은 2주 동안 계속 앞설 것으로 보았고, 부시의 선거캠프도 이를 인정하는 분위기였다. 과거에 토마스 듀이가 트루먼 대통령을 앞선다는 언론보도를 보고 듀이의 선거본부로 달려가 오명을 뒤집어쓴 비밀경호국장이 있었는데, 마고는 그 전철을 밟으려 했던 것이었을까?

"인제야 얼굴을 비치겠다고?"

또 한 명의 클린턴 보좌관이 콧방귀를 뀌었다.

현장에 있던 경호요원들은 조지 스테파노풀로스(George Stephanopoulos, 이하 스테파노풀로스)*, 제임스 카빌(James Carville, 이하 카빌)**과 린지가 마고를 경멸한다고 느꼈다. 만약 그렇다면 이는 너무나 명백한 결과로 이어질 것이 뻔했다. 여론조사대로 클린턴이 선거에서 승리한다면 마고는 자리에서 물러나야 하고, 그는 역대 최단기 비밀경호국장으로 기록될 것이었다.

"그들의 태도로 생각을 읽을 수 있었습니다."

당시 현장에 있던 요원이 말했다.

"그들은 마고를 원하지 않았습니다."

클린턴이 선거에서 승리하고 백악관으로 입성할 준비를 할 때쯤, 클린

---

*   선거캠프 공보담당을 맡았고 백악관 공보국장을 역임하였다.

**   민주당 선거전략 전문가.

턴 부부와 비밀경호국 사이에는 긴장감이 흘렀다. 암호명 이글(Eagle)로 불리는 클린턴 입장에서는 대로변 조깅을 반대하고 그의 움직임을 제약하려는 경호팀에 화가 났다. 그는 사람들과 어울리는 활동을 가장 좋아해 이를 통제받을까 우려했다. 그래서 조깅을 계속하고 중간에 사람들과 인사할 수 있게 경호팀이 허락해야 한다고 강조했다. 클린턴은 여전히 동네 식당에 들러 시민들을 놀라게 하고 싶어 했다.

맥스 파커(Max Parker) 인수위원회 대변인은 "주지사가 국민들과의 일대일 접촉을 좋아하는 것은 비밀이 아니다"라며 비밀경호국이 여기에 적응해야 한다고 말했다.

"새로운 대통령이 당선될 때마다 서로에게 익숙해지는 시기가 있다."

1981년 힝클리를 제압하는 데 일조한 데니스 매카시(Dennis McCarthy) 전 요원은 기자에게 "클린턴이 요원들을 미치게 만들고 있을 것이다"라고 하였다.

백악관에 들어오자 클린턴 부부는 사생활 침해도 걱정해야 했다. 클린턴은 직접 전화를 걸지 못한다는 사실을 깨닫고는 백악관 전화 시스템을 바꿔야 한다고 주장했다. 그는 누군가 자기 대화를 엿들을 수 있다고 의심했다.

이에 더해, 침실 복도 계단에 배치된 경호요원들도 클린턴에게는 스트레스의 대상이었다. 그는 아침 조깅을 좋아했지만 전날 밤에 조깅을 미리 계획하는 것은 싫어했다. 클린턴은 자신과 같이 움직여야 하는 경호팀이 자신의 복장에 따라 우왕좌왕하는 모습을 보며 불편한 마음이 들었다. 대통령이 침실에서 어떤 모습으로 나올지 알 수 없는 경호팀 입장에서도 불만이 생기는 것은 매한가지였다. 결국 경호팀은 매일 아침 팀을 둘로 나눠 각각 체육복과 정장을 착용하는 방법을 고안해 냈다. 이러면 대통령이 전날 계획을 짤 필요도 없었고, 같은 옷을 입고 있는 경호팀이 대통령을 수행하면 되었다. 그럼에도 클린턴은 경호로 인한 불편함이 너무 컸다. 어느 저녁 클린턴이 친구의 독서 파티에 간다고 했는데, 안전이 확보되지 않았다는 이유로 경호팀장이 못 가게 하자 대통령은 욕설을 퍼부었다.

레이건 시절부터 경호요원들은 유사시 신속한 대응을 위해 백악관의 심장부인 2층 관저에도 배치가 되었다. 한 명은 대통령 전용 엘리베이터와 계단 사이에 배치되었고, 또 다른 요원은 트리티룸(Treaty Room) 건너편 그랜드계단(Grand Staircase) 위에서 근무를 섰다. 하지만 힐러리는 가족의 사생활을 보호하기 위해 더 이상 2층에서 근무하지 말라는 명령을 내렸다.

2층에 배치된 요원들은 대통령이나 영부인을 더 빨리 대피시킬 수 있다. "유사시 몇 초를 절약할 수 있습니다. 하지만 클린턴 재임 기간에 그들은 우리를 보고 싶어 하지 않았습니다."

클린턴 경호팀에서 근무했던 요원이 말했다. 힐러리는 백악관 내부에서 이동할 때 경호요원들이 보기 싫었다. 그래서 참모들을 불러놓고 경호요원들에게 뒤로 물러서서 자신에게 한마디도 하지 말라고 전하라 하였다.

영부인의 행동과 언행이 냉담해 보였을지 모르지만 그녀가 그렇게 한 배경에는 친한 친구의 경고가 있었다. 취임식 후, 힐러리의 친구인 해리 토마슨(Harry Thomason, 이하 해리)과 그의 부인 린다(Linda)가 백악관에서 임시로 거주하고 있었다. 해리는 어느 밤 기자들과 함께한 파티에서 돌아와 힐러리에게 나쁜 소식을 전했다. 그는 경호요원들이 백악관에서 목격한 대통령 내외의 사생활을 기자들에게 유출한다는 소식을 들었다고 했다.

힐러리는 그녀의 절친이자 백악관 법률고문인 빈스 포스터(Vince Foster, 이하 포스터)를 찾아가 경호팀 전원을 교체하고 후보자 전담경호대 요원들을 데려오는 방안이 어떨지 물었다. 포스터는 그처럼 급격한 변화가 생기면 언론에 말이 새 나갈 것이며, 클린턴 부부가 잘못한 것처럼 비칠 수 있다며 반대했다.

그러다 1993년 2월 19일, 시카고선타임스(Chicago Sun Times)에 클린턴 부부를 격분시킨 기사가 실렸는데 이로 인해 경호요원들에 대한 의구심은 더욱 커지고 말았다. 기사는 익명의 백악관 소식통을 거론하며 영부인의 성질이 고약해 말다툼 도중 남편에게 램프를 집어던진 적이 있다고 하였다. 클린턴 부부는 포스터, 특별보좌관 데이비드 왓킨스(David Watkins, 이하 왓킨스) 등 보좌관들을 소집해 경호팀 전원을 교체하는 방안에 대해 논의했다. 왓킨스는 "램프를 던졌다는 기사와 관련해 비밀경호국의 언론대응 방식을 부부가 몹시 언짢아했고, 문제의 요원들이 즉시 백악관 밖으로 전출되기를 원했다"고 말했다.

며칠 후, 포스터와 왓킨스는 클린턴 부부의 불만에 대해 조용히 논의하기 위해 마고의 사무실을 찾아갔다. 그들이 마고와 대화를 마치고 백악관으로 돌아왔을 때 입구에서 비밀경호국 직원이 전자기기를 이용해 그들을 검색하였다. 두 사람 모두 백악관 출입증과 신분증을 소지하고 있었고, 이런 방식으로 백악관 직원이 검색을 당한 적은 없었기에 매우 이례적이었다.

"당시 마고가 우리에게 도청기가 있다고 의심했을 것이라는 생각이 들었습니다. 우리는 그 상황이 믿기지 않았습니다."

왓킨스가 말했다.

그 사건 이후, 포스터는 편집증이 생겼고 클린턴 부부는 비밀경호국을 더욱 멀리하게 되었다. 대통령이 논란을 빚지 않고 바꿀 수 있는 자리가 하나 있었는데 바로 국장이었다.

"클린턴 부부는 마고를 빨리 제거하고 싶어 했습니다."

클린턴과 힐러리를 경호했던 전 요원이 말했다.

보통 대통령이 취임하고 1년 뒤에 비밀경호국 본부장들 중에서 새 국장을 뽑았다. 클린턴 시절에 경호팀들을 감독했던 고위 간부는 "대통령이 비밀경호국장에 자기 사람을 앉히길 원한다"고 말했다. 그러나 새로 당선된 대통령들은 국장을 바꾸려고 서두르지 않았다. 그들은 우선 내각 등 정무직 공무원들을 임명하고, 유권자들에게 약속했던 우선과제를 선정하는

데 집중했다. 그러나 클린턴 부부는 마고가 수장으로 있는 한 비밀경호국을 결코 신뢰할 수 없다고 생각했다.

변화의 기회는 클린턴 취임 첫해 여름에 찾아왔다. 재무부는 비극적 실패로 끝난 웨이코(Waco) 다윗가지 습격*을 주도한 알코올담배총기국(Bureau of Alcohol, Tobacco and Firearms)**에 대한 내사를 마무리하는 단계였다. 역사상 최악의 실패 중 하나로 꼽히는 습격은 불법 무기류를 압수하기 위해 벌인 작전이었다. 처음 예상과 달리 습격은 51일간의 대치 상황으로 이어졌고, 종교시설 내에서 시작된 치명적인 화재로 끝이 났다. 사망자 집계는 충격적이었다. ATF 요원 네 명과 신도 다섯 명이 총격으로 사망했고, 25명의 어린이를 포함해 75명의 신도들이 화재로 사망했다. 조사를 이끈 론 노블(Ron Noble, 이하 노블) 재무부 본부장은 ATF 간부들이 계획을 망쳐놓고는 반성하기는커녕 실수를 은폐하기 위해 거짓말했으며, ATF 국장이 그의 팀을 옹호하고 있어 ATF 쇄신을 위해 백악관이 나서야 한다고 제언했다.

비밀경호국 감독권자였던 노블이 마고를 ATF 국장으로 추천하자 클린턴 부부는 이를 즉시 수용했다. 이를 두고 은퇴한 비밀경호국 간부가 "론 노블이 클린턴 부부가 몰인정하게 보이지 않으면서 마고를 내칠 수 있게 도움을 주었다"고 말했다. 그 후 대통령은 어느 정도 친밀감을 느낀 엘제이 보우론(Eljay Bowron, 이하 보우론)을 국장으로 임명했다. 보우론은 미시간주립대(Michigan State University) 미식축구 선수 출신으로 당시 경호본부장이

---

* '웨이코 참사' 또는 '웨이코 포위전'이라고 알려져 있으며 사이비 종교 다윗가지를 알코올담배총기국이 급습하며 시작된 사건이다. 습격에서 알코올담배총기국 요원들이 사망하며 연방수사국이 개입하였다.

** 9·11 테러 이후 법무부 산하 알코올담배총기폭발물국(Bureau of Alcohol, Tobacco, Firearms and Explosives)으로 변경되었다. ATF란 약칭으로 불린다.

없는데도 건장한 체격을 유지하고 있었고 42세에 불과해 클린턴과 나이가 비슷했다. 그는 디트로이트에서 자랐지만 애틀랜타 지부장을 역임해 남부 정서도 갖고 있었다.

대통령 가족에 관한 한 비밀경호국은 충성과 보안을 중시했다. 하지만 많은 요원들은 클린턴 부부를 부정적으로 생각했고, 자신의 감정을 친구들과 동료들에게 숨기지 않았다. 대부분의 비밀경호국 요원들은 정치적으로 보수여서 클린턴과 민주당이 추구하는 사회적 가치에 공감하지 못했다. 또한, 많은 요원들이 지난 12년간 공화당 출신 대통령을 섬겼고 심지어 존경하기까지 하였다. 그럼에도 대통령경호팀은 비밀경호국을 의심했던 클린턴을 좋아하고 심지어 존경하게 되었다. 클린턴에게는 따뜻하고 진실된 면모가 있었다. 그는 자기 인생에 대해 이야기해 주었고 경호요원들의 삶을 궁금해했다. 그럴 때면 그가 언변이 뛰어나다는 사실을 알 수 있었다. 그는 일이 원하던 대로 풀리지 않으면 욕도 했으나 자신의 실수에 대해 사과할 줄 알았고, 자기 자신을 낮추지는 않았지만 그렇다고 거드름을 피우지는 않았다. 한 요원은 클린턴이 콘 벨트(Corn Belt)*에서 열리는 행사에 가던 중 평소보다 오랜 차량 탑승시간을 이용해 자기와 정부정책에 관해 열렬한 토론을 벌인 일을 기억했다. 클린턴은 정책의 이행으로 근로자가 많아지고 이는 결국 세수의 증가로 이어질 것이라고 주장했다. 반면, 요원은 그동안 이행된 복지정책의 결과가 고무적이지 않으며, 엄청난 재정적자를 안기고 있다고 반박했다.

"아이들을 사랑하지 않니?"

클린턴이 과장된 남부억양으로 요원을 놀렸다. 달아오른 열기를 가라앉히려는 시도였다.

---

* 미국에서 옥수수 생산량이 가장 많은 중서부 지역.

요원은 웃음을 참지 못했다. 이렇듯 클린턴은 마음만 먹으면 누구든 자기 매력에 빠뜨릴 수 있었다. 퇴임한 대통령경호팀 간부는 클린턴이 요원들과 친구처럼 지내지는 않았지만 그들을 존중해주었다고 하였다.

"그는 그저 즐거운 시간을 보내고 싶어 했던 남자였습니다."

클린턴은 요원들에게 관심을 가졌고, 힘든 하루를 마칠 때 그들에게 감사를 표했다.

이와 반대로, 비밀경호국 대다수는 영부인을 혐오했다. 어떤 요원들은 힐러리가 바바라와 너무 다르다며 화를 내기도 했다. 전 영부인은 경호요원들을 가족처럼 대했고, 바비큐와 수영 파티에 아내와 아이들을 초대했다. 바바라는 엄격할 때도 있었지만, 요원들에게 친할머니처럼 다정다감했고 항상 초소나 외곽에서 근무하고 있는 요원들에게 음식과 커피를 내다 주었다. 현 영부인은 사석에서 남편을 질책하고 욕했으며, 공공정책 구상에만 몰두하여 쿠키를 굽는 등 전통적인 여성의 역할을 등한시했다. 따뜻하고 어머니 같은 영부인에 익숙했던 보수적인 성향의 경호요원들은 힐러리의 태도가 불쾌하게 느껴졌다. 그 불쾌감은 그녀의 경멸을 받으며 더해졌으나 경호요원들은 이를 밖으로 표출하지는 않았다. 영부인경호팀 요원들은 수개월 동안 아침마다 그녀에게 인사하고, 차에 탑승하는 것을 도와주었으며, 현장에서 경호를 해주었는데도 자기들에게 말 한마디 건네지 않는다고 불평했다.

그러나 첫 단추부터 잘못 꿰서 냉랭해진 관계에 어느 한쪽에 더 많은 책임이 있다고 하기는 어려웠다. 부시를 향한 경호요원들의 충성심도 그렇거니와 클린턴 부부에 관한 정보 유출 사건도 있었으니 그녀가 경호요원을 불신하고 냉대한다고 해서 이상할 것은 없었다. 물론 그녀가 원래 하위직을 무시하고 무뚝뚝하게 대하는 사람이었을 수도 있다. 뭐가 됐든 간에 힐러리는 비밀경호국 역사상 가장 인기 없는 영부인으로 기록되었다.

클린턴 내외를 경호한 적이 있는 전직 대통령경호팀 간부는 힐러리가 약자를 더욱 거칠게 다루었다고 했다. 보통 그 대상은 백악관 주방 직원, 신임 경호요원 등 하위직 직원들이었다. 힐러리는 그녀에게 맞설 용기가 있는 소수의 직원들은 오히려 존중해주었다.

은퇴한 대통령경호팀 간부는 "힐러리가 악독한 사람이다"라고 했다.

"저는 방을 청소하는 사람을 무시하는 사람들에게 화가 납니다. 자신에게 이득을 안겨주지 못하는 사람을 존중하지 않는 사람들이죠. 그녀는 그런 부류였어요. 상대방의 마음이나 기분은 안중에도 없었습니다."

영부인경호팀에서 근무했던 요원들은 전입 당시 파론 파라모어(Faron Paramore, 이하 파라모어) 요원에게 받은 경고를 아직도 기억했다. 파라모어는 영부인이 민감하니 "무엇을 하든 그녀를 건드리지 말라"고 했다. 하지만 경호요원들은 경호대상자를 차 안으로 밀어 넣거나 난폭한 군중 속으로 끌려 들어가지 않게 붙잡아야 할 때도 있었다. 한 경호요원은 그로 인한 어려움이 있었다고 호소했다.

"그녀는 우리를 혐오했잖아요? 하지만 그녀가 군중 가까이 있을 때 경호요원이 바로 뒤에서 그녀를 경호하고 있다는 느낌을 못 받으면, 뒤로 돌아 우리를 찾았어요."

경호요원들은 힐러리와 함께 차를 타고 다니면서 그녀의 거친 말투와 이중적인 성격에 충격을 받았다. 그들은 힐러리가 비호감일 뿐만 아니라 대중 앞에서 보이는 모습이 거짓이라고 생각했다. 한 요원은 힐러리가 차 안에서 측근과 얘기를 나누다, 곧 만나야 하는 젊은 여성 모금자를 두고 꼴도 보기 싫다고 한 말을 기억했다. 그녀는 차가 멈추는 순간까지 여자가 무식하다고 비웃었다. 그러나 차 문이 열리자 힐러리는 방금까지 욕한 모금자에게 밝게 인사했다.

"오 줄리(Julie), 만나서 너무 반가워요."

클린턴의 13살 딸 첼시(Chelsea)도 경호팀과 사이가 좋지 않았다. 클린턴이 취임하고 얼마 안 됐을 무렵에 첼시와 그녀의 경호요원 사이에서 오간 대화가 백악관과 비밀경호국 내에서 순식간에 퍼졌다. 그 일화는 다음과 같다.

요원은 백악관 2층 거실로 올라가 전화를 받고 있던 첼시를 기다리고 있었다. 곧 그녀를 시드웰프렌즈(Sidwell Friends) 고등학교로 데려다줄 시간이었다.

"이만 가야 해."

첼시가 전화에 대고 말했다.

"돼지들이 왔어."

요원은 멍하니 그 자리에 잠시 서 있다 첼시에게 말을 걸었다.

"드릴 말씀이 있습니다. 제 일은 당신과 당신 가족을 위해 총을 맞는 겁니다. 이해할 수 있나요?"

"엄마 아빠가 아저씨들을 그렇게 부르는데요."

첼시가 말했다.

많은 요원들이 이를 영부인의 탓으로 돌렸고, 첼시를 '독수리 똥(Eagle Droppings)'이라는 새로운 암호명으로 부르기 시작했다.

당시 비밀경호국에 속한 소수의 흑인 여성 요원 중 한 명이었던 체릴 몽고메리(Cheryl Montgomery, 이하 몽고메리)는 경호요원들이 힐러리를 잘 알지도 못하면서 반감을 갖는 것을 지켜보았다. 힐러리는 비밀경호국에 문화적 충격 그 자체였기에 한편으로는 당연한 현상일 수도 있었다. 몽고메리는 힐러리가 날카로운 사상가이고 그녀가 단지 남편과 대등한 입장에서 "그를 도우려고 했을 뿐"이라고 생각했으나, 다른 요원들은 힐러리에게서 무자비하고 차가운 면모만을 보았다. 바바라와 달리, 힐러리는 그녀의 남편이나 경호요원들을 아끼지 않았다.

"저는 힐러리가 그들과 시간을 보낼 기회가 없었다고 생각해요."

몽고메리가 말했다.

"그녀는 그들에게 케이크와 남은 음식을 가져다주지 않았습니다. 파티가 끝난 후, 바바라는 항상 '이것 좀 먹어요'라며 그들에게 음식을 가져다 주고 경호요원들을 자식처럼 대했습니다. 누가 그런 식으로 대접받는 걸 싫어하겠어요? 힐러리는 그렇게 하지 않았어요."

몽고메리는 오히려 힐러리가 놀랍도록 관대한 사람이라고 생각했다. 1992년 대선 기간에 몽고메리는 클린턴 경호팀에 단기 파견을 나간 적이 있었다. 그녀가 임무를 받은 지 얼마 안 된 시기에 클린턴이 유세를 위해 플로리다 탬파(Tampa)를 방문했는데, 여기서 몽고메리가 큰 실수를 범하고 말았다.

클린턴이 도열한 지지자들 앞을 지날 때 몽고메리는 앞을 가로막는 사람이 없게 통로를 확보하고 있었다. 그런데 몽고메리가 앞으로 이동하면서 계속 같은 여자와 부딪혔다. 처음으로 여자와 부딪혔을 때 몽고메리는 그녀가 보좌관일 것이라 생각하고 비켜달라 하였다. 다시 여자와 몸이 닿자 몽고메리는 좀 더 강력하게 말해야겠다고 생각했다.

"이보세요. 거기서 비키세요."

세 번 반복되자 몽고메리는 더 이상 안 되겠다는 듯이 여자를 떨어뜨려 놓으려고 들어 올렸다. 그러자 클린턴을 경호하던 주경찰이 깜짝 놀라 몽고메리를 바라보았다. 그 모습을 본 몽고메리는 무언가 잘못됐다 직감하고는 그 여자를 클린턴 옆에 내려놓았다. 물론 몽고메리가 들어 올렸던 여자는 힐러리였다.

다음 날 아침, 리틀록으로 돌아온 몽고메리는 주지사 관저 앞에 있는 차에 앉아 교대 시간이 되기를 기다리고 있었다. 그때 아칸소주의 영부인인 힐러리가 관저에서 나와 몽고메리를 찾았다.

"안녕하세요?"

몽고메리가 창문을 내리며 걱정스럽게 말했다.

"안녕하세요?"

힐러리가 웃으며 인사를 건넸다.

"어제 탬파에서 만났죠? 저는 힐러리 클린턴입니다."

"아, 네. 저는… 체릴 몽고메리라고 합니다."

"저도 남편 유세에 동행한다는 사실을 알려주고 싶었어요."

몽고메리는 그녀에게 고마움을 표했다. 힐러리는 활짝 웃었고 몽고메리도 미소를 지었다. 그렇게 그들은 첫인사를 나누었다.

"그때 그녀가 보인 행동은 멋있었다고 생각합니다."

몽고메리가 당시 기억을 떠올리며 말했다.

"그녀는 본부에 문제를 제기하고 저를 경호팀에서 제외시킬 수도 있었어요."

하지만 힐러리는 그러지 않았다.

"영부인경호팀이 꾸려질 때 그녀가 전부 여성으로 구성된 팀을 요구했다는 말이 있었는데 본부는 이를 거절했었습니다."

비밀경호국 지도부는 그 요구가 불가능하다고 말했다. 몽고메리는 실망했지만 남성우월주의에 빠져있는 지휘부의 결정이 놀랍지는 않았다. 한 부통령경호팀장은 자기 팀으로 지원한 여성 요원을 지휘부가 거부했던 얘기를 하며 비밀경호국을 NFL에 비유했다.

"여성은 NFL에서 뛰지 않는다."

힐러리의 절친한 친구들과 측근들은 그녀와 비밀경호국의 관계가 원만하지 않아 안타깝지만 애초부터 정해진 일이었다고 말했다. 그녀에게는 초반부터 비밀경호국을 의심할 충분한 이유가 있었다. 비밀경호국이 부시에게 충성하고 있다는 것은 너무나 잘 알려진 사실이었고, 그녀의 사생활을 유출하고 있다는 정황도 있었다. 시간이 지나면서 힐러리도 일부 경호 요원들, 특히 고(故) 도니 플린(Donnie Flynn)과 긴밀한 유대를 형성하였지만 끝끝내 보수 성향인 비밀경호국에 대한 경계를 풀지는 않았다.

클린턴은 1960년대 케네디가 그랬던 것처럼 국민들과의 접촉을 갈구했고, 이러한 대통령의 성향은 케네디가 사망한 지 30년이 지났는데도 여전히 비밀경호국에 부담으로 작용했다. 케네디와 클린턴 모두 백악관에 입성했을 때 40대의 젊고 혈기 왕성한 남자였다. "랜서"와 "이글" 둘 다 이른 아침부터 늦은 밤까지 일할 수 있는 에너지가 있었고, 거의 매일 대중 앞에 모습을 드러낼 수 있는 열정을 갖고 있었다. 두 사람 모두 국민에게 다가가는 것을 즐기는 성격도 비슷했다. 케네디와 마찬가지로 클린턴도 공항과 박람회장에서 그를 기다리고 있는 사람들과 잡담을 나누며 스킨십 정치 행보를 이어갔다. 클린턴은 국민을 사랑했고, 국민은 클린턴을 사랑했다.

"저는 빌 클린턴처럼 재능을 타고난 사람을 본 적이 없습니다."

클린턴 비서실 차장을 지낸 해롤드 아이크스(Harold Ickes)가 말했다.

"남자든 여자든 상관없이 그와 눈을 마주치면 당신과 당신이 하는 말이 그에게 가장 중요하다는 느낌을 받았으니까요."

대선기간 초기부터 그를 경호해 신뢰를 받은 피트 다울링(Pete Dowling, 이하 다울링)은 클린턴이 당선되자 경호본부장으로 임명된 사람이다. 그는 국민들과의 소통을 강조하는 대통령의 성향 때문에 전담경호대가 어려움을 겪었다고 말했다.

다울링은 클린턴 경호가 "새로운 도전 같았다"고 했다.

"클린턴 대통령은 레이건이나 부시 대통령보다 젊고 활동적이었습니다. 레이건과 부시는 캠프 데이비드에서 조용히 지내는 것을 좋아했습니다. 클린턴은 그곳에 거의 가지 않았고, 대신 나가는 것을 좋아했습니다. 마서스 비니어드(Martha's Vineyard)를 방문했을 때 우리가 그에게 아이스크림을 사러 나가지 말라고 애원했던 기억이 납니다. 대통령이 움직이면 마을 전체를 통제해야 했기 때문이죠. 결국 우리 직원 한 명이 나가서 아이스크림을 사다 줬어요."

경호요원들은 또한 클린턴이 행사 참석자들 중 예쁜 여성에게 윙크를 보내고, 마음에 드는 여성을 향해 다가가는 행동을 재빨리 알아챘다. 이는 위협이 아니었지만 혹시 모를 상황에 대비해 그가 한 여자와 너무 오래 머물지 못하게 했다. 전직 요원이 이에 관한 일화를 들려주었다.

"관심을 끌려고 튀는 행동을 하는 금발 미인이 있었습니다. 그녀는 가슴도 컸고 노출이 심한 옷을 입고 있었어요. 그녀를 보자 클린턴은 일직선으로 그녀에게 향했죠. 그는 힐러리가 차를 타러 갔다고 착각한 것 같았습니다."

대통령경호팀과 백악관 경비를 담당했던 많은 요원들은 클린턴의 성관계를 직접 목격하지는 못했다고 하였다. 하지만 그들이 지키고 있던 문 안쪽에서 벌어진 비밀회의의 목적을 충분히 짐작했다고 했다. 한 남자가 20대 여성과 방으로 들어가면서 방해하지 말라고 하는데 누가 그런 명백한 징후를 인식하지 못하겠는가? 클린턴이 예쁘고 젊은 여직원들을 그의 사무실로 데리고 들어갔을 때 비밀경호국 요원들은 문 앞을 지키고 있었다. 그리고 30분에서 한 시간 후 헝클어진 머리에 풀어 헤쳐진 블라우스를 여미며 나오는 여성들의 모습도 보았다. 이뿐만이 아니라 야밤에 버지니아 교외나 조지타운(Georgetown)에 사는 지인 집에 혼자 가겠다며 경호팀을 준비시키는 경우도 많았다.

클린턴 경호팀에서 근무했던 전직 요원은 대통령이 "밤에 비공식 행사를 갖겠다고 한 적이 몇 번인지 모를 정도"로 많이 나다녔다고 말했다.

"그가 여러 장소를 방문했고 모두 그 이유를 알고 있었습니다."

경호요원들은 클린턴이 섹스를 하려고 몰래 빠져나간다고 확신했을까?

"물론이죠. 의심의 여지도 없이⋯⋯."

은퇴한 간부가 말했다.

"대통령은 밤늦게 개인 서재에 들어갔습니다. 여자들이 따라서 안으로 들어가는 걸 볼 수 있었죠. 그녀들이 지시사항을 받아 적으려고 들어가지는 않았습니다. 대통령이 밤늦게 누군가를 방문하기도 했습니다. 밤 11시 내지 12시였죠. 분명 영화를 보러 가지는 않았을 겁니다."

클린턴의 혼외정사를 두고 가혹하게 비판한 경호요원은 거의 없었다. 많은 요원들이 같은 경험이 있기 때문이었다. 잘생기고 몸도 좋은 비밀경호국 요원들은 근무를 마친 후 어느 술집을 가든 여성들의 관심을 받는 것으로 정평이 나 있었다. 몇몇은 여러 도시에 여러 여자 친구를 두기도 했다. 클린턴 경호팀에서 오래 근무한 요원이 말했다.

"당시 요원들끼리 장난삼아 만든 규칙이 있었는데 집에서 600km 이상 떨어진 곳이면 바람을 피운 것이 아니라고 했습니다. 출장 중에 불륜을 저지른 요원들이 많았습니다. 그들은 서로를 감싸주었죠. 제가 상관할 일이 아니라 신경 쓰지 않았지만 그런 일은 항상 있었습니다."

대통령의 여성편력은 백악관에도 큰 혼란을 야기했다. 재임 첫해부터 국내외에서 사건들이 터지며 클린턴의 지도력이 시험대에 올랐는데, 최측근인 스테파노풀로스, 카빌과 린지는 사건 해결을 위한 정치적 조언과 더불어 그의 치부가 드러나지 않게 위기관리에도 신경을 써야만 했다. 하지만 시간이 지나면서 대통령의 성생활과 윤리의식이 비난받을 만한 사건들이 새로 떠올랐고, 그럴 때마다 백악관은 공황에 빠졌다 수습하는 것을 반복해야만 했다. 선거운동 기간에 누군가 사건을 폭로하면 클린턴 선거캠프 보좌관 벳시 라이트(Betsey Wright, 이하 라이트)는 고발자들의 신빙성을 깎아내리기 위해 "빔보*의 감정 분출"이라고 칭했다. 클린턴 역시 당선 후에는 근거 없는 정치 공세라며 우익단체의 탓으로 돌렸다. 그러나 일부 소문은 확실한 사실이었다.

클린턴 재임 첫해 여름, 스캔들이 국정에 타격을 준다는 사실이 명백해졌다. 군과 정보기관들이 이슬람 테러로 밝혀질 국제적 위협에 관한 정

＊ 아름답지만 머리가 빈 여자를 일컫는 말

보를 종합하고 있는 사이, 보좌관들은 과거 정사에 대한 소문에 대응하기 바빴다. 클린턴 재임기간은 미국을 주적으로 삼은 급진 이슬람 단체들이 부상하는 시기였다. 이러한 단체들은 서로 연결되어 있지 않았지만 해외 주둔 미군이나 미국 본토를 공격하고 싶어 한다는 공통된 욕망이 있었다.

1993년 2월 26일, 클린턴이 취임한 지 약 한 달 만에 이슬람 단체에 의한 공격으로 로워맨해튼(Lower Manhattan)이 마비되고 시민들은 공포에 떨었다. 세계무역센터* 1WTC 지하주차장에서 폭약 600kg를 실은 트럭이 폭발했다. 주모자인 람지 유세프(이하 유세프)는 폭발로 인해 1WTC가 2WTC로 무너져 수만 명이 죽기를 바랐다. 그러나 그의 바람과 달리 폭발의 피해는 건물 지하로 한정되었다. 이 공격으로 여섯 명이 사망하였고, 폭발물 잔해와 연기 흡입으로 1,000명 이상이 부상을 입었으며, 건물 대피령이 내려졌다. 유세프의 공격이 대규모 살상에는 실패했지만 이슬람주의자들이 미국 땅에서 실행한 첫 테러였기에 빈 라덴의 관심을 끌기에 충분했다. 공교롭게도 유세프의 삼촌 칼리드 셰이크 모하메드**는 빈 라덴과 아프가니스탄에서 무자헤딘으로 같이 활동했던 인물이었다.

1993년, 클린턴이 국정운영을 배우느라 몰두하고 있을 때, 빈 라덴은 뱀의 머리라고 생각하는 미군을 공격할 방법을 찾는 데 전념하였다. 연말이 다가오자 빈 라덴은 공격 가능한 목표물을 발견했다. 부시 전 대통령은 1992년에 기근이 발생한 소말리아에서 유엔의 식량 수송을 돕기 위해 미군을 투입했었다. 그러나 소말리아 상황은 더욱 악화되었고, 힘이 커진 반군세력이 구호단체를 공격하고 관련자들을 살해하는 지경까지 이르게 되

---

* 총 7개의 건물이 있었다. 영어 명칭 World Trade Center의 약자인 WTC와 숫자로 건물 이름을 지었고 그중 쌍둥이 건물인 1WTC와 2WTC가 가장 유명했다.

** 1993년 세계무역센터 폭탄 테러 사건에 필요한 자금을 제공한 것으로 알려져 있다. 9·11 테러를 계획한 인물이며, 이 외 여러 테러 사건의 배후이기도 했다.

었다. 그러자 클린턴은 1993년 여름 반군 진지를 공격하고 사령관을 체포하기 위한 군사작전을 명령하였다. 그러나 작전에 성공하지 못하면서 역으로 반군 폭탄에 의해 미군 사상자가 늘어나자 클린턴은 모가디슈에서 반군 주요 참모들을 체포하기 위한 특수부대 투입 작전을 승인했다.

10월 3일 밤, 임무가 개시되었고 미군은 한 시간 안에 작전이 종료될 것으로 예상했다. 하지만 빈 라덴의 전투원들이 훈련시킨 소말리아 반군은 휴대용 로켓 발사기를 이용해 두 대의 블랙호크 헬리콥터를 격추했다.* 이어진 총격전은 밤새 계속되었고 반군은 미군을 사지로 몰아넣었다. 다음 날 아침, 반군이 미군들의 시체를 끌고 모가디슈의 거리를 활보하는 모습이 생방송으로 중계되었다. 당시 백악관에 있는 그 누구도 빈 라덴이 전투의 배후에 있다는 사실을 알지 못했다.

이 와중에 백악관은 대통령의 성 스캔들이 확대되는 것을 막는 데 전념했다. 클린턴을 지지하는 아칸소 주정부 관리들은 기자들이 아칸소에 와서는 대통령이 바람을 피웠는지 그리고 여성을 몰래 만나는 것을 주경찰이 도와줬는지 캐고 있다고 백악관에 경고했다. 이를 전해 들은 맥 맥라티(Mack McLarty, 이하 맥라티) 비서실장은 주경찰이 뭐라고 떠들고 있는지 확인하기 위해 대통령이 신임하는 라이트를 아칸소로 급파했다.

로스앤젤레스 타임스 탐사보도 기자인 빌 렘펠(Bill Rempel)과 보수성향 잡지인 아메리칸 스펙테이터(American Spectator) 기자 데이비드 브록(David Brock, 이하 브록)은 클린턴의 외도를 직접 목격한 주경찰이 네 명 있다는 정보를 입수하고 8월에 취재를 시작했다. 그러나 브록이 첫 번째 인터뷰를 마치자 남은 세 명이 버디 영(Buddy Young, 이하 영) 경감으로부터 전화를 받

---

* 이 사건이 영화로 제작된 『Black Hawk Down』이다.

앉다. 영은 클린턴이 주지사일 당시 경호팀장이었고 대통령의 보은인사로 한 달 전 텍사스 지역을 관장하는 연방 비상계획관 자리를 받은 인물이었다. 그는 언론과 대화했다는 이유로 로저 페리(Roger Perry, 이하 페리)를 나무랐다. 페리는 16년간 주경찰로 근무한 베테랑으로, 아칸소주경찰협회(Arkansas State Police Association) 회장이었다.

그에 따르면 영은 이렇게 말했다.

"지금 미국 대통령을 대신해서 얘기하는 거야. 왜 이 일로 그에게 타격을 입히려 하는 거지? 어차피 넌 아무것도 모르잖아? 협박은 아니지만, 너의 행동이 끔찍한 결과를 가져올 수 있다는 걸 기억해."

영은 경찰관들에게 연락했다고 인정했지만, 백악관 지시를 받았다는 의혹에 대해서는 부인했다.

"저는 페리에게 전화를 걸어 그의 판단이 잘못됐고, 그가 하려는 행동이 비윤리적이며, 공안직에 종사하는 사람들에게 불명예를 안길 것이라고 했습니다. 그건 친구로서 한 말이지 대통령을 대신해서 하는 말이라고 한 적이 없습니다. 정말로 그렇지 않았거든요."

또 다른 주경찰인 대니 퍼거슨(Danny Ferguson)은 클린턴이 직접 두 차례나 전화를 걸었다고 했다. 자신이 기자와 접촉했다는 사실을 알았기 때문이었다.

페리에 의하면 클린턴은 퍼거슨에게 "뒷수습"을 할 수 있도록 "경찰이 무슨 이야기를 했는지 알려 달라"고 했고 그 대가로 좋은 자리를 약속했다.

1993년 12월 19일 일요일, '트루퍼게이트(Troopergate)'로 알려진 스캔들이 터지고 말았다. 그날 밤 CNN은 페리와 래리 패터슨(Larry Patterson, 이하 패터슨)의 인터뷰를 내보냈다. 클린턴을 수년간 경호하며 그의 밀회를 도와준 내용에 관한 것이었는데, 이 둘의 인터뷰는 아메리칸 스펙테이터가 수개월에 걸쳐 조사한 내용과 동일했다. 그 속에는 클린턴에 대한 온갖 저속한 내용이 담겨있었다. 클린턴이 차 안에서 백화점 화장품 판매원한테 받은 구강성교 행위. 본인의 직원, 지방 판사, 판사의 부인, 그리고 기자와 저지른 불륜. 클린턴이 주경찰에게 매력적인 여성을 찾아 자기 사무실 또는 호텔로 데려오라고 지시했던 일 등등. 이틀이 지난 화요일, 같은 내용을 조사하던 로스앤젤레스 타임스 기자들도 그동안 취재했던 광범위한 내용을 보도했다.

언론이 정보원으로 활용한 두 명의 주경찰은 그들이 한 말이 사실이라는 진술서에 서명하였다. 다른 두 명의 주경찰은 정보를 제공했지만 익명을 요구하였다. 주경찰 중 일부는 클린턴을 감싸는 데 지쳤기 때문에, 일부는 대통령이 일자리 관련 약속을 지키지 않아 폭로하기로 결심하였다고 했다.

"우리는 그를 위해 거짓말을 했고 그의 아내를 속이는 일도 도왔는데 그는 우리를 개처럼 대했습니다."

패터슨이 아메리칸 스펙테이터 기자와의 인터뷰에서 말했다.

주경찰은 섹스중독자가 벌인 행동을 주변 사람들이 수습하느라 해야 했던 일을 상세하게 묘사하여 클린턴이 대선기간 때 플라워스 사건 등 많은 사안에 대해 거짓말을 했다고 암시하였다. 주경찰이 한 말은 클린턴이 공무원에게 업무 외 사적 지시를 내린 혐의로 조사를 받을 빌미가 되기에도 충분했다. 아메리칸 스펙테이터 기사에는 다음과 같이 실렸다.

> 클린턴은 주경찰에게 여성들의 연락처를 받아오라는 지시를 했다. 그를 관용 차량에 태워 접선지점까지 데려다 준 다음, 성관계를 맺는 동안 그를 경호하도록 했다. 또한, 주경찰에게 호텔 등 만남의 장소를 미리 확보하도록 했고, 여성들을 몰래 방문할 수 있게 주경찰 차량을 이용했다. 이뿐만 아니라 클린턴이 보낸 선물을 여성들에게 전달하라고 했는데, 플라워스처럼 선물을 받은 일부 여성들은 주정부 직원이었다. 이와 더불어 힐러리를 감

시하게 하고, 자신의 행방에 대해 거짓말을 하게 하여 밀회를 은폐하는 일을 돕도록 했다.

첫 보도가 나간 일요일 밤에 클린턴 진영은 당황했다. 린지는 "어처구니없는 주장"이라며 "유세기간 동안 비슷한 주장이 제기되었고 조사가 이루어졌기에 더 이상 대응할 가치가 없다"고 말했다.

린지는 기사들이 보도되기 전 클린턴이 주경찰 한 명에게 전화를 건 일은 사실이지만 대통령이 허위사실에 대해 반론을 제기할 권리가 있기 때문에 "부적절한 것은 아니다"라고 밝혔다. 또한, "대통령이 침묵의 대가로 누군가에게 일자리를 제안했다는 주장도 거짓말"이라고 말했다.

클린턴의 보좌관들은 다수의 주경찰들에 의해 뒷받침된 구체적인 이야기들이 모두 거짓일 수는 없다고 보았다. 더구나 대통령 내외의 행동을 통해 언론보도가 일부 사실임을 직감할 수 있었다. 이 보도가 나오자 클린턴은 아내 앞에서 회한과 수치심을 감추지 못했는데, 데이비드 거겐(David Gergen) 정치고문은 이를 "장난기 많은 골든 리트리버가 거실 카펫에 똥을 싼 것을 들킨 꼴"에 비유했다.

힐러리는 가까운 친구들 앞에서는 우울한 모습을 보였지만 심적 고통을 공개적으로 드러내지는 않았으며, 보좌관들에게는 앞으로 다가올 정치적 어려움에 대해 토로했다. 당시 그녀는 의료 개혁을 위해 의회를 상대하고 있었는데, 맥라티에게 "이 사건은 우리가 하는 모든 일을 왜곡시킬 것"이라고 말했다.

트루퍼게이트는 백악관에서 일하는 젊은 직원들도 화나게 했다. 그들은 마음속으로 클린턴이 그의 아내, 유권자들, 그리고 자신들에게까지 거짓말을 했는지 의구심이 들었다. 반면, 클린턴의 최측근인 린지와 스테파노풀로스는 허무맹랑한 이야기라고 일축했다. 그들은 대통령이 정치공작의 희생자이며 언론에 보도된 내용은 클린턴의 적이라고 공언한 클리프 잭슨(Cliff Jackson)*이 꾸며낸 이야기라고 하였다. 또, 연루된 주경찰들은 이 이야기가 도서로 출판되면 받게 될 인세에 이끌려 넘어간 것이라고 하였다. 어떤 보좌관들은 만약 이 모든 일이 실제로 일어났다면 왜 한 명의 여성도 나서서 사실을 밝히지 않느냐고 물었다. 클린턴 진영은 플라워스가 나섰다는 점은 까마득히 잊고 있었다. 디디 마이어스(Dee Dee Myers) 대변인은 기자들에게 이성을 찾으라며 "그것은 사실이 아니다"라고 말했다. 클린턴 선거운동을 취재했던 뉴스위크(Newsweek) 칼럼니스트 조 클라인(Joe Klein)은 '빔보랜드 시민들' 제하의 기사에서 "여자들은 어디에 있는가?"라는 보좌관들의 대사를 되풀이했다.

약 2주가 지나면서 트루퍼게이트 여파가 가라앉기 시작했다. 하지만 이것은 시작에 불과했다.

1994년 5월 6일, 폴라 코빈 존스(Paula Corbin Jones, 이하 존스)는 자신이 트루퍼게이트 당사자 중 한 명이라고 증언하기 위해 연방법원에 출석했다. 존스는 1991년에 최저임금을 받으며 주정부 사무원으로 일하고 있었는데, 클린턴이 리틀록호텔(Little Rock Hotel) 방으로 유인해 구강성교를 강요했다고 고발했다. 짙은 갈색 머리에 풍만한 몸매를 가진 존스는 사실 연초부터 클린턴이 자신을 성추행했다고 주장했으나 구체적인 내용을 밝히지 않아 주요 신문과 방송사들이 그 주장을 심각하게 받아들이지 않았다.

그녀는 변호사들을 앞세워 해당 내용을 9개 항목으로 상세하게 정리해 70만 달러의 손해배상을 요구하는 청구소송을 제기했다. 그녀는 트루퍼게이트에서 중요한 사항들이 잘못 알려져 나서게 됐다고 했다. 그녀에 의

---

* 클린턴과 동일하게 아칸소 출신이며 옥스퍼드대학을 같이 다녔다. 카운티 선거에서 패배하여 정치에서 물러났으며, 이후 변호사로 활동하였다.

하면 리틀록 엑셀시오르호텔(Excelsior Hotel)에서 열린 회의에서 주경찰들이 그녀에게 접근했다. 그때 클린턴이 그녀를 회의장소로 마련된 호텔 방에서 만나고 싶어 한다고 전했다는 것이다. 그녀는 주지사와 면담을 하면 더 좋은 일자리가 생길지 모른다는 기대감에 승낙했다고 한다.

존스는 주경찰들의 주장과 달리 클린턴에게 몸을 허락하지 않았다고 했다. 그런데 클린턴과 단둘이 남게 되자 그가 자신을 끌어당기고 키스하려 했다고 한다. 존스에 따르면 그녀는 클린턴을 밀치며 뒷걸음쳤으나, 그가 소파에 앉은 그녀 앞으로 와서는 바지를 내리고 발기된 성기를 들이댔다.

"키스해."

클린턴이 말했다.

존스가 나가려고 일어섰다.

"저는 그런 여자가 아니에요. 이만 가야겠어요."

백악관은 당시의 상황에 대한 존스의 주장이 조작된 것이라고 반박했다. 그러나 뒤에서는 변호사들과 만나 존스가 제기한 민사소송의 심각성에 대해 논의했다. 만약 재판이 진행되면 클린턴은 재임 기간에 재판을 받는 최초의 대통령이 될 상황이었다.

힐러리는 존스가 자신의 입장을 발표할 때부터 이러한 일을 예견했다. 그녀는 "빔보의 감정 분출" 담당 라이트에게 아칸소로 내려가 이 여성을 조사하고 "제발 멈추게 해 달라"고 간청했다.

클린턴 부부가 새로 고용한 변호사 밥 베넷(Bob Bennett)은 본능적으로 합의 쪽이 현명하다고 느꼈다. 그러나 힐러리와 클린턴을 각각 대면하고 나자 힐러리는 합의를 원하지 않고 클린턴은 무엇을 해야 할지 모른다는 것을 깨달았다. 클린턴은 자기가 잘 알지도 못하는 여성을 호텔 방으로 유인해 성기를 들이대지 않았다며 주변을 설득하는 데에만 전념하는 듯 보였다.

"신에 맹세코 그런 일은 일어나지 않았어요."
클린턴이 베넷에게 말했다.

1994년 9월 12일 월요일, 전혀 다른 종류의 위협이 대통령 앞에 모습을 드러냈다. 오전 1시 45분쯤 빨간색과 흰색으로 도색된 도난당한 2인승 소형 세스나가 워싱턴 시내 17번가를 따라 건물 위를 낮게 비행하다 워싱턴기념탑에 다다르자 유턴한 뒤 곧장 백악관 사우스론으로 향했다. 조종사는 활공 경로를 설정하면서 비행기 동력을 차단했지만 그날 오후 계획된 행사를 위해 잔디밭에 설치된 관람석을 발견하고는 방향을 다시 위로 올리려고 했다.

비행기는 앤드류 잭슨(Andrew Jackson) 전 대통령이 심은 거대한 목련나무를 부러뜨린 후 약 20m를 미끄러져 백악관 스테이트 다이닝룸(State Dining Room) 바로 바깥에 멈추어 섰다. 조종사는 즉사했고 짓이겨진 잔해가 클린턴 부부의 침실 바로 아래에서 연기를 내뿜었다. 다행히 그날 밤 클린턴 부부는 백악관 환기시스템을 수리하는 관계로 바로 옆 블레어하우스에서 잠을 자고 있었다.

비밀경호국을 포함해 아무도 백악관을 보호하기 위한 조치를 취하지 않았다. 비행기가 접근하는 것을 몰랐기 때문이다. 남측 현관에서 근무하고 있던 요원들은 내셔널몰(National Mall) 상공에서 낮게 날고 있는 비행기를 발견했지만, 비행기가 백악관을 향하자 자신만 간신히 피할 수 있는 시간밖에 없었다. 사건이 벌어진 후에야 소방차들이 불을 끄러 사우스론으로 출동했다. 폭발물 탐지팀은 잔해 속에 폭탄이 있는지 확인하기 위해 주변을 샅샅이 뒤졌다. 가이 카푸토(Guy Caputo) 비밀경호국 차장은 집에 있는 고위 간부들에게 연락해 상황을 전파했다. 근접요원이 클린턴을 깨워 추락 사실을 알렸고 대통령은 보고를 받고 다시 침대로 돌아갔다.

세 번째 이혼과 아버지의 죽음 이후 절망감을 느낀 트럭 운전사 프랭크 코더(Frank Corder, 이하 코더)는 자정쯤 메릴랜드주 하퍼드 카운티(Harford County)의 한 공항에서 비행기를 훔쳤다. 그의 친구는 코더가 백악관에 충돌하여 자살하겠다고 말한 적이 있다고 했다.

코더의 계획은 아마추어적이었지만, 비밀경호국이 공중에서 공격을 받을 경우 방어책이 없다는 사실을 여실히 보여주었다. 다음 날 아침, 비밀경호국은 백악관 관리들과 기자들에게 대통령은 결코 위험에 처한 적이 없으며, 코더가 대통령을 죽이려고 한 정황도 없다고 강조했다. 비밀경호국은 비행체 공격에 대한 방어책을 세웠다고 발표했지만, 사실 그것은 대통령을 신속하게 안전한 곳으로 대피시키는 계획이었을 뿐 항공기의 접근을 방지하는 전략은 없었다.

당시 백악관 관리들과 로이드 벤트센(Lloyd Bentsen, 이하 벤트센) 재무장관은 비밀경호국으로부터 보고를 받고도 안심이 되지 않았다. 비록 P-56으로 알려진 백악관 주변 공역은 비행금지구역으로 설정되어 있었지만, 비밀경호국은 규칙을 무시하는 비행체에 대한 대응방안이 없었다. FAA(연방항공청, Federal Aviation Administration)는 공중위협을 비밀경호국에 전파하는 자동경보시스템이 없었다. 그리고 코더처럼 저공비행하는 소형비행기는 FAA의 레이더에 잡히지 않았던 것으로 추정된다. 비밀경호국은 백악관의 물리적 방호벽을 강화하기 위해 모든 방법을 면밀히 조사했었지만, 비행기에 의한 다소 이례적인 위협을 방어하기 위한 조치를 취하지는 않았다.

그날 새벽 2시부터 오전 내내 비밀경호국과 백악관은 누가 이 사건 조사를 지휘할 것인가를 두고 팽팽하게 맞섰다. 간섭받기를 싫어하는 비밀경호국은 전례대로 단독 조사를 원했다. 합동수사를 원했던 백악관은 뜬눈으로 밤을 지새운 보우론 국장과 사고 수습차 워싱턴으로 돌아오던 벤트센과 화상회의를 했고, 타협안을 제시했다.

결국 대통령이 직접 지침을 하달했는데 이는 매우 이례적이었다. 이에 따라, 벤트센은 론 노블 차관(본부장에서 차관으로 승진하였다)에게 백악관 경호 공백을 확인하고 보완 방안을 도출하기 위한 진상조사를 이끌도록 명령했다. 비밀경호국은 조사를 보조하는 역할을 맡았다.

오후 2시 45분경 기자회견이 열렸다. 워싱턴 시민 대다수는 비밀경호국과 미군이 비행체에 대한 조기탐지시스템을 구축했거나 백악관 지붕에 대공 미사일이 배치됐을 것이라고 지레짐작했다. 기자회견에 참석한 노블과 칼 마이어(Carl Meyer, 이하 마이어) 요원은 이런 공격에 백악관이 노출되어 있었다는 사실에 당황한 기자들로부터 질문공세를 받았다.

"노블 차관님, 어떻게 이런 일이 일어날 수 있는지 당신이 아는 범위 내에서 말해줄 수 있나요?"

한 기자가 물었다.

"그 질문에는 답할 수 없습니다."

노블이 어두운 표정으로 대답했다.

노블과 마이어는 비밀경호국이 사전에 경고를 받았거나 위협을 방어하기 위해 조치를 취했는지에 대한 질문을 피하려고 했다.

기자들은 이어 경호요원들이 비행기가 접근하는 것을 확인한 후 "대응 사격을 할 충분한 시간이 있었느냐"고 물었다. 노블은 모른다고 답했다.

그러자 한 기자가 마이어에게 질문을 했다.

"요원들이 비행기를 향해 사격을 했나요?"

"그것을 논하기에는 아직 이릅니다."

마이어가 답했다.

"당신은 알 거예요. 예, 아니오로 답할 수 있는 간단한 질문입니다."

기자가 믿기지 않는다는 듯이 되받아쳤다.

또 다른 기자가 "그 질문에 답하는 것이 어떻게 대통령 경호에 해를 미칠 수 있겠느냐"며 반발하자 그제야 마이어는 "그러지 않았다"고 인정했다.

노블은 진상조사를 위해 변호사들을 고용했고, 백악관은 조사를 감독하기 위해 CIA와 FBI 국장을 역임한 윌리엄 웹스터(William Webster)를 포함한 전현직 고위 관리들을 합류시켰다. 그러나 그들이 일을 막 시작하려는 무렵에 새로운 공포가 백악관을 뒤흔들었다.

10월의 쾌적한 토요일 오후, 프란시스코 듀란(Francisco Duran, 이하 듀란)은 백악관 밖 펜실베이니아 애비뉴에 서 있었다. 그는 베이지색 트렌치코트에서 중국산 반자동 소총을 꺼내 백악관 철제 울타리 사이로 총신을 겨누고 발포했다. 전과자였던 듀란은 정부와 클린턴을 경멸한다는 이유로 백악관 북쪽 벽면을 향해 29발의 총격을 가해 그중 11발이 건물에 맞고 브리핑실 유리창이 깨졌다. 그는 길을 가던 일반인 세 명에 의해 저지되었다.

듀란의 총격은 당시 백악관 내 남쪽 방에 있던 클린턴을 위험에 빠뜨리지는 않았다. 그러나 이 사건으로 백악관 직원들은 크게 놀랐다. 리언 패네타(Leon Panetta) 비서실장은 노블의 팀에게 듀란 총격 사건도 조사에 포함시켜달라고 요청했다.

조사는 8개월간 이어졌는데, 이는 워런 위원회(Warren Commission)가 케네디 암살 사건을 조사한 이후로는 비밀경호국 역사상 가장 포괄적인 조사였다. 위원회는 백악관 경호의 모든 요소를 검토하기 위해 부시, 카터와 포드 전 대통령을 인터뷰하였고 레이더, 항공, 폭발물, 대테러 등 여러 전문가들로부터 조언을 구했다.

비밀리에 진행된 조사의 한 단계에서 비밀경호국은 고위 간부 두 명에게 포트브래그에 있는 델타포스 사령관을 방문토록 해 백악관의 취약성을 시험하는 새로운 방법을 논의하도록 하였다. 비밀경호국은 델타포스가 경호요원들을 뚫고 백악관 안으로 침투할 수 있는지 알아보기 위해 몇 가지 훈련을 시도하기를 원했다.

이 훈련을 논의하는 회의에서 델타포스 사령관은 비밀경호국 직원들을 회의실에서 맞이한 다음 예닐곱 명의 작전 담당자들을 소개했다.

"이분들께서 백악관을 공격하도록 너희들에게 임무를 부여하고 싶어 하신다."

사령관은 자신이 한 말의 의미를 부하들이 받아들일 수 있게 잠시 뜸을 들인 뒤 다시 말했다.

"이처럼 특수한 상황이 아니라면 너네는 바로 체포됐을 거다."

델타포스는 백악관을 침투하는 데 성공하지 못했다. 그러나 그들은 6~8명의 공격자를 태운 헬리콥터가 백악관에 착륙한다면 혼란을 틈타 적어도 한 명의 암살자가 백악관 안으로 들어올 가능성이 크다고 경고했다.

노블의 조사팀은 1995년 4월에 조사 결과보고서 초안을 마무리하는 단계에 있었는데, 논란의 소지가 많은 개선 방안을 제안하려 하였다. 그들은 백악관 앞 펜실베이니아 애비뉴를 폐쇄하여 백악관 주변 경계를 강화하려 했으나, 펜실베이니아 애비뉴는 워싱턴 시내를 관통하는 주요 도로였다. 최종안이 외부에 공개되기 전에 또 다른 사건이 발발하며 그들의 권고에 힘을 실어주었다. 4월 19일, 오클라호마시(Oklahoma City)에서 퇴역 군인 두 명이 폭발물을 실은 트럭을 이용해 연방정부 청사를 폭파하는 테러 사건이 벌어진 것이다. 이 사건으로 여섯 명의 비밀경호국 직원을 포함해 168명이 숨졌다. 몇 주 후, 클린턴은 마지못해 비밀경호국의 제안에 동의하고 펜실베이니아 애비뉴 폐쇄를 발표했다.

아마도 조사 이후에 채택된 가장 중요한 조치는 타이거월(Tigerwall)이라는 새로운 기밀 프로그램이었을 것이다. 이를 통해 비밀경호국은 FAA 레이더와 연동해 워싱턴 공역에 접근하는 수상한 비행기를 실시간으로 탐지하게 되었다. 이는 비밀경호국에 중요한 조기경보를 제공하는 시스템이었지만, 요원들은 이를 사용할 필요가 없기를 바랐다.

12
인턴

"젊은 하원담당 직원을 봤나?"

클린턴이 살짝 열린 집무실 문 사이로 머리를 내밀며 밖에 있던 경호요원에게 물었다. 집무실 앞 초소에는 은발의 루이스 폭스(Lewis Fox, 이하 폭스) 경관이 대통령경호팀 요원 옆 의자에 나란히 앉아 있었다. 초소 한편에 있는 TV에서는 미식축구 경기 방송이 작은 소리로 흘러나오고 있었다. 주말 내내 유난히 많은 눈이 내렸지만, 웨스트윙 내부는 여느 때와 다름없는 일요일 오후를 맞이하고 있었기에 폭스는 비밀경호국 암호명 E-6로 불리는 대통령 집무실 앞 근무가 지루하게 느껴졌다.

"못 봤습니다."

폭스가 말했다.

"곧 올 거야."

클린턴은 직원이 나타나면 알려달라고 하였다.

"네, 알겠습니다."

폭스가 고개를 끄덕이며 대답했다.

대통령이 문을 닫자 폭스는 주말 오후에 혼자서 누구를 기다리는지 알 것 같다고 옆에 있는 요원에게 말했다.

"분명 모니카(Monica)일 거야."

폭스는 확신했다. 그리고 10분도 채 지나지 않아 예측한 대로 검은 머리카락에 큰 미소를 가진 모니카 르윈스키(Monica Lewinsky, 이하 르윈스키)가 복도를 따라 올라왔다. 21세의 르윈스키는 그해 여름에 백악관 인턴으로 입사했지만, 가을이 되자 리언 패네타 비서실장 밑에서 일하면서 이례적으로 빠르게 승진하였고, 몇 주 전에 하원 업무를 담당하는 부서의 정규직으로 고용되었다. 그녀는 폭스를 보자 밝게 인사한 후 방문 이유를 설명했다. 그녀에게는 대통령한테 전달해야 할 편지 몇 통이 있었다.

겨울이 되면서 비밀경호국 요원들은 이 둘의 만남을 정기적인 일정으로 받아들였다. 대통령이 토요일이나 일요일 오후에 관저에서 내려와 집무실로 들어서면, 10분에서 30분 후에 르윈스키가 대통령에게 전달할 것이 있다며 복도에 나타나곤 했다.

폭스가 대통령 집무실 문을 두드리자 클린턴이 "응"하고는 이내 하얀 문이 열렸다. 대통령은 르윈스키에게 고개를 끄덕이고는 그녀를 집무실 안으로 안내했고, 폭스에게 문을 닫으라는 신호를 보냈다.

"시간이 좀 걸릴 거야."

클린턴이 말했다.

폭스는 비밀경호국에서 25년간 근무한 사람이었다. 그는 백악관 안에서 대통령들의 움직임을 10년 넘게 봐왔기 때문에 클린턴과 르윈스키 사이에서 공식적인 업무 이상의 무언가가 진행되고 있음을 감지했다. 폭스는 르윈스키가 백악관으로 출근한 첫날부터 알고 지내던 사이였다. 그는 지난 가을 웨스트윙 지하에 있는 보안 검색대에서 일하면서 르윈스키를 처음 만났다. 클린턴은 행정동을 가기 위해 보안 검색대를 지났는데 르윈스키가 그때를 노려 대통령과 사진을 찍으려고 하자 폭스는 대통령이 올 때까지 그녀가 그곳에 머물 수 있게 배려해 주었다. 당시 폭스는 몰랐지만 르윈스키는 지난 7월 비서실장실 인턴 자리를 얻은 이후부터 대통령에게 적극적으로 추파를 던지고 있었고 일부러 대통령이 지나는 곳에 가 있으려고 했다. 지하에서 만난 지 일주일 후, 근무 중인 폭스를 발견한 그녀는 사진을 찍을 수 있게 도와준 것에 감사하다며 고디바 초콜릿 한 상자를 선물로 주었다. 동료 경관들은 르윈스키를 "당신 여자 친구"라고 부르며 폭스를 놀리기 시작했지만 정작 그 둘은 아무 관계도 아니었다.

폭스는 동료 경관들로부터 르윈스키가 대통령과 사진을 찍은 후 웨스트윙을 자주 방문한다고 들었다. 특히, 아무런 일정이 없는 주말에는 영락없이 웨스트윙에 모습을 나타냈다.

폭스는 주말에 근무하면서 르윈스키를 집무실에서 두 번 보았다. 한 번은 그녀가 1996년 1월에 편지를 갖고 왔을 때였고, 다른 한 번은 그녀가 옆 출구를 통해 재빨리 집무실을 나갔을 때였다. 1996년 4월, 동료인 게리 번(Gary Byrne, 이하 번)이 폭스를 한쪽으로 끌고 가 "당신이 알아야 할 일이 있다"고 경고했다. 이어서, 르윈스키가 대통령 집무실 앞을 유별나게 자주 방문한다는 사실을 비서실 직원에게 알렸더니 에블린 리버먼(Evelyn Lieberman, 이하 리버먼) 비서실 차장이 긴급하게 전화를 걸어 즉시 만나 이야기하고 싶다는 뜻을 내비쳤다고 했다. 번은 다음 날 리버먼을 만나 자기가 본 것을 그대로 그녀에게 전달했다.

지난 11월에 르윈스키가 대통령 집무실 밖에서 서성거리자 리버먼은 인턴들이 집무실 근처에서 "서성거려서는 안 된다"며 그녀를 꾸짖은 적이 있었다. 그러자 르윈스키는 오히려 자기는 더 이상 인턴이 아니라며 말대꾸를 하였다. 리버먼은 그녀의 당돌함에 놀랐으나 실수를 범한 이상 사과하는 수밖에 없었다. 하지만 이 젊은 여직원의 행동이 비밀경호국 요원들 사이에서도 가십거리가 되자 리버먼은 그녀를 없애야 한다고 생각했다.

결국 그녀는 패네타에게 르윈스키를 다른 기관으로 옮기는 것이 좋겠다고 건의했다. 르윈스키가 대통령과 대면하기 위해 너무 많은 노력을 기울이고 있는데, "그 모습이 대통령에게 누가 될 수 있다"고 설명했다. 오랜 정부 관료였던 패네타는 문제를 사전에 차단하려는 그녀의 직감을 믿고 그 계획을 승인했다.

며칠 후, 폭스는 웨스트윙에서 오전 근무를 하다 복도에서 울고 있는 르윈스키를 보고는 무슨 일이냐고 물었다.

"더 이상 여기서 일하지 않아요."

그녀가 눈물을 닦으며 말했다.

"펜타곤*으로 옮기게 되었어요."

르윈스키는 인턴에서 정규직으로 승진한 뒤 대통령의 평판을 위협한다는 이유로 백악관에서 쫓겨났다. 이 모든 일은 불과 10개월 만에 일어났다. 실제로 그녀가 웨스트윙에서 일한 지 얼마 되지 않아 패네타의 선임보좌관 중 한 명인 제니퍼 팔미에리(Jennifer Palmieri)를 포함해 직원들 사이에서는 "대통령과 르윈스키 사이에 불륜이 시작되었을지 모른다는 우려"가 제기됐다고 한다. 그들은 르윈스키가 대통령 앞에 서면 "들뜬다"는 것을 알아챘다. 클린턴도 마찬가지로 1995년 가을 오후 때마다 비서실장실 밖에 칸막이로 마련된 그녀의 사무 공간 옆을 어슬렁거렸다. 그 모습이 직원들 눈에 띄기 시작했고, 직원들은 대통령이 비서실장실을 이렇게 많이 방문한 적이 없었다며 수군거리기 시작했다. 패네타의 보좌관 중 한 명은 그녀에게 눈치를 주려고 "당신은 대통령과 엄청 많이 대면하고 있다"고 말할 정도였다.

르윈스키는 클린턴을 지그시 바라보고, 그의 농담에 웃는 등 호감을 표시하였다. 그러다 마침내 어느 날 밤 웨스트윙에 대통령과 둘만 남게 되자 서로에게 끌리고 있다는 속마음을 고백했다. 11월 15일, 전날 시작된 정부 폐쇄로 인해 백악관에는 소수의 직원들만 남아 일하고 있었다. 이 기간 동안 무급 인턴들은 백악관을 운영하는 데 매우 중요한 역할을 했다.

---

*   미 국방부 본부 건물을 일컫는 말이며 국방부를 뜻하기도 한다.

클린턴은 저녁 8시경에 르윈스키를 식당과 서재 사이에 있는 창문 없는 복도로 끌고 갔다. 그곳에서 그녀는 장난스럽게 재킷 뒷부분을 들어 올려 바지 위로 드러난 티팬티 끈을 그에게 보여주었다. 그들은 키스를 하고 다시 각자 자리로 돌아갔다. 몇 시간 후, 대통령은 그녀를 다시 서재로 데려왔고, 그곳에서 그녀의 브래지어를 풀어 가슴을 어루만지고 키스했다. 그녀는 대통령에게 구강성교를 하기 시작했으나, 클린턴은 중간에 하원의원의 전화를 받으러 자리를 떠야만 했다.

대통령을 지키던 요원 및 경관들은 클린턴과 르윈스키가 대통령 개인 화장실에서 서로 쓰다듬는 모습, 책상 밑에서 구강성교를 하는 행위 등 비밀리에 일어나는 일들을 직접 보지 못했다. 하지만 폭스를 포함한 일부 인원은 무언가 심상치 않은 일이 일어나고 있다고 직감했다.

그들의 직감은 옳았다. 1996년 1월에 르윈스키가 폭스 앞에서 클린턴한테 전달할 편지가 있다고 한 말은 밀회를 즐기려고 지어낸 거짓말에 불과했다. 그녀는 항상 서류를 가지고 집무실로 왔고, 클린턴은 그녀가 도착할 때쯤 문을 열어 그녀를 안으로 초대하곤 했다.

르윈스키가 그에게 편지를 전달했던 1월에 벌어진 일이다. 클린턴은 그녀가 살고 있는 워터게이트 아파트로 전화를 걸어 곧 사무실로 간다고 얘기했다.

"같이 있어 줄까요?"

르윈스키가 장난스럽게 물었다.

"그렇게 하면 좋겠어."

대통령이 대답했다.

폭스가 그들 뒤에서 문을 닫자, 그들은 몇 분 동안 집무실 소파에서 이야기를 나누었고 결국 클린턴은 그녀를 아무도 볼 수 없는 욕실로 데리고 들어갔다. 키스를 했고, 상황은 빠르게 뜨거워졌다. 클린턴이 르윈스키를 애무하며 아래로 향했지만, 그녀는 생리를 하고 있다며 저지했다. 대신 구강성교를 행했다.
　약 20분 후, 둘은 집무실로 돌아왔다. 클린턴은 시가를 집어 들고 끝을 씹다가 손에 들고는 음탕한 눈빛으로 시가를 바라봤다.
　"그것도 할 수 있죠."
　르윈스키는 아무도 모르리라 생각하며 다시 애정행각을 벌였다.
　그해 겨울, 클린턴은 재선에 성공할 기미가 보이자 그 무엇도 두렵지 않았다. 아무도 그와 르윈스키가 주말에 무엇을 했는지 확신할 수 없었다. 그들은 비밀경호국 요원들의 시야도 차단된 창문 없는 복도나 닫힌 방에서만 밀회를 즐겼다. 그는 그녀와의 관계를 아무에게도 말하지 않았고, 그녀는 비밀을 간직한 관계를 좋아하는 것 같았다. 백악관 직원 일부가 의심할 수 있었지만 그뿐이었다.

　1997년은 클린턴이 두 번째 임기를 시작한 해였다. 그는 쉽게 재선에 성공했으나, 여성들과의 밀회가 탄로 나 임기가 위태로워질 가능성을 염두에 둬야 했다. 클린턴을 향한 케네스 스타(Kenneth Starr, 이하 스타) 특검의 수사는 3년 차로 접어들었고, 그즈음 여성들과의 관계를 조사하기 위해 경호요원들을 증인으로 세우려 하고 있었다.
　이와 동시에, 다른 시대를 아우른 전·현직 경호요원들이 서로 충돌했다. 케네디를 경호했던 요원들이 기억을 되짚으며 30년 넘게 지켜온 비밀을 털어놓았다. 그들이 역사를 똑바로 기록하려는 시도는 좋았지만, 하필이면 현직 대통령이 여자 문제로 고군분투하던 시점과 맞물려 비밀경호국에서 좋게 받아들이지 않았다.
　클린턴은 (호텔 방에서 만난 아칸소주 직원) 존스가 제기한 성희롱 소송으로 자신의 성생활에 대한 불편한 질문에 답하도록 강요받고 있었다. 대통령의 변호인단은 이 소송을 클린턴이 퇴임할 때까지 연기해야 한다고 주장하며 상고했으나, 1997년 5월 대법원은 원고의 손을 들어주었다. 1997년

8월에는 클린턴이 백악관 자원봉사자 캐슬린 윌리(Kathleen Willey, 이하 윌리)의 가슴을 더듬었다는 혐의를 받고 있다고 뉴스위크가 보도했다. 기사의 근거는 윌리가 친구들에게 털어놓은 내용이었다. 그녀에 의하면 클린턴과 단둘이 대통령 서재에 있었는데 클린턴이 강제로 키스하고 그녀의 손을 잡아당겨 자신의 성기를 만지게 했다. 아무것도 모르고 있던 비서실은 기사에 허를 찔렸다.

1997년 12월 4일, ABC뉴스는 케네디에 관한 2시간짜리 역사 특집을 방송하였다. 황금시간대에 방영된 프로에 존경받는 전직 요원들이 출연해 케네디를 경호하는 동안 목격했던 외설 행위를 이야기했다. 그들은 피터 제닝스(Peter Jennings, 이하 제닝스) 앵커에게 케네디가 젊은 비서들과 함께 백악관 수영장에서 벌거벗은 채 수영하고, 이름조차 알지 못하는 여자들과 하룻밤을 보내기 위해 백악관을 몰래 빠져나갈 때 경호요원으로서 느꼈던 회의감을 고백했다. 방송에 출연한 요원 네 명은 은퇴한 사람들이었지만, 군과 비밀경호국에서 복무하며 조국에 헌신했던 사람들이었기에 말에 권위가 있었다. 과거 케네디 경호팀에서 근무한 래리 뉴먼은 대통령의 많은 면모를 존경한다고 말했고, 케네디가 가장 힘들었던 시기에도 보스턴 소재 병원에 입원해 있는 화상 소아환자들에게 편지를 쓴 일화를 소개하며 울먹거렸다. 옆 병동에 입원해 있던 대통령의 갓난아기가 그날 늦게 세상을 떠났다.

그러나 끝없는 성적 욕구를 만족시키려는 케네디의 무모함에 불안감을 느꼈다고 했다.

"비밀경호국에서 가장 중요한 임무를 수행한다고 하지만, 대통령이 매춘부 두 명과 시간을 보낼 때 단지 엘리베이터나 문을 지키는 적도 있었습니다."

뉴먼이 말했다.

동료였던 토니 셔먼(Tony Sherman, 이하 셔먼) 요원은 케네디가 대통령직을 하찮게 여기는 태도, 그리고 침실로 수없이 많은 여성들을 데리고 들어가는 행동에 화가 났다고 하였다.

당시 기자들은 성적 요소가 가미된 이 역사 프로가 백악관을 얼마나 두려움에 떨게 했는지 알지 못했다. 클린턴과 그의 측근들은 만약 케네디를 수행했던 요원들이 그의 외설 행위에 대해 털어놓고 있다면, 클린턴을 수행하는 요원들도 입을 열 수 있다고 생각했다. 대통령은 르윈스키에게 백악관을 지키는 경호요원들을 '가족'이라고 생각하는데, 그들이 '가족' 아닌 사람들 앞에서 입을 떠벌릴까 우려된다고 속내를 털어놓았다.

클린턴이 그즈음 비밀경호국장으로 임명한 루 멀레티(Lew Merletti, 이하 멀레티)는 대통령의 신변보호 책임자였다. 그러나 케네디에 대한 ABC뉴스 프로에 대한 그의 반응을 보면 마치 정치적 위험으로부터 클린턴을 보호하는 사람 같았다.

멀레티는 첫 명령으로 대통령과 관련해 보거나 들은 사항에 대해 함구하라고 했다. 그는 경호요원들이 보안을 지키지 않으면 현 대통령과 미래 대통령의 생명이 위태로워진다고 경고했다.

멀레티는 데프로스페로를 포함한 최고의 요원들로부터 가르침을 받았고, 레이건과 부시 경호팀에서 하위직으로 근무할 때부터 높은 평가를 받던 인물이었다. 그리고 1995년 여름, 모든 요원이 한 번씩은 꿈꾸는 대통령경호팀장이 되었다. 그때 멀레티는 알 수 없었지만, 그가 팀장을 맡은 시기는 불운했다. 클린턴이 르윈스키와 밀회를 시작하기 몇 주 전에 팀장이 되었기 때문이다.

12월 5일 날짜로 모든 전현직 요원에게 배포한 서한에서 멀레티는 ABC뉴스 프로에 나온 내용이 "매우 우려스럽고 비밀경호국의 임무에 역효과를 초래한다"는 입장을 표명했다. 그러면서 "경호대상자들의 사생활에 관한 어떤 정보도 제공하지 말아 달라"고 요청했다.

멀레티는 비밀경호국이 가장 사적인 측면에서도 대통령의 신뢰를 받아야 한다고 했다. 그러지 못하면 대통령은 요원들과 거리를 두게 되고, 결국 비밀경호국은 임무를 완수하지 못하게 된다고 설명했다. 멀레티는 자신이 클린턴의 개인적 이익을 위해 하는 말이 아니라고 강조했다.

"저는 클린턴의 측근이 아닙니다. 부시의 측근도 아니고, 레이건의 측근도 아닙니다. 그 결정은 대통령직을 위한 일이었습니다."

멀레티가 나중 인터뷰에서 자신이 내린 명령에 대한 질문을 받자 한 답이다. 그러나 케네디를 담당했던 요원들은 멀레티의 편지에 모욕감을 느꼈다.

"세금으로 운영되는 비밀경호국의 수장이 표현의 자유를 억압하고 공격하는 편지를 보냈습니다. 그의 편지는 우리 네 사람이 신뢰를 받을 자격이 없다는 의미입니다. 이건 우리에 대한 모욕입니다. 저는 우리가 한 말이 미국의 역사에 기여했다고 생각합니다."

셔먼이 뉴욕타임스(New York Times)와의 인터뷰에서 말했다.

"저는 케네디를 좋아했습니다. 그는 제가 만난 가장 좋은 사람 중 한 명이었습니다. 하지만 도덕적이지 못했습니다. 그리고 저는 35년 동안 침묵을 지켰습니다."

셔먼이 덧붙였다.

시모어 허쉬(Seymour Hersh, 이하 허쉬)는 다른 무언가가 멀레티에게 동기를 부여하고 있을지도 모른다고 생각했다.

"멀레티가 은폐를 묵인하는 건가? 클린턴 정부가 왜 35년 전에 일어났던 일에 신경을 쓰지? 분명 뭔가 있는 것 같은데……."

허쉬가 스스로에게 물었다. 셔먼과 그의 동료였던 팀 맥인타이어(Tim McIntyre) 요원은 멀레티가 명예를 훼손했다며 공개 사과를 요구했다. 또한, 자신들이 한 말로 인해 미래 대통령들이 위험에 빠졌다는 주장을 멀레티더러 철회하라고 했다.

멀레티는 꿋꿋하게 버텼다. 그는 물러설 생각이 전혀 없었다. 멀레티가 말조심을 하지 않는다며 요원들을 꾸짖은 날, 클린턴이 걱정하던 두 개의 별다른 문제가 하나로 뭉쳐지기 시작했다. 12월 5일 금요일 오후 5시 40분경, 존스의 변호인단은 클린턴을 상대로 한 소송에서 법정에 세울 증인 명단을 클린턴의 변호인단에게 팩스로 보냈다. 양측이 다른 여성들과 성관계를 맺었는지 여부에 대해 클린턴이 답변해야 할지 말지를 놓고 몇 주 동안 법정 다툼을 벌이던 시기였다. 존스 측에서 보낸 증인 명단에 새로운 이름이 등장했다. 모니카 르윈스키였다. 하지만 클린턴의 변호사 밥 베넷은 그녀가 누구인지 알지 못했다.

다음날인 12월 6일 토요일 아침, 르윈스키는 오전 10시에 평소처럼 북서문을 통해 백악관을 방문했으나, 나갈 때에는 경비실에서 근무하던 경관들 앞에서 분노를 터뜨렸다. 그것은 그녀가 증인으로 소환된 사실과는 아무 상관이 없었다. 르윈스키와 클린턴은 변호사에게 보내진 증인 명단에 대해 아직 모르고 있었다. 그녀는 단지 클린턴과의 관계를 끝내며 그에게 줄 선물과 편지를 전하러 찾아왔었다. 경비실에 있던 경관이 그녀를 들여보내도 되는지 물으러 대통령 비서 베티 커리(Betty Currie, 이하 커리)에게 연락했다. 커리가 대통령에게 이를 보고하자, 변호사를 만나느라 바쁘니 갖고 온 물건만 두고 가라는 답이 돌아왔다. 이에 커리는 대통령 손님이 있어 자신이 르윈스키를 직접 마중 나갈 테니 40분 동안 대기시켜 달라고 경관에게 말했다. 르윈스키는 기다리며 경관들과 이야기를 나누다 한 경관으로부터 엘리너 먼데일(Eleanor Mondale)이 대통령을 방문하고 있다고 들었다. 그러자 클린턴이 자신을 버리고 예쁜 금발과 사귄다고 확신하고는 질투에 차서 화를 내며 떠났다. 그녀는 공중전화로 커리에게 전화를 걸어, 대통령의 손님에 대해 거짓말을 듣는 것이 달갑지 않다고 소리쳤다. 전화 통화를 마치고 얼마 지나지 않아 커리가 손을 떨며 울음을 터뜨릴 듯한 목소리로 경관들을 만나러 나왔다.

"대통령께서 화가 너무 나서 누군가가 이 일로 해고되기를 원합니다."

커리가 그날 백악관 경비대장인 제프 퍼디(Jeff Purdie, 이하 퍼디)에게 말했다. 그리고 누가 르윈스키에게 그런 얘기를 했는지 알아내야 한다고 했다. 얼마 후 커리가 다시 나와서는 만약 르윈스키가 분노한 상황을 다른 사람들에게 말하지 않는다면 이 사태를 그냥 넘길 수도 있다고 했다.

대통령은 퍼디도 집무실로 불러 그에게 "나는 당신이 이번 일을 잘 판단하길 바란다"고 말했다.

퍼디는 돌아와서 부하들에게 경고했다.

"오늘 있었던 일을 아무에게도 말하지 마라. 방금 대통령과 집무실에 있었는데 매우 심각하시다. 오늘 일어난 일은 잊어라. 너네는 아무것도 모르는 거야."

그는 르윈스키의 방문 기록도 남기지 말라고 했다.

그날 저녁 회의 때 클린턴은 또 다른 나쁜 소식을 들었다. 존스의 변호인단이 르윈스키를 유력한 증인으로 등록했다는 것이었다. 대통령은 그녀가 어떻게 이 일에 휘말리게 됐는지 알아내야 한다고 강력하게 요구했다. 그는 경호요원들이 소문을 내는 것은 아닌지 점점 더 불안해졌다.

1998년 1월 19일, 클린턴이 외부에 알려질까 두려워했던 비밀이 결국 밝혀지면서 백악관을 집어삼켰고, 그의 최측근들은 클린턴이 사임해야 할지도 모른다는 두려움에 떨어야 했다. 보수성향 웹사이트를 운영하는 맷 드러지(Matt Drudge)는 의도치 않게 블록버스터급 특종을 얻었다. 그는 클린턴이 모니카 르윈스키라는 백악관 인턴과 성관계를 맺어왔다는 의혹을 알면서도 뉴스위크가 보도하지 않고 있다는 글을 게시했다. 이 놀라운 소식은 린다 트립(Linda Tripp, 이하 트립)의 저작권 대리인인 루시안 골드버그(Lucianne Goldberg, 이하 골드버그)에게서 나왔다. 골드버그는 르윈스키의 친구인 트립에게 대화를 비밀리에 녹음하라고 설득하였다. 그러나 뉴스위크가 녹취록을 갖고도 보도하기를 부담스러워하자 몹시 실망하였다.

글 게시 후 모든 대형 언론사들이 내용을 확인하겠다고 뛰어들었으며,

이어지는 48시간 동안 불륜 의혹에 대한 기사를 경쟁적으로 쏟아냈다. 위기에 처한 클린턴은 과거 고위 정치 보좌관들을 백악관으로 불러들였다.

대통령은 내각과의 비공개회의 때와 방과 후 돌봄의 질을 높이는 정책을 홍보하기 위해 1월 26일 백악관에서 열린 생중계 행사에서도 언론 보도는 모두 거짓이라고 맹세했다.

"저는 미국인들에게 한마디 하고 싶습니다. 제 말을 들어주세요… 저는 르윈스키 양과 성관계를 하지 않았습니다."

행사 생방송 도중 클린턴이 힐러리 옆에 서서 말했다. 그럼에도 르윈스키에 관한 이야기가 계속해서 신문과 TV를 지배했다.

같은 주, 비밀경호국에서 은퇴한 지 몇 개월 안 된 54세의 폭스는 워싱턴에서 약 600km 떨어진 펜실베이니아주 웨인스버그(Waynesburg) 집 근처 식당에서 친구들과 아침을 먹고 있었다. 그의 친구들은 워싱턴 소식에 흥분했고 폭스가 백악관에 있을 때 모니카라는 인턴을 들어본 적이 있는지 물었다.

"그럼."

폭스가 말했다.

"난 그녀를 알지."

폭스는 그가 르윈스키와 맺은 우정과 더불어 그녀가 기회 있을 때마다 일부러 대통령과 맞닥뜨리려 했던 것 같다며 자신이 알고 있는 내용을 친구들에게 이야기해 줬다.

어떻게 된 일인지 모르지만 식사를 마친 지 얼마 되지 않아 폭스는 피츠버그 지역방송국 WPXI의 TV 리포터로부터 전국에서 가장 큰 화제와 관련해 인터뷰에 응해달라는 연락을 받았다. 폭스는 동의하고 친구들 앞에서 르윈스키를 알고 웨스트윙에서 그녀를 많이 보았다고 한 말을 그대로 되풀이했다.

그가 많은 말을 하진 않았지만 방송을 타자 스타의 사무실에선 흥분했고, 백악관에서는 공황에 빠지는 등 워싱턴에서 연쇄 반응을 일으켰다. 비밀경호국 공보관실에 근무하던 한 요원은 집에 있는 폭스에게 전화를 걸어 인터뷰를 더 할 계획이 있느냐고 퉁명스럽게 물었다. 폭스는 그 직원의 말뜻을 이해하고는 그럴 계획이 없다고 답하였다.

"당신은 아마도 소환장을 받게 될 것입니다."

공보관실 직원이 경고했다.

"저는 숨길 게 하나도 없습니다."

폭스가 받아쳤다.

전직 비밀경호국 요원들로 구성된 협회에서도 폭스에게 연락을 취했다. 이 협회는 꽤 많은 영향력을 행사했기에 필요할 때마다 비밀경호국은 조직을 변호하기 위해 도움의 손길을 요청하고는 했다. 전화를 건 협회의 대표자는 그에게 집무실에서 보고 들은 내용을 더 이상 외부에 발설하지 말라고 당부했다.

그러는 동안 스타의 사무실은 바빠졌다. 그들은 폭스의 인터뷰 사본을 받기 위해 방송국을 대상으로 소환장을 발부했다. FBI 요원들은 2월 6일 폭스의 집에 몰래 방문해 그를 조사했다. 그들은 르윈스키가 대통령과 함께 있는 모습을 언제 보았는지에 대해 많은 질문을 했다. 폭스는 대통령이 혼자 일하던 어느 주말에 대통령의 요청으로 그녀를 집무실로 안내해 줬고, 그녀가 약 40분 동안 안에 있었다고 밝혔다. 폭스는 그때가 대략 1995년 말이었다고 했다.

폭스는 미처 생각하지 못했지만 이로 인해 사실상 클린턴의 진술을 반박하는 증인이 되고 말았다. 르윈스키 의혹이 터지기 불과 이틀 전 존스의 고소로 열린 비공개 재판에서 클린턴은 르윈스키와 단둘이 있던 적이 없다고 증언했었다. 며칠 후 자신의 이야기를 꺼낸 폭스는 클린턴과 상반되는 주장을 한 첫 번째 인물이 되어버렸다.

멀레티는 G가를 따라 출근길을 달리다 NPR 라디오 방송에서 대통령이 백악관 인턴과 바람을 피웠다고 주장하는 인터뷰를 들었을 때 기억을 떠올리려 머리를 쥐어짰다. 그에게는 르윈스키 사건이 공적으로나 사적으로 신경 쓰이는 일이었다. 비밀경호국의 수장으로서 이 뉴스가 직원들 입에서 나온 내용이 아니기를 바랐다. 만약 이 주장들이 사실이라면 역대 가장 큰 대통령 스캔들 중 하나가 멀레티 코앞에서 펼쳐졌다는 말이 되었다. 그는 분명 클린턴과 르윈스키가 웨스트윙의 비좁은 공간에서 비밀리에 만남을 시작했다는 1995년 가을에 대통령 경호 책임자였다. 멀레티는 그녀를 만나거나 직원들로부터 그녀에 대해 들은 기억이 없다고 말하곤 했다. 그는 르윈스키가 대통령 경호에 감사한다며 감사 편지를 줬던 기억을 나중에 떠올렸지만 당시에는 그조차 생각하지 못했다.

드러지의 폭탄선언 후, 익명을 요구한 백악관 직원들의 목격담이 표면으로 드러나기 시작했다. ABC뉴스는 클린턴과 르윈스키의 성행위를 목격했다고 제보한 직원이 있다고 보도했다. 댈러스 모닝 뉴스(Dallas Morning News)는 비밀경호국 요원이 스타와 접촉하고 있으며, 그가 대통령과 르윈스키에게 "불리한" 목격담을 증언하기로 결심했다는 기사를 홈페이지에 게시했다. 하지만 그 신문사는 나중에 "불리한" 부분을 삭제했다. 스타는 비밀경호국이 보유하고 있는 모든 출입기록에 대한 제출명령을 1월 22일에 신청했다. 비밀경호국 법률고문 존 켈러허(John Kelleher, 이하 켈러허)는 멀레티 사무실로 가서 스타가 현직 요원과 경관들을 소환할 준비를 하고 있다고 알렸다. 멀레티는 그 소식을 듣자 즉시 스타를 만나 그가 하려는 일이 얼마나 큰 위험을 초래할지를 알려줘야 한다고 말했다. 그에게는 비밀경호국이 정치적으로 이용되는 상황을 막아야 한다는 확고한 의지가 있었다.

며칠 후, 멀레티는 펜실베이니아 애비뉴에 위치한 특검 사무실을 찾아가 스타와 로버트 J. 비트먼(Robert J. Bittman) 특검보를 만났다. 그는 준비해 간 파워포인트 자료를 이용해 링컨 대통령부터 현재까지 발생한 미국 대통령 암살 및 암살미수 사례들을 나열하고는 각 사례에서 대통령의 생사를 좌우한 결정적 요소가 경호요원과 대통령 사이의 간격이었다고 설명했다.

링컨 대통령? 그는 경호원이 대통령을 버려두고 길 건너 술집을 갔기 때문에 죽었다. 맥킨리 대통령? 그는 다른 관료를 위한 자리를 마련하기 위해 경호원을 떨어뜨려 놓는 바람에 사망했다. 레이건 대통령? 그는 제리 파 요원이 대통령 바로 뒤에 서 있다가 존 힝클리가 총을 쏜 지 몇 초 만에 대통령을 VIP차에 밀어 넣었기 때문에 살았다.

멀레티는 자신의 주장이 꽤 설득력 있다고 생각했다. 그는 케네디가 오픈카 리무진에서 총에 맞은 날 찍힌 '자프루더 필름(Zapruder Film)*'을 편집한 영상과 흑백 사진을 보여주었다. 그리고 그날 경호요원들이 리무진 발판에서 내려온 이유는 대통령이 부탁했기 때문이라고 설명했다. 대통령은 국민들에게 자신이 경호를 받아야 하는 사람으로 비치는 것을 원하지 않았다. 멀레티는 "그 결정이 대통령 본인과 나라에 큰 손해를 끼쳤다"고 말했다. 첫 번째 총성이 모터케이드 뒤에서 울려 퍼졌을 때 경호요원들은 리무진 뒤를 따르던 후미차에 타고 있어 케네디를 돕기에 너무 먼 거리에 있었다. 멀레티는 마이크 월리스(Mike Wallace)가 진행하는 '60분' 프로에 당시 영부인 재키 케네디 담당이던 클린트 힐 요원이 나와 인터뷰하는 가슴 아픈 영상도 틀어주었다. 많은 비밀경호국 직원들 사이에서 영웅으로 추앙받는 힐은 대통령을 죽인 세 번째 총알을 막지 못한 죄책감을 호소하며

---

* 케네디의 모터케이드 장면을 영상으로 찍으려던 에이브러햄 자푸르더(Abraham Zapruder)가 우연찮게 대통령이 암살당하는 모습을 찍어 언론사에 제공하였다. 이후 그의 이름을 따서 영상을 부르게 되었다. 케네디 암살 장면을 가장 선명하게 찍은 영상으로 알려져 있고 『JFK』, 『Parkland』 등 케네디를 소재로 다루는 영화에서도 활용되었다.

통곡하였다. 암살 사건이 발생하고 12년 후에 실시된 인터뷰에서 힐은 "그날 차라리 내가 죽었더라면 좋았을 것"이라고 후회 섞인 말을 했다. 단 몇 초 만에 케네디가 타고 있는 리무진까지 질주했지만, 그는 여전히 자신이 더 빨리 갔어야 한다며 자책했다.

"하지만 당신은 그렇게 할 수 없었어요, 클린트."

월리스가 믿을 수 없다는 듯이 말했다.

"당신은 2초도 안 돼 대통령이 탄 차로 이동했어요. 죄책감을 느낄 필요 없습니다."

"그렇지 않습니다. 그건 제 잘못이에요."

힐이 말했다.

"제가 조금만 더 빨리 반응했더라면……."

그가 흐느꼈다.

"그리고 평생 죄책감에 시달리며 살아야 하겠죠."

영상이 멈추고 조용해진 틈을 타 멀레티가 다시 말을 이어갔다.

"총소리는 모든 비밀경호국 요원들이 평생을 바치며 대비하는 것이지만 1초도 안 되는 순간에 상황은 벌어집니다."

그는 만약 경호요원들이 증인으로 나서도록 강요된다면, 대통령들은 어쩔 수 없이 요원들을 멀리하게 되고 결국 요원들은 무용지물이 될 것이라고 스타와 비트만에게 강조했다.

"보안을 유지해야 우리 임무에 필수적인 근접성이 제공됩니다. 이건 비밀경호국 역사로 입증됐습니다. 만약 경호대상자가 우리를 신뢰할 수 없다고 느낀다면, 만약 대배심 앞에 증언하기 위해 경호요원들이 소환되는 상황을 우려하게 된다면, 대통령은 우리를 경계하고 경호에 필요한 근접성을 허용하지 않을 것입니다."

멀레티는 이 말로 검사들이 경호요원의 입장을 이해하고 생각을 바꾸기를 바랐다.

그러나 멀레티는 "스타가 마치 아무런 신경도 안 쓰는 듯 보이며, 우리가 한 말을 듣고 있지 않다"고 생각했다. 그는 스타를 만나러 왔을 때보다 더 동요된 상태로 그 자리를 떠났다.

스타는 실패란 있을 수 없다는 비밀경호국 임무를 충분히 이해했지만, 이 사건은 법적 문제라고 보았다. 법은 수사에 필요한 경우 비밀경호국 직원들을 포함해 모든 법 집행 요원들이 증언해야 한다고 분명하게 명시하고 있었다.

며칠 후, 로버트 루빈(Robert Rubin) 재무장관, 멀레티와 각 기관에 속한 변호사들은 새로운 특권을 주장하기로 동의하고 이를 "대통령 경호 특권"으로 부르기로 했다. 그들은 특권을 통해 경호요원들이 스타에 의해 소환되더라도 대통령에 대해 보거나 들은 바를 대배심 앞에서 증언하지 않아도 되기를 바랐다. 그러나 이 주장에는 법적 전례가 없었으며, 법학자들은 경호요원들이 변호사나 심리상담사처럼 의뢰인과 특별한 비밀유지 특권이 있다는 생각에 코웃음을 쳤다. 법무부에 속한 일부 변호사들도 법정에서 웃음거리가 될 것이라고 확신하며 고개를 저었다. 그럼에도 멀레티 측은 대통령의 생명이 위태로워질 수 있다고 주장하며 특권을 주장하기로 했다.

한편, 스타에게는 멀레티의 동기를 의심할 이유가 있었다. 스타의 차석은 연말에 워싱턴 지역 기자로부터 첩보를 입수했다. 그 기자는 비밀경호국 지휘부와 매우 가깝게 지내는 어느 남성으로부터 전화를 받았는데, 그가 보복을 두려워하면서도 지휘부한테 들은 내용을 제보했다는 것이었다. 그에 의하면 존스의 변호사들이 클린턴과 증인들을 조사하려고 하자 대통령이 12월에 멀레티를 자신의 사무실로 불렀다고 했다. 그리고 비밀경호국 지휘부는 둘의 면담을 사실상 "폴라 존스 사건에서 경호요원들이 아무런 증언을 하지 않도록 할 방법을 찾으라"는 지시로 받아들인다고 하였다.

멀레티는 나중에 FBI 조사에서 클린턴과 공모해 은폐하려 했다는 의혹에 대한 질문을 받자 허튼소리라고 일축하고, 특권을 주장하려는 생각은 순전히 자신의 발상이었다고 반박했다.

많은 요원들은 근접성이 부족하면 대통령이 더 많은 암살 위험에 노출될 것이라는 말에 동의했다. 멀레티는 힐과 파를 포함해 암살 시도를 목격한 전직 요원들에게 도움을 요청했고, 그들은 요원들이 증언하지 말아야 한다며 멀레티의 주장에 힘을 실어주었다. 레이건 대신 총을 맞은 팀 매카시는 만약 그때 대통령이 자신에게 몇 발짝만이라도 뒤로 물러서라고 요구했더라면 레이건이 죽었을 수도 있었다고 말했다.

그러나 정작 전직 대통령들은 의견이 갈렸다. 부시는 멀레티 편을 들었으나 포드와 카터는 범죄 수사에서 수사관들이 진실을 밝혀내는 일이 잠재적 위협을 제거하는 일보다 더 중요하다고 하였다.

스타 특검팀에 직원들을 파견해 수사를 돕고 있던 당시 FBI 국장 루이스 프리(Louis Freeh, 이하 프리)는 대통령이 수석보좌관들에게 구한 자문 내용을 비밀에 부칠 수 있는 특권을 클린턴 정부가 남용했다고 주장했다. 그는 대통령이 이를 통해 수사관들이 목격자와 기록에 접근하려는 시도를 여러 번 막으려 했다고 하였다. 더불어, 비밀경호국에도 일종의 특권이 있다고 주장했을 때를 클린턴 정부가 바닥을 드러낸 순간이라고 보았다. 프리는 비밀경호국 특권이 서툰 논리에 바탕을 두었으며, 이 주장은 결국 "대통령이 범죄를 저지를 때 경호요원을 멀리하게 될 수 있어" 더 큰 위험에 빠질 수 있다는 논리라고 지적했다.

프리는 당시 일을 다음과 같이 글로 남겼다.

"그 주장은 순전히 미친 논리였다. 십여 명의 코미디 작가들도 이보다 더 터무니없는 생각을 할 수 없을 것이다. 물론 비밀경호국은 대통령을 도울 수밖에 없었고, 대통령 변호사들도 그들의 몫을 해야 했을 것이며, 법원은 '대통령 경호 특권'이 명백한 오류임을 알면서도 어쩔 수 없이 시간을 낭비하며 사안을 검토해야만 했다."

법적 다툼은 6개월 동안 계속되었으나, 사건을 처음 맡은 연방 지방 법원 판사부터 워싱턴 항소 법원 판사들에 이르기까지 만장일치로 특권 주장을 받아들이지 않았다. 그리고 1998년 7월 중순, 마침내 대법원장 윌리엄 렌퀴스트(William Rehnquist, 이하 렌퀴스트)는 특권 공방에 종지부를 찍었다. 렌퀴스트는 두 페이지 분량의 의견서에서 경호요원의 증언 거부를 받아들일 수 없으며, 특권을 인정하지 않은 원심 판단이 "합리적이고 옳다"고 판결했다. 그는 동료 재판관들이 만장일치로 동의할 것이라 확신한다고 하였다. 법무부는 더 이상 싸우지 않기로 결정했다. 이후에도 클린턴은 공개석상에서 특권 주장은 비밀경호국 자체 판단이라고 강조했지만, 법원의 결정이 "대통령의 행보를 위축시킬 수 있다"고 불평했다.

멀레티의 패배는 곧 스타의 승리였고, 특검팀은 즉시 비밀경호국 직원들을 조사할 준비에 착수했다. 심문 시작 전에 스타와 수사관들은 민감한 기밀을 유출할 수 있는 질문은 하지 않겠다고 약속했다. 그날 오후, 비밀경호국 경관 게리 번과 존 머스킷(John Muskett) 그리고 은퇴한 요원 밥 퍼거슨(Bob Ferguson)이 워싱턴 연방법원으로 소환되어 대배심 앞에 증인으로 출석했다. 그들은 르윈스키가 대통령을 보러 집무실로 들어가는 장면을 여러 번 목격했다고 진술했다.

대배심이 다음 증인으로 부른 사람은 당시 대통령경호팀장 래리 코클이었다. 스타의 팀은 클린턴이 숨기는 가장 큰 비밀의 열쇠를 코클이 쥐고 있다고 믿었다. 그들은 대통령이 수사를 방해하고 거짓말을 숨기려 했다는 증언을 그가 해줄 것이라고 기대했다. 그러나 코클은 그들에게 실망감만 안겨주었다.

그는 직업의식이 투철했고 정치에는 전혀 관심이 없었다. 그리고 80%가 백인인 비밀경호국에서 대통령경호팀장을 맡은 최초의 흑인 요원이었다. 코클은 분명 능력을 인정받아 발탁되었지만, 일부 백인 요원들은 그의 출세에 분개했다. 그런가 하면 그가 여전히 백인만을 선호하는 비밀경호국 승진제도를 개선하려 하지 않았다며 비난하는 흑인 요원들도 있었다. 이렇듯 항상 정도만을 걸어온 그가 누군가에게 잘 보이려고 진실을 왜곡할 리 없었다.

사실 코클은 르윈스키가 누군지도 몰랐기에 증언할 수 있는 내용이 다른 동료들보다 훨씬 적었다. 그는 스타가 수사를 하던 대부분의 기간 동안 백악관에서 근무하지 않았다. 실제로 르윈스키의 이름을 처음 들은 적은 르윈스키 스캔들이 터지기 이틀 전인 1998년 1월이었다. 그는 클린턴이 존스를 상대로 한 소송에서 우연히 모니카를 알게 되었다. 대통령이 존스 소송을 맡은 담당 변호사 사무실로 찾아가 진술할 때 마침 그 옆을 지키고 있었는데, 변호사가 모니카라는 인턴과의 관계를 묻는 바람에 그녀의 존재를 알게 되었다.

그는 검사에게 말했다.

"비록 이 상황에 대한 여러 소문이 있었지만, 제 수하에 있는 요원들이 이러한 소문을 저에게는 알리려 하지 않았다고 생각합니다. 왜냐하면 잘못된 소문이 너무 많이 돌고 있었으니까요. 그 소문에 집중하는 것이 임무 수행에 도움이 되지 않는다고 판단해 그러한 행위를 자제하라고 했습니다. 덧붙여, 요원들에게 쓸데없이 소문을 퍼뜨리는 행위를 지양하라고도 했습니다."

코클은 관리자로서 그리고 경호요원으로서 해야 할 일을 명확하게 구분했다. 우선, 관리자로서는 직원들에게 대통령과 그의 손님들에 대해서는 알아도 모르는 척하고 입조심하라고 당부했다. 그러나 경호요원으로서 대통령의 비밀을 영원히 지키겠다고 맹세하지는 않았다고 보았다.

"저는 미국의 법을 지키겠다고 맹세했고 경호요원으로서 대통령뿐 아니라, 비밀경호국이 경호할 권한이 있는 모든 사람들의 생명을 보호하겠다고 선서했습니다."

코클이 말했다.

"당신은 비밀을 지키겠다고 선서의 형식으로 다짐한 적이 있습니까?"

검사가 물었다.

"없습니다."

스타 특검팀은 결국 코클에게서 무언가를 얻어내긴 했지만, 그들이 기대했던 내용과는 거리가 멀었고 대부분의 미국인들은 그 내용이 무엇인지 알지 못했다. 코클은 대통령이 개인 서재에서 인턴들에게 구강성교를 받아도 비밀경호국이 신경 쓰지 않는 이유에 대해서도 그 누구보다 명확하게 설명하였다.

스타 측에서는 다시 물었다. 대통령의 사적 장소라도 그가 젊은 여성과 많은 시간을 보낼 수 없게 어떤 조치를 했어야 한 것은 아닌지.

그러자 코클은 백악관이 사무실이고 르윈스키가 출입이 허가된 사람이라는 사실을 먼저 짚은 다음, 질문에 답했다.

"선생님, 제 임무는 대통령의 안전입니다. 따라서 그 무언가가 그의 안전을 위협하지 않는다면… 그러면 제 책임은 거기서 끝납니다."

비록 스타는 그가 바란 결정적 진술을 코클로부터 얻지 못했지만 그를 심문함으로써 대통령의 위증을 증명해 줄 다른 연결고리를 찾게 되었다. 그것은 넬슨 가라비토(Nelson Garabito) 요원이었다. 그는 스캔들이 터지자 대통령이 집무실에 혼자 있을 때 르윈스키가 들어가는 장면을 본 적이 있다고 코클에게 털어놓은 직원이었다.

그로부터 4개월 후, 스타는 르윈스키와의 성관계를 인정한 클린턴의 진술을 토대로 클린턴의 거짓말을 상세히 기록한 보고서를 제출하였다. 이와 더불어, 하원에서 대통령 탄핵 절차를 추진하기로 의결하자 멀레티가 사퇴하겠다는 뜻을 밝혀 비밀경호국이 어수선해졌다. 때는 1998년 11월 12일로 멀레티가 국장으로 부임한 지 17개월 만이었다. 그는 알 러너(Al

Lerner, 이하 러너)가 소유한 축구팀 클리블랜드 브라운스(Cleveland Browns)의 최고보안책임자를 맡게 되었다 하였다. 그 자리는 멀레티 이전에도 비밀경호국 출신이 차지하고 있었으나, 전임자는 러너가 소유한 대형 신용카드사 MBNA은행 글로벌보안책임자로 자리를 옮긴 상태였다. 멀레티와 가깝게 지내던 요원들은 깜짝 놀랐다. 멀레티가 각 지부를 순회하며 자신이 갖고 있는 조직의 장기 계획을 설명하다 느닷없이 이를 중단하고 사의를 표명했기 때문이다. 멀레티는 너무 좋은 기회라 거절할 수 없었다고 둘러댔지만 많은 직원들이 그 시기에 의구심을 품었다.

다음 날, 클린턴은 존스에게 합의금으로 85만 달러를 지불하겠다고 약속했다.

멀레티가 사임하면서, 클린턴은 새 국장을 임명해야 했다. 후보자는 그의 경호팀을 맡았던 코클과 브라이언 스태포드(Brian Stafford, 이하 스태포드)로 압축되었다. 두 사람 모두 지도력이 입증된 사람들이었고 장단점이 있었다. 루빈 재무장관은 대통령에게 코클을 뽑으라고 권고했다. 루빈은 코클이 전략적인 사고를 갖고 있고 윤리의식 또한 투철하다고 느꼈다. 하지만 코클을 임명한다면 그가 스타한테 수사를 받을 당시 대통령에게 누가 되는 말을 하지 않아 뽑혔다는 소위 보은 인사로 비쳐져 언론의 비탄을 받을 수 있다는 우려가 제기되었다. 반면, 스태포드는 조직을 진심으로 위했고 많은 직원들이 그에게 충성을 다했다.

클린턴의 측근들은 스태포드가 가정이 있으면서도 적어도 한 번은 외도한 것으로 알고 있다며, 그 사실로 인해 큰 타격을 입을 수 있다고 걱정했다. 후보자들을 두고 열띤 토론은 계속됐지만 결정은 결국 대통령의 몫이었다. 1999년 5월, 클린턴은 차기 국장으로 스태포드를 선택했다. 스태포드는 콜럼바인(Columbine) 고등학교 총기난사 사태*를 계기로 학교 총기난사 사건을 연구하고, 솔트레이크 시티(Salt Lake City)에서 열린 동계 올림픽과 슈퍼볼 등 국가중요행사 경호를 임무에 추가하여 비밀경호국의 업무 영역을 확장하는 데 큰 기여를 하게 된다.

그러나 스태포드는 국장이 된 지 불과 1년 만에 새로운 위기를 맞이하게 된다. 흑인 경호요원들이 단체를 구성해 인종차별을 당했다고 비밀경호국을 고발했고, 더 나아가 차별적인 시스템 덕분에 스태포드와 그의 수하들이 부상하게 된 것이라고 주장했다.

---

* 1999년 4월 20일 미국 콜로라도주 콜럼바인(Columbine, Colorado)에 위치한 콜럼바인 고등학교 학생 에릭 해리스(Eric Harris)와 딜런 클리볼드(Dylan Klebold)가 총을 난사해, 학생 12명과 교사 1명이 죽고 24명의 부상자가 발생한 사건. 범인들은 직접 제조한 폭탄을 교내에 설치하였으나 터지지 않자 총기를 이용해 공격하기로 계획을 변경하였고 경찰과 대치하다 스스로 목숨을 끊었다.

3부

테러와 정치

부시 정부
(2000~2007년)

13
9 · 11 테러

백악관과 풀기자단은 대통령의 새러소타(Sarasota) 방문이 매우 일상적일 것으로 내다봤다. 대통령과 수행원은 9월 10일 월요일 저녁에 멕시코만 해안에서 조금 떨어진 롱보트키(Longboat Key)에 있는 호화 리조트에 도착해 밤을 보낼 예정이었다. 다음 날 아침에는 지역 초등학교를 방문하는 행사가 잡혀있었다. 부시(조지 W. 부시)의 학교 방문은 문맹률을 낮추기 위해 일주일간 연달아 실시하는 행사의 일부였고, 대통령이 추진하는 '아동 낙오 방지법(No Child Left Behind)'이라는 교육개혁 법안을 의회가 통과시키도록 촉구하기 위한 보여주기식 전략이었다. 탬파 베이(Tampa Bay) 지역에 머무는 시간은 18시간 미만이었고, 대통령은 순회를 마치고 9월 11일 화요일 점심때쯤 백악관으로 돌아올 예정이었다.

백악관 풀기자단은 이번 행사에서 뉴스거리가 있을 거라고 기대하지 않았다. 이로 인해 방송사 등 언론 기관에서는 고참 기자들이 쉴 수 있게 신참 직원들을 에어포스원에 대신 탑승시켰다. 그들만으로도 이번 행사 취재가 충분하다고 판단했기 때문이다. 앤디 카드(Andy Card, 이하 카드) 비서실장과 칼 로브(Karl Rove, 이하 로브) 고문을 포함한 부시의 고위 보좌관들은 부차적인 이유로 대통령과 동행했다. 그들은 대통령과 그의 동생인 플로리다 주지사 젭 부시(Jeb Bush) 및 주요 공화당 기금 모금자들과 함께 사적 만찬을 가질 계획이었다. 대통령은 스테이크와 토르티야 수프를 먹고,

친숙한 사람들과 어울리며 즐거운 시간을 보낸 다음 취침 시간인 밤 10시를 조금 넘겨 호텔 방으로 돌아갔다. 고단하다고 볼 수 있는 일정이었음에도 그는 조깅을 위해 다음 날 아침 6시 30분에 기상했다.

그 행사에는 부시가 좋아하는 기자가 동행했다. 마른 체형의 기자는 그날 아침 부시와 같이 리조트 골프장 주변으로 약 7km를 뛰었고, 경호요원들은 골프 카트를 타고 그 뒤를 따랐다. 걸프 코스트(Gulf Coast)에 발생한 독성 적조 때문에 해안으로 떠밀려온 죽은 물고기 냄새가 섬 전체에 진동했지만 요원들은 애써 무시했다.

카드는 일일 정보브리핑을 위해 오전 8시 직전에 부시의 방을 찾아갔다. 그날 브리핑을 담당한 마이크 모렐(Mike Morell) CIA 고위 간부는 팔레스타인과 이스라엘 간에 교전이 있었지만 미국의 개입을 필요로 하는 위기는 아니라는 매우 일상적인 보고를 하였다. 보고를 마치고 경호팀이 대통령을 차까지 수행하는 동안 카드는 그 옆에서 행사 세부 일정을 설명했다. 행사장인 엠마 E. 부커 초등학교(Emma E. Booker Elementary)까지는 차로 10분 거리였다.

"오늘은 쉬운 날이 될 겁니다."

카드가 대통령에게 말했다.

비밀경호국도 새러소타 방문을 비교적 간단한 행사로 평가했다. 경호팀은 몇 주 전부터 한적한 탬파 베이 지역 마을에 와서 부시의 동선을 미리 계획했다. 그들은 콜로니 리조트(Colony Resort) 옥상에 저격수와 지대공 미사일을 배치했고, 해안경비대에 경비선을 타고 앞바다 순찰을 돌라는 지침을 내렸다. 대통령경호팀장 칼 트러스콧(Carl Truscott, 이하 트러스콧)은 이번 행사에 동행하지 않고 워싱턴에 남아있기로 결정했으며, 에디 마린젤(Eddie Marinzel, 이하 마린젤) 요원이 그를 대신해 트레일블레이저(Trailblazer)*

---

*   비밀경호국에서 부시 대통령을 일컫는 암호명이다.

경호 총책을 맡았다.

비밀경호국에는 케네디가 암살당했던 날 이후로 내부적으로 일종의 미신 같은 것이 생겼다. 당시 케네디 경호팀장인 제리 벤은 3년 만에 처음으로 짧은 휴가를 보내려고 1963년 11월 댈러스 방문에 동행하지 않기로 결정했었다. 그리고 부시의 경호팀장인 트러스콧이 9월 11일 행사를 앞두고 그 전철을 그대로 밟고 있었다.

부시는 오전 8시 50분에 엠마 E. 부커 초등학교 앞에 도착해 들뜬 마음으로 '비스트(Beast)'라는 별명을 가진 VIP차에서 내렸다. 부시와 체격이 비슷한 마린젤은 대통령이 학교 입구에 도열해 있는 영접자들을 향해 당당하게 걸어갈 때 한 걸음 차이로 그의 오른편 뒤를 따랐다. 그는 대통령이 지역 정치인들 및 학교 관계자들과 악수할 때 대통령과의 간격을 더욱 좁혔다.

부시의 수석보좌관 중 한 명인 로브는 웨스트윙에 남아있던 비서에게 걸려 온 전화를 받느라 대통령과 조금 떨어져 있었다. 그는 전화를 끊고서 자기가 들은 얘기를 부시에게 귓속말로 보고했다.

"비행기 한 대가 세계무역센터에 충돌했습니다. 소형 프로펠러 비행기일 수도 있다는데 아직 정확한 내용은 모릅니다."

부시는 눈을 살짝 치켜뜨더니 "더 자세하게 알아보라"고 지시했다.

반걸음 떨어진 곳에 있던 마린젤도 그 얘기를 들었다. 그러나 이 소식을 CNN으로부터 처음 접했을 국민들처럼 단지 비극적인 사고이겠거니 생각했다. 그는 맨해튼에서 발생한 소형 프로펠러 비행기 사고를 플로리다 남서부에 있는 대통령의 안전과 연결할 아무런 이유가 없었다. 그보다는 대통령에게 가까이 오는 사람들에게 집중해야 했다. 경호팀장 역할을 수행할 때는 TV 화면을 볼 것이 아니라 앞에 있는 경호대상자에 온 신경을 집중해야 한다고 훈련받았기 때문이다. 만약 걱정할 만한 사항이 있다면, 본부에서 경고를 받기 마련이었다. 그는 부시와 함께 교장의 안내를 받아 학교 안으로 들어간 후, 오전 9시 2학년 읽기 수업을 참관하기로 되어 있는 부시를 따라 도서관으로 갔다.

워싱턴에서는 넬슨 가라비토(이하 가라비토) 요원이 매일 오전 9시에 있는 백악관 경호대책회의에 참석하러 백악관 옆 행정동에 있는 비상상황센터(Emergency Operations Center)에 조금 일찍 도착했다. 회의에 참석한 요원들은 밖으로 내비치지는 않았지만 몇 분 전 맨해튼 시내에 추락한 비행기에 대해 많은 생각을 하고 있었다.

'소형 전용기였나? 아니면 좀 더 큰 기종이었나? 조종사가 발작을 일으켰나?'

가라비토는 남들보다 이 상황이 더 걱정되었다. 대통령경호팀 간부였던 그는 FAA 연락관으로서 대통령이 비행기를 타고 이동할 때 공로에 대한 안전조치를 하고, 백악관 주변 공역을 감시하는 일을 도맡아 왔었다. 벽면에 설치된 TV에는 생방송 중인 CNN 채널이 틀어져 있었다. 화면에는 1번 타워의 90층 정도 되는 높이에서 불길과 연기가 치솟는 광경이 담겨 있었는데, 회의에 방해되지 않도록 소리가 꺼져 있었다.

"매우 큰 화재네요."

한 요원이 말했다.

그러나 회의가 시작된 지 얼마 안 돼 다른 요원의 목소리가 불쑥 튀어나왔다.

"이게 도대체 무슨 일이야?"

화면에서 나오는 영상이 뭔가 달라진 듯 보였고, 1번 타워에서 훨씬 더 많은 연기와 불꽃이 피어오르는 것 같았다. 소리가 꺼져 있었기 때문에 가라비토와 그의 동료들은 화재 현장을 다른 각도에서 찍은 모습을 보고 있다고 생각했다. 그러나 CNN이 1번과 2번 타워를 동시에 카메라로 잡자,

지금껏 몰랐던 공포스러운 광경이 눈에 들어왔다. 두 번째 비행기가 맨해튼 하늘을 날아 2번 타워 뒤쪽에 구멍을 냈다. 그 모습을 보고서야 요원들은 일제히 테러 공격이라는 사실을 깨달았다.

회의에 참석한 사람들은 즉시 사무실로 복귀하러 회의실을 빠져나갔다. 하지만 가라비토는 반대로 회의실에 남아 FAA 본부 연락관 테리 반 스틴버겐(Terry Van Steenbergen, 이하 스틴버겐) 항공교통관제사에게 전화를 걸었다. 비밀경호국과 FAA는 1994년에 도난당한 비행기가 백악관의 사우스론에 추락한 이후 정보공유 체계를 수립하고 연락관을 두고 있었다.

타이거월로 알려진 FAA 기밀 레이더 시스템도 그 일환으로 설치된 장비였다. 비밀경호국은 이를 통해 워싱턴 공역으로 들어와 백악관에 근접하는 모든 비행기를 실시간으로 추적할 수 있었다. 이와 직접 연관은 없었지만 가라비토는 뉴욕에서 발생한 전례 없는 비행기 테러에 대해 무엇이든지 알고 싶었다.

"테리, 넬슨이에요. 무슨 일인가요?"

가라비토가 물었다.

스틴버겐은 타이거월이 아직 포착하지 못한 항공기에 대해 경고하려고 가라비토의 사무실로 계속 연락하던 중이었다고 말했다.

"4대의 항공기에 문제가 생겼습니다. 두 대는 세계무역센터를 덮쳤고, 나머지 두 대는 워싱턴으로 향하고 있어요."

스틴버겐이 말했다.

FAA는 워싱턴으로 향하는 두 대의 항공기가 항로를 벗어났고 교신이 끊겨 피랍 상황을 추정하고 있었다.

"한 대는 클리블랜드 상공을 지나고 있어 45분 후에 워싱턴에 진입할 예정이고, 다른 한 대는 피츠버그 상공에 있어 30분 걸릴 거예요."

스틴버겐이 계속해서 상황을 설명했다.

"어떻게 해야 할까요?"

가라비토가 물었다.

"우선 항공기들이 워싱턴에 접근하지 못하게 해야 합니다."

10년 이상 재직하며 대통령경호팀에서 오랜 기간 근무한 가라비토였지만 긴장하지 않을 수 없었다. 그는 스틴버겐의 말을 듣고는 자세를 고쳐 똑바로 앉았다.

훗날 그가 증언하러 9·11 위원회에 출석했을 때 당시 옆에 있는 부하 경관에게 이 사항을 "위층에 알리라"고 지시했다고 하였다. "위층"이란 백악관 경호 지휘소로, 행정동 꼭대기 층에 있는 통합상황센터(Joint Operations Center)를 의미했다. 통합상황센터는 타이거월로 비행기의 움직임을 감시하고, 필요시에는 모든 경호팀과 백악관 경내에 있는 요원들에게 긴급 경보를 발령할 수 있었다.

하지만 어디선가 일이 잘못되었다. 경관이 위층으로 달려가지 않았는지, 당시 통합상황센터의 책임간부가 경보를 울리지 않은 것인지 정확한 이유는 아직도 미스터리로 남아있다. 확실한 것은 스틴버겐이 의심스러운 두 비행체를 조기에 발견해 비밀경호국에 전달하였지만, 그의 경고가 비밀경호국 지휘부에 보고되지 않았다는 사실이다.

결론적으로 워싱턴이 다음 목표가 될 가능성이 높은 상황임을 비밀경호국 지휘부나 통합상황센터는 모르고 있었다. 그 결과, 권한대행 1순위인 체니 부통령(이하 체니) 경호팀 역시 필요한 정보를 듣지 못했다. 체니가 웨스트윙 사무실에 남아있으면 위험할 수도 있었다.

하지만 워싱턴 지역에 있는 모든 비밀경호국 요원들은 본능적으로 상황의 심각성을 알아차렸다. 저 멀리 아나폴리스(Annapolis)와 애쉬번(Ashburn) 등 교외에 살던 비번근무자들도 뉴스를 보고는 차에 올라타 백악관을 향해 급히 달려갔다. 도착해서는 워싱턴 지부 요원들은 백악관 내부 근무를 보강했고, 경관들은 백악관 내외곽 경계를 강화하였다.

한편, 새러소타에서는 오전 9시 1분이 되자 마린젤이 7살과 8살 아이들로 구성된 교실로 부시를 안내했다. 선생님이 대통령을 소개하자 부시가 그녀 옆에 앉았다. 아이들이 돌아가며 선생님 질문에 답하고, 한 소녀는 탐욕스러운 애완 염소에 대한 이야기를 읽었다. 이러한 교실 풍경을 보며 대통령은 미소 지었다. 부시 뒤에 있는 교실 벽에는 비서실에 속해 있는 미술가들이 만든 다채로운 미술품들이 붙어 있었다. 이 모든 것은 '아동 낙오 방지법'을 선전하기에 적합한 사진 촬영을 위해 설치된 무대 장치의 일부였다.

아이들 뒤에 서서 대통령을 주시하던 마린젤은 직원 대기실에서 무슨 일이 일어나는지 알지 못했다. 보통 나머지 경호요원들은 대통령을 다시 에어포스원으로 이동시킬 때까지 대기실에서 조용히 기다리곤 했다. 하지만 학교로 들어설 때, 마린젤과 부팀장 대리 데이브 윌킨슨(Dave Wilkinson, 이하 윌킨슨)이 본부로부터 "뉴욕에서 사건이 있었다"는 애매한 보고를 받아 경호팀은 무슨 일인지 확인하기 위해 바쁘게 움직이고 있었다.

한 요원은 경호위협을 분석하는 비밀경호국 경호정보부에 연락해 그쪽 의견을 구하려 했다.

"사건이 대통령 안전에 어떠한 영향이라도 있습니까? 아니면 단지 뉴욕을 공격한 것인가요?"

하지만 그 이상의 진전은 없었다. 경호정보부도 아는 게 없었.

몇몇 요원들이 지역 셰리프* 칼 로브(Karl Rove) 및 백악관 군사보좌관 폴 몬타누스(Paul Montanus, 이하 몬타누스)와 함께 TV를 찾아 돌아다녔다. 마침내 교무실에 있는 TV를 켜보니 악몽 같은 장면이 화면에 펼쳐졌다. 뉴스에서 유나이티드 항공 175편이 오전 9시 3분에 2번 타워를 강타한 장면을 반복해서 보여주고 있었다.

---

* Sheriff. 카운티의 법 집행관으로 선출직이다.

CNN에서는 ABC 방송으로부터 영상을 받아 1번 타워에 추락한 비행기를 목격한 사람의 인터뷰를 송출하고 있었는데, 바로 그 순간 비행기의 어두운 실루엣이 화면 오른쪽을 가로질렀다. 그러자 마치 기술적인 결함이 발생한 것처럼 화면에 보이는 CNN 로고가 순간적으로 깜박였고, 이내 2번 타워에서 또 다른 불덩어리가 솟아올랐다.

"오 맙소사! 지금 더 많은 폭발이 일어나고 있어요, 잠시만요!"

목격자가 소리쳤다.

해병대 장교인 몬타누스는 잠시 생각하더니 교통관리 담당인 지역 셰리프를 찾았다.

"여기서 나가야 해요! 바로 준비해줄 수 있나요?"

윌킨슨과 다른 요원들은 대통령을 신속하게 대피시키기 위해 통합상황센터와 조율하기 시작했고, 에어포스원으로 가는 모든 교차로를 차단하기 위해 경찰차를 추가로 요청했다. 그들에게는 부시를 죽이고 정부를 무력화시키려는 더 큰 음모를 경계해야 할 충분한 이유가 있었다. 탬파 지역 방문은 일주일 넘게 홍보된 행사였기에 다른 비행기가 학교를 공격할 가능성을 배제할 수 없었다. 그 와중에 경호요원들과 보좌관들이 무엇을 해야 할지를 두고 이견을 보이면서 대기실의 긴장감은 더욱 고조되었다. 카드를 필두로 한 보좌진은 독서를 갑자기 중단해 어린이들과 생방송 시청자들을 겁주고 싶지 않았다. 그들은 대통령이 학교 방문 일정을 마친 후 다른 인접 장소로 가서 공격에 대한 성명을 발표해 사태를 진정시키기를 원했다.

"2학년 학생들 앞에서 그렇게 할 수 없습니다."

한 보좌관이 말했다.

하지만 비밀경호국은 초 단위로 생각하고 있었다. 경호팀은 아무리 희박하더라도, 누군지도 모르는 적이 대통령을 표적으로 삼았을 가능성에 대비해 대통령을 즉시 대피시키기를 원했다. 그리고 가급적이면 지상에 있는 다른 취약한 시설로 가기보다는 적의 레이더를 교란하고 날아오는 미사일을 방어할 수 있게 특별히 설계된 비행기로 가기를 원했다.

"대통령을 안전한 곳으로 모셔야 합니다."

한 요원이 말했다.

비밀경호국과 비서실은 대통령이 국민과 소통하는 것이 더 중요한지, 아니면 대통령의 안전이 더 중요한지를 놓고 신경전을 벌이고 있었다. 그건 자주 있던 오래된 싸움이었다.

한편, 카드는 대통령이 학생들과 책을 읽는 모습이 아직 생방송으로 나가는 중이었지만 대통령에게 이 상황을 알려야 한다고 생각했다. 로브의 눈에 카드가 교실 입구에서 서성이는 모습이 들어왔다. 카드는 대통령이 놀라지 않게끔 이 끔찍한 소식을 보고할 방법을 찾고 있었다.

"간략하지만 질문이 안 생기게 보고해야 한다."

카드가 생각했다.

오전 9시 7분경. 카드가 몸을 숙여 부시의 오른쪽 귀에 속삭였다.

"두 번째 비행기가 세계무역센터에 추락했습니다. 미국이 공격받고 있습니다."

대통령의 표정이 굳어졌다. 카드는 마린젤에게도 같은 소식을 속삭였다. 어떤 이유인지 대통령은 제자리에 7분 동안 더 머물며 아이들이 읽는 소리에 귀를 기울였다. 그러다 어느 순간, 부시는 방 뒤쪽에 있는 기자들이 전화를 받고 있는 상황을 알아차렸다. 그들도 부시에게 보고된 내용을 전달받고 있었다.

그때 아리 플라이셔(Ari Fleischer, 이하 플라이셔) 대변인이 방 한쪽 구석에서 종이 한 장을 들어 올렸다. 거기에는 큰 글씨로 '아직 아무 말도 하지 마세요'라는 문구가 쓰여 있었다.

오전 9시 15분, 독서가 끝나고 마린젤이 부시를 교실 옆 대기실로 모시고 갔을 때, 그와 보좌관들이 알고 있는 대통령의 상냥하고 여유 있는 모습은 온데간데없었다.

"지금은 전쟁 상황이다. 부통령과 FBI 국장을 연결해."

부시는 대기실에서 체니에게 연락해 공격에 대한 최신 정보를 파악하려 했고, 모든 비행기를 착륙시키려는 FAA 명령에 대해 논의했다. 그러고는 플라이셔와 카드의 도움을 받아 전 국민에 발표할 성명을 메모지에 적었다.

마린젤은 자리를 뜨고 싶은 마음에 속이 타들어 갔다. 그는 공격자들이 비행기를 학교에 추락시킬 계획을 짰을 수 있다고 우려했다. 대통령의 일정이 지난 3일 동안 공개 웹사이트에 게시되었기 때문에 아무리 어설픈 적이라도 대통령의 위치를 쉽게 알 수 있었다.

"어서 에어포스원으로 가서 이륙해야 합니다."

마린젤이 대통령에게 말했다.

그러자 카드가 타협안을 제시했다. 그는 부모, 선생, 학생 등 100명이 넘는 사람들이 문맹 퇴치에 대한 부시의 연설을 들으러 학교 도서관에서 기다리고 있으니, 오히려 이 기회를 이용해 국민을 안심시키기 위한 성명을 발표할 수 있다고 하였다. 그러고 나서 행사장을 출발하자고 했다. 대피를 지연시키는 선택은 그동안 받은 훈련 내용과 정반대였지만, 대통령에 대한 공격이 임박했다는 증거가 없었기에 마린젤은 마지못해 동의했다.

두 번째 비행기가 추락한 직후, 트루스콧은 대통령경호팀장의 주요 업무 중 하나인 백악관 경계를 강화하기 위해 긴급회의를 소집했다. 그는 백악관에 저격수와 비상대응팀을 추가로 배치하는 방안을 논의하기 위해 최고참 간부 세 명을 호출해 최대한 빨리 자신의 사무실로 오라고 말했다. 그는 워싱턴으로 향하고 있는 수상한 비행기들에 대해서는 알지 못했다. 그들이 오전 9시 18분 행정동 10호실에 모였을 때, 비행기들은 약 50km

떨어진 지점에 있었다.

　같은 시각에 클리블랜드 항공교통관제사들은 추락한 것으로 추정되는 비행기를 찾으려 했다. 바로 아메리칸 항공 77편이었다. 비행기는 30분 전 레이더에서 사라진 상태였다. 오전 9시 27분경, 버지니아 북부 덜레스국제공항 관제사 다니엘 오브리엔(Danielle O'Brien, 이하 오브리엔)은 레이더 화면 왼쪽 아래에서 반짝이는 녹색 점을 발견했다. 그녀는 이 비행기가 문제가 생겼다는 모든 징후를 나타내고 있다고 생각했다. 워싱턴에서 약 20km 떨어진 비행기는 트랜스폰더를 끄고 무전 교신을 차단했으며, 최고 시속인 약 800km로 워싱턴을 향해 동쪽으로 이동하고 있었다. 오브리엔은 자신이 추적하는 비행기가 클리블랜드 관제소에서 놓친 비행기인 줄은 몰랐다. 하지만 그녀는 이 항공기가 직선항로로 P-56 지역으로 이동 중이라는 사실을 깨달았다. 이는 백악관 주변의 제한된 공역을 이르는 암호명이었다. 그녀는 바로 상사에게 이를 보고했고, 상사는 재빨리 비밀경호국 본부에 경고했다. 그때가 오전 9시 30분쯤이었다.

　비슷한 시점에 대니 스프릭스 요원이 비밀경호국 본부 9층에 있는 위기관리센터(Crisis Center)로 들어섰다. 그는 테러리스트들이 뉴욕을 공격하는 상황에서 대통령 가족을 포함해 비밀경호국이 보호하는 19명의 대상자들이 안전한 곳에 피신해 있는지에만 몰두하고 있었다. 스프릭스는 레이건이 총에 맞았을 때 힐튼호텔 외곽 주변을 통제했던 요원 중 한 명이었다. 20년이 지난 지금, 그는 국장의 신뢰를 받는 경호본부장이 되어 있었다.

　위기관리센터에는 실시간 카메라 영상, 대통령과 그 가족의 위치를 표시한 상황판 그리고 수시로 들어오는 정보를 처리할 수 있는 정보데스크가 위치했다. 차이나타운 G가에 자리 잡은 새 비밀경호국 본부에 구축한 이 센터에서, 스태포드 국장은 어떤 비상사태에도 대응할 수 있어야 했다. 하지만 신설된 센터가 이 위기를 처리하기에는 역부족이었다.

정보데스크에는 홍수처럼 정보가 밀려들었고 요원들은 거짓으로 판명되는 정보에 대응하느라 너무 많은 시간을 허비해야만 했다. 그중에는 조금만 신경 쓰면 쉽게 확인할 수 있는 거짓 정보도 많았다. 그들은 국무부 앞에서 차량폭탄이 터졌다는 정보를 입수하자 현장을 통제하기 위한 팀을 긴급 출동시켰다. 하지만 도착한 장소에 폭탄은 없었다. 이후, 캠프 데이비드 근처에 추락한 비행기에 관한 추가 정보를 확인하려 했지만 이 또한 거짓이었다.

설상가상으로 스프릭스는 위기관리센터의 전화기 중 고장 난 기기가 많다는 것을 발견했다. 스프릭스는 대통령 가족을 안전한 곳으로 이동시킨 뒤, 백악관 주변 경계 보강 계획을 논의하기 위해 통합상황센터에 있을 베키 에디거(Becky Ediger, 이하 에디거) 대통령 경호부팀장에게 연락을 시도했다. 통합상황센터에 있는 경관이 그녀가 트러스콧과 비상 회의를 진행 중이라고 하자, 스프릭스는 트러스콧에게 전화를 하였다.

스프릭스가 트러스콧과 통화를 시작하자마자, 래리 코클 비밀경호국 부국장이 FAA에서 전한 긴급한 소식을 공유하기 위해 스프릭스에게 달려왔다. 그 소식이란 비행기가 워싱턴 시내로 빠르게 접근하고 있다는 경고였다. 이는 오전 9시 5분경에 가라비토가 통합상황센터에 전파했다고 주장한 경고보다 뒤에 나온 내용이었다.

트러스콧이 스프릭스가 하는 말을 큰소리로 반복하자, 같이 전화를 듣고 있던 에디거는 믿을 수 없다는 듯이 트러스콧을 바라보았다. 주요 문구가 그녀의 뇌리에 내리꽂혔다.

"미확인된 항공기 두 대가 더 있습니다… 교신에 응답하지 않습니다… 용의자로 간주됩니다… 적어도 한 대는 워싱턴으로 향하고 있습니다."

비밀경호국 지휘부 모두 이 무서운 소식을 동시에 듣고 있었지만 이미 너무 늦은 시기였다. 그때는 FAA가 가라비토를 통해 첫 경고를 전파한 지 20분에서 30분이 지난 후였다.

트러스콧은 스프릭스에게 감사한 뒤 전화를 끊었다. 그는 백악관에서 긴급하게 인원을 대피시키고 있을 그의 팀 상태를 확인했다.

FAA 경고를 사실로 받아들인 그즈음에는 비밀경호국 요원들과 경관들이 무장을 하고 모든 방을 확인하고 있었다. 요원들은 복도에 멈춰 서서 소리를 질렀다.

"건물 밖으로 나가세요. 모두 나가야 합니다. 당장 나가세요!"

비서실 직원들은 당시 대피 상황이 혼란스러웠다 하였다. 비행기가 남쪽에서 접근하고 있었기 때문에 일부는 북쪽을 따라 라파예트 공원(Lafayette Park)으로 가라는 안내를 받았다. 반면, 어떤 직원들은 가장 가까운 문으로 대피하라는 말을 듣고 사우스론으로 나갔다.

이스트윙(East Wing)에 도착했을 때 요원들은 하이힐에 멋지게 옷을 차려입은 젊은 여성들을 발견했다. 그들은 로라 부시(Laura Bush) 영부인 부속실 직원들이었다.

"신발을 벗고 뛰어요!"

한 요원이 소리치자 그들의 눈이 휘둥그레졌다.

비서실 직원들이 대피하는 행렬 반대 방향으로는 요원들과 경관들이 옥상에 올라가라는 지시를 받고는 장총으로 무장한 채, 크로스홀(Cross Hall)을 지나 두 계단씩 뛰어오르며 건물 안으로 들어갔다.

"도대체 저 위에서 뭘 해야 하는 거죠?"

그들 중 한 명이 물었다. 소총으로 비행기를 격추할 수는 없기 때문에 만약 비행기가 항로를 유지한다면, 그들의 마지막 임무가 될 것이었다.

덜레스국제공항에서 레이더로 비행기를 추적하던 오브리엔은 그녀의 상사와 동료들과 같이 거리를 재면서 가슴이 뛰는 것을 느낄 수 있었다.

18km… 16km… 14km.

그녀는 비행기가 항로를 바꾸거나 무전에 반응하기를 간절히 바랐다.

12km까지 접근하자 그녀의 온몸에 힘이 들어갔다. 이 속도라면 비행기가 60초 안에 백악관을 강타할 수 있었다. 레이건 내셔널 공항(Reagan National Airport) 관제탑에서 이를 지켜보던 감독관도 비밀경호국과의 핫라인을 이용해 통합상황센터에 전화했다. 오전 9시 33분이었다. 그레고리 라도우(Gregory LaDow, 이하 라도우) 경관이 전화를 받았다.

　"매우 빠르게 움직이는 항공기가 있습니다. 당신들을 향하고 있고 우리 교신에 응답하지 않고 있습니다."

　감독관이 말했다.

　이것은 FAA가 약 30분 전에 가라비토에게 공유한 내용보다 더 심각했다. 라도우는 비상방송시스템을 통해 백악관 전 구역에 경고하려고 했지만, 갑자기 레이건 내셔널 공항 관제탑 감독관의 말이 바뀌었다.

　"비행기가 방향을 틀고 있습니다. 공항으로 다시 돌아오는 것 같아요."

　레이더 화면에서 백악관을 향하던 녹색 점은 원을 그리며 레이건 내셔널 공항으로 돌아가는 것처럼 남쪽으로 방향을 틀었다.

　덜레스국제공항 관제탑에서 이를 지켜보던 오브리엔도 의자에 기대앉으며 큰 숨을 내쉬었다. 그녀에게는 너무 길게 느껴지던 순간이었다.

　그녀는 다행이라고 안도하며 분명 수도를 방위하기 위해 긴급출동한 공군기가 틀림없다고 생각했다.

　'우리 제트기야. 우리 거야.'

　경호요원들이 백악관에서 직원들을 철수시키고 있을 때, 트러스콧은 사무실에 모인 부하들에게 모두 백악관 지하 대피소로 향해야 한다고 말했다. 1950년대 초 트루먼 대통령을 위해 강화 콘크리트로 지어진 이 지하 벙커는 핵폭발을 견딜 수 있도록 설계되었고, 부통령, 내각 각료, 그리고 국가안보팀이 이곳을 긴급 대피소로 사용했다. 당분간 그들은 벙커 내에 있는 대통령비상상황실(Presidential Emergency Operations Center, PEOC)에서 국가를 운영해야 할 수도 있었다.

하지만 캔자스 출신인 에디거는 머리를 좌우로 흔들었다. 에디거는 한때 오클라호마 지부에서 근무했었다. 다른 부서로 전출됐었던 그녀는 오클라호마 폭탄 테러*가 터지자, 과거 동료들의 시신을 수습하는 것을 돕기 위해 자원해서 원래 근무하던 지부로 돌아갔었다. 그녀는 또한 대통령 경호부팀장을 맡고 있었기 때문에 여직원들 사이에서 선구자로 인식되고 있었다.

"안 돼요. 저는 위층으로 돌아가야 합니다."

그녀가 트러스콧에게 말했다. 그녀가 한 말은 죽음을 무릅쓰고 끝까지 임무를 다하겠다는 뜻이었다. 각도를 보면 비행기가 백악관에 추락하기 전에 통합상황센터와 먼저 충돌할 수밖에 없었다.

"시간이 없어."

트러스콧이 만류했다. 그는 에디거에게 명령을 내릴 수 있는 위치였지만, 결국 그녀의 요청을 수락했다. 둘 모두 트러스콧이 마린젤을 지휘하고 대통령의 안전을 책임지기 위해 지하 벙커에 있어야 하고, 그녀는 대통령의 가족 등 다른 대상자들을 경호하는 모든 경호팀을 돕기 위해 통합상황센터에 남아 있어야 한다는 것을 알고 있었다.

"곧 뒤따르겠습니다."

말을 마치고 에디거는 행정동 계단을 뛰어 올라갔다.

에디거가 통합상황센터에 못 미쳐 비상상황센터에 이르렀을 때 그곳 문이 열려 있는 게 눈에 들어왔다. 그녀가 들어서자 가라비토가 중앙 회의실에 서서 얼마 없는 인원을 데리고 자리를 지키고 있는 모습이 보였다.

---

* 웨이코 포위전에서 정부세력이 민간인 사상자를 내자 정부를 상대로 복수를 다짐한 티모시 맥베이(Timothy McVeigh)와 테리 니콜스(Terry Nichols)가 트럭에 폭발물을 싣고 연방청사 건물 앞에서 터뜨린 사건이다. 이로 인해 800명이 넘는 사상자가 발생했으며, 비밀경호국 요원 6명이 사망하였다.

그는 수화기를 한쪽 귀에 대고 누군가와 얘기하고 있었고 스피커폰으로 다른 4명과 통화 중이었다. 통화하는 상대방 중에 비밀경호국 위기관리센터와 레이건 내셔널 공항이 포함되어 있었다.

에디거가 다가가자, FAA와의 통화를 듣고 있던 직원이 납치된 것으로 의심되는 비행기 한 대가 약 5분 후 워싱턴 공역에 진입한다고 보고했다. 그에 따르면 접근하고 있는 비행기는 아메리칸 항공 77편이었고, 낮고 빠르게 비행 중이었다. 항공기는 그날 아침 일찍 덜레스국제공항을 출발했지만 클리블랜드 근처에서 유턴해 다시 워싱턴으로 향했고, 시속 800km로 날고 있어 5초마다 1km씩 거리를 좁혀오고 있었다. 백악관이 표적이 된 것이 확실해 보였다. 그녀는 숨을 들이쉬고는 직원에게 지하 벙커에 있을 트러스콧에게 다음과 같이 문자 메시지를 보내라고 했다.

"저를 기다리지 마세요. 직원들과 위층에 남아 있겠습니다."

비행기가 3분 거리에 도달했을 때, 백악관 대피를 돕고 있던 한 경관이 그녀에게 비상상황센터에서 대피하고 싶은지를 물어보았다. 에디거는 떠나고 싶은 사람은 떠나라며, 죄책감을 느낄 필요 없다고 말했다. 그러나 직원들은 모두 같이 남기로 했다.

FAA로부터 다시 연락이 왔다. 비행기가 레이더에서 사라졌는데 이는 비행기가 지상으로 하향 중이라는 의미라고 하였다. 그 말을 듣고 에디거와 가라비토는 서로를 쳐다보았다. 그들은 비행기가 곧 충돌할 것을 예상하며 마음의 준비를 하였다.

그날 아침 8시 46분에 첫 비행기가 로워 맨해튼(Lower Manhattan)의 상징인 1번 타워 측면에 부딪혔을 때, 체니는 사무실에 틀어박혀 있어 그 사실을 알지 못했다. 그러나 오전 9시 직전 그에게 보고하러 온 예산 담당보좌관은 뉴욕에서 벌어지는 상황을 보며 사무실 TV를 켜라고 했다.

부통령은 뉴스를 보고 나서 충격을 받은 나머지 '어떻게 비행기가 세계

3부 테러와 정치

무역센터에 충돌할 수 있지?'라고 생각했다고 한다.

사무실 밖에서는 부통령 경호를 담당하는 요원이 체니의 수석 연설문 작성자인 존 맥코넬(John McConnell, 이하 맥코넬)과 이야기를 나누고 있었다. 맥코넬도 다가오는 행사를 체니에게 보고해야 해서 예산 보고가 끝나기를 기다리는 중이었다. 예산 보고가 시작된 후, 부통령 경호요원은 경호정보부로부터 세계무역센터에 충돌한 비행기가 점보제트기였다는 연락을 받았다. 그 요원은 눈살을 찌푸리며 이를 맥코넬에게 전했다. 그 말을 들은 맥코넬은 속이 메스꺼워지는 느낌이 들었다. 요원과 맥코넬은 그런 일이 발생할 확률이 희박하다는 생각에 미치자 무언가가 잘못됐다고 생각했다.

행정동에 있던 부통령경호팀 제임스 스콧(James Scott, 이하 스콧) 요원은 오전 9시 5분경에 두 번째 추락 사고에 대해 들었다. 스콧은 그 소식을 무전으로 즉시 전파하고는 무엇을 해야 할지를 상의하기 위해 직속상관을 찾았다. 둘 모두 두 번째 충돌이 발생하자 알려지지 않은 테러 단체나 외국 세력이 뉴욕을 공격했다고 확신했다. 상의를 마친 스콧은 9시 30분이 안 됐을 무렵에 웨스트윙으로 가 부통령 사무실 밖에 있는 요원들에게 상황을 설명했다. 그러고는 워싱턴에 위험이 닥쳤을 때 자기 팀이 시행해야 할 비상계획을 그 자리에서 검토했다. 당시에 스콧이 알 수는 없었지만, 위험은 빠르게 다가오고 있었다.

통합상황센터에 있던 라도우는 그렇게 빠른 속도로 접근하던 비행기가 백악관으로 곧장 돌진하지 않고 남쪽으로 방향을 틀었으니 수도가 파괴되지는 않겠다고 생각했다. 그러나 비행기가 계속 방향을 틀자 덜레스국제공항의 오브리엔과 레이건 내셔널 공항 관제사는 움찔했다. 라도우는 비행기가 다시 백악관 쪽으로 되돌아가고 있다는 관제사의 말을 들었다.

통합상황센터에 있는 경관이 비상경보 버튼을 눌렀다. 오전 9시 33분이었다. 그는 백악관과 부통령경호팀이 사용하는 '찰리' 및 '탱고' 주파수로 무전을 쳤다.
"미확인 항공기가 백악관을 향해 오고 있습니다!"
체니의 사무실 앞에서 이야기를 나누고 있던 요원들의 무전기 이어피스에서 익숙한 경보음이 흘러나오자 요원들은 본능적으로 침묵했다. 스콧은 조금도 주저하지 않았다. 그는 부통령을 즉시 대피시켜야 하는 상황이라고 인식했다. 그가 부통령의 사무실 문을 확 열자 동료 요원 네 명이 그의 뒤를 따라 달려 들어갔다. 책상 옆 TV로 뉴스를 보고 있던 부통령은 그 모습에 깜짝 놀랐다.
"부통령님, 지금 바로 여기서 나가야 합니다."
스콧이 다급하게 말했다.
체니가 질문하려 했지만 스콧은 그에게 말할 기회를 주지 않았다. 그는 부통령의 책상을 손바닥으로 쾅 내리치며 소리쳤다.
"지금 당장이요!"
스콧이 왼손을 체니의 어깨 뒤에, 오른손으로는 체니의 허리띠 뒤를 움켜잡고는 그를 살짝 들어 올려 문 쪽으로 몇 걸음 끌고 나가자 체니가 그의 말뜻을 헤아리고는 스콧을 따라 좁은 웨스트윙 복도를 뛰어갔다. 스콧은 그곳만 지나면 안전지대가 나오기를 바랐다.
스콧은 그의 강인한 성격 덕분에 그날 엄청나게 큰 역할을 하였다. 그를 포함해 부통령경호팀 그 누구도 군이 통제하는 백악관 지하 벙커에 대해 잘 몰랐고 들어갈 수 있는 권한을 보유하고 있지도 않았다. 이상하게 들리겠지만, 대통령이 돌아오지 못하는 상황에서 백악관을 부통령 대피장소로 사용해야 하는 경우를 그 누구도 상상하지 못한 결과였다. 다행히 그날은 웨스트윙 안내데스크 인근 초소에 요원이 서서 이스트윙 아래 대피소로 통하는 계단과 터널로 가는 방향을 큰 소리로 안내했다.
스콧과 체니가 지하 벙커로 통하는 터널의 계단 맨 아래에 이르렀을 때 큰 문제가 하나 있었다. 스콧은 벙커에 들어갈 권한이 없었다. 군은 대피소 접근 권한을 철저하게 관리했고, 대통령경호팀과는 달리 부통령경호팀의 경우 일부 요원들에게만 내부로 들어갈 수 있는 S-키*가 주어졌었다.

비밀경호국은 펜타곤에 비행기가 충돌하기 1분 전에 체니와 그의 경호팀이 지하로 대피해 "안전한 장소"에 도달했다고 발표했다. 그 시각이 오전 9시 37분이었다고도 했다.

하지만 그날 있었던 진실은 수년간 비밀에 부쳐졌다. 비행기가 펜타곤 서측에 추락했던 오전 9시 38분에 체니는 속수무책으로 벙커 밖 계단 밑에 서 있었다. 부통령은 누군가 문을 열어줄 때까지 몇 분을 더 기다려야만 했다. 만약 아메리칸 항공 77편이 그날 아침 백악관을 향해 계속 나아갔다면, 체니는 훨씬 더 큰 위험에 노출되었을 테고 체니와 그의 경호팀이 9·11 테러 희생자 명단에 추가되었을지도 모른다.

부시는 오전 9시 30분경에 엠마 E. 부커 초등학교 연단에 서서 대국민 연설을 시작했다. 한 무리의 학생들, 그들의 부모님, 그리고 선생님들이 부시의 교육개혁 계획을 듣기 위해 모여 있었다. 그러나 그가 말을 시작하자 몇몇 선생님들은 입이 떡 벌어졌고 몇몇 아이들은 혼란스러운 듯 보였다.

"오늘 우리는 국가적 비극을 겪었습니다."

부시의 첫마디였다.

"두 대의 비행기가 세계무역센터에 추락했고 우리나라는 명백한 테러 공격을 받았습니다."

그는 희생자들을 돕고 적을 잡기 위해 국가의 모든 자원을 총동원했다고 청중에게 확신시켜 줬다.

＊　일회용 비밀번호

"우리나라에 대한 테러는 용납할 수 없습니다."

대통령은 연설하는 동안 백악관에 대피명령이 내려지고, 납치된 비행기가 워싱턴 시내를 향해 빠르고 낮게 비행하고 있다는 사실을 전혀 알지 못했다. 연설은 1분 17초 동안 계속되었다. 연설을 마치자, 대통령과 그의 수행원들은 순식간에 사라졌다.

그웬돌린 토세리겔(Gwendolyn Tosé-Rigell) 교장은 그날 기억을 떠올리며 대통령 일행이 "뽕 하고 사라졌다"고 하였다.

부시가 비스트에 탑승하자, 14대로 구성된 모터케이드가 평시 이동속도의 거의 두 배인 시속 130km로 질주했다. 텅 빈 고속도로를 달릴 때, 경찰차들이 나란히 이동했다. 적이 로켓 추진 수류탄으로 VIP차 측면을 공격할 경우를 대비해 추가 배치된 경찰력이었다.

오전 9시 40분쯤 출발해 새러소타 공항으로 가는 8분이라는 짧은 시간 동안 부시는 차 안에서 콘돌리자 라이스(Condoleezza Rice, 이하 라이스) 국가안보보좌관과 통화를 했다. 조수석에 탄 마린젤과 뒷좌석에 탄 로브에게는 한쪽 말만 들렸다.

"이럴 수가."

부시가 걱정스러운 목소리로 말했다. 잠시 적막이 흐른 뒤 그가 물었다.

"럼스펠드(Rumsfeld)*는 살아있나?"

부시와 같이 동승한 사람들은 대통령이 전화를 끊고 나서야 무슨 일인지 알게 되었다. 납치된 비행기가 오전 9시 37분에 펜타곤 서측을 강타해 거대한 화재가 발생했고, 대규모로 사상자가 속출할 것으로 예상되었다. 아무렇지 않게 받아들이기에는 너무 충격적인 소식이었다. 그들은 이날 다음 비행기가 언제 어디로 떨어질지 모르는 불안감에 떨어야 했다.

---

*   도널드 럼스펠드(Donald Rumsfeld). 부시 대통령 때 국방장관을 지냈다.

51분 동안, 세 대의 여객기가 미국 국력의 상징을 공격하기 위해 미사일처럼 사용되었다. 미국 정부가 공격을 받고 있다는 사실을 인지하게 된 후, 대통령경호팀은 미국 대통령이 30분 동안 고정된 장소에 머물도록 허용했다. 경호요원들과 보좌관들은 그 시간 동안 대통령이 강의실에 있는 상황을 허락함으로써 그의 위치를 생방송으로 전 세계에 중계했다.

부통령과 그의 경호팀 역시 취약한 표적이 되어 있었다. 더구나 수상한 비행기가 워싱턴으로 향한다는 경고가 30분 전에 발령된 상황도 알지 못한 채로 있었다. 아무도 이런 공격을 예상하지 못했기 때문에 대처가 느릴 수밖에 없었다. 체니는 세 번째 비행기가 백악관에서 800m 떨어진 곳에 추락할 때까지도 방공호인 지하 벙커에 도달하지 못했다.

연방 기관들은 무방비 상태로 9·11 테러에 당했다. 많은 사람들이 본능에 역행하며 영웅적인 행동을 보여줬지만, 정부는 위험을 예견하고 위기에 대응하는 능력이 부족하다는 점을 여실히 드러냈다. 비밀경호국이 그날 정부의 수장을 잃지 않은 것은 단지 행운 덕분이었다. 공격이 있은 후, 비밀경호국 비상계획은 전면 수정되었다. 테러 공격의 경우, 가장 먼저 대통령을 안전한 비밀 장소로 대피시키기로 했다. 그때는 아무도 그들을 막아설 수 없도록 했다.

비밀경호국 지휘부는 만약 그날 백악관에 비행기가 추락했다면 통신과 의사결정의 중추 역할을 하는 비밀경호국 지휘 센터가 마비될 수도 있었다는 것을 깨닫고 행정동 꼭대기 층에 위치했던 통합상황센터와 비상상황센터를 이전했다.

대통령경호팀에서 근무했던 조나단 웨크로우 요원은 비밀경호국을 두고 "9·11 이전과 이후로 나눌 수 있다"고 말했다.

"(9·11 이전에) 우리는 스퀴키 프롬 같은 공격자에 대해 논의했습니다. 군을 포함해 아무도 이런 종류의 공격이 발생하리라 생각하지 않았습니다. 군은 핵 공격에 중점을 두었고, 비밀경호국은 대통령이 총에 맞는다면 어떡하나 걱정했습니다. 이런 유형의 공격은 정말 예상 밖이었습니다."

9·11 이후, 경호요원들은 전국적인 동시다발적 폭발 및 화학물질 유출 등 그날과 유사한 테러 공격을 가정한 훈련을 반복적으로 실시했다.

"대통령을 몇 분 안에 항공기에 태워 이륙하는 것이 목표입니다. 이는 더 이상 논의 대상이 아닙니다."

웨크로우가 말했다.

"내부적으로는 그날의 결정들에 대해 많은 비판을 했습니다. 하지만 그전에는 대피에 대해 생각해 본 사람이 없었습니다. 어디서 어디로 대피해야 할지, 그런 결정을 내려야 했던 적이 한 번도 없었으니까요."

그리고 이어서 말했다.

"결국 비밀경호국의 정책과 수칙은 희생을 치르고 만들어진다는 말이 맞습니다. 비밀경호국은 위기를 겪으면서 발전합니다. 모든 위기 때마다 그랬습니다. 글로벌 경호 환경이 지속적으로 변화함에 따라 비밀경호국도 이에 맞춰 진화해야 합니다."

끔찍한 테러가 발생한 날 자정 무렵에, 주방위공군(Air National Guard) 항공순찰대가 관제소와의 교신 없이 워싱턴 시내로 접근하는 비행기를 발견하였다. 이로 인해 대통령 침실 앞 초소에서 야간 근무를 하던 요원은 소름 끼치는 경고와 함께 어려운 임무를 받았다.

"지금 당장 대통령과 영부인을 깨워서 지하실로 모시고 가."

간부가 무전에 대고 지시했다.

초소에 있던 요원으로서는 대통령 내외를 깨우자니 여간 부담스러운 일이 아니었다.

"그는 자기가 침실로 들어가야 하는 상황을 정말 싫어했어요."

동료 직원이 당시 초소에서 근무하고 있던 요원한테 들은 심정을 이야기했다.

만약 부시가 그날 경호팀장인 트러스콧의 조언을 받아들였다면 이런 일은 없었을 것이다. 트러스콧은 일찍이 부시와 영부인에게 지하 벙커에서 밤을 보내라고 설득하였으나, 대통령은 간이침대가 딸린 먼지투성이의 방을 보고는 거절했었다.

하지만 부시는 위층 침실에 있는 침대에 편안하게 누워서도 밤잠을 이루지 못하고 있었다. 순간 그는 누군가 문 앞에 있다고 느꼈다. 문 앞에는 초소의 요원이 급하게 달려온 것처럼 숨을 몰아쉬고 있었다.

"대통령님, 지금 가셔야 해요. 백악관이 공격받고 있습니다!"

요원이 말했다. 그 상황이 마음에 안 들기는 대통령도 매한가지였다.

대통령은 반바지 운동복을 입었고, 영부인은 가운을 걸쳤다. 그들은 고양이 '미즈 키티(Ms. Kitty)'와 스코틀랜드테리어 '바니(Barney)'를 안아 들고 스프링어 스패니얼 '스팟(Spot)'에게 따라오라고 신호했다. 자동 소총을 든 두 요원이 전방과 후방을 호위하며 대통령 내외와 그들의 애완동물을 지하로 안내했다.

1940년대식 벙커에 부시 내외가 도착하자 안전상의 이유로 백악관에 머물고 있던 라이스가 영접을 나왔다. 공군 군사보좌관도 그곳에 와 있었다.

"도대체 무슨 일이야?"

부시가 물었다.

공군 군사보좌관이 상황을 설명했다. 군 당국이 국회의사당 남쪽에서 교신을 끊고 비행하는 수상한 비행기를 발견했으나, 앤드류스 공군기지로 돌아오면서 실수로 트랜스폰더 코드를 잘못 맞춘 F-16기로 밝혀졌다고 하였다.

"걱정 안 하셔도 됩니다, 대통령님. 우리 공군기입니다."

대통령이 어처구니없다는 듯 코웃음을 쳤다.

부시는 플로리다에서 조깅으로 하루를 시작했다. 그 후 충격적이고 피비린내 나는 공격이 이어졌고, 18시간이 지나서 또 다른 경보가 발령되었다. 그것이 오보로 밝혀진 다음, 경호요원들이 대통령 부부를 다시 침실로 데려다주고서야 부시는 긴 하루를 마치고 진정한 휴식을 취할 수 있었다.

14
"당신은 여기 속하지 않아"

9·11 테러는 국가안전망에 대한 국민의 믿음을 뒤흔들어 놓았다. 테러범들의 충격적인 성공은 "상상력의 실패", 즉 확대된 알카에다의 위협을 미리 인지하고 방어하는 데 실패했음을 보여주었다. 또한, 국가원수를 제거하려는 시도에 대한 비밀경호국의 준비태세를 포함해 국가의 위기 대응 능력에 미숙한 점이 있다는 사실도 분명해졌다.

"칼, 박스 커터와 호신용 스프레이로 무장한 19명의 남성이 세계 최강국의 방위 체제를 뚫고 침투했습니다. 그들은 우리 국민에게 견딜 수 없는 트라우마를 입혔습니다. 9월 그날에 우리는 아무런 준비가 되어 있지 않았습니다."

9·11 위원회에서 발간한 보고서를 발표하면서 토마스 킨(Thomas Kean) 위원장이 한 말이다.

비밀경호국은 1994년 백악관 항공기 추락 사고를 겪은 이후 공중으로부터의 공격에 준비되어 있다고 생각했다. 그러나 FAA 타이거월 시스템은 9월 11일에 큰 도움이 되지 못했다. 또한, 워싱턴 시내에서 비행기를 격추하면 입게 될 부수적 피해 때문에 비밀경호국이 보유한 대공 무기는 사용하기에 부적합하다는 결론이 나왔다. 소총을 들고 옥상으로 올라가라는 명령을 받은 요원들은 어이가 없다고 생각했다. 1998년에 백악관 대테러 수석보좌관 리처드 클락(Richard Clarke)은 테러범들이 납치한 리어젯에 폭발물을 싣고 워싱턴으로 향할 경우 대응 방안을 강구하기 위해 비밀경호국, FAA, 그리고 국방부와 모의훈련을 진행하였다. 그 결과 비밀경호국의 대비책이 부족하다는 우려를 제기하였는데, 그의 결론이 맞은 셈이었다.

9·11로 재앙적인 손실을 입은 미국은 다시는 이런 일을 당하지 않겠다는 결의를 다졌다. 백악관과 의회는 테러가 발생하고 몇 주 동안 국가의 방위 체제를 강화하는 방법에만 몰두했다. 비밀경호국 내에서는 스태포드 국장의 지시로 백악관 경계를 강화하는 방안을 검토했다. 하지만 카드 비서실장과 협의하는 과정에서 백악관 동측 및 서측 면과 연결되는 주요 도로인 15번가와 17번가는 폐쇄하지 않기로 하였다. 대신 9·11이 발생하고 6일이 지난 월요일 새벽 1시 30분에 이동식 철제 펜스를 E가에 설치해 차량통행을 무기한 금지했고, 백악관 남측 경계선을 극적으로 확장했다. 그것은 비밀경호국에 닥칠 본격적인 변화에 비하면 겉치레에 불과했다.

미국의 두 대도시에서 3천여 명의 목숨을 앗아간 공격으로부터 9일이 지난 9월 20일, 부시는 상하원 합동회의에서 이례적으로 연설을 했다. 그는 뉴욕과 워싱턴이 공격받은 일에 대해 다음과 같이 말했다.

"어둠이 왔습니다. 우리는 큰 위험이 도사리고 있고 자유를 수호하기 위해서는 싸워야 한다는 깨달음을 얻었습니다."

대통령의 말이 고요함을 뚫고 회의실에 울려 퍼졌다.

그는 곧 군을 동원하겠다고 언급하여 알카에다의 본거지인 아프가니스탄에 대한 폭격과 침공을 예고했다. 동시에 조국을 보호하기 위해 새로운 계획을 수립해야 한다고 말했다.

"우리나라가 더 이상 공격으로부터 자유롭지 않다는 경고를 받았습니다. 미국인을 테러로부터 보호하기 위한 방어 조치를 취하겠습니다. 테러에 대응하지 않으면 건물이 무너지는 데서 그치지 않고, 합법적인 정부의 안정성마저 위협받을 수 있습니다. 그리고 혹시 들으셨나요? 우리는 그런 일을 절대로 허락하지 않을 생각입니다."

부시는 베트남전 참전 용사이자 펜실베이니아 주지사인 톰 리지(Tom Ridge, 이하 리지)를 백악관 국토안보 담당자로 임명할 계획이라고 발표했다.

민주당 구역에 앉아 있던 조 리버먼(Joe Lieberman, 이하 리버먼) 코네티컷주 상원의원은 힘없이 박수를 쳤다.

부시와 앨 고어(Al Gore)가 맞붙은 2000년 대선에서 대법원이 재검표*를 중지하라는 판결을 내리지 않았다면 리버먼은 부통령이 되었을 것이다. 그는 단순히 국토안보 비서관 자리를 신설하여 문제를 해결할 수 있다고 보지 않았다. 리버먼과 민주당 의원들은 안보를 다루는 수많은 정부기관들이 분산되어 있어 이를 대대적으로 재편하는 계획을 9월 11일 이전부터 추진하고 있었다. 그는 9·11로 인해 그 계획의 필요성이 더욱 증명되었다고 믿었다. 그의 생각에는 국경, 항공, 수사, 정보 등을 담당하는 수천 명의 요원들이 각기 다른 부처에서 근무하고, 각자의 장관들에게만 보고하는 체계에서 벗어나 협동할 수 있는 환경을 만들어줄 필요가 있었다.

리버먼은 10월 초에 소수의 의원들과 백악관을 방문해 부시에게 이 계획을 제안했다. 그는 안보 수장이 독립된 예산권, 인사권과 더불어 영향력을 행사할 수 있는 새로운 부처를 신설해야 한다고 피력했다. 하지만 대통령은 그 제안을 정중하게 거절했다. 체니 부통령 또한 테러가 발생하기 전에 비슷한 말을 꺼냈으나, 부시는 새로운 부처를 만드는 일이 무의미하다고 생각했다.

"정부가 단지 비대해질 뿐이에요, 조."

---

* 플로리다주에서 부시가 간소한 차이로 이긴 것으로 나타나 법에 따라 재검표가 진행되었으나, 부시의 요청으로 미 대법원은 재검표를 중지시켰고, 결국 플로리다주 선거인단의 25표를 받은 부시가 대선에서 승리했다.

부시가 말했다.

그러나 대통령을 만나고 나서도 리버만의 생각은 바뀌지 않았다. 2002년이 되자 국토안보부를 신설하려는 리버만의 생각이 동료 의원들 사이에서 지지를 얻어 의회에서 법안을 발의하기에 이르렀다. 백악관 입법담당관실이 예상해 보니 리버만의 법률안이 통과되기에 충분한 지지를 얻고 있었다. 그것은 백악관과 공화당 지도부에 나쁜 소식이었다. 어느 쪽도 강력한 권한인 국가안보 주도권을 민주당에 양보하고 싶지 않았다. 리지의 한 고위 보좌관은 워싱턴포스트와의 인터뷰에서 "그것에 (백악관의) 결정이 좌우됐다"고 말했다.

백악관은 대외적으로 반대 입장을 견지했다. 아리 플라이셔 백악관 대변인은 3월에 실시한 언론브리핑 때 "부처를 신설한다고 해서 문제가 해결되는 것은 아니다"라고 말했다. 그러나 백악관은 말과 달리 카드가 직접 뽑은 직원들로 비밀리에 팀을 구성해 4월부터 백악관 지하 회의실에서 부처를 신설하는 작업에 착수하였다. 팀에 40여 개 기관들이 수행하는 여러 기능 중 새로운 부처로 이관할 기능들을 결정하는 과제가 부여되었다. 팀의 청사진에 따라 수만 명의 직원들이 재배치되고, 이로 인해 불만을 품는 직원들이 많아질 것으로 예상됐다. 작업은 6주 동안 소리 소문 없이 진행되었다.

5월이 되자 CBS 뉴스는 익명의 소식통을 인용해 부시가 오사마 빈 라덴이 테러를 자행할 가능성이 있다는 보고를 9·11 테러 발생 전에 받았다고 보도했다. 부시가 8월 초에 받은 일일 정보브리핑에는 비행기를 납치해 테러에 이용한다는 첩보가 구체적으로 언급되어 있었다. 이로 인해 대통령은 무언가 행동을 취해야 한다는 압력을 더욱 강하게 받았다.

6월 5일, 부시는 국민들에게 발표하기 하루 앞서 내각 각료들에게 새로운 부처를 설립한다는 계획을 공개했다. 리지는 유사한 정부조직 개편안을 제안했을 때 끝없이 비아냥대던 각료들의 반응이 기억났다. 그랬던 그들이 대통령 앞에서 "좋은 생각인 것 같습니다"라며 거짓말하는 꼴을 보자니 어처구니가 없어 웃음이 나올 뻔했다.

실제로 거의 모든 사람들이 그 계획을 싫어했다. 토미 톰슨(Tommy Thompson) 보건복지부 장관을 포함한 몇몇 각료는 회의가 끝나자마자 보좌관들에게 전화를 걸어 새로운 부처에 빼앗기게 될 기능을 되찾는 방법을 모색하였다.

그러나 이의를 제기하지 않은 각료가 한 명 있었다. 폴 오닐(Paul O'Neill, 이하 오닐) 재무장관은 안보 기능들을 한 부처로 통합한다고 나라가 더 안전해지지 않는다고 보았지만, 국토안보부에 배속될 재무부 소속 법집행기관들을 기꺼이 포기했다. 그중 하나가 비밀경호국이었다. 그는 1865년부터 재무부에 속해있던 3천 명 규모 기관에 미련이 없었다.

오닐은 비밀경호국에서 제공하는 자기 경호팀을 없애려고 여러 번 노력했지만, 그때마다 직원들이 만류했었다. 그는 경호팀이 낭비이고 불편하다고 느꼈다. 오닐은 경호가 "단지 교차로를 통과하는 데 도움을 준다"고 생각했으니 어찌 보면 당연한 반응이었다.

그는 비밀경호국이 그의 안전이나 재무부에 필수적이지 않다고 믿었는데, 그해 봄에 그런 믿음이 더욱 견고해졌다. 백악관은 통합 국경보호 기관을 구성함에 따라 재무부가 관세청도 잃을 것이라는 신호를 보냈는데도 오닐은 항변조차 안했다. 이로써 그가 재무부에 소속된 나머지 법집행기관에 대해서도 신경 쓰지 않는다는 것이 분명해졌다. 그는 오히려 알코올담배총기국, 연방 법집행 훈련센터 또는 비밀경호국이 국가 경제정책을 수립하는 재무부의 핵심 임무와 어떤 관련이 있냐고 물었다.

"제 생각에 오닐 본인이 '왜 우리는 이런 법집행기관들을 가지고 있는가?'라고 물은 것 같습니다. 저는 '그 기관들을 없애자'는 의미로 받아들였습니다."

당시 관세국경보호청장이었던 리처드 보너(Richard Bonner, 이하 보너)가 말했다.

대통령의 청사진은 많은 비밀경호국 요원들을 동요시켰다. 일부는 현 체제를 유지하자고 했다. 이와 반대로, 스태포드의 보좌관 폴 어빙(Paul Irving)은 재무부가 오랫동안 비밀경호국을 무시해왔고, 국토안보부에 소속되는 것이 더 큰 예산을 확보하는 방안일 수 있다고 주장했다. 스태포드는 결정을 못 했지만, 카드가 이미 정해진 일이라고 알려왔기 때문에 선택의 여지가 없다고 생각했다. 비밀경호국은 새 부처에 합류해야 했다. 이에 대한 보너의 견해는 다음과 같았다.

"비밀경호국이 원했다면 남아 있겠다고 주장할 수도 있었습니다. 제 생각에 비밀경호국이 재무부에 남을 충분한 가치가 있었습니다. 그러나 경호는 재무부 핵심 기능이 아니었기에 비밀경호국 입장에서는 재무부를 벗어나는 편이 더 낫다고 생각했습니다."

6월 6일, 부시는 TV로 방영된 대국민 연설에서 리버만의 이름을 빼서 국토안보법이라고 명명한 법안과 정부조직 개편안을 발표했다. 그는 국토안보부가 "거대한 투쟁"에서 나라를 지키기 위한 부름을 받게 될 것이며, 169,000명의 직원과 370억 달러의 예산을 배정받을 것이라고 말했다. 규모 면에서는 오직 국방부만이 국토안보부를 능가했다.

"오늘 밤, 저는 미국의 국토와 국민을 보호하는 최우선적이고 긴급한 임무를 수행할 단일 부처를 만드는 데 동참해 줄 것을 의회에 요청합니다. 수천 명의 훈련된 살인자들이 우리를 공격할 계획을 세우고 있습니다. 이 새로운 부처의 직원들은 그들의 가장 중요 임무인 시민 보호를 가슴에 되새기며 매일 아침 출근할 것입니다."

부시가 말했다.

많은 비밀경호국 요원들, 특히 보수적인 성향을 지닌 전직 요원들의 모임에서는 조직의 미래를 걱정했다. 그들은 스태포드가 다른 의도를 갖고 대통령의 계획에 따르는 것은 아닌지 의심했다. 그러나 5일 후, 비밀경호국 명성에 또다시 타격을 입자 걱정과 의심은 수면 아래로 가라앉았다.

2002년 6월 11일, U.S. News & World Report는 비밀경호국 고위 간부들의 부도덕한 행위가 조직 내부에서 용인되었다는 기사를 발표했다. 당시 의원들은 그때가 비밀경호국 역사상 가장 치욕적인 순간이라고 하였다. 수개월간의 취재를 거쳐 보도된 기사에서는 범법행위를 저질렀거나 무능력한 부하 직원들을 두둔한 사람, 본인 스스로 비리에 연루되었던 사람 등 온갖 부정행위가 난무하는 불량배들의 조직으로 비밀경호국을 묘사했다. 그 기사에는 여성 정보원을 자신의 아파트로 데려가 술을 먹고 성관계를 한 직원이 간부로 승진한 사례도 담겨 있었다. 여성 정보원은 마약과 관련된 뇌출혈로 인해 그의 화장실에서 시체로 발견되었다. 로스앤젤레스 지부의 한 요원이 친구의 16살 딸과 밤에 성관계를 하고, 그녀가 수업 시간에 졸지 않게 필로폰을 줬다 덜미가 잡힌 사건도 있었다. 또한, 개인적인 용도로 연방 자금을 횡령하다 적발된 사례도 여럿 있었으며, 솔트레이크시티 동계올림픽 기간에 스노보드 매장에서 쇼핑하다 기밀인 체니 부통령 세부경호계획 자료를 놓고 간 경우도 언급됐다.

기사에 따르면 정보 출처는 비밀경호국 직원들이었다. 그들에 의하면 스태포드 국장, 루이스 멀레티 전 국장과 힐러리 클린턴의 경호팀장 A. T. 스미스(A. T. Smith, 이하 스미스) 모두 클린턴 정부 때 백악관 직원들과 불륜을 저질렀다. 이 기사로 인해 전임 국장들도 비리를 용인한 것 아니냐는 의문이 제기되었다. 지휘부가 스태포드의 불륜을 알면서도 그를 승진시켰다고 주장한 익명의 직원도 있었다. 몇몇 요원은 직원 대다수가 멀레티와 스태포드의 불륜설을 믿는다는 내용의 진술서에 서명까지 하였고, 스태포드가 힐러리 부속실에 있던 직원과 열애설이 있었다고 강조했다. 비밀경호국은 불륜을 저지르면 공갈과 협박의 대상이 될 수 있다고 보았기 때문에 그런 사실은 경호요원의 비밀취급인가에 불리하게 작용됐다. 또한, 요원들이 경호대상자와 비서실 직원들과 개인적으로 가깝게 지내는 것도 금기사항이었다.

스태포드와 스미스는 그 당시 취재를 거부했고 혐의에 대해 끝까지 함구했다. 멀레티만이 잡지사에 편지를 보내 해명하였는데, 그는 혐의를 부인하고 특검에서 조사한 결과 불륜설이 근거 없는 이야기로 판명된 바 있다고 주장하였다. 그러나 스타 측에서는 이러한 내용을 조사하지 않았다고 반박했다. 이와 별도로, 스태포드는 레이 무어(Ray Moore)와 흑인 요원들이 자신을 흠집 내기 위해 과장된 정보를 제공했다며 반발했다. 그들은 차별을 당했다면서 비밀경호국에 소송을 제기한 상태였다.

케네디 대통령이 사망한 날 아침에 요원들이 숙취에 시달리고 있어 행동이 느렸다는 의문이 제기되었던 때를 빼면, 비밀경호국이 이렇게 심한 비난을 받아본 적은 없었다. 당시 아들이 경호요원으로 임용돼 비밀경호국 교육원에서 훈련을 받고 있던 터라 스태포드에게는 특히나 가슴 아픈 일이었다.

이 기사 때문에 카드는 골머리를 앓았다. 한두 개였다면 이해했겠지만, 지휘부가 그런 혐의를 받는다는 상황을 그냥 넘길 수는 없었다. 특히 비밀경호국장에게 그런 흠이 있어서는 안 되었다. 스태포드의 평판이 좋아 안타까움이 더 컸지만 카드는 재빨리 결정을 내려야만 했다. 카드는 기사가 나가고 몇 주 지난 시점에 대통령이 비밀경호국에 변화를 줄 계획이라고 밝혔다. 그는 이러한 정보를 백악관 주요 보직자들에게 알렸고, 오닐에게 스태포드의 사직서를 받으라고 했다. 스태포드는 카드에게 왜 자기가 밀려나는지, 기사와 관련이 있는지 물었다. 카드는 이를 부인하고 애매모호하게 답변하였다.

"우리는 단지 다른 방향으로 가고 싶을 뿐입니다."

그러나 부시의 한 고위 보좌관은 카드가 기사에 실린 주장들을 불안하게 생각했다고 말했다.

"비밀경호국장은 매우 민감한 자리입니다. 그런 행동에는 즉각적인 조치를 해야 마땅합니다. (스태포드가) 믿기지 않을 정도로 오만해 보였습니다."

그 보좌관이 말했다.

그게 아니더라도 스태포드의 임기는 어차피 얼마 남아 있지 않은 상황이었다. 모든 대통령은 당선된 후 새 국장을 뽑았다. 기사 때문에 스태포드가 불명예를 안고 조직을 떠나는 시기가 조금 앞당겨졌을 뿐이었다. 카드는 조용히 후임자를 물색했다.

그러나 부정적인 여론이 형성된 시기가 좋지 않았다. NPR의 'All Things Considered' 방송에서는 의회가 국토안보부 구성을 논의하고 있을 때 기사를 쓴 기자 중 한 명인 치트라 라가반(Chitra Ragavan, 이하 라가반)을 인터뷰했다. 라가반은 만약 비밀경호국이 더 큰 조직으로 이관되면 책임감 부족과 사기 저하 문제가 악화될 것이라고 경고했다. 그녀는 NPR 진행자에게 말했다.

"신설 부처이기 때문에 초반에는 문제를 해결할 시간이 거의 없을 거예요. 저희는 비밀경호국을 품게 되는 부처가 비밀경호국의 문제를 안고 갈 수밖에 없다고 생각합니다. 결국 문제가 방치된 채 새 부처에서 곪을 수 있다고 봅니다."

7월 9일, 스태포드는 부처 신설과 조직개편에 대한 의견을 진술하러 하원 법사위원회에 출석했다. 그는 4천 명 규모의 비밀경호국을 169,000명 규모의 국토안보부로 옮기는 계획을 전적으로 지지한다고 설명했다.

청문회 도중 비밀경호국에 우호적인 위원이 스태포드에게 U.S. News & World Report에서 제기한 혐의에 대해 발언해달라고 요청했다. 국장에게 반박할 기회를 주기 위한 일종의 배려였지만 스태포드에게는 여전히 따끔하게 느껴졌다.

공화당 소속 버지니아주 하원의원 밥 굿랫(Bob Goodlatte)이 말했다.

"스태포드 국장, 최근 한 언론에서 비밀경호국을 심하게 비난한 탐사보도를 냈습니다."

그가 계속해서 말을 이어갔다.

"기사는 보안 위반에서부터 횡령이나 절도, 불륜, 음주와 폭행, 사기 저하 문제 등 다양한 문제점들을 언급했습니다. 저는 이 청문회를 그 기사에서 제기한 혐의를 조사하는 자리로 바꾸고 싶지 않습니다. 단지 기관에서 그 기사에 어떻게 대응하고 있는지, 일부 내용이 사실이라면 이를 개선하기 위해 노력하고 있는지, 그리고 이것이 가장 중요합니다만, 비밀경호국을 재무부에서 국토안보부로 이관한다면 조직을 바로잡기 위한 당신의 계획에 어떠한 차질이 생길 수 있다고 보는지 말할 기회를 드리고 싶습니다."

스태포드는 단호한 표정으로 고개를 들었다. 이 주제가 그의 심기를 건드린 것이 뚜렷해 보였다. 그가 말했다.

"음, 그 기사의 출처를 신뢰할 수 없습니다. 제 생각에는 어떤 기관의 역사를 30년 이상 거슬러 올라가면……."

그가 말을 멈추고는 다시 시작했다.

"그 잡지사 입장에서 보면 탐사보도가 아니었습니다. 그 기사는 익명으로 제보된 28페이지 분량의 문서를 직접 인용했습니다. 비밀경호국에서 해고된 사람들, 비밀경호국을 고발한 사람들, 악의를 갖거나 복수심을 품은 사람들이 제보했을 가능성이 있다고 봅니다. 그 기사는 지난 30년간 비밀경호국에서 있었던 일을 왜곡하고 거짓을 섞은 결과입니다. 그들이 왜 그랬는지 이해하기 어렵습니다."

비밀경호국 직원들이 보기에는 국장이 의회와 언론의 시선을 의식해 일부러 조직에 유리하게 말했지만, 기사의 내용이 틀렸다고 반박하지는 않았다. U.S. News & World Report 기사에 묘사된 많은 사건들은 목격자, 재판기록, 경찰 보고서, 그리고 비밀경호국 내부 조사보고서에 의해 뒷받침되었다. 대통령과 영부인경호팀에 있는 요원들도 스태포드의 외도에 관한 이야기를 사실로 알고 있었다. 그가 만나던 여자는 친한 동료들에게 그 관계를 전혀 숨기지 않았다.

스태포드의 말을 듣고 있던 한 직원은 클린턴 경호팀에 막 전입해 왔을 때 앤드류스 공군기지로의 이륙이 지연되어 헬리콥터 안에서 기다렸던 적이 기억났다. 영부인 부속실 여직원이 늦어지고 있었기 때문이다. 그때 자기보다 선배인 직원이 농담인지 진담인지 모르겠는 말로 "경호팀장님 여자 친구를 두고 떠날 수 없다"고 말했었다.

스태포드는 연말에 은퇴하겠다는 뜻을 11월에 발표했다. 전임자들이 모두 그랬듯이 그도 후임자 명단을 제시했다. 대상자는 모두 스태포드를 위해 일했던 현역 간부들이었다.

그러나 백악관은 스태포드의 제안에 관심이 없었다. 12월까지도 스태포드가 올린 명단에 있는 그 누구도 면접 요청을 받지 못했다. 카드는 오히려 부시 가족이 잘 알고 있는 은퇴한 비밀경호국 간부들 중에서 후임자를 물색했고, 12월 10일이 끼어 있는 주에 최종 면접을 실시한 후 두 명으로 후보를 좁혔다. 그중 한 명은 6년 전에 본부장으로 은퇴한 랄프 바샴으로, 아버지 부시의 경호팀에서 근무해 부시의 "가족"처럼 신뢰받는 일원이었다. 또 다른 사람은 앨 고어 부통령경호팀장을 역임하고 2000년에 본부장으로 은퇴한 윌리엄 피클(William Pickle, 이하 피클)이었다.

스태포드는 속마음을 털어놓는 비밀경호국 선후배들에게 이럴 수는 없다고 말했다. 그는 백악관이 은퇴한 비밀경호국 직원들 중에서 부시의 측근을 임명하려고 함으로써 기관을 정치화한다고 보았다. 그렇게 되면 신임 국장은 대통령에게 신세를 지는 꼴이 되고, 비밀경호국의 신성한 승계 전통이 깨질 수 있었다.

14 "당신은 여기 속하지 않아"

　미국이 진주만 공습 이후 가장 충격적인 공격을 받은 상황이었으므로, 대통령 경호가 진일보해야 했다. 그러기 위해서는 전향적이고 독립적인 지도자가 필요했다. 스태포드는 바샴을 포함해 은퇴한 직원들이 너무 오랫동안 현장에서 떨어져 있었기 때문에 국장이라는 자리를 감당하기에는 무리가 있다고 주장했다. 스태포드는 바샴과는 동료 본부장으로, 피클과는 상사로서 함께 근무했었다. 거기다 바샴은 이미 국장 후보가 되었다 탈락한 적이 있었다. 바샴은 1997년에 국장 후보로 면접을 봤지만, 클린턴은 그의 전 경호팀장인 루 멀레티를 최종적으로 선택했었다.

　"나를 대신할 수 있는 후보들이 7명이나 준비되어 있다고."

　스태포드가 동료들에게 불평했다.

　"바샴은 본부장일 때 국장으로 선택받지 못한 사람이었어. 현직에 있을 때도 국장이 되지 못했는데 이제 와서 그가 된다는 것은 어불성설이지."

　하지만 스태포드가 속상해하는 주된 이유는 자신이 추천한 사람들을 카드가 고려조차 안 했기 때문이다. 스태포드는 이를 모욕이라고 느꼈다.

　그는 대통령과 부통령 경호팀장을 역임한 전직 요원들에게 도움을 요청하기로 했다. 그들 대다수는 스태포드와 친분이 두터운 사이였다. 전직 팀장 12명이 12월 중순에 있는 연례 크리스마스 축제를 위해 백악관에 올 예정이었고, 그들만을 위해 오찬과 간단한 정보브리핑이 준비되어 있었다. 이는 전직 팀장들의 희생을 기리기 위한 행사였고 보통 현직 비밀경호국장, 대통령비서실장 그리고 부통령으로부터 현 정부와 백악관 경호에 관한 설명을 듣는 자리였다.

　그들이 방문한 날, 전직 팀장들이 행정동 회의실에 모여 커피를 마시며 과거 대통령 순방 때 자신들의 영웅담을 이야기하고 있는데 카드가 불쑥 들어와 그들을 환영했다. 그러나 소개와 인사가 오가고 나자 많은 전직 팀장들이 그 틈을 이용해 불만을 늘어놓기 시작했다. 몇몇은 내부 승진으로 국장이 되는 비밀경호국의 전통이 깨질까 봐 두렵다고 말했다. 당시 67세였던 존 마고는 아버지 부시의 임기 마지막 해에 국장을 지냈었기에 그의 말이 부시 가족과 현 정부에 조금이나마 영향력을 미친다고 믿었다. 전통주의자인 마고가 대통령경호팀에서 같이 근무한 스태포드를 지도하고 승진시켰기 때문인지 국장의 입장을 대변해 주었다. 그는 은퇴한 직원을 국장에 앉히면 전통이 깨질 텐데 이는 "잘못"이라고 말했다.

카드는 조용히 귀를 기울였지만 점점 화가 났다. 그는 전직 비밀경호국 지도자들이 차기 국장에 대해 강한 의견이 있을 수 있다는 점을 이해하지만, 동의하지는 않으며, 비밀경호국 지휘부에 강력한 리더가 없다는 소리를 들었다고 했다.

"대통령이나 저나 여러분의 의견을 묻는 것이 아닙니다."

카드는 그 말을 끝으로 전직 팀장들이 행복한 휴일을 보내길 기원하고는 퇴장해버렸다.

한편, 스태포드는 바샴이 비밀경호국 본부를 방문했을 때 얼굴이 찌푸려지는 것을 애써 참으려 하지 않았다. 그는 차기 국장으로 유력한 바샴에게 말하기 위해 자리에서 일어났다. 미식축구 선수 출신으로 190cm가 넘는 키에 넓은 어깨를 가진 스태포드는 54세의 나이에도 건장한 체격을 유지했고, 노력하지 않아도 크게 보였다.

"당신은 여기 속하지 않아요. 그것을 모를 리 없을 거예요."

스태포드가 거칠게 말했다.

"이 자리를 수락하지 말기 바랍니다. 당신이 받아들이면 이 자리는 정치화될 겁니다."

스태포드는 그동안 자신이 원했던 바를 손에 넣었지만, 그의 후임을 둘러싼 싸움에서는 질 가능성이 꽤 있어 보였다. 백악관 때문에 그의 날은 얼마 남지 않았고, 후임자 문제에 대한 그의 의견은 무시되고 있었다.

바샴은 어떻게 대응하는 것이 좋을지 잠시 고민하며 곧 퇴임할 국장을 바라보았다. 그는 부시 가문의 신조에 따라 예의를 지키기로 했다.

"지금 상황이 마음에 안 든다는 것을 이해해요."

바샴이 스태포드에게 말했다.

"하지만 내가 원해서 왔다기보단 대통령이 맡아달라고 부탁해서 온 겁니다."

바샴은 키가 180cm 이하에, 백발이 성성한 데다 철테 안경까지 쓰고 있어 스태포드만큼 당당해 보이지 않았다. 그는 경호요원보다는 평범한 대학 학장에 가까운 외모의 소유자였다. 그러나 60세의 바샴은 부시 정부에서 상당한 이점이 있었다. 바샴은 10여 년 전인 1980년대 후반에 부통령이던 아버지 부시와 긴밀한 유대를 맺었다. 그는 아버지 부시의 파트너로 테니스 복식 게임도 쳤다. 그 후, 바샴은 비밀경호국 본부장까지 승진하고 다른 연방 법집행기관에서 관리직을 역임하였다. 그가 부통령경호팀에서 근무할 당시 가장 가깝게 지내던 사람 중 한 명이 아버지 부시의 최측근인 조 헤긴(Joe Hagin, 이하 헤긴)이었다. 그리고 헤긴은 아들 부시의 비서실 차장이 되어 있었다. 대통령이 차기 국장을 뽑기 전에 헤긴의 의견을 구할 것이었다.

외부의 시선으로 보면, 바샴을 선택하는 것은 그리 이상하지 않았다. 클린턴이 스태포드를 잘 알았듯이 바샴은 대통령과 그의 측근들이 잘 아는 요원이었다.

"그들이 왜 바샴을 선택했는지 알겠습니다. 그는 침착하고, 한결같으며, 청렴의 본보기이죠."

아들 부시 정부에서 정무직 관리를 역임한 사람의 말이다.

"그는 아버지 부시의 경호팀장도 역임했죠. 그것이 국장이 되는 길입니다. 어쩌면 국장을 선택하는 최선의 방법이 아닐 수도 있어요. 하지만 백악관은 그런 방식으로 경호요원들을 알게 되죠."

바샴과 피클은 은퇴한 직원들이 후임자로 고려되는 상황에 대해 스태포드가 불만스러워한다는 사실을 알고 있었다. 그들은 전직 팀장들을 위한 크리스마스 오찬 때 후임자와 관련된 반대의견이 제기되었다는 말도 들었다. 또한, 스태포드가 그들의 임명을 막기 위해 주요 의원들에게 로비했다는 이야기도 들어 알고 있었다.

그날 스태포드는 바샴에게 "당신도 이 상황이 잘못되었다고 느끼지 않느냐"고 말했다.

이를 들은 바샴은 그를 비웃듯이 웃었다. 그는 스태포드에게 알리지 않았지만 이미 국장 자리를 수락한 뒤였다.

15
"그는 모든 것을 예측했습니다"

2005년 늦여름, 찰스 J. 바세랍(Charles J. Baserap, 이하 바세랍) 경관은 15번가와 E가가 교차하는 지점에 있는 초소에 서서 두 간부가 다가오는 모습을 지켜보았다. 경관들에게 '사우스 파크 15'로 불리는 이 초소는 동쪽에서 백악관 경내로 들어가는 길목에 있었고, 역사 깊은 워싱턴호텔과 상무부 사이의 잔디 광장을 마주하고 있었다. 그 간부들은 갓 대학을 졸업하고 비밀경호국 제복경호대에서 근무한 지 1년도 안 된 바세랍에게 백악관 경호를 개선할 아이디어가 있는지 물었다.

바세랍이 속한 1,200명 규모인 제복경호대는 주로 백악관 경비를 담당했지만 부통령 관저, 외국 대사관과 중요한 행사에 동원되기도 하였다. 대부분의 사람들은 '비밀경호국'이라는 단어를 들었을 때 이어피스를 차고 있는 사복요원들을 생각한다. 그러나 바세랍과 같은 경관들도 백악관과 대통령 경호에 있어 수문장과 같은 중요한 역할을 수행하는 사람들이었다. 간부들은 백악관 경호를 강화하기 위해 임시로 팀을 구성하고 있다면서, 여러 제안을 수집하기 위해 경관들을 대상으로 비공식 조사를 실시하고 있다고 말했다. 그 간부들은 사람을 제대로 골랐다. 바세랍은 그의 상사들이 한 말을 듣고는 밝게 미소를 지었다.

9월 11일 세계무역센터가 무너졌을 때 바세랍은 브롱크스(Bronx)에 사는 부모님 댁에 있었다. 그래서 그는 테러에 대해 높은 경각심을 갖고 있었고, 정부와 국민이 안보에 점점 둔감해지고 있다는 위기의식을 느꼈다. 그는 포드햄대학(Fordham University)을 졸업하고 8개월 동안 야간, 새벽과 오후에 백악관 경계초소에서 외로이 근무하며 백악관 경호시스템의 취약점을 분석했었다. 그는 테러리스트들이 원한다면 백악관에 쉽게 침입할 수 있다는 결론에 도달했고, 이를 극복하기 위한 여러 개선책을 갖고 있었다.

우선, 백악관을 지키는 경관들은 권총으로 무장하고 있었기 때문에 훈련된 단체가 소총이나 산탄총을 들고 나타나면 맞서 대응할 수 없다고 판단했다. 인원이 부족할 때는 초소를 비워두는 경우도 많았다. 때로는 무전기가 고장 나거나 수신 상태가 불량해 위기 상황에서 원활하게 통신할 수 없었다. 경관들은 백악관에 도보로 출입하는 비서실 직원들이 무기나 폭발물을 소지하고 있는지 매번 확인하지 않았다. 또한, 그의 상사들은 가장 젊고 경험이 부족한 경관들을 외곽에 배치하고 고참들을 내곽에 근무시켰다. 만약 위해자들이 백악관에 침투하려 한다면 외곽에서부터 잘 막아야 하기 때문에 이 결정을 이해할 수 없었다.

바세랍은 제복경호대의 사기가 떨어지고 있는 상황도 경호를 약화시키는 원인으로 보았다. 더 높은 급여와 대우를 받는 사복요원들이 모든 고위직을 차지하고 조직을 휘어잡고 있었다. 사복요원이 되려면 대학 학위가 필요했고, 더 엄격한 심사가 요구되었으나 그만큼 더 인기 있는 직업이기도 했다. 그들은 존경을 받았다. 경관들도 열심히 일하기는 마찬가지였지만 자신들의 가치를 충분히 인정받지 못한다고 느꼈다. 그들은 백악관, 부통령 관저, 그리고 대통령 행사 때 단순한 경비 임무를 맡았다. 지휘부는 갑작스럽게 경관들의 휴가를 취소시키는가 하면 주어진 휴식 시간을 다 채우지도 못했는데 근무를 강요하고는 했다. 열악한 근무 여건 외에도, 경관들은 조직 내에서 무시당하기 일쑤였다. 요원들은 경관들이 근무하는 경비초소에 빗대 그들을 "상자 트롤"이라고 불렀다. 근무 표를 보면, 경관들

15 "그는 모든 것을 예측했습니다"

은 일상적으로 오후 2시 30분부터 10시 30분까지 8시간 근무하고, 집세 부담 때문에 먼 교외에 얻은 집까지 한 시간을 운전해서 간 다음, 4시간이나 5시간의 수면을 취한 후, 다음 날 아침 6시 30분까지 출근해야 했다. 다음 교대 시간은 같은 날 자정이 될 수도 있었다. 이 근무 표에 따르면 경관들은 40시간 중 24시간 동안 깨어 있어야 한다는 계산이 나왔다. 결과는 불을 보듯 뻔했다. 경관들은 기계처럼 일하며 학대받는다고 느꼈다.

2005년 여름과 가을에는 경관들의 퇴사율이 입사율보다 더 높아졌다. 퇴사를 많이 하는 달에는 30명이, 즉 하루에 한 명꼴로 사직서를 제출하였다. 이로 인해 남아 있는 사람들의 피로감이 증폭됐고, 제복경호대 전체적으로 평균 경험치가 더욱 감소했다. 바세랍은 상급자들의 제안을 듣고 변화가 일 거라는 희망을 느꼈다. 그는 그동안 생각하고 있던 몇 가지 제안을 제출하겠다고 하고는 다음 날부터 보고서를 작성하기 시작했다.

하지만 그와 친한 동료들과 심지어 가깝게 지내는 상사들조차 보고서 작성을 만류했다. 설령 작성하더라도 절대로 기명 형식의 보고서는 올리지 말라고 충고했다. 그들은 보고서가 국장한테까지 보고될 수 있다고 경고했다.

"불평불만자로 인식돼서 너한테 좋을 거 하나도 없다."

선임 경관인 빌 부치(Bill Vucci, 이하 부치)가 바세랍에게 말했다.

"이전에도 그런 보고는 수차례 올렸어. 하지만 변한 건 하나도 없어."

나이 든 다른 경관이 바세랍의 순진함을 비웃었다.

하지만 침묵하는 것에 질린 경관들도 있었다. 한번은 동료 경관이 요원들에게 심한 질타를 받은 적이 있었다. 그가 한 일이라고는 비밀경호국 자체 행사 때 랄프 바샴 국장에게 다가가 직원들의 사기 저하에 대한 우려를 전달하는 대범함을 보인 것뿐이었다.

한편, 바세랍은 시간 날 때마다 생각을 글로 정리했다. 조심스러웠지만, 한편으로는 일하면서 보아온 많은 문제점들을 해결하는 데 도움을 주고 조직에 기여할 수 있다는 기회에 신도 났다.

12월 초에 바세랍은 대통령 경호부팀장으로 새로 부임한 조셉 클랜시(Joseph Clancy, 이하 클랜시)로부터 문제를 제기할 수 있는 초대장을 받았다고 생각했다. 클랜시는 비밀경호국에 임용되기 전 성직자가 되기 위해 공부했기 때문에 '조 신부(Father Joe)'로도 불렸고, 부드러운 말투와 성격으로 유명했다. 클랜시는 비밀경호국에서 가장 중요한 경호팀 운영 외에도 백악관 경호에 대한 전반적인 권한도 가지고 있었다. 그는 지휘관으로서 경관들의 점호에 방문해 그의 사무실 문이 항상 개방되어 있으니 언제든지 찾아오라고 말했다.

"비록 요원들과 경관으로 나뉘지만, 우리는 모두 같은 목표를 가진 한 팀의 일원입니다. 여러분 중에 고민이나 애로사항이 있다면, 언제든지 저한테 얘기하세요. 언제든지 저나 닉 트로타(Nick Trotta)*에게 오셔도 됩니다."

바세랍은 클랜시의 말을 그대로 받아들였다. 며칠 후인 12월 12일, 그는 클랜시와 트로타에게 보낼 이메일을 작성해 그동안 메모했던 경호적 문제점들을 열거하고, 자신이 느끼는 두려움도 털어놓았다.

"저는 일을 잘할 수 있기를 바랍니다. 하지만 지휘부를 공개적으로 비판하면 찍힐까 봐 두렵기도 합니다."

며칠 후 클랜시는 휴대폰으로 바세랍에게 전화를 걸어 12월 22일 오후 5시에 행정동에 있는 그의 사무실로 와달라고 했다. 그는 시간에 맞춰 클랜시의 사무실인 60호실에 나타났다. 클랜시는 정확히 어떤 문제점들을 지적하는 것인지, 그리고 작성한 목록을 다른 사람에게도 보여준 적이 있는지 물었다. 바세랍은 의견을 물어보기 위해 몇몇 동료들과 얘기했고, 외

---

*　　당시 대통령경호팀장이다.

15 "그는 모든 것을 예측했습니다"

부인과는 절대 논의하면 안 된다는 규칙을 잘 알고 있다고 설명했다. 클랜시는 보고서를 한 부 받을 수 있는지 물었다. 바세랍은 혹시 몰라 출력해 온 보고서를 재킷 안에서 꺼내 기쁜 마음으로 건네주었다.

"여기 있습니다. 아직은 초안이라 완성되면 그때 다시 드리겠습니다."
바세랍이 말했다.

둘의 만남은 좋은 분위기로 끝났다. 바세랍은 마지막 70분 동안 실컷 떠들었기 때문에 사무실을 나와 집으로 향하면서 클랜시가 자기 견해에 정말 관심이 있다고 여겼다.

크리스마스 연휴 동안 백악관 경내는 조용했다. 부시 가족은 크리스마스이브를 캠프 데이비드에서 보냈고, 신정까지 남은 연휴를 크로포드 목장(Crawford ranch)*에서 보냈다.

2006년 1월 3일 월요일, 바세랍은 비밀경호국 지휘부로부터 다시 연락을 받았다. 그는 비번인 날에 경호본부 부본부장 줄리아 피어슨(Julia Pierson, 이하 피어슨)이 집으로 전화를 걸어 깜짝 놀랐다. 당시 그녀는 조직에서 가장 높은 지위에 있는 여성 중 한 명이었다. 그런 피어슨이 사무실 밖에서 대화하자며, 비밀경호국 직원들이 즐겨 찾는 근처 G가에 있는 스타벅스에서 만나자고 했다. 바세랍이 스타벅스 앞에 도착하자 피어슨의 운전기사가 손을 흔들며 검은색 타호(Tahoe) 차량에 타라고 그에게 손짓했다. 그는 운전기사가 말없이 근처 주차장으로 운전하는 동안 피어슨과 이야기를 나눴다.

"사무실 밖에서 만나는 게 더 편할 거라고 생각했어. 백악관 경호와 개인 경력에 대해 많은 고민을 하고 있다는 얘기도 들었고."

---

*   부시 전 대통령이 텍사스에 소유한 개인 목장. 휴가 때 즐겨 찾았으며 '서부 백악관(Western White House)'으로도 불렸다.

피어슨이 설명했다.

바세랍은 클랜시에게 했던 말을 반복했다. 그는 백악관 경호에 취약점이 있다고 생각했고, 두 간부가 개선책을 물어봐서, 목록으로 정리하고 있다고 하였다.

"그걸 가지고 뭘 하려고 하지? 원하는 게 뭐야?"

바세랍은 테러범들이 백악관에 침투하기를 원하고 있으며, 백악관을 훨씬 더 안전하게 만들 수 있다고 믿는다 말했다. 그는 외우고 있던 보고서 내용을 읊어 내려갔다. 과로한 경관, 가장 힘든 근무지에 배치된 경험 없는 직원, 비어 있는 초소, 고장 난 무전기, 불충분한 화력, 백악관 출입자들을 검색하지 않는 것 등등. 그는 출입자를 검색하지 않는 부분을 말할 때 불만을 품은 내부자나 외부업체 직원이 무기나 폭탄을 쉽게 반입할 수 있어 걱정된다는 심정을 털어놓았다. 바세랍이 격앙된 채 말했다.

"그들을 검색하지 못할 이유가 없습니다. 24시간 안에 바로 시행할 수 있습니다."

피어슨은 바세랍과 30분간 말을 나눈 후 그의 솔직함에 감사하다고 말하고는 차이나타운 지하철역에 그를 내려주었다. 약간 석연치 않은 구석도 있었지만, 바세랍은 소통이 잘됐다는 느낌에 기분 좋게 차에서 내렸다. 그는 동료들에게 "그녀가 그의 말을 경청했다"고 말했다.

바세랍은 출근하자 피어슨이 그의 말을 진정으로 받아들였다고 볼 수 있는 변화를 보았다. 그는 차량 검사팀이 15번가 쪽에서 진입하는 사람들을 검색하는 모습을 처음으로 보았다. 차량 검사팀은 백악관 경내로 들어오는 차량을 검색했지만 운전자나 승객을 확인한 적은 없었다. 그날 조회에서는 차량 검사팀이 15번가로 입장하는 사람들까지 항상 검색해야 한다는 지침도 내려졌다.

그다음 주인 1월 9일 아침, 한 선임 경관이 바세랍이 근무하던 초소로 전화를 걸어 클랜시가 바세랍을 오전 11시 30분에 그의 사무실에서 보기

15 "그는 모든 것을 예측했습니다"

를 원한다고 말했다. 그가 바세랍을 교대해주러 사람을 보낸다고 하는 것을 보면 매우 중요한 일인 듯했다. 바세랍은 백악관 경내를 자기 손바닥 보듯이 훤히 꿰뚫고 있었기 때문에 지름길을 이용해 빠르게 행정동에 도착했다. 그는 상급자들에게 깊은 인상을 주거나 적어도 자신의 생각을 관철할 수 있을지도 모른다며 이 기회를 큰 영광이라고 생각했다. 하지만 바세랍의 예상과 달리 클랜시와의 면담은 좋게 흘러가지 않았다.

클랜시의 책상 맞은편에 앉아 있던 케빈 심슨(Kevin Simpson, 이하 심슨) 제복경호대 부대장은 바세랍이 들어서자 인상을 찌푸렸다. 바세랍은 클랜시의 지시에 따라 무전기와 휴대전화를 끈 다음 이어피스를 제거하고 자리에 앉았다.

"바세랍 경관, 가방 안에 녹음기나 마이크가 들어있나?"

심슨이 물었다. 바세랍은 당황스러웠지만, 없다고 했다. 심슨은 "딸깍 하는 소리가 들렸다"며 다시 물었다.

바세랍의 장비 가방에 들어있는 것이라고는 방독면, 열쇠고리와 소화제 한 병뿐이었다.

"제가 가방을 치우면 더 편하시겠습니까?"

클랜시와 심슨 둘 다 고개를 끄덕였다. 바세랍은 그의 가방과 재킷을 사무실 밖 벽걸이에 걸어 놓고 자리로 돌아왔다.

"바세랍 경관, 우리가 12월에 처음 만난 후로 자네에게 상당한 시간을 주었네."

클랜시가 입을 열었다.

"내가 백악관 경호취약점을 분석한 자네 보고서를 읽었는데 맞는 게 하나도 없더군. 자네가 보고서에 언급한 내용 중 대다수가 사실과는 너무 달라."

클랜시가 보기에 바세랍은 말도 잘하고 진정으로 조직을 위했다. 하지만 동료 직원들의 흠을 조사하고, 이를 해결한답시고 지휘 계통을 무시하는 행동은 신임직원으로서 선을 넘는 행위라고 생각했다. 클랜시는 백악관에 출입하는 모든 직원들이 검색을 받고 있으며, 한 명이 근무하는 자리에 추가로 한 명 더 배치할 필요는 없다고 했다. 또한, 경관들이 장총을 들고 다닐 필요도 없다고 반박했다.

클랜시가 계속해서 그의 생각을 말했다.

"바세랍 경관, 여기는 그린존*이 아니라네. 본인이 훌륭한 아이디어를 가지고 있다고 생각하겠지만 모든 것을 알 만큼 여기 오래 있지 않았어. 큰 그림을 못 보고 있지. 자네가 뉴욕 출신이기 때문에 또 다른 테러 공격을 막는 데 남보다 더 많은 관심이 있다고 믿겠지만, 글쎄, 절대 그렇지 않아."

바세랍은 당황해서 말을 더듬으며 많은 동료들이 자신이 제기한 우려에 공감을 표했다고 설명했다. 동시에 머릿속으로 클랜시가 무시할 수 없는 사람이 누구일까를 계속 생각했다. 그는 비밀경호국과 함께 훈련하는 씰 팀 식스(Seal Team Six)** 교관을 떠올리고 그도 장총이 주요한 억제책이 될 수 있다고 언급했다고 하였다.

"장총은 시민들에게 위압감을 줄 거야."

클랜시가 바세랍의 말을 끊었다.

"그리고 우리는 여론조사나 설문조사로 일하지 않아, 바세랍 경관."

클랜시는 바세랍이 직원 말고 누군가에게 이 얘기를 했는지 또는 보고서를 보여줬는지 반드시 확인하고 싶었다.

---

*   Green Zone. 이라크 전쟁 후 바그다드 시내에서 미군이 특별 관리했던 안전지대를 말한다.

**   미국 합동특수작전사령부에 속해 있는 해군 특수부대이다. 1980년에 창설되었다 1987년에 해체되었고 이후 해군특수전개발단(Naval Special Warfare Development Group)으로 재탄생되었다. 약칭인 데브그루(Devgru) 또는 태스크포스블루(Task Force Blue)로도 불리지만 씰 팀 식스도 아직 사용되고 있다. 2011년 오사마 빈 라덴 제거 작전에 투입된 부대이다.

15 "그는 모든 것을 예측했습니다"

"혹시 보고서 사본을 직원 외 다른 사람들과 공유했나?"

"아니요. 그런 적 없습니다."

클랜시는 그에게 두 번이나 더 같은 질문을 했다.

"외부 사람에게 이를 공유한 적이 있나?"

바세랍이 당황해서 말을 더듬거렸다.

"무슨 말씀을 하시는지 잘 모르겠습니다. 저는 지휘 계통을 통해 이 보고서를 보고하겠다는 의도뿐이었습니다."

바세랍은 급변한 상황이 믿기지 않았다. 클랜시는 바세랍이 분석한 경호적 취약점을 외부에 공개하려 한다고 의심하고 있었다. 이런 내용을 글로 남기면 외부로 유출될 위험이 있다고 믿는 것 같았다.

"바세랍 경관, 자네 지금 보안을 위배하기 일보 직전이야."

클랜시가 경고했다.

"그것은 해고의 사유가 될 수 있어. 자신의 의견을 문서로 정리한 행위만으로도 조직에 큰 해를 끼친 거나 마찬가지라고. 이걸 계속 밀어붙이다 만약 이 보고서가 밖으로 새 나간다면 백악관에 위협이 될 수도 있어. 그땐 자네도 무사하지 못할 거야."

그것으로 회의는 끝이 났다.

"이제 자리로 돌아가도 좋네."

바세랍은 충격과 실망감을 안고 사무실을 떠났다. 그 후로 며칠 동안 바세랍은 친한 동료들에게 고민을 털어놓았다. 몇몇 경관들은 지휘부를 욕했다. 일부는 그럴 줄 알았다며 충고를 무시한 바세랍을 탓했다.

"우리도 수년간 노력했어."

한 선임 경관이 말했다.

"그런데 지휘부는 듣고 싶어 하지 않아."

하지만 바세랍은 클랜시가 묵살해버린 자신의 제안들 중 일부가 하루 사이에 이행되었다는 것을 알게 되었다. 그는 '사우스 파크 17번' 초소 통신장비가 제대로 작동하지 않는다고 지적했었는데, 며칠 후 예비용으로 휴대전화가 놓여 있었다.

바세랍이 한때 주도적인 역할을 하면서 느꼈던 흥분은 분노로 바뀌었다.

"화가 났죠. 아무런 잘못도 하지 않았는데, 일반 범죄자 취급을 받았으니까요. 그저 경호적 취약점을 전달하고, 문제제기를 두려워하는 조직문화가 있다는 걸 건의드리려고 했을 뿐입니다. 그런데 제가 언론에 알리려 한다고 의심했어요."

결국 바세랍은 3월 21일 야간 근무를 앞두고 밤 10시 30분 석회가 끝났을 때 대담하고 반항적인 길을 택하기로 결심했다. 그는 행정동에 있는 경관들의 대기실로 가 비밀경호국 망과 연결된 컴퓨터 앞에 앉았다. 거기서 15페이지 분량의 보고서를 출력한 다음, 제복경호대장을 포함해 지휘 계통상 모든 구성원들이 받아볼 수 있게 개인 우편함에 한 부씩 넣었다. 그 보고서에는 그가 분석한 경호 취약점뿐만 아니라 그가 상관들로부터 부당하게 비난받고 조롱받은 내용도 기록되어 있었다. 소문은 금세 퍼졌다.

다음 날 아침 일찍, 바세랍 휴대전화로 동료 경관이 전화를 걸었다.

"야, 네가 쓴 보고서 우리도 읽었어. 이거 완전 대박이야. 다들 보고서를 돌려보고 있어."

바세랍은 그의 보고서가 수십 번 복사되고 제복경호대 거의 모든 인원과 공유되었다는 사실을 알게 되었다. 한 번도 만난 적이 없는 경관들이 누군가 마침내 차별받는 제복경호대를 위해 목소리를 높였다며 기뻐하고 있었다. 경관들은 심지어 그의 보고서에 '제복경호대 경관들의 성명서'라는 이름도 붙였다.

바세랍이 다음 날 출근하자 경관들은 그의 행동이 대담했다며 손을 마주치고 등을 두드려주었다. 재무부 건물 근처 초소 근무 때는 그를 발견한 동기가 다가와 바세랍이 겪은 일을 알게 된 후 지휘부에 대해 혐오감을 느졌다고 털어놓았다.

"네가 바보 같은 짓을 할 때는 있었지만, 한 번도 거짓말한 적은 없지. 이 보고서는 정확해."

동기가 말했다. 그는 바세랍이 자랑스럽지만, 이제 지휘부의 표적이 되었을 것이라며 걱정된다고도 말했다.

바세랍은 비밀경호국이 조직적인 공격에 대비하지 않는다는 사실을 걱정했는데, 거의 집착으로 보일 정도였다. 그러나 본부는 업무에 의문을 제기하는 경관이나 요원을 의심스러운 눈초리로 바라보았고, 이를 불안 요소로 간주했다. 지휘부 그 누구도 직원들이 경호 방법을 논의하거나 우려 사항을 문서로 작성하는 것을 원하지 않았다. 그들은 그것이 잘못에 대한 책임 회피와 전가를 위해 악용되리라 보았다. 지휘부와 제복경호대장은 바세랍이 면직시켜야 할지도 모르는 '관심 직원'이라는 말을 퍼뜨렸다. 클랜시는 지휘부에 "바세랍이 보고서를 공개할 계획이 없다고 반복적으로 말했지만 그를 주시해야 한다"는 보고서를 올렸다.

2006년 여름, 마크 설리번(Mark Sullivan)이 새로운 국장으로 취임했다. 그가 경관들을 대상으로 한 다양성 훈련 세미나에 참석했을 때였는데, 질의응답 시간에 한 경관이 제복경호대 직원 다수가 경호에 관한 문제를 제기할 경우 보복을 당할까 봐 두려워한다는 얘기를 하였다.

"그렇게 생각한다니 놀랍군요. 구체적인 문제점을 아는 사람이 있다면 기꺼이 경청하겠습니다."

설리번이 말했다.

그러자 누군가 바세랍을 가리켰다.

"저 경관과 말씀을 나누시면 됩니다."

설리번은 바세랍을 보며 지휘 계통을 통한 보고는 환영한다고 했다. 말을 마친 설리번은 다른 일정이 있다며 양해를 구하고 강의실을 빠져나갔다.

바세랍은 경관들이 일하면서 겪는 어려움과 좌절감을 보다 과학적인 방법으로 기록하기로 결심했다. 제복경호대를 위해 기꺼이 총대를 메겠다는 생각이었다. 그는 백악관 경호와 그 취약점에 대한 직원들의 생각을 확인하기 위해 개인 시간을 이용해 136명의 경관들을 대상으로 설문조사를 실시하였다.

"지난번 일을 겪고도 이걸 하고 싶어?"

부치가 그에게 물었다. 바세랍이 고개를 끄덕였다.

"물론이죠. 꼭 해야만 하는 일입니다."

2007년 1월 부시가 국정 연설을 한 날, 바세랍은 그의 직속상관부터 국장까지 지휘 계통에 있는 모든 상급자들에게 42페이지에 달하는 설문조사 결과 보고서를 송부했다. 그는 보고서 제목을 "비밀경호국 연두교서"라고 붙였다. 보고서에 의하면 조사에 응한 경관 절대다수가 백악관이 공격에 취약하다고 생각하는 것으로 나타났다. 10명 중 9명이 동시다발적인 공격을 저지하는 데 필요한 인력과 훈련이 부족하다고 답했다. 경관들은 제복경호대가 갖고 있는 화력으로는 대통령과 그의 가족의 목숨을 노린 공격을 막을 수 없으며, 조직이 경호를 잘하려는 의지보다 정권에 잘 보이려는 정치적 욕구가 앞선다는 데 압도적으로 동의했다. 또한, 경관 10명 중 9명은 비밀경호국 지휘부가 고질적인 문제를 해결하지 않아 관저 안전조차 위태롭게 했다는 데 동의했다. 이 외에도 일상적인 인력 부족, 업무에 지친 경관들, 그리고 하급 경관을 최전선에 정기적으로 배치하는 일 등이 포함되었다. 마지막으로, 경관들은 그들의 상사들 그리고 "형제" 요원들이 자신들을 존중하지 않는다고 하였다.

이 보고서는 비밀경호국에 엄청난 충격을 주었다. 며칠 후, 한 선임 경관이 제복경호대장 사무실에서 들은 말을 알려주러 바세랍을 조용히 불렀다.

"그들은 너를 어떻게 처리해야 할지 고민하고 있어."

클랜시는 바세랍을 다시 그의 사무실로 불렀다.

"네 결론에 동의하지 않지만, 그 보고서를 쓸 때 예의를 갖추려고 노력한 게 보이더군. 국장님의 응답을 기대하지는 마. 지휘 계통을 거쳐 올렸으니 분명 국장님께서도 보고서를 받으셨겠지만 읽으셨는지는 확인해 줄 수 없네."

이후 상황은 잠시 잠잠해졌다. 몇 달이 지나 2007년 9월이 되자 바세랍은 정기 인사이동에 따라 외국공관 경비와 방문하는 국빈들의 경호를 보조하는 외빈경호계로 부서를 이동했다.

12월은 바세랍의 경력에 중대한 이정표가 되는 시기였다. 그는 정규직 전환 요건인 40개월을 채우고 정규직으로 신분이 바뀔 예정이었다. 정규직으로 전환되면 정당한 이유 없이 바세랍을 해고할 수 없었다. 하지만 그 이정표에 도달하기 바로 전날, 비밀경호국 감찰관실에서 집에 있는 그에게 전화를 걸어 문제가 있다며 본부로 오라고 했다. 감찰관실은 바세랍이 치과 수술로 병가를 냈을 때 관련 서류를 제출하지 않아 휴가 정책을 위반한 사실을 뒤늦게 발견했다고 하였다. 그 말을 들은 바세랍은 싸워봤자 승산이 없다는 예감이 들어 난생처음 포기해야겠다고 결심했다. 비밀경호국은 그의 계약을 갱신하지 않을 계획이라고 말했다.

바세랍이 퇴직한 후에도 비밀경호국은 계속해서 그에게 훼방을 놓았다. 그는 방위업체에 취직하려 했을 때도 불이익을 받았다. 비밀경호국에서 바세랍이 위법행위로 해고되었다고 업체에 알리는 바람에 결국 일자리를 제안받지 못했던 것이다. 물론, 해고 사유는 사실도 아니었거니와 비밀경호국에 그럴 권한도 없었다. 이후 18개월간 지속된 법적 분쟁 끝에, 비밀경호국은 변호사 비용만큼의 금액을 그에게 지불하고, 인사 기록상 퇴직 사유를 계약 만료로 수정하는 것에 합의했다. 이로 인해 바세랍과 그의 아내는 심신이 모두 지쳤지만, 가족을 부양하기 위해 꿋꿋이 자기들이 가야 할 길을 나아갔다.

한편, 비밀경호국에 남아 있는 경관 및 요원들 중 일부는 '성명서' 사본을 보관해 두고 백악관 경호경비의 허점에 대해 불평하는 새로운 동료가 있을 때마다 복사해 주었다. 그들은 다른 누군가가 이전에도 같은 우려를 제기했었다는 사실을 신임들이 알기를 바랐다. 현직에 남아 있는 많은 사람들에게 바세랍 경관은 영웅이었다. 그의 친한 친구이자 같은 시기에 백악관에서 근무했던 동료는 그가 한 행동이 여전히 전설로 남아 있다고 말했다. 그는 바세랍이 떠난 지 얼마 되지 않아 사임했고 자신이 정부에서 계속 일할 수 있게 익명으로 처리해달라고 요청했다. 바세랍의 사례는 비밀경호국 지휘부가 비판자들을 처벌하기 위해 수단을 가리지 않는다는 증거였다.

"일에 대해 가장 많은 열정을 가진 사람들이 기관에서 밀려납니다. 그 누구도 목소리를 높이는 것이 허용되지 않았는데 바세랍은 그렇게 했습니다. 그는 단지 일을 하려고 노력했을 뿐입니다. 우리 모두 백악관 경호경비의 허점을 보았습니다. 살라히 부부*, 차량 강습, 월담자 등 그 어느 것 하나도 저를 놀라게 하지 않았어요. 그는 모든 것을 예측했습니다."

---

*   2009년 11월 24일, 부부인 타렉 살라히(Tareq Salahi)와 미켈(Michaele) 살라히가 초대받지 않았는데도 '만모한 싱' 인도 총리 국빈 방문 일정으로 열린 백악관 만찬에 참석한 사건이다. 그들은 초대장은 물론 참석자 명단에도 이름이 없었지만 백악관에 출입했고, 그들이 이러한 내용을 개인 SNS에 직접 올려 사건이 알려지게 되었다.

4부

재앙의 시작

오바마 정부
(2008~2015년)

16
"그는 틀림없이 총살당할 겁니다"

일리노이 주의원이자 무명 정치인인 버락 오바마(Barack Obama, 이하 오바마)는 2004년 보스턴(Boston)에서 열린 민주당 전당대회 기조연설을 하기 위해 무대로 걸어 올라갔다. 4년 전 로스앤젤레스에서 열린 전당대회에서 오바마는 입장권조차 못 받을 정도로 영향력이 미미한 정치인이었다. 그는 절망감을 느끼며 스테이플스센터(Staples Center) 밖에 설치된 대형 스크린을 통해 연설을 지켜보았었다. 2004년에도 오바마는 단지 60만 명이 사는 일리노이주 중부를 대표하였으나, 당 후보인 존 케리(John Kerry)의 눈에 띄어 전당대회에서 큰 역할을 제안 받았다.

7월 밤, 오바마는 17분짜리 연설로 군중과 언론의 시선을 사로잡았다. 그의 이야기는 애국심과 따뜻한 사회에 대한 갈망을 불러일으켰다. 그는 흑인 아빠와 백인 엄마 사이에서 태어났으나, 부모님이 일찍 이혼해 강인한 엄마 밑에서 자랐다. 넉넉하지 못한 형편과 중서부의 가치관을 중시하는 가정에서 자란 오바마는 노동의 가치와 "미국의 가능성에 대한 변함없는 믿음"을 물려받았다.

"저는 제 이야기가 더 큰 미국 이야기의 한 부분이며, 이 세상 어디서도 이런 인생을 사는 게 가능하지 않다는 것을 알고 여기에 섰습니다."

오바마가 선언했다.

민주당 활동가들은 선거기간 내내 이 짜릿한 연설의 힘을 이용하기 위

16 "그는 틀림없이 총살당할 겁니다"

해 빠르게 움직였다. 오바마는 야심 찬 도전에서 승리하며 그해 11월 주의 원에서 미국 상원의원으로 도약하였다. 그리고 불과 몇 년 만에, 소수의 민주당 킹메이커들이 그를 대통령으로 만들기 위해 비밀리에 움직이고 있었다.

항상 계산적인 해리 리드(Harry Reid, 이하 리드) 민주당 원내대표는 오바마의 든든한 후원자 중 한 명이었다. 오바마가 상원에 입성했던 2005년에 66세였던 리드는 오바마의 연설에 깊은 인상을 받고 그를 주목하기 시작했다. 민주당이 2008년 대선 후보로 앞세우려는 힐러리 클린턴의 인기가 낮고 약점이 많다는 점이 우려되던 참이었다. 리드는 오바마를 지원하면서 그가 큰 무대에서 빛을 발할 기회를 주었다. 2005년에 정치윤리와 로비 개혁 운동에 오바마가 앞장서도록 했고, 그가 복잡한 법을 일반인들도 알아듣기 쉽게 해석하는 모습을 지켜보았다. 리드는 2006년 7월에 젊은 오바마를 그의 사무실로 불렀다. 오바마는 자신이 무언가를 잘못해서 불려 간다고 생각했다.

"자네가 지금 하는 일을 좋아하지 않는다고 알고 있네."

리드가 오바마에게 말했다. 오바마가 무슨 뜻인지 헷갈려 하자 리드가 직설적으로 설명했다.

"만약 대통령이 되고 싶다면, 지금 당장 될 수 있단 말일세."

2006년 추수감사절 주말을 앞두고 오바마는 그의 친구이자 멘토인 딕 더빈(Dick Durbin, 이하 더빈) 상원의원과 시카고 유니언리그클럽(Union League Club)에서 열린 정치자금 모금 행사가 끝날 무렵에 이야기를 나누었다. 더빈은 오바마에게 출마에 대해 아직 고민하고 있느냐고 물었다. 오바마는 흑인 친구들이 만류하고 있다고 답했다. 그들은 오바마의 안전을 걱정했다. 그의 아내도 똑같은 두려움을 가지고 있었고, 선거운동이 소중한 가족생활을 송두리째 앗아갈 수 있다는 생각에 달가워하지 않았다. 그럼에도 더빈은 오바마가 출마하고 싶어 한다는 것을 알 수 있었다.

오바마는 더빈에게 윙크하며 "당신이 미셸(Michelle)*과 얘기해야 한다"고 말했다. 그래서 더빈과 그의 아내 로레타(Loretta)는 오바마 부부를 저녁 식사에 초대했다. 12월 초, 시카고의 한 식당에서 네 사람은 각자의 연말 계획에 대해 이야기를 나누었다. 그러다 메인 요리를 먹는 도중에 더빈은 2008년 대선으로 주제를 바꾸었다. 그는 오바마 부부에게 지금이 때라고 말했다. 그는 말하면서 미셸과 눈을 마주쳤다.

"우리에게 무슨 짓을 하려는 거예요?"

미셸은 과거에도 이렇게 장난치며 오바마를 부추기는 더빈을 나무란 적이 있었다. 하지만 그때와 달리 더빈의 모습은 진지했다. 그는 오바마 부부에게 국가를 위해 위대한 일을 할 수 있는 보기 드문 기회가 왔다고 말했다. 무엇을 망설인단 말인가?

오바마는 2006년 크리스마스 휴가를 가족과 함께 보내기 위해 하와이로 향했다. 그를 키워주신 노쇠한 할머니도 그곳에 살고 계셨다. 미셸과 오바마가 해변에서 긴 산책을 하며 출마하는 장단점을 논하는 동안, 할머니 마들린 던햄(Madelyn Dunham)은 5살과 8살 먹은 두 증손녀가 어리광 떠는 모습을 지켜보았다. 미셸은 그녀가 갖고 있는 두려움을 단도직입적으로 말했다. 그녀는 오바마가 딸들을 볼 시간이 거의 없을 것이라고 경고했다. 대통령 선거 과정에서 발생하는 공격으로 가족이 위험해질 수도 있고, 그가 죽임을 당할 수도 있다고 말했다.

미셸은 불과 6개월 전에 마틴 루터 킹의 미망인을 만났다. 오프라 윈프

---

* 오바마의 부인 Michelle Obama를 말한다.

리(Oprah Winfrey, 이하 오프라)*가 자신의 산타바바라(Santa Barbara) 저택에서 주최한 호화 오찬 모임에서였다. 정원 옆 테이블에 앉아 음식을 먹던 중 코레타 스콧 킹(Coretta Scott King)은 미셸에게 남편과 공직자의 길을 걸으면서 두려움에 사로잡히지 말라고 당부했었다. 그녀는 신이 그들을 지켜보고 있을 것이고, 부부를 위해 기도하겠다고 약속했다. 미셸은 앞에 있는 위인이 그동안 견뎌낸 신체적 위험을 생각하며 겸허함을 느꼈다.

그 짧은 대화는 미셸의 가슴속에 남아 남편에게 닥칠 수 있는 위험을 상기시키는 동시에 그녀에게 힘을 주기도 했다. 그해 12월, 해변에서 많은 대화를 나눈 미셸은 도전해보기로 결심했다. 하지만 그녀는 남편에게 몇 가지 조건을 걸었다. 먼저, 그가 담배를 끊겠다고 약속해야 했다. 둘째, 만약 오바마가 죽으면 그녀가 가족을 부양해야 하기 때문에 계속 일을 할 수 있어야 했다. 마지막으로, 그가 빠른 시일 내에 전문적인 경호를 받아야 한다고 했다.

미셸과 오바마는 그 당시에는 알 수 없었지만, 이 45세의 정치인은 훗날 미국 역사상 가장 많은 위협을 받은 대통령이 될 운명이었다. 그리고 오바마 부부의 생명을 책임질 비밀경호국은 점점 약화되어 곧 무너질 지경에 처해 있었다. 미셸이 우려했던 대로, 경쟁력 있는 흑인 대통령 후보의 등장으로 미국에 여전히 뿌리 깊게 남아 있는 노골적이고 악랄한 인종차별 정서가 다시 표면 위로 드러나게 된다.

일리노이주 스프링필드(Springfield)의 추운 2월 아침, 오바마는 약 150년 전 링컨이 정치를 시작했던 주의회 의사당 계단에서 공식적으로 출마 선언을 했다. 미셸은 그를 응원하면서 밝은 표정을 지었지만, 미국의 인종

---

* 흑인 여성 방송가이자 배우이다. 자신의 이름을 딴 '오프라 윈프리 쇼'의 진행자로 유명세를 떨쳤다.

차별주의가 남편을 위험에 빠뜨릴 수 있다는 현실을 잊지 않았다.

"너무 걱정하지 않으려고 해요. 어차피 현실은, 알다시피, 흑인으로서, 벼락이 주유소로 가는 도중에 총에 맞을 수 있기 때문이에요. 그러니까 무슨 일이 일어날지도 모른다는 두려움이 저를 좌지우지하게 해서는 안 된다고 생각해요."

출마 선언 후 첫 TV 인터뷰에서 그녀가 말했다.

그러나 오바마 부부는 그들이 이미 취한 예방 조치들은 언급하지 않았다. 미셸의 간청으로 오바마의 선거캠프는 클린턴의 경호팀에서 근무했던 전직 비밀경호국 요원인 조 펑크(Joe Funk, 이하 펑크)가 운영하는 사설 보안 업체를 고용했다. 하지만 펑크의 팀은 교통을 통제하거나 건물을 검측하지 않았고, 오바마의 집 또는 그가 머무는 호텔 밖에서 경비를 서지도 않았다. 미셸은 남편이 가능한 한 빨리 비밀경호국에 경호를 요청하기를 원했다. 그녀는 자신보다 남편과 딸들의 안전을 더 걱정했다. 주요 대선후보라면 누구나 비밀경호국에 경호를 요청할 수 있었지만, 선거를 2년 앞둔 시점에 경호를 요청한 적은 여태까지 없었다. 오바마의 선거캠프는 그러한 요청이 정치적으로 역효과를 낼까 우려했다. 캠프에서는 오바마가 선거운동의 시작부터 인종차별주의를 문제 삼는 것을 원하지 않았다.

오바마의 친구이자 상원의원 시절에 보좌관이었던 크리스 루(Chris Lu, 이하 루)는 그때의 상황을 이렇게 설명했다.

"우리는 미국이 새로운 종류의 지도자인 아프리카계 미국인을 선출할 준비가 되어 있다고 말하고 있었습니다. 그런데 '아, 아직 그럴 준비가 되지 않은 미국인들이 있다'고 말할 수는 없었죠. 오바마에게 해를 끼치고 싶어 하는 사람들이 있다는 생각 자체가 선거 전략과 맞지 않았습니다."

비밀경호국 기준에 따르면 오바마는 경호를 받을 자격이 없었다. 후보자들은 우선 선거자금으로 2백만 달러를 모금해야 했고, 두 번의 코커스에서 적당한 비율의 표를 얻어야만 했다. 이 두 선제 조건이 충족되면 의회

특별위원회에 경호를 요청할 자격이 부여되었으며, 위원회에서는 요청에 따라 국토안보부 장관에게 경호 제공을 권고할 수 있었다. 그러나 각 주는 약 1년 후인 2008년 1월에나 코커스를 개최할 예정이었다.

역시나 문제가 발견되기까지는 오랜 시간이 걸리지 않았다. 루는 2월부터 오바마의 상원 사무실과 선거캠프에 접수된 이메일 중 좀 심각하다 싶은 위협을 별도로 정리하기 시작했다. 이 외에도 KKK와 네오나치* 웹사이트를 검색하며 스스로 조사를 진행하였다. 백인우월주의자 채팅 사이트에 접속한 사람이 "그가 대통령이 되면 견딜 수 없는 세계가 될 것이다"라고 썼다. 더 심각한 글도 있었다.

"누군가 모험을 해서 그를 링컨처럼 만들 사람이 있지 않을까요?"

어떤 사람들은 오바마 가족이 어디에 사는지 알고 있다며, 그의 딸들에 대해 언급하기도 했다. 오바마 부부는 수집된 이메일을 보고 충격에 빠졌다. 상원에서 오랜 기간 보좌관으로 있던 사람이 그때 상황을 다음과 같이 기억했다.

"그 사람들이 '시카고에 살고 있는 너와 너의 가족을 죽이겠다'고 하는 것과 다를 바가 없었습니다. 오바마 부부는 그 내용을 매우 개인적으로 받아들였죠. 제 생각에는 부부가 많이 두려워했습니다."

하지만 오바마는 대중 앞에서는 결코 두려움을 인정하지 않았다. 그는 자신이 직면한 위험이 별것 아닌 것처럼 행동했다. 이를 증명하려는 듯이 인터뷰에서 "다른 사람들에 비해 더 많은 위협을 받고 있는 것이 아니다"라며 자기 캠프에서 "취한 경호적 조치에 만족한다"고 말했다. 그러나 기자들이 오바마에게 살인 협박을 받았는지 묻자, 답변을 거부했다.

---

* 나치의 후계자라고 자칭하며 국수주의, 인종차별주의, 반유대주의, 백인우월주의 등을 주장한다.

그 이면에서는 오바마의 후원자인 리드와 더빈이 오바마가 비밀경호국의 경호를 받을 수 있게 강하게 밀어붙이고 있었다. 리드는 자신이 위원장으로 있는 하원위원회의 비공개회의를 3월 둘째 주에 소집했다. 그 위원회는 대선 때마다 주요 대선후보들에게 경호를 제공할 시기를 권고하였다. 리드는 오바마의 경호를 위원회 의제로 올렸으나, 4월이 되어서야 위원회는 부시 정부가 오바마에게 경호팀을 제공할 것을 촉구했다.

5월 초, 국토안보부 장관 마이클 체르토프(Michael Chertoff, 이하 체르토프)는 오바마 경호를 승인했다. 여기에 수반되는 비용은 하루에 약 3만 달러에 달했고, 오바마를 일찍 경호하기로 한 결정으로 비밀경호국은 거의 파산 지경까지 몰렸다. 후보자 경호 비용은 2004년 7,400만 달러에서 2008년 1억 1,200만 달러로 급증했다. 오바마는 전당대회가 열리기 1년여 전, 선거 18개월 전부터 24시간 경호를 받았으며, 비밀경호국 역사상 가장 이른 시기에 후보자 경호를 받은 인물로 기록되었다.

5월 3일 목요일 밤, 뉴욕에서 열린 모금 행사를 취재한 기자들이 변화를 눈치챘다. 오바마는 평소처럼 하버드클럽(Harvard Club) 밖 웨스트 44번가에서 지지자들에게 인사하는 대신, 어두운 정장을 입은 남자들에 둘러싸여 뒷문으로 나가버렸다. 다음 날, 기자들은 그 이유를 물었다. 더빈은 오바마에 대한 인종차별적 범죄 위협이 있다고 설명했다. 또한, 순전히 자신의 생각으로 오바마에게 경호 제공을 추진했다고 강조했다.

"불행하게도 우리가 입수한 정보 중에는 인종차별에 의해 동기가 유발된 위협들이 있었습니다. 오늘날에도 일부 사람들이 오바마 후보가 아프리카계 미국인이라는 사실만으로 그를 폭력과 혐오의 대상으로 삼고 있는데, 이는 슬픈 현실입니다."

더빈이 말했다.

경호팀이 하루 24시간 그를 에워싸기 시작한 후, 오바마를 수행하는 인원의 규모는 더욱 커졌고 결국 세간의 이목을 더 많이 받게 되었다. 예능프로인 '굿모닝 아메리카(Good Morning America)'와 워싱턴포스트 및 뉴욕 타임즈 1면에는 오바마의 출마가 갖는 역사적 의미, 그리고 선두적인 흑인 경쟁자로서 직면한 위험을 논하는 전문가들의 의견이 실렸다.

극단주의 단체들도 오바마의 존재감을 알아차리는 데 오랜 시간이 걸리지 않았다. 오바마가 경호를 받기 시작한 지 2주 만에 '내셔널 나이츠 오브 더 쿠 클럭스 클랜(National Knights of the Ku Klux Klan)'의 대마법사(Grand Wizard)*는 이례적으로 인터뷰를 위해 폭스뉴스(Fox News)의 시카고 지역방송국 기자를 만나는 데 동의했다. 주제는 '버락 오바마의 대통령 출마'였다.

헌칠한 키에 와이어 테 안경을 쓰고 핸들바 콧수염을 기른 레일튼 로이(Railton Loy, 이하 로이) 대마법사는 보라색 새틴 가운과 고깔모자를 쓰고 카메라 앞에 등장했다. 로이는 오바마가 결코 백악관에 입성하지 못할 것이라고 단언했다.

"남쪽에 있는 다른 누군가가 그를 죽일 것이기 때문에 걱정할 필요가 없습니다. 저 남자가 대통령으로 선출된다면, 그는 틀림없이 총살당할 겁니다."

2008년 봄이 되면서 오바마가 예상을 뛰어넘고 대선에서 선전하자 백인우월주의 웹사이트에서의 토론도 급격하게 많아졌다. 오바마의 참모들은 실무진이 심각하다고 판단한 몇 가지 위협을 보고 받고 놀랐다.

2008년 2월 15일, 한 백인우월주의 블로그에 익명으로 글이 올라왔다. "KKK 혹은 누군가가 오바마를 암살할 것이다! 만약 우리가 깜둥이 대통령을 얻는다면 너희 깜둥이들은 너희가 이겼다고 여기고는, 백인들이 조아려야 한다고 생각하겠지. 좆 까. 오바마는 죽을 거야. KKK 영원

---

* 쿠 클럭스 클랜 지도자 호칭이다.

하라."

　4월 22일, 힐러리와 오바마가 당 후보로 지명되기 위해 아직 경쟁하고 있을 때 또 다른 익명의 게시물이 올라와 "만약 오바마가 대통령이 된다면 장담하는데, 그를 죽일 것이다"라고 구독자들에게 약속했다.

　오바마를 향한 인종차별적 증오는 놀라울 정도의 빈도로 표출되었고, 이를 반영하듯 비밀경호국 내부에 잠재된 인종차별주의도 그 모습이 드러나며 외부에 알려지기 시작했다.

　역사상 가장 많은 위협을 받는 후보를 지켜줘야 할 경호요원들 사이에서도 흑인들을 학대하고 조롱했던 그들만의 숨겨진 역사가 있었다. 비밀경호국은 범국가적 기구에 엘리트 이미지가 있을 수 있지만, 소도시 경찰서와 마찬가지로 인종차별적이거나 그보다 더 저속한 농담을 해도 된다고 생각하는 직원들과 간부를 고용하고 있었다.

　2008년 4월, 한 흑인 비밀경호국 경관은 메릴랜드 벨츠빌에 위치한 비밀경호국 훈련센터에서 올가미가 걸려있는 것을 발견했다. 올가미가 설치된 곳은 흑인 교관이 사용하는 사무실이었다. 경관은 사건이 은폐될까 봐 상사에게 이를 알리지 않았다. 대신 그는 본부에 있는 고위 흑인 간부에게 직접 보고했다. 이후 수사관들이 한 백인 요원을 지목하자 그는 올가미가 아니라고 반박했다. 그러나 이 소식이 언론에 알려지자 비밀경호국장 마크 설리번은 해당 요원을 직위해제 했다. 비밀경호국은 올가미 사건을 더 큰 조직의 문제가 아니라 개인의 문제로 돌려버렸다.

　그러나 2008년 5월 10일, 비밀경호국 본부 8층 사무실에 있던 설리번 국장과 지휘부를 난처하게 만드는 기사가 뉴욕타임스를 통해 보도되었다. 해당 기사에 따르면, 본부에서 근무하는 간부 20명이 사내 이메일을 통해 인종차별적인 내용을 주고받은 것으로 드러났다. 이메일에는 흑인 정치인

제시 잭슨(Jesse Jackson)*을 조롱하는 내용도 언급되어 있었다. 구체적으로, 그가 탑승한 비행기가 미사일에 격추될 경우 '좋은 점'이 무엇인지 거론하는 악의적인 글이었다. 또한, "할렘 철자 맞추기 대회"라는 제목의 이메일에서는 흑인 학생들의 영어 실력이 낮다는 점을 비꼬았으며, 특정 단어를 어떻게 잘못 사용하는지를 나열하며 비웃었다.

"수입(Income): 내가 방금 창녀와 침대에 누웠는데 아내가 들어왔다(I just got in bed wif da ho and income my wife)."

"약화시키다(Undermine): 내가 사는 아파트 아랫집에는 예쁜 창녀가 살고 있다(There's a fine lookin hoe in the apartment undermine)."

비밀경호국 최고위층까지 퍼져 있는 이 어두운 문화는 흑인 요원들이 지난 2000년에 비밀경호국을 상대로 인종차별을 받았다고 제기한 소송 덕분에 드러났다. 소송이 최초 제기되었을 때부터 비밀경호국은 소를 취하시키려고 갖은 노력을 했으나 싸움은 8년간 지속되고 있었다. 대통령경호팀 레이 무어 요원 아래 모인 흑인 요원들은 조직의 인종차별적 문화가 그들이 출세할 수 있는 길을 차단했다고 주장했다. 비밀경호국 지휘부는 비공식적으로 승진 인사를 단행했으며 이에 대한 기록을 남기지 않았다.

무어는 낮은 평가를 받는 백인 요원들이 불공정한 혜택을 입는다고 보았다. 그리고 그들이 먼저 승진하는 것을 더 이상 그냥 넘길 수 없었다. 무어와 그의 동료들은 자신들의 커리어를 망칠 위험을 무릅쓰고, 백인들이 훨씬 더 많이 승진하는 배경에 인종적 요소가 작용했는지 여부를 증명하기 위해 소송을 제기했다. 2004년에 판사는 관리자들이 주고받은 내부 이메일을 제출하라고 비밀경호국에 명령했다. 그러나 2007년 말이 되어서도

---

*   목사이자 정치인이다. 마틴 루터 킹과 같이 활동했으며, 1984년과 1988년에 민주당 대선 후보 경선에 나섰다가 실패하기도 하였다.

비밀경호국은 해당 자료를 수집하는 데 수년이 더 걸린다고 주장하며 시간을 질질 끌었다.

2007년 말, 이 사건에 대한 3일간의 법원 심리 도중에 데보라 로빈슨(Deborah Robinson) 연방 치안판사는 비협조적인 태도를 더 이상 참을 수 없다며 비밀경호국을 호되게 질책했다. 그녀는 3개월이라는 기한을 정한 다음, 만약 그때까지 관리자들 간에 오고 간 이메일 등 전자 자료를 넘기지 않으면 매일 벌금을 부과하겠다고 명령했다. 이에 비밀경호국은 컨설팅 업체 프라이스워터하우스쿠퍼스(PricewaterhouseCoopers)를 고용하여 승진과 인종에 관한 2천만 개의 전자 자료를 검토했고, 예상보다 많은 잘못을 저질렀다는 증거를 발견하게 되었다. 최고위 관리자들 중 일부가 흑인 남성의 성기, 흑인 성인의 문맹률, 여러 인종의 성적 능력 등에 대한 인종차별적 농담을 이메일로 주고받은 사실이 드러났다. 이미 훈련센터에서 발견된 올가미로 인해 의심을 받는 상황이어서 설리번은 관련 자료를 법원에 넘겨주는 것 외에는 방법이 없다고 판단했다.

2주 후, 그 이메일들 중 일부가 뉴욕타임스에 유출되었다. 기사에서 가장 중요하게 다룬 것은 토마스 그럽스키(Thomas Grupski, 이하 그럽스키) 본부장이 다른 요원들과 공유했던 "할렘 철자 맞추기 대회"에 관한 이메일이었다. 이 기사가 실린 날 아침, 체르토프의 보좌관들이 설리번에게 전화를 걸어 그가 이 상황을 어떻게 무마할 생각인지 물었다. 설리번은 그럽스키에게 공가를 부여하기로 했다. 에릭 자렌(Eric Zahren, 이하 자렌) 비밀경호국 대변인은 뉴욕타임스와의 인터뷰에서 "우리는 직원들이 인종차별 등의 사안에 대해 무감각해 보이는 어떤 의사소통이나 행동에 매우 실망했다"고 말했다.

그러나 5일 후 설리번의 측근 일부와 관련된 이메일을 언론에서 폭로하자 비밀경호국은 후회보다는 분노로 반응했다. 이번에는 오바마의 경호팀에 있는 세 간부 중 한 명인 히스패닉계 요원 빅터 에레비아(Victor Erevia,

이하 에레비아)를 포함해 두 고위 간부가 연루되었다. 그는 미국 남부인과 원주민 그리고 유대인 남성들이 여성을 유혹하는 방법과 이들의 전형적인 성적 특징들에 대해 두 동료와 농담한 적이 있었다. 설리번의 측근으로 모든 경호팀을 감독하는 데이비드 오코너(David O'Connor, 이하 오코너)도 연루되었다. 그는 은퇴한 요원인 형으로부터 알 샤프턴(Al Sharpton)*과 흑인에 대한 특혜가 "사실상 미국의 모든 측면을 망치고 있다"는 인종차별적 농담들과 불평이 적힌 이메일을 받았다. 오코너는 "믿음과 신뢰를 받을 자격"이 있는 은퇴한 요원에게 내용을 전달하고 싶다고 답장을 보냈다. 언론 앞에 선 자렌은 이메일을 농담 그 자체로만 받아들여야 한다고 말했다. 그리고 이메일 공개에 대해서는 "전례 없는 대통령 선거"라는 도전을 앞두고 "비밀경호국을 망신시키려는 의도적인 시도"라고 언급했다.

인종차별적인 농담을 이메일로 수신한 경우는 문제의 소지가 없어 보이나 발신자라고 한다면 이야기가 달라진다. 그러나 비밀경호국은 에레비아의 보직을 변경한 다음 승진시켜서 검측부로 다시 발령을 냈다. 에레비아는 이후 최초의 흑인 대선후보의 경호팀을 이끌게 된다. 오바마가 에레비아에게 이에 대한 설명을 요구한 적이 있는지는 분명하지 않다.

한편, 힐러리가 2008년 6월 공식적으로 선거 운동을 포기해 오바마가 유일한 민주당 후보가 되었다. 이와 거의 동시에 아프리카계 미국인 후보자에 대한 인종차별적인 반응은 인터넷상의 독설에서 실제 음모로 발전했다. 그가 취임 선서를 하기도 전에 백인우월주의자, 민병대원, 정신 착란 상태의 외톨이들이 오바마를 죽이려는 음모를 네 번이나 꾸몄다. 비밀경호국은 후보자에 대한 이러한 증오를 여태껏 본 적이 없었다.

---

* 흑인 시민운동가이자 목사이다. 정계 진출을 여러 번 시도하였으나 실패했다.

가장 심각한 음모 중 하나가 2008년 8월 말 덴버에서 열린 민주당 전당대회에서 펼쳐졌다. 오바마는 덴버 브롱코스(Denver Broncos)의 홈구장인 인베스코 필드(Invesco Field)에서 당의 지명을 받아들이기로 결정했다. 선발대는 덴버에서 몇 달 동안 경호계획을 수립했고, 전당대회를 앞둔 주말에 경호요원들과 경관들이 계획을 실행하기 위해 덴버로 몰려들었다. 4일간의 전당대회는 8월 25일 월요일에 시작되었다.

토요일 늦은 밤, 세 남자와 그들의 애인들이 시내 남쪽 하얏트 리젠시에서 필로폰을 투약하고 있었다. 한 정보원에 따르면, 그들은 필로폰 외에도 술을 마시면서 오바마를 어떻게 죽일지 논의했다고 한다.

"깜둥이가 백악관에 살아서는 절대 안 돼."

이 단체의 리더격인 숀 R. 아돌프(Shawn R. Adolf, 이하 아돌프)가 말했다.

덴버 근처에 살던 아돌프와 그의 사촌 타린 가트렐(Tharin Gartrell, 이하 가트렐) 그리고 친구인 네이선 존슨(Nathan Johnson, 이하 존슨)은 대회 전날 덴버로 갔다. 그들은 오바마가 같은 호텔에 머물고 있다고 착각했다.

그들은 오바마를 그곳에서 발견하고 바로 저격할 수 있다고 생각했다. 아돌프의 애인이 카메라 안에 총을 넣어 사진을 찍는 척하다 총을 쏘자는 아이디어를 냈다. 아돌프는 케네디를 "풀밭 둔덕에서 저격"한 것처럼 높은 곳에서 고화력 소총으로 저격하자고 제안했다.

그는 백인 민족주의 단체 '썬스 오브 사일런스(Sons of Silence)'의 일원임을 자처하면서, 강도와 불법 총기 관련 여러 혐의를 받고 있기 때문에 잃을 것이 적다고 하였다. 아돌프는 "내가 그를 죽이는 것이 낫겠다"고 말했다.

자정이 지나 가트렐이 담배를 사러 나가려 하자 아돌프는 자신이 렌트한 파란색 닷지 트럭 열쇠를 그에게 건네주었다. 가는 도중 가트렐이 흔들거리며 운전하자, 그 모습을 발견한 오로라(Aurora) 경찰이 차를 멈춰 세웠다. 경찰은 검문하다 트럭 뒤에서 스코프와 바이포드가 장착된 루거 볼트액션 소총, 스코프가 장착된 레밍턴 볼트액션 소총, 다수의 실탄 상자들,

가발 2개, 방탄조끼와 무전기 여러 대를 발견했다. 같이 발견된 세 개의 배낭에는 많은 양의 필로폰을 제조할 수 있는 화학물질과 유리 용기들이 들어 있었다. FBI와 비밀경호국 요원들은 오바마를 해치겠다는 백인우월주의 선동가들을 감시하고 덴버로 오는 사람들을 추적하고 있었다. 이것이야말로 요원들이 경계하던 음모의 모습이었다.

가트렐이 체포되는 바람에 FBI와 비밀경호국 입장에서는 세 사람 모두를 심문할 기회가 생겼다. 존슨은 아돌프와 가트렐이 오바마를 죽이기 위해 덴버에 왔다고 인정했다. 다음 날 구치소에서 한 기자와의 인터뷰 때도 그 계획이 사실이라고 밝혔다.

"네, 그들은 오바마를 암살하기 위해 여기에 왔습니다. 그는 공직에 있어야 할 사람이 아닙니다. 흑인들은 공직에 있어야 할 사람들이 아닙니다. 그는 총살되어야 합니다."

존슨이 말했다.

FBI 요원들이 연방 판사에게 대선후보를 살해하려는 심각한 음모를 밝혀냈다고 한 지 하루 만에 덴버의 연방검사 트로이 이드(Troy Eid, 이하 이드)는 한걸음 물러섰다. 그는 기자회견에서 3인방이 호텔에서 말한 내용을 두고 "실제 행동으로 옮기려고 했다기보다 그저 염원"이었다고 일축했다. 이드는 그들이 마약과 총기 소지 혐의로 기소되겠지만, 오바마에게 위해를 가하겠다는 말만으로 실제 의도를 증명할 수 없다고 했다.

"마약 중독자들이 그런 행동을 하는 이유는 정확히 알 수 없죠. 그러나 진정한 위협으로 간주하려면, 특히 약에 취한 상태라는 점을 고려할 때, 단순히 이야기하거나 생각하는 것만으로는 충분하지 않습니다. 보다 확실한 증거가 필요합니다."

이드가 말했다.

닉 트로타 경호본부장도 백인우월주의자들의 위협을 대수롭지 않게 여겼다.

"제가 보기에는 언론에서 더 심각하게 다룬 것 같습니다. 우리는 다른 모든 단체들과 마찬가지로 그들을 예의주시해 왔습니다."

인터뷰에서 트로타가 말했다.

연방검사와 비밀경호국의 불기소 합의는 전국의 다른 연방검사들과 전직 경호요원들을 놀라게 했다. 현대사를 통틀어 대통령에게 위해를 가할 뻔했던 사람들은 제대로 된 계획이 있었거나 멀쩡한 정신인 경우가 거의 없었다. 때로는 집착이 주도면밀함보다 더 무서웠다.

그러나 이드는 이들 세 명이 오바마가 묵고 있는 호텔조차 알지 못한 점을 강조했다. 비밀경호국은 그보다는 10월에 입수한 첩보를 더 심각하게 받아들였다. 그 첩보에 따르면 두 명의 스킨헤드*가 살인을 모의하고 있었다. 테네시주의 다니엘 코워트(Daniel Cowart, 이하 코워트)와 아칸소주의 폴 슐레셀만(Paul Schlesselman)은 흑인 대통령에 대한 혐오감을 공유했다. 둘은 서로의 친구를 통해 온라인상에서 알게 되었고 계획을 세우기 위해 직접 만나기로 하였다. 그들은 먼저 흑인 학교를 찾아가 14명의 아이들을 참수하고 88명의 아이들을 총살한 다음, 흰색 턱시도와 실크 모자를 쓰고 오바마의 모터케이드를 차량으로 강습해 그를 총으로 암살한다는 계획을 세웠다.

그 숫자들은 스킨헤드들에게 의미하는 바가 있었다. 88은 "하일 히틀러(Heil, Hitler)"의 약자인 HH를 나타냈고, 백인우월주의단체 신조가 14개 단어로 구성되어 있었다.

"우리는 우리 민족의 존재와 백인 아이들의 미래를 보장해야 한다(We must secure the existence of our people and a future for white children)."

---

*   여기서의 스킨헤드는 신나치주의와 백인우월주의를 주창하는 이들을 말한다. 스킨헤드는 1960년대 시작된 하위문화로 당시에는 인종차별과는 아무런 관련이 없었다. 현재에도 인종차별에 반대하는 스킨헤드 단체들이 활동 중에 있다.

16 "그는 틀림없이 총살당할 겁니다"

　카운티 부보안관이 사전에 이들을 체포할 수 있었던 것은 순전히 운이 좋아서였다. 두 남자는 연습 삼아 코워트의 집에서 얼마 떨어져 있지 않은 흑인 복음주의 교회를 향해 총을 몇 발 발사했었다. 다행히 아무도 다치지 않았지만 이 사건은 뉴스에 보도되었고, 그 둘은 친구에게 자기들이 한 일이라고 자랑했다. 이를 전해 들은 친구의 어머니가 경찰에 신고해 둘이 체포되었고, 심문 과정에서 거창한 계획을 고백하기에 이르렀다.
　"두 사람 모두 암살을 시도하다 자신들도 죽을 것을 알고 있었고, 이를 기꺼이 받아들인다고 하더군요."
　심문한 요원의 말이다.

　2008년 11월 4일, 밤 11시가 조금 지났을 때, CNN은 오바마가 대통령에 당선되었음을 선언했다. 오바마와 미셸은 가족들과 함께 시카고 그랜트공원(Grant Park) 인근 호텔 방에 모여 선거 결과를 지켜보고 있었다. 오바마 지지자들이 빠른 속도로 공원에 집결했다. 뉴스 방송사들이 그의 당선을 발표했을 때 공원이 빽빽할 정도로 모인 군중이 환호와 함께 춤을 추기 시작했다.
　오바마가 마침내 새벽 1시쯤 공원에 설치된 무대에 올랐을 때 집결한 군중은 예상했던 인원의 두 배인 24만 명에 달했다. 그 잊지 못할 25분간의 연설 동안 비밀경호국이 당선자를 경호하기 위해 얼마나 많은 노력을 기울였는지 아는 사람은 거의 없었다. 비밀경호국은 오바마가 사용할 연대 양옆으로 높이 3m, 폭 4.5m 방탄유리를 설치하였다. TV 시청자들에게는 방탄유리가 보이지 않았지만, 현장에 있는 사람들에게는 투명한 얼음조각처럼 분명하게 보였다. 두께 5cm 유리판은 누군가 공원 주변 고층 건물에서 저격할 위험으로부터 오바마를 보호하기 위한 것이었다. 요원들은 실제로 건물에 올라가 오바마 역할을 하며 연대 앞에 서 있는 요원을 향해 빨간 레이저 광선을 쏴서 유리를 설치할 위치를 실험했다. 공원 주변 공역도 밤에는 비행금지구역으로 설정하였다. 이 연설 행사의 경호를 총괄하는 간부는 추가된 많은 경호조치에 즉각 동의해 준 오바마 선거캠프에 감사를 표했다.

"우리가 방탄유리를 설치해야 한다고 했을 때 그들은 망설이지 않고 우리 의견을 수용했습니다. 그들도 필요성을 이해하고 있었죠."

간부가 말했다.

그날 밤 많은 국민이 승리를 축하했다. 그러나 오바마에게는 하룻밤 사이에 위협이 기하급수적으로 증가했다는 뜻이기도 했다. 경호정보부는 대통령에 대한 위협을 분류하고 평가하는 게 버겁게 느껴지기 시작했다. 경호요원들은 오바마가 취임하기 전후 몇 개월간 하루에 많게는 30건의 살인 협박을 받았다고 했다. 이는 전임 대통령들보다 4배나 많은 수치였다.

선거가 끝난 주말에 메인주(Maine)의 한 편의점에는 오바마가 언제 암살될지를 맞히는 내기에 고객을 초대하는 표지판이 붙었다. 말미에는 "승자가 있기를 바랍시다"라고 쓰여 있었다. 아이다호주 베이(Vay, Idaho)에서는 오바마의 "공개 교수형"을 무료로 제공한다는 표지판이 나무에 걸려 있었다. 롤리(Raleigh)에 있는 노스캐롤라이나주립대학교(North Carolina State University)에서는 익명의 예술가들이 캠퍼스를 가로지르는 터널 벽에 스프레이 페인트로 '그 깜둥이를 죽여라'와 '오바마를 쏴라'는 글을 썼다.

폭력 선동이 눈에 잘 안 띌 때도 있었다. 오바마가 유권자들에게 다가가기 위해 소셜 미디어를 이용했던 것처럼, 그의 적들도 인터넷을 이용했다. 2008년에는 인터넷에 숱하게 많은 채팅방이 존재했고, 그에 따라 원하는 주제에 대한 토론이 어느 때보다 쉬워진 시대였다. 오바마가 대통령에 당선된 다음 날인 2008년 11월 5일에 인터넷에서 가장 크고 오래된 백인우월주의 사이트 스톰프론트(Stormfront)에 2천 명 이상이 가입했다. 사이트는 한때 접속이 폭주해 일시적으로 마비되기도 하였다.

같은 날 스톰프론트의 한 이용자는 대화 섹션에 "나는 '구세주'들이 죽은 모습을 보고 싶어서 그 개자식이 관 안에 누워있는 꼴을 보고 싶다. 신은 우리를 버렸고, 이 나라는 망했다"고 썼다.

오래된 비밀경호국 매뉴얼은 지부에서 요원을 파견해 대통령의 생명을 위협하는 모든 사람들을 조사하는 것을 원칙으로 삼았다. 그러나 경호정보부가 페이스북이나 채팅방에서 오바마에게 해를 끼치겠다고 선언한 모든 사람을 추적하기란 현실적으로 불가능했다. 어떤 것이 술주정뱅이나 잘난 체하는 허풍쟁이의 불평이고, 어느 것이 정신 착란 증세가 있는 소시오패스들에 의한 진정한 위협이란 말인가?

17
설리번과 그 일당

기관장은 장군과 마찬가지로 성공하기 위해 두 가지 조건을 갖춰야 한다. 그들의 계획을 현장에서 실행할 강인한 참모를 발탁해야 하고, 조직을 운영하는 데 필요한 예산을 확보할 줄 알아야 한다.

새 비밀경호국장인 마크 설리번은 깊은 눈과 은발에 헌칠하고 잘생긴 남자였다. 대학 때 하키 선수였던 그는 세 딸의 아버지였으며, 50대가 되어서도 하키를 꾸준히 하는 운동 애호가였다. 그는 활력이 넘쳤지만 동시에 중후한 매력을 풍겼다. 또한, 경호분야에서만 20년의 경력을 갖고 있었고, 권력자들의 마음을 사로잡는 데 탁월한 능력이 있었다. 겉으로 보기에 설리번은 성공할 운명이었다.

하지만 설리번은 7년 동안 국장으로 재임하면서 효율적인 팀을 구성하고 필요한 자원을 확보하는 데 허덕였다. 그는 자신이 몸담고 있는 비밀경호국을 매우 사랑했지만 부임하기 전보다 조직을 더 악화시키고 말았다.

설리번은 매사추세츠주 보스턴 교외에 백인 중산층이 모여 사는 알링턴(Arlington)에서 가톨릭 대가족 집안의 장남으로 태어났다. 그는 대학을 졸업하고 비밀경호국에 지원했지만 떨어졌다. 그러자 설리번은 경력을 쌓아서 재도전하기로 결심하고 연방 주택도시개발부 감찰관실에서 몇 년간 근무하다 1983년 비밀경호국 디트로이트 지부로 임용되었다. 그는 복잡한 사기 사건들을 수사하며 빠르게 상사들로부터 능력을 인정받았다. 이후, 클린턴 경호팀을 거쳐 체니 부통령 경호부팀장이 되기까지의 과정을 본 선배 요원들은 그가 경호업무에도 타고난 자질이 있다고 평가했다.

설리번의 동료들에게는 그의 야망이 뚜렷하게 보였다. 그는 항상 다음 승진에 집중했고, 비밀경호국이 보호하는 경호대상자들과 얼굴을 대면할 기회를 노렸다. 설리번은 클린턴 경호팀에 갓 전입해서도 첼시의 경호를 담당하게 된 것을 두고 간부들에게 불평했고, 힐러리와 시간을 보낼 수 있게 다른 요원들과 근무시간을 바꿔 달라고 요청했다.

조지 W. 부시가 취임하며 설리번이 대통령경호팀장 자리를 이어받을 차례였으나, 스태포드는 그를 부통령경호팀으로 옮겼다. 이 때문에 설리번은 몹시 화가 났다. 부통령을 경호하는 일도 중요한 임무였지만, 대통령만큼은 아니었기 때문이다. 이러한 야망에 일부 간부들은 위협을 느꼈다.

동료들은 그 일로 인해 설리번이 배신감을 느꼈고, 자기가 원하는 보직을 받지 못해 앙심을 품게 되었다고 했다. 체니 부통령 경호팀에서 같이 근무했던 요원은 설리번에 대해 다음과 같이 말했다.

"전입 왔을 때 그를 잘 알지 못했지만, 한 친구가 설리번이 면전에서는 친구인 척하고 뒤에서는 자신의 영달을 위해 뒷담화를 한다고 경고해 주었는데 친구의 말이 옳았습니다."

설리번은 부통령경호팀에서 근무한 이후 논란이 많았던 2003년 비밀경호국 지휘부 개편을 기회 삼아 빠르게 조직 내에서 올라갔다. 당시 부시는 스태포드의 격렬한 반대에도 불구하고 랄프 바샴을 새 국장으로 임명했고, 설리번은 바샴의 오른팔이 되었다. 3년 후인 2006년 6월, 바샴은 더 큰 연방기관인 관세국경보호청장 자리를 수락하면서 백악관에 로비해 설리번을 신임 비밀경호국장으로 내정했다.

2008년 5월, 오바마가 민주당의 유력한 대선후보로 거론될 무렵에 때마침 비밀경호국 지휘부 다수가 은퇴할 시점이 되었다. 이는 설리번에게 자기가 원하는 사람들로 지휘부를 구성할 중요한 기회였다. 그가 선택한 사람들이 9·11 이후의 변화된 경호 환경과 역대 최초의 흑인 대통령을 맞이하는 역사적인 순간 속에서 비밀경호국을 이끌어나갈 것이었다. 그러나 그가 선택한 사람들 중 일부는 조직에 재앙 같은 존재로 판명된다. 이를 두고 한 전직 본부장은 "그가 능력 있는 후배들을 등용하지 않았다"고 평가했다.

설리번은 이전 국장들의 선례를 따라 연공서열, 자신에게 충성하는 사람 그리고 비밀경호국 내 다양한 파벌을 달래기 위한 인사를 단행하였다. 비밀경호국 소관 사항을 담당하는 하원 국토안보위원회 위원장인 민주당 소속 미시시피주 의원 베니 톰슨(Bennie Thompson, 이하 톰슨)은 오바마의 당선 가능성이 높아지자 설리번에게 흑인 요원들을 주요 보직에 앉힐 것을 촉구했다. 올가미 사건 이후, 톰슨은 설리번에게 국장이 직접 조직의 다양성을 챙길 때가 되었다고 강조했다. 다음 달, 설리번은 흑인 간부 키스 프리윗(Keith Prewitt)을 차장으로 임명했다.

설리번은 다른 직장에서라면 비위행위로 승진이 누락되었을 자들도 승진대상자로 포함시켰다. 2008년 5월, 흑인 요원들이 제기한 소송에서 증거로 제출된 이메일을 검토하던 감찰관실에서는 여섯 명의 고위 간부들이 포르노 또는 선정적인 이미지와 메시지를 다운로드받고 이를 동료 및 부하직원들과 공유했다는 증거를 발견했다. 일부 요원들에 의해 '포르노게이트'라고 불린 이 사건은 비밀에 부쳐졌고 언론에 보도되지 않았다. 연루된 최고위 간부 조지 루츠코(George Luczko, 이하 루츠코) 부본부장은 자신이 본 외설적인 이미지를 다른 고위 간부에게 보냈다. 두 번째로 높은 간부 마이크 메리트(Mike Merritt, 이하 메리트)는 덜 심각하지만 여전히 선정적인 내용을 이메일로 직원에게 전달했다.

설리번은 루츠코와 메리트가 한 일에 대한 기밀 브리핑을 받은 지 불과 몇 달 후 그들을 기관에서 세 번째로 높은 직위로 승진시켰다. 2008년

17 설리번과 그 일당

8월, 설리번은 감찰을 담당하는 직업윤리본부장에 루츠코를 임명했다. 루츠코가 앞으로 직원들의 비위행위에 대한 조사를 감독하고 책임지게 될 것이었다. 메리트는 수사본부장으로 승진했다. 수사본부는 경호본부와 더불어 비밀경호국에서 가장 중요한 업무를 담당하는 본부였다. 메리트에게는 비밀경호국 전체 예산의 절반을 집행하고, 금융범죄 수사를 담당하는 모든 지부를 감독할 수 있는 권한이 주어졌다.

얼마의 시간이 지난 뒤 루츠코는 설리번에게 완전한 충성을 맹세함으로써 승진을 약속받았다고 친구들에게 털어 놓았다. 그는 설리번에게 지지 세력의 중요성을 조언한 다음, 만약 그를 승진시켜 주면 절대로 실망시키지 않겠노라고 다짐했다 하였다.

그와 달리 메리트는 직원들로부터 능력을 인정받아 그를 차기 국장감이라고 보는 사람들도 있었다. 메리트는 스태포드 전 국장의 사람이었기에 설리번은 그를 승진시킴으로써 존경받는 지도자를 휘하에 둘 수 있었을 뿐만 아니라 메리트의 파벌과 지지자들의 환심도 살 수 있었다.

"마크가 평화 협상을 한 것이나 다름없었습니다."

전직 본부장이 말했다. 하지만 설리번은 두 남자가 가장 적합한 후보였다며 이러한 추측을 일축했다. 의도였든 아니든 간에 조직 내에서는 충성심과 인맥이 승진의 핵심 요건이라는 인식이 퍼졌다.

인사를 단행한 후에는 인사와 교육훈련을 담당하는 줄리아 피어슨 본부장을 내쳤다. 마이애미 지부에서 일을 시작해 세 명의 대통령을 경호하고 드디어 지휘부로 올라선 그녀에게 이 같은 결정은 당혹스러웠다. 설리번이 포르노게이트와 관련해 루츠코와 메리트에 대한 처벌 권고를 불과 몇 달 전에 그녀에게 요청했었기에 더욱 그러했다. 그녀는 메리트와 루츠코 모두에게 서면경고를 내렸지만 그로부터 몇 주 후 그 둘은 승진했다. 설리번은 피어슨을 위해 비서실장이라는 새로운 보직을 만들었지만, 그녀뿐 아니라 본부 8층에 있는 모든 사람들은 사실상 좌천이라는 것을 알고 있었다.

　피어슨은 인사와 교육훈련을 담당하는 본부장이었을 때와 그 이전에 총무 업무를 총괄하는 자리에 있었을 때 다른 본부장들과 마찰을 빚었다. 특히, 그녀는 미성년자 의제강간 혐의로 기소된 근접경호 요원을 승진시키려는 계획에 반대했다. 당시 인사를 심의했던 사람들은 해당 요원이 행위를 인정했지만 유죄 판결을 받지 않았고, 피해자인 소녀의 아버지가 고소를 취하했으니 승진을 시켜도 무방하다고 주장했다.

　이 외에도 지부가 필요 이상으로 큰 사무실을 임대하는 문제를 지적하고, 은퇴한 요원들의 총과 컴퓨터를 다시 사용할 수 있게 반납 받으라고 해서 지부장들의 원한을 샀다.

　"그녀는 오지랖 넓게 남의 일에 항상 간섭했습니다."

　다른 전직 본부장의 말이다.

　설리번이 신뢰하는 이너 서클은 대부분 40대 후반에서 50대 초반의 백인 남성들로, 경호팀에서 같이 근무한 인연이 있는 사람들이었다. 그들은 근면성과 업무 능력이 증명된 요원들이었다. 그러나 그것만으로 좋은 관리자가 되는 것은 아니었다. 그중 다수가 변화를 맞이하는 조직에 필요한 기술, 테러, 재무관리 등에 대한 전문성이 결여되어 있었다.

　설리번은 기관을 운영해야 했고, 기관의 재정을 누군가에게 맡겨야만 했다. 이 부분이 비밀경호국의 약점이었다. 비밀경호국은 한 번도 임무를 완수하는 데 필요한 예산과 정원을 확보하기 위해 노력을 다한 적이 없었다. 대통령이 안전하지 않다는 인상을 줄 수 있기 때문에 그러한 노력에 소극적이라는 말도 있었다.

　제임스 본드와 같은 이미지를 갖고 있음에도 불구하고, 비밀경호국은 중요한 자료들 중 일부를 1980년대에 제작된 컴퓨터에 저장하는 등 낡아빠진 기술을 21세기에도 사용하고 있었다. 거기다 전화, 이메일 및 서류에 기반해 업무를 했기 때문에 직원들의 과거 행적을 추적하는 게 어려운 과제였다. 또한, 실시간 지출 관리 시스템이 없었기 때문에 예산집행 과정도 아날로그 방식으로 이뤄질 수밖에 없었다. 한마디로 비밀경호국은 신기술 투자가 절실했지만, 제한된 예산을 아무짝에도 쓸모없는 데 낭비하고 있었다.

비밀경호국은 그동안 별 어려움 없이 추가 예산을 확보해 왔다. 재무팀은 단순히 작년 예산에 인플레이션, 중요 행사 및 비용을 반드시 지불해야 하는 사업 등을 추가로 반영하면 되었다. 하지만 그 당시에는 비밀경호국 예산안이 백악관과 의회로부터 매우 부정적인 평가를 받았다. 그래서 비밀경호국은 2008년에 향후 6년간의 지출에 대한 장기 계획을 작성했다. 이상하게도 그 계획상에 금융범죄 수사를 대통령 경호보다 더 중요한 임무로 명시했다. 이는 설리번과 그 일당이 자기네들에게 이익이 되는 영역을 보호하려 했기 때문으로 풀이된다. 비밀경호국은 1990년대 후반에 전자금융범죄 전담반을 여러 개 창설하였고, 그 후부터 은퇴하는 요원들이 꾸준히 억대 연봉을 받는 월스트리트 일자리를 꿰차기 시작했다.

그러나 비밀경호국의 새로운 상급 기관인 국토안보부는 테러 공격 저지를 최우선 임무로 보았고, 백악관과 의회는 테러범들이 미국에 입국하는 것을 방지하고 국경을 보호하는 데 예산을 투입하기를 원했다. 이 외 다른 목적을 위한 예산을 따려면 예산 담당자들을 설득하는 작업이 필요했다.

물론 설리번이 무능력한 인재를 기용하고, 기관이 절실히 필요로 하는 예산을 확보하지 못한 잘못이 곧바로 조직의 위기로 이어지지는 않았다. 하지만 이러한 요소들로 인해 비밀경호국은 수년간 몰락의 과정을 겪는다.

비밀경호국에서 국장 다음으로 막강한 권한을 가진 사람이 대통령경호팀장이다. 결국에는 그 자리를 꿰차게 될 오바마 후보의 경호팀장은 투덜

대며 마지못해 그 역할을 수락했다.

23년간 비밀경호국에서 일한 빅터 에레비아는 2007년 초에 은퇴를 준비할 생각이었다. 당시 48세였던 그는 애틀랜타 지부에서 과장급 요원으로 편하게 근무하고 있었다. 또한, 말년까지 큰 탈 없이 잘 버텨왔기에 퇴직해서 연금을 받고 민간업체 보안 담당으로 재취업해 보수를 두 배로 늘릴 꿈에 부풀어 있었다.

에레비아는 본부로 가면 머리 아픈 일과 백악관 관련 소문도 많은데 거기서 벗어날 수 있어서 기쁘다고 친구들에게 말하곤 했다. 그러다 얼마 안 있어 에레비아는 2008년 대선후보 경호를 총괄하던 데이비드 오코너로부터 전화를 받았다. 그는 버락 오바마라는 새내기 상원의원을 위해 조기에 경호팀을 구성할 건데 세 간부 중 한 명으로 에레비아가 필요하다고 하였다.

오코너에게 솔직할 수 있었던 에레비아는 정중하게 그 자리를 사양했다. 하지만 오코너는 그의 의사를 묻고 있지 않았다. 결국, 에레비아는 새 임무를 받아들이는 수밖에 없었다.

보통 대통령경호팀장이라고 하면 깔끔한 머리와 건장한 체격을 가진 보수적인 사람이 떠오르는데 에레비아는 이와 거리가 먼 사람이었다. 대다수의 경호요원들은 정장 입은 해병대처럼 보인다. 하지만 트렌치코트를 즐겨 입는 에레비아는 지저분한 염소수염을 기르고 있다는 것 빼고는 TV 시리즈 '형사 콜롬보'에 나오는 동명의 탐정과 더 비슷해 보였다. 그럼에도 헝클어진 모습에 까칠한 성격의 경호팀장과 키가 크고 말쑥하며 내성적인 오바마 상원의원은 처음부터 잘 맞는 구석이 있었다.

에레비아와 오바마는 서로 농담을 주고받는 사이가 되었고, 오바마는 그 덕분에 하루의 스트레스로부터 해방되는 느낌을 받았다. 그는 남의 시선을 피해 몰래 담배를 즐겼는데, 에레비아가 싸구려 스위셔 스위트 (Swisher Sweet) 시가를 피운다고 놀렸다. 오바마는 아내에게 담배를 끊겠다고 약속했지만 여전히 담배를 몰래 피우고는 했다. 에레비아는 꽤나 입담이 좋은 이야기꾼이었고, 둘은 소수자로서 고위직에 오르기까지 직면했던 도전들을 얘기하며 유대감을 형성했다. 이 외에도 에레비아는 기자들이 동행하지 않고 경호도 최소화할 수 있는 비공식 행사를 많이 준비함으로써 오바마의 프라이버시를 보장해 주려고 노력했다. 이뿐만 아니라 에레비아는 오바마 부부의 관계에도 많은 관심을 기울였다. 미셸은 남편에 대한 위협을 걱정했지만, 오바마는 항상 포위되고 보호받는 상황을 좋아하지 않았기 때문에 위험을 경시하는 경향이 있었다. 에레비아는 오바마가 안전하면서도 경호에서 완전히 벗어나 있는 시간을 만들어 주려고 했다.

경호요원은 좋은 후보자를 만나 승승장구할 수 있다. 만약 그 후보자가 백악관까지 입성하면, 그 요원은 비밀경호국에서 두 번째로 중요한 직책인 대통령경호팀장이 될 가능성이 높다. 그는 심지어 국장이 될 수도 있다. 과거에도 요원들이 이 경로를 통해 비밀경호국의 수장이 된 사례가 여러 번 있었다.

그러나 이 방식에는 항상 근본적인 결함이 있었다. 그것은 바로 관리자로서의 능력 또는 비전이 아닌 개인의 호감도에 따라 인사를 결정하는 대통령의 경향이었다. 모든 대통령들이 필연적으로 같은 질문을 스스로에게 던졌다. 누가 나를 가장 편하게 해주는가?

에레비아는 오바마를 편안하게 해주었다.

대부분의 영부인들은 미국 국민과 특별한 유대감을 즐겼다. 일부 그렇지 않은 사람도 있었지만 영부인들은 정치인인 배우자에 비해 더 인간적이고 온화했다. 그래서인지 남편들과 달리 정치 이념과 상관없이 대중의 사랑을 받았다. 이러한 이유로 비밀경호국은 영부인이 표적이 될 가능성이 낮다고 판단하였다. 그래서 비밀경호국은 위협평가에 맞춰 영부인에게 소규모 경호팀을 배정하곤 했다. 재키 케네디가 백악관에서 삶을 시작했을 때 그녀에게 배정된 경호요원은 단 한 명이었다. 힐러리 클린턴과 로라 부시 때는 영부인들이 정치적으로 더 큰 역할을 했지만, 여전히 대통령과 비교해 4분의 1 이하로 경호팀 규모를 유지했다.

서열에 집착하는 비밀경호국에서 영부인경호팀의 중요도가 높을 수 없었다. 재키 케네디의 첫 경호요원인 클린트 힐은 영부인 경호 임무를 부여받고는 앞으로 승진이 어려울 것이라고 생각했다. 그럼에도 경호요원들은 영부인을 따라다니며 개인 일정인 미용실과 애들 학교를 방문하는 것은 물론 오찬과 홍보 행사 등 공식 일정 때도 충실히 임무를 수행했다. 그들은 재미 삼아 영부인경호팀을 FLD라는 암호명으로 불렀다. 그 이름은 '파인 리빙 앤 다이닝 크루(Fine Living and Dining crew, 호화로운 삶과 음식을 즐기는 팀)'를 뜻했다.

영부인경호팀의 중요성은 9·11 이후 눈에 띄게 높아졌다. 사상 처음으로 로라 부시의 경호요원들이 선발 활동을 하면서 대통령 경호와 동일한 조치를 했다. 이로 인해 영부인경호팀도 좋은 경력으로 인정받게 되었고 몸담았던 직원들에게 승진 기회도 늘어났다. 하지만 영부인경호팀 요원들에게 가장 큰 변화는 르네상스라는 암호명으로 불린 미셸이 백악관에 입성한 이후에 일어났다.

르네상스의 경호팀장 프레스턴 "제이" 페어램브 3세(Preston "Jay" Fairlamb III, 이하 페어램브)는 미셸을 처음 본 순간, 그녀가 이전의 영부인들과는 확연히 다르다는 것을 직감했다. 30대 후반의 페어램브는 역사상 최초로 선출된 젊은 흑인 대통령을 향한 국민들의 열광 속에서, 미셸 역시 특별한 존재임을 단번에 알아차렸다. 과거 재키 케네디를 제외하면, 대통령과 어깨를 나란히 할 만큼 강력한 지지층을 보유한 영부인은 없었다.

미셸의 매력은 어떤 면에서 재키 케네디와는 반대되는 모습에서 비롯되었다. 그녀는 시카고 남부 출신으로 직설적인 화법을 구사했고, 스웨터나 운동복 등 일상복을 즐겨 입어 친근한 이미지로 대중에게 다가갔다. 거기다 그녀는 부모에 기대지 않고 자수성가한 타입이었다. 젊은 사람들과 흑인들은 처음으로 공감대가 형성되는 영부인을 직접 보고 그녀의 인생 이야기를 듣기 위해 몰려들었다. 미셸은 자기 의견을 듣기 좋게 포장하지 않았으며, 젊은 사람들이 더 잘 먹고 운동도 많이 해야 하고 본인들 스스로 행운을 만들 수 있게 공부에 충실해야 한다고 조언했다. 그녀는 마법 같은 기적이 일어나 하버드 로스쿨 강단에 서게 된 것이 아니었다.

뉴저지 주경찰의 아들이었던 페어램브는 그녀를 안전하게 지키려면 경호를 강화해야 한다는 사실을 깨달았다. 제복경호대가 영부인 행사에 동원돼 금속탐지기로 참석자들을 검색하는 조치가 추가되고, 대테러팀이 최초로 영부인 모터케이드에 포함되었다. 대테러팀의 유일한 목적은 근접요원들이 신속하게 경호대상자를 안전한 곳으로 대피시킬 수 있게 공격자에 대응하는 것이다.

본부와 지부에 있는 몇몇 고위 간부들은 영부인 행사에 대테러팀이 동행한다는 말을 듣고는 거부감이 일었고, 많은 사람들이 그 조치가 필요한지 또는 현명한지에 대해 의문을 제기했다. 이와 더불어, 경호 관련 예산 지출을 담당하는 경호본부에서는 영부인 행사 때마다 대통령과 같은 수준으로 경호를 실시하면 예산이 바닥날 것이라고 우려했다. 이처럼 비밀경호국 내부에서는 과연 새로운 영부인이 얼마나 많은 경호를 받아야 하는지 의견이 분분했다.

이러한 논쟁은 미셸이 딸들과 함께 디즈니랜드로 여행을 간 날 밤 절정에 달했다.

미셸은 2010년 6월 중순에 11살 말리아(Malia)와 9살 사샤(Sasha)를 데리고 여름 방학 기념으로 디즈니랜드를 방문할 휴가 계획을 세웠다. 그들은 할리우드 영화 세트장과 일반인에게는 공개되지 않은 디즈니랜드 구역을 둘러보았고, 산타 모니카 부두를 산책하였으며, 레이커스 경기를 관람했다. 그들은 꽉 찬 하루를 보내고는 피곤한 나머지 숙소인 베벌리힐튼호텔

(Beverly Hilton Hotel)로 돌아갔다. 영부인과 그녀의 딸들이 호텔 8층에 있는 174㎡ 규모 펜트하우스인 프레지덴셜 스위트로 안내되자 그날 일정이 마무리되었다. 숙소에는 경호팀 야간 근무조가 오후 2시부터 근무하던 요원들을 교대해 주기 위해 기다리고 있었다.

새벽 4시 30분쯤, 영부인을 수행하던 모든 간부들은 방 전화가 요란하게 울리는 소리에 눈을 떴다. 이는 영부인이 투숙하는 층에 문제가 발생했다는 것을 의미했다.

"문제가 생겼으니 임시상황실로 오세요."

당시 근무 중인 요원이 전화에 대고 말했다.

상황은 이랬다. 정신이 온전하지 않은 노숙자가 근처 윌셔 대로(Wilshire Boulevard)를 어슬렁거리다 호텔 옆문을 통해 건물 안으로 들어왔다. 이후 그 노숙자는 내부 계단을 지나 화물용 엘리베이터를 타고 펜트하우스 층까지 올라와서는 복도를 따라 영부인이 묵고 있는 스위트룸 문 앞까지 곧장 갔다.

정신적으로 불안정한 낯선 사람과 잠든 미셸 사이에 서 있는 것은 홀로 야간 근무를 서고 있는 빈스 스토파(Vince Stofa, 이하 스토파) 요원뿐이었다. 한때 대테러팀에서 근무하며 고도로 훈련받은 스토파는 즉시 본능이 발동했다. 그는 무슨 일로 왔는지 묻고는 만약의 경우를 대비해 벽에 비스듬히 세워 둔 기관단총을 눈으로 확인했다. 침입자가 아무런 반응을 보이지 않자 스토파는 그를 바닥에 제압하고 지원을 요청했다.

외부에 있다 스토파를 도우러 달려온 요원들은 충격을 받았다. 왜 노숙자는 1층이나 아래층에서 제지당하지 않았는가?

"다른 애들은 어디 갔어?"

한 간부가 물었다. 임시상황실에서 근무 중이던 요원은 야간에 계단 쪽 근무를 제거하기로 한 결정을 언급하고는 "죄송하다"면서 "근무하는 직원이 이게 전부"라고 말했다.

17 설리번과 그 일당

 계단 쪽 근무자 부재는 영부인경호팀 요원이 세밀하게 계획했던 선발 경호계획에 중대한 변화가 있었다는 뜻이었다. 계획을 수립한 요원은 영부인이 묵는 스위트룸을 항상 확보하기 위해 지부에서 지원받은 요원들을 계단 쪽에 배치하곤 했는데, 당시 근무 인원을 지원하는 로스앤젤레스 지부의 간부 폴 르(Paul Le, 이하 르)는 야간에 근무할 인원을 승인하지 않았다.
 비밀경호국 영부인경호 매뉴얼에는 심야 시간에 경호를 최소화해도 된다고 명시되어 있었다. 이와 더불어, 비밀경호국은 해당되는 각 지부와 경호본부에서 경호계획을 검토해 과한 부분이 있는지 판단하도록 했기 때문에 일어난 불상사였다. 다음 날 아침, 르는 호화로운 베벌리힐튼호텔 주차장에서 영부인경호팀장에 맞서 치열한 논쟁을 벌였다.
 영부인경호팀장인 페어램브는 190cm가 넘는 거구였고, 르는 170cm를 겨우 넘는 키였다. 페어램브는 위압적으로 르를 내려다보며 말했고 둘이 여러 번 목소리를 높이는 모습을 주변의 요원들이 목격했다.
 "페어램브는 영부인의 안전에 자신의 모든 것을 바쳤습니다."
 그의 동료가 말했다.
 "그것에 도전장을 내밀면 그는 핏불로 변해버렸습니다."
 그럼에도 페어램브와 르 모두 GS-14*이었기 때문에 둘 중 그 누구도 자신의 의견을 굽히지 않았고 심지어 욕도 삼가지 않았다. 페어램브는 마지막 순간에 인원을 줄인 결정이 잘못되었다고 주장했다. 그것은 경호계획을 담당한 선발 요원의 전문성을 무시하는 행위라고 했다. 르는 매뉴얼에 나와 있는 대로 야간에는 직원들이 근무하지 않는 것이 맞다고 반박했

---

*　GS는 'General Schedule'의 약자이며 미국 공무원 급여체계의 일종이다. GS 급여체계는 1~15등급까지 있다. GS-14는 14등급을 말하며 이는 우리나라로 서기관, 대령 등에 해당된다(GS-15도 서기관급이다).

다. 또한, 자신이 지부의 재정을 관리할 책임이 있음을 페어램브에게 상기시켰다. 영부인 방문 행사여도 매일 야간 근무로 초과근무수당이 발생하면 그의 지부에 큰 재정적 부담이 된다고 맞섰다.

"정말로 그 사람을 때리고 싶었어."

페어램브가 나중에 친구들에게 말했다. 페어램브와 르는 비밀경호국 대변인을 통해 이 사건에 대한 취재를 거부했지만, 둘 사이에 있었던 팽팽한 논쟁은 기억나지 않는다고 말했다.

페어램브는 자신의 분노를 달래기 위해 오바마의 경호팀장 에레비아를 찾아가 하소연했다. 에레비아는 듣자마자 페어램브의 말에 동의했다. 그는 로스앤젤리스 지부가 마지막 순간에 선발경호계획을 변경한 사실이 믿기지 않는다며 지부장에게 항의 전화를 걸었다.

"에레비아가 페어램브에게 '이런 옛 같은 경우가 어딨냐?'고 물었어요."

페어램브의 동료가 말했다.

"(에레비아는) 문제가 발생해도 보통 말없이 넘기는 경우가 많았지만, 이 문제는 반드시 짚어야겠다고 생각했습니다."

18
백악관이 총격 받은 밤

범인은 검정색 혼다 어코드를 백악관 남쪽 컨스티튜션 애비뉴(Constitution Avenue)의 통제된 차선에 정차했다. 2011년 11월 11일 저녁 8시 50분이었다. 그는 조수석 창문을 내려 반자동 소총을 미국 대통령의 관저에 겨눈 다음 방아쇠를 당기고 또 당겼다.

관저 거실에서 불과 몇 걸음 떨어진 2층 창문이 총알에 맞아 박살이 났다. 한 발은 창틀에 박혔고, 나머지는 지붕에 맞아 파편이 바닥으로 떨어졌다. 최소 8발의 총알이 사우스론을 가로질러 약 690m를 날아갔고 그중 7발이 관저에 적중했다.

쌀쌀함이 느껴지던 밤이었다. 다행히 오바마 대통령과 영부인은 그곳에 없었다. 하지만 그들의 작은 딸 사샤와 미셸의 어머니 마리안 로빈슨(Marian Robinson)은 관저에 있었다. 큰 딸 말리아는 친구들과 외출했으나 금방 돌아올 시간이었다.

비밀경호국 요원들은 신속하게 대응했다. 총알에 맞은 2층 테라스 바로 아래 있던 한 경관은 357구경 권총을 뽑아 들고 관저 측면에 있는 비상 총기 상자를 열 준비를 했다. 총알이 박힌 지붕 지점에서 6m 떨어진 곳에 서 있던 저격수들은 공격의 원점을 찾으려 소총 스코프로 사우스론을 훑었다. 백악관 남쪽을 카메라로 감시하지 않는 상황에서 무슨 일이 일어나고 있는지 파악하는 것은 경호요원들의 몫이었다.

그때, 경내에 있는 경관들을 놀라게 하는 명령이 하달되었다.

"총기가 발사된 것이 아니다. 경계근무 해제하라."

월리스 스트롱(Wallace Strong) 경관이 무전을 쳤다. 그는 총격 같은 소리는 근처 공사 차량에서 발생한 소음이라고 했다.

그 명령으로 백악관을 향한 공격을 인지하지 못한 문제는 시작에 불과했다. 그날 밤과 이어지는 주말 내내, 비밀경호국 간부들은 계속해서 단서를 놓치고 실수를 저질렀다. 그리고 잘못을 깨달았을 때 지휘부는 직원들에게조차 내용을 숨기려고 하였다.

오스카 오르테가 헤르난데스(Oscar Ortega-Hernandez, 이하 오르테가)가 오후 9시 좀 넘어 백악관에 총격을 가했을 때, 오바마와 영부인은 하와이로 가기에 앞서 샌디에이고(San Diego)를 방문하고 있었다. 대통령은 아주 특별한 행사에 참석하기 위해 샌디에이고 항구에 정박해 있는 항공모함에 탑승했다. 군함 갑판에서 사상 최초로 대학 농구 경기가 치러지고 있었다. 늘 그렇듯이 대통령 내외가 백악관을 비우자, 비밀경호국 직원들은 근무를 비교적 느슨하게 하였다.

밤 8시 30분, 대다수 요원들과 경관들의 교대 근무가 끝나갈 즈음에 백악관 남쪽 울타리 너머에는 몇몇 건설 노동자들이 모여 있었다. 워싱턴 상하수도국이 교통량이 적은 시간대를 이용해 컨스티튜션 애비뉴 하수관을 정비할 예정이었다. 백악관 사우스론으로 연결되는 잔디 공원과 인접한 길가에는 차량 통행을 제한하기 위해 오렌지색 교통콘으로 확보된 구역이 있었다. 공사 차량은 이 공간에 주차되어 있었다. 범인이 98년식 검정색 혼다 어코드를 정차한 곳도 여기였다.

21세인 오르테가는 고등학교 중퇴자였다. 그는 가족들과 함께 아이다호 폴스(Idaho Falls)에서 살았다. 그에게는 여자 친구가 있었고 둘 사이에서 난 아들도 있었지만 결별한 상태였다. 사랑이 부족해서가 아니었다. 그녀와 오르테가의 친구들은 그가 점점 더 편집증적인 행동을 보인다고 느꼈다. 그는 툭하면 미국 정부가 국민을 통제하려 한다고 비판했고, 주변에서 예수를 닮았다고 해서인지 그가 신의 전령으로서 역할을 다해야 한다고 믿었다. 그는 오바마를 "적그리스도"라고 부르며 "막아야 한다"고 하였다.

오르테가는 한 달 전에 휴가를 간다며 집을 떠난 후 친구들을 보러 펜실베이니아 시골 마을에 들렀다 11월 9일에서야 워싱턴에 도착했다. 장장 5천km에 달하는 여정이었다. 그날 저녁 내셔널몰에 차를 대고 생각에 빠진 오르테가는 잠시 후 메시지를 보내겠다고 마음을 굳혔다.

그의 차 뒷좌석에는 실탄 180발이 있었고 AK-47과 유사한 루마니아산 쿠기르 반자동 소총이 조수석에 비스듬히 놓여 있었다. 그는 아이다호 총포점에서 550달러를 주고 총을 구입했고, 집 근처 사격장에서 쓰레기를 표적 삼아 사격 연습을 했었다. 국토의 절반 이상을 가로질러 대통령 관저를 공격할 수 있는 거리까지 온 오르테가는 총을 들어 조수석 창밖을 조준하고는 총을 쏘기 시작했다.

백악관 옥상에 있던 저격수 토드 암만(Todd Amman)과 제프 로리니아(Jeff Lourinia)는 6~8발의 총성을 들었다. 반자동 소총일 가능성이 높다고 생각했다. 그들은 초소에서 재빠르게 뛰쳐나와 사격 자세를 취하고 남쪽 펜스 방향을 살폈다. 워싱턴 기념비가 내려다보이는 2층 트루먼 발코니(Truman Balcony) 밑에서 근무하던 캐리 존슨(Carrie Johnson, 이하 캐리) 경관은 총성과 건물 파편 같은 것이 위층에 떨어지는 소리를 들었다. 그녀는 H가에 위치한 비밀경호국 본부의 통합상황센터에 무전을 쳐 자신의 초소 근처에 있는 총기 상자를 열겠다고 보고했다. 이후 산탄총을 꺼낸 다음 교전해야 할지도 모른다는 생각에 장전되어 있는 벅탄을 더 강력한 슬러그탄으로 교체했다.

오르테가가 있던 곳에서 14m 떨어진 엘립스에는 윌리엄 존슨(William Johnson, 이하 존슨)과 밀턴 올리보(Milton Olivo, 이하 올리보) 경관이 쉐보레

서버밴에 탑승해 있었다. 총소리에 그들의 심장이 요동쳤고 차에서 내리자 매캐한 화약 냄새가 났다. 존슨은 화분 뒤로 몸을 숨겼다. 올리보는 서버밴 뒷좌석에서 산탄총을 꺼내 차량 옆에 웅크렸다.

주변을 둘러보던 존슨이 시선을 멈추었다. 그곳에는 바닥에 있는 나뭇잎들이 마치 바람에 맞은 듯 백악관 방향을 향해 양옆으로 갈라져 잔디가 드러나 있었다. 이를 보다가, 어쩌면 사격할 때 총구에서 배출되는 충격에 의한 것일 수 있겠다는 생각이 들었다. 수상했다.

탐지견 핸들러인 제임스 세비슨(James Sevison) 경관은 관저 동쪽에 주차된 차량에 탑승해 있다가, 총소리가 나자 무기를 꺼내 들고 영부인 차량 뒤에 엄폐하였다. 근처에서 근무 중이던 네이선 호건(Nathan Hogan) 경관도 소총을 꺼내 들고 사우스론을 향해 다가갔다. 그때 경계근무를 해제하라는 무전이 다시 나왔다. 이 명령은 총소리를 들었다고 확신한 경관들에게 혼란을 야기했으나, 그들은 명령에 따라 총기 조정간을 안전에 놓고 다시 근무지로 돌아갔다.

오히려 아무 훈련도 안 받은 민간인들은 확신에 차 있던 것 같다. 신호등에 멈춰 선 택시에 타 있던 여성이 "미친 남자"의 행동을 묘사하는 글을 트위터(현재 X)에 즉시 올렸다.

"내 택시 앞 차량 운전자가 멈춰서 백악관을 향해 5발의 총을 쐈다. 경찰이 대응하는 데 시간이 좀 걸렸다."

한 신경과학자는 워싱턴을 방문해 공항 셔틀을 타고 가다 이를 목격했는데, 수사관들에게 진술하기를 어느 남자가 차 안에서 백악관을 향해 총을 쏘는 모습을 봤다고 했다.

존슨은 오르테가나 소총의 총신을 보지 못했다. 하지만 그는 가까이서 들리는 총소리를 분별할 수 있다고 확신했다. 그는 상황을 전파하기 위해 무전기를 들었다.

"플래그십(Flagship)."

그가 암호명으로 비밀경호국 통합상황센터를 찾았다.

"총격 상황이다."

그가 확신에 차서 무전을 치자 경관들이 다시 경계 태세에 돌입했다. 순찰하는 경관들과 비상대응팀 대원들이 다시 무기를 꺼내 들고 남쪽 지역으로 빠르게 이동하기 시작했다.

한편, 목격자들에 따르면 오르테가는 그 시간에 컨스티튜션 애비뉴를 따라 포토맥강을 향해 시속 100km로 달리고 있었다. 그는 길을 건너던 커플을 피하려 급히 핸들을 꺾다 방향을 잃고 사고를 냈다. 세 젊은 여성이 마침 베트남 참전용사 기념관 근처를 걷고 있다가 차량이 충돌하는 소리를 듣고 현장으로 다가갔다. 그중 한 명이 911*에 신고를 해 그들 앞에 펼쳐진 광경을 설명했다. 그녀는 혼다 차량의 방향이 뒤에서 오는 차들을 향해 돌아가 있고, 자동차 왼쪽 바퀴가 연석 위로 올라가 있다고 하였다. 차의 운전석 문이 열려 있는 상태로 라디오 소리가 요란하게 흘러나오고 있었으나, 운전자는 사라지고 없었다. 조수석 바닥과 콘솔에 기대어 있는 반자동 소총이 있었고, 바닥과 좌석 위에는 9개의 탄피가 널려 있었다.

때마침 그 주변을 지나던 대통령경호팀 맥클렐런 플리칙(McClellan Plihcik) 요원이 무전을 듣고 현장에 가장 먼저 도착했다. 그가 근방에 있던 노숙자에게 물으니 웬 젊은 백인 남성이 차에서 나와 강둑을 따라 조지타운 지역으로 향하는 것을 목격했다고 했다.

비상이 걸린 통합상황센터는 소란스러웠다. 상황근무자 J. 로빈슨(J. Robinson, 이하 로빈슨) 경관은 상황 파악이 덜 되어서였는지 차량과 용의자에 대해 잘못된 정보를 경찰에 전달했다. 그녀는 검은색 캐딜락과 혼다

＊ 긴급신고번호로 구급, 범죄 및 재난신고 모두 가능하다.

가 현장에서 이탈하고 있다고 했다가 이를 번복하고 검은색 캐딜락과 노란색 자동차를 언급했다. 그녀가 말한 노란색 차는 분명 공원 근처에 주차된 공사 차량이었을 것이다. 이와 별도로, 공원경찰대(US Park Police)*가 조지워싱턴파크웨이(George Washington Parkway)나 66번 도로(Route 66)를 따라 도시를 벗어나고 있는 노란색 차량을 쫓고 있다고 잘못 전파한 경관들도 있었다. 경찰은 정보를 종합해 두 흑인 남성이 록크릭파크웨이(Rock Creek Parkway)를 따라 도주하고 있다고 추정하고 그들을 쫓기 시작했다. 비밀경호국에서 사태 파악도 못 하고 있는 사이에 백악관에 총을 쏜 남자는 어둠 속으로 유유히 사라졌다.

백악관에 있는 대통령경호팀 주요 인원들에게는 총격 사건이 발생했다는 사실이 뒤늦게 전달되었다. 백악관 경내를 지키는 경관들은 '백악관 1번'이라는 무전망을 이용하는데, 이는 대통령경호팀이 사용하는 무전망과 달랐기 때문이다. 사샤를 경호하는 요원은 몇 분이 지나서야 다른 경관으로부터 총격 사건을 듣게 되었다.

대통령 일가족의 시중을 드는 백악관 당직 집사도 나중에야 소식을 들었다. 그녀는 친구들과 외출했다가 곧 돌아올 말리아의 안전이 걱정되기 시작했다. 그러나 금세 평정을 되찾아 사샤와 그녀의 할머니를 밖으로 못 나오게 하라고 직원에게 지시했다. 다행히 그들은 창문이 깨지는 소리를 듣지 못했던 것 같았다. 말리아는 저녁 9시 40분에 경호요원들과 함께 도착했고, 소식을 들은 요원들은 밤사이 모든 문을 잠그는 편이 좋겠다고 하였다.

---

*　국립공원, 국가기념물 등에 대한 치안 활동을 하는 조직이다. 워싱턴에서는 백악관 주변, 링컨기념관, 엘립스, 록크릭공원 등을 담당한다.

18 백악관이 총격 받은 밤

당직관 데이비드 시몬스(David Simmons, 이하 시몬스) 경감(Captain, 경관 간부)은 총성이 들렸다는 최초 보고 이후 혼란스럽게 나오는 무전기 소리에 귀를 기울이고 있었다. 혼다 차량이 버려져 있다는 무전이 들리자, 그는 H가 본부에 있는 통합상황센터를 나와 바로 루즈벨트교 현장으로 차를 몰았다.

그날 밤 총격 사건이 백악관에 대한 공격인지 아닌지 여부를 판단하는 일은 시몬스의 몫이었다. 하지만 위계질서가 강한 비밀경호국에서 그 어떤 당직관도 독단으로 그 결정을 내리지 않았다. 그는 상사들에게 전화해 상황을 보고했다. 이후 시몬스는 상사들과 현장을 조사하고는 백악관 근처에서 갱 단원들이 총격전을 벌인 것이라고 추측했다. 이는 수도 내에서도 비교적 조용하고 관광객이 많은 지역에서 일어나기 어려운 시나리오였다.

어둠이 짙게 깔려 증거 확보나 피해 규모가 파악되지 않았지만, 시몬스는 밤 10시경에 백악관 주변 관할기관인 공원경찰대로 사건을 넘겼다. 그것으로 비밀경호국은 총격 사건이 백악관과는 관련이 없다고 결론 내렸다.

한편, 비밀경호국 대변인 에드 도노반(Ed Donovan)은 택시에 탔던 여성이 트위터에 올린 글을 보았다. 범인이 백악관을 겨냥해 총을 쏜 것을 봤다는 내용이었다. 그는 그녀의 글을 위협분석 담당인 경호정보 데스크에 전달했다. 그러나 경호정보 데스크는 밤 11시에 이 사건을 "마약과 관련된 총격"이라고 백악관에 근무하던 간부들에게 알렸다.

공원경찰대 대변인 데이비드 슐로저(David Schlosser, 이하 슐로저)는 총격이 백악관 근처에서 일어났다는 사실은 단지 우연의 일치라고 언론에 발표했다.

"사건을 흥미롭게 만드는 이유를 부동산과 비유하자면 그 사건이 일어난 장소가 의미 있기 때문입니다."

슐로저가 말했다.

총격 당시 오바마는 코로나도 만(Coronado Bay)에 있는 칼빈슨함(USS Carl Vinson) 비행갑판에 앉아 노스캐롤라이나대(University of North Carolina)와 미시간주립대(Michigan State University)의 농구 경기 4쿼터를 관람 중이었다. 그는 오후 9시 5분에 예정된 ESPN 방송과의 인터뷰를 준비하고 있었다.

경기는 캐롤라이나 타힐스(Carolina Tarheels)가 미시간주 스파르탄스(Michigan State Spartans)를 67-55로 이긴 것으로 종료됐다. 대통령은 인터뷰를 마쳤다. 그는 멋진 경기를 보여준 선수들을 격려하고 농구계의 전설인 매직 존슨(Magic Johnson)과 짧은 대화를 나눴다. 총격 사건 발생 45분 후, 오바마와 미셸은 'APEC 정상회의*'가 열리는 호놀룰루로 이동하기 위해 에어포스원에 올라탔다. 설리번도 대통령과 함께 이동 중이었다. 이때 미키 넬슨(Mickey Nelson, 이하 넬슨) 경호본부장이 전화해 백악관 근처에서 총격이 있었다고 보고했다. 넬슨은 모든 것이 괜찮고 "백악관과 관련이 있는 것 같지는 않다"며 설리번을 안심시켰다. 대통령 내외는 딸 한 명이 관저에 있고 다른 한 명은 관저로 돌아오고 있는 상황에서 백악관이 총격을 받았다는 사실을 이때까지도 알지 못했다.

다음 날, 비밀경호국 지휘부는 총격 사건을 잊으려는 것 같았다.

트루먼 발코니에서 파편이 떨어지는 소리를 들었다고 생각한 캐리는 토요일 오후 근무를 앞두고 회의 때 나오는 얘기에 집중했다. 간부들은 갱단으로 보이는 사람들이 차에 탑승한 채 서로를 향해 총을 쏜 것으로 보인다고 설명했다. 사실 캐리는 금요일 밤 선배 경관들에게 백악관이 총격을 받은 듯하다고 했지만, 회의 때는 상사들이 내린 결론에 이의를 제기하지

---

* Asia-Pacific Economic Cooperation. 아시아 태평양 경제협력체.

18 백악관이 총격 받은 밤

않았다. 그녀는 조사에서 "비판을 받을까 봐 두려워" 참았다고 진술했다.

공원경찰대에서 사건을 수사하며 백악관과 연관 지을 증거들이 발견되자 설리번은 직원들에게 수사를 보조하라고 지시했다. 비밀경호국은 트위터에 글을 게시한 택시 승객 같은 목격자를 찾기 위해 소셜 미디어 검색 등 다양한 방식을 활용했다. 사고 차량 주인이 오르테가로 확인되자 그의 가족과 친구들을 조사해 오르테가에 대한 얘기도 듣게 되었다. 그러나 비밀경호국은 새롭게 파악된 정보를 다른 수사기관들과 내부 직원들한테 공유하지 않았다. 보통 이런 경우 범인을 체포하기 위해 지명수배가 떨어지는데 어떤 이유에서인지 오르테가에게 그런 조치를 하지 않았다는 점은 분명 이상한 일이었다. 이로 인해 수상한 남자가 있다는 신고를 받고 퀸시공원(Quincy Park)으로 출동한 경찰은 그가 용의자이거나 소총이 실려 있는 차를 내셔널몰에 버린 사람인 줄 모르고 풀어주었다. 수배 명령만 내렸다면 그 기회를 놓치지 않았을 것이다.

비밀경호국 요원들이 오르테가의 친구들과 가족을 조사해 오르테가가 오바마에게 집착하고 그를 적그리스도로 여겼다는 사실을 확인한 시점은 일요일이었다. 오르테가의 여자 친구는 그의 정신 건강이 지난 2년 동안 악화되었고, 그가 스스로를 재림한 예수 그리스도라고 믿는다고 증언했다. 그제야 비밀경호국은 부랴부랴 워싱턴지부 요원들을 2인 1조로 묶어 체포 작전을 시작했다. 그러나 그때까지도 여전히 실수를 저질렀음을 인정하지 않았을뿐더러, 금요일 밤 총격이 암살 시도였을 수도 있었다는 내부 공지를 띄우지 않았다. 공원경찰대도 이때까지 불법무기 소지 혐의로 오르테가에 대한 영장을 신청하지 않았었다.

백악관은 화요일 아침까지 조용했다. 비서실 대다수는 비밀경호국이 무엇을 하고 있는지 몰랐다. 오바마는 하와이를 거쳐 호주로 가고 있었고, 영부인만 워싱턴에 와 있었다. 그녀는 새벽 5시 30분에 관저에 도착한 후 눈을 붙이려고 방으로 올라갔다.

설리번도 그녀와 같은 비행기로 돌아왔다. 이 시점은 오르테가가 오바마를 악마로 취급하고 "그를 막겠다"는 망상적인 신념을 가진 사람이라는 사실이 확인된 뒤였다. 설리번은 이 소식을 대통령 내외에 공유할 때가 아니라고 결정했다. 그는 위협의 심각성을 확인하기 위해 더 많은 정보가 필요했다고 말했다.

백악관 부수위장* 레지널드 딕슨(Reginald Dickson, 이하 딕슨)은 영부인의 도착을 준비하러 일찍 출근한 상태였다. 정오가 조금 안 돼서 한 정리원이 딕슨에게 트루먼 발코니의 깨진 창문과 바닥에 있는 하얀 돌덩어리를 보여주었다. 자세히 보니 총탄으로 인해 일반 창문에는 구멍과 균열이 생긴 반면 방탄유리는 온전하게 남아 있었다. 그 외, 목재 창틀이 움푹 파여 있었는데, 이는 나중에 총알이 박혀서 난 구멍으로 밝혀졌다. 딕슨은 바로 비밀경호국에 연락했다.

그때 이르러서야 비로소 오르테가는 미국 대통령 암살 미수 용의자로 지목되었다. 이에 맞춰 그에 대한 전국 수배령이 내려졌다.

한편, 보좌관들은 정오경에 빌 데일리(Bill Daley, 이하 데일리) 비서실장에게 관련 사실을 보고했다. 이를 대통령 내외에게 보고하는 일은 데일리와 비서실 차장 알리사 마스트로모나코(Alyssa Mastromonaco, 이하 마스트로모나코)의 책무였다. 그들은 영부인을 깨울지 말지 의논했다.

"저는 대통령과 영부인을 잘 알아요. 제 생각대로 하는 게 좋겠어요."

마스트로모나코가 말했다.

그들은 영부인을 깨우지 않기로 결정했다. 마스트로모나코는 대통령에게 먼저 보고하고 그가 영부인에게 어떻게 말할지 결정하도록 해야 한다

---

*   백악관 수위장(White House usher) 밑에서 일하는 사람이다. 수위장은 백악관 재산 관리, 건물 유지 보수 등의 업무를 담당한다.

고 말했다.

그 사이에 딕슨은 영부인의 상태를 살피러 3층으로 올라갔다. 그는 영부인도 상황을 알고 있다 생각하고 발코니에서 총탄 자국을 발견한 경위와 이를 청소한 상황을 설명했다. 아무것도 모르던 영부인은 매우 놀라 분노가 치밀었다. 영부인의 반응에 정통한 사람들에 따르면, 그녀는 왜 설리번이나 그녀의 경호팀장이 하와이에서 함께 돌아오는 긴 비행 도중 총격에 대해 일절 언급하지 않았는지 궁금해했다고 한다.

비밀경호국 수사관들은 총격 발생 나흘 뒤인 이날 오후부터 금요일 밤에 근무한 요원들을 불러 그들이 보고 들은 내용을 조사하기 시작했다. 오르테가는 지명수배 명단에 올랐고, 그의 사진은 관련 기관에 배포됐다. 동부 해안 지역 경찰이 기차역과 버스 정류장을 검문하는 임무를 맡았다. 한편, FBI에서는 그날 저녁 회의를 소집해 어떻게 수사를 인계받고 백악관 범죄 현장을 확보할지를 논의했다.

다음 날 아침 7시 45분, FBI 요원들이 백악관에 도착했다. 그들은 금요일 밤에 근무했던 비밀경호국 경관 일부를 불러 조사했고, 탄피, 총알 파편 등 증거를 찾기 위해 트루먼 발코니와 인근 지역을 샅샅이 뒤졌다. 그들은 백악관 외부에 9만 7천 달러 상당의 손상이 생겼다고 추산했다.

비밀경호국은 오르테가가 목격된 장소에 사진을 보내 그가 다시 나타나면 알려달라고 요청했다. 얼마 지나지 않아 펜실베이니아주 인디애나(Indiana)에 있는 햄튼인(Hampton Inn) 직원이 용의자의 독특한 목 문신으로 그를 알아보고 경찰에 신고했다. 비밀경호국이 제공한 정보로 오르테가를 체포한 주경찰은 FBI 요원들이 도착할 때까지 그를 유치장에 가둬 두었다.

미셸은 5일 후 남편이 호주에서 돌아왔을 때까지도 화가 나 있었다. 전직 보좌관들에 의하면 대통령도 몹시 화를 냈다고 한다. 비밀경호국이 대응에 실패했을 뿐만 아니라, 사건 발생 후 영부인에게 즉시 보고하지 않았

4부 재앙의 시작

기 때문이다.

"대통령이 돌아왔을 때 상황이 더 나빠졌습니다."

한 전직 고위 보좌관이 말했다.

"대통령은 그러한 사건이 일어났다는 사실, 이를 알게 된 경위 그리고 영부인에게 제대로 보고가 이뤄지지 않았기 때문에 화를 냈습니다. 그도 영부인으로부터 한 소리 들어서입니다."

설리번이 영부인, 대통령 고문 발레리 재럿(Valerie Jarrett) 그리고 비서실 관리들과 사건에 관한 회의를 하기 위해 백악관에 갔을 때 긴장감이 최고조에 달했다.

"저는 지금 영부인이 아니라 한 엄마로서 당신에게 말하고 있습니다."

미셸이 천천히 입을 열었다. 당시 상황을 잘 알고 있는 사람들에 의하면 회의가 진행되면서 영부인은 회의실 밖에서 들릴 정도로 설리번과 비밀경호국 인사들을 향해 목소리를 높였다고 한다.

그녀는 궁금한 게 많았다. 왜 총소리가 처음 들렸을 때 딸들과 어머니를 더 안전한 곳으로 피신시키지 않았는가? 왜 가족에 대한 경호조치를 강화하기 위해 백악관 위협 단계를 적색으로 상향하지 않았는가? 요원들과 경관들이 어떻게 거실 벽에 박힌 총탄을 발견하지 못했는가? 한 총탄은 그녀가 책을 읽고 휴식하러 즐겨 찾는 '옐로우룸(Yellow Room)' 창문에 명중했었다. 그녀는 대통령이 자리를 비웠을 때 백악관 경호가 조금 "느슨해진다"는 말에 몸서리쳤다.

"영부인은 '대통령이 백악관에 없어서 그런다면, 우리는 아무짝에도 쓸모없는 물건이란 말이야?'라는 식으로 그 상황을 받아들였습니다."

한 대통령경호팀 요원의 진술이다.

백악관 직원들은 대체적으로 설리번을 좋아하고 신뢰했기에 그는 충격 사건 이후에도 자리를 온전히 지킬 수 있었다. 그러나 오바마의 한 고위 보좌관에 따르면, 영부인과 데일리가 설리번에게 "일을 망쳤다는 점을 분

18 백악관이 총격 받은 밤

명히 전했다"고 하였다.

설리번은 영부인이 자신에게 목소리를 높이지 않았다고 반박했다. 그러나 그 회의 때 있었던 일을 설명해달라는 요청은 거부했다.

많은 전직 비밀경호국 관리들에게 2011년 총격 사건은 조직 내 훨씬 더 큰 문제가 있다는 신호였다. 비밀경호국은 공개 토론을 통해 대통령 경호를 개선할 수 있는데도 사건을 비밀에 부치기를 원했다. 설리번과 지휘부는 직원들 앞에서조차 총격 사건이 일어난 적이 없는 듯이 행동했다. 그는 공식적인 사후 감찰을 지시하지 않았다.

비밀경호국은 오르테가가 운이 좋아 백악관을 맞혔을 뿐이라고 강조했다. 비밀경호국은 약 690m 떨어진 곳에서 소총을 이용해 백악관을 타격하는 시나리오는 예상하지 못했다. 하지만 그것이 문제였다. 비밀경호국은 상상 가능하고 현실적으로도 발생 가능한 위험을 예상하지 못했다.

설리번과 지휘부는 총격의 결과로 심각한 경호 공백이 있음을 발견했다. 뉴욕경찰만 해도 범죄자를 식별하고 체포하기 위해 도시 곳곳에 감시 카메라를 운용하는데, 외부에 노출되어 있는 백악관 남쪽이 무방비 상태였다. 그들은 비밀리에 경호를 강화하기 위한 수순을 밟았다. 2012년, 비밀경호국은 카메라 여러 대를 구입해 백악관 남쪽에 설치했다. 새로 경호팀장으로 승진한 빅 에레비아의 강력한 건의에 못 이겨 경계 초소와 순찰조도 늘렸다. 전형적인 비밀경호국 방식대로 인원을 늘리는 조치만으로 문제를 해결하려 했다. 이에 더해, 대통령과 가족이 트루먼 발코니를 이용하면 백악관 남쪽 E가 지역에 일반인 통제 조치가 시행됐다.

오르테가는 암살 미수로 기소되었으나 이보다 조금 가벼운 혐의에 유죄를 인정하고 징역 25년을 선고받았다.

오르테가는 혼란을 느끼지만 전형적인 암살자의 특징을 갖고 있는 사람으로 밝혀졌다. 20대가 되어 조현병을 앓고, 명확하게 정의하지는 못하지만 무언가 잘못된 점을 바로잡기 위해 극단적인 조치를 취해야 한다고 느끼는 그런 사람이었다. 그런 그가 관저를 공격하는 데 성공했다. 대통령이 없었던 것은 단지 우연이었다.

오르테가의 친구들은 그가 약 1년 전 반정부 영화를 보고 동요하기 시작했다면서, 그게 문제의 발단이라고 보았다. 그 영화의 제목은 『오바마 디셉션(The Obama Deception)』으로 텍사스에 거주하는 음모론자이자 토크쇼 진행자인 알렉스 존스(Alex Jones)가 직접 시나리오를 쓰고 제작한 것이었다. 그 영화는 재벌들이 오바마와 모의하여 그를 당선시킨 후 정부를 이용해 미국인들을 감시하고 해를 입히려 한다는 내용이었다. 영화를 본 후 오르테가는 소총을 사서 사격 연습을 하기 시작했다.

오르테가는 초가을에 예수 그리스도인 자신의 역할을 증언하는 모습을 녹화해 달라고 친구에게 부탁했다. 이후 오프라 윈프리에게 영상을 보내 전국 시청자들에게 방송해달라고 요청했다.

"오프라, 하느님께서 저를 통해 세상에 알리려 하는 게 아직 많습니다. 제가 예수님을 닮은 것은 우연이 아닙니다. 제가 바로 여러분 모두가 기다리던 예수 그리스도입니다."

오르테가의 공격으로 경호 체계의 허점이 여실히 드러났다. 국가를 위해 총을 맞을 수 있을 만큼 고도로 훈련된 이타적인 애국자들로 구성된 엘리트 조직조차 임무에 실패할 수 있음이 밝혀졌다. 이에 대해 데일리는 다음과 같이 말했다.

"계획을 잘 세우지 않은 사람이 백악관을 총으로 쏴서 맞히고, 이곳에 있는 사람들은 며칠이 지나서야 그 사실을 알게 되었다는 점이 매우 무서웠습니다. 그 사건에 대응을 잘 못했습니다."

19
"깨어나서 최악의 상황을 맞았어"

데이브 체니(Dave Chaney, 이하 체니)는 은퇴할 준비가 되어 있었다. 그는 여전히 많은 요원들처럼 습관적으로 일찍 출근했지만, 매일 아침 출근 준비를 할 때마다 활기가 덜 하다고 느꼈다. 21년간 복무한 체니는 그다지 높지도 않고, 그렇다고 낮지도 않은 GS-14까지 올라 있었다. 비밀경호국 본부에서 외국 경호기관을 상대로 수탁교육을 실시했는데, 체니는 선임간부로서 그 교육을 지원하는 부서를 운영했다. 교육내용은 경호대상자 주변 안전 확보 방법이었다.

48세의 체니는 몇 달 후 사직서를 제출할 계획이었다. 그는 은퇴 후에 자기 마음대로 시간을 보낼 수 있다는 생각에 들떠 있었다.

체니는 비밀경호국 내에서 특별한 지위를 누렸다. 그는 제2차 세계대전 참전용사 조지 체니(George Chaney)의 아들이었다. 그리고 아버지는 아이젠하워 대통령의 손자들과 존슨 대통령을 경호하고 인사부장까지 지냈던 인물이다. 체니의 상사 중 상당수가 아버지가 채용한 인물이다 보니, 아무래도 아버지의 덕을 볼 수 있었다.

체니는 비밀경호국을 사랑했지만, 그 방식에 있어서는 아버지 세대와 차이가 있었다. 체니는 자신을 희생하며 임무를 완수해 동료들 간에 형제애가 싹텄다는 것, 평생 함께할 친구들을 만났다는 것 그리고 역사를 목격했다는 것을 소중히 여겼다. 그는 조직 내에서 아픈 동료나 은퇴자를 위해 직접 나서 모금을 하는 사람이었다. 그러나 체니는 비밀경호국의 결점을 파악하고 이를 공개적으로 비판하기도 하였다. 그는 지휘부가 선견지명이 부족해 4년마다 돌아오는 대통령 선거를 대비하지 못한다는 점에 실망했다. 1990년대 후반에는 간부들이 대규모로 사퇴하는 데도 부족한 인력을 서둘러 채우지 않는 바람에, 결국 의무와 충성이라는 미명하에 남아 있는 직원들만 혹사당했다.

체니는 오래전부터 승진에 대한 욕심을 버렸고 간부가 된 후 7년 동안 같은 계급에 머물러 있었다. 경쟁심 강하고 승진에 목메는 사람들이 가득한 조직에서 그는 특이한 존재였다. 어느 날 체니의 직속 부본부장이 더 높은 자리를 노려보라고 말하자, 체니는 그를 비웃었다.

"국장님 연봉이 얼마죠?"

체니는 자신의 부인이 국장의 연봉보다 두 배 많다는 점을 상기시키려고 했다.

"저보고 디트로이트로 가라고요? 더 좋은 직함과 지금보다 10,000달러 더 벌 수 있게요? 됐어요."

체니의 신념은 확고했다. 그가 초등학생일 때 아버지가 내린 결정으로 5남매를 포함한 전 가족이 오스틴(Austin)에서 엘 파소(El Paso)로 이사를 간 적이 있었다. 그로 인해 그의 누나는 고등학교를 옮겨야 했다.

"아빠, 그때 왜 그랬어요?"

언젠가 체니가 물어보았다.

"나는 지부장으로 은퇴하고 싶었단다."

아빠가 대답했다. 그 말을 들은 체니는 어안이 벙벙해졌다. 그는 아버지를 매우 존경했지만 단지 더 높은 직함을 위해 자녀의 고등학교 추억을 망치는 일은 하지 않겠다고 맹세했다.

한편, 체니가 은퇴를 준비하는 시점에 비밀경호국 요원으로서 최고 특전 중 하나를 누릴 기회가 찾아왔다. 해외 출장이었다. 그는 4월 중순에 예정된 오바마의 카르타헤나 방문에 자원해 선택되었다. 그는 선발팀 중에 크게 어렵지 않은 일을 맡았다. 그의 팀은 '차량용 비행기'라고 불리는 두 대의 공군 화물기에 VIP차량과 경호 차량들을 적재하고는 오바마보다 약 48시간 전에 도착하면 되었다. 대통령이 현지에 머무는 동안에는 쉽지만 단순하고 지루한 근무를 맡아야 했다. 그 일이란 경계 초소나 검문소 담당이었고, 아름다운 도시에 있는 5성급 호텔에 투숙하며 일할 예정이었다.

선발팀은 대통령이 도착하는 4월 13일 전날, 그리고 그가 떠난 후에 자유 시간이 있었는데 때마침 클럽이 즐비한 카르타헤나는 유흥에 특화된 곳이었다. 체니는 출발 전날인 4월 9일 월요일에 새로 구성된 선발팀 54명에게 "아래 계획을 참조하라"는 이메일을 보냈다.

"이번 출장 때 우리가 기억해야 할 말은 '맥주 한 병 더 주세요'다."

이메일에 적힌 내용이었다.

그들은 국가 예산으로 받은 출장비로 며칠 밤을 즐긴다고 큰 문제 될 리 없다고 생각했다. 그해에는 요원들과 경관들이 심야 시간에 건물 계단이나 추운 거리에서 오랜 시간 근무를 섰고, 대선후보를 경호하며 먼 거리를 걸어서 이동하였으며, 자녀가 참가하는 경기나 생일 등 가족 기념일을 수없이 놓쳤기 때문에 더욱 그럴 자격이 있다고 느꼈다.

카르타헤나는 성매매에 있어서 라스베이거스(Las Vegas)와 유사했다. 그곳에서는 매춘이 합법이었고 클럽은 성매매 비용을 술값에 포함함으로써 은밀하게 거래를 하였다. 이런 거래는 너무나 흔한 일이 되어 지역 주민들이 매춘부들을 "선불 용품"이라고 부를 정도였다. 선발팀 일부 인원은 출장 마지막 날 환락가에서 무엇을 하며 놀지 얘기했다.

첫 화물기는 화요일 밤에 이륙해 4월 11일 수요일 새벽 2시에 착륙했다. 두 번째 비행기는 기지에서 수리를 하고 이륙한 관계로 새벽 4시가 조금 넘어 도착했다. 계획대로 선발팀 요원들은 총, 탐지장비 등의 짐을 실은 SUV, 트럭과 VIP차를 몰고 5일간 숙소로 이용할 카르타헤나 관광지구 중심에 있는 카리베호텔(Hotel Caribe)로 질주했다.

요원들은 대통령이 방문할 때마다 너무 많은 장비와 인력이 이동해 그들의 존재가 비밀일 수 없다는 농담을 자주 했다. 일부 요원들이 자신들을 '비밀 서커스'라는 별명으로 조롱하는 이유가 여기에 있었다.

오바마는 금요일에 도착해 갈고리 모양으로 뻗어 있는 청정 해변 끝자락에 있는 힐튼 카르타헤나(Hilton Cartagena)에 투숙할 예정이었다. 숙소 경호를 담당하는 비밀경호국 선발팀과 지원팀은 이미 힐튼에 일주일 동안 머물며 대통령 방문을 열심히 준비하고 있었다.

그러나 파티의 중심은 호텔이 늘어선 해변 반대편으로 약 여섯 블록 정도 떨어진 카리베호텔이었다. 그럴 수밖에 없는 것이 출장 온 경호요원 175명 중 133명과 방첩, 폭발물 탐지와 경비를 지원하는 100명의 군인 중 상당수가 카리베호텔에 머물고 있었다.

체니의 동료인 그레그 스톡스(Greg Stokes, 이하 스톡스)가 이끄는 팀은 수요일 이른 아침에 도착해 잠을 취하러 바로 카리베호텔에 투숙했다. 그들이 잠에서 깬 정오쯤 호텔의 거대한 수영장에서 파티 분위기가 물씬 풍겼다. 스피커에서는 힙합과 컨트리 음악이 흘러나왔고 군인 몇 명이 안락의자 옆 보랭박스에 술을 쌓아두고 먹고 있었다.

비밀경호국 요원들도 수영을 하거나 먹을거리를 사러 가까운 식료품점을 갔다. 그들은 이메일로 연락하며 해 질 녘에 만나 먹고 놀 계획을 세웠다. 체니와 스톡스는 오후 6시쯤 수영장 앞에서 만나 후배 요원 8명과 저녁 식사를 하러 갔다. 스페인어를 구사하는 요원이 이전 출장 때 알게 된 곳이 있다며 비싸지 않은 현지 식당으로 안내했다. 이후, 근처 유명 클럽인 미스터 바비야(Mister Babilla)로 가서 간단하게 술을 마셨.

그런 뒤 독신자인 스톡스와 유부남인 체니는 스트립 클럽을 갈 계획이었다. 체니는 그들보다 먼저 출장 온 선발 요원에게 추천받은 장소가 있었다.

"보스케(Bosque) 플레이클럽(Pley Club) 최고야."

선발 요원이 보스케 지역 스트립 클럽이자 사창가를 알려주려 보낸 이메일 내용이었다.

오후 10시 30분쯤, 스톡스와 체니는 후배들에게 호텔로 간다며 택시를 잡았다. 그들은 말이 나올 것을 우려해 일부러 다른 요원들에게는 행선지를 알리지 않았다.

"여자들이 있는 곳으로 데려다주세요."

스톡스는 택시에 올라타서야 운전기사에게 행선지를 말했다.

그들은 몇 분 후 카르타헤나만 근처에 있는 창문 없는 건물에 도착했다. 그 건물 입구에는 나체의 여성이 커다란 닻을 다리로 감고 있는 모습이 그려진 네온사인이 걸려 있었다. 둘은 그곳이 플레이클럽인 줄 알았지만 실은 엘 파라이소 델 마리나(El Paraiso del Marina) 클럽이었다. 기다리던 웨이터가 둘을 테이블로 안내했다. 무대 위에서 춤을 추고 있는 여자는 없었지만, 곧 한 무리의 여자들이 줄을 서서 자신을 소개하기 시작했다.

스톡스와 체니가 마음에 드는 여자를 고르자, 그녀들은 가명을 이용해 줄리아나(Juliana)와 마리아(Maria)라고 자신을 소개했다. 그들은 여자들에게 술을 사주었다. 주변을 돌아보니 클럽은 미국 백인 남성들로 가득했다. 체니는 그들이 비밀경호국 요원과 군인이라는 것을 알아보았다. 그는 시간이 오후 11시쯤 되었다고 생각했지만 확실하지 않았다. 그때쯤 체니는 모히토 1잔과 적어도 8잔의 맥주를 마신 상태였고, 스톡스는 4~5잔의 맥주를 마신 뒤였다.

"사장님께 요청하면 우리 둘이 밤을 보낼 수 있어요."

줄리아나가 스톡스에게 미소를 지으며 말했다. 그녀는 같이 클럽을 나가려면 20만 페소(약 100달러)와 '세금'을 내면 된다고 설명했다. 체니는 마리아와 가격을 흥정하다 스페인어를 이해하는 데 어려움을 겪어 정확한 금액을 알아보러 계산대로 갔다. 클럽에서 1인당 약 140달러를 요구하자 둘은 이 금액을 지불하고 두 여자와 함께 택시를 타고 카리베호텔로 향했다.

조 본지노(Joe Bongino, 이하 본지노)는 동료인 아트 헌팅턴(Art Huntington, 이하 헌팅턴)과 토드 브라츠(Todd Bratz, 이하 브라츠)에게 이메일을 보냈다.

"나한테 그레이구스(Grey Goose)랑 같이 섞어 마실 음료가 있어. 5시 45분에 710호에서 한 잔 어때?"

모두 대테러팀 소속인 세 요원은 호텔에서 그레이구스 보드카 한 병을 마시며 밤을 맞이했다.

대테러팀은 이름에서 알 수 있듯이 특수한 부서였다. 이 팀은 사격장과 체육관에서 심신을 단련시키는 것이 하루 일과였기 때문에 많은 직원들이 조각 같은 몸매와 숙련된 사격 솜씨를 자랑했다. 팀원들은 자신들을 특수부대에 비유했고 그에 걸맞게 마초 문화가 팀 내에 팽배했다. 그러나 대테러팀이 결성되고 30년이 지나도록 단 한 번도 무장 공격에 대응한 사례는 없었다. 그 기간 동안 비밀경호국 내에서 음주가무와 여자를 가장 밝히는 부서로 이미지가 각인되었고, 젊은 백악관 여직원들 사이에서는 누군가가 "대테러팀 티셔츠를 받았다"는 사실이 하나의 수다거리가 되었다. 티셔츠를 받았다는 것은 그 팀 요원과 잤다는 의미였다.

세 요원은 호텔에 도착했을 때부터 번화가로 나가 놀 생각을 하고 있었다. 그들은 본지노의 방에서 술을 마시고 호텔 근처에서 스테이크로 배를 채운 다음 술을 더 마시기 위해 밤 10시경에 본지노의 방으로 돌아왔다. 문득 브라츠가 구시가지 성벽 입구에 있는 투칸델라(Tu Candela) 클럽으로 가자고 제안했다. 내부를 동굴처럼 조성한 클럽은 현지인과 관광객들로

19 "깨어나서 최악의 상황을 맞았어"

붐볐기 때문에 예쁘고 몸값이 더 비싼 에스코트*들이 드나드는 곳이었다. 대테러 요원들이 클럽 안으로 들어서자 뉴욕 지부에서 지원 나온 요원들과 마주쳤고 그들은 함께 구석진 곳에 자리를 잡았다.

긴 갈색 머리에 황금색 브리지를 넣은 24살의 다니아 론도노 수아레스(Dania Londono Suarez, 이하 수아레스)는 밤 11시 30분이 좀 지나 세 명의 여성과 함께 투칸델라에 왔다. 그녀는 어린 아들을 둔 미혼모로, 일주일에 이틀씩 클럽에서 성매매를 하며 생활비를 벌었다. 그녀는 자신이 길거리에서 몸을 파는 평범한 매춘부가 아닌 에스코트라는 자부심이 있었다. 또한 매춘부에 비해 옷도 잘 입었고, 일하는 장소와 시간을 스스로 정할 수 있었으며, 더 많은 돈을 지불하는 고객들을 보유하고 있었다. 수아레스는 미국인들이 많이 왔으니 벌이가 괜찮은 밤이 되겠다고 생각했다.

수아레스는 같이 온 여성들과 무대 옆 테이블에 자리를 잡았다. 그녀 일행은 포주 역할을 하는 마리엘라(Mariela), 그리고 루시아나(Luciana) 및 바네사(Vanessa)라는 가명을 쓰는 에스코트였다. 그들은 친구로 보이는 열 명의 미국인들이 시끄럽게 떠들며 계속해서 술을 주문하는 모습을 눈여겨보지 않을 수 없었다. 유난히 취해 보이는 미국인 한 명은 무대로 올라가 봉을 잡고 스트리퍼를 흉내 내고 있었다.

스페인어가 비교적 능통한 독신남 브라츠가 수아레스 일행에게 다가가자 마리엘라가 통역으로 나섰다. 그녀는 브라츠와 그의 동료들이 보드카 한 병을 살 테니 같이 합석하기를 희망한다고 여자들에게 설명했다. 이어서 마리엘라가 같이 춤을 추게 친구들을 데려오라고 하자 헌팅턴과 본지노가 합류했다. 헌팅턴은 수아레스와 춤을 추기 시작했다.

헌팅턴은 수아레스가 에스코트인 줄 몰랐다. 그는 클럽에서 여자를 유

---

* 고급 성매매 여성을 말한다.

혹하는 데 익숙했다. 수아레스 또한 헌팅턴이 비밀경호국 요원이라는 사실을 몰랐다. 그녀는 어차피 고객들이 하는 일 이야기는 대부분 이해하지 못했다.

미국인들은 계속해서 보드카를 주문했다. 수아레스가 보기에 그들은 술을 "물처럼" 마시고 있었다. 그녀는 헌팅턴이 잘생겼고 예의도 바르지만 '자만심으로 가득 차 있다'고 생각했다. 춤을 추는 동안 헌팅턴이 팽팽한 배 근육을 보여주려고 셔츠를 반복적으로 들어 올리자 수아레스는 웃음이 나왔다.

유부남인 본지노는 루시아나와 춤을 췄다. 밤이 깊어지자 루시아나는 수아레스에게 얼굴이 넓고 잘생긴 미국인과 "사랑에 빠졌다"고 말했다. 그녀는 본지노와의 시간을 데이트로 치고 돈을 받지 않겠다고 했다.

춤을 충분히 추고 새벽 1시 30분쯤이 되자 수아레스는 헌팅턴에게 집에 가야 한다고 말했다. 그러자 헌팅턴은 그녀가 예상한 대로 같이 있자고 애원했다. 수아레스는 헌팅턴에게 상황을 설명하기 위해 브라츠와 마리엘라를 불렀다. 수아레스는 "만약 그가 '작은 선물'을 준다면, 그와 함께 호텔로 가겠다"는 뜻을 내비쳤다.

수아레스는 대물을 잡았다고 생각했다. 헌팅턴은 그녀에게 담배를 사라고 50,000페소(약 30달러) 지폐를 주고 잔돈을 요구하지 않았다. 그와 그의 동료들은 여성들에게 보드카 등 술 세 병 이상을 사주며 돈을 흥청망청 썼다. 수아레스는 자신과 하룻밤을 보내려는 미국인들에게 보통 200달러에서 500달러를 청구했다. 미국인은 현지인보다 더 많은 돈을 기꺼이 지불했다. 심지어 헌팅턴이 이보다 더 많은 돈도 지불할 수 있다고 보았다. 수아레스는 클럽을 나서며 그녀의 "선물"에 대해 한 번 더 언급했다.

"얼마야?"

헌팅턴이 물었다.

그녀는 손가락 여덟 개를 들고 "달러"라고 두 번 말했다. 그녀는 그녀와 섹스를 하는 데 드는 비용이 얼마인지 분명히 하고 싶었다. 그녀는 서투른 영어로 "800"을 말하려고 했다.

"문제없어, 자기야. 문제없어. 가자."

그가 대답했다. 헌팅턴이 너무 취해 그녀의 말을 이해하지 못했을 수도 있었다. 이때쯤에 그는 보드카 13잔 정도를 마신 상태였다.

본지노는 남은 술값을 지불했고, 그와 헌팅턴 그리고 두 여자는 카리베호텔로 가기 위해 택시를 탔다. 여전히 한 여자와 이야기를 나누던 브라츠는 클럽에 남았다.

헌팅턴 일행이 호텔에 도착하자 두 여자는 아주 익숙한 듯이 입구에 있던 호텔 경비원에게 간단한 검문을 받았다. 그러고서는 호텔에서 사용하는 은어인 "1박 손님"으로 체크인하기 위해 프런트로 가 신분증을 건네주었다. 프런트에서는 투숙객과 같이 있는지 확인하고는 손님을 데리고 들어가려면 20달러를 추가로 부담해야 한다고 설명해 주었다. 본지노와 헌팅턴은 혼란스러워하면서 여자들이 하는 일을 지켜보았다.

체크인을 마치자 네 명은 엘리베이터를 타고 7층에 있는 방으로 향했다. 본지노는 루시아나를 등에 업고 자기 방인 710호로 갔다.

호텔 프런트에서 목요일 새벽 6시 30분경에 707호실로 전화를 걸자 수아레스가 받았다. 호텔 직원은 그녀에게 6시가 지났으니 호텔에서 나가야 한다고 말했다. 수아레스는 사과하고 즉시 떠나겠다고 답했다. 그녀는 성매매 여성들이 사람들 눈에 안 띄게 아침 일찍 나가도록 요구하는 호텔 정책을 익히 알고 있었다.

호텔 직원은 짜증이 난 상태였다. 그녀가 출근했을 때 열 개가 넘는 성매매 여성들의 신분증이 아직 보관 중에 있어 미국인 투숙객들에게 어색한 전화를 계속해서 돌려야 했기 때문이다.

수아레스는 서둘러 옷을 입었다. 헌팅턴은 이불을 덮고 있는 상태로 그녀에게 조금 더 머물다 가라고 했다. 수아레스는 아들을 어린이집에 데려다주어야 하기 때문에 그럴 수 없다고 말했다.

"내 돈, 자기야."

수아레스가 부드러운 말투로 헌팅턴에게 돈을 달라고 했다. 헌팅턴은 바닥에 있는 지갑으로 손을 뻗었다. 그는 지갑을 뒤적거리다 그녀에게 5만 페소 지폐를 건넸다. 수아레스는 헌팅턴이 약속한 금액을 주지 않고 지갑 안에도 그녀에게 지불해야 할 만큼의 돈이 없는 것을 보고는 화가 났다.

"아니야. 더 줘야 돼."

그녀가 말했다.

"돈 없어."

헌팅턴이 답했다.

수아레스는 울음을 터뜨렸다. 헌팅턴은 수백 달러를 요구하는 듯한 그녀의 말을 듣고 깜짝 놀라 그녀를 쳐다보았다. 나중 조사에서 두 사람 모두 경찰을 부르겠다며 서로를 위협했다고 진술하였다. 그녀는 돈을 받지 못한다면 경찰을 부르겠다고 위협했고, 헌팅턴은 그녀가 방에서 나가지 않는다면 경찰을 부르겠다고 맞섰다고 했다.

"안 돼. 나가! 이 개 같은 년아."

헌팅턴은 화가 난 나머지 그녀를 방 밖으로 밀쳐냈다.

수아레스가 복도로 나가자 헌팅턴은 문을 닫아버렸다. 그는 문에 있는 렌즈 구멍을 통해 수아레스가 본지노의 방으로 걸어가는 모습을 지켜보았다. 헌팅턴은 숙취로 머리가 아파 침대에 다시 누워버렸다. 전날 밤 수아레스와 섹스를 한 것이 어렴풋이 떠올랐지만 구체적으로 기억나지는 않았다. 또한, 수아레스가 클럽에서 나올 때 자신과 자려면 돈을 내야 한다고 말한 순간도 희미하게 생각났다. 하지만 800달러라니?

이번에는 본지노가 놀라 잠에서 깼다. 수아레스가 710호 문을 쾅쾅 두드리자 안에 있던 루시아나가 문을 열어주었다. 수아레스는 스페인어로 울부짖으며 방으로 들어갔다.

본지노는 화가 나 있는 그녀를 보고는 헌팅턴이 데려온 여자라는 것을 알아보았다. 이와 더불어, 자기 앞에 있는 여자와 어젯밤 섹스를 한 기억은 있었지만 그녀 이름이 머릿속에서 떠오르지 않았다. 수아레스는 본지노의 침대에서 베개를 들어 안고는 "이 망할, 돈을 못 받았어!"라고 소리쳤다.

수아레스는 스페인어와 영어를 섞어가며 순순히 떠나지 않겠다는 뜻을 본지노에게 전하려고 했다. 그녀는 본지노가 도와주기를 바랐다.

수아레스는 본지노가 관심을 안 보이자 더욱 화가 났다. 그녀는 휴대폰을 꺼내 경찰에 전화를 거는 척을 했다. 옷을 입고 있던 본지노는 빨리 수습하지 않으면 일이 더 커지겠다고 생각했다.

"그만 해요. 제발 경찰 부르지 마요."

그가 애원했다.

본지노가 헌팅턴의 방문을 두드렸다. 답이 없었다. 전화해도 받지를 않았다.

오전 8시 33분, 본지노는 블랙베리(BlackBerry)를 꺼내 헌팅턴에게 이메일을 보냈다.

"지금 당장 얘기해야 하니 문 열어."

그래도 답이 없었다.

본지노는 화가 났다. 그는 헌팅턴이 깨어 있다고 확신했다. 문틈으로 보니 간혹가다 그의 그림자가 움직이는 것도 보였다.

오전 9시경, 울다 지친 수아레스가 포기하려는 듯 복도를 터벅터벅 걸어갔다. 엘리베이터 앞에 다다르자 그곳에는 어떤 이유인지 경찰이 와 있었다. 그녀는 코를 훌쩍이며 부끄럽지만 도움이 필요하다고 했다. 그녀가 미국인 고객과 있었던 일을 설명하자 경찰은 영어를 잘하는 상급자를 찾아 프런트로 향했다.

경찰이 프런트에서 상급자를 만나 "7층에 문제가 생겼다"고 보고했다.

상급자가 같이 7층으로 올라오자 울고 있는 키 큰 젊은 여성이 다른 현지 여성과 함께 미국인 백인 남성에게 불평하는 모습이 보였다. 그녀는 707호에 있는 미국 남성이 자신에게 돈도 주지 않고 거칠게 대했다고 말했다.

"그가 당신을 폭행했나요?"

상급자가 물었다.

"아니요. 250달러만 받아주면 저는 갈게요."

수아레스가 말했다.

직원들의 두터운 신임을 받는 대테러팀 간부 에릭 요한슨(Eric Johanson, 이하 요한슨)은 야간 근무로 밤을 지새우다 복도에서 시끄러운 소리가 나자 무슨 일인지 보기 위해 방에서 나왔다.

복도에는 많은 사람들이 모여 있었다. 제복 차림의 콜롬비아 경찰 두 명과 현지 여성 두 명이 헌팅턴에게 돈을 받을 방법에 대해 본지노와 열띤 토론을 벌이는 중이었다.

경찰이 본지노와 요한슨을 보며 말했다.

"일이 더 커지기 전에 여자에게 돈을 주는 편이 좋을 듯합니다."

"어떻게 할래?"

요한슨이 본지노에게 물었다.

"헌팅턴이 체포되지 않게 이 여자에게 돈을 줘야겠어요."

본지노는 지갑에 60달러밖에 없어 요한슨이 100달러를 빌려주겠다고 했으나 수아레스는 그것으로 부족하다고 말했다. 그녀는 250달러를 받아야 한다고 했다.

"지금 돈을 안 주면 나중에 더 많은 돈이 필요할 거예요."

그녀가 말했다.

본지노는 돈을 뽑기 위해 로비에 있는 현금인출기로 달려갔다. 환율을 잘 몰랐던 바람에 돈을 부족하게 뽑았고, 결국 다시 가서 인출해야만 했다. 그가 돌아와 페소와 달러 지폐가 섞인 돈뭉치를 경찰에게 건네주었다. 그러면서 자신과 요한슨은 불미스러운 일을 피하고 싶어서 돈을 줄 뿐이지 수아레스와는 아무런 관련이 없다고 강조했다.

경찰은 받은 돈을 수아레스에게 건네주었다.

"이제 다 됐나요?"

그가 스페인어로 물어보았다.

"네. 됐어요."

수아레스가 고개를 끄덕였다.

수아레스와 루시아나가 1층 호텔 출구로 나가려 할 때 호텔의 보안팀장이 다가와 그들에게 화를 냈다. 그는 스페인어로 "당신들은 규정을 어겼다"며 "다시는 돌아올 수 없다"고 말했다.

본지노는 긴장된 상황에서 벗어나자 마음을 놓으며 아침을 먹으러 방을 나왔다. 그가 복도를 지나다 마주친 대테러팀 요원은 그의 표정이 좋지 않다는 것을 눈치챘다.

"괜찮아?"

그 요원이 본지노에게 물었다.

본지노는 걸음을 멈추지 않고 퉁명스럽게 말을 내뱉었다.

"깨어나서 최악의 상황을 맞았어."

수아레스가 돈 때문에 경찰의 도움을 받은 일은 외교 사건으로 비화되었다. 미국과 콜롬비아 간에는 콜롬비아 사법 요원이 미국 대표단 일원과 접촉할 경우 미국 대사관에 알리기로 협의가 되어 있었다. 콜롬비아 경찰이 수아레스와 헌팅턴 사이에 개입하고 호텔 복도에서 본지노와 이야기를 나눈 일도 분명 여기에 해당되는 사안이었다. 그러나 사법 당국에서 연락하기에 앞서, 수아레스가 호텔을 나가기 전인 목요일 오전 9시 15분에 호텔 보안팀장이 마이클 맥킨리(Michael McKinley, 이하 맥킨리) 미국 대사 보좌관들에게 전화를 걸었다.

보안팀장은 대사관의 보안국* 요원에게 707호실에 묵고 있는 비밀경호국 요원 일로 현지 경찰이 사건에 개입했다고 말했다. 소식을 접한 보안국은 자세한 내막을 듣기 위해 요원 두 명을 재빨리 호텔로 출동시켰다. 오전 10시경 보안국 요원들이 호텔에 도착하자, 보안팀장은 있었던 일을 상세하게 설명해 주었다. 보안팀장은 이어서 자신이 겪고 있는 어려움을 실토하기 시작했다. 보안팀장은 성매매 사건뿐만 아니라 평시 미국인들의 불쾌한 행동이 몹시 거슬렸던 상태였다. 호텔 직원들에 의하면 탐지견들이 호텔 잔디밭에서 배변을 보고, 카펫 위에서 소변을 싸고, 침대 위에서 잠을 자는데도 핸들러들이 내버려둔다고 했다. 일반 손님들은 미군이 술에 취해 수영장에서 너무 시끄럽게 놀고 있다고 불평했다. 이에 더해, 성매매 여성들이 다 나갔어야 할 시간에도 8명이 객실에 남아 있었다고 하였다. 보안팀장은 자신이 직접 손으로 쓴 8명의 투숙객 명단을 보안국 요원들에게 주었다.

회의가 끝난 뒤 소문이 급속히 퍼져나갔다. 두 보안국 요원은 맥킨리 대사의 오른팔인 페리 할로웨이(Perry Holloway, 이하 할로웨이) 부대사를 찾아가 상의했다. 그들 모두 이 사실을 비밀경호국에 통보해야 한다고 동의했다. 보안국 요원은 오전 11시 30분경에 힐튼호텔로 가 평소 알고 지내던 비밀경호국 보고타지부 소속 론 칼라마(Lonn Kalama, 이하 칼라마)를 만났다.

"문제가 생겼어요."

---

* 미 국무부 소속 Diplomatic Security Service 요원들이 파견되어 있는 부서이며, 대사관의 보안, 경비 업무 등을 담당한다.

19 "깨어나서 최악의 상황을 맞았어"

보안국 요원이 말했다.

이야기를 들은 칼라마는 카르타헤나로 출장 온 비밀경호국 요원들의 총책임자인 폴라 리드(Paula Reid, 이하 리드)를 급하게 찾았다. 백인 남성 요원들로 북적거리는 힐튼호텔 로비에서 리드를 발견하기란 어려운 일이 아니었다. 그녀는 168cm 단신이었지만 대쪽같이 꼿꼿했고 유일한 흑인 여성이었기 때문이다. 리드가 충격에 빠져 이야기를 듣는 동안 할로웨이가 눈썹을 찌푸리며 그녀에게 다가왔다.

"상황이 매우, 매우 심각합니다."

할로웨이는 요원들이 성매매를 했다는 뉴스가 나오면 오바마와 미국 정부가 망신을 사게 될 것이라고 말했다.

리드는 그의 말에 고개를 끄덕이고는 반드시 이 사태를 수습하겠다고 약속했다.

할로웨이는 계속해서 힐러리 클린턴 국무장관이 소식을 들으면 격노할 게 확실하다고 말했다. 그러면서 클린턴이 다음 날 도착할 예정인데 출장을 포함해 해외에서 근무하는 공무원들의 공직기강을 엄청 중요하게 생각한다고 덧붙였다.

"국무부 직원들이 이렇게 행동했다간 즉시 본국으로 송환될 겁니다."

할로웨이가 단언했다.

리드는 20년간 근무하며 많은 파고를 겪었지만 이번과 견줄 수 있는 사고는 없었다. 그녀는 재빨리 같이 출장 온 간부 두 명과 측근 직원들을 소집했다. 오후 12시 30분, 인원이 모이자 리드는 헌팅턴 사건과 성매매 가능성이 있는 요원들의 명단을 공개했다. 그녀는 요원들이 묵고 있는 방 번호와 카리베호텔 기록을 대조해 호텔 측 말이 맞는지 확인하라고 지시했다.

리드는 요원들이 출장 와서 여성들과 논다는 사실이 놀랍지 않았지만, 많은 요원들이 술에 취해 성매매를 한데다가 부주의한 대처로 이 사건이 공론화되었다는 점에서 충격을 받았다. 아무리 생각해도 이 사건을 좋게 포장할 방법은 없었다. 그녀는 심호흡을 깊게 한 뒤 워싱턴에 있는 상사에게 전화를 걸었다. 리드의 상사도 여성이었는데 몇 가지만 듣고도 자기 선에서 해결할 수 있는 사안이 아니라는 결론을 내렸다. 그녀는 리드에게 데이비드 오코너에게 연락하라고 말했다. 그는 모든 지부를 책임지는 본부장이었다.

리드의 연락을 받은 오코너는 "그 새끼들은 도대체 무슨 생각을 한 거야?"라고 반응했다.

리드는 사태를 좀 더 파악한 후에 다시 보고하겠다고 했다.

오코너는 전화를 끊고는 경호본부장인 미키 넬슨의 사무실을 찾아갔다. 그 둘은 함께 설리번을 찾아가 이 소식을 전했다.

설리번은 보고를 받고 바로 리드에게 전화를 걸었다. 그러나 리드로서는 새롭게 확인된 내용이 없어서 같은 내용을 되풀이할 뿐이었다. 설리번은 이것이 분명 큰 문제이기에 사건이 외부에 알려지지 않기를 바랐다. 이에 리드는 현재 가장 큰 문제는 대사관이라고 설명했다. 그러면서 부대사가 그녀에게 요원들을 본국으로 보내야 한다고 했던 사실을 언급했다. 설리번은 그것이 좋을 수도 있겠다며 동의했다. 통화를 마치며 리드는 조사를 통해 무엇인가 알게 되면 다시 보고하겠다고 했다.

체니와 스톡스는 즉시 힐튼호텔 임시상황실로 와서 리드에게 보고하라는 이메일을 받았다. 그들은 대테러팀 직원이 성매매 여성과 시비가 있었다는 소문을 들었기 때문에 그와 관련된 일이겠거니 생각했다. 출장 중에 '원 나이트 스탠드'는 흔히 있는 일이어서 그 누구도 본인이 한 행동이 문제가 될 것이라고는 걱정하지 않았다. 그래도 체니는 리드가 자신이 한 일을 모르기를 바랐다. 그는 힘든 시기에 든든한 버팀목이 되어준 아내가 이러한 사실을 알게 되는 것을 결코 원하지 않았다.

19 "깨어나서 최악의 상황을 맞았어"

리드는 우선 체니를 임시 사무실로 조성한 819호 스위트실로 불렀다. 그녀는 오바마 대통령경호팀 간부로서 냉담하고 엄격한 상사로 평판이 나 있었다. 리드의 동료는 그녀가 "원리주의자가 성경을 읽듯이 비밀경호국 매뉴얼을 읽었다"고 했다. 하지만 리드는 체니를 각별하게 생각했다. 두 사람은 동기들 사이에서도 두터운 우정을 쌓은 사이였다. 리드는 그날 아침 카르타헤나에 출장 와서 체니를 처음 보고는 반갑게 인사를 나누기도 했었다.

"데이브, 잠시 후에 대사님께 보고하러 가야 해."

그녀가 체니의 눈을 똑바로 바라보며 말했다.

"내가 모든 일을 알아야 대사님 앞에서 바보처럼 보이지 않고 나중에 번복해야 하는 일도 없어."

리드가 한 말이 제대로 먹혔다. 그는 직원들과 저녁을 먹으며 술을 마신 것부터, 스톡스와 택시를 타고 스트립 클럽에 가서 돈을 지불하고 여자들을 카리베호텔로 데려온 것까지 모든 사실을 실토했다.

그녀는 체니가 방으로 데려간 여성이 오바마 대통령 방문과 관련된 내용을 알게 되었느냐고 물었다. 그러자 여성에게 자신이 경호요원이라는 사실을 말한 적이 없으며, 자기 방에 민감한 자료도 없었다고 답변했다. 리드가 체니를 방 밖으로 배웅해 주자 그는 사과했다.

"나로 인해 이런 일을 겪게 돼서 미안해."

다음 차례는 스톡스였다.

"그레그, 지금 아주 엿 같은 상황이야."

리드가 말문을 열었다.

스톡스는 자신이 어떠한 규칙도 어기지 않았다며 당당한 태도를 보였다. 그는 미혼자였고 카르타헤나에서 성매매는 합법이었다. 더구나 여성에게 자신의 직업을 밝히지도 않았다. 그는 출장 가서 성매매한 요원들과 간부들을 알고 있었고, 더 나쁜 짓을 저지른 사람들도 알고 있었다.

스톡스 또한 리드에게 사태의 전말을 밝혔는데 체니가 한 얘기와 거의 일치했다.

맥킨리는 대통령 방문을 앞두고 외부에 알려지지 않아야 한다고 생각했다. 옥스퍼드대학을 졸업하고 외교관이 된 맥킨리는 유년 시절과 경력 대부분을 중남미에서 보냈다. 만약 이 일이 외부에 알려지면 중남미 지도자들과 관계를 쌓기 위해 들인 노력이 물거품이 될 수도 있었다. 또한, 미국 정부는 국제회의에서 인신매매와 성 착취 단절을 돕겠다고 약속했는데, 경호요원들 때문에 위선자로 보일 처지에 놓여 있었다.

맥킨리는 정상회담에 참석하는 미국 의원들이 도착할 때마다 그들을 맞이하면서도 오후 내내 직원들로부터 보고를 받았다. 보고받을 때마다 국민 세금으로 잡은 호텔 방으로 여성을 데리고 간 인원수가 증가했다. 호텔 기록을 샅샅이 뒤진 미군 남부사령부(Southern Command)* 장교들은 군인 5명이 손님을 등록했다는 사실을 확인했다. 그러나 특수부대 및 폭발물처리팀 소속 군인도 여성을 데리고 온 사실이 추가로 밝혀지며 그 숫자가 10명으로 늘어났다. 최종적으로는 비밀경호국 12명, 미군 10명 총 22명의 미국 대표단이 성매매 사건에 연루되었다.

오후 2시 30분, 카리베호텔에서 회의를 마친 대사관 보안국 요원이 리드에게 전화를 걸었다. 그는 맥킨리가 요원들이 현지에 체류하도록 허락할지를 논의하기 위한 회의를 원한다며 "맥킨리 대사가 극도로 화가 나 있다"고 귀띔해 주었다.

리드는 먼저 대사관 측에 그 어떤 내용도 숨기지 않겠다고 안심시키고는 아직 조사 중이라 비밀경호국 지휘부가 결정을 내리지 못했다고 설명했다. 한편, 군은 사건에 연루된 사람들이 대통령을 경호하기 위해 폭발물

---

* 중남미 지역을 담당하는 사령부

탐지 등 전문적인 훈련을 받은 인원들이기 때문에 계속 남아서 임무를 수행해야 한다고 주장했다.

오후 4시경, 할로웨이가 로스앤젤레스 타임즈 기자로부터 전화를 받았다. 기자는 비밀경호국 요원이 성매매 여성과 문제를 일으킨 것을 할로웨이가 알고 있는지 물었다. 할로웨이는 대꾸도 하지 않고 전화를 끊어버렸다. 맥킨리는 이 얘기를 듣고 곧 뉴스에서 사건이 터질 순간을 예상하며 각오를 단단히 했다.

리드는 오후 3시부터 10시까지 호텔 기록상에 여자를 데리고 온 직원 12명을 불러 조사했다. 대상은 체니와 스톡스 외 대테러팀 3명, 워싱턴지부 3명, 대저격팀 3명 그리고 금속탐지기 운영요원 1명이었다.

금속탐지기 운영요원은 리드가 사람을 잘못 잡았다고 주장했다. 그는 수요일 밤부터 목요일 아침까지 야간 근무를 섰다고 했다. 몇몇 직원들은 여자를 방으로 데리고 왔다고 인정하면서도 성관계는 하지 않았다고 부인했다. 비교적 신참인 한 요원은 다른 두 직원과 함께 아이시스(Isis)라는 클럽을 갔다고만 했는데 그곳은 사창가로 밝혀졌다. 그 신참 요원은 자신이 호텔로 데려온 두 여자가 그저 같이 놀려고 온 것이겠거니 생각했다고 말했다. 그런데 여자들이 성관계를 원하면서 돈을 달라고 하자 그들을 방에서 내쫓았다고 주장했다. 본지노를 포함한 세 명의 직원은 여자들과 성관계를 가졌지만 단순히 '원 나이트 스탠드'였고 아무런 대가도 지불하지 않았다고 강조했다.

대통령의 방문을 준비하는 비취인가자들이 외국인 성매매 여성과 저지른 불법행위는 분명 바보 같은 실수였다. 하지만 비밀경호국 징계업무지침서에는 이러한 행위의 경중이나 적절한 처벌에 대해 명시되어 있지 않았다. 돈을 지불한 것과 상관없이 외국인과의 '원 나이트'는 금지 사항인가? 그 사람이 기혼자라면 가중처벌 되는가? 비밀경호국은 이러한 문제를 따져봐야만 했다. 결국 설리번은 연루된 모든 직원을 다음 날 바로 본국으로 송환시키라고 리드에게 지시했다.

목요일 밤 12시, 행정담당은 체니, 스톡스, 헌팅턴, 본지노와 다른 여덟 명의 요원에게 짐을 싸서 아침 8시까지 호텔 로비에 집결하라는 이메일을 보냈다. 철수 명령이었다.

체니 일행이 경유지인 마이애미에 도착하자 마이애미 지부장 직무대리 밴스 루스(Vance Luce, 이하 루스)가 그들을 마중 나왔다.

"데이브, 나쁜 소식을 전하기 싫지만 당신들에게 토요일 오전 10시까지 출근하라는 명령이 내려왔어. 당신들의 배지와 총기를 지참해야 하네."

루스가 말했다.

체니는 그 말을 듣고 모두가 대기 발령에 처해지고 공식 수사를 받게 될 운명임을 깨달았다. 그 뒤로는 무슨 일이 닥칠까? 체니는 이번에는 과거처럼 솜방망이 처벌로 끝나지 않을 것이라는 나쁜 예감이 들었다.

공항에서 나오자 스톡스는 라울리 트레이닝 센터에 전화를 걸어 자신의 상사를 찾았다.

"마음 다잡고 잘 견뎌, 그레그. 이번 일로 잠시 한직으로 물러날 수도 있어."

상사가 말했다.

일행 중 젊은 직원들은 복귀하는 비행기에서 스톡스와 체니에게 다가와 똑같은 질문을 했다.

"별일 없겠죠?"

보스턴 지역 출신으로 호전적이고 탐지견 부서를 운영하던 스톡스는 그 질문을 일축했다. 그는 음주 운전, 횡령, 미성년자 의제강간 등 훨씬 더 심각한 혐의로 징계를 받은 수많은 요원들을 떠올렸다. 그들 대부분은 짧은 정직이나 서면경고로 끝났다.

"아마 별일 없을 거야."

스톡스가 말했다.

"그렇지 않을 거야. 대사가 껴 있고 대표단 22명이 연루되어 있어. 이건 큰 사건이야."

체니의 생각은 달랐다.

하지만 둘이 동의하는 게 한 가지 있었다. 바로 헌팅턴의 상태가 심각해 보인다는 점이었다. 체니와 스톡스는 시무룩한 표정으로 입을 닫고 있는 헌팅턴이 걱정되어 그의 상태를 계속 살폈다.

그날 저녁, 체니는 공항에서 차를 타고 집으로 가면서 자신이 처한 곤경에 대해 곰곰이 생각했다. 전속력으로 차를 박아 목숨을 끊는 행위가 어렵지 않은 일이라는 생각이 들었지만, 자신이 결코 그런 일을 저지르지 않을 거라는 생각도 들었다.

집에 도착한 그는 먼저 위층 침실로 올라가 아내에게 모든 사실을 털어놓았다. 얼마 지나지 않아 워싱턴포스트 속보가 떴다.

"미국 비밀경호국 요원들 콜롬비아에서 송환"

20
설리번의 고비

설리번 국장은 대서특필된 사건들 속에서도 살아남았다. 그는 곤경에 처할 때마다 탄식을 내뱉으며 순수한 매력을 뿜어내곤 했다. 그의 태도는 무언가를 은폐하려 한다는 의심을 자아내기보다는 신뢰감을 주었다. 그리고 또 한 가지 중요한 특징이 있었는데, 몇몇 전임국장들처럼 정치인들의 자아를 어루만지는 데 꽤 능숙했다.

2009년에 초대받지 않은 부부가 경호요원 둘을 지나 백악관 만찬에 참석해 오바마와 악수를 나눈 사건이 벌어진 뒤 설리번은 의원들을 직접 방문해 백악관 검문소가 뚫린 경위를 밝힌 비밀경호국 자체 조사 결과를 낱낱이 공유했었다. 의원들은 이후 방송에서 자신들이 내부 정보까지 알 수 있는 중요한 사람이라고 과시했다. 의회 직원들은 설리번이 의원들을 방문하는 행태를 두고 "자기 보존을 위한 행사"라고 비꼬았다.

설리번은 2011년 11월 발생한 백악관 총격 사건으로 영부인이 분노했을 때도 자리를 지켰었다. 당시 영부인에게 다시는 그런 일이 일어나지 않게 하겠다고 약속했을 뿐이었다. 그러나 "비밀경호국"과 "성매매 여성"이라는 단어가 모든 신문의 1면과 뉴스 방송 자막을 장식하자 더 이상은 자리를 지키기가 어려울 수 있겠다는 두려움이 생겼다.

비밀경호국 대변인 에드 도노반은 카르타헤나 사건을 뉴스에서 크게 다루고 있지만 이틀만 지나면 잠잠해질 것이라며 설리번과 지휘부를 안심시켰다.

설리번은 내심 그러기를 바랐지만 국민들의 분노가 쉽게 사그라들지 않을 것 같았다. 그는 휴일인 토요일에 나와 수사를 위해 11명의 직원을 대기 발령했다는 보도 자료를 승인했다. 그 자료에는 비위를 저지른 직원들에게 무관용 원칙이 적용된다고 명시되어 있었다. 그러나 수사가 끝나지 않은 상황에서 결론이 난 듯 발표했다는 점에서 섣부른 측면이 있었다.

보도 자료가 작성된 때까지도 성매매 사실을 부인하는 직원들이 있었다. 그렇다면 그들이 근무 중에 술을 마신 게 비위라는 의미였을까? 만약 그렇다면 거의 모든 직원이 이에 대해 자유로울 수 없었다. 물론 이와 상관없이 요원들의 음란한 이미지가 정상회의 성과를 깎아내렸다는 비판은 의심의 여지가 없었지만 말이다.

보도 자료를 접한 언론사들은 그날 즉시 카르타헤나로 취재진을 급파했다. 그들은 정상회의는 안중에도 없다는 듯이 바텐더, 에스코트와 택시 운전사들을 인터뷰하기 위해 번화가로 몰려갔다. 백악관 비서실장 잭 루(Jack Lew)는 대통령을 난처하게 만든 대가가 있어야 한다며 지휘부에서 책임지고 옷을 벗어야 할 수도 있다고 설리번에게 말했다.

오바마는 콜롬비아의 후안 마누엘 산토스(Juan Manuel Santos) 대통령과 일요일에 첫 공동 기자회견을 열었다. 첫 질문자인 재키 캄스(Jackie Calmes) 뉴욕타임스 기자가 후커게이트(Hookergate)*에 대해 물었다.

"이번 미주정상회의에서 당신을 보호하기로 맹세한 경호요원들과 관련된 논란에 대해 간단히 묻고 싶습니다. 여기 오면서 이 얘기를 듣고 화가 났나요?"

---

*   워터게이트 사건에서 유래되었다. 성매매 여성을 뜻하는 후커와 워터게이트를 합친 단어이다.

산토스 대통령은 세계에서 가장 강력한 지도자를 동정적으로 바라보았다. 먼저, 오바마는 연단을 내려다보며 쿠바에서 자유가 확대되길 바란다고 말했다. 이윽고 생각을 정리했는지 질문에 답하기 시작했다.

"여기 콜롬비아에서 벌어진 일에 대해서는 비밀경호국장이 수사하고 있습니다. 저는 그 수사가 엄격한 잣대로, 철저하게 이행되리라 믿습니다. 비밀경호국 직원들에 대해서는, 이 자리에 같이 있는 우리 대표단과 똑같이 행동하기를 기대하고 있기 때문에 언론에서 제기된 의혹들 중 일부가 사실로 확인된다면 당연히 화가 날 것입니다. 우리는 미국 국민을 대표하고 있습니다. 따라서 다른 나라를 방문할 때 우리 모두 모범을 보여야 합니다. 그것은 최대한 정직하고 품위 있게 행동해야 한다는 의미입니다."

오바마의 얼굴이 굳어지며 잠시 말이 끊겼다.

"그리고 보도된 내용이 맞다면 모범적이지 않았다는 게 분명합니다."

월요일 이른 아침, 비밀경호국 본부 내 모든 간부가 소집됐다. 초췌해 보이는 설리번이 차장과 본부장 8명으로 구성된 대책위원회에 대응책을 짜라고 지시했다. 그때 설리번은 의회로부터 책임자를 해고하라는 연락을 받았다고 했다. 또한 백악관이 격노한 상태라며, 자신들이 이번 사안을 얼마나 심각하게 받아들이고 있는지 보여주어야 한다고 했다. 이와 동시에 피해를 최소화할 수 있게 신속하게 행동해야 한다고 말했다. 그는 능력을 인정받는 수사관이자 전 국장의 조카인 롭 멀레티(Rob Merletti, 이하 멀레티)를 팀장으로 지명하고 가용한 수사관 전부를 사건에 투입해 카르타헤나로 보냈다.

수사에 동원된 거짓말탐지검사관, 비밀취급인가 담당부서 직원 등은 지휘부에서 너무나 빨리 결과를 강요하고, 조사 대상인 직원들의 미래가 달린 중요한 결정을 신속하게 내리는 모습에 당혹감을 감추지 못했다. 비밀경호국은 그동안 비위행위 조사를 더디게 진행했고 편애받는 요원들의 잘못을 눈감아 주는 경우도 종종 있었다. 그러나 과거에 있었던 자동차 사고, 미성년자 의제강간, 외도 행위와 연이은 성추행 사건은 언론에 유출되지 않았다. 그와 달리 이번에는 비위가 적나라하게 드러났다. 그 때문에 설리번은 품행이 바르지 않은 직원은 소수에 불과하고, 자신이 이들을 기꺼이 내칠 수 있다는 것을 의원들에게 보여줘야만 했다.

위원회는 카르타헤나 사건과 관련된 직원들의 경위서를 검토했다. 일부는 방으로 여성을 데려와 성관계를 가진 혐의를 부인했지만 대부분은 했다고 인정했다. 누구는 여성들에게 돈을 지불했다고 인정한 반면, 아무것도 지불하지 않았다는 사람들도 있었다. 위원회는 누가 거짓말을 하는지 확신하지 못했지만 곧 밝혀질 것이라고 생각했다. 그들은 다음 날 아침부터 거짓말탐지기 조사를 실시할 계획이었다.

수사가 진행되는 동안 위원회는 어떤 행위가 해임에 해당되는지 확인하는 골치 아픈 문제에 착수했다. 비밀경호국에서 해임 처분은 매우 드물었고 외국에서 낯선 사람과 성관계를 가진 일로 해임된 사례는 없었다. 사실, 불과 한 달 전 워싱턴지부 전 직원을 대상으로 실시한 행사 브리핑 때 배석한 최고위 간부는 출장 중에 외국인과 하룻밤을 보내는 일은 보고할 필요가 없으며, 관계가 하룻밤 이상 지속될 경우에만 상사에게 알려야 한다고 했었다.

설리번은 보스턴 출신의 강경한 아일랜드계 요원인 데이비드 오코너(David O'Connor, 이하 오코너)에게 이 문제를 맡겼다. 오코너는 26년간 근무하며, 뉴어크(Newark) 지부에서 위조지폐 수사부터 클린턴 대통령 가족 경호, 2008년 대선 캠페인 경호계획까지 거의 모든 부서를 두루 거친 인물이었다. 그는 본부장으로 막 승진해 모든 지부를 감독하는 일을 맡고 있었다. 이는 본부장 중에서도 요직에 해당되는 자리였다. 그는 "이 사람들을 해임할 근거가 있느냐 없느냐"는 질문에 대한 답부터 구하기로 했다.

비밀경호국에서 오랜 기간 변호사로 재직한 도나 케이힐(Donna Cahill)은 '예', '아니오'로 잘라 말하지 않았다. 그녀는 매춘부에게 돈을 지불하는 행위는 미국에서 불법이며 비밀경호국 내부규정에 어긋나지만 한 번 위반한 것으로 통상 해임되지 않는다고 설명했다. 이어서 판단력이나 신중함이 부족한 행위를 범했을 경우 비밀취급인가를 박탈할 수 있으며, 매스컴의 비난을 받는 등 조직에 불명예를 안겨주면 가중처벌 요인이 된다고 덧붙였다. 비밀취급인가를 박탈하는 조치는 조직에서 누군가를 내보낼 확실한 방법이었다. 비밀취급인가 없이는 비밀경호국에서 일을 할 수 없었다.

수사는 초기 단계에 있었다. 그러나 설리번과 위원회는 매춘부에게 돈을 지불한 사람들은 해임하고, 여성과 단지 하룻밤을 보낸 사람들은 징계를 준다는 방침을 미리 세워두었다. 그들은 전자에 해당되는 직원들이 사직서를 제출하지 않으면 비밀취급인가를 박탈당하기 전에 스스로 사임하라고 종용할 예정이었다.

'집행자'라는 별명을 가진 오코너는 기준이 엄격하기로 유명했다. 그래서인지 설리번은 지휘부 중에서 그를 가장 신뢰했다. 설리번은 오코너에게 수사를 받고 있는 요원들을 만나보라고 했다. 요원들이 순순히 사임하도록 설득하는 데 오코너만 한 적임자가 없다고 설리번은 생각했다.

그러나 비밀경호국은 바닥이 좁다. 많은 간부들이 조사받고 있는 요원들과 함께 일했던 사람들이었다. 그들 중에는 직원들을 염려하는 사람들도 있었다. 비밀취급인가를 박탈당하면 다시는 연방 수사요원으로 일하지 못할 수도 있었다.

마이크 메리트(Mike Merritt, 이하 메리트) 행정본부장이 그런 사람이었다. 그는 카르타헤나에서 요원들이 어리석게 행동했지만 만약 출장 중에 성매매했다는 이유로 해임하면 더욱 수치스러운 치부가 드러날 수 있다고 경고했다. 이에 더해 과거 사례에 비해 처벌 수위가 높아서는 안 된다고 강조했다.

"이 문제를 조심히 다뤄야 한다는 점을 유의하세요. 만약 우리가 이 사람들을 다르게 대한다면 몇몇은 화를 낼 것이고, 그동안 숨겨왔던 일들이 외부로 유출될 것입니다."

그가 말했다.

그때부터 설리번은 메리트를 회의에서 제외했다. 하지만 결국에는 메리트가 선견지명이 있었던 것으로 드러나게 된다.

카르타헤나 사건 당사자들이 하나둘씩 조사실로 소환되었다. 데이브 체니는 화요일 아침에 본부로 오라는 연락을 받았다. 그는 도착해 오코너가 기다리고 있는 창문 없는 회의실로 들어갔다. 오코너는 평소 험악한 표정을 지었지만 그날은 다소 침울해 보였다. 체니는 자기가 20년간 조직에 헌신한 점을 오코너도 인정하고 있다는 표시로 받아들였다.

오코너는 이런 일로 만나게 되어 유감이라고 했다. 그는 종이 한 장을 체니 앞에 내려놓았다. 그것은 세 단락으로 구성된 짧은 합의서였다. 거기에는 체니가 누적된 휴가를 사용한 후 8월로 정해진 날짜에 은퇴하는 것에 동의하고, 비밀경호국은 그에게 징계를 내리지 않는다고 쓰여 있었다. 체니는 핵심 단어들을 훑어본 다음 다시 신중하게 문서를 읽었다. 1분 좀 넘게 내용을 읽은 뒤, 오코너를 올려다보며 "이것이 너희들에게 도움이 된다고?" 물었다.

체니의 질문을 듣자 굳어 있던 오코너의 얼굴이 조금 풀렸다.

"그렇다. 그렇고말고. 너의 질문이 너에 대해 많은 것을 말해준다, 데이브."

오코너가 답했다. 그리고 체니에게 한 시간 내로 결정해야 한다고 말했다.

체니에게는 생각할 시간이 필요 없었다. 그는 서류에 서명했다. 어차피 은퇴하고 연금을 받으려고 했기 때문에 총과 배지를 반납하고 주차장에 세워둔 차로 걸어갔다. 카르타헤나에서 돌아온 지 72시간도 채 되지 않아 체니는 면직 처리되었다.

그레그 스톡스는 같은 날 오후 1시에 본부로 갔다. 체니와 마찬가지로 그도 오코너가 기다리는 방으로 들어갔다. 스톡스와 오코너는 적어도 20년 동안 알고 지낸 사이었다. 둘은 보스턴과 그 인근에서 자랐기 때문에 조직 내 보스턴 출신들끼리 뭉치는 친목 모임의 일원이기도 했다.

하지만 친목 모임이 도움이 될 리 만무했다. 체니와 달리 스톡스는 은퇴 시점이 4개월이 아니라 4년이나 남아 있었다.

"그레그, 그동안 일하면서 이처럼 난감한 상황은 처음이다."

오코너가 말문을 열었다.

"여기 있지 않기 위해 무엇이든 하고 싶은 심정이야."

그는 스톡스에게 종이 한 장을 내밀었다. 스톡스의 눈길을 사로잡은 단어는 "이유로… 해임"이었다. 그의 앞에 놓여 있는 서류는 해임사유서였다. 스톡스는 현기증을 느꼈다.

"너의 사임을 요청해야 하네."

오코너가 말했다.

"데이브, 나도 사안의 심각성을 알겠어. 대통령 순방이었으니까. 하지만 사직서를 요구한다고? 아니, 그럴 일은 없을 거야."

오코너는 "이해한다"고 대답했다. 이것은 한 사람의 경력과 명예가 걸린 문제였고 정년도 얼마 남지 않은 상황이었다.

스톡스는 재킷 가슴 주머니에서 녹색 카드를 꺼냈다. 그 카드에는 성경 구절이 적혀 있었다. 요한복음 8장 7절. 그는 외운 듯이 구절을 읊기 시작했다.

"너희 가운데 죄 없는 자가…"

가톨릭 신자인 오코너가 중간에 끼어들며 더 크고 더 빠르게 남은 구절을 읊었다.

"먼저 돌로 치라."

오코너는 의자에 기대어 앉았다. 처음에는 스톡스를 불쌍히 여겼으나 점차 화가 났다. 오코너가 물었다.

"그레그, 씨팔, 지금 무슨 말을 지껄이는 거야? 나를 비난한 거야?"

스톡스는 놀랐다. 그는 오코너에 대해 말하던 것이 아니었다. 단지 자기보다 높은 자리에 있는 사람들이 더 나쁜 일을 저질렀다는 사실을 말하려던 것이었다. 그는 이 카드를 고위층과의 협상 용도로 활용하고 싶었을 뿐이다.

"이 카드를 위층으로 가져가서 모두에게 보여줘."

스톡스가 말했다.

"국장님한테도 보고하고. 다시 생각해 보는 편이 좋을 거라고 전해."

오코너는 엘리베이터를 타고 8층으로 올라가 설리번의 사무실로 들어갔다.

그들은 몇 분 동안 스톡스의 말을 두고 진짜 협박인지를 논의했다. 사실 이때까지만 해도 스톡스는 허세를 부리고 있었다. 그는 지휘부가 그동안 눈감아주었던 심각한 비위행위를 떠올린다면, 결코 자신을 해임하지 못할 것이라고 믿었다.

설리번은 카르타헤나 사건으로 쏟아지는 외부의 질타에 대처하는 동시에 조직 내부에서 자신의 권위에 도전하는 이들을 직면해야 했다. 8층에 있는 지휘부 몇몇은 설리번을 이전 국장들만큼의 역할을 못 하는 나약한 존재로 여겼고 이를 굳이 숨기려고 하지 않았다.

경호정보를 총괄하는 릭 엘리아스(Rick Elias, 이하 엘리아스)와 그의 측근인 크레이그 마고(Craig Magaw, 이하 마고)는 설리번에 반대하는 세력을 주도하는 자들이었다. 그들은 가족 중에 누군가가 비밀경호국에서 재직했기 때문에 비밀경호국을 하나의 가족 사업으로 여겼다. 머리 좋고 수염을 기른 교수 느낌의 엘리아스는 클린턴 시절에 국장을 역임한 브라이언 스태포드의 처남이었다. 마고는 부시 대통령 때 짧은 기간 국장을 맡았던 존 마고의 아들이었다.

브라이언 스태포드와 존 마고는 설리번과 불편한 관계였다. 두 사람은 전직 요원들 들으라는 듯이 설리번이 조직을 운영하지도 못하면서 정치와 다양성 제고에만 집중한다고 비난했었다. 엘리아스와 마고는 가족 같은 유대감 외에도 설리번에게 개인적인 원한을 품고 있다는 공통점이 있었다. 그들은 설리번 때문에 마땅히 받아야 할 승진 기회와 권한을 얻지 못했다고 느꼈다.

몇 년 전, 존 마고는 설리번에게 전화를 걸어 그의 아들 크레이그를 대통령경호팀장으로 임명해달라고 부탁했었다. 이를 전해 들은 직원들은 존 마고가 그의 아들을 국장으로 승진시키려 청탁한다고 믿었다. 놀란 설리번은 아들이 아직 준비가 안 됐다며 에둘러 거절했다. 그 이후로 두 사람은 대화한 적이 거의 없었다.

엘리아스와 마고는 카르타헤나 스캔들이 뉴스를 지배하는 현상을 고소해하면서 지켜보았다. 안 그래도 설리번이 그의 자리를 잃을 위험에 처해 있는데 이 두 사람은 그를 훨씬 더 위태롭게 만들 사실을 손에 쥐고 있었다.

엘리아스가 관장하고 있는 경호정보부에서 CIA에 의뢰해 CENTS(CIA Electronic Name Trace System)*라는 데이터베이스를 통해 카르타헤나 매춘부들을 조회했다. 그 결과, 한 요원이 방으로 데리고 간 여성이 명단에 있는 이름과 일치했다. 데이터베이스 기록에 따르면 그 이름은 마약 카르텔에서 자금세탁 용도로 사용한 은행 계좌의 예금주였다. 이로 인해 정보기관

---

*   CIA에서 운영하고 있는 신원확인 시스템

에 '관심인물'로 등록되어 있었다.

CENTS에서 일치하는 이름이 나오기란 꽤 드문 일이었다. 비밀경호국에서 CIA로 의뢰한 수천 명의 이름 중에 한두 명만이 일치하는 정도였다. 설리번은 이와 관련해 "한 명만 나와도 우려할 일"이라고 설명했다.

마고와 엘리아스는 그 여성에 대해 4월 19일 목요일경에 인지하였고 엘리아스는 이를 설리번에게 보고하러 사무실로 찾아갔다. 한편, 멀레티 밑에서 일하던 수사관 두 명은 그날 다른 불편한 사실을 알게 되었다. 이들은 현지 힐튼호텔을 방문해 매춘부들을 하룻밤 투숙객으로 등록한 미국인 3명의 이름을 입수했다. 그중 한 명은 대테러팀 요원이었다. 두 번째는 백악관 통신국(White House Communications Agency)에 소속된 군 관계자였다. 나머지 인물은 백악관 선발팀으로 온 자원봉사자였다.

이 마지막 인물이 수사관들을 놀라게 했다. 지금까지 성매매 스캔들에 비밀경호국, 국방부와 마약단속국(DEA, Drug Enforcement Agency)이 휘말린 것만으로도 난리인데 백악관까지 관련이 있단 말인가? 멀레티는 소식을 듣고 급히 설리번에게 보고했고 설리번은 확인된 내용을 재빠르게 백악관에 알렸다. 그러나 캐시 뤼믈러(Kathy Ruemmler, 이하 뤼믈러) 백악관 고문과 알리사 마스트로모나코 비서실 차장은 카르타헤나 스캔들로 여러 기관이 명성에 타격을 입었지만 백악관은 연루되지 않았다고 강조했다.

먼저, 마스트로모나코는 선발로 간 인원이 엄밀히 따지면 백악관 직원이 아니라고 했다. 이에 더해 그 인원을 면담했던 뤼믈러는 무슨 착오가 있었을 것이라는 그의 답변을 진실로 받아들였다고 말했다.

설리번은 이 문제에 대해 의회로부터 질의를 받았다. 하원 국토안보위원회 위원장 피트 킹(Pete King) 의원은 4월에 스캔들과 관련한 50가지 질문을 비밀경호국에 보냈다. 그중에는 스캔들과 연루된 백악관 직원이 있는지를 묻는 질문도 있었다.

설리번은 5월 1일에 서면으로 답변을 제출했다.

"없습니다. 비밀경호국은 백악관 직원이 사건에 연루되었다는 단서를 발견하지 못했습니다."

이는 틀리지는 않았지만 질문을 회피하기 위한 답변이었다.

5월 10일, 설리번은 상원 국토안보위원회 위원들에게 비공개 브리핑을 진행했다. 지난 몇 주간의 피로가 그의 얼굴에 드러났다. 한때 매력을 뿜어내던 그가 의원들이 던지는 질문에 당황한 표정을 짓고 있었다.

설리번은 그때까지 정한 원칙과 사실을 기반으로 질문에 답했다. 그는 매춘부에게 돈을 지불한 사람들은 비밀취급인가를 박탈당하고 면직처리 될 것이라고 말했다. 국토안보위원회 분과위원장 론 존슨(Ron Johnson, 이하 존슨) 의원이 단순히 외국 여성과 하룻밤을 지낸 남성, 특히 기혼 남성이 그랬을 경우에도 처벌을 받게 되는지 묻자 설리번은 그것이 해임 사유는 아니라고 설명했다.

메인주 공화당 의원 수잔 콜린스(Susan Collins, 이하 콜린스)는 이런 행동이 "심각하게 우려된다"고 했다. 조 리버만 의원은 이에 동의하며 간통은 군에서 범죄로 취급하고 경호요원들이 협박당할 가능성을 열어둔다고 언급했다. 설리번은 현재 11%에 불과한 비밀경호국 여성 비율을 늘림으로써 기관의 거칠고 야성적인 문화를 근절할 수 있을 것으로 생각한다고 말했다.

존슨은 설리번에게 정보를 숨기려는 시도에 대해 경고했다. 그는 예견이라도 한 듯이 "만약 몇 개월 후 무언가가 밝혀진다면 최악의 상황이 될 것"이라며 "모든 것을 다 밝혀야 한다"고 강조했다.

5월 23일은 설리번이 처음으로 대중 앞에서 스캔들에 대한 증언을 하는 날이었다. 그날 아침 더크센 상원 빌딩(Dirksen Senate Office Building)에 도착한 그는 목재 패널로 장식된 휑뎅그렁한 청문회장에 들어서며 포위를 당하는 느낌을 받았다. 의혹이 진실로 판명되는 순간이었다. 카르타헤나는 비밀경호국에 있어 워터게이트, 테일훅(Tailhook)*과 클린턴-르윈스키 스캔들을 하나로 합친 사건이었다.

40명이 넘는 촬영기사들과 사진기자들이 한꺼번에 청문회장 앞쪽에서 일어섰다. 설리번을 향해 카메라 플래시가 터지고 셔터를 누르는 소리가 몇 분 동안 계속되었다. 그는 당연히 긴장한 듯 보였다.

청문회가 시작되자 의장인 리버먼 의원이 질문을 시작했다. 그는 워싱턴포스트 기사에 대해 어떻게 생각하는지 물었다. 거기서는 비밀경호국을 "(출장 때) 비행기가 이륙하면 결혼반지를 뺀다"는 비공식 신조를 따르는 조직으로 묘사하고 있었다. 이는 대통령이 귀국길에 오르면 남아 있는 수십 명의 요원들이 방탕하게 뒤풀이를 즐기는 문화를 비판한 기사였다.

설리번은 고개를 저으며 "이런 유형의 행동이 용인되거나 승인된다는 생각은 터무니없다"고 말했다.

"저는 지금까지 29년 동안 경호요원으로 일해 왔습니다. 디트로이트에서 경력을 시작해 그곳에서만 7년을 보냈고, 대통령경호팀에서도 두 차례나 근무한 바 있습니다. 그동안 정말 많은 동료들과 함께 일해 왔지만, 이런 행동이 용납된다고 말한 상사나 동료는 단 한 명도 없었습니다. 저 역시 제 밑에서 일한 직원들에게 그런 행동이 받아들여질 수 있다고 말한 적은 단 한 번도 없습니다."

말은 그렇게 했지만 설리번과 지휘부는 조직 내에 문란한 문화가 뿌리 깊게 박혀 있다는 사실을 알고 있었다.

설리번은 18개월 전 중참 요원이 매춘부로 추정되는 현지 여성들과 함께 너무 취해 버린 사건을 언급하지 않았다. 조사 결과에 따르면 그 요원은

---

* 1991년 제35차 테일훅 협회 심포지엄에 참석한 미 해군과 해병대가 수십 명의 여자와 남자를 추행하고, 공공장소에서 성관계를 하는 등 온갖 비위를 저질러 터진 스캔들이다.

태국을 경유하는 동안 사창가로 보이는 곳을 방문하였다가 다음 날 술에 절어 있는 모습으로 4시간 늦게 공항에 도착했다고 한다. 그 요원으로 인해 대통령의 다음 방문지인 한국으로 넘어가야 할 팀이 시간에 맞춰 이동하지 못했을뿐더러 어쩔 수 없이 대테러팀 간부가 남아 그 요원이 안전하게 귀국하는지를 확인해야 했다. 그 요원의 직속상관은 강력한 처벌을 요구하였으나 본부에 있는 지휘부 중 누군가의 반대로 처벌이 완화되었다.

설리번은 또한 최근에 조사받은 대통령경호팀 요원도 언급하지 않았다. 문제가 된 요원의 전 여자 친구가 신고하여 시작된 조사 덕분에 그가 출장을 기회 삼아 모르는 사람들과 그룹 섹스를 한 사실이 발각되었다. 그는 대통령 근접 수행 또는 다른 임무로 출장 가기 전에 자신의 섹스 영상을 스웡어 사이트에 게시했고, 온라인상에서 마음 맞는 사람들을 찾아 스와핑이나 소규모 그룹 섹스를 비밀리에 주선했었다.

이 외에도, 설리번은 대통령과 같이 이동하는 동료들을 위해 선발 요원들이 호텔 욕조에 얼음과 술을 채워두는 오래된 비밀경호국 전통에 대해서도 언급하지 않았다.

리버만 의장은 카르타헤나에 연루된 사람들이 이전에도 유사한 짓을 한 적이 있는지 설리번에게 물었다.

"한 가지 물어보겠습니다. 현재까지 연루된 사람들을 조사하면서 그 사람들이 다른 경우에도 비슷한 행동을 한 적이 있는지 물어보았습니까?"

"네, 했습니다."

설리번이 답했다.

"그들이 무어라고 하던가요?"

리버만이 물었다.

"그들은 그런 적이 없다고 대답했습니다."

이는 사실이 아니었다. 조사 기록에 따르면 두 요원이 대통령 순방 때 섹스를 위해 외국 여성들을 만났다고 인정했다. 헌팅턴은 이탈리아, 아일랜드, 러시아와 한국으로 출장 갔을 때 현지 여성들과 성관계를 가졌다는 사실을 그동안 숨겨왔다고 말했었다. 카르타헤나 사건에 연루된 또 다른 두 요원은 이전에 동일한 행동을 했거나, 다른 직원의 비위를 방조했다고 시인했다. 한 명은 엘살바도르와 파나마에 갔을 때 매춘부와 섹스했고, 스페인어에 능통한 대테러 요원은 성매매 가격을 협상해 주는 조건으로 동료들에게 술을 얻어먹은 경우가 많았다고 털어놓았다. 이와 더불어, 대테러 요원은 상사가 호텔 프런트에 전화를 걸어 자기와 밤을 같이 보낼 여자이니 방으로 안내해달라고 요청한 적이 있다고 밝혔다.

콜린스 의원 차례가 되었다. 그녀는 카리베호텔에서 요원들과 시간을 보낸 여성들이 첩자이거나 우려해야 할 요주의 인물이었을 가능성에 대해 알고 싶어 했다.

"당신은 그 여성들이 외국 정보 요원 또는 관련자가 아니라고 확실하게 결론을 내릴 수 있었습니까? 그들이 마약 카르텔과 일하고 있다거나 인신매매에 연루되지 않았다는 점을 묻는 겁니다."

설리번은 비밀경호국이 정보기관들과 협력해 여성의 신원을 "다방면으로 확인했으나 방첩이나 형사 관점에서 연관성이 없다고 결론지었다"고 말했다.

설리번의 이 답이 나중에 다시 그를 괴롭히게 된다. 그가 보고를 잘못 받았든, 아니면 비밀경호국의 습관대로 진실을 감추려 했든, 그가 한 말 중 일부는 사실이 아니었다.

청문회를 통해 설리번은 비밀경호국에서 섹스와 음주를 권장하는 문화를 조성하지 않았고, 그가 그런 문화를 용납하지 않는다는 점을 의회에 확신시켜야 했다. 하지만 그가 설득해야 할 핵심 인물인 의장과 위원들이 그를 믿지 않았다.

콜린스 의원은 연단에 올라가 자신이 사실로 받아들인 내용을 설리번에게 읊어줬다.

"조사받은 사람 중 한 명은 22년, 다른 한 명은 21년 근무한 간부였습니다. 그 사실이 일반 직원들에게는 이런 행위가 용인된다는 메시지로 전달될 것입니다. 사건과 관련된 인원수와 더불어 두 선임 요원이 그런 행동을 보였다는 점에서 이번에만 이런 일이 발생했다고 믿기 어렵습니다."

콜린스 의원이 청문회를 앞두고 자신의 직원들에게 말하기를, 설리번이 조직 내부에서 벌어지는 일을 잘 모를 뿐 의도적으로 거짓말하지는 않을 것으로 믿는다고 했었다. 그러나 청문회장을 나서면서는 입장을 조금 바꿔 "그는(설리번) 이번 사건보다 더 큰 문제가 있다는 사실을 받아들이기 어려워하고 있다"고 했다.

"그는 계속해서 이번 사고가 단발적인 사건이라고 생각한다고 했지만, 그 결론에 도달한 근거가 없다고 생각합니다."

대기실에서 청문회 생방송을 시청하던 비밀경호국 직원 상당수는 설리번이 직원들의 비위에 대해 "어이가 없다"고 증언하는 모습을 보며 고개를 저었다. 그들 모두 많은 것을 알고 있었다. 그들은 카르타헤나 사건 말고도 출장을 간 상사와 동료들이 여자를 밝히는 모습을 직접 목격했었다.

한 요원은 몇 년 전 대통령이 남미 휴양지를 떠난 후 가졌던 뒤풀이 자리에서 술에 취한 대통령경호팀 간부가 떠올랐다. 유별나게 호탕했던 그 간부는 싱긋 웃으며 경호팀 전입 직원들에게 비밀경호국 요원의 특혜에 대해 자세히 설명해주었다.

"너희들은 너희가 얼마나 운이 좋은지 몰라."

그가 혀가 꼬부라진 말투로 말했다.

"너네는 전 세계 가는 곳마다 여자들이랑 자게 될 거야."

21
파면

그레그 스톡스 생각에는 직장에서 잘리지 않기 위해 할 수 있는 일이 한 가지밖에 없었다. 바로 비밀취급인가 박탈과 해임 결정이 부당하다고 항변하는 것이었다. 비밀경호국 징계 절차상 스톡스가 마지막 변론을 제기할 수 있는 시기는 징계위원회가 열리는 8월이었다.

위원회가 열리기 전날 밤, 스톡스의 변호사 래리 버거(Larry Berger, 이하 버거)는 비밀경호국이 그를 해고할 근거가 있다고 경고했다. 조직이 국가적 망신을 겪은 만큼 해고를 결정할 동기도 충분했다. 그가 보기에 선처를 호소해도 성공 가능성은 희박했다.

"그레그, 이건 매우 어려운 사건이야."

버거가 말했다.

그러나 스톡스에게는 포기할 마음이 없었다. 그는 하찮은 보직도 괜찮으니 은퇴할 때까지 근무할 수 있게 국토안보부 산하 아무 기관으로 자신을 발령해 줄 것을 간청할 생각이었고, 이를 변호사인 버거에게 요구했다.

스톡스는 더 나쁜 일을 저지르고도 명예롭게 은퇴할 수 있게 보호받은 직원들을 알고 있었다. 카르타헤나 출장 기간에 퇴폐 마사지를 받았다고 자진 신고한 경호정보부 간부는 아무런 처벌도 받지 않았다. 왜 그런 조치가 내려졌는지에 대한 확실한 물증은 없으나, 그 간부의 협박이 지휘부에 어떤 식으로든 작용한 것으로 보인다. 그는 변호사를 통해 카르타헤나에 출장 간 최고위 간부 중 한 명인 넬슨 가라비토도 유사 행위를 한 사실을 알고 있다고 지휘부에 알렸다. 가라비토는 본부에서 요직을 꿰차고 있는 간부였다. 그는 추궁을 당하자 터무니없는 주장이라며 자신의 결백을 입증하기 위해 호텔 보안카메라 영상과 객실 열쇠 기록을 확인하라고 촉구했다. 하지만 전면적인 수사를 할 수 없었던 수사관들은 혐의를 입증할 수 없다는 결론을 내렸고, 직원들 사이에서는 고위 간부가 가담한 비위행위가 또 드러날까 봐 지휘부가 노심초사하고 있다는 소문이 퍼졌다.

징계위원회 전날 밤, 스톡스는 사고를 치고도 무사히 빠져나간 사람들을 지휘부에 상기시켜주겠다고 버거에게 말했다. 그는 자신이 알고 있는 내용을 거론해 비밀경호국의 위선을 주장하기로 결심했다. 그렇게 하면 지휘부가 설리번의 체면을 생각해 자신을 희생양으로 삼지 않을지도 모른다고 기대했다.

스톡스는 궁지에 몰린 느낌이 들었다. 성추문에 휘말린 대통령 경호원들의 이야기가 4개 대륙에서 화제가 되자 그의 이름이 언론과 인터넷을 통해 빠르게 퍼져 나갔다. 다시는 취업을 못 할 수도 있다고 생각했다. 카르타헤나 사건에 연루된 대부분의 요원들은 2년 내지 10년간 복무한 직원들이었다. 그들과 달리 21년을 근무한 스톡스는 4년 후 정년퇴직해서 연금을 받을 수 있었다.

스톡스의 징계위원회는 8월로 예정되어 있었으나, 모친상을 당하는 바람에 9월로 연기되었다. 9월 13일 아침, 스톡스는 비밀취급인가를 담당하는 부서를 관장하는 피트 맥컬리(Pete McCauley, 이하 맥컬리) 부본부장과 동시에 징계위원회 회의장에 도착했다.

클린턴 경호팀에서 근무했던 맥컬리는 직원들로부터 평판이 좋았다. 그는 스톡스와 15년간 알고 지낸 사이기도 했다. 그러나 회의실 문턱을 넘어서며 스톡스에게 눈길조차 주지 않았다.

"오늘 올 수 있어서 다행이야, 그레그. 상을 당했던 것 같더군."

말을 마친 맥컬리가 자리에 앉았다. 그는 스톡스에게 어떤 상을 당했는지도 묻지 않았다.

'냉정하다.'

스톡스가 생각했다.

심의가 시작되자 버거는 준비했다는 듯 스톡스의 상훈 내역을 거론하며 그가 업무를 충실하게 수행한 요원이라는 말부터 꺼냈다. 폭발물 전문가인 스톡스는 당시 큰 위협으로 대두된 소포폭탄의 대응 방안을 찾는 프로젝트에 참여해 공로를 인정받았다. 230만 달러가 투입된 프로젝트로 탐지가 어려운 비금속 폭발물을 백악관에서도 탐지할 수 있는 결과물을 만들어냈다. 버거는 스톡스가 카르타헤나에서 성매매를 했지만 보안에 위배되는 행동은 하지 않았으니 그의 비밀취급인가를 취소할 법적 근거가 있는지 의심스럽다고 말했다.

"상황을 종합적으로 고려해 보면, 다시 한번 기회를 줄 가치가 있다고 보입니다. 이런 일로 비밀취급인가를 박탈할 이유가 전혀 없습니다."

버거가 맥컬리에게 말했다. 그는 스톡스가 실수를 저질렀고 벌을 받아야 마땅하겠지만 해임될 사항은 아니라고 말했다.

"그리고 저희는 최근 사례에서 어떤 징계가 내려졌는지 유심히 보고 있습니다."

버거가 정중한 표현으로 경고를 날렸다.

이제 스톡스가 말할 차례였다. 속기사가 타자를 치기 시작하자 그는 맥컬리를 똑바로 바라보고 이전에 있었던 훨씬 더 심각한 사건들을 얘기하기 시작했다.

스톡스는 여직원들이 성희롱 혐의로 고발해 지부를 계속 옮겨야 했던 악명 높은 간부의 이름을 거론했다. 그 간부는 가히 전설적인 존재였다.

"그에 대해 잠시 이야기해 볼까요? 우리는 그의 얘기를 즐겨 하잖아요."

스톡스가 말했다. 그 간부는 사무실에서 여직원의 가슴을 만졌다는 의혹이 제기되어 성추행 혐의로 조사를 받았어야 했음에도 수사당국에 인계되지 않았다. 그 간부는 자기를 견제하려는 세력에 의해 소문이 왜곡되었다며 혐의를 부인했다. 조직은 그에게 1년 넘게 유급 휴가를 주었고, 당시 흑인 요원들이 조직을 상대로 제기한 소송에 참여하지 않는다는 조건에 동의를 받고 명예롭게 은퇴시켰다.

"차이가 좀 있지 않나요?"

스톡스는 자신과 그 간부의 사례를 비교하며 물었다.

"그럴 수도 있는 것 같네."

"그렇죠."

이어서 스톡스는 유럽 지부에서 근무하던 유부남 간부가 대사관 내 보안구역에서 현지인과 성관계를 하다 적발된 사례를 꺼냈다. 대사가 경고했는데도 같은 일이 반복되자, 결국 비밀경호국은 그를 본국으로 소환했다.

"당시 그의 비밀취급인가 취소를 검토했나요?"

스톡스가 물었다.

"아니."

그리고 나서 스톡스는 맥컬리의 오랜 친구를 거론했다. 그는 "클린턴 정부 때 대통령경호팀에 있던 요원들이 불륜을 저질렀다가 배우자로부터 이혼 소송을 당한 사건"을 조직은 기억할 것이라고 말했다. 이어서 자신과 수십 명의 요원들이 힐러리 클린턴 전 영부인의 경호책임자였던 앨빈 "A.T." 스미스에 대해 얘기했던 내용을 상세하게 늘어놓았다.

"그는 당시 대통령경호팀 간부로 있었는데, 그 어떤 성비위도 저지르지 않았다는 결론이 났죠."

스톡스가 말한 스미스는 비밀경호국 차장이 되어 카르타헤나 사건 징계위원회 위원장을 맡고 있는 인물이었다. 클린턴 경호팀에 있는 동안 그의 아내는 그를 간통죄로 고발했었다. 법정에 선 경호요원들은 스미스가 클린턴 대통령의 먼 사촌이자 백악관 출장업무담당관실(White House Travel Office)*을 운영했던 캐서린 코넬리우스(Catherine Cornelius, 이하 코넬리우스)와 공개적으로 바람을 피운 것은 비밀경호국 지휘부도 알고 있는 사실이라고 증언했다. 스미스는 결국 아내와 이혼하고 코넬리우스와 재혼했다.

스톡스는 침착한 어투로 과거 사례를 나열했지만, 속으로는 두려움에 떨고 있었다. 맥컬리는 더 이상 스톡스의 눈을 보고 있지 않았다. 속기사는 계속 그녀의 키보드를 치며 기록을 이어갔다. 스톡스는 심호흡을 했다. 그는 비장의 카드로 쓰려던 사례를 꺼내 들었다. 바로 현직 대통령경호팀 고위 간부에 관한 일이었다.

"대통령경호팀에 오랫동안 외국인과 바람을 피운 과장**이 있습니다."

스톡스는 대통령경호팀장이 이 사실을 알고 있으나 보고하지 않았다고 했다.

맥컬리는 이 말에 몸을 앞으로 기대고 고개를 책상 쪽으로 숙였다. 그는 깊게 한숨을 내쉬었다. 스톡스가 매우 민감한 부위를 공략한 것이 맞았다.

스톡스가 실명을 거론하지 않았지만 이는 대통령경호팀에서 명망이 높은 GS-15급 간부인 라파엘 "라프" 프리에토(Rafael "Raf" Prieto, 이하 프리에토)를 두고 한 말이었다. 프리에토는 그냥 간부가 아니었다. 그는 매일 같이 오바마를 바로 옆에서 수행하는 사람이었다. 대통령은 그에게 "라피"라고 호칭하며 인사했다. 그런 그가 다른 여성과 이중생활을 한다는 비밀

---

* 대통령, 영부인, 부통령과 백악관 출입기자단을 포함해 백악관 직원들의 출장에 관련한 행정업무를 담당한다.

** 본문에는 ASAIC(Assistant Special Agent In Charge)으로 직급을 표시했다. 대통령경호팀장은 우리나라 직급상 국장급에 해당되기 때문에 과장으로 번역했다.

을 워싱턴과 뉴욕 지부의 몇몇 고위 간부들은 알고 있었다. 이는 비밀취급인가 기준 위반으로 해석될 수도 있는 사안이었지만 간부들은 이를 눈감아 주었다. 그들은 카스트로 정권 때 쿠바를 떠난 가족의 후손이자 부드럽고 격조 있는 프리에토를 좋아했다. 프리에토는 동료와 상사들이 그의 사생활에 대해 모르는 체해주는 상황을 즐기는 듯했다.

프리에토는 카르타헤나 출장을 몇 개월 앞두고 알렉산드리아(Alexandria)의 고급 시가 클럽에서 열린 히스패닉계 고위 간부 승진 파티에 멕시코 국적의 여자 친구를 데려왔다. 소규모로 열린 파티에는 대부분 GS-15급 이상의 고위 간부들이 초청되었고, 그중에는 막강한 권한을 행사하는 대통령경호팀장 빅 에레비아도 포함되어 있었다. 클럽 회원이자 파티를 주최한 그 자리의 주인공은 비밀취급인가 기준 위반 여부를 심사하는 부서의 장이었다.

"저 사람이 라피의 내연녀야. 그의 아내는 아이들과 함께 뉴욕에 살고 있고 그는 저 여자와 함께 여기서 살고 있어."

한 요원이 긴 검은 머리를 가진 멋진 젊은 여성이 누구냐고 묻자 돌아온 답이었다.

스톡스는 왜 징계가 일관성이 없는지 물었다. 왜 대통령경호팀 간부는 외국인과 비밀리에 장기 연애를 해도 괜찮은가? 왜 그는 그 사항을 보고해야 할 의무를 위반했는데도 대통령을 근접에서 수행하고 신뢰받을 수 있는가? 반면에, 왜 국장과 지휘부는 스톡스가 외국인과 하룻밤을 보낸 일이 매우 위험한 행위라고 보는가? 스톡스는 프리에토에게 원한이 없었지만 이렇게 위협함으로써 자신의 해임을 막을 수 있기를 바랐다.

"위층에 있는 사람들한테 제가 한 말을 잘 생각해 보라고 꼭 전하세요."

스톡스가 자리를 뜨면서 말했다.

맥컬리는 스톡스가 한 말을 친구이자 상사인 스미스에게 먼저 알린 다음 지휘부에도 보고했다. 8층 분위기가 싸늘해졌다. 소문이 빠른 비밀경호국 안에서는 스톡스가 화가 나 실명을 폭로하려 한다는 말이 퍼졌다. 설리번과 지휘부는 또 어떤 추악한 내용이 새어 나갈지 몰라 긴장했다. 실제로 비밀경호국은 법을 어긴 중대한 과오를 저지른 간부도 보호한 전례가 있었고, 스톡스가 그에 관한 여러 증거를 가지고 있는 것 같았다.

클린턴 경호팀에서 근무했던 전직 간부는 "비밀경호국 징계에 있어 두 가지 규칙이 있다"고 설명했다.

"13급 이하를 위한 규칙과 14급 이상을 위한 규칙입니다. 규칙이 완전히 다릅니다. 그 이유를 말씀드리지요. 만약 14급 이상을 징계하면 외부에서 알게 되기 때문입니다."

스톡스가 언급한 사건 중 하나라도 언론을 타게 되면 국장의 신뢰도가 추락할 수 있었다. 설리번은 지난 5월에 실시한 공개 청문회와 10여 차례에 걸친 의원들과의 일대일 면담 때 카르타헤나에서 벌어진 사건은 일부 직원의 일탈행위일 뿐이라고 거듭 강조했다. 그는 또한 비밀경호국 조직문화에 문제가 없고 출장 때 성매매 등 비위가 자주 발생하지 않는다고 주장했다.

소문은 삽시간에 퍼져 에레비아의 귀에까지 들어갔다. 그는 몇 년 전 인종차별로 인한 소송에 휘말려 자신이 보낸 인종차별적 이메일 내용이 공개되는 바람에 이미 한 번 고비를 겪어서인지 무언가 예사롭지 않다는 느낌이 들었다.

에레비아는 대통령경호팀 최고 책임자이면서 히스패닉 요원들의 정신적 지주이기도 했다. 흑인, 남부 또는 뉴욕 지부 출신 고위 간부들처럼 에레비아도 그와 같은 출신들을 돌보았다. 그는 오바마를 후보 시절부터 경호하다 얻게 된 직책을 이용해 많은 히스패닉 요원들을 승진시켰다. 말수가 적고 사려 깊은 프리에토도 에레비아의 지원에 힘입어 경호팀에서 빠르게 성장할 수 있었다. 쿠바에서 태어나 스페인으로 이주했다가 캘리포니

4부 재앙의 시작

아에 정착한 부모를 둔 그는 비록 집안이 가난했지만 점잖은 아이로 자라났다. 그의 아버지는 비행기 부품을 만드는 공장 근로자였고, 프리에토는 페인트 붓 공장에 취직하며 사회에 첫발을 내디뎠다. 그는 대통령경호팀에 합류하면서 경력의 정점에 이르렀지만 동시에 사생활은 복잡한 국면으로 접어들었다. 그와 결혼한 지 20년 된 아내는 뉴욕에서 일하며 두 아이를 키웠고, 그는 워싱턴에서 거주하며 자유 시간 대부분을 매력적인 젊은 멕시코 여성과 보냈다. 그러나 스톡스로 인해 자칫했다가는 일과 가정에서 이룬 모든 것이 무너질 수 있었다.

프리에토의 친한 선배는 다른 고위 간부들이 그가 바람피운다는 사실을 알게 되면 프리에토가 끔찍한 곤경에 빠질 것이라고 경고했다. 그 선배는 다른 여성과 관계를 맺어 규정을 위반했지만 이를 숨겼고, 6월에 제출한 서면 자료에도 거짓으로 기술해 사태가 더 심각해졌다고 프리에토에게 설명했다. 서면 자료란 5년마다 갱신되는 비밀취급인가 심사에 필요한 서류를 말했다. 요원들은 신변에 변화가 없다 해도 양식에 기재된 질문에 답변을 작성해야만 한다. 이혼 또는 결혼을 했거나 아이가 생겼는가? 이사를 했는가? 대출을 받았는가? 요원들은 외국인과 접촉한 사실도 즉시 보고해야 했다.

프리에토는 외국인과 접촉한 적이 없음을 맹세하고 거짓일 경우 해임 또는 위증죄로 처벌받겠다고 서명하였다. 하지만 그는 외국인과 오랜 기간 연인관계였다. 그리고 가끔 다른 사람들과 섹스도 했다. 프리에토가 제출한 서류는 9월까지도 심사할 직원이 지정되지 않은 채 비밀취급인가 담당 부서에 보관되어 있었다. 대통령경호팀 간부 한 명은 그 부서에 전화를 걸어 "답변을 살짝 수정할 게 있어서 프리에토가 그 서류를 돌려받아야 한다"며 서류를 다시 찾아가도 되는지 문의했다.

그러나 살짝은 과장된 표현이었다. 그가 수정한 답변서에는 개인적인 이유로 외국인과 관계를 맺었다고 반영되어 있었다.

비밀경호국에서 30년간 근무한 로빈 데프로스페로-필포트(Robin DeProspero-Philpot, 이하 로빈)는 10년 이상 비밀취급인가 담당 부서장으로 재직하며 민감한 문제들도 적극적으로 해결하여 조직 내에서 평판이 좋은 사람이었다. 로빈은 요원의 비밀취급인가를 해제해야 하는지 아니면 다시 인가를 해줄지 여부에 대한 검토를 담당했다. 과거 마약 복용, 신원진술서 허위 기록 또는 그 외의 사유로 지원자를 채용할지 말지에 대해서도 그녀의 의견이 크게 작용했다.

국장과 본부장들은 그녀를 신임했다. 때로는 그녀의 의견이 마음에 들지 않아 투덜거리면서도 그녀의 판단을 신뢰했다. 지휘부는 다른 사람에 대해 가혹한 평가를 해야 할 때, 자기 대신 그 역할을 해줄 사람이 필요했다.

완고한 의지를 가진 로빈은 결정할 때 일관된 기준을 적용하려고 노력했다. 그녀는 자신을 "내 비밀취급인가를 박탈한 년"으로 비난하는 직원들이 있다는 사실을 알고 있었다. 하지만 그녀는 그 사실에 흔들리지 않았다. 직원들은 그녀가 부친인 밥 데프로스페로처럼 일밖에 모른다고 했다.

그러나 프리에토 건은 로빈이 그동안 접했던 사건들과는 달랐다. 로빈은 프리에토의 외국인 접촉 사실을 알게 되었을 때 온갖 경종이 울리는 느낌을 받았다. 그녀는 프리에토가 결혼을 했고 뒤늦게 외국인과의 외도를 보고했기 때문에 분명 내부 조사와 징계를 받아 마땅하다고 믿었다. 또한, 만약 그가 수년간 여자 친구에게 기밀을 공유했다면 형사 처벌을 받을 수도 있다고 생각했다.

로빈이 보기에는 비밀경호국 감찰관실에서 프리에토를 조사해야 했다. 하지만 감찰관실에서는 프리에토 건에 관심조차 보이지 않았다. 감찰관실은 오히려 회의를 소집해 이 건을 비밀취급인가 검토 사안으로 분류하고, 로빈이 대신 프리에토를 조사해야 한다고 강조했다. 그녀는 당시 비밀경호국 지휘부 분위기를 다음과 같이 전했다.

4부 재앙의 시작

"카르타헤나 이후 그들은 '오, 신이시여! 제발 더 이상 안 좋은 일이 수면 위로 나오지 않게 해주세요. 우리는 이 이상 알고 싶지 않습니다. 제발 알려주지 마세요'라는 식이었어요."

로빈은 표준 절차에서 크게 벗어난다고 생각했지만 조사를 담당하는 데 동의했다. 그녀는 직속상관인 맥컬리에게 더 많은 사실을 발견할 느낌이 들어 약간 걱정된다고 말했다.

그녀는 프리에토에게 전화를 걸어 조사 날짜를 정한 다음 예비 조사에 이어 거짓말탐지기 조사를 실시할 계획이라고 알려줬다. 프리에토는 오바마가 재선 캠페인으로 다른 지역을 방문한 10월 23일에 조사를 받았다.

"가장 중요한 것은 솔직하게 대답하는 것입니다."

조사실에 앉자 그의 긴장을 풀어주려는 듯이 그녀가 말했다.

프리에토는 한 여성과 몇 년 동안 관계를 지속해 왔다고 인정했다. 그는 눈물을 글썽이며 그녀를 매우 사랑한다는 말을 반복했다. 로빈이 다른 외국인이나 여성과 관계가 있었느냐고 질문하자 그는 단호하게 부인했다.

이어서 안보관에 관한 거짓말탐지기 조사가 진행되었다. 수사관이 기밀 정보를 공유한 적이 있는지에 대해 몇 가지 질문을 하자 프리에토의 활력 징후에서 큰 변동이 나타났다. 그가 긴장하고 있다는 의미였다. 이는 분명 프리에토가 솔직하게 진술하지 않았다는 신호였지만 판독 결과만으로 단정 지을 수는 없었다. 고개를 저으며 로빈의 사무실로 들어온 수사관이 말했다.

"그가 무언가를 숨기고 있습니다."

로빈은 2차 조사를 해야 한다고 생각했다. 항상 정중한 프리에토는 화를 내지 않고 다시 조사를 받는 데 동의했으나 분명 오류일 것이라고 했다.

로빈은 사흘 뒤인 10월 26일 금요일에 두 번째 거짓말탐지기 조사를 실시했다. 그녀가 프리에토에게 말했다.

"그냥 솔직하게 말하세요. 진실을 말하지 않으면, 도와드릴 수가 없습니다."

그녀는 프리에토가 아내에게 고백하고, 내연녀와의 관계를 끊으면 그의 약점을 보완할 수 있다고 설명해 주었다. 그가 더 이상 무언가를 숨기지 않으면 공갈이나 협박을 당할 가능성이 줄어든다는 뜻이었다.

프리에토는 자신이 성실하게 조사에 임하고 있다고 재차 확인해 주고, 각 단계를 설명하기 위해 신경 써준 로빈에게 감사를 표했다.

2차 조사가 시작되었다. 수사관이 프리에토에게 기밀 정보를 공유했는지 또는 실수로 유출했는지에 대한 구체적인 질문을 던졌다. 그는 대통령을 모시던 출장 중에 여자 친구와 함께 호텔에 묵었다고 인정했다. 수사관이 질문을 이어갔다. 경호계획서를 그녀가 볼 수 있게 노출했는가? 극비 사항인 대통령 경호계획을 무심코 그녀에게 흘린 적이 있는가? 그는 아니라고 대답했다.

프리에토는 두 번째 조사도 통과하지 못했다.

로빈이 가장 두려워했던 일이 현실로 나타났다. 프리에토는 멕시코 국적자와 오랜 비밀 연애를 넘어 무언가를 숨기고 있는 것 같았다. 얼마나 심각하길래 숨기려 하는 걸까? 이제 로빈에게는 수사 외에는 선택의 여지가 없었다.

그날 오후, 로빈은 경호 부본부장 및 법무관과 화상회의를 열었다. 그들은 수사가 끝날 때까지 프리에토의 보직을 해임해야 한다고 결정했다. 에레비아는 몹시 화가 났다. 그는 설리번을 찾아가 사건을 조용히 무마할 기회를 달라고 했다. 그 앞에서 프리에토가 탁월한 능력을 갖춘 간부라는 말도 잊지 않았다.

설리번은 프리에토가 훌륭한 직원이라는 점에는 동의했지만 로빈의 편을 들었다. 그는 카르타헤나 사건을 샅샅이 조사하는 상황에서 그 누구도 특혜를 받아서는 안 된다고 하였다.

같은 날, 프리에토에게 출입 금지 조치가 내려졌다. 이는 낙인이나 다름없었다. 백악관을 포함해 비밀경호국이 관리하는 모든 시설에서 프리에토의 출입을 통제하라는 이메일이 전 직원에 발송되었다.

마이크 화이트(Mike White, 이하 화이트)는 오바마를 후보 때부터 수행해 대통령경호팀에서 가장 오래된 간부 중 한 명이었다. 그는 당일 프리에토의 집으로 찾아가 배지와 총기를 넘겨받고는 그에게 내려진 출입 금지 조치를 공식적으로 전달했다. 그는 친구의 상태를 살피기 위해 잠시 머물다 갔다. 집에서 나온 화이트는 부팀장에게 전화를 걸어 프리에토의 상태가 괜찮아 보인다고 보고했다.

나중에 수사로 밝혀진 바에 따르면 프리에토는 그날 밤 로드 아일랜드 애비뉴(Rhode Island Avenue)의 홈디포(Home Depot)로 가 덕테이프, 판지와 호스를 샀다.

팀원 중에 프리에토와 가까운 닐 헤가티(Neil Hegarty, 이하 헤가티) 요원은 프리에토의 안부를 물으러 연락을 시도했지만 응답이 없었다. 다른 사람들도 연락을 시도했으나 마찬가지였다. 헤가티는 초조해졌다. 헤가티는 다음 날인 토요일에 다시 연락을 했지만 역시 답이 없었다. 걱정이 된 헤가티는 케넌가(Kenyon Street)에 있는 마운트 플레전트(Mount Pleasant) 연립주택으로 찾아갔다. 프리에토는 임대료를 아끼기 위해 국무부 외교경호국(Diplomatic Security Service)* 요원과 함께 살고 있었다. 당시 그의 룸메이트는 출장 중이었다. 헤가티가 프리에토의 집 뒷골목에 도달했을 때, 분리된 벽돌 차고에서 웅웅거리는 소리가 들렸다.

차고 안에는 프리에토가 있었다. 그는 얼마 전 친구로부터 산 2009년

---

* 국무부 산하에 있는 경호기관이다. 국무부 장관과 방미하는 외교장관 경호를 담당하고 각 대사관 보안업무를 담당한다.

식 도요타 FJ 크루져의 조수석에 앉은 채 숨져 있었다. 운전석에 놓여 있는 노트북 화면에는 어린 두 아들의 사진 파일이 띄워져 있었고, 귀에는 아이팟과 연결된 브룩스톤 이어폰이 꽂혀 있었다.

소형 SUV 차량은 12시간 가까이 시동이 켜졌던 것으로 밝혀졌다. 프리에토는 유독 가스가 빠져나가지 못하게 판지를 차고 바닥에 붙여 놓고는 스스로 목숨을 끊었다.

헤가티는 구역질이 났다. 그는 911과 동료들에게 연락했다. 구급차와 소방차가 도착했지만 할 수 있는 일은 아무것도 없었다. 프리에토의 친구들이 현장에 도착했다. 한때 프리에토를 직원으로 두었던 간부는 비보를 듣고 프리에토의 집에 찾아가 자살을 선택한 단서를 찾으려고 했다고 한다. 검시관이 도착해서 사진을 찍고 나자 구조대는 부검 절차를 위해 시신을 들것에 실어 영안실로 옮겼다.

프리에토의 죽음으로 본부는 충격을 받았고 결국 조직 전체를 크게 뒤흔들었다. 프리에토는 비서실과 대통령경호팀뿐만 아니라 뉴욕 지부와 클린턴 전 대통령경호팀 등 곳곳에 친한 지인이 있었다. 비서실에서 이 소식을 오바마에게 보고하자 대통령도 매우 놀랐다. 오바마는 프리에토가 개인적인 일로 고통받고 있다는 낌새를 전혀 눈치채지 못했고, 그의 비밀 취급인가에 대한 조사가 있었다는 사실도 모르고 있었다.

스톡스는 프리에토와 친하지 않았지만 몇 년 전에 같이 근무한 적이 있었다. 그는 다른 요원으로부터 그 소식을 들었을 때 할 말을 잃었다가 결국 울음을 터뜨렸다고 한다.

주말 동안 프리에토의 자살 소식이 비밀경호국 내부에 퍼졌다. 이를 두고 에레비아를 포함한 많은 요원들은 출입 금지 조치로 망신을 주지 않았다면 프리에토가 그렇게까지 실의에 빠지지 않았을지도 모른다며 국장을 비난했다. 설리번은 동료에게 "빅(에레비아)이 결코 나를 용서하지 않을 것 같다"고 말했다.

스톡스는 대통령경호팀과 뉴욕 지부 동료들로부터 본부 고위 간부들이 프리에토의 죽음을 스톡스의 탓으로 돌리고 있다는 말을 전해 들었다. 스톡스가 프리에토의 보안 위배 가능성을 제기해 본부에서 조사를 할 수밖에 없었다는 것이다. 스톡스는 화가 났다. 그가 한 일이라고는 간부들의 이중 잣대에 맞선 것뿐이었다.

로빈은 자신의 정보망을 통해 본인이 프리에토의 사건을 처리한 방식을 설리번도 비판하고 있다고 들었다. 그녀는 프리에토의 죽음에 대해 큰 부담을 느꼈지만 자신이 옳은 일을 했다고 생각했다. 그녀는 국장과 대면할 시간을 요청했다. 그러나 설리번을 만나고도 아무런 위안을 얻지 못했다. 그는 퉁명스럽게 제대로 절차를 따랐는지 의문을 제기했다. 두 번째 거짓말탐지기 조사를 바로 이어서 했어야 했는가? 왜 그렇게 서둘렀지? 설리번이 그녀에게 물었다.

"로빈, 정말로 그가 우리에게 위협인물이 될 수 있다고 생각했어?"

돌변한 설리번의 태도에 로빈은 깜짝 놀랐다. 국장이라는 사람이 어떻게 거짓말을 하고, 조직의 민감한 비밀을 누설했을지도 모를 요원을 감싸고 돌 수 있단 말인가?

로어 이스트 사이드(Lower East Side) 성당에서 프리에토의 장례식이 열렸다. 그의 가족은 눈이 충혈된 채 정신이 없어 보였다. 친척, 친구들과 직장 동료들의 슬픔이 성당을 가득 채웠다. 그와 동시에 비밀경호국 직원들의 원망도 허공에 감돌았다.

설리번은 프리에토의 장례식에 참석하고 싶었으나 주변 시선이 두려워 고민하다가 결국에는 가는 것이 도리라고 결정했다. 설리번은 장례식에 모습을 드러냄으로써 자신을 비난하는 뉴욕 지부의 불만이 누그러지기를 바랐다. 그러나 설리번이 들어서자 요원들이 그의 뒤에서 수군거리는 소리가 들렸다.

스톡스도 여러 감정이 교차했지만 장례식에 가야 한다고 생각했다. 그에게는 프리에토 자살 소식도 충격적이었지만, 책임을 다하지 못한 프리에토의 상사들 때문에 사달이 난건데 자신만 비난의 대상이 된 게 참을 수 없이 고통스러웠다. 그를 향한 비난은 설리번을 향한 비난보다 훨씬 날카로웠다. 그가 영성체를 모시고 자리로 돌아갈 때 뉴욕 지부 요원들이 그를 노려보았다.

하지만 그날 성당에 있는 그 누구도, 심지어 스톡스조차도 프리에토에 대한 모든 진실을 알지 못했다. 알고 보니 프리에토가 한 거짓말은 그 외에도 더 있었다.

3주 후, 국토안보부 감찰관실과 비밀경호국은 프리에토가 무엇을 숨기려고 했는지 알아내기 위해 합동 조사에 착수했다. 두 기관은 프리에토에게 지급된 노트북과 블랙베리 외에도 암호화된 개인용 블랙베리 2개, 노트북 3개 및 저장장치 3개를 수거했다. 이 10개의 장치에서 프리에토의 비밀들이 쏟아져 나왔다.

수사관들은 개인용 블랙베리 암호를 풀지 못했지만 다른 기기들과 연동된 것을 발견해 프리에토가 여러 명의 국내외 여성들과 내연관계였다는 사실을 밝혀냈다. 그는 연애 생활을 기록하는 습관이 있었던 것 같다. 잠깐 만난 것으로 추정되는 여성들에 대해서도 야한 사진 또는 영상을 남겼다.

프리에토는 보고의무를 위반하고 몰래 해외여행을 다녀오기도 했다. 그는 진술서에 지난 7년간 개인적인 이유로 외국을 나간 적이 없다고 기재했었다. 유일하게 해외를 나간 사유는 공무 때문이었다고 했다. 하지만 수사당국은 그가 실제로는 개인적인 이유로 해외여행을 20번 다녀온 사실을 밝혀냈다. 현지에서 여성들을 만났던 일도 드러났다. 그 여성들 중 의심될만한 사람을 추려 CIA에 신원조회를 요청해 보니 특이점이 있는 인물이 두 명 나왔다. 한 명은 과거 동구 공산권 국가 출신이었다. 찜찜했다. 또 다른 여성의 배경은 심각하다고 볼 수 있었다. 그녀는 억압적인 신정국가이자 미국의 적인 이란 출신이었다. 수사관들은 미국 국무부가 이란을 테러지원국으로 분류하고 있어 그녀 또는 그녀의 가족이 이란 정부와 관련이 있을 수도 있다고 우려했다. 하지만 CIA는 두 여성이 외국 정보기관과 관련이 있다는 증거를 찾지 못했다.

프리에토는 백악관과 대통령을 보호하는 극비 사항 일부를 공유 받았었다. 그는 대통령이 비상시에 사용하는 안전 가옥들의 위치와 출입 방법을 알고 있었다. 또한, 해외 순방 때 대통령을 보호하기 위해 군과 국가안전보장국(NSA, National Security Agency)*이 운용하는 여러 기밀 프로그램에 대한 지식도 있었다. 그런데도 프리에토는 비밀경호국에서 가장 민감한 보직인 대통령경호팀에서 근무하며 이중생활을 했다. 심지어 훈련된 관찰자들 사이에서 이런 일을 벌였다는 게 놀라웠다.

이런 문제에도 불구하고 프리에토는 미국을 깊이 사랑하는 선량한 시민이었다. 비록 그가 사리 판단을 잘못해 자칫 공갈과 협박에 노출될 수 있었지만, 그는 자신의 직업을 사랑했다. 조사받은 19명의 동료 요원, 가족과 친구 모두 프리에토가 절대 조국을 배신하지 않을 애국자라고 말했다.

하지만 그가 이 여성들 중 한 명과 대수롭지 않다는 듯 대통령과 관련된 기밀을 공유하지 않았다고 장담할 수 있는가? 비밀경호국은 확신할 방법이 없었다. 프리에토의 동료나 상관들은 외국 여성과의 관계를 문제 삼지 않았기 때문에 다른 여성이 더 있는지 알지도 못했다.

"심각한 일입니다."

---

* 미 국방부 산하 정보기관으로 통신 감청을 통한 정보 수집과 암호 해독을 전문으로 하는 기관이다.

프리에토가 여러 외국인들과 접촉한 사실이 드러나자 전직 비밀경호국 고위 간부가 한 말이다.

"거기다 대통령경호팀장 빅 에레비아가 문제를 외면하고 있습니다."

에레비아는 그 여성이 프리에토의 여자 친구인지 몰랐다고 주장했다.

스톡스는 프리에토를 해고한 사람으로 부당하게 낙인찍혔고, 동료의 자살로 인해 쏟아지는 비난으로 엄청난 충격을 받았다. 그는 프리에토의 이름을 언급한 적도 없었고, 간부들에게 그들이 위선적이라고 압박했을 뿐이다.

그런데 간부들은 그동안 온갖 행위를 용인했으면서 직원 일부가 재수 없게 걸리자 관리능력을 보여주겠다는 듯 요원들을 교수대로 끌고 갔다. 사실 몇몇 간부들은 프리에토가 수년간 아내와 조직에 숨기고 여러 여자를 만난 사실을 알고 있었다. 프리에토의 친구들에 따르면, 그가 스스로 목숨을 끊은 이유는 자신의 가치와 정체성을 비밀경호국 요원이라는 신분에 너무나 강하게 결부시켰기 때문이었다.

스톡스는 비밀취급인가를 박탈하려는 조직을 상대로 수개월간 법정 다툼을 이어갔지만 결국에는 패배했다. 그는 카르타헤나에서 매춘부와 하룻밤을 보낸 일 때문에 비밀경호국에서 나가야 한다는 통지를 받고 조직을 떠났다. 정년을 불과 2년 앞둔 시점이었고, 파면을 당해 연금도 잃고 말았다.

22
새로운 보안관

레이첼 위버(Rachel Weaver, 이하 위버)는 은폐하려는 꿍꿍이라고 생각했다. 상원 국토안보소위원회의 공화당 서열 1위인 위스콘신주(Wisconsin) 론 존슨 의원의 보좌관인 위버는 호기심도 많았지만 거짓말을 탐지하는 데 타고난 기질이 있었다. 워싱턴 정가는 그런가 보다 하고 넘어갔지만 그녀는 비밀경호국 안에서 실제로 무슨 일이 일어나고 있는지 알아내기로 결심했다. 야당에 속해서인지 그녀는 진실을 추구하겠다는 욕심과 오바마 정부의 책임을 추궁해야 한다는 의무감을 느꼈다.

2012년 가을 초, 워싱턴은 다가오는 대통령 선거에 관심이 쏠려있었고 관련기사가 뉴스를 도배했었다. 여론조사에서는 오바마가 경쟁자인 미트 롬니(Mitt Romney) 공화당 후보를 근소한 차이로 앞서는 것으로 나타났다. 봄에 발생한 비밀경호국의 성매매 스캔들은 더 이상 언론의 관심대상이 아니었다.

하지만 비밀경호국 본부는 폭발하기 일보 직전이었다. 그레그 스톡스 등 카르타헤나 사건에 연루된 요원들은 가혹한 처벌과 이중 잣대에 화가 나 언론에 폭로하겠다고 으름장을 놓았다. 그 와중에 상급기관인 국토안보부가 비밀경호국 징계에 대한 대대적인 감찰을 벌이고 있어 설리번과 지휘부는 과거 위법 행위들이 드러날까 노심초사했다. 50명으로 구성된 감찰팀은 비밀경호국 예상보다 훨씬 더 광범위한 자료를 검토하였다. 감찰팀이 요구한 기록 중에는 요원들의 음란행위, 가정 폭력, 의제 강간, 직장 내 음란물 시청, 부하 직원 성희롱 등에 대한 사건도 포함되었다. 마이애미 출신 수석 조사관 데이비드 니랜드(David Nieland)는 이 사건들의 처분 결과에 의혹이 생겼다. 조사관들이 보기에 파면될 사유가 충분한데 가벼운 징계를 받은 직원들이 일부 있었기 때문이다.

한편, 설리번은 자신이 폭로될까 봐 진정으로 걱정했다. 감찰의 방향이 어쩌다가 틀어져 그즈음에는 설리번이 의회에 허위보고를 했다는 내부 고발자들의 주장에 초점이 맞춰졌다. 요컨대 설리번이 카르타헤나 매춘부들이 국가안보에 위해가 될 가능성을 발견하지 못했다고 거짓말했다는 내용이었다. 설리번은 근거 없는 주장이라고 생각했지만, 그래도 변호사를 선임하기로 했다. 감찰팀이 조사 결과를 법무부에 회부해 수사 개시 여부에 관한 판단을 받으려고 해서 이에 대응해야 할 필요가 있었다.

위버는 그 사실을 몰랐지만 곧 알게 될 것이었다. 지난 5월, 의회가 아직 카르타헤나 사건에 몰두하고 있었을 때, 그녀는 설리번이 출석한 비공개 브리핑에 참석했다. 브리핑에는 위버의 상관인 존슨과 의원들이 참여했고 설리번은 당사자 처벌과 재발 방지를 위한 조치가 취해지고 있다고 확언했다. 존슨은 의회에서 카르타헤나 사건을 담당하는 국토안보분과위원 중 한 명이었다.

위버는 브리핑에서 설리번과 그의 일행이 많은 말을 했지만 사건에 관한 정보는 제공하지 않았던 기억이 떠올랐다. 설리번 일행은 차량을 실은 두 번째 군용기가 착륙한 시간, 콜롬비아 출장에 편성된 인원수, 그리고 요원들이 조사받은 날짜까지 공개했다. 그들이 구체적인 정보를 제공하다 보니 투명하다는 인상을 주었지만, 성매매 사건과 관련해 정확하게 무슨 일이 일어났는지는 말하지 않았다.

위버는 지난 몇 개월간 감찰팀이 무엇을 발견했는지 궁금했다. 비밀경호국은 과거에 성매매를 용인했나? 설리번은 카르타헤나에 대해 새로운 사실을 알고도 침묵했나?

　9월 25일 아침, 감찰팀은 국토안보위원회 직원들에게 브리핑을 하라는 위버의 재촉에 못 이겨 의회에 도착했다. 위버는 상세한 질문 목록을 준비했지만, 찰스 에드워즈(Charles Edwards, 이하 에드워즈) 감찰관 대행 휘하에서 일하는 조사관들은 멋쩍어하며 답변할 내용이 없는 이유를 설명했다. 법무부는 범죄 사건 수사가 아니라며 외국에서 실시하는 조사를 승인하지 않았다. 따라서 감찰팀은 다섯 달 동안이나 조사를 하면서도 카르타헤나 호텔 기록을 보거나 호텔 직원, 스트립 클럽 주인, 또는 요원들이 방으로 데려간 매춘부들을 직접 심문하지 못했다. 이에 더해, 비밀경호국 내에서 협조 거부 방침이 내려져 본부 고위 간부 10명을 포함한 32명의 직원이 조사에 응하지 않았다. 이는 위버에게 감찰팀이 농락당했다는 소리로 들렸다.

　그녀는 오바마 정부의 정치적 동기에 의심을 품고 그들이 뭔가를 은폐하고 있는지 확실히 파악하고자 하는 공화당원이었다. 재선 캠페인 막바지인데 오바마에게 불리한 뉴스를 현 정부가 막으려는 것은 아닐까? 그녀는 궁금했다.

　위버는 세련된 외모와 달리 업무에 있어서는 투사였다. 33세인 위버는 키가 크고, 긴 금발 머리를 자랑했다. 그녀는 진중하면서도 패션 감각이 뛰어난 사람들이 찾는다는 복고풍 캣아이 안경에 하이힐을 즐겨 신었다. 남성중심적인 의회에서 의원들은 예쁜 여성을 눈요깃거리로 취급했지만, 위버는 그런 식으로 이쁨 받을 생각이 전혀 없었다.

　복음주의 기독교 신자인 위버는 새크라멘토의 중산층 가정에서 4남매 중 장녀로 태어났다. 고등교육을 받지 못한 그녀의 아버지는 수영장 건설업으로 돈을 벌어 가족 중 처음으로 위버를 대학에 진학시켰다. 위버는 새크라멘토주립대학(Sacramento State)을 졸업한 후 의회에서 새크라멘토 하원의원 인턴으로 일하며 조지워싱턴대학(George Washington University)에서 안보정책학 석사 학위를 취득했다. 그녀의 롤 모델은 콘돌리자 라이스였다.

22 새로운 보안관

위버는 능력만으로 국토안보위원회 일을 맡게 되었고, 나라를 더 안전하게 만드는 데 노력을 기울였다.

그런 그녀가 감찰 결과보고서 초안을 보고 싶다고 했다. 감찰팀은 보고서 초안도 비문으로 분류되어 있기 때문에 위버와 위원회 일부 직원들로 국한해 국토안보부 본부에서 열람하는 것을 허락할 수 있으나 사본을 제공할 수는 없다고 답했다.

그 제안을 받아들인 사람은 위버뿐이었다. 민주당 쪽에서는 다른 일로 바빠서 갈 수 없다고 했다. 10월 2일 아침 위버는 감찰관실로 갔고, 에드워즈가 직접 입구에서 그녀를 맞이했다. 둥근 얼굴의 에드워즈는 격식을 차리며 그녀를 창문 없는 2층 회의실로 안내했다. 전화번호부처럼 두꺼운 보고서 초안과 첨부문서 및 근거자료가 저장되어 있는 노트북이 탁자 한가운데 놓여 있었다. 에드워즈는 그녀에게 메모를 해서는 안 된다고 설명해 주었다.

"죄송하지만 메모를 해야 합니다."

위버가 정중하게 말했다. 에드워즈와 위버는 잠시 서로를 응시했다.

"상사에게 보고를 드려야 하는데 이 모든 내용을 기억할 수가 없어요."

그녀가 탁자 위에 쌓여있는 서류를 가리키며 말했다. 에드워즈는 망설이다 위버의 말에 동의하고는 자리를 비켜주었다.

위버는 에드워즈가 주요 의원들과 좋은 관계를 맺고 싶어 보고서를 보여주는 것이라고 생각했다. 그가 상임감찰관직을 갈망하고 있었기 때문이다. 만약 그랬다면 이는 에드워즈의 크나큰 오산이었다.

위버는 의자에 앉아 보고서를 파고들었다. 그녀가 겨우 2페이지 중간에 이르렀는데 벌써 흥미로운 내용이 눈에 들어왔다.

"감찰관실(OIG, Office of the Inspector General)은 비밀경호국 직원들이 이전에도 유사한 부정행위를 저질렀다는 보고를 받았다."

하지만 설리번은 분명 의원들 앞에서 카르타헤나 사건이 일회성 일탈

행위라고 했다. 그녀는 계속해서 읽어 내려갔다.

"엘살바도르와 파나마 공식 방문 중에 성매매를 한 사실을 확인했다."

설리번은 성매매 혐의를 확인하러 엘살바도르에 요원들을 파견했지만 사실이 아니었다고 말했다.

좀 더 읽어 내려가자 카르타헤나에 선발대로 갔던 요원의 인터뷰를 읽을 수 있었다. 그 요원은 스페인어를 유창하게 구사하기 때문에 스페인어권 국가로 출장을 갈 때 직원들이 매춘부들과의 협상에 자신의 도움을 구했다고 했다. 그가 고위 간부와 택시를 타고 호텔로 돌아왔을 때 그 간부가 여자를 기다리고 있으니 그녀가 도착하면 자기 방으로 올려 보내라고 호텔 프런트에 말한 경우도 있었다고 했다.

놀라웠다. 하지만 이후에 나오는 내용은 더 충격적이었다. 에드워즈의 조사관들이 카르타헤나 매춘부 중 의심스러운 여성이 있다는 정보기관 확인서를 발견해 설리번이 의회에 허위로 진술했는지 조사하기 시작했다고 명시되어 있었다. 위버는 그 여자의 범죄 조직 연관 가능성을 "비밀경호국 관계자들이 알고 있었다"는 게 어이없었다. 설리번이 의회에서 여성들과 관련해 우려할 만한 정보가 없다고 한 기억이 떠올랐다.

설리번처럼 정무감각이 뛰어나고 신중한 정부 관리가 의회에 거짓말을 했다고는 믿기 어려웠다. 그러나 위버는 설리번이 분명 모든 사실을 밝히지 않았다고 생각했다.

위버의 관심을 끈 내용이 하나 더 있었다. 비밀경호국과는 별 관련이 없었지만, 오바마가 재선 캠페인을 벌이는 시점이라 엄청난 파장을 일으킬 소식이었다.

보고서에는 카르타헤나 출장 기간에 매춘부를 방으로 데리고 간 인원 중에 비서실 직원 한 명이 포함된 것을 비밀경호국 요원들이 발견했다는 기록이 있었다. 비밀경호국은 힐튼호텔 기록과 직원들을 조사한 내용을 근거로 들었다고 언급되어 있었다. 비서실 직원의 아버지는 잘 알려진 로

비스트였으며, 정치자금을 기부해 오바마 정부가 추진하는 몇 가지 주요 정책에 민간 파트너로 참여한 적이 있는 인물이었다. 위버는 직원의 신원은 중요하지 않다고 생각했다. 오바마의 참모들은 백악관이 카르타헤나 성매매 사건과 연관되는 그 자체를 결코 원하지 않을 게 확실했다. 그래서 설리번과 백악관은 의원들에게 보낸 자료, 의회 증언, 공개 기자회견 등에서 카르타헤나 사건에 백악관 인사가 연루된 증거가 없다고 거듭 주장했었다.

존슨은 의기양양해졌다. 보좌관의 추진력 덕분에 공화당 초선 상원의원인 자신이 아무도 갖고 있지 않은 군침 도는 자료 더미 위에 앉아 있었다. 이는 오바마 정부가 의회를 호도했음을 보여주는 자료였다.

10월 19일, 존슨은 위버가 작성한 9페이지 보고서를 첨부한 보도 자료를 발표했다. 그 자료를 보면 설리번과 백악관의 주장이 감찰팀 조사관들이 발견한 내용과 차이가 있다는 사실을 알 수 있었다. 존슨은 그 차이가 "정부가 의회를 호도했거나 정보를 숨겨 왔다"는 의미라고 했다. 몇몇 언론사는 오바마 정부가 발표한 내용과 상반되는 보도 자료를 일찍 받아보았다. 브레이트바트뉴스(Breitbart News)는 "국토안보부 위증 의혹"이라는 제목으로 머리기사를 내보낸 반면 CNN은 "새로운 조사 결과가 공식 발표를 반박했다"며 완화된 표현으로 보도했다.

오바마 정부는 백악관 직원이 성매매 스캔들과 연루됐다는 정황을 은폐하려 했다. 존슨은 이에 대한 증거를 찾아 투표 하루 전날 발표했다. 당연히 그는 공화당의 영웅이 될 거라고 기대했지만 결과는 정반대였다. 민주당 소속 조 리버만 의장은 보도 자료가 설리번에게 너무나 불공평한 "보안 유출"이라고 비난했다. 존슨 편이었어야 할 수잔 콜린스 공화당 의원도 몹시 언짢아했다. 그녀는 에드워즈에게 전화를 걸어 어떻게 그녀보다 후배 의원의 보좌관이 보고서 초안을 먼저 입수할 수 있었는지 물었다. 비밀경호국을 감독하는 다른 의원들처럼 콜린스도 자기희생적인 애국자들로 구성된 기관을 깊이 조사하는 데에는 별 관심이 없었다. 존슨은 위원회 내 선배 공화당 의원들에게 원망을 사고 말았다.

그러나 위버의 조사는 이제 막 본격적으로 시작할 참이었다.

오바마는 2012년 11월 선거에서 과반수가 조금 되는 표를 받고 연임에 성공했다. 한편, 설리번은 카르타헤나에 대한 책임 대신 자신의 공로를 인정받고 은퇴하고 싶었다. 2012년이 저물어 가자, 설리번은 7개월 동안 연달아 폭풍을 맞은 느낌이 들었다. 그는 매주 감찰관실 조사관들의 질문과 의원들의 요구자료에 시달렸고, 자기 직원들을 포함한 다양한 세력들로부터 의심을 받아왔다.

이에 더해, 설리번에게 반기를 든 직원들도 있었다. 이들은 설리번이 카르타헤나 사건과 관련된 매춘부 중 위협이 되는 사람은 없었다는 식으로 의회에 거짓말을 했다고 조사관들에게 제보했다. 이는 범죄행위였기에 그들의 발언이 사실이라면 형사사건으로 확대될 수도 있는 사안이었다.

설리번은 청문회를 앞두고 신뢰하는 부하 2명으로부터 보고를 받았다고 했다. 그 내용인즉, 신원확인 결과가 확실하다고 보기 어려워 진위를 파악 중이라는 것이었다. 이를 증명하려는 듯이 그의 비서실장은 확인서를 제출했다. 거기에는 이러한 내용이 사실이고, 매춘부들이 CIA 시스템에 있는 이름과 "일치하지 않았다"는 보고를 받았다는 내용이 담겨 있었다. 왜 의회에 단언하듯이 답변을 했냐는 질문에 설리번은 "그냥 보고받은 대로 말했다"고 답했다.

결국 조사관들은 설리번이 거짓말 했다는 증거가 없다고 결론 내렸다.

크리스마스 연휴가 다가오자 설리번에게 기쁜 소식이 들렸다. 법무부는 설리번이 수사를 받을 만큼 잘못을 저지르지 않았다고 결론지었고, 감찰관실은 설리번이 카르타헤나 사건을 조사하기 위해 "신속하고 철저하게" 행동했다고 보고서를 수정했다. 설리번은 퇴임을 계획했다.

그는 자신의 이름이 카르타헤나 사건과 엮여 앞으로도 계속 입방아에 오르내릴 수 있다는 점을 알고 있었다. 그래서 자신이 스캔들로 인해 강제로 은퇴한다는 의혹을 '수정된 보고서'를 통해 불식시키고자 했다.

설리번은 국토안보부 장관 자넷 나폴리타노(Janet Napolitano, 이하 나폴리타노)의 비서실장 노아 크로로프(Noah Kroloff, 이하 크로로프)와 함께 보안컨설팅 회사 설립을 몰래 추진하고 있었다. 그 일을 성사시키기 위해 회사에 기꺼이 투자할 파트너만 찾으면 되는 단계였다. 두 사람은 연방정부 사업을 따서 정책에 영향력을 행사하려는 기업에 자신들의 경험과 노하우를 제공할 계획이었다. 설리번은 비밀경호국을 현대화하기 위한 예산을 확보하는 데조차 어려움을 겪었는데도 말이다.

설리번은 나폴리타노와 백악관에 2월 말 퇴임할 계획임을 통보하고 후임자를 추천했다. 그는 네 명의 후보를 제시했지만 실제로는 데이비드 오코너를 강력하게 밀고 있었다. 그가 선택받도록 크로로프를 찾아가 부탁까지 할 정도였다.

보스턴 출신으로 57세인 오코너는 클린턴 정부 시절에 경호업무를 시작했다. 그는 자신을 엄격하게 대해 경호요원으로서는 존경을 받았지만, 관리자로서는 직원들 사이에서 호불호가 강하게 갈렸다. 일부 직원들은 오코너를 매몰차고 무서운 상사로 여겼다. 어떤 직원들은 그가 기준이 높고, 같이 일해 본 상사 중 최고의 리더라고 평가했다.

설리번은 A. T. 스미스 부국장, 줄리아 피어슨 비서실장 그리고 패런 파라모어 본부장에게 그들이 후보 명단에 올랐다고 말했다. 그리고 공정성을 보장하기 위해 다른 사람들과 이 문제를 논의하지 말라고 했다. 스미스는 부국장이니 당연히 자신이 적임자라고 생각하고 안심했다. 피어슨은 설리번이 자신을 비서실장직으로 밀어냈기 때문에 여성 후보가 필요했을 뿐이라고 생각하며 크게 의미를 두지 않았다. 얼마 지나 오코너, 스미스와 피어슨만이 면접을 보러 웨스트윙으로 갔다는 소문이 빠르게 퍼졌다. 비밀경호국장을 뽑기 위한 면접관들이 사상 최초로 여성으로만 구성되었다. 바로 캐시 뤼믈러 백악관 고문, 알리사 마스트로모나코 비서실 차장, 발레리 재럿 오바마 수석 고문, 그리고 영부인 비서실장 티나 테헨(Tina Tehen)이었다.

면접관들은 솔직한 오코너에게 깊은 인상을 받았다. 그는 전당대회, 대통령 선거 캠페인, 교황 방문 등 어려운 임무를 성공적으로 완수한 경력도 있었다. 스미스에게는 호감을 느끼지 못했다. 한 보좌관은 그가 면접관들을 보고 실망한 듯한 표정을 지은 게 원인이라고 느꼈다고 했다. 2월 말, 오코너와 피어슨만이 세 번째 전형인 대통령과의 면담까지 도달했다.

피어슨이 대통령 집무실로 들어갔을 때 오바마는 그녀의 이력서를 손에 들고 있었다. 대통령은 피어슨에게 왜 비밀경호국에 지원했는지 설명해달라고 했다. 그는 조직에 대한 그녀의 생각에 대해서는 전혀 묻지 않았다. 그보다는 다른 것을 궁금해했다.

"비밀경호국에서 여성으로 근무한 경험은 어땠나?"

대통령이 물었다.

피어슨은 첫 흑인 대통령과 눈을 마주치고는 거의 본능적으로 대답했다.

"잘 아시잖아요."

그녀는 너무 직설적으로 답한 것 같아 바로 후회했지만 오바마는 이해한다는 듯 끄덕이며 고개를 숙였다.

약 2주 후, 크로로프는 아침에 피어슨에게 전화를 걸어 대통령이 제23대 비밀경호국장으로 오코너를 선택했다고 말했다.

"면접도 잘 봤고, 후보로 응해주어서 고맙게 생각하네. 당신은 훌륭한 후보였으니 결과에 너무 낙담하지 말게."

크로로프가 그녀를 위로했다. 3월 1일 금요일, 본부에서는 주요 직위자들이 미리 준비할 수 있게 오코너가 다음 국장으로 확정되었다는 특별 공지를 게시했다. 소문이 급속도로 퍼졌다. 월요일이 되자 로이터통신이 익명의 소식통을 인용해 오코너가 내정되었다고 보도했다.

하지만 이틀이 지나 수요일이 되자 로이터통신은 다른 각도에서 그 소식을 다루기 시작했다. 새로운 기사에는 오코너가 2008년에 형으로부터 인종차별적인 이메일을 받았다는 케케묵은 과거 이야기가 다시 다뤄졌다. 이는 이미 5년 전 언론에서 보도한 사안으로 누구나 구글 검색을 통해 찾을 수 있는 기사였다. 하지만 오바마 정부와 나폴리타노에게는 달갑지 않은 소식이었다. 오코너를 포함해 조직 내 많은 사람들이 스미스가 판을 뒤집기 위해 공작을 한 결과라고 믿었다.

같은 날, 전국흑인법집행관협회(National Organization for Black Law Enforcement Officers)는 백악관 비서실장에게 편지를 보내 오코너를 선택하지 말아야 한다고 촉구했다. 2천 5백 명이 넘는 회원을 보유한 협회는 오코너가 새로운 국장으로 임명되면 소수인종 채용 정책과 직원들의 사기가 "개선되지 않을 것"이라고 경고했다. 흥미롭게도 협회는 오코너 대신 스미스를 임명해야 한다고 주장했다.

오바마 수석 고문인 재럿은 분노로 폭발했다. 이번에도 비밀경호국이 대통령과 백악관을 바보로 만들었다. 오바마 정부는 이미 두 번째 임기 인사의 다양성이 부족하다는 비판을 받고 있었다. 재럿은 웨스트윙의 그 누구보다도 정보 유출을 싫어했다. 그녀에게는 스미스가 배후에 있다는 결론을 내릴 충분한 이유가 있었고, 그의 교활함을 보상해 줄 생각이 추호도 없었다. 백악관은 차기 비밀경호국장 인선 작업을 보류시켰다. 며칠 후 나폴리타노가 오코너에게 전화를 걸어 후보에서 물러날 수 있는지 물었다.

"이미 고려했습니다."

그의 답은 간결했다.

"물러나겠습니다."

오코너는 과거에 편파적으로 보도된 내용을 언론에서 다시 언급해 화가 났다. 그를 인종차별주의자로 낙인찍어 훼방 놓으려 한 인물이 스미스라고 확신했다.

그로부터 2주 후인 3월 26일, 스미스가 고위 간부 회의를 이끌고 있는데 한 행정직원이 회의실로 들어섰다. 그 직원은 피어슨에게 중요한 전화가 걸려 와 있다고 말했다. 피어슨이 사무실에서 전화를 받자 수화기 반대편에서 나폴리타노의 목소리가 흘러나왔다.

"쥴리, 자넷이야. 조금 있다가 대통령께서 23대 국장 인선을 발표할 예정이네."

잠시 적막이 흘렀다.

"너를 차기 비밀경호국장으로 임명하기로 했어."

피어슨은 잠시 아무 말도 하지 않다가 감사하다는 말을 하고는 전화를 끊었다. 놀라웠다. 잠시 책상에 앉아 꿈인지 생시인지 생각했다. 그러다 혼자 깔깔 웃고는 플로리다에 계신 어머니에게 전화를 걸었다.

그렇게 그녀는 148년 만에 최초로 여성 비밀경호국장이 되었다.

23
침몰하는 배

줄리아 피어슨은 버지니아주 셜링턴(Shirlington) 인근 칼라일(Carlyle)에서 친구들과 저녁을 먹은 것 외에는 승진 축하 자리를 만들지 않았다. 그녀는 대통령이 비밀경호국의 첫 여성 국장을 발표하고 이틀 뒤에 업무를 시작했다. 국토안보위원장 톰 카퍼(Tom Carper, 이하 카퍼) 상원의원은 이를 두고 비밀경호국의 "자랑스러운 이정표"라 칭했고 다른 의원들도 덩달아 박수를 보냈다. 실제로 백악관과 의원들은 한 여성이 비밀경호국의 모든 문제를 해결해 주기를 간절히 바라며 그녀에게 행운이 깃들기를 빌었다.

"콜롬비아 성매매 스캔들이 터지는 등 비밀경호국은 기대에 부응하지 못하고 많은 미국인들의 신뢰를 잃었습니다. 피어슨 국장은 비밀경호국에 부여된 중요한 임무를 직원들이 되새기도록 조직문화를 개선해야 합니다. 그녀가 신뢰를 회복하는 데 성공하기를 바랍니다."

법사위 공화당 서열 1위인 척 그래슬리(Chuck Grassley) 상원의원이 말했다.

피어슨은 부임했을 때 비위에 관심이 없었다. 그녀의 관심사는 예산이었다. 부임하고 바로 다음 날, 그녀는 백악관 예산관리국 과장인 데이비드 하운(David Haun, 이하 하운)과 회의 날짜를 잡았다. 다소 무섭게 생긴 하운은 30년 동안 비밀경호국의 예산 업무를 맡으며 단 한 번도 비밀경호국의 예산 지출 사유에 충분히 공감한 적이 없는 사람이었다.

4부 재앙의 시작

피어슨이 하운의 사무실에 앉았을 때는 근무한 지 2주째 되는 날이었다. 그녀는 비밀경호국 비서실장 시절부터 그를 잘 알고 있었고, 비밀경호국의 예산 부족에 대해서는 훨씬 더 잘 알고 있었다. 그녀는 단도직입적으로 말할 수밖에 없다고 생각했다.

"저는 파산을 선언해야 해서 여기 왔습니다."

하운과 배석한 국토안보부 예산 담당자는 농담이라고 생각하며 웃었다.

"농담 아니에요."

피어슨이 말했다.

"정말이에요. 예산 부족이 심각해 조직 운영과 인사에 영향을 미치는 결정을 내렸습니다. 비밀경호국을 대표하여 파산을 선언합니다."

피어슨이 문제를 설명했다. 예산을 삭감하라는 지시에 맞춰 비밀경호국은 2011년 이후 단 한 명도 채용하지 않았다. 비밀경호국 현원은 의회가 승인한 정원 대비 600명 이상 부족했다. 이는 확대되는 임무에 필요한 최소 인원이었다. 연간 백 명에 달하는 제복경호대 퇴직률도 더 이상 무시할 수 없는 문제였다. 경관들은 휴일의 절반 이상을 일하는 현상이 앞으로도 계속될 거라는 전망 때문에 그만두고 있었다.

피어슨은 부임한 날 간부 자리가 86석이나 공석이었다고 말했다. 간부가 새 보직을 받으면 부임지로 이사하는 비용을 지원해야 하는데, 설리번이 그 예산을 아끼기 위해 인사를 단행하지 않았기 때문이다. 대통령과 부통령 경호팀 요원 85명도 즉시 교체되어야 했다. 경호팀은 업무 강도가 세서 4년마다 전보가 이뤄져야 했지만, 그 요원들은 6년 넘게 근무하고 있었다. 직원들을 그대로 둔 것도 이사 비용을 절약하려는 취지였지만 피어슨은 이와 같은 인사 정책이 "잔혹하고 특이한 일"이라고 묘사했다.

피어슨은 하운과 국토안보부 예산 담당자에게 수백 명을 채용해야 하기 때문에 최대한 빨리 돈이 필요하다고 말했다. 공석은 일이 잘못되고 결국에는 재앙이 벌어질 가능성을 의미했다.

하운은 문제의 시급성을 깨달았지만 그러나 뾰족한 묘안이 있는 것은 아니었다. 연방정부는 2015년 예산요구안을 편성하는 중이었고, 2014년 예산안은 편성이 끝나서 대통령 서명만을 남겨놓고 있었다.* 이는 2015년 예산을 집행하기까지 약 18개월간 현재의 인력난을 해결하기 위해 쓸 수 있는 돈이 한 푼도 없다는 뜻이었다.

피어슨이 파산 신청을 언급하며 직설적으로 말한 것이 효과가 없지는 않았다. 국토안보부 예산 담당자는 산하 기관 중 미국 해안경비대(U.S. Coast Guard) 등 규모가 큰 조직의 예산을 일부 전용해 3,700만 달러를 마련해주었다. 이 자금은 8월에 비밀경호국 계좌에 입금되었다. 돈이 생기자 피어슨은 8월 말에 첫 인사를 단행하여 공석이었던 76개 간부 자리를 채우고 대통령과 부통령 경호업무로 지친 요원 65명을 전보시켰다. 그렇게 긴급 자금으로 조직의 문제점을 어느 정도 해결했다. 비록 충분하지는 않았지만, 숨통이 트이는 느낌은 들었다.

다음으로 그녀는 직원 채용 문제에 눈을 돌려, 경관 증원이 긴급한 백악관을 중심으로 48명을 채용하라고 지시했다. 채용 시기는 훈련 일정이 시작되는 10월에 맞춰서 진행되어야 했다.

하지만 카르타헤나 스캔들의 후폭풍으로 의회 직원이 집요하게 비밀경호국과 피어슨을 괴롭혔다. 여기에 더해 조직 내 비위행위가 연달아 터져 나왔다. 피어슨은 임명되고 약 두 달 지난 6월 중순에 첫 번째 사고를 수습해야 했는데 순조롭게 해결되지 않았다.

6월 중순의 어느 수요일이었다. 유서 깊은 헤이-아담스(Hay-Adams)

---

* 이 시점은 2013년 4월로 2013년 예산이 집행되고 있고, 2014년 정부 예산안을 의회에 제출할 시기이며, 정부기관들이 2015년 예산요구안 편성을 시작하는 때였다.

호텔의 보안직원이 새벽 3시 30분에 비밀경호국으로 전화를 걸었다. 그 직원은 한 여성 투숙객이 호텔의 오프 더 레코드(Off the Record) 바에서 술을 마시고 방으로 데리고 간 비밀경호국 요원을 신고했다고 말했다. 기록에 따르면 여성은 방에 들어선 후 경호요원의 총을 보고 겁을 먹었고, 그 요원은 삽탄된 총알도 빼겠다며 그녀를 안심시키려 했다. 그런데도 여성은 그에게 나가라 했고, 호텔 보안직원을 불러 그를 데리고 가달라고 요청했다. 하지만 그 요원은 얼마 지나지 않아 그녀의 방으로 돌아왔다.

그 요원은 20년 전 비밀경호국에 임용돼 현재는 대통령경호팀에서 고위 간부로 근무하고 있는 이그나시오 자모라 주니어(Ignacio Zamora Jr., 이하 자모라)였다. 그는 조직 내부에서 '나초'라는 별명으로 더 잘 알려져 있었다. 새벽 2시쯤 여성의 방에서 나갔던 자모라는 다시 와서 보안직원에게 지갑을 놓고 나왔다며 방으로 돌아갈 수 있는지 물었다. 그러나 진짜 이유는 방에 총알을 두고 왔기 때문이다. 보안직원이 그의 신분을 확인하려 하자 자모라는 그의 소속을 숨기려 머뭇거렸다. 보안직원은 이를 수상히 여겼으나 어쩔 수 없었다. 그는 여성에게 물어볼 테니 기다리라 하고는 방으로 향했다. 그러나 자모라는 불안한 마음에 호텔을 떠났고, 이로 인해 보안직원은 그를 더욱 의심하게 되었다. 이때 자모라는 스스로 운전해서는 안 된다고 결정했을 정도로 술을 많이 마신 상태였고, 몇 시간 뒤에는 출근해야 하는 시간이었다.

자모라의 상사는 빅 에레비아였다. 에레비아는 오랜 기간 오바마 경호팀장으로 근무하고 경호업무를 총괄하는 본부장이 되어 있었다. 설리번이 대통령의 압박에 못 이겨 사임하기 직전에 에레비아를 막강한 권력을 행사하는 자리로 승진시켰다. 오바마는 설리번에게 언젠가는 에레비아가 국장을 맡아야 한다고 말한 적이 있었다. 그러나 당시 설리번은 에레비아가 아직 준비가 덜 되었다며 정중하게 거절했다. 그런데도 설리번이 에레비아를 본부장으로 승진시켰다는 것은 그를 어느 정도 인정했다는 의미였다. 어쨌든 이로써 에레비아는 국장 자리에 한 발 더 가까이 다가가게 되었다.

피어슨은 다음 날 아침 자모라가 취중에 도주한 사건을 듣고 에레비아에게 즉시 자모라를 대통령경호팀에서 빼고 싶다고 말했다. 그녀는 자모라를 통제하려는 마음에 그가 본부에서 행정업무를 맡기를 원했다.

"그는 자신의 상황이 불리하다는 것을 알아야 합니다."

그녀가 말했다. 자모라는 판단력이 부족하다는 점이 드러났고 자신을 다시 증명해야만 했다.

에레비아는 피어슨의 예상보다 훨씬 가벼운 서면경고를 자모라에게 주었다. 이는 또다시 사고를 치면 처벌할 수 있게 근거를 남길 뿐 징계는 아니었다. 에레비아가 이때 자모라를 바로잡아 주었다면 더 큰 사고로 이어지지 않을 수도 있었을지 모른다. 에레비아는 2011년부터 자모라가 부하 여직원과 불륜 관계를 맺는다는 소문을 들었다. 소문이 계속되자 에레비아의 부하이자 자모라의 상관인 롭 버스터(Rob Buster, 이하 버스터)는 2013년 3월에 사실관계를 물었으나 자모라는 이를 부인하였다. 버스터는 부하 직원과 부적절한 관계를 맺고 있다는 의심 자체만으로도 사태가 심각하다는 점을 자모라에게 인식시켜 주었다.

헤이-아담스 사건 발생 한 달 후인 7월 중순에 피어슨은 국토안보부의 칼튼 만(Carlton Mann, 이하 만) 부감찰관으로부터 또 다른 사고가 접수되었다는 연락을 받았다. 피어슨은 이전에도 만으로부터 불쾌한 소식을 전해 들은 적이 있었지만, 이번에는 더 심각한 사태라고 느꼈다. 만은 비밀경호국에서 감찰 업무를 총괄하는 조지 루츠코(George Luczko, 이하 루츠코) 감찰관에 대한 제보를 받고 연락했다고 말했다. 루츠코는 과거 업무용 컴퓨터로 성적인 이미지를 유포했음에도 설리번이 감찰관으로 승진시킨 사람이었다.

루츠코가 젊은 외국 여성들을 만나기 위해 관용차를 남용하고 있다는 제보를 받은 국토안보부 감찰관실에서는 루츠코를 미행하기로 결정했었다. 감찰관실에서는 두 번 미행을 감행했고, 두 번 모두 루츠코가 관용차를 이용해 외국 여성들과 사적으로 만나는 것을 발견했다. 수사가 개시되었을 때 여성 한 명은 그녀와 루츠코가 깊은 관계였는지 묻는 질문에 답하기 불편하다고 말했다.

비밀경호국은 관용차 사적 이용을 명백한 비위로 보았다. 이에 더해, 루츠코는 카르타헤나 사건이 터지고 나서 외국 여성을 만나면 72시간 이내에 보고해야 한다고 반복적으로 말한 간부였다. 피어슨은 루츠코를 그녀의 사무실로 불러 감찰관실이 미행했던 사실과 그들이 밝혀낸 내용을 털어놓았다. 그녀는 루츠코에게 명예퇴직을 곰곰이 생각해 보라고 했다. 루츠코는 공정하지 않다고 불평하며 저항했다. 그는 관용차 사적 이용은 30일간의 정직이 적당해 보인다고 응수했다. 그러나 피어슨은 단호했다.

"너를 그대로 둘 수 없어. 소청이라도 시도하면 지저분해질 거야."

루츠코는 어쩔 수 없이 8월 말에 은퇴하기로 동의했다. 비밀경호국 대변인은 루츠코가 외국인과 부적절한 관계를 가진 적이 없고, 외국인과 접촉한 사실은 절차에 따라 모두 보고되었다고 발표했다.

10월이 되자, 피어슨은 자모라와 다른 고위 간부가 더 큰 문제로 얽혀 있다는 얘기를 듣게 되었다. 워싱턴포스트는 헤이-아담스 사건 외에도 대통령경호팀 간부 팀 배러클러프(Tim Barraclough, 이하 배러클러프)와 자모라가 여직원 크리스틴 파버(Christine Farber, 이하 파버)에게 성적 내용이 담긴 문자를 보냈다는 제보를 받고 비밀경호국 공보관실에 연락했다. 세 사람 모두 기혼자였다. 언론사 문의에 신경이 곤두선 피어슨은 내부 조사관들에게 당장 다음 날 세 명의 전자통신 기록을 모두 조회하라고 지시했다. 그로부터 일주일간 이메일과 문자 내용을 조사하자 그들이 공용 장비를 이용해 애정을 표현하거나 바람을 피우고 있다는 정황이 포착되었다.

파버는 자모라를 "자기"와 "애기" 그리고 자모라의 서열에 빗대 "나의 6

번"이라고 불렀다. 별거 중인 배러클러프의 부인이 조사관들에게 보여준 문자에는 파버가 배러클러프를 "나의 바보"라 불렀고, 배러클러프는 파버를 "예쁜이"라고 칭한 표현이 있었다.

자모라는 2012년 8월 파버에게 이메일을 보내 다른 여성에 대해 걱정하지 않아도 된다고 했다.

"그녀가 당신만큼 나를 생각하지 않을 거라고 확신해! 그러니 질투할 필요 없어!"

"하하… 보고 싶어, 자기야!"

파버의 답신이었다.

며칠 후, 두 사람은 문자로 애정을 표현하며 하루를 마무리했다.

"잘 자, 자기야."

파버가 자모라에게 문자를 보냈다.

"좋은 꿈 꿔, 이쁜 애기."

자모라가 답했다.

"나를 그렇게 불러줄 때 너무 좋아."

파버가 답장을 보냈다. 세 사람은 웬만해서는 남에게 말하지 않을 사항들도 공유했다. 예를 들어, 2013년 3월에 파버는 자기가 생리 중이라는 사실까지 자모라에게 알렸다.

"나의 6번이 오늘 너무 필요해요."

그녀가 그의 별명을 사용하며 문자를 보냈다.

"그리고 이번 달은 생리를 일찍 시작했어!"

며칠 후, 파버와 배러클러프는 샤워하지 않기로 한 그녀의 결정에 대해 이야기를 나누었다.

"아직도 소파에 앉아 있어. 샤워해야 하는데 귀찮아."

"ㅇㅇㅇㅇㅇㅇ."

배러클러프가 답했다.

"TJ, 변태."

그녀가 그를 별명으로 부르며 답했다.

헤이-애덤스 사건이 발생하고 얼마 지나지 않은 2013년 8월에 파버는 자모라에게 "어머나… 자기야"라는 문자를 보냈다.

세 사람 모두 조사에서 동료와 바람을 피우지 않았다고 진술했다. 다만, 파버는 자신과 상사들 간의 관계를 모르는 사람이 문자를 보면 오해할 여지가 있다고 인정했다. 그녀는 자신이 "친절하고 애교가 많은" 것은 단지 본인의 성격과 히스패닉계 문화 때문이라고 말했다. 그러면서 남자 상사들과 키스하고 포옹했지만, 성적 의도는 없었다고 덧붙였다. 그녀가 문자로 "hny*"라고 보낸 것에 대해서는 "hungry(배고프다)"라는 뜻이었다고 설명했다.

파버는 2009년에 나폴리타노 장관 경호를 같이 하며 배러클러프와 가까워졌다고 조사관들에게 말했다. 그리고 당시 그와 주고받은 선정적인 문자에 대해 죄책감을 느껴 현재는 소원해진 사이라고 밝혔다.

하지만 그들이 2013년에 주고받은 문자는 오히려 그 반대이지 않았는가?

"너는 아직도 나의 전부야."

2013년 4월에 배러클러프가 파버에게 보낸 문자다.

"정말? 진심이지?"

파버가 물었다.

"당연하지. 그리고 너 너무 섹시해!"

배러클러프가 답했다.

그의 부인은 조사관들에게 근거를 추가로 제공했다. 그녀는 다섯 번째

---

* Honey(자기)를 줄여 쓴 문자이다.

아이를 임신 중이던 2009년부터 남편과 파버가 애틋함을 표현하며 주고받은 문자 내용을 서면으로 제출했다. 부인에 의하면 파버는 배러클러프를 "연인"이라 불렀고, 배러클러프는 파버에게 그녀 꿈을 꾸고, 품에 안고 싶은 심정을 내비쳤다.

배러클러프 부인은 남편과 파버가 2009년부터 주고받은 문자를 2010년에서야 발견하고 삼자대면한 적이 있었다. 그때 그는 바람을 피운 사실을 인정하고 그와 파버가 직장을 잃을 수도 있으니 비밀경호국에 알리지 말아달라고 간청했다고 한다. 그러면서 파버와의 관계는 끝났다고 장담했다.

하지만 배러클러프는 결혼생활에 어려움이 닥쳐 최근에 아내와 별거했다고 진술했다. 그는 아내가 언급한 문자들 중에 긴가민가한 내용과 지어낸 내용도 있는 것 같다고 했다가, 나중에 가서는 아내의 주장을 모두 반박하였다.

직원들이 바람을 핀다는 징후가 없지는 않았다. 2013년 3월, 대통령경호팀장 롭 버스터는 경호팀 내에서 돌고 있는 소문을 자모라에게 알려주었다. 자모라와 파버가 사무실 안과 밖에서 감정을 표출하고 포옹하는 모습을 직원들이 목격했다는 내용이었다. 파버와 자모라는 단지 친하다는 표현을 했을 뿐이고, 친구라는 관계에는 변함이 없으며, 주고받은 문자에도 그런 의도가 없었다고 변명했다.

2년 전인 2011년, 배러클러프는 자기 가족들이 잘 아는 여성과 섹스팅*을 한다는 이유로 정직을 당한 일도 있었다. 비밀경호국은 그 여성이 자신의 사진을 배러클러프의 직장 이메일로 보내 둘의 관계를 알게 되었다. 그녀가 보낸 사진 중에는 침대 위에서 자위하는 모습과 나체로 포즈를 취하

---

* Sexting. 휴대전화로 성적 문자나 영상을 전송하는 행위이다.

거나 노출이 심한 란제리를 입고 있는 모습이 담겨 있었다.

자모라와 배러클러프는 비위를 근절하겠다는 새 국장 밑에서 다시 조사를 받아야 하는 신세가 되었다. 상관과 바람을 피운다는 소문이 있었다며 조사관들이 파버를 추궁하자, 그녀는 자신과 경쟁선상에 있는 요원들이 그녀의 평판을 망치려 지어낸 이야기일 수 있다며 맞섰다. 마초 문화가 만연한 비밀경호국은 여성들이 빛을 발하기가 쉬운 곳이 아니었다. 파버는 조사 말미에서야 집적대는 듯한 그녀의 말투는 남성중심적인 문화에서 살아남기 위한 하나의 방편이었고, 그녀가 보낸 문자들과 조사 기록이 그 필요성을 방증한다고 주장했다. 이 사건을 조사하고 보고받은 사람들 중에는 오고 간 문자만으로도 그들이 불륜 관계라고 믿는 자들이 있었다. 하지만 상관이 부하 직원과 부적절한 행동을 저질렀다는 것 이상의 혐의를 증명하지는 못했다.

그럼에도 피어슨은 정예 요원들만 간다는 대통령경호팀에 그들을 둘 수 없다고 결정했다. 자모라는 이미 본부로 새로운 보직을 받은 상태였다. 그는 그 이후로 14일간 정직을 당했다. 배러클러프는 직속상관들의 지지에도 승진을 못 하고 애리조나 지부장으로 밀려났다. 파버는 임신 2개월이라는 이유로 뉴욕지부 발령을 거부했다. 그녀는 조사에서 뉴욕에 거주하는 남편과 다시 살고 싶다는 희망을 밝혔지만, 지금의 인사 조치는 불공평하다고 말했다. 하지만 피어슨은 그녀에게 선택의 여지를 주지 않았다. 파버는 뉴욕으로 갔다.

인사 조치는 경호팀에서 그녀와 같이 근무하던 몇몇 남자 동기들을 기쁘게 했다. 대다수 사람들처럼 그녀와 같이 교육을 수료한 동기들도 다른 동기들의 활동을 면밀히 관찰했던 것이다. 동기들은 때가 이른데도 파버가 중요한 보직을 꿰차는 것을 눈여겨보았었다. 어떤 이들은 자모라가 파버에게 책임자 역할을 주려고 하자 그녀의 역량이 아직 부족하다며 대놓고 불만을 터뜨리기도 했다. 자모라는 조사에서 파버를 특별대우하지 않았다고 주장했다.

2013년 말 무렵, 피어슨은 신임직원 채용이 지연되고 있어 걱정됐다. 그녀는 신임직원들이 빠른 시일 내 부서에 배치될 수 있게 임용 교육을 시작하기를 원했다. 하지만 그때까지 채용된 인원은 20명 미만으로 대부분이 경관이었다.

채용이 지연되는 이유는 여태껏 한 번도 시행하지 않았던 새로운 채용시스템 때문이었다.

케네디 시절에는 지부장들이 신임직원 채용을 거의 전적으로 담당했다. 그로 인해 지부장들과 비슷한 사람들, 즉 백인 남성이 주로 채용되었다. 이런 제도는 객관적이지 않았지만 큰 이점이 있었다. 간부들은 오랜 경험을 통해 채용 과정에서 탈락할 지원자를 알아보는 눈이 있었다. 지원자가 고된 근무시간을 듣고 유보적인 반응을 보이거나, 대학 시절에 마약을 했던 사실을 숨기려는 시도를 간파하는 것처럼 말이다. 지부장들은 면접으로 지원자를 선별해 유망한 후보들을 본부로 추천했다.

하지만 2010년 비밀경호국이 채용 절차를 개편하려는 작업에 착수하면서 상황이 바뀌었다. 설리번은 조직 내에서 인종차별 사건이 발생하자 다양한 지원자들을 끌어들일 공정한 채용 제도를 구축해야 한다고 생각했다. 설리번은 이를 실현하기 위해 최종 후보자 명단에 오른 300명의 지원자들을 불합격 처리했다. 처음부터 다시 시작하겠다는 의도였다.

비밀경호국이 고안한 새로운 채용시스템은 지원자들이 연방정부의 구인구직 사이트 USJOBS를 통해 지원하고, 모든 전형을 거친 이후에 합격 여부를 정하도록 했다. 그러나 설리번이 2011년에 모든 채용을 보류시켰기 때문에 인사부가 실제로 이 시스템을 사용한 적은 없었다.

2014년 1월, 다시 채용이 시작되자 각 지부의 간부들은 온라인으로 접수한 수백 명의 지원자들이 자격도 없어 보이는데 일일이 면접을 봐야 해

업무 부담이 가중되었다고 불평했다. 지원자 중에는 비밀경호국이 무슨 일을 하는지조차 모르는 사람이 있는가 하면, 몸무게가 180kg이 넘거나 의수를 착용한 사람, 반바지 체육복을 입고 나타나는 사람 등 그 면면이 가지각색이었다. 누구는 동거인이 경찰이 오는 것을 싫어한다며 필수인 가정 방문 면접에 동의할 수 없다고 했다. 이런 지원자들을 대상으로 하는 면접은 간부들의 시간을 낭비할 뿐이었다.

비밀경호국에 지원한 사람은 3만 5천 명에 달했으나, 인사담당자들은 이들 중 일부만을 검토할 수 있었고, 그나마 가능성 있어 보이는 인원 대다수가 기본적인 체력과 신원 검증을 통과하지 못하고 탈락했다. 이 시기에 비밀경호국이 채용한 인원은 겨우 18명이었다.

한편, 백악관과 경호팀에서 근무하는 요원들과 경관들은 숨 돌릴 틈 없이 일을 계속했다. 경관들에게는 그나마 반나절 동안의 휴식이 주어졌다. 요원들과 경관들 모두 정기적인 교육훈련은 꿈도 꾸지 못했다. 평시 근무만으로도 시간을 낼 수 없기 때문이었다. 가뜩이나 낮은 사기는 더욱 가라앉았다. 많은 직원들의 피로도가 위험할 정도로 높아졌다.

"우리는 계속해서 '지원군이 오고 있다, 지원군이 거의 다 왔다'는 말을 들었는데 그게 도대체 언제냐는 말이죠?"

전직 요원 조나단 웨크로우가 말했다.

2014년 3월 7일 아침 7시경에 빅 에레비아 본부장이 피어슨의 집으로 전화를 걸어 전날 밤 저격수 두 명이 플로리다 키스(Florida Keys)에서 충돌사고를 당했다고 보고했다. 그들은 햇살이 내리쬐는 이슬라모라다(Islamorada)에서 연휴를 보내려는 대통령과 그의 가족을 맞을 준비를 위해 3월 6일에 미리 간 인원들이었다.

"차는 완파됐지만 다친 사람은 없어 계속 남아 근무할 겁니다."

에레비아가 설명했다.

피어슨은 많은 질문을 했다. 다들 정말 다친 곳은 없는가? 병원 진료는 받았나? 에레비아는 다들 괜찮다고 답했다. 대화가 끝날 무렵, 피어슨의 머리에 한 가지 생각이 떠올랐다.

"빅, 사고가 몇 시에 일어났지?"

에레비아는 잠시 침묵했다.

"음, 새벽 2시쯤이었습니다, 국장님."

에레비아가 잠시 뜸을 들이다 대답했다.

"빅, 대통령은 아직 이슬라모라다에 가지도 않았어. 오늘 늦게 도착한다고. 그런데 직원들이 새벽 2시에 외출할 이유가 있었나?"

그녀가 물었다. 그는 직원들이 저녁을 먹고 늦게 돌아왔다고 말했다. 그러나 피어슨은 음주 운전인 것을 직감했다.

"빅, 이렇게 하자. 그 두 명은 오늘 근무하지 말고 대기하라고 해."

그녀가 말했다. 그녀는 감찰팀에 즉시 내려가서 무슨 일이 있었는지 확인하라고 명령했다.

조사관들이 열 명 넘게 조사를 하고 드러난 이야기는 실로 놀라웠다. 오바마가 도착하기 전날 밤에 저격 및 감시팀 직원 10여 명이 저녁을 먹으러 나갔다 9시 30분경에 2차로 스포츠 바를 갔다. 그들은 그곳에서 맥주, 테킬라와 칵테일을 마시면서 새벽까지 놀았다.

그들의 팀장은 멋진 해변에 위치한 치카 로지 앤 스파 리조트(Cheeca Lodge & Spa Resort)에 있는 호텔 방에서 근무표를 작성하고 있었는데, 11시 15분이 되어도 팀원들이 돌아오지 않자 걱정이 들기 시작했다. 그들 모두 다음 날 아침 일찍 근무를 서야 했다. 까딱했다가는 그 경관들이 근무 10시간 전부터 금주해야 하는 규칙을 위반할 수 있었다. 팀장은 차를 몰고 스포츠 바로 가서 직원들에게 돌아가라고 했다. 그러나 경관들은 장난을 치며 떠나기를 거부하고 테킬라를 추가로 주문했다. 팀장은 마지못해 한 잔만 더 먹자 했고 직원들은 이에 응했다. 하지만 팀장이 탄산음료를 마시

4부 재앙의 시작

며 이야기를 나누고 있을 때 테킬라가 추가로 나왔다. 팀장은 직원들이 술을 못 먹게 다른 잔에 술을 붓고는 지나가는 손님에게 마시라고 주었으나 음주는 계속되었다.

팀장은 결국 12시 45분에 포기했다. 단 한 명만이 그와 함께 호텔로 돌아가기로 동의했다. 그들이 호텔로 돌아가는 동안 같이 가던 경관이 저녁으로 먹은 크랩 케이크를 차 안에 다 토해냈다.

팀장의 악몽은 거기서 끝나지 않았다. 새벽 1시 25분경, 팀장이 구토물을 치우는 와중에 매튜 레예즈(Mathew Reyes, 이하 레예즈) 경관으로부터 전화가 왔다. 레예즈는 호텔 건너편에서 교통사고를 당했다고 말했다. 그는 동료와 함께 근처 식료품점인 트레이딩 포스트(Trading Post)에서 다음 날 먹을 샌드위치와 게토레이를 사러 나갔다 오는 길이었다. 레예즈는 길을 건너기 위해 가게 주차장에서 나와 도로 건너편 호텔 진입로로 가려 했다. 그러나 그는 전조등을 켜지 않았고 다른 차가 오는지 잘 확인하지 않았다. 그가 주차장에서 나오자마자, 퍼블릭스(Publix) 슈퍼마켓 트럭이 차의 왼쪽 측면을 들이받았다. 트럭은 충돌 후 몇 미터 더 가서야 멈춰 섰다. 다행히 부상자는 없었지만 차의 중간 부분이 찌그러져 운행이 불가하게 되었다.

플로리다 주경찰이 약 한 시간 후 현장에 도착했다. 당시 상황을 목격한 어느 경관에 따르면 현장에 있던 팀장이 경찰에게 인사하고 소속을 밝혔다고 한다. 경찰은 레예즈에게서 술 냄새가 좀 나는 것 같았지만 음주측정을 하지 않았다. 대신 들고 있던 펜을 움직이며 레예즈에게 펜 끝을 보라고 했다. 경찰은 레예즈가 술에 취하지 않았다고 결론 내리고 사고에 대한 범칙금만 부과했다. 나중에 레예즈는 저녁에 맥주, 스카치와 칵테일 등 최대 6잔을 마셨다고 인정했다. 그러면서 저녁 시간 동안 마신 양 치고는 과하지 않고 충분히 운전할 수 있는 상태라고 했다.

피어슨은 사고 발생 한 시간 후 경찰이 레예즈가 취하지 않았다고 판정했다 해도 술이 범인이라고 확신했다. 세금으로 4성급 해안가 리조트까지 잡아줬건만, 경관들이 지루함을 달래기 위해 고작 누군가 토할 때까지 과음이나 했다고 하니 너무 한심해 믿기지가 않았다.

피어슨은 본때를 보여주기로 했다. 그래서 경관들에게는 다른 직원들이 과거 같은 행동으로 받았던 처벌보다 훨씬 더 가혹한 조치를 내렸다. 저격수들은 한 달 이상 또는 몇 주 동안 정직을 당했고, 교통사고를 낸 경관들은 직원들이 탐내는 전술팀에서 백악관 단지를 순찰하는 자리로 쫓겨났다.

피어슨은 3월 13일에 특수작전부(Special Operations Division)의 모든 간부를 회의에 소집했다. 이 부서는 툭하면 음주, 폭행, 교통사고 등에 연루되는 대테러와 대저격팀을 운영하고 있었다. 그녀는 플로리다 키스에서 일어난 교통사고를 언급하며 회의를 시작했다.

"우리 모두 무슨 일이 일어나고 있었는지 알고 있다."

그녀가 말했다.

"문제는, 만약 이것이 축구팀이라면, 새벽 2시에 나갔다 다음 날 경기를 잘 치를 수 있을까? 그렇지 않을 것이다. 그들 때문에 우리 모두가 위험에 처하고 임무를 실패할 가능성이 생긴다."

피어슨은 요원들과 경관들에게 폭음 등의 비행을 더 이상 해서는 안 된다는 점을 확실하게 알려줘야 한다고 말했다. 그러면서 "만약 지금 간부들이 그 역할을 못 한다면, 그 일을 할 수 있는 사람들을 찾을 때까지 계속해서 변화를 주겠다"고 엄포를 놓았다.

3월 22일 토요일, 간부들이 첫 시험대에 올랐다. 그날 백 명 이상의 요원들과 경관들이 오바마 방문 준비를 위해 네덜란드로 갔다. 대통령은 약 36시간 후에 도착할 예정이었다. 저녁 7시쯤, 대테러팀장 조지 하트포드(George Hartford, 이하 하트포드)는 저녁을 먹으러 팀원들과 헤이그의 관광지로 갔다. 그는 상사에게서 전달받은 피어슨의 경고를 잊지 않고 오후 9시 30분쯤 호텔로 돌아갈 준비를 했다.

4부 재앙의 시작

팀장은 직원 모두에게 주의를 줬다. 하이네켄 한두 잔 더 먹고 일찍 들어가라. 허튼짓은 절대로 하지 말아라. 지금 비밀경호국 특히 대테러팀을 지켜보는 눈이 많다. 그는 일요일 오전 10시에 있는 직원 브리핑을 다시 상기시키고는 잘 자라고 인사를 건넸다.

그러나 일부 요원들은 여전히 놀 수 있는 기회를 마다하지 못했다. 새벽 5시 30분쯤, 호텔을 순찰하던 미 해병대원이 호텔 직원으로부터 34세의 남자가 복도에 쓰러져 있다는 말을 들었다. 보아하니 그 남자는 카드키로 방문을 열려고 시도하다 쓰러진 것 같았고, 주머니에 들어있는 신분증으로 비밀경호국 요원인 것이 확인되었다. 호텔 직원은 비밀경호국 직원들의 도움을 받아 의식을 잃은 요원을 침대에 눕혔다. 하트포드는 한 시간 정도가 지나서야 이 일을 보고 받았다. 그는 전날 밤에 무슨 일이 있었는지 알아내기 위해 쓰러진 요원의 방문을 쾅쾅 두드렸다.

피어슨은 3월 24일 월요일 에어포스원에 탑승하기 전에 사건을 보고받았다. 그녀가 대통령과 함께 출국하는 시점이었다.

피어슨은 다음 날인 3월 25일이 되어서야 사건을 보고하기 위해 벨기에에 있는 호텔 스위트룸으로 오바마를 찾아갔다. 그녀는 쓰러진 요원과 술을 마신 두 직원도 본국으로 돌려보냈다고 설명하고 이를 바로잡기 위한 대책을 제시했다. 이어 대통령이 말할 차례가 되었다.

그는 취임 후 비밀경호국이 언론을 장식한 사건들을 하나하나 차례대로 열거하기 시작했다. 오바마는 만찬 행사에 무단으로 침입한 커플을 시작으로 중간에 한 번도 멈추지 않고 계속해서 말을 이어 나갔다.

"다른 정부를 빼고도 사고가 이렇게 많이 발생했어. 이것은 비밀경호국의 문제이지, 나의 문제가 아니라고."

그는 티를 내지 않았지만 피어슨은 주변 공기만으로도 그가 얼마나 분노하는지를 느낄 수 있었다.

"그거 알아?"

오바마가 말했다.

"비밀경호국의 문제는 여직원이 별로 없다는 거야."

피어슨이 대통령을 응시했다.

"그 부분은 개선하려고 노력하고 있습니다."

피어슨은 금요일에 미국으로 돌아갔다. 그녀는 비행하는 15시간 동안 비좁은 좌석에 앉아 지난 일들을 곱씹어 보았다. 오후 3시 30분에 덜레스 공항에 착륙한 피어슨은 곧바로 GS-15 이상 간부들을 5시 회의에 소집했다. 회의하기에 적절한 시간은 아니었지만 그녀는 개의치 않았다. 그녀는 특수작전부가 연달아 대통령, 본인 그리고 조직에 심각한 피해를 끼치고 있다는 점을 짚었다.

"나는 특수작전부가 우리 조직을 더럽히도록 내버려두지 않을 것이고, 당신들도 그것을 내버려두어서는 안 된다."

그런 다음 피어슨은 약간의 변화가 있을 예정이니 마음의 준비를 하라고 말했다.

피어슨은 특수작전부장 댄 도노휴(Dan Donohue, 이하 도노휴)를 인사 조치했다. 그녀는 그가 유한 성격 때문에 직원들의 기강을 바로잡으려는 노력을 하지 않았다고 결론 내렸다. 이는 지휘부에 충격을 주었다. 도노휴는 호평을 받고 인맥도 많을 뿐 아니라, 오바마 경호팀의 주요 간부인 마이크 화이트의 매형이기도 했다. 에레비아는 피어슨에게 그녀가 내린 조치가 실수였다고 말했다.

그 말을 듣고 피어슨은 당시 오바마가 가장 좋아하는 비밀경호국 직원인 에레비아가 그녀의 비전을 공유하고 있지 않다는 사실을 깨달았다. 피어슨은 비밀경호국에 필요한 인재는 책임감 있는 사람이지, 형제애를 빗대 사고를 은폐해 주는 사람이 아니라고 생각했다. 그녀는 에레비아가 자모라에게도 온정을 베풀었고, 키스 사건을 단순 교통사고로 포장하려고 했으며, 심지어 간부들에게 책임을 묻는 일에도 반대하고 있다고 믿었다. 더 이상 참을 수 없었다. 피어슨은 에레비아도 경호본부장직에서 쫓아냈다.

그녀는 이 시기를 회상하며 다음과 같이 말했다.

"아무도 말하고 싶어 하지 않지만, 비밀경호국 조직문화에 문제가 있습니다. 그 문화란 관리자들이 문제를 인식하고 대처하기를 원하지 않고, 안 좋은 일들은 위로 보고하지 않아 같은 일이 반복된다는 것입니다."

고위 관리자들에게 책임을 묻기로 한 결정은 비밀경호국을 뒤흔들었다. 비밀경호국장이 권력을 휘두르기 위해 인사 조치를 남발했던 경우 외에는 이런 일이 없었기 때문이다. 그녀에게는 남성들로만 구성되어 마초 문화의 상징으로 자리 잡고, 전현직 요원들이 자랑스럽게 생각하는 대테러팀을 건드릴 결단력이 있었다.

하지만 피어슨에게는 설리번과 같은 약점이 있었다. 그녀를 도와 그녀의 비전을 실현해야 할 지휘부 중에는 전문성과 관리 능력이 부족한 인원들이 많았고, 일부는 앞장서서 그녀를 폄하했다

"그녀를 뒷받침할 사람이 많지 않았습니다."

당시 지휘부 중 한 명이 말했다.

"반면에 그녀의 자리를 노리는 사람들은 똑똑했습니다."

대통령한테 질책을 듣고 일주일이 지난 3월 31일 월요일에 피어슨은 신임 감찰관과 정례 회의를 가졌다. 그녀와 존 로스(John Roth, 이하 로스)는 친한 사이는 아니었지만 서로를 존경할 만한 사람이라고 평가했다. 피어슨은 전직 연방검사였던 로스를 바라보다가 그가 철저하고 독립적인 수사를 진행할 사람이라고 느껴, 그에게 사실 그대로 털어놓아도 괜찮겠다는 생각을 했다. 로스는 피어슨의 말을 듣고 그녀가 조직을 깊이 아끼고 잘못된 점을 바로잡기 위해 최선을 다한다고 느꼈다.

그녀는 로스에게 쓰러졌던 요원은 해임될 가능성이 크고 나머지 두 명은 정직 처분을 받게 될 것 같다고 말했다. 그리고 최근 들어 직원들이 일으킨 사고를 해명하기 위해서만 대통령을 만난다며 그동안 억눌렀던

감정을 표출했다. 이에 더해 오바마가 비밀경호국을 역겨워한다고까지 말했다.

"카르타헤나 사건으로 여러 명이 해고됐습니다. 이번에도 몇 명 해고될 예정입니다. 왜 직원들이 아직도 정신을 못 차리는지 이해가 안 갑니다."

그녀의 목소리가 점점 작아졌다.

"음주 운전 사고가 한 건이라도 더 발생하면 저도 해고에요."

피어슨이 조직 내 문제를 해결하는 데 급급할 때 국토안보분과위원회의 공화당 소속 론 존슨 상원의원의 보좌관 레이첼 위버는 비밀경호국의 비밀을 들춰내느라 바빴다.

위버는 피어슨이 국장으로 발령 나기 6개월 전부터 카르타헤나 사건에 관한 비밀경호국 내부 보고서를 입수하기 위해 노력했다. 설리번이 물러난 지금이 기회라고 생각했다.

"레이첼 위버가 도대체 누구죠?"

비밀경호국 의회 담당이 자기와 친한 민주당 의원실 직원에게 물었다.

"우리가 그녀에게 무슨 잘못을 했나요?"

의회는 그동안 비밀경호국에 우호적이었다. 그래서 비밀경호국은 좀처럼 의회로부터 어려운 질의를 받지 않았다. 대통령 후보가 될 수도 있는 중진 의원들은 (실제로든 아니면 상상 속이든) 비밀경호국장과 수행원들에게 동료처럼 인사를 건넸다. 의회는 10년 넘도록 단 한 번도 미국 회계감사원 (Government Accountability Office)에 비밀경호국 감사를 요구하지 않았다. 하지만 위버는 설리번과 비밀경호국이 카르타헤나 사건에 있어 국민과 의회를 오도했음을 보여주는 증거를 가지고 있었고, 무엇을 더 숨기는지 캐보고 싶었다. 그래서 그녀는 비밀경호국 감찰관실 보고서를 제출받으려고 위원회의 힘을 이용하려고 했다.

4월 9일 위원회 회의에서 위버의 상관인 존슨은 화를 내며 피어슨과 카퍼 위원장에게 보고서를 받아야 한다고 압력을 넣었다. 피어슨은 국장에 오른 지 불과 몇 주밖에 안 돼 자신도 보고서 완본을 갖고 있지 않다고 대응했다.

피어슨은 카퍼를 같은 편으로 여겼다. 회의가 끝나고 단둘이 있을 때 그녀는 비밀경호국이 또다시 성추문에 휩싸여서는 안 된다고 말했다. 그녀가 보기에 지금은 직원 채용과 교육에 박차를 가하고 기존 직원들이 임무에 다시 집중하도록 힘써야 할 시기였다. 그녀는 카퍼가 해군에서 복무했던 사실이 떠올랐다. 카퍼가 이해한다는 듯이 고개를 끄덕이자, 피어슨은 "테일훅 이후 해군이 정상으로 돌아오는 데 얼마나 걸렸나요?"라고 물었다.

"제가 필요한 게 그겁니다. 시간이 필요해요."

그녀가 말했다.

5월 초가 되자 비밀경호국과 감찰관실 내부고발자들의 전화로 위버의 전화기가 시시때때로 울렸다. 내부고발자들 중에는 피어슨에게 불만이 있는 사람들이 있었다. 그리고 불만세력에는 피어슨 가까이에서 그녀를 보좌하는 지휘부도 포함되었다.

위버에게는 감찰관실 직원들을 소개받으면서 돌파구가 생겼다. 한 직원에 따르면 찰스 에드워즈 밑에서 일하는 간부가 카르타헤나 사건을 조사하며 나온 주요 결과를 삭제하라고 명령했다. 그 결과란 과거 성매매 사건을 언급한 내용이나 백악관 자원봉사자가 매춘부를 자신의 방으로 데려갔다는 증거 등이었다. 에드워즈가 직원들에게 자신의 논문을 작성하도록 시켰으며, 자신의 아내를 채용하도록 비밀경호국에 압력을 넣었다는 증거를 갖고 있다고 한 직원들도 있었다.

그해 여름, 위버는 존슨을 부추겨 소위원회 위원장인 민주당 소속 미주리주(Missouri) 상원의원 클레어 맥카스킬(Claire McCaskill, 이하 맥카스킬)에게 에드워즈에 대한 공동 조사를 개시해야 한다고 설득했다.

한편, 위버는 비밀경호국을 파헤치다 생각보다 사건이 더 복잡하다는 사실에 놀랐다. 그녀는 카르타헤나 사건에 연루된 요원들을 포함해 수십 명과 만나서 이야기를 나누었다. 그들 모두 과거에 똑같은 일을 저지른 사람들은 처벌받지 않았는데 이번에는 징계가 내려져 놀란 눈치였다. 그녀는 외부에 알려지지 않고 처벌된 적도 없는 사건들에 대한 이야기를 들었다.

"하루 종일 그 사람들과 통화하다 보니 친분이 쌓이기 시작했고, 어느 순간부터 그들이 안 됐다는 생각이 들기 시작했습니다. 그런 감정이 들 것이라고는 상상도 못 했어요."

위버가 말했다.

사건에 연루된 대부분의 직원이 직장을 잃었다. 그로 인해 대출을 못 갚는 사람, 노후 자금을 끌어다 쓰는 자와 결혼생활이 파탄지경에 이른 사람들이 생겨났다. 그녀는 비밀경호국에 두 가지 잣대가 있다는 것을 깨달았다. 하나는 인맥이 많은 간부들에게 적용되었고, 다른 하나는 일반 직원들에게 적용되었다. 그녀와 이야기를 나눈 직원 상당수는 카르타헤나 사건으로 설리번이 여론의 질타를 받을 때 조직으로부터 버림을 받았다.

하지만 2013년 말부터는 비밀경호국에 대한 존슨의 관심이 시들해지기 시작했다. 위버는 업무와 더불어 쌍둥이를 임신해 지쳐 있었다. 그녀는 3개월간 집에서 쉬라는 명령을 받았다.

위버는 알렉산드리아 집에서 작업하며 위원회가 알아낸 사항들을 맥카스킬 의원실 직원들이 발표하도록 만들려고 애썼다. 그 내용이란 이랬다. 첫째, 에드워즈가 오바마 정부의 정무직 인사들에 잘 보이려고 보고서를 적당한 선에서 작성했다. 둘째, 비밀경호국이 그동안 묵인하고 은폐했던 위법행위들에 대해 의회를 기만했다. 공화당과 민주당 측은 백악관에 영향을 미칠 수 있는 모든 문구에 대해 실랑이를 벌였다.

결국 위원회에서 발간한 최종 보고서에는 위버가 비밀경호국에 대해 밝혀낸 내용 중 극히 일부만 다뤄졌지만 한 가지 사실은 분명히 기록되었다. 그것은 에드워즈가 독립적이거나 윤리적인 감찰관이 아니라는 내용이었다. 보고서는 2014년 4월 24일 발간되었고 에드워즈는 보고서가 공개되기 전에 사임했다. 2주 후인 5월 9일, 위버는 건강한 쌍둥이 남매를 낳았다.

2014년 10월, 출산 휴가가 끝나갈 무렵에 위버의 전화기가 울렸다. 그녀는 아기가 울거나 밥을 달라는 상황에서 전화를 거의 받지 않았기 때문에 직접 전화를 받은 것은 기적이었다. 전화를 건 사람은 공화당 소속 제이슨 차페츠(Jason Chaffetz, 이하 차페츠) 하원의원이었다. 유타(Utah)주 출신으로 야망 있는 차페츠는 위버에게 언제 한번 자기 사무실로 와서 이야기를 나눌 수 있으면 좋겠다고 했다. 그는 연말에 하원 감독위원회 위원장에서 물러나는 대럴 이사(Darrell Issa)를 대신할 계획이라며 자신이 그 역할을 수행하기 위해 위버가 자료 수집 등 전반적으로 도움을 주길 바란다고 하였다. 또한, 그녀가 비밀경호국을 물고는 놓아주지 않은 점을 눈여겨보았다고 했다.

"그때 내부고발자가 몇 명이나 있었죠?"

차페츠가 물었다.

위버는 자신이 열심히 연구한 분야에 관심을 보이는 상사와 일한다는 생각에 신이 났다. 그녀는 바로 재택근무 형식으로 차페츠를 위해 일하기 시작했다.

인생은 타이밍이라고 했던가? 워싱턴에서는 그동안 상상조차 할 수 없던 일이 벌어지게 된다. 그 일은 백악관을 뒤흔들고 정가에서 가장 중요한 이슈로 떠오르게 되는데, 위버가 그 분야의 최고 전문가로 두각을 보이게 된다.

24
"그는 내부에 있다"

따뜻했던 9월의 어느 금요일이었다. 오후 5시가 되자 워싱턴 직장인 다수는 컴퓨터를 끄고 주말을 맞이할 준비를 시작했다.

오바마도 고위 관료들과 회의를 마치면 휴양을 위해 캠프 데이비드로 떠날 예정이었다. 오바마의 두 딸은 그와 같이 떠날 계획이었고, 부인은 대통령 전용 휴양지에서 만나기로 되어 있었다.

그 무렵, 전직 육군 수색대원이 워싱턴에 도착해 백악관과 여섯 블록 떨어진 지점까지 접근했다. 망상과 악몽에 시달리던 오마르 호세 곤잘레스(Omar Jose Gonzalez, 이하 곤잘레스)는 짜릿한 흥분을 느꼈다. 그는 서둘러 자기가 세운 임무를 개시하고 싶었다.

곤잘레스는 자기가 몰고 온 96년식 포드 브롱코를 홀로코스트 박물관 근처 15번가에 주차한 다음, 창문을 살짝 열어 놓고 차에서 내렸다. 그는 부인과 사별한 후 텍사스주 포트 후드(Fort Hood)에서 살던 집도 잃어 모텔과 캠핑장을 연연하며 살고 있었다. 곤잘레스는 이라크 전쟁에 참전했을 당시 바그다드에서 차로 이동 중 도로변에 설치된 폭탄으로 인해 차가 전복되어 한쪽 발을 잃었다. 그의 가족들은 곤잘레스가 이라크로 세 번이나 파병 갔다 온 후로 현실과 동떨어진 삶을 살게 된 것 같으며, 결국에는 장애를 갖고 2012년에 전역하였다고 했다. 그는 기갑부대 수색대원이었던 시절에 동료들이 폭탄 공격에 산산조각 나는 것을 수없이 목격했다고 한다.

곤잘레스는 포트 후드 집에 있을 때도 본인이 소유한 총을 문 옆에 세워두었다. 그는 자기가 모르는 어린애들을 두려워했고, 부인에게는 그들이 위험할 수 있으니 조심해야 한다고 경고하곤 했다.

그런 곤잘레스가 백악관을 향해 걸어가기 시작했다. 그의 차 안에는 인생이 무너지고 있는 흔적들이 보였다. 뒷좌석에는 애완견 두 마리가 있었고, 차 바닥에는 소변이 담긴 병들과 실탄 800발 그리고 손도끼 두 개가 널브러져 있었으며, 트렁크에는 마세티가 실려 있었다.

곤잘레스는 오후 6시 25분에 백악관 동남쪽에 도착해 들어갈 수 있는 길을 찾아 주변을 돌아보기 시작했다. 42세였던 그는 백악관 서쪽을 따라 17번가를 올라간 다음, 펜실베이니아 애비뉴를 걸어 북쪽을 살폈고, 다시 15번가를 타고 내려와 동쪽을 둘러보았다.

백악관 주변을 도보 및 자전거로 순찰하던 경관 네 명이 곤잘레스를 유심히 살펴보았다. 일부는 그의 까맣게 그을린 피부와 짧은 머리를 보고 이전에도 왔던 사람이라는 것을 알아보았다. 곤잘레스는 한 달 전 허리춤에 손도끼를 차고 백악관 남쪽 울타리를 따라 배회했다. 검문을 받자 그는 손도끼가 캠핑 도구라고 둘러대고는 바로 차에 갖다 두었다. 오늘은 곤잘레스가 어두운 티셔츠에 헐렁한 바지를 입고 있어 무언가를 휴대하고 있거나 수상해 보이지 않는지 경관들은 그를 그냥 지나쳤다.

곤잘레스는 관광객들이 백악관을 배경으로 사진을 찍는 북쪽 울타리로 다시 뛰어갔다. 하지만 관광객들과 달리 그는 백악관 내부로 들어가야만 했다. 그는 생사를 가를 정도로 중요한 일을 대통령과 논의해야 했다.

해가 지면서 백악관 경내 양쪽 끝에는 완전히 다른 상황이 전개되었다. 사우스론에는 평온과 질서가 자리 잡았다. 이는 비밀경호국이 반복적인 훈련을 통해 조성해 놓은 환경이기도 했다. 반면, 노스론에는 작은 문제들이 연달아 발생해 비밀경호국의 방어벽이 모두 와해되었다. 이로 인해 선서를 한 경관들이 자신의 실수를 덮기 위해 거짓말하게 된다.

24 "그는 내부에 있다"

오바마는 오후 7시 5분경에 바람을 쐬러 집무실 밖으로 나왔다. 그는 주말에 읽어야 할 서류가 담겨있는 가방을 들고 애니타 브레켄리지(Anita Breckenridge) 비서실 차장과 백악관 서측을 따라 걸은 다음, 딸들과 만나기 위해 작별 인사를 건넸다.

오바마가 헬기를 타러 남쪽 현관으로 나오자 경호요원 네 명이 그의 양 옆과 뒤를 에워쌌다. 말리아, 사샤 그리고 그녀들의 친구들은 책가방을 등에 메고 뒤를 가까이 따랐다.

앞으로 3일간 오바마와 동행할 경호요원 대부분은 이미 아나코스티아 해군기지(Anacostia Naval Station)*로 출발한 뒤였다. 경호요원들은 그곳에서 따로 헬기를 타고 대통령을 휴양지에서 맞이할 계획이었다. 따라서 백악관에 남아 있던 요원들은 임시로 구성된 팀으로 대통령과 가족이 안전하게 출발할 때까지만 임무를 수행하면 되었다.

대통령경호팀 소속 중 영애를 경호했던 스타브로스 '닉' 니콜라카코스(Stavros 'Nick' Nikolakakos, 이하 니콜라카코스)는 그리스계로 뛰어난 사격술 보유자이자 운동광이었다. 그는 충격 상황에서 대적하는 대테러팀에서 오랜 경력을 쌓아 항상 긴장을 늦추지 않았지만, 그날 밤에 큰 일이 일어날 거라고는 예상하지 않았다. 검은 머리에 브롱크스 출신인 니콜라카코스는 영애 경호를 맡기 전 정예 인원만을 선발한다는 비밀경호국 대테러팀에서도 최고 명사수로 뽑힌 인물이었다. 영애 경호는 대테러 업무에 비하면 따분한 일이었지만, 대통령을 직접 경호하는 팀으로 갈 수 있는 좋은 경로였다.

니콜라카코스와 그의 동료들은 출입이 통제된 백악관 경내임에도 불구

---

* 대통령 전용 헬기를 운용 중인 부대가 위치한 기지이다. 워싱턴 내에 있으며 대통령을 가까이서 수행하지 않는 선발대 등이 여기서 헬기를 탑승한다.

하고 특이한 움직임이나 소리가 없는지 사방을 살폈다. 한편, 오바마는 힘겨운 한 주를 보내고 빨리 수도에서 벗어나기를 간절히 원하는 것 같았다. 그는 금요일 밤이라 얼마 안 모인 기자들을 향해 짧게 손을 흔들고 좋은 주말을 보내기를 기원했다.

열여섯 살과 열세 살인 오바마의 딸들은 카메라에서 눈을 돌린 채 헬기를 향해 걸어갔다. 경호요원들은 기자들이 사진을 찍을 수 있게 잔디밭이 시작되는 지점에 멈춰 섰다. 대통령 일행이 잔디 위에 올라서자 기자들이 바쁘게 셔터를 눌러댔다. 군녹색 몸체에 흰색으로 꼭대기를 두른 헬기에 도착했을 때, 오바마는 딸들과 손님들을 먼저 계단으로 올라가게 한 다음 뒤를 이어 올라탔다.

대통령은 다른 도시를 방문할 때마다 헬기를 이용했기에 마린원까지 걸어가서 백악관을 떠나곤 했다. 이러한 동선은 한 주에도 몇 번씩 일상적으로 반복되었다. 언론에 수백 번 포착된 이 모습 때문에 대통령도 총을 찬 경호요원 없이 태평하게 뒷마당을 거니는 일반 시민과 다를 게 없다는 이미지를 표출할 수 있었다. 하지만 실제로는 완전무장한 대응조가 준비 태세를 갖추고 있었다.

비밀경호국은 헬기로 출발할 경우 적에게 공격 기회를 제공한다고 우려했다. 마린원은 1950년대에 아이젠하워(Eisenhower) 대통령을 태운 헬기와 같은 속도로 이륙했는데 잔디밭에서 이륙해 비행을 시작하는 60~90초 구간 동안 적에게 너무 쉬운 표적이 될 수 있었다. 그래서 과거에 수백 번 했듯이 경관과 경호요원들이 백악관 남쪽 현관부터 컨스티튜션 애비뉴까지 촘촘히 배치되었다. 그들은 소총이나 유탄 발사기 공격을 경계하며 엘립스 공원과 인접한 거리를 오가는 행인들을 예의주시했다.

백악관 지붕에 배치된 저격수들은 주변 건물 옥상과 발코니에서 특이한 움직임이 있는지 확인했다. 전술복과 장비를 모두 흑색으로 맞추고 방탄조끼를 입은 신속대응팀(Emergency Response Team) 소속 경관 4명은 백악관 남서쪽에서 출동태세를 갖추고 있었다. 그들은 접근하는 침입자를 저지할 수 있게 헬기장 가까이에 머물렀다.

"레네게이드(Renegade)가 크라운을 떠나고 있다."

귀에 익은 대통령의 암호명이 무전에서 나왔다.

니콜라카코스는 대통령과 그의 가족이 헬기를 타고 약 1분 후 북쪽으로 이동하면 다른 요원들처럼 근무를 마치고 긴장을 풀 수 있었다. 마린원은 계획보다 몇 분 늦은 오후 7시 16분에 무사히 이륙했다.

대통령이 떠난 시간은 절묘했다. 그가 떠나고 3분 후 백악관은 아수라장이 되었다.

마린원이 이륙하자 백악관을 경비하는 154명의 비밀경호국 간부들과 요원들 모두 안도의 한숨을 쉬었다. 이는 오바마가 백악관을 떠날 때 나오는 지극히 자연스러운 반응이었다. 이제는 그들의 최고 상사가 다른 사람들로부터 경호를 받고 있기 때문이었다. 사우스론에서 대비태세를 갖추고 있던 대테러팀은 전술 장비를 벗어 근처에 주차한 SUV 차량에 싣기 시작했다. 일부는 무전을 들을 필요도 없다는 듯이 이어피스도 빼버렸다.

니콜라카코스는 조장과 함께 백악관 안으로 돌아와 디플로매틱룸(Diplomatic Room)으로 들어갔다. 두 사람 모두 관저 아래층에 있는 경호요원 대기실에서 챙겨야 할 소지품이 있었다.

한편, 북쪽 현관 서쪽에 있던 클리프톤 몽거(Clifton Monger, 이하 몽거) 경관은 탐지견과 함께 밴에 탑승해서 대기하고 있다가, 개인적인 통화를 위해 핸드폰을 손에 들었다. 전직 해병대인 몽거는 더 이상 백악관 무전에 집중할 필요가 없다고 생각했으나 한쪽 귀로 계속 무전을 듣고 있었다. 그는 신속대응팀과 통신할 때 사용하는 다른 무전기를 개인 사물함에 두고 온 상태였다.

깡마르고 갈색 머리의 신입 경관 션 휴즈(Sean Hughes, 이하 휴즈)는 노스 포르티코(North Portico)에서 현관을 지키다가 백악관 안에 배치된 동료와 이야기를 나누러 자리를 떴다. 필리샤 브라이스(Phylicia Brice, 이하 브라이스) 경관은 휴즈와 함께 몇 달 전에 교육을 수료한 사이였다. 그녀는 다가오는 유엔 총회를 돕기 위해 뉴욕으로 갈 예정이었기 때문에, 휴즈는 뉴욕에서 먹고 방문할 만한 장소들을 그녀에게 추천하려 하였다.

오후 7시 19분 몽거가 통화를 하고, 휴즈와 브라이스가 이야기를 나누는 동안 곤잘레스가 백악관의 검은 철제 울타리 밑에 맞닿아 있는 약 1m 높이의 콘크리트 벽 위로 뛰어올랐다. 그가 올라선 구간은 수리 중이었던 관계로 울타리 위에 뾰족한 마감재가 설치되기 전이었다. 곤잘레스는 콘크리트 벽에서 약 2m 높이의 철제 울타리 위로 올라가 한쪽 다리를 울타리 안으로 걸쳤다. 한 경관이 불과 4m도 안 되는 지점에서 그를 발견하고는 멈추라고 소리친 다음 붙잡으려 했지만 간발의 차로 놓쳤다. 곤잘레스가 재빠른 동작으로 울타리를 넘어 백악관 경내에 들어섰다.

곤잘레스는 그해에 발생한 다섯 번째 월담자였는데 백악관을 지키는 비밀경호국 요원들에게 월담 행위는 점점 더 성가신 일이 되고 있었다. 월담자 대부분은 정신적으로 문제가 있는 사람들이었으며, 보통은 착지한 곳에서 얼마 못 가 경비견에 저지되었다.

하지만 이번에는 어쩐 일인지 경비체계 중 제대로 작동한 요소가 하나도 없었다.

곤잘레스는 울타리를 넘을 때 보이지 않는 적외선 감지기를 통과했다. 또한, 착지하자마자 지상 센서도 작동시켰다. 그와 동시에 G가에 있는 비밀경호국 본부 9층에 있는 통합상황센터 경보가 울렸다. 백악관으로부터 6개 블록 떨어진 곳에 있는 통합상황센터는 백악관에 대한 위협 등 긴급한 상황이 발생했을 때 지휘소 역할을 하는 곳이었다.

통합상황센터 내 경보와 깜박이는 빨간색 표시등이 침입자가 들어온 위치를 알려주었다. 곤잘레스는 펜실베이니아 애비뉴에 있는 방문객 주출

입구 바로 옆 울타리를 넘은 것으로 나타났다.

통합상황센터에서 근무하던 케네스 헤이븐스(Kenneth Havens, 이하 헤이븐스) 경관은 "월담자! 북쪽 울타리다"라는 무전을 들었다. 그는 침입자를 잡을 수 있게 모든 직원에게 위치를 확실히 알려줘야겠다고 생각했다. 그래서 즉시 백악관에 근무하는 모든 직원이 들을 수 있는 1망으로 무전을 날렸다.

"월담자 발생."

헤이븐스가 말했다.

"북쪽 지역 중앙 울타리 월담자. 북쪽 지역 울타리 월담자. 북쪽 울타리다."

이것이 그날 밤 첫 실패였다. 헤이븐스의 무전 중 "월담자 발생"만 직원들에게 전달되었다. 헤이븐스를 포함해 통합상황센터 직원 그 누구도 알지 못했지만, 4년 전 비밀경호국이 구입한 최신 무전 시스템은 통합상황센터 무전에 우선권을 부여하도록 설정되어 있지 않았다. 한 경관이 무전기 키를 눌렀다가 생각을 바꿔 키를 다시 놓는 바람에 헤이븐스의 무전과 겹쳐 전파가 안 된 것이었다.

그 와중에 곤잘레스는 절뚝거리며 백악관 건물 앞 차량 진입로를 돌아 동측 면을 향해 나아갔다.

흑색 전술복을 입고 적을 제압해야 하는 신속대응팀의 두 경관은 노스 포르티코 바로 동쪽에 있는 '찰리 2A' 초소 안에서 경비를 서고 있었다. 여기서 두 번째 실패가 일어났다.

그해 여름, 경관들은 초소 안에 설치되어 있는 경보시스템 스피커로부터 '해방'되는 농담을 주고받았는데 누군가가 실제로 스피커를 끊어 놓았던 것이다. 그 결과 초소 안에 있던 두 경관은 상황에 대한 경보를 전혀 듣지 못했다.

그럼에도 두 경관은 월담자의 징후를 포착했다. 그들은 북쪽 울타리 부근에서 근무하던 경관들의 고함 소리를 들었다. 그들은 월담자를 알리는 투광등이 주요 경비 초소에서 켜지는 것도 보았다.

그들은 5초 만에 초소에서 나와 북쪽 진입로를 향해 빠르게 움직였고, 혹시 모를 상황에 대비해 소총을 꺼내들었다. 비록 그들은 아직 곤잘레스를 보지 못했지만, 월담자를 가로막기에 완벽한 위치에 있었다.

이어서 세 번째 실패가 발생했다. 신속대응팀 담당자들은 직접 월담자를 제압할 필요가 없다고 생각했다. 그들은 경비견을 활용해 월담자를 제압하도록 훈련받았기 때문이다.

비밀경호국이 보유한 벨지안 말리노이즈는 마치 유도탄처럼 월담자를 추적하고 무력화하도록 훈련된 견이었다. 저먼 셰퍼드보다 더욱 날렵하고 사납다고 알려진 이 견종은 한 번도 월담자를 놓친 적이 없는 완전무결한 전력을 자랑했다. 경비견 조련사들은 월담 사건이 발생하고 6~7초 이내에 견을 풀어주게끔 훈련되어 있었다.

휴즈는 건물 안에서 현관 앞에 있는 그의 초소로 재빠르게 뛰어나왔다. 그는 밝은 불빛 때문에 눈을 가늘게 떴다. 검정색 차량과 울타리가 그의 시야를 일부 가렸지만, 노스론으로 이동하는 경관들이 보였다.

월담 발생 8초 후, 휴즈는 경비견과 신속대응팀이 월담자를 담당해야 한다고 배운 내용이 기억나, 허리춤 홀스터에서 9mm P229 권총을 꺼내들고 현관에서 뒤로 물러나기 시작했다. 경비견이 누구를 공격해야 할지 모를 수 있다는 주의 사항에 따라 자신이 공격당할 위험을 줄이기 위해 거리를 벌리려는 의도였다. 하지만 이는 월담자와 경호요원이 가까이 있을 때 해당되는 사항이었다. 11초가 지날 무렵, 곤잘레스가 중앙분수대 동쪽을 돌아서 뛰어오는 모습이 시야에 들어왔다.

'도대체 경비견은 어디 있는 거지?'

한 신속대응팀 담당자가 생각했다.

네 번째 실패는 아무도 예상하지 못한 곳에서 일어났다. 경비견이 너

24 "그는 내부에 있다"

무 늦게 도착해 상황 자체를 놓쳐버리고 말았다.

그날 밤 근무 중이던 말리노이즈는 곤잘레스가 담을 넘었을 때 현관 옆에 주차된 밴 뒤쪽의 상자 안에서 편히 쉬고 있었다. 경비견 핸들러인 몽거는 통화 중이었다. 경관들은 무전을 항상 들어야 했지만 자유 시간이 너무 적어 짧은 통화가 허용되었다. 비밀경호국은 경관들을 충분히 고용하기 위해 수년간 노력했지만, 백악관에 배치된 인력은 여전히 부족했다. 결국 직원들은 계속해서 초과근무를 명령받고 있었고, 평균적으로 휴일의 절반을 일해야만 했다.

한 신속대응팀 경관은 노스론 서쪽에 위치해 사건 발생 지점과 가장 가까이 있었지만, 그는 곤잘레스를 잡으려 하지 않고 몽거와 경비견을 부르러 갔다. 몽거는 밴 창문을 통해 경관이 뛰어오는 모습을 보고 월담자가 있다는 상황을 깨달았다. 그는 차에서 나와 말리노이즈를 상자에서 내린 다음 목줄을 잡고 달리기 시작했다.

곤잘레스가 담을 넘은 지 13초가 지났다. 이제 침입자는 백악관의 정예 경호팀보다 크게 앞서 있었다.

서쪽에서 이동한 몽거와 경비견은 월담 발생 후 15초가 지나서야 노스 포르티코 앞 잔디밭에 도착했다. 몽거는 경비견이 월담자를 인지했는지 확인할 시간이 없었다. 그렇다고 경비견이 하나의 표적을 정하지 않은 상태에서 풀어줄 수 없었다. 동쪽에 있는 찰리 초소에서 출동한 두 신속대응팀 경관들은 곤잘레스를 몰아넣기 위해 L자 대형으로 달려왔다. 하지만 곤잘레스는 100년 묵은 두꺼운 회양목으로 둘러싸여 있는 포르티코 정면을 파고들어 그들을 모두 피했다.

휴즈는 대리석이 깔려 있는 경사진 포르티코 위에 있다가 권총을 가슴 높이로 유지한 채 자신을 엄폐하기 위해 동쪽 모퉁이에 있는 기둥 뒤로 숨었다. 그는 포르티코 아래 덤불이 흔들리는 모습을 보며 난투극이 벌어지고 있을지도 모른다고 생각했다. 하지만 실제로는 갈색 피부와 넓은 어깨를 가진 곤잘레스가 덤불과 씨름하고 있었다. 그는 덤불에서 나와 서쪽 계단을 통해 포르티코 위로 올라갔다.

"이제 멈춰! 엎드려! 멈춰!"

휴즈가 목청껏 침입자를 향해 소리쳤다.

다섯 번째 실패는 백악관 현관을 실시간으로 찍고 있는 CNN 라이브 피드에 잡혔다. 휴즈는 현관에서 5m 이상 떨어진 곳에서 엄폐하고 있었다. 총으로 무장하고 있던 휴즈 외에는 곤잘레스를 막을 장애물은 없었다. 문턱까지 올라온 곤잘레스가 휴즈를 훑어보는 듯했다. 휴즈는 움직이지 않았다. 그는 백악관 현관에 침입자가 나타났을 때를 대비한 훈련을 받지 못했고, 침입자를 죽이기 위해 총을 쏴야 한다고 생각하지 않았다. 휴즈는 나중 조사에서 침입자가 비무장 상태라 판단했고, 문이 잠겨 있을 것으로 생각했으며, 경비견이 침입자를 제압한다는 원칙에 따라 자신이 경비견에게 공격당하지 않도록 피해 있었다고 진술했다.

여섯 번째 실패는 백악관 안에서 펼쳐졌다. 현관 안에 있던 브라이스는 침입자가 접근하고 있다는 경고를 받지 못했다. 모든 경비초소에는 침입자를 알리는 경고장치가 설치되어 있었으나 백악관 안에 있는 경고장치는 백악관 집사의 요청으로 1년 넘게 꺼져 있었다. 잦은 오보로 내부 행사에 방해가 되는 일이 허다했기 때문이다. 그래서 브라이스는 어떤 경고음도 듣지 못했다. 브라이스는 곤잘레스가 현관에 도착하기 몇 초 전, 창문을 통해 휴즈가 총기를 들고 있는 모습을 보고서야 긴급 상황이 발생했다는 사실을 인지했다.

일곱 번째 실패는 브라이스가 경고를 받지 못해 문을 제때 잠그지 못했다는 것이다. 그녀는 문을 닫았지만 잠글 시간이 없었다. 곤잘레스가 "들어가게 해줘!" 소리치며 힘껏 밀자 문이 확 열려버렸다. 그 바람에 브라이스가 바닥으로 넘어졌다.

곤잘레스는 29초 만에 보도에서 백악관 내부까지 들어갔다. 그는 백악관을 지키고 있는 고도로 훈련된 경호요원 154명 중 8명을 제치고 백악관 경내로 침입했다.

브라이스는 재빨리 일어나 곤잘레스를 넘어뜨리려 했지만, 키가 약 165cm인 그녀는 훨씬 더 큰 체격을 가진 그의 상대가 되지 않았다.

그녀는 그에게 멈추라고 소리쳤다. 하지만 그는 계속해서 이스트룸을 향해 힘차게 걸어갔다. 그녀는 그를 쫓아가 삼단봉으로 때리려 했지만 실수로 손전등을 뽑아들었다.

그러는 사이 곤잘레스는 역사적인 행사들의 개최 장소로 사용된 이스트룸으로 들어갈 수 있었다. 브라이스는 손전등을 바닥에 던지고 총을 꺼냈지만 곤잘레스는 멈추라는 그녀의 명령을 계속 무시했다.

여덟 번째 실패는 판단 오류에 따른 결과였다. 브라이스가 침입자를 통제하기 위해 고군분투하는 동안, 밖에 있던 신속대응팀은 그녀를 돕기 위해 안으로 들어가지 않았다. 그들은 문밖에 멈춰 섰다. 모든 위협에 대비해 훈련을 받은 이 정예 팀은 백악관 내부는 대테러팀이 맡고 자신들은 바깥 상황만 책임을 진다고 믿었다. 문제는 대통령이 떠난 후 장비를 풀었던 대테러팀이 무전을 듣고 있지 않았다는 것이다. 그들은 월담자에 대해 전혀 알지 못했다.

아홉 번째 실패는 의사소통의 부재에서 비롯되었다. 대테러팀과 마찬가지로, 대통령경호팀 요원 니콜라카코스와 조슈아 프루엣(Joshua Pruett, 이하 프루엣)은 월담자에 대한 경고를 받지 못했다.

대통령경호팀 요원들은 백악관을 경비하는 팀과 다른 무전 주파수를 사용했다. 백악관 경비 무전망은 너무 많은 무전이 오가서 대통령경호팀 요원들이 듣기에는 무리가 따랐기 때문이다. 하지만 간혹 이번 경우처럼 무전을 듣는 것이 중요할 때가 있었고, 결국 두 요원은 무슨 일이 일어나고 있는지 놓치고 말았다.

두 요원은 한 층 위에서 고함 같은 소리가 들렸을 때 문제가 생겼음을 직감했다. 다행히도 백악관은 건물 전체가 반향실 같았다. 두 요원은 경호대기실에서 뛰쳐나와 계단을 올라 이스트룸으로 갔고, 그곳에서 곤잘레스 위에 올라타 있는 마이클 그레이엄(Michael Graham, 이하 그레이엄) 경관을 발견했다. 그레이엄은 침입자를 덮쳐 바닥에 누르고 있었고, 곤잘레스는 도망치려고 발버둥 치고 있었다.

니콜라카코스는 침입자의 팔을 잡으며 그레이엄을 도왔다. 그러는 동안 프루엣은 곤잘레스에게 총을 겨누었다. 니콜라카코스는 곤잘레스의 손목에 수갑을 채우고 폭발물이나 다른 무기를 소지하고 있는지 확인하기 위해 몸수색을 실시했다. 그는 곤잘레스의 주머니에서 씹는담배를 찾았다. 더 깊이 뒤지자 금속 물체가 느껴졌다. 니콜라카코스가 물건을 꺼내 드니 8cm짜리 접이식 칼이었다.

세 남자는 누군가 수억 달러 상당의 보안 장치, 겹겹이 둘러싸인 경호 시스템, 그리고 많은 비밀경호국 요원들을 뚫고 들어왔다는 게 믿기지 않는다는 듯이 서로를 바라보았다. 그들 앞에 백악관 안 깊숙이 있는 대통령의 관저 계단까지 들어온 월담자가 있었다. 거기다 그는 무장한 상태였다.

"맙소사, 칼을 가지고 있잖아."

그들 중 한 명이 말했다.

줄리아 피어슨은 그날 저녁 7시 무렵에 제퍼슨 기념관(Jefferson Memorial) 주변 도로인 I-395에 진입했다. 그녀는 이동하면서 다음 주 예정사항을 논의하려고 자신의 지프 관용차량으로 보좌관을 집으로 태워다 주고 있었다. 피어슨은 알렉산드리아에 있는 집으로 빨리 가서 짐을 싼 다음 눈을 붙이고 싶었다. 그녀는 다음 날 뉴욕 출장이 잡혀 있어 아침 6시에 일어나 8시 차를 타야 했다. 그러나 펜타곤에 다다랐을 때 무전기에서 날카로운 목소리가 흘러나왔다. 그녀는 거의 항상 백악관 경비팀이 사용하는 1망에 맞춰진 무전기를 들고 이동했다.

24 "그는 내부에 있다"

"북쪽 울타리."

오후 7시 20분쯤 한 경관의 무전이 흘러나왔다.

"월담자 발생."

다른 목소리가 들렸다. 그녀는 가던 길을 계속 가면서 상황이 어떻게 전개되는지 파악하기 위해 무전기에 귀를 기울였다. 그즈음에 월담 상황이 자주 발생하고 있었다. 이후 60초 동안 소동의 소리, 쌍방 간 대화, 잡음 등이 쏟아졌다. 피어슨과 보좌관은 다음 무전을 듣고 아연실색했다.

"그는 내부에 있다…. 백악관 안으로 들어갔다."

피어슨은 지프 위 경광등을 켠 다음 되돌아가기 위해 고속도로 출구로 빠르게 방향을 틀었다. 그녀는 이번 사안이 백악관으로 급히 돌아가야 할 만큼 중요하다고 확신했다.

그녀는 돌아가는 동안 무전 하나하나를 놓치지 않으려고 신경을 곤두세웠다. 약 2분 후, 침입자를 제압하고 수갑을 채웠다는 무전이 나왔지만 피어슨에게는 전혀 위로가 되지 않았다. 침입자가 미국에서 가장 안전한 곳 중 하나여야 하는 백악관 안에서 체포되었기 때문이다.

피어슨은 얼마 지나지 않아 구행정동 앞 17번가 모퉁이에 주차했다. 그녀의 비서실장인 마이크 비어만(Mike Biermann, 이하 비어만)이 광장에서 피어슨을 향해 걸어왔다. 둘은 서로 마주 보며 벌어진 상황이 믿기지 않는다며 고개를 저었다. 그녀는 비어만에게 무슨 일이 일어났는지 물었다.

피어슨 앞으로 약 20m 떨어진 펜실베이니아 애비뉴에는 체포된 침입자가 비밀경호국 흰색 순찰차 뒷좌석에 앉아 있었다. 차 안에 있는 워싱턴 지부 요원들이 그에게 왜 백악관에 침입했는지를 물었다. 곤잘레스는 대기층이 무너지고 있다는 사실을 대통령에게 알려야 한다고 답했다.

"그게 무슨 말씀이에요?"

조사하던 요원이 곤잘레스에게 물었다.

"대기층이요. 공기, 환경 있잖아요? 앞으로 비행기들이 훨씬 낮은 고도에서 비행해야 할 거예요."

그는 갑자기 흥분해서 엄청 빠른 말로 자신이 심장 질환이 있어 병원에 가야 한다고 했다. 요원들의 부축을 받아 차에서 내린 곤잘레스는 기절해서 그대로 도로에 쓰러졌다. 피어슨은 자신의 부하들이 무릎을 꿇고 비밀경호국에 치욕을 안겨준 남자에게 산소마스크를 씌워주는 모습을 지켜봤다. 응급처치를 하는 동안 구급차가 도착하자 곤잘레스는 그를 인솔할 요원과 함께 병원으로 이송됐다.

한편, 대머리에 안경을 낀 대통령경호팀장 롭 버스터와 그의 부관인 마크 코놀리(Marc Connolly, 이하 코놀리)는 피어슨에게 상황 보고를 하러 웨스트윙 안에서 광장으로 나왔다. 코놀리가 백악관 경비 책임자였기 때문에 백악관에서 근무하는 경관들은 그의 명령을 받게 되어 있었다. 그는 피어슨에게 무전기 문제와 혼란으로 인해 월담자에 대한 대응이 늦어졌다고 설명했다.

코놀리는 피어슨을 만나기 전에 모든 보안장비를 관리하는 고위 간부에게 전화를 걸어 화를 냈었다. 그는 주요 지점에 설치된 경보기가 울리지 않았을 것이라고 우겼다. 이를 목격한 사람들에 따르면 코놀리는 전화에 대고 "당신의 빌어먹을 울타리 경보기가 이 사태를 야기했다"며 "아주 지긋지긋하다"고 소리를 질렀다. 그는 그날 밤 일어난 문제의 진정한 원인을 몰랐다.

피어슨도 그 시점에 무엇이 잘못됐는지 정확히 알지 못했다. 하지만 국방부 부근에서도 또렷하게 무전을 들었기 때문에 코놀리가 무전 통신을 탓하는 것을 이상하다고 생각했다.

버스터는 그의 부하들이 멍하니 있지 않았다는 사실을 강조하려 했다. 실제로 1층에서 장비를 정리하던 두 경호요원들이 소란스러운 소리를 듣고는 계단을 뛰어 올라갔고, 그레이엄이 곤잘레스를 제압할 때 이를 도왔다. 버스터는 또한 헬기에 같이 타서 오바마를 수행하던 최고 선임 요원인 헥터 헤르난데즈(Hector Hernandez)에게 연락해 대통령에게 즉시 상황을 보고하라고 했기 때문에 대통령도 이 상황을 인지하고 있다고 설명했다.

백악관에서 근무하던 경관이 피어슨에게 월담자의 이동경로를 보여주기 위해 다가왔다. 피어슨은 경관과 함께 곤잘레스가 울타리를 넘어간 지점부터 분수대 동쪽을 지나 화단을 통과한 길을 직접 걸으며 동선을 확인했다.

현관에 다다르자 경관은 어떻게 했는지는 모르지만 곤잘레스가 현관 동쪽에 배치된 두 경비견, 현관 서쪽 인근에 배치된 신속대응팀, 그리고 현관을 지키던 경관 모두를 기적적으로 따돌렸다고 설명했다.

그는 안에서 근무하던 한 경관이 두 경호요원의 도움을 받아 어떻게 곤잘레스를 성공적으로 제압했는지도 설명했다.

"그가 무장하고 있었나?"

피어슨이 물었다.

"아닙니다."

경관이 답했다.

"다행이군."

그녀가 말했다.

경관은 피어슨을 노스 포르티코 문이 보이는 크로스홀(Cross Hall)의 체포 현장으로 안내했다. 그 지점에는 요원들이 무기를 찾기 위해 곤잘레스를 수색했을 때 주머니에서 나온 소량의 씹는담배가 남아 있었다.

저녁 8시 무렵, 강경하기로 소문난 국토안보부 비서실장 크리스티안 마론(Christian Marrone, 이하 마론)은 정말 오랜만에 금요일 저녁을 가족과 먹고 애지중지 가꾸는 알링턴 집 화단에 자라난 잡초를 뽑고 있었다. 그의 아내 니콜(Nicole)은 어린 딸들에게 건강한 습관을 심어주기 위해 엄격한 일정을 따랐다. 그녀는 이제 4살과 6살 된 아이들을 침대에 눕히고 있었다. 그러다 보니 마론이 집에 도착하면 아이들은 보통 자고 있었다. 조국 수호에 전념하는 사람의 일상이란 이런 것이었다. 특히, 24만 명이 일하는 거대한 부처를 운영하는 그로서는 가족과 보낼 수 있는 시간이 많지 않았다.

마론이 주머니에서 진동을 느끼고 휴대폰을 꺼내들자 피어슨의 전화번호가 눈에 들어왔다. 그녀는 보통 주말에 전화하지 않았지만 아무리 사소한 사건이라도 그에게 보고하였고, 마론은 이러한 그녀의 태도를 감사하게 생각했다.

"문제가 생겼어요."

피어슨이 말문을 열었다.

"무슨 일이야?"

마론이 살짝 긴장하며 물었다.

"마론, 우선 들어만 주세요. 저는 여기 펜실베이니아 애비뉴에 있습니다. 누군가 울타리를 뛰어넘었어요."

"그랬군."

마론이 긴장을 조금 풀며 말했다. 그동안 발생했던 월담 사건들을 되짚어 보니 침입자들이 큰 위험은 아니었다. 비밀경호국 요원들은 재빨리 월담자들을 체포했고, 피어슨은 사건 결과를 항상 그에게 전화로 보고했다. 하지만 월담자들은 분명 매우 성가신 존재였고, 시간이 지날수록 그 수가 늘고 있었다.

"이번 건은 다릅니다. 그가 울타리를 뛰어넘어 건물 안으로 들어갔습니다."

피어슨이 말했다.

"어떤 건물?"

마론이 혼란스러워하며 물었다.

"백악관이요."

24 "그는 내부에 있다"

그녀가 딱 잘라 말했다. 마론은 너무 놀란 나머지 그 자리에 멈춰 섰다.

"뭔 소리야?"

마론의 머릿속에 여러 질문이 한꺼번에 떠올랐다. 대통령이나 그의 가족이 관저에 있었나? 어쩌다 이렇게 됐지?

하지만 마론은 엉뚱한 질문을 던졌다.

"누구를 해고할 건가?"

"현장에 도착한 지 얼마 안 됐습니다. 우선 상황을 파악할 시간을 주십시오."

피어슨이 말했다.

사건이 제대로 터졌다고 마론은 생각했다. 그는 피어슨에게 앞으로 30분 이내로 장관에게 브리핑해야 하니 신속하게 사태를 정리하라고 말했다. 그는 데니스 맥도너(Denis McDonough, 이하 맥도너) 백악관 비서실장이 오늘 밤 장관에게 연락해 어떻게 이런 심각한 문제가 발생했는지 설명을 요구할 것이라고 예견했다.

마론은 전화를 끊고 그의 상사인 제이 존슨(Jeh Johnson, 이하 존슨) 장관에게 연락하러 집으로 급히 들어갔다. 존슨이 전화를 받았을 때 마론은 CNN 방송에서 빨간색 속보 자막과 함께 백악관 앞에서 생중계하는 기자의 모습을 볼 수 있었다.

마론은 오바마의 안전을 궁극적으로 책임지는 각료인 그의 친구이자 상사에게 상황에 대한 주요 골자를 알려줬다. 현대로만 좁히면, 누군가 백악관 울타리를 뛰어넘어 대통령 관저 안으로 들어간 경우는 처음이었다.

존슨이 믿기지 않는다는 듯이 물었다.

"장난치는 거지? 무슨……"

"뉴스 켜 봐, 제이."

그가 손으로 얼굴 한쪽을 문지르며 말했다.

"이미 뉴스에서 나오고 있어."

4부 재앙의 시작

피어슨은 아직 펜실베이니아 애비뉴를 벗어나지 못한 시점에 백악관 비서실 차장 아니타 브레켄리지로부터 전화를 받았다.

"모두가 저에게 무슨 일이 일어났냐고 묻네요."

브레켄리지가 말했다. 월담자가 발생하자 백악관은 일시적으로 봉쇄되었고, 맥도너를 포함한 고위 직원들이 그 시간 동안 사무실에 갇힌 상태가 되었었다.

최근까지 오바마의 일정을 담당했던 36세의 브레켄리지는 약간 화가 나 있었다. 그녀는 버스터로부터 답을 얻지 못했다. 버스터는 무전을 듣느라 너무 바빠서 그녀와 오랫동안 대화할 수가 없었다. 하지만 그녀는 실시간 정보가 필요했고 그것을 얻기 위해 상하고위를 막론하고 연락을 돌렸다. 피어슨은 버스터가 곤잘레스의 월담 행위가 단독 범행인지 아니면 더 심각한 공격이 임박했는지 분석하고 있을 것이라고 확신했다. 그녀는 버스터와 새롭게 임명된 비서실 차장이 아직 가까운 사이가 아니라는 사실도 알고 있었다. 더구나 이 혼란스러운 밤을 통해 그 둘이 더 가까워질 리도 없다고 생각했다. 피어슨은 그녀가 알고 있는 사실을 알려줬다. 그녀는 월담자가 정신적인 문제가 있는 것 같지만, 무장하지는 않았고 현재 구금되어 있다고 브레켄리지에게 설명해 주었다.

브레켄리지는 짜증을 내며 통화를 시작했으나 피어슨의 얘기를 듣고는 놀란 것 같았다. 그녀는 마치 자신의 집이 도둑맞은 것처럼 사건을 매우 사적으로 받아들였다.

"줄리아, 어떻게 이런 일이 일어날 수 있어요?"

브레켄리지가 물었다.

피어슨도 그것이 궁금했다. 그녀는 그날 밤 근무하던 경관들이 교대되고 본부로 인솔되는 모습을 지켜봤다. 경관들은 그날 밤에 본 것, 자신들이 한 것 혹은 하지 않은 것을 내부 조사관들에게 진술해야 했다.

피어슨이 울타리로 돌아가기 위해 노스 포르티코로 나가자 신속대응팀

24 "그는 내부에 있다"

의 교대 인원들이 잔디밭에 모여 현관을 향해 서 있는 모습이 눈에 들어왔다. 대부분이 부끄러움에 고개를 들지 못했다. 그녀는 백악관에서 전례 없는 사고가 터져 패배감을 느끼고 있는 부하들을 격려해 주었다.

"힘들겠지만 집중해라. 또 어떤 일이 생길지 모르니 오늘 밤 개인 임무에 집중해 주길 바란다. 늘 그렇듯이 정신을 바짝 차리면 오늘 밤도 무사히 지나갈 것이다."

피어슨이 말했다.

그녀는 펜실베이니아 애비뉴 출입구를 나와 비서로 하여금 모든 본부장들과 전화회의를 잡도록 했다. 피어슨은 본부장들과 통화하며 현관에서 곤잘레스를 막지 못한 두 경관 등 실수를 범한 사례를 몇 가지 들었다. 그럼에도 왜 일이 이렇게까지 잘못되었는지 이해할 수 없다고 말했다.

그녀는 당분간 경비를 강화하겠다며 다음 날부터 경관들을 증원하고 경비견 1두를 추가 배치하라고 명령했다. 비밀경호국은 이 외에도 보행자들을 더 멀리 떨어뜨릴 수 있게 북쪽 울타리 앞에 추가로 이동식 울타리를 설치했다. 그녀는 철두철미하다고 소문난 감찰관실 부실장이자 조사관인 리처드 코울린(Richard Coughlin)에게 사건의 경위를 파악하라고 지시했다.

그날 밤, 피어슨에게 최악의 순간은 11시경에 H가 950번지에 있는 비밀경호국 본부로 돌아왔을 때였다. 그녀는 제인 머피(Jane Murphy) 대외협력본부장, 데일 푸피요(Dale Pupillo) 경호본부장, 마크 코판치(Mark Copanzzi) 기술지원본부장과 케빈 심슨 제복경호대장 등 지휘부와 경호정보부 당직실에 모여 곤잘레스의 CCTV 영상을 처음부터 끝까지 시청했다.

피어슨 앞에 다음 장면들이 펼쳐졌다. 눈에 띄게 절뚝거리는 42세의 남자가 플라스틱 크록스 신발을 신고 백악관 잔디밭을 가로질러 질주했다. 현관 밖 경비초소는 비어 있었다. 월담자가 백악관 건물에 접근할 때 신속대응팀이 귀중한 몇 초 동안 머뭇거렸고, 경비견과 핸들러는 너무 늦게 달려왔다.

영상을 시청하던 사람들은 곤잘레스가 초대받은 사람처럼 현관문을 통해 들어가는 모습을 이를 악물고 지켜봤다. 본부장들 중 몇 명은 피어슨의 반응을 보려고 고개를 돌렸다. 피어슨은 손으로 턱을 괴고 생각했다.

'토할 것 같다.'

백악관을 침입한 월담 사건이 발생하고 한 주가 지나자 곤잘레스에 대한 더 불편한 보고가 피어슨에게 올라가기 시작했다. 그녀는 뉴욕에서 열리는 유엔 총회 준비 실태를 점검하던 일요일에 조사관으로부터 월담자가 실제로는 그린룸(Green Room)까지 도달했다는 보고를 받았다. 이는 본부장들에게 받은 최초 보고 내용과 달리 훨씬 더 깊숙이 침입했다는 뜻이었다.

'왜 인제야 이를 보고하는 거지?'

피어슨은 생각했다.

월요일과 화요일에는 하원 감독위원장이 다음 주 개최하는 곤잘레스 침입 사건 공청회에 증인으로 참석하라고 요구했다는 보고를 받았다. 피어슨은 그 주에 월담 사건 몇 개월 전부터 비밀경호국이 곤잘레스에 대한 정보를 입수했으나 무시했다는 사실도 알게 되었다.

로아노크(Roanoke) 경찰은 지난 7월 편집증 치료를 받고 있는 이라크전 참전용사인 곤잘레스가 백악관 지도와 총신을 톱으로 자른 산탄총을 차에 싣고 다닌다는 정보를 비밀경호국에 공유했다. 이는 경찰의 추격을 피해 버지니아 고속도로 중앙선을 침범한 곤잘레스가 체포되며 발견된 내용이었다. 8월에는 마세티를 들고 백악관 울타리를 따라 걷는 곤잘레스를 비밀경호국 경관들이 검문했으나, 캠핑을 하고 있다고 답하자 놓아주었었다. 곤잘레스가 9월 17일 밤에 다시 백악관에 나타나자 경관들은 그를 "마세티 남자"로 알아보았지만 별다른 조치 없이 통과시켰다.

어느 금요일, 피어슨은 곤잘레스가 갖고 있는 백악관에 대한 집착과 정신질환을 알면서도 왜 그를 감시하지 않았는지 설명을 듣고 싶어, 경호

24 "그는 내부에 있다"

정보부를 관장하는 크레이그 마고(Craig Magaw, 이하 마고) 본부장을 사무실로 호출했다. 마고는 경호정보부 선임 분석관 미셸 키니(Michelle Keeney, 이하 키니)를 대동했다.

키니는 곤잘레스가 교재에서 말하는 잠재적인 위협인물이라는 점에는 동의했지만, 월담 사건이 발생하고 나서야 그가 백악관에 집착하는 상황을 알게 되었다고 설명했다. 회의는 피어슨의 불안감을 증폭시키기만 했다. 그녀는 경호정보부와 더불어 곤잘레스 같은 위협을 식별하는 시스템에 문제가 있는 것은 아닌지 걱정되었다.

같은 날 늦은 시각에 피어슨은 버스터와 함께 집무실에서 오바마를 대면했다. 피어슨은 이 자리에서 월담자가 건물 내부까지 들어가게 된 경위와 재발방지책을 대통령에게 설명하려 했다. 그녀는 비밀경호국이 계속해서 대통령과 그의 가족을 안전하게 지킬 수 있다고 설득하기를 희망했다. 하지만 사건사고를 보고하기 위해서만 대통령을 만난다는 생각을 머릿속에서 지울 수가 없었다. 피어슨은 먼저 잘못된 점을 지목하고는 백악관 주변에 설치하려는 경호 강화 방안을 보고했다.

오바마는 보고받는 동안 주먹을 입에 댄 채 조용히 고개를 끄덕이며 듣기만 했다. 경호요원들에게 반갑게 인사하고 농담을 건넸던 모습은 찾아볼 수 없었다. 보고가 끝났을 때, 오바마는 브레켄리지에게 모든 내용을 알려줘야 할 의무가 버스터에게 있음을 간결하게 상기시킨 후 격려의 말로 마무리했다.

"분명히 말하는데 나는 아직 비밀경호국을 신뢰하고 있다."

하지만 대통령의 말이 위안이 되기는커녕 경고를 보내는 듯했다.

'나는 그렇게 오래 참을 수 없다. 정신 차려라.'

주말에 피어슨은 마론과 보좌진들로 모의 인터뷰 패널을 구성해 의회 청문회를 준비했다. 그녀는 모든 내용을 숙지하고 있었지만 빠져나갈 구멍이 없다는 기분이 들었다. 마론은 월담 사건의 원인을 비밀경호국 예산

삭감으로 돌려서는 안 된다고 그녀에게 조언했다. 그렇다고 피어슨이 자신의 직원들을 탓할 수도 없는 노릇이었다. 그렇다면 비밀경호국이 임무를 수행하지 못한 문제를 어떻게 정당화할 수 있단 말인가? 일요일에 모의 인터뷰를 마치자 그녀의 걱정은 더 커져만 갔다.

제이슨 차페츠가 처음 소식을 들었을 때 그는 믿기지 않았다. 만약 소문이 사실이라면 엄청난 파장이 있을 게 확실했다.

일요일 저녁, 젊은 유타주 공화당 의원 차페츠가 잭슨 홀(Jackson Hole) 근처 그랜드 티턴 국립공원(Grand Teton National Park)에서 숨 막히는 풍경을 사진으로 찍으며 편안한 주말을 보낸 뒤였다. 사진은 그가 가장 좋아하는 취미였다.

그는 전화기 너머에서 들려오는 놀라운 이야기를 듣느라 운전에 집중하기 어려웠다. 보좌관인 레이첼 위버에게서 걸려온 전화였는데, 그녀는 비밀경호국 고위 간부로부터 연락을 받았다고 했다. 그 간부가 겁을 먹고 있지만 고발할 사항이 있다 해서 들어보니 그 내용이 너무 중요하다는 생각이 들어, 즉시 그와 차페츠를 연결해 주는 것이라고 했다.

그 간부가 차페츠에게 말했다.

"절대 제 신원이 알려져서는 안 됩니다. 월담 사건 며칠 전에 또 다른 사건이 있었어요. 대통령이 애틀랜타에 있는 질병통제예방센터(Centers for Disease Control and Prevention)에 갔는데, 거기서 신원조회가 안 된 사람이 대통령과 함께 엘리베이터를 탔습니다. 그런데 그가 총을 가지고 있었어요."

그 간부는 매우 심각한 사항이라고 설명했다. 그에 따르면, 오바마가 에볼라 바이러스와 싸우는 연방 공무원들에게 감사를 표하기 위해 애틀랜타 센터를 방문한 행사에서 사설 경비원이 대통령이 사용할 전용 엘리베이터를 조작하는 임무를 맡았다. 비밀경호국은 행사에 동원되는 사람들, 호텔의 웨이터와 직원 등 대통령에게 가까이 접근하는 모든 사람에 대해 신원조회를 실시한다. 또한, 경호요원과 엄선된 법 집행관 등 계획된 인원 외에는 모두 무장 해제시킨다. 그러나 센터의 경비원은 무장한 상태였고 신원조회도 이루어지지 않았다.

이를 우연히 알게 된 비밀경호국에서 경비원의 범죄경력을 확인해 보니 그가 폭행 혐의로 기소되었으나 유죄 판결을 받지 않았고, 총기 과잉 사용 혐의로 기소유예된 적이 있었다.

"뭐라고요? 진짜예요?"

차페츠가 물었다. 내부고발자는 그렇다고 한 다음, 또 다른 비밀을 폭로했다.

"재미있는 것은 그날 피어슨 국장이나 국장실 직원 중 누군가가 요원 한 명을 애틀랜타로 보내 조용히 조사하게 했다는 겁니다. 그들은 당신을 포함해 그 누구도 이 사실을 몰랐으면 합니다."

차페츠가 코웃음을 쳤다. 그는 다자통화를 하던 그 간부와 그를 위버에게 연결해 준 또 다른 요원에게 감사를 표했다. 그런 다음, 전략 수립을 위해 위버와 단둘이 몇 분 더 통화했다. 그는 감독위원회 소위원회 위원장으로서 청문회에서 피어슨을 어떻게 시험할지 좋은 생각이 떠올랐다.

"그녀가 진실을 말할지 아니면 거짓을 말할지 두고 봅시다."

청문회가 열린 화요일에 감독위원회 위원장인 대럴 이사는 한때 흠잡을 데 없던 비밀경호국의 평판에 먹칠한 일련의 사건들로 포문을 열었다.

"초대받지 않은 살라히 부부가 2009년 국빈 만찬 때 백악관을 출입했을 때, 2011년 11월 11일에 오스카 헤르난데스가 백악관을 향해 총을 쐈을 때, 카르타헤나에서 매춘부와 놀아나 보안이 유출될 뻔했을 때, 그리고 2014년 네덜란드 음주사건 때처럼, 9월 19일에도 경호시스템이 작동하지 않았다는 것이 명백합니다. 우리는 이와 같은 일을 더 이상 허용할 수 없습니다."

대럴 이사는 비밀경호국을 항상 신뢰했지만, 앞으로 과연 비밀경호국을 믿을 수 있는지 의구심이 든다고 말했다. 그러고는 백악관 현관을 바로 지난 지점에서 월담자를 체포했다는 비밀경호국의 주장이 거짓이라는 사실을 워싱턴포스트 기사를 통해 알게 되었다고 불평했다. 그는 오마르 곤잘레스가 "세계에서 가장 안전해야 할 목표물"인 백악관을 깊숙한 곳까지 침투했다고 했다.

메릴랜드주 의원이자 위원회 민주당 의원 서열 1위인 일라이자 커밍스(Elijah Cummings, 이하 커밍스)는 오바마가 상원의원으로 대통령 선거에 출마한 2007년부터 말을 아껴왔다. 그는 오바마의 사진을 표적 삼아 사격 연습을 하겠다고 위협한 인종차별주의자들에 대해 알고 있어 오랫동안 오바마의 안전을 걱정했다. 그런 와중에 무장한 남자가 관저를 침입하자 커밍스의 우려는 더욱 커졌는데, 월담 사건을 은폐하고 2011년 백악관 총기 난사 사건을 수사하지 못했다는 워싱턴포스트 기사를 보자 화가 났다. 그는 마치 설교자인 것처럼 2011년 총격 사건의 미흡한 대처가 비밀경호국이 내부적으로 썩었음을 암시한다며 열정적으로 비판을 쏟아냈다.

"신사 숙녀 여러분, 뭔가 아주 심각하게 잘못되었습니다. 비밀경호국은 세계 최고의 경호기관이어야 합니다. 그러나 그들은 백악관이 7발의 총격을 받았다는 사실을 나흘이 지나서야 파악했습니다."

3시간 30분 동안 진행된 청문회에서 위원들은 비밀경호국이 최근 5년 동안 저지른 모든 실수와 잘못을 지적했고, 피어슨은 대부분의 사건이 전임 국장 때 발생했음에도 호된 질책을 받아야만 했다. 그녀는 관료적이고 경직된 태도로 질문에 답했다. 혹여 여자라는 이유로 우습게 보일까 일부러 감정을 표출하지 않으려고 애썼다. 그런 식으로 냉정을 유지했지만, 그 모습은 위원들에게 쌀쌀맞게 비쳤다. 한 위원은 그녀가 잘못을 인정하는 모습도, 이를 개선하려는 의지도 찾아볼 수 없다고 비난했다. 또 다른 위원은 그녀가 자리를 보전하려는 것만큼 대통령을 경호하는 것에 관심을 갖

24 "그는 내부에 있다"

기를 바란다고 충고했다.

차페츠의 차례가 되었다. 그가 피어슨에게 던진 첫 질문은 모든 심각한 사안에 대한 조사 여부였다. 그녀는 한다고 대답했다. 차페츠는 이어 대통령에게 각각의 내용이 보고되는지 물었다.

"미국 대통령도 그 내용을 보고 받는다고 생각합니다. 잘 모르겠습니다."

그녀가 대답했다.

"그 어떤 형태 또는 방식으로 대통령의 안전에 침해가 발생했다면, 이를 대통령에게 알리는 경우는 몇 퍼센트나 됩니까?"

차페츠가 다시 물었다.

"그런 일이라면 모든 사항을 대통령에게 보고합니다."

그녀가 단언했다.

"대통령에게 보고한다는 말이죠?"

그가 되물었다.

"네."

그녀가 반사적으로 대답했다. 사실 정말 심각한 사건이 아니라면 피어슨이 대통령에게 직접 보고하지는 않았다. 대부분의 경우 대통령경호팀장이 비서실 차장에게 내용을 알려줬다.

차페츠가 내부고발자에게 들은 바로는, 적어도 애틀랜타 방문 행사 때는 그렇지 못했다. 신원이 확인되지 않은 경비원이 대통령과 엘리베이터를 탄 사안을 피어슨이 백악관에 말하지 않았던 것이다.

'딱 걸려들었군.'

차페츠가 생각했다.

오후 4시경, 피어슨은 거의 4시간 동안 계속된 의원들의 비난과 질문 공세에 맥이 빠진 상태였다. 지친 그녀가 혼자 사무실에 앉아 있는데 비밀경호국 수석 대변인 에드 도노반과 그의 상사인 머피 본부장이 서둘러 들어왔다. 그들은 몹시 화가 난 듯했다.

도노반은 언론으로부터 일주일 전 애틀랜타에서 발생한 사건에 대해 문의를 받았다고 했다. 워싱턴이그재미너(Washington Examiner)와 워싱턴포스트 기자들이 왜 신원조회를 거치지 않은 무장 경비원이 대통령과 함께 엘리베이터를 탔는지 묻고 있었다.

피어슨은 알고 있는 사건이고, 선발 요원이 행사에 동원된 사람들의 이름을 알려주지 않아 신원조회가 안 된 상황이었다고 설명했다.

"왜 우리에게 알리지 않으셨나요?"

머피가 화가 나서 물었다. 피어슨은 버스터와 스미스 부국장과 협의해 진상조사에 착수했지만, 깜빡 잊고 언급하지 않았다며 사과했다. 그때 피어슨의 사무실 전화가 울렸다. 마론이었다. 그는 짜증과 흥분이 섞여 엄청 빠른 속도로 말을 내뱉었다.

"애틀랜타에서 대통령과 함께 무장 경비원이 엘리베이터에 탄 것을 알고 있었나? 질병통제센터에서 말이야?"

피어슨이 숨을 깊게 들이쉬었다.

"네."

그녀가 조사에 착수했다고 설명하려고 했으나, 마론은 답을 듣자마자 전화를 끊어버렸다. 마론은 이를 급하게 그의 대변인실에 알리고 백악관과 존슨에게 보고를 올려야 했다. 그는 너무 실망한 나머지 역겨움을 느꼈다. 마론은 항상 피어슨의 편을 들며 그녀를 옹호했고, 청문회를 마치고서는 스승이 제자를 대하듯 그녀의 사기를 북돋워 주었다. 그러나 피어슨은 그에게 진실을 숨겼고 그로 인해 그가 뒤치다꺼리를 맡아야 하는 상황이 되어버렸다. 워싱턴이그재미너와 워싱턴포스트 모두 관련된 기사를 내보냈다. 비밀경호국 요원들이라면 잠결에서도 할 수 있는 기본 수칙이라 사건이 더욱 끔찍한 실수로 비쳤다.

24 "그는 내부에 있다"

존슨과 마론 그리고 백악관 선임 비서관들은 비밀경호국 청문회로 받은 충격에서 이제 벗어나나 싶었는데, 비밀경호국에 대한 다른 끔찍한 기사에 빠르게 대응해야 하는 상황에 다시 놓이게 되었다. 그들 모두에게 질병통제센터 사건이 결정타였다. 하지만 이 사람들이 놓치고 있는 중요한 사항이 있었다.

피어슨은 언론에 공격할 빌미를 제공한 꼴이 됐지만, 대통령에게 이 실수를 숨기려 하지 않았다.

이미 잔혹했던 하루였기에 피어슨으로서는 더 나빠질 것이라고 상상하기 어려웠지만 질병통제센터 사건의 후폭풍은 만만치 않았다. 피어슨이 물리적 폭행을 당한 듯한 아픔을 느낄 정도였다. 후문으로 나오는 이야기들은 과장되고 끔찍할 정도로 불공평하게 느껴졌다. 사실 그녀는 아무것도 숨기려 하지 않았다. 오히려 사건 당일 오바마의 경호팀장인 버스터에게 이 문제를 백악관에 통보하라고 했다.

그날 밤, 그녀는 문제를 해결하기를 바라며 존슨에게 전화를 걸었다. 오타와에서 비행기를 타고 워싱턴으로 돌아오던 존슨은 전화를 우선 끊고 공항에 도착한 저녁 8시 30분경에 그녀에게 연락했다. 피어슨은 감정을 최대한 절제해 청문회가 "어려웠다"고 말했다. 그녀는 질병통제센터 사건에 대한 언론보도 내용이 다가 아니라고 하면서, 이 사건에 대해 오바마에게 보고하도록 버스터에게 말했다고 설명했다.

존슨은 묵묵히 듣고만 있었다.

피어슨은 워싱턴포스트에 정보를 유출한 자가 누구인지 그에게 물었다. 존슨은 보안 유출을 극도로 싫어했다. 그는 본부 고위 간부들 중 피어슨을 싫어하는 사람들이 적극적으로 그녀를 끌어내리려 한다는 강한 예감이 들었다. 하지만 누가 정보를 흘렸고, 누가 오바마에게 엘리베이터 경비원에 대해 설명하지 않았는지는 더 이상 중요하지 않았다. 존슨에게도 피어슨이 좋은 비전을 갖고 있고, 진정으로 조직에 헌신하는 모습이 보였다.

하지만 안 좋은 사건들이 계속 발생했다. 이에 더해 백악관은 질병통제센터 사건 때문에 예기치 못한 언론의 질타를 받았다. 보안 유출과 내부 불화 또한 걷잡을 수 없는 지경으로 치닫고 있었다. 안 그래도 오바마 정부와 의원들 사이에서 더 이상 비밀경호국을 신뢰할 수 없다는 말이 나오는 판국에 피어슨이 의회 청문회에서 목소리를 내지 못해 신뢰도가 더욱 추락한 상태였다.

안타깝지만 이미 내려진 결정이었다. 존슨은 오후 5시쯤 마론과 이야기를 나누고 피어슨을 교체하는 데 동의했다. 백악관은 다음 날 바로 지명할 수 있게 임시 후임자를 준비하고 있다고 마론에게 알렸다. 오바마는 전 대통령경호팀장 조셉 클랜시를 원했다.

그러나 존슨은 피어슨과 통화하며 그녀가 권고사직을 통보받을 것이라는 말은 하지 않기로 했다. 그가 여태까지 본 것 중 가장 잔인한 질책과 비난을 그녀가 이미 견뎠기 때문이다.

"줄리아, 이것은 정말 큰 문제야."

그가 대통령이 무장 경비원 사건으로 놀랐다는 점을 에둘러 표현했다.

"이에 대해 좀 더 논의하고 다시 연락할게."

다음 날, 백악관은 피어슨이 의원면직했고 클랜시가 후임을 맡을 것이라고 발표했다. 많은 사람들은 그녀의 지휘 아래서 너무 많은 사건이 일어난 게 해임사유라고 했는데 이는 옳은 추측이었다. 다만, 그녀가 대통령에게 무언가를 숨기려 했다는 건 틀린 추정이었다.

존슨이 내막을 모를 리 없었다. 그는 비밀경호국 간부들이 피어슨을 잘 보좌하지 못했고 심지어 일부는 적극적으로 그녀에게 반기를 든 사실을 알고 있었다. 피어슨이 사임한 날, 그는 직접 비밀경호국 본부를 방문해 본부장단을 회의실로 소집했다.

"오늘 바닥을 찍었다고 생각해라. 이 회의 이후부터 우리는 매일 더 나아져야 한다. 피어슨은 너희 대신 모든 것을 감수하고 사직했다. 하지만 너희 모두에게도 책임이 있다. 앞으로 어떻게 하는지 보겠지만 똑바로 안 하는 사람은 가차 없이 내칠 것이라고 분명히 밝히겠다. 자, 이제 이 회의 내용도 언론에 유출해라. 어차피 너희가 잘하는 게 그거 아닌가?"

존슨이 그들에게 일침을 가했다.

본부장단은 고개를 숙인 채 존슨이 나가는 모습을 지켜보았다.

5부

과거로의 회귀

트럼프 정부
(2016~2021년)

25
클랜시의 차례

제이 존슨 장관에게는 4성 장군만이 감당할 수 있다고 믿는 일자리가 있었다.

줄리아 피어슨 비밀경호국장은 사표를 제출했고 오바마는 이를 수리했다. 조직의 명예가 더럽혀지는 사고가 반복되고, 피어슨을 끌어내리려는 남성 동료들이 언론에 정보를 유출했기 때문이다. 2014년 11월, 비밀경호국이 당혹스러운 언론 기사로 오바마 정부에 먹칠하는 것을 방지하기 위해 존슨은 조직을 통제할 수 있는 강력한 리더를 국장으로 앉히고 싶었다. 국방부 고문으로 오래 일했던 존슨은 장군들에게서 뿜어져 나오는 위엄과 그들이 발휘하는 리더십의 가치를 중시했다. 장군들은 부하들의 절대복종을 명령할 줄 알았고, 그중에서 탁월한 사람들은 자기를 따라 전투에 임하도록 단결력을 끌어내는 능력도 있었다. 그는 피어슨이 직원들의 반란에 맞서 기관을 이끌기 위해 고군분투하는 모습을 실망스럽게 지켜봤다.

그러나 군 고위공직자 중 아무도 비밀경호국장 자리에 관심을 보이지 않았다. 비밀경호국의 20억 달러 예산은 국방부 일개 사업에 비교해도 보잘것없어 보였다. 게다가 비밀경호국은 직원들의 품위유지 의무 위반과 더불어 조직경영 문제가 적나라하게 드러났기 때문에 이를 지적한 의원들로부터 지속적으로 감사 요구를 받을 수 있었다. 비밀경호국을 공격해 존재감이 드러난 의원들이 있기에 그럴 염려는 더욱 컸다.

2015년이 되자 존슨은 비밀경호국장 후보자 명단을 확정하려고 하였다.

그는 클린턴 정부 때 비밀경호국 고위직을 역임하고 국장 후보로 거론되었던 래리 코클을 남몰래 접촉해 국장 자리를 제안했다. 코클은 비밀경호국에 몸담고 있을 때 엄격한 리더십과 전략적 사고로 직원들에게 신망이 두터웠고, 퇴직 후에는 타임워너(Time Warner) 보안담당 임원으로 재취업해 상당한 보수를 받고 있었다. 그러나 코클은 조셉 클랜시 국장대행이 국장 자리에 관심 있어 한다는 얘기를 듣고는 사양했다. 존슨은 새로운 관점에서 조직을 진단할 수 있는 사람이 필요했기 때문에 클랜시가 최선이라고 생각하지 않았지만, 코클은 대통령이 신임하는 사람이 결국 국장이 된다는 것을 너무나 잘 알고 있었다.

한편, 존슨은 대통령과 경호요원 간의 관계를 잘 몰랐다. 그래서 션 조이스(Sean Joyce)가 최근에 FBI 부국장에서 물러났을 때 추천할 만한 이상적인 후보를 드디어 찾았다고 믿었다. 그는 법 집행 경험도 있었지만 무엇보다 비밀경호국에 절실히 필요한 행정의 달인이기도 했다.

하지만 어느 날 클랜시가 오바마와 단둘이 있을 때 비밀경호국에 남고 싶다는 의향을 내비쳤는데, 이 점이 대통령 의사에 결정적인 영향을 미쳤다. 오바마는 자신의 첫 경호팀장이 국장을 맡겠다고 하는 말이 반갑게 느껴졌고 영부인도 이를 기쁘게 받아들였다. 코클의 생각이 옳았다.

존슨은 2월 첫 주에 국장 후보로 고려되었던 전직 경찰청장에게 연락해 면접을 위해 워싱턴에 올 필요가 없다고 통보했다. 대통령은 이미 누군가를 내정한 뒤였다.

그것은 클랜시였다. 하지만 클랜시가 최종 낙점되려면 그가 하기 싫은 일을 해야만 했다. 클랜시는 국장대행으로서 앨빈 "A. T." 스미스를 차장으로 임명했었다. 스미스는 그와 수년간 함께 일한 동료였지만 조직 내에서 호불호가 갈리는 사람이었다. 따라서 스미스를 싫어하는 직원들은 클랜시의 결정에 격분했었다. 더구나 스미스가 연루된 일련의 경호실패 사건을 조사하던 공화당 소속 제이슨 차페츠 의원도 그가 차장이 된 것을 몹시 불쾌하게 생각하고 있었다. 스미스를 차장으로 그대로 둔다면 비밀경호국과 오바마 정부는 계속해서 차페츠가 위원장으로 있는 감독위원회로부터 공격을 받을 게 뻔했다.

2월 9일, 클랜시는 스미스가 차장에서 물러난다고 발표했다. 2월 중순, 오바마는 본인이 직접 뽑은 위원들로 구성된 비밀경호국 발전위원회의 제언을 무시하고 클랜시를 국장으로 임명했다. 위원회는 비밀경호국 개혁을 위해 외부인을 국장으로 영입해야 한다고 조언했지만, 수용되지 않았다. 위원회가 발간한 보고서에는 "조직 문화와 직원들 간의 개인적 친분에서 자유로운 인물만이 개혁에 필요한 조직진단을 제대로 할 수 있다"고 명시되어 있었다. 그러나 클랜시가 갖고 있는 바른 이미지와 대통령과의 연줄이 그가 선택되는 데 결정적인 요소로 작용했다.

클랜시는 2009년부터 2011년까지 오바마 경호팀장으로 일했고, 그 기간 동안 오바마가 아침에 처음 본 얼굴이 바로 클랜시였다. 한 여자와의 결혼 생활을 31년간 이어온 클랜시는 바람을 피운다는 구설수에 휘말린 적도 없었고, 웬만해서는 직원들과의 술자리도 사양해 주변에서는 털어도 먼지가 안 나는 사람으로 인정하고 있었다.

하지만 클랜시의 팬들조차도 그가 조직을 바로 잡을 수 있을지 의문을 제기했다. 61세인 클랜시는 본부에서 일한 적이 없었기 때문에 행정경험이 절대적으로 부족했다. 그는 누군가와의 대립을 피했고, 기존대로 일을 하는 게 입증된 방식이라며 부하들이 업무를 개선하려는 시도를 용납하지 않았다. 또한, 조직을 구렁텅이로 몰아넣은 지휘부와 오랜 유대감을 가지고 있기도 했다. 클랜시는 조직 내에서 '조 신부'로 불렸는데, 이는 그가 젊은 시절 사제직에 관심이 있었고 온화한 성품을 갖고 있어 붙여진 별명이었다. 클랜시는 장점이 많았지만, 그의 장점이 통제 불능인 기관을 개혁하는 데 오히려 걸림돌이 될 것이라고 보는 이들도 많았다.

"그보다 더 청렴한 사람을 찾을 수 없을 거예요. 정말 없을 겁니다. 하지만 그는 핏불 같은 사람은 못 됐죠."

필라델피아 지부에서 클랜시와 근무했던 동료가 말했다. 그의 말대로 당시 비밀경호국에는 맹견 같은 적극성이 필요했다.

제24대 비밀경호국장인 클랜시가 기쁨을 누릴 수 있던 기간은 단 2주에 불과했다. 그는 친구이자 동료인 고위 간부가 연루된 기강 해이 및 경호실패 문제가 새롭게 드러남에 따라 이를 수습하기 위한 수비 태세로 전환해야만 했다.

에드 도노번의 은퇴 기념 파티는 3월 4일 5시 30분에 차이나타운 내 아이리시 바 파도(Fado)에서 시작됐다. 참석했던 부하 직원들과 선배 요원들도 대체로 도노번처럼 아일랜드계였기 때문에 장소는 흠잡을 데 없이 잘 선택한 것 같았다. 술집 이름은 게일어로 '옛날 옛적에'를 의미했고 아일랜드 전통 이야기에서 첫 단어로 자주 사용되는 단어였다. 30~40명이 파티에 모인 이유는 은퇴를 축하해주기 위해서였지만 비밀경호국의 '전통'을 지킨 것을 기념하는 의미도 있었다. 최초의 여성 국장인 피어슨은 더 이상 조직의 일원이 아니었다. 오바마는 다시 내부 출신인 '조 신부'를 국장으로 발탁했다. 클랜시는 그들이 잘 아는 사람이었고 비밀경호국의 '전통' 그 자체라고 해도 과언이 아니었다.

도노반과 그의 아내는 손님들이 음식과 술을 마음껏 먹을 수 있도록 뷔페 형식으로 파티를 준비했다. 직원들은 도착하자 도노반에게 20년 넘게 일하면서 카르타헤나, 백악관 저격과 월담 등 수많은 사건이 터졌을 때 언론에 대응하고 조직의 명예를 지키느라 고생이 많았다는 격려의 말을 했다. 또, 그가 조직 내에서 높은 자리까지 올라간 것은 실력도 있지만 행운을 타고났다는 덕담을 건넸다. 도노반은 기자들에게 친절하지만은 않았지만 그럼에도 기자들은 그를 무시하지 않았다. 그는 공보관실 일을 싫어했지만 언론을 너무 잘 다뤘다. 그러다 보니 그동안 설리번이 그를 놓아주지 않았다. 도노반의 아내가 저녁 7시 30분에 마무리하려고 내역을 확인해 보니 총금액이 729달러에 달했다. 그때까지 일행은 음식과 더불어 맥주 53병, 와인 7잔과 음료수 3병을 먹은 것으로 나타났다.

도노반과 같이 일했던 친한 동료 두 명은 파티가 끝난 뒤에도 술집에 남았다. 당시 워싱턴 지부 GS-14급 경호과장인 조지 오길비(George Ogilvie, 이하 오길비)는 후배가 술을 사는 전통에 따라 오후 7시 44분에 자신의 신용카드로 탭을 열었다. 그는 비밀경호국에서 20년 가까이 일한 직원이었다. 그와 함께 남은 마크 코놀리(Marc Connolly, 이하 코놀리)는 27년간 근무했고, 2012년에 오바마 경호부팀장으로 승진한 고위 간부였다. 이들 외에도 공보관실 행정 직원 두 명이 잠시 머물다 떠났다.

오길비와 코놀리는 세 시간 동안 파도에서 술을 마시며 옛 추억에 대해 많은 이야기를 나눴다. 오후 10시 45분이 되자 그들도 자리를 뜰 시간이 됐다고 판단했다. 오길비의 계산서에는 행정 직원 두 명이 마신 술 3잔 외에도 양주 8잔, 맥주 3병, 보드카 2잔과 와인 1잔이 기재되어 있었다. 그는 나중 조사에서 자기가 마신 술은 이 중 3잔뿐이라고 주장했다. 오길비는 코놀리가 술이 많이 취했다며 그가 차를 주차해 둔 백악관까지 태워주겠다고 했다. 코놀리와 오길비 둘 다 관용차를 몰고 있었다.

코놀리는 백악관 경내 경호책임자였지만 자신에게 지급된 업무용 블랙베리를 확인하지 않았고, 오길비도 마찬가지로 사무실에 별일 없으리라 생각했다. 그러나 10시 30분 무렵, 비밀경호국은 백악관 경비태세를 노란색으로 상향했다. 이는 잠재적 위험에 대비하고 15번가와 E가가 교차하는 지점의 입구를 폐쇄하는 조치를 뜻했다. 그로부터 약 15분 뒤 통합상황센터는 간부들에게 이메일을 발송해 상황을 공유했고, 클랜시 국장에게도 자택으로 전화를 걸어 상황을 설명했다. 경비태세가 상향된 이유는 한 여성이 E가 경비초소 근처에 수상한 물건을 던지며 "폭탄이야!"라고 외쳤기 때문이다. 오길비는 이 무렵 술값을 계산하고 있었다. 비밀경호국은 경찰에 폭발물처리반 지원을 요청하고, 시민과 직원들을 보호하기 위해 해당 경비초소를 폐쇄한 다음 주변 도로를 통제하였으며, 직원을 추가로 배치해 교통을 관리하였다.

이를 알지 못했던 오길비는 곧장 백악관 E가 출입구로 향했다. 15번가에서 교통을 관리하던 요원이 오길비의 차를 세우려 손을 흔들었지만 오길비는 그를 무시하고 비어 있는 경비초소까지 다다랐다. 그곳에서 오길비는 출입구를 막고 있는 플라스틱 교통콘을 우회하려 했다. 그는 후진했다 전진하기를 반복하며 교통콘 사이로 지나가려 했지만 결국에는 포기하고 차로 교통콘을 밀어버렸다. 그의 차가 폭발물 조사를 위해 통제된 백악관 지역에 들어서자 운전수 쪽 바퀴가 의심물체 바로 옆을 지나갔다. 모든 차들이 백악관에 들어올 때처럼, 오길비는 요원들이 차를 검색하고 차량 차단 장비를 내려주기를 기다려야 했다. 한 간부가 통합상황센터 감시 카메라로 오길비의 SUV 차가 통제된 구역을 들어가는 모습을 지켜보다가, 경관들에게 즉시 가서 확인하라고 무전을 쳤다. 경관들은 아직 의심물체가 폭발물인지 아닌지 확인되지 않아 접근하기를 꺼렸지만 세 사람 모두 지시에 응하고 차로 다가갔다. 경관들이 다가가자 오길비와 코놀리는 비밀경호국 배지를 보여주었다.

"어떻게 들어왔어요?"

경관 중 선임자가 물었다.

오길비와 코놀리는 침묵했다. 경관이 두 번 더 물었지만 그들은 반응하지 않았다. 오길비는 눈을 크게 뜨고 머리를 좌석 머리 받침대에 세게 누르고 있었다. 조수석에 앉아 있는 코놀리는 흐트러진 모습으로 입을 다물고 있었다. 경관이 네 번째로 묻자 오길비가 결국 입을 열었다.

"아무도 우리를 막지 않았어."

오길비는 지난 5시간 동안 술을 마신 사실을 숨기고 본부에서 오는 길이라고 거짓말을 했다.

"경비요원들과 탐지견은 어디 있는 거야?"

코놀리는 경관들이 차단 장비를 지나도록 허가해 주지 않아 화가 난 듯했다. 그러자 경관은 폭발물 의심물체 때문에 해당 출입구가 폐쇄되었다고 설명해 주었다.

그때는 오후 11시가 조금 지난 시각이었고, 코놀리를 포함한 간부들에게 상황 경과를 알리는 여러 개의 이메일이 발송된 뒤였다. 백악관의 전반적인 경호를 책임지고 있는 코놀리는 그것도 모른 채 오길비와 함께 폭발물 위협으로 폐쇄된 지역 정중앙으로 들어가 버린 것이었다.

경관들은 코놀리 일행이 횡설수설하자 술에 취해 있는 것이 아닌가 의심했다.

경관 한 명이 경비대장인 마이클 브라운(Michael Braun, 이하 브라운) 경감에게 연락하기로 결정했다.

"상황이 생겼습니다."

경관이 브라운에게 말했다.

"여기 코놀리와 오길비가 와 있는데 술에 취한 것 같습니다."

브라운은 코놀리 밑에서 일하는 사람이었지만 둘 사이의 계급 차이가 너무 커서 바로 위 상사에게 연락을 취했다. 아무래도 고위직 간부를 직접 상대하기에는 부담스러웠다. 까딱 잘못했다가는 자기가 질책을 받을 수도 있었다. 그리고 술에 취한 대통령경호팀 요원들이 관용차를 타고 백악관으로 와서는, 통제된 수사 현장에 들어가 화를 내는 상황은 처음 겪는 일이었다. 그러니 어떻게 대처하는 것이 좋을지 지침을 받고자 했다.

전화 통화를 마치자 브라운은 직접 상황을 챙기기 위해 출입구로 내려와 경관들에게 물러나라고 지시했다. 브라운이 차로 다가가자 희미한 술 냄새가 났다. 코놀리는 빨갛게 상기되고 눈이 풀린 상태로 핸드폰을 귀에 대고 있었다.

25 클랜시의 차례

"술 드셨나요?"

브라운이 오길비에게 물었다.

"뭐라고?"

오길비가 물었다.

브라운이 다시 질문하자 오길비는 코놀리를 돌아보더니 천천히 고개를 끄덕이며 낮은 목소리로 "응"이라고 대답했다.

브라운은 다음 단계를 밟았다. 그는 오길비가 멀쩡하고 운전할 수 있는 상태지만 코놀리는 그렇지 않다고 결론지었다. 그는 오길비의 차를 들여보내기 위해 탐지견 팀을 불렀다. 탐지견 팀은 내키지 않았지만 지시에 따르는 수밖에 없었다. 나중에 브라운이 동료들에게 말한 대로라면, 두 사람 모두 고주망태가 된 상태였고 근무 10시간 전부터 금주해야 하는 비밀경호국 규정을 위반한 것으로 보였다. 경관들 중 일부는 현장에서 음주 측정을 하려했지만, 브라운은 그렇게 하면 큰 타격을 받게 된다고 설명했다. 경관들은 브라운이 자기 안위를 걱정해서 한 말이지 코놀리 일행을 걱정해서 한 말이 아니라는 뜻으로 이해했다. 브라운은 나중에 그러한 언급 자체를 부인했다.

그러나 고위급 경호요원들이 백악관에 진입했다는 내용이 제복경호대 내에서 여러 단계를 거쳐 보고된 것은 사실이었다. 우선 현장에 처음 도착한 경관들이 브라운에게 도움을 요청했고, 브라운은 그의 상사에게 조언을 구했다. 그리고 브라운의 상사는 알폰소 다이슨(Alfonso Dyson, 이하 다이슨) 부대장에게 전화를 걸어 상황을 보고했다. 백악관 내 모든 경관들을 지휘하는 다이슨은 보고를 받고 코놀리에게 연락했다. 그 시각은 오후 11시 19분경으로 오길비가 코놀리를 자신의 관용차 앞에 내려준 직후였다. 다이슨은 코놀리에게 보고하는 입장이었지만 그날 밤은 코놀리가 다이슨의 조언을 필요로 했다.

"내가 사고를 쳤어."

5부 과거로의 회귀

코놀리가 다이슨에게 말했다.

다이슨은 코놀리에게 "상황이 더 악화되기 전에" 지휘보고를 하라고 두 번이나 강조했다. 코놀리는 그렇게 하겠다고 했다. 당시 브라운은 코놀리가 취했다고 확신했다. 하지만 오길비와 코놀리 둘 다 차를 끌고 집으로 돌아갔고 두 사람 모두 사건을 상부에 보고하지 않았다.

하지만 그 사건은 업보로 돌아와 두 요원을 괴롭혔다. 오길비와 코놀리가 술에 취했던 비 오는 밤에 일하던 경관들 중 적어도 한 명은 1년 전 플로리다 키스에서 음주 사건으로 강등된 적이 있었다. 2014년 3월 새벽 1시, 이슬라모라다에서 발생한 교통사고에 두 직원이 연루되어 심층적인 내부조사를 벌였던 그 사건 말이다. 그로 인해 출장 중이던 많은 경관들이 그날 밤 스포츠 바에서 테킬라를 마신 사실이 드러났다. 술을 너무 많이 마셨다고 염려한 간부가 그들을 제지하기 위해 술집 밖으로 끌고 나가야 했고, 적어도 그중 한 명은 임차한 밴 차량을 타고 돌아가는 와중에 차 안에 토를 했다. 며칠간의 휴가를 위해 오바마와 그의 가족이 다음 날 아침 일찍 방문하는 일정을 준비하고 있어야 했기에 엄밀히 말하면 그들은 당시 근무 중이었다. 그 결과, 피어슨 국장은 경관 몇 명을 보직에서 해임하고 백악관 경비직으로 돌려보냈다. 1년이 지난 지금, 플로리다 키스 사건 당사자들은 술에 취해 더 큰 사고를 친 고위 경호요원 두 명이 아무런 대가를 치르지 않게 내버려둘 생각이 없었다.

3월 6일 금요일, 한 경관이 새로운 이메일 계정을 만든 후 사건 현장에 있던 동료 경관들과 함께 사건의 내막을 알리는 이메일을 작성해 비밀경호국 직원들에게 발송했다. 한 이메일에는 두 경호요원이 음주한 상태로 차를 운전해서 백악관으로 오다 교통사고를 냈고, 의심스러운 물체로 통제된 구역에 실수로 진입한 의혹을 받고 있다고 언급되어 있었다.

이를 알게 된 한 전직 요원은 이메일이 발송된 당일 나에게 전화를 걸어 도노반의 은퇴 파티 후에 무슨 일이 있었는지 아느냐고 물어보았다.

그리고 주말에는 수십 명의 전직 및 현직 요원들이 나에게 이메일을 공유했다.

클랜시의 오랜 친구였던 은퇴한 요원 마이크 노박(Mike Novak, 이하 노박)은 다른 은퇴자들로부터 그 이메일이 얼마나 널리 공유되었는지를 듣고는 걱정에 빠졌다. 수백 명의 전직 및 현직 요원들이 사건의 세부 내용까지 알게 되었지만 정작 이를 반드시 알아야 할 클랜시는 아무것도 모르고 있었다. 컴캐스트(Comcast)에서 클랜시와 같이 일했던 노박은 국장에 취임한 지 한 달밖에 되지 않은 그의 친구가 체면을 잃지 않도록 보호해 주고 싶었다. 노박은 3월 9일 월요일 아침 9시쯤 본부로 전화를 걸어 클랜시에게 이를 알렸다.

클랜시는 노박의 말을 듣고 감사를 표했다. 그는 이것이 소문에 불과할 것이라고 생각했지만 경호본부장인 빌리 캘러한(Billy Callahan)에게 진위를 파악하라고 지시했다. 클랜시는 아침마다 브리핑을 받았지만 지난주에 이 사건을 언급한 사람은 없었다. 다이슨의 충고에도 불구하고 코놀리가 상사인 대통령경호팀장 롭 버스터에게 사건을 보고하지 않았으니 당연한 결과였다.

월요일 오전, 리처드 코울린 감찰관실 부실장이 주말 동안 돈 소문을 클랜시에게 상세하게 보고했다. 이번에는 두 요원의 이름이 거론되었기 때문에 클랜시는 충격을 받았다. 코놀리는 같은 경호팀에서 가까이 일했던 사이였고, 코놀리와 오길비 둘 다 경험이 많은 간부였다. 클랜시는 비밀경호국 단독으로는 이 사안을 제대로 수사할 수 없다고 판단했다. 그는 코울린에게 당장 국토안보부 감찰관 존 로스에게 관련 사실을 알리고 조사를 의뢰하라고 지시했다.

이틀 후, 나는 코놀리와 오길비가 술에 취해 교통사고를 낸 후 백악관 방호장벽에 충돌한 혐의로 조사를 받고 있다는 기사를 처음으로 보도했다. 그때까지만 해도 확인되지 않은 내용이 많아서 클랜시가 이메일에서 언급했다는 내용으로 국한해 다음과 같이 기사를 썼다.
 "비밀경호국 관계자는 대통령경호팀 간부 한 명을 포함한 두 고위 경호요원을 조사하고 있다고 수요일에 밝혔다. 그들은 지난주 심야 파티에서 술을 마신 뒤 관용차를 몰고 백악관 바리케이드를 박았다는 의혹을 받고 있다."
 그러나 다른 뉴스 매체들은 사고를 사실로 보도해버렸다.
 "한 제보자에 따르면 버락 오바마 대통령의 경호팀 간부 한 명을 포함한 두 고위 비밀경호국 요원들이 퇴임하는 비밀경호국 대변인 에드 도노반을 위한 심야 파티에 갔다가 백악관 바리케이드에 차를 박았는데, 당시 술에 취해 있던 것으로 의심된다고 CNN에 확인해 주었습니다."
 이 기사가 발표되자 비밀경호국 은퇴자들 사이에서도 혐오스럽다는 반응이 나왔다.
 전직 대테러팀장 댄 에메트(Dan Emmett)에게서 연락이 왔다.
 "캐롤, 안녕하세요? 이런 일이 발생한 게 믿기지가 않으며, 슬프고 화가 납니다. 지난 3년 동안 비밀경호국은 많은 일을 겪었지만 이번 사건은 상상을 초월합니다. 비밀경호국은 미국 국민들에게 다시 신뢰를 쌓을 기회가 있었지만 이번 일로 확실하게 신뢰를 잃었을 겁니다. 이렇게 무모하고 무책임한 리더십의 부족을 참도록 강요받는 성실한 요원들뿐만 아니라 국민들도 비밀경호국에 실망했을 겁니다. 클랜시가 국토안보부에 조사를 의뢰한 결정은 옳은 선택이었고, 매우 철저한 조사가 이뤄질 것이라고 확신합니다. 만약 오길비와 코놀리가 받는 혐의가 사실로 드러나면 사직서를 내야 합니다. 그리고 만약 사실이라면 무책임과 무능의 방증임과 동시에 비밀경호국과 대통령을 완전히 무시했다는 것을 의미합니다."
 소식을 접한 백악관은 혐오감을 숨기려 하지 않았다. 오바마의 고위 비서관들은 비밀경호국이 친 사고를 자기들이 수습하는 상황에 진절머리가 났다. 이 사건은 백악관 부지 내에서 일어났고 대통령경호팀 고위 간부한 명이 연루되었기에 더욱 그랬다.

"저도 사건에 대해 알고 있습니다."

조시 어니스트(Josh Earnest, 이하 어니스트) 백악관 언론비서관이 다음 날 언론 브리핑에서 이 사건에 대해 질문한 기자들에게 답했다.

"그 안에 포함된 혐의들은 역겹습니다."

어니스트는 오바마 정부와 비밀경호국이 사태를 "매우 심각하게" 받아들이고 있으며, 추가 질문은 비밀경호국 공보관실로 연락하라는 말로 브리핑을 마무리했다.

3월 24일에 열린 의회 업무보고가 3월 4일 사건에 대한 청문회 성격을 띠게 되면서 클랜시는 의원들로부터 여러 질타를 받았다. 하원 예결위원장 할 로저스(Hal Rogers, 이하 로저스)는 두 요원의 음주운전 의혹을 직접 수습하지 않은 신임 국장을 나무랐다. 로저스는 감찰관에 조사를 의뢰한다 해도 이와 별개로 기관 자체 조사를 반드시 해야 한다고 했다. 그러면서 법 위에 군림하려는 비밀경호국의 오만함을 바꿀 능력이 클랜시에게 있는지 의문을 제기했다.

"지금 이 순간에 당신이 그렇게 할 의지가 있는지 모르겠습니다."

로저스가 말했다. 조용한 성품에, 항상 예의 바르고, 감정 기복이 없는 클랜시조차 의원들이 돌아가며 지적하자, 너덜너덜한 헝겊 인형처럼 심리적으로 동요했다.

청문회를 소집한 제이슨 차페츠 하원 감독위원장과 일라이자 커밍스 의원은 비밀경호국에 가장 엄격한 의원들이었다. 청문회에 앞서 클랜시는 사건에 대한 주요 내용을 제공할 수 없다고 했었다. 이에 더해 증인으로 소환된 비밀경호국 간부들에게 위원들의 질문에 대답하지 말라고 했다는 사실까지 전해지자 의원들의 분노는 더욱 커졌다.

차페츠가 말했다.

"우리가 초청한 증인들의 증언을 막음으로써, 클랜시 국장은 의회와 미국 국민에게 진실을 숨기고 있습니다. 클랜시 국장이 왜 임기 초부터 의회에 비협조적으로 나오는지 의아스럽습니다."

여당으로 백악관을 옹호해야 하는 민주당도 클랜시에게 자비를 베풀지 않았다. 커밍스는 비밀경호국 내에서 반복되는 일탈행위를 더 이상 눈감아줄 수 없다고 말했다. 그는 3월 4일 사건에 대한 이메일을 익명으로 배포했다는 점은 지휘부의 공정성을 불신한다는 의미이며, 이를 알고 있던 간부들이 클랜시에게 보고하지 않은 행위는 그를 존중하지 않는다는 뜻이라고 경고했다. 커밍스는 "내분이 일어난 기관" 덕분에 오바마 대통령의 목숨이 위태로운 상황에 놓이게 되었으며, "지휘체계가 끊어지면 지휘권이 없다고 믿는다"고 말했다.

"이는 마치 머리가 없고 몸만 있는 꼴이며, 지휘권이 없으면 취약해지고, 그 취약성은 결국 미국 대통령의 안전과 직결됩니다."

몇몇 의원들은 클랜시가 사건 영상을 위원들과 공유하지도 않았으며, 많은 부분이 삭제되고 덮어쓰기 되었다는 사실이 매우 심각한 문제라고 했다. 매사추세츠 민주당 의원 스티븐 린치(Stephen Lynch)는 "고의적으로 이런 일을 저질렀다는 게 우려되며, 조사를 하지 않고 증거를 인멸했다"고 하였다. 본부에서 청문회를 지켜보던 직원들은 차페츠가 예의 바르고 유순한 클랜시를 계속해서 전 국민 앞에서 지적하고, 말까지 끊으면서 비난하는 모습에 들끓었다. 그 분노는 차페츠를 향한 구체적 행동으로 이어졌다.

행정본부 간부인 아네다 아리아가(Aneda Arriaga, 이하 아리아가)는 다른 간부들처럼 자신의 사무실 TV를 통해 클랜시의 증언을 지켜봤다. 청문회 시작 18분 만에 호기심 많은 아리아가는 컴퓨터에서 비밀로 분류된 인사기록자료를 열고 차페츠라는 이름을 입력했다. 차페츠에 관한 파일에는 그가 비밀경호국 요원이 되기 위해 2003년 서부지역에 있는 지부에 지원했지만 면접조차 보지 못하고 떨어졌다고 입력되어 있었다.

이 정보는 접근이 제한된 데이터베이스에 저장되어 있었으며, 법률로 보호되는 개인정보였다.

차페츠가 시험에서 떨어졌다는 소식은 빠르게 퍼져나갔다. 점심시간 전, 정보본부의 차석인 신시아 워포드(Cynthia Wofford, 이하 워포드)는 동료들로부터 차페츠가 비밀경호국에 지원한 적이 있었다는 얘기를 들었다. 그날 저녁 댈러스 지부의 한 요원도 차페츠의 인사기록을 검색한 뒤 클랜시의 비서실장인 마이크 비어만에게 이메일을 보내 "몇 가지 정보"가 있으니 전화를 달라고 하였다. 화요일이었던 그날에만 7명이 차페츠의 기록을 검색했고, 다음 날인 수요일에는 13명이 추가로 그의 기록에 접속했다.

워포드는 수요일 오전에 크레이그 마고 차장 사무실에 들러 그녀가 알고 있는 내용을 보고하려 했지만, 그는 듣기 싫다는 듯 그녀에게 나가라고 손짓했다.

"그래, 그래, 나도 알아."

마고가 말했다.

클랜시와 마고는 그날 중요한 오찬이 있었다. 클랜시가 기관이 직면한 어려움을 헤쳐 나갈 조언을 듣기 위해 전직 비밀경호국장들을 초청한 자리였다. 마고는 오찬장으로 가기 전 차페츠가 시험에서 떨어졌던 사실을 클랜시에게 말했다. 비밀경호국에서 소문이 얼마나 빠른지 두 명의 전직 국장도 은퇴한 직원들을 통해 소문을 이미 들은 후였다. 누가 어떤 말을 했는지 등 세부 사항은 기억이 제각각이었지만 클랜시도 차페츠에 관한 소문을 들었다는 것은 모두 똑같이 기억했다. 오찬에 참석한 루 멀레티 전 국장은 점심을 먹으면서 차페츠 얘기를 꺼냈다고 했다. 누군가는 브라이언 스태포드 전 국장이 클랜시에게 소문이 맞는지 물어봤다고 했다. 이에 대해 클랜시가 "저희도 알아보는 중인데 득이 될지 실이 될지 모르겠다"고 대답했다는 주장이 있었다.

오찬 참석자 중 한 명은 차페츠에 대한 소문이 맞다면 이해충돌 방지를 위해 그가 스스로 비밀경호국을 감독하는 자리를 기피해야 한다고 말했다. 클랜시는 나중에 이런 얘기를 전혀 기억하지 못한다고 했는데 오찬 참석자 중에 이 주제가 언급된 것을 기억하지 못하는 유일한 사람이었다. 오찬이 끝난 후, 클랜시의 비서실장 비어만이 클랜시에게 다가와 차페츠에 대한 소문을 알려줬다.

"알고 있네."

클랜시가 대답했다.

이후 약 1주일간 총 45명의 요원들이 차페츠의 기록을 열람했는데 대다수는 그렇게 할 명분이 없었다. 여기에 더해 경호요원들은 차페츠가 청문회 단상에 앉아 있는 모습을 패러디한 포스터를 이메일로 돌려보기 시작했다. 누가 제작했는지는 알려지지 않았지만 포스터 상단에는 '2003년 비밀경호국 낙방', 하단에는 '2009년 의회 선출'이라는 문구가 있었다.

청문회가 끝나고 며칠 후인 3월 30일, 교육원장으로 새로 승진한 에드 로워리(Ed Lowery, 이하 로워리)는 차페츠가 경호요원들을 소환할 계획이라는 소식을 듣고 화가 치밀었다. 그는 밤 10시에 차페츠가 비밀경호국 요원이 되려다 실패했다는 사실을 공보관에게 이메일로 보내면서, "서로 공평하게 그가 창피하게 느낄 정보도 공개돼야 한다"는 내용도 곁들였다. 비평가들의 흠을 잡아 그들을 깎아내리는 수법은 비밀경호국의 오랜 전통이었다.

로워리가 법적으로 보호된 의원의 인사 기록을 유출해야 한다고 제안한 지 이틀 후 두 언론매체에서 차페츠의 과거를 기사로 내보냈다. 더데일리비스트(The Daily Beast)는 4월 2일 석간에 차페츠가 2002년 또는 2003년에 비밀경호국에 지원했으나 떨어졌다고 보도했다. 같은 날, 나도 여러 비밀경호국 직원들이 차페츠 인사 기록을 돌려보고 있다는 기사를 내보냈다. 또한, 운 좋게도 이번 일과 관련해 정부 고위 관계자와 직접 통화를 했기에 더 많은 내용을 기사에 담을 수 있었다.

25 클랜시의 차례

　나는 오후 일찍 연락해 비밀경호국의 입장이 어떤지 문의했고, 오후 6시쯤 다시 전화를 걸어 워싱턴포스트가 기사를 곧 내보낼 예정이라고 알려줬다. 물론, 그때까지 아무런 반응이 없었기 때문에 그날 근무 중이었던 공보관실 직원으로부터 표준적인 '노코멘트' 이메일을 받을 것으로 예상했다. 그러나 놀랍게도 전화를 끊자 곧장 핸드폰이 울렸고, 제이 존슨 장관의 깊은 목소리를 들을 수 있었다. 물론, 그는 내 기사를 좋아하지 않았다. 비밀경호국에 호의적인 기사를 쓴 적이 없으니 어쩌면 당연한 일이었다. 그는 직원이 익명으로 정보를 유출하는 행위도 싫어했는데, 하필 나는 비밀경호국과 관련된 많은 정보 유출의 수혜자이기도 했다. 보좌관들에게 들은 바로는 나의 관심이 다른 종류의 기삿거리로 옮겨가기를 존슨이 바라고 있다고 했다.
　"캐롤, 저는 당신이 정보원으로부터 듣지 못한 내용을 말하려고 합니다. 지금 하는 말을 모두 보도해도 좋습니다."
　존슨은 단호했다.
　존슨에 따르면, 본인과 클랜시가 각각 차페츠에게 연락했다. 그렇게 전화로 사과하고 보안 위배로 보이는 사건에 놀라움을 금치 못했다는 뜻을 전했다고 했다. 또한, 클랜시가 존 로스 감찰관에게 어떻게 정보가 유출됐는지 조사해 달라고 요청한 상태라고 하였다.
　존슨은 차페츠에게 다음과 같이 말했다고 했다.
　"만약 현재까지 보고받은 내용이 정확하다면, 비밀경호국과 국토안보부는 의회에 마땅히 사과할 의무가 있고 관계자들은 책임을 져야 합니다. 면목이 없습니다. 이건 잘못됐어요. 이런 일은 일어나지 말았어야 했습니다. 조사를 통해 반드시 내막을 밝혀내겠습니다."
　차페츠는 존슨의 진심 어린 사과에 감사했다고 한다.
　도를 넘어선 것이었다. 적을 침묵시키는 비밀경호국의 방법은 거칠고 야만적이었다. 차페츠는 섬뜩함을 느꼈다. 그에게 비밀경호국 시험이란 어렴풋이 기억날 정도로 먼 과거였다. 비밀경호국이 또 무엇을 할 수 있을지 두려웠다. 차페츠는 당시 심정을 이렇게 털어놓았다.

"위원장의 뒷조사를 하다니… 이 사람들은 무력도 사용하도록 허가된 자들인데… 살짝 겁이 나더군요."

평소 밝고 온화한 차페츠의 아내인 줄리 차페츠(Julie Chaffetz)는 이 사건에 격분했다.

"너무 유치한 짓이라고 생각해요. 책상에 앉아 이런 짓을 하는 이들은 도대체 어떤 사람들인가요? 그들의 수준이 이 정도밖에 안 되는구나 하는 생각이 들었어요."

몇 주 후, 클랜시는 언론과 의회를 향한 비난을 멈추고 비밀경호국이 질타를 받는 이유에 대해 반성하라는 공지를 전 직원에게 발표했다.

"우리 모두가 인간이기에 때로는 실수한다는 것을 이해합니다. 하지만 최근 일어난 일탈행위의 대다수가 실수라고 생각되지는 않습니다. 각각의 사건에서 우리의 판단력이 부족했음이 나타났고, 이는 개선할 수 있는 일입니다."

몇 달 후, 로스는 차페츠의 인사 기록 유출에 대한 조사 결과를 발표했다.

로스는 로워리가 쓴 이메일을 발견하고 이를 보고서에 포함했다. 로워리가 정보를 유출했다는 증거는 없었다. 하지만 클랜시가 불과 한 달 전 조직개혁을 위해 지휘부를 새롭게 구성하겠다며 고위직 3분의 2 이상을 대체하겠다는 계획을 발표했고, 그 일환으로 교육원장에 로워리를 직접 임명했기 때문에 그가 이메일에서 한 제안은 그와 클랜시를 궁지로 몰기에 충분했다.

로스의 조사결과에 의하면 차페츠의 인사기록이 정당한 사유 없이 검색되고 널리 공유되고 있다는 사실을 알고 있던 간부가 18명이나 되었다. 그는 관련된 모든 사람들이 클랜시에게 이 사실을 알리지 않았다고 결론짓

25 클랜시의 차례

고는 간부들이 역할을 못 했다고 책망했다.

로스는 보고서 요약본에 다음과 같이 썼다.

"비밀경호국 요원들은 '신뢰와 믿음을 받을 자격'이라는 조직의 가치를 본부 건물 로비에 대리석으로 새긴 기관에서 일하고 있다. 이 사건에 연루된 사람들이 조직 가치에 부응했다고 말할 수 있는 사람은 없을 것이다."

로스의 보고서로 인해 또 다른 비밀경호국의 치부가 드러났다. 마고와 비어만은 보고서 초안을 읽고는 클랜시가 자신이 알고 있는 정보를 제대로 공유하지 않아 자신들이 피해를 볼 수 있다고 생각했다. 클랜시는 더데일리비스트와 워싱턴포스트가 사건을 취재하기 시작한 4월 1일이 되어서야 차페츠가 비밀경호국에 지원했었다는 소문이 직원들 사이에서 돌고 있다는 사실을 알게 되었다고 말했다. 하지만 마고와 비어만은 3월 25일에 클랜시를 찾아가 소문에 대해 직접 보고했다고 기억했다. 마고는 그날이 전임 국장들과의 오찬이 있던 날이고 클랜시가 그 자리에서 이를 논의한 사실을 알고 있었으나, 조사관들이 묻지 않은 사항을 굳이 나서서 설명하지 않았다. 마고는 클랜시를 찾아가 보고서를 이대로 발표할 수 없다고 말했다. 클랜시가 사전 보고를 받은 사실을 언급하지 않으면, 보고서를 읽는 사람들이 마고가 클랜시에게 정보를 숨겼다고 오해할 것이 뻔했다.

클랜시는 기억을 되살리기 위해 그가 가장 친하게 지내는 멀레티와 스태퍼드 전 국장에게 연락했다. 그들은 3월 25일에 차페츠에 관해 논의한 사실을 클랜시에게 확인해 주었다. 클랜시는 로스에게 전화를 걸어 보고서에 수정할 부분이 있다고 했다. 그 말을 하면서 클랜시는 자신이 불필요하게 조직을 욕보였다는 생각에 좌절감을 느꼈고, 로스와의 대면조사를 준비하지 않은 자신에게 화가 났다. 그는 단지 4개월 전 오찬에서 차페츠에 대한 언급이 있었던 점을 기억하지 못했을 뿐이다.

로스는 이미 의회에 보고서를 제출했고 9월 30일에 공식적으로 발표할 준비를 하고 있다며 매우 난처해했다.

클랜시가 계속 자기 입장을 설명하였으나 로스 입장에서는 이를 받아들이기가 어려웠다. 그는 생각했다.

'비밀경호국 직원들은 모두 훈련받은 요원들이다. 그들은 조사를 준비할 줄 알고, 거짓말에 대한 벌칙도 알고 있다. 답을 할 수 있으면 좋지만 기억이 안 나면 기억이 안 난다고 해야 한다는 것도 알고 있다.'

로스는 공정하다고 느끼는 유일한 길을 선택할 수밖에 없었다. 그는 일의 투명성을 위해 보고서를 그대로 발표하고 수사를 재개하겠다고 하였다.

"지금 당신과 이야기해 봤자 소용없습니다. 우리는 당신을 다시 조사해야 합니다."

로스가 클랜시에게 말했다.

그 일이 벌어진 시기는 다시 한번 비밀경호국에 악재로 작용했다. 당시 존슨과 그의 비서실장 크리스티안 마론은 10월 5일에 기자회견을 개최하려 하였다. 그 자리를 빌어 비밀경호국과 4개 유관기관들의 노고를 치하할 계획이었다. 존슨과 마론이 이런 계획을 세운 이유는 최근 열린 유엔 총회와 교황 방문 기간이 겹쳤는데도 불구하고 완벽한 경호가 제공되었기 때문이었다. 당시 160여 명의 정상들이 미국을 방문했는데, 전 세계 어디서도 전례를 찾아볼 수 없는 규모의 경호가 필요했다. 따라서 경호 작전에 동원된 기관들은 모든 역량을 총동원해야만 했다. 하지만 내가 10월 2일에 클랜시가 말을 바꾼다는 기사를 쓰자, 의원들과 기자들은 클랜시의 정직성을 재평가하였고 축제 분위기는 끝이 났다.

톰 코튼(Tom Cotton, 이하 코튼) 하원의원은 클랜시가 의도적으로 로스를 잘못 이끌었다면 사임하거나 경질되어야 한다고 강조했다. 코튼은 클랜시가 "비밀경호국의 잘못을 바로잡으라고 임명된 것이지, 잘못을 자행하고 은폐하라고 한 것이 아니다"라고 했다.

25 클랜시의 차례

10월 5일 기자회견에서 존슨은 비밀경호국이 절실히 필요로 했던 격려를 보내기 위해 그곳에 있었지만 화가 난 것처럼 보였다.

"워싱턴 언론은 감찰 보고서, 월담 사건 등에 초점을 맞추고 있습니다."
존슨이 말했다.

"하지만 큰 그림을 볼 필요가 있습니다…. 그리고 엄청난 규모의 경호 임무도 성공적으로 수행하였습니다."
존슨의 말이 계속됐다.

"언론과 국민은 너무 자주 나쁜 뉴스에 사로잡힙니다. 리더로서 우리는 공직자들의 헌신과 노력이 당연한 것으로 여겨지지 않게 국민에게 제대로 알릴 책임이 있습니다. 지난 2주 동안 비밀경호국은 이 나라 역사상 가장 큰 경호 임무를 흠잡을 데 없이 성공적으로 수행했습니다."

한 기자가 클랜시에게 왜 진술을 바꿨는지 묻자 그는 기억을 못 한 탓이라고 대답했다.

"사건이 발생하고 4개월 후에 조사를 받았다는 점을 고려해야 합니다."
클랜시가 설명했다.

"제 기억이 틀렸어요."

비밀경호국 비난론자들을 포함해 클랜시가 거짓말을 할 사람이라고 생각하는 사람은 거의 없었다. 하지만 비밀경호국 요원들이 그동안 솔직하지 않았다는 사실이 로스의 두 번째 조사에서 분명하게 드러났다. 마고를 다시 조사할 때, 로스의 조사관들은 단 한 가지 질문을 했다.

"왜 클랜시에게 알렸다고 말하지 않았어요?"
마고의 대답은 간단했다.

"당신들이 묻지 않았습니다."

클랜시는 자기가 저지른 실수를 바로잡았고, 로스는 다시 조사한 결과를 부록으로 발행했다.

그러나 클랜시는 로스의 보고서가 하필 비밀경호국이 마땅히 찬사를 받아야 할 시기에 나왔기 때문에 뒤통수를 맞은 느낌이 들었다. 그는 로스와의 오해를 풀기 위해 11월 23일 그의 사무실에서 만났다.

클랜시가 로스에게 "당신네가 의도적으로 보고서 발행 시간을 맞추었다는 얘기가 있다"고 말했다.

"우리는 그런 식으로 일하지 않습니다. 보고서는 완료되는 시점에 나옵니다."

그것으로 충분하다고 생각한 클랜시는 고개를 끄덕이고는 최근 일들로 겪었던 수모를 얘기했다.

9월 교황 방문에 앞서 클랜시는 경호요원 몇 명과 함께 로마를 방문했었다. 거기서 그들은 교황이 어떤 방식으로 경호를 받는지 확인하고 그 시스템에 익숙해지려 했다.

방문하는 동안 바티칸 측에서 비밀경호국 요원들이 매춘부를 필요로 하지 않느냐는 농담을 건넸다. 그 직원들은 분명 재미있다고 생각해서 한 농담이었겠지만, 평생 독실한 가톨릭 신자였던 클랜시는 움츠러드는 자신을 발견했다. 그는 개인의 영광이라고 여겼던 출장에서조차 비밀경호국 평판 때문에 시달려야만 했다.

"아픈 기억이에요."

클랜시가 말했다.

로스가 고개를 끄덕였다. 클랜시가 진심으로 상처를 받았다는 것이 로스의 눈에 보였다. '조 신부'는 많은 사람들이 그랬듯이 비밀경호국 내부 출신이고 대통령과 밀접한 관계가 있다는 이유로 국장에 선정되었다. 하지만 조직의 명예를 회복하려는 노력은 결실을 맺지 못했다.

26
혼돈의 후보

2016년 3월 1일, 켄터키주 루이빌(Louisville, Kentucky)에 위치한 켄터키국제컨벤션센터(Kentucky International Convention Center)의 거대한 강당 안에는 깊게 분열된 시민들이 위험할 정도로 가까이 있었다. 공화당의 유력 대선 후보인 도널드 트럼프(Donald Trump, 이하 트럼프)는 35분간 예정된 유세 현장에서 범죄자들을 처벌하고 이민자들의 밀입국을 막겠다는 연설을 하며 "모든 인간을 배려할 필요가 없던 과거"와 시대가 달라졌음을 한탄했다. 군중은 찬성하며 환호성을 질렀다.

트럼프는 박수를 받으면서도 슬슬 울화가 치밀었다. 연설하는 동안, 시위대가 그를 여러 번 방해했기 때문이다. 몇 주 전에 있던 유세 행사에서 시끄러운 시위대에 대한 불만을 표하고 지지자들에게 "그들을 때려눕히라"고 했던 트럼프였다. 한 시위자가 트럼프의 얼굴과 돼지 몸을 합성한 플래카드를 들어 올리자 트럼프는 더 이상 참을 수 없다는 듯이 시위대를 가리키며 "그들을 여기서 당장 끌어내. 끌어내! 끌어내!"라고 촉구했다.

그러자 눈살을 찌푸린 백인 남성들이 21세의 흑인 여성 카시야 은왕구마(Kashiya Nwanguma, 이하 은왕구마)를 에워싸고 플래카드를 빼앗았다. 은왕구마는 그로부터 2분 동안 인형처럼 여기저기 떠밀리며 군중으로부터 위협을 받았다.

자칭 신나치주의자 매튜 하임바흐(Matthew Heimbach, 이하 하임바흐)는 자신이 창설한 백인우월주의 단체의 회원을 모집할 겸 유세 행사에 참석했는데, 트럼프의 선동을 듣고는 은왕구마의 얼굴을 손가락으로 가리키며 "좌파 쓰레기!"라고 외쳤다. 은왕구마는 남자들이 자신의 주변을 빙빙 돌며 "검둥이"와 "비열한 년"이라고 외치는 소리를 들었다. 한 남자는 하임바흐 뒤에서 다가와 두 손으로 그녀의 등을 밀쳤다. 트럼프는 계속 "끌어내라"고 소리치고 있었다. 나이가 70대에 들어선 한국전 참전용사 앨빈 밤버거(Alvin Bamberger, 이하 밤버거)는 분위기에 휩쓸려 트럼프의 명령을 따랐고, 그녀의 등을 밀며 출구 쪽으로 몰았다. 루이빌대학(University of Louisville) 육상 선수인 은왕구마는 그 와중에도 침착함을 유지한 채 핸드폰을 꺼내 공격자들의 행동을 촬영하였다.

　"여기서 나가. 당신이 여기 있는 것을 원하지 않아!"

　밤버거가 그녀를 한 번 더 밀면서 말했다.

　"그만 밀어요!"

　은왕구마가 소리쳤다.

　무슬림을 공격하는 트럼프에 항의하기 위해 홀로 행사에 왔던 은왕구마는 자신감과 침착함을 내비쳤다. 하지만 은왕구마는 자신이 군중 사이에서 떠밀리는 모습, 그 광경을 목격한 사람들의 환호, 그리고 아무도 도움을 주지 않았던 상황을 나중에 영상으로 보면서 고통스러워했다. 그제야 그녀는 자신이 얼마나 큰 위험에 처해 있었는지를 깨달았다. 타박상만을 입고 나온 것은 행운이었다.

　"시위는 미국의 전통입니다. 어떤 것이 맞지 않다고 느껴지면 그것을 믿지 않는다고 말할 권리가 있습니다…. 여러분 주변 사람들이 무엇을 믿든 간에, 여러분이 어느 곳에 있든 간에, 다른 믿음을 가지고 있다는 이유로 공격당하지 말아야 합니다."

　은왕구마가 당시 상황에 대해 느낀 점이었다.

그날, 비밀경호국 요원들과 지역 경찰 모두 은왕구마를 구하러 가지 못했다. 컨벤션센터 내 다른 구역에서 발생한 개인 간 폭행 상황에 대응하고 있었기 때문이다.

분노한 백인 남성들에게 흑인 여성이 떠밀리는 상황은 시민운동이 한창이던 1950~1960년대에 공립학교에 들어가는 흑인 학생들에게 백인 무리가 욕하는 장면을 연상시켰다. 켄터키에서 일어난 일은 트럼프 유세현장에 모이는 군중의 난폭성을 보여주는 전형적인 사례였다. 이는 비밀경호국에 큰 부담과 당혹감을 안겨주었다.

트럼프는 표면으로 드러나지 않은 국민의 불만을 이끌어내고 그것을 이용하는 데 놀라운 능력을 보여주었다. 그의 지지층은 백인 중에서도 블루칼라 노동자, 농업에 종사했던 은퇴자 등 현대 미국 사회에서 존재 가치가 떨어져 화가 난 사람들이 대부분이었다. 그들은 제조공장과 상점들의 폐쇄로 고향의 경제가 위축되고, 전문직과 숙련직 일자리가 줄어 자신과 아이들의 장래가 불투명해지는 상황을 지켜본 사람들이었다. 특히 그들은 오바마 정부가 동성애자, 트랜스젠더, 이민자 등 소수자의 권리를 신장시키고, 미국의 전성기라고 믿었던 시절의 보수 가치를 무시했다고 믿고 있어 '리버럴 엘리트*'를 혐오하였다.

경호요원들은 트럼프가 분노한 군중의 열기를 더욱 부채질하는 모습을 지켜보았다. 트럼프가 켄터키에서 "끌어내라"고 한 말은 일회성으로 끝나지 않았다. 2월 아이오와주 유세 때도 트럼프는 지지자들에게 만약 토마토를 던지려는 시위자를 보면 직접 그 사람을 제압하라고 촉구하였다.

"그들을 때려눕히세요, 알겠죠? 약속할게요. 소송비용은 제가 낼게

---

* 서민의 권리를 옹호하는 고학력 엘리트를 비꼬는 말이다. 서민 계층의 권익 향상을 주장하지만 엘리트 계층에 속하고 있어 실제 서민들의 요구를 모른다고 해서 조롱의 대상이 된다.

요. 약속합니다."

켄터키 유세 사흘 뒤, 트럼프는 미시간주 워렌(Warren) 유세 현장에서 다시 한번 시위대에 대한 불만을 제기하며 지지자들의 도움을 요청했다.

"그를 끄집어내요! 그가 다치지 않도록 하세요. 만약 다친다면, 제가 변호해 드리겠습니다."

트럼프 선거 캠프에는 과거 대통령 후보들과 달리 큰 행사를 준비해 본 경험자가 부족했다. 그러다 보니 유세 현장에서 폭력적인 상황이 발생할 위험이 높았고, 즉흥적으로 움직이는 경향이 있었다. 행사를 완벽하게 준비하지 못하는 점, 비밀경호국 요원들과 더불어 사설 경호원을 함께 고용해 생기는 혼란, 그리고 유세 현장에서 나타나는 폭력 사태의 조합으로 일부 요원들은 트럼프를 이름이나 암호명 대신 '혼돈의 후보'라고 지칭하게 되었다.

경호요원들은 트럼프가 유세 현장에서 위험을 야기해 불안해했으며, 그가 사설경호 책임자인 키스 쉴러(Keith Schiller, 이하 쉴러)를 곁에 두는 것도 못마땅해했다. 쉴러가 이끄는 사설 경호팀은 행사장에서 소란을 피우는 시위대를 끌어내는 데 주력했다. 하지만 때에 따라 쉴러가 트럼프에게 바짝 붙었기 때문에 경호요원들은 신경이 쓰였다. 그가 중요한 순간에 잘못 끼어들어 큰 사고가 날 수도 있었기 때문이다. 3월 데이튼(Dayton) 유세에서 한 시위자가 바리케이드를 뛰어넘어 무대를 급습하자 경호요원들이 신속하게 무대 위로 올라가 트럼프를 엄호하였고, 쉴러는 그 이후에야 행동을 취했다. 쉴러는 당시 경호요원들이 트럼프를 무대에서 대피시키기 위해 설정한 비상대피로를 통해 무대 위로 올라갔는데 한 요원은 이를 두고 "아마추어 선수가 프로 선수 경기에서 뒤지지 않으려 노력한다"고 평가하였다.

비밀경호국은 트럼프만큼 논란이 많고 분노를 유발하는 후보를 경험한 적이 없었다. 데이튼 유세에서 바리케이드를 뛰어넘은 21세의 오하이오 출신 대학생 토마스 디마시모(Thomas DiMassimo, 이하 디마시모)는 트럼프가 있는 무대로부터 불과 1~2m 떨어진 곳까지 다다랐었다. 경호요원들이 디마시모를 제지할 때까지 트럼프는 당황한 모습이 역력했다. 디마시모에 따르면 트럼프에게서 마이크를 빼앗아 "도널드 트럼프는 불량배이고 그 이상도 이하도 아니다"라는 메시지를 보내려 했다. 그런가 하면 6월 라스베이거스 카지노에서 열린 유세에서는 더 심각한 위협이 발생했다. 20세의 영국 남성이 경찰의 권총을 탈취하려다 체포된 사건이었다.

트럼프 유세 현장에 꾸준히 나타나는 독기 가득 찬 군중 및 정의의 편에 섰다는 믿음과 총기로 무장하고 트럼프 반대 세력에 맞서 싸우겠다는 사람들 모두 비밀경호국에는 우려의 대상이었다. 경호요원들은 누군가 돌진할 경우 트럼프를 에워싸고 방어할 시간을 벌기 위해 대중을 무대에서 2~3m 떨어뜨릴 것을 권고했다. 유세 현장에서 무대를 향해 돌진하는 행위는 매우 드문 일이었지만 점점 빈번해지고 있었다. 클랜시 국장도 걱정스럽기는 마찬가지였다. 그는 "그저 목소리를 내고 싶어 하는" 시위대도 있지만 일부는 "후보자들에게 해를 끼치겠다고 위협하고, 유세를 방해"하여 후보자들의 위협 수준이 과거에 비해 "높아졌다"고 평가했다. 비밀경호국은 7월 클리블랜드에서 열린 공화당 전당대회 때 유관기관을 포함해 총 4천 명을 동원했다. 이는 전당대회 역사상 가장 큰 규모의 경호 인력이었다.

이런 혼란에도 불구하고 많은 비밀경호국 요원들은 범죄자들과 이민자들을 단속하겠다는 트럼프의 공약을 개인적으로 지지했다. 법을 집행하는 업무 특성상 많은 직원들이 정치적으로는 보수로 기울어 있었기에 공화당을 지지하는 경우가 많았다. 상당수는 힐러리에 반대했고 만약 그녀가 대통령에 당선되면 악몽 같을 것이라고 농담했다. 몇 년간 그녀를 경호한 요원들은 그녀가 그들과의 대화를 거부했고, 기동로 선택이 잘못되었다고 꾸짖었으며, 국장에게 직접 연락해 그들에 대한 불만을 제기했다고 하였다(힐러리가 영부인 때와 국무장관으로 재직 당시 비밀경호국 내에서 매우 나쁜 평판을 얻었기에 이게 진실인지는 확신할 수 없다). 그와 대조적으로, 트럼프는 유세 때 나타난 시위대 등 "미친 사람들"에 대한 농담을 주고받으면서 요원들과 친하게 지냈다.

물론 그렇지 않은 요원들도 있었다. 비밀경호국에서 오래 근무하고 트럼프 유세 현장에서 여러 번 임무를 수행한 어느 요원에게는 트럼프의 행동이 참을 수 없을 정도로 거슬렸다. 그는 결국 트럼프로부터 벗어나기 위해 인사이동을 요청했다. 트럼프가 로키산맥 주변 주를 방문했을 때 경호를 책임진 비밀경호국 최고위 여성 간부 중 한 명인 케리 오그래디(Kerry O'Grady, 이하 오그래디) 덴버 지부장은 트럼프가 보인 행동에 할 말을 잃었다. 그녀를 놀라게 한 것은 트럼프의 정치선동이 아니라 도덕성의 부족이었다. 트럼프는 파시스트 슬로건을 내걸고 약한 사람들을 조롱하며 폭력을 조장했다. 오그래디는 트럼프가 언론인 전반에 대한 공격을 선동했기 때문에 콜로라도주 그릴리(Greeley)에서 열린 유세를 취재하러 나온 기자가 자신을 보호하기 위해 은퇴한 경호요원을 고용했다는 소식을 접하고 충격을 받았다.

그뿐이 아니었다. 10월 7일, 워싱턴포스트에서 트럼프가 묻지도 않고 여자들의 "성기"를 잡을 수 있다고 자랑하는 영상을 공개하자, 오그래디는 더 이상 감정을 억누를 수가 없었다. 트럼프는 그녀가 평생 악이라고 생각한 모든 것의 집합체였다. 그는 포식자이자 불한당이었고, 이는 오그래디가 국민을 보호하기 위해 경계하는 대상이었다. 그날 밤 그녀는 페이스북에 글을 올렸다.

"이 세상은 변했고 나도 변했다. 그리고 나는 우리나라에 살고 있는 강하고 놀라운 여성들과 소수민족들에게 재앙이 될 것이라고 믿어지는 자를 지지하거나, 그를 위해 총을 맞는 것 대신 감옥살이를 택하겠다. 해치법

(Hatch Act)* 폐지하라. 나는 그녀와 함께 한다."

　23년간 비밀경호국에 몸담은 오그래디는 클린턴을 공개적으로 지지하면 공무원의 정치적 중립 의무 위반일 수 있다는 것을 알았다. 그럼에도 자신의 행동이 위험한 후보를 겪어보지 못한 자가 보일 수 있는 합리적인 반응이라 생각했다.

　그러나 그녀의 행동이 직무 유기라고 판단한 직원들도 많았다. 덴버 지부의 남성 경호요원 일부는 그녀의 게시물을 스크린샷으로 저장해놓았는데 며칠 지나지 않아 이 내용이 국토안보부 감찰관실에 익명으로 제보되었다.

　그러나 감찰관실은 심각한 사안이 아니라는 결론을 내리고 비밀경호국 내부적으로 처리하라는 방침을 하달했다. 11월 말쯤, 오그래디의 직속 상사인 워포드(Wofford, 이하 워포드)가 그녀에게 연락해 켄 젠킨스(Ken Jenkins, 이하 젠킨스) 본부장으로부터 게시물을 바로잡으라는 지시를 받았다고 했다. 오그래디는 자신의 행동이 선을 넘었었다고 인정하며 게시물은 이미 내린 상태라고 설명하고는 자신이 징계위원회에 회부되는지 물었다. 워포드는 자신이 전화한 것을 구두 경고 삼으라고 했지만 오그래디가 무엇을 위반했는지는 설명하지 않았다. 그 당시 비밀경호국은 대통령에 당선된 트럼프의 눈치를 살피던 때라 이 일이 논란으로 확산되기 전에 사태를 수습하는 데 급급할 뿐 문제의 본질을 해결하려 하지 않았다.

　하지만 오그래디는 트럼프에 대한 감정을 억누르는 데 어려움을 느꼈다. 대통령 취임식 다음 날 '여성 행진(Women's March)' 집회가 열리자 오그래디는 레아 공주**의 사진으로 프로필 사진을 바꾸고 캡션에 "여성의 자리

---

*　미국 연방정부 공무원의 정치활동을 제한하는 법안.

**　영화 『스타워즈』 오리지널 삼부작의 히로인이며, 다스 베이더에 맞서 싸우는 반란 연합의 핵심 인물이다.

는 저항군 안에 있다"고 썼다. 몇 시간 후, 오그래디가 올린 게시물의 스크린샷이 워싱턴 소재 언론사에 제보되었고, 제보를 받은 기자는 오그래디에게 전화를 걸어 코멘트를 요청했다. 언론 접촉 권한이 있던 오그래디는 오프 더 레코드 조건으로 트럼프의 '성기' 발언이 성범죄를 옹호하는 것처럼 보였고, 대학교 1학년 때 남학생이 자신을 성폭행하려 했던 기억이 떠올라서 쓴 글이라고 해명했다. 오그래디가 기자와 접촉한 사실을 본부에 보고하자, 새로 부임한 그녀의 상사가 젠킨스와 확인 후 그녀의 페이스북 게시물은 이미 "끝난 사안"이라며 더 이상 문제가 되지 않는다고 알려주었다. 그러나 기자가 취재한 내용이 1월 24일자 신문에 보도되자 그녀를 대하는 비밀경호국의 태도는 급변했다.

전국의 경호요원들, 특히 남성 간부들이 소식을 접하고 길길이 날뛰었다. 오그래디와 함께 근무해서 그녀의 직업윤리를 높게 샀던 전직 요원은 나에게 전화를 걸어 그녀를 비방했다.

"그녀를 잘라야 해요. 그녀는 신임직원이 아닙니다. GS-15 간부예요. 그녀는 비밀경호국의 얼굴이라고요. 그런데 대통령의 총알받이 역할을 안 하겠다고요?"

오그래디는 기사가 나간 사실을 알리고, 직원들이 궁금해하는 사항에 대답해 주기 위해 회의를 소집했다. 본부는 워싱턴으로 와서 사건 경위를 보고해 달라고 하였다.

오그래디가 워싱턴 공항에 도착하자, 처음 보는 요원이 자신을 곧바로 비밀경호국 감찰관실로 인솔하기 위해 대기하고 있었다. 그녀는 그 상황이 당황스러웠다. 본부에 도착하자 그녀는 자신의 총부터 반납해야 했다. 그리고는 조사실로 들어가려고 기다리는데 트럼프의 경호팀장이자 그녀와 친한 동료인 토니 오르나토(Tony Ornato)가 조사실에서 나와 그녀를 노려보았다.

"토니, 잘 지냈어?"

그녀가 인사를 건넸지만 그는 대꾸하지도 않고 가버렸다.

수사관들은 오그래디에게 질문 공세를 퍼부었다. 기자와 통화할 때 개인 또는 업무용 전화기를 사용했는지, 업무 시간에 전화 통화를 했는지 등. 엎친 데 덮친 격으로 오그래디의 상사들은 그녀가 직원들로부터 신뢰를 잃었다고 주장하였다.

오그래디가 워싱턴에 도착한 날, 전직 경호요원들로 구성된 미국비밀경호국협회(Association of the U.S. Secret Service) 이사회는 그녀가 단체에 가입하지 못하게 제명하기로 의결했다. 협회는 회원들에게 "이사회 과반수가 그녀의 부적절한 행위가 미국비밀경호국협회에 부정적으로 작용할 수 있다고 판단했다"고 공지했다. 클랜시 국장은 그날 밤 이례적으로 비밀경호국이 "총알받이" 기사의 중심에 있는 요원의 발언을 조사하고 있다는 공지를 띄워 직원들을 의아하게 만들었다. 한 직원의 인사 문제를 설명하는 것도 이상했지만 클랜시는 지난 11월에 해당 페이스북 게시물을 조사하고 "조치가 취해졌다"고 공지했었기 때문이다. 클랜시는 재조사가 이뤄질 예정이라고 하였다. 오그래디는 국민들이 사건에 관심을 갖게 된 이상 조직에서 트집을 잡기 위해 아주 사소한 위반 사항까지 찾으려고 할까 봐 두렵다고 친구들에게 속마음을 털어놓았다.

그녀의 예감이 옳았다. 오그래디는 그로부터 한 달간 세 번이나 본부로 불려 가 조사를 받았고, 수사관들은 그녀의 사무실, 체육관 사물함과 컴퓨터를 샅샅이 뒤졌다. 그녀는 거짓말탐지기와 심리검사도 받았고 모두 이상 없는 것으로 나왔다. 비밀경호국은 결국 세 가지 이유로 그녀를 징계위원회에 회부했는데 그 중 어느 것도 페이스북 게시물과는 관련이 없었다. 그녀에게 적용된 사항들은 (1) 언론 접촉 금지 위반(그녀는 지역공보관이었지만 비밀경호국은 그녀의 권한이 지역 언론에 국한된다고 하였다), (2) 주류 반입 금지 위반(사무실에서 휴대용 술병이 발견되었는데 본부 간부들도 사무실에 술을 두고 마셨다), 그리고 (3) 자신과 다른 간부들의 사무실에 보관된 술을 숨겨달라는 부탁을 해 공무집행을 방해했다는 것이다. 비밀경호국은 그녀를 GS-15에서 GS-13으로 두 계급 강등시켰다.

이후, 오그래디는 비밀경호국에 맞서 자신에게 내려진 처분을 취소시키는 데 성공하였다. 그녀는 자신이 해고되게끔 트럼프가 조직에 압력을 가했다고 의심해 백악관과 비밀경호국이 그녀에 대해 주고받은 내용을 모두 압수해달라고 판사에게 요청했다. 그동안 단 한 번도 합의한 적이 없던 비밀경호국은 이 요청을 받고는 신속하게 오그래디 측과 협의했고, 그녀는 명예를 회복하고 은퇴했다.

오그래디가 총알받이가 되고 싶지 않다고 쓴 글은 개인이 아닌 대통령직을 경호한다는 비밀경호국 정신에 위배되는 사항이었다. 그러나 그녀의 반트럼프 정서에 격분한 동료 및 전직 요원들은 인종차별적 견해나 힐러리에 대한 개인적 또는 정치적 혐오감을 표현하는 경우에는 불쾌해하지 않았다.

오그래디에 대한 분노는 어떤 면에서는 이해할 수 있겠지만, 그 반응 이면에는 그들이 보호하고자 하는 그들만의 보수주의가 자리 잡고 있었다. 그 어떤 간부도 직원 책상 위에 놓여 있는 "미국을 다시 위대하게(Make America Great Again)*"라는 문구의 모자에 대해 나무라지 않았다. 간부들은 전직 국무장관인 힐러리를 빨간 눈과 뾰족한 귀를 가진 악마로 묘사한 "부정직한 힐러리(Crooked Hillary)" 밈을 공유하거나, 남편을 성적으로 만족시키지 못한다는 조잡한 농담을 직원들이 주고받을 때도 이를 문제 삼지 않았다.

비밀경호국은 여전히 개혁을 반대하는 자들이 압도적으로 많은 집단이었다. 주류세력은 트럼프처럼 여성, 소수자와 이민자들에 대해 경멸적으

---

*   트럼프가 사용했던 대선 캠페인 슬로건이다.

로 말하는 경향이 있었다. 워싱턴에서 근무하는 다른 많은 직업공무원들과 달리, 다수의 비밀경호국 요원들은 그들과 생각이 같은 대통령이 취임식을 마치고 백악관 북쪽 현관에 발을 들여놓는 모습을 보고 기뻐했다.

비밀경호국은 트럼프가 사업가와 경영자로서 성공한 것을 기려 '모굴(Mogul)*을 그의 암호명으로 정했다. 그러나 역설적이게도 성공한 경영자 트럼프는 비밀경호국이 오바마 재임 기간 때부터 겪었던 두 가지 핵심 경영 문제를 악화시켰다. 그 문제는 바로 과중한 업무에 시달리는 직원들과 부족한 예산이었다. 트럼프는 워싱턴으로 이사하기로 결정했지만 그의 아내 멜라니아(Melania)와 아들 배런(Barron)은 학년을 마칠 때까지 뉴욕에 머물러 있기로 하였다. 이에 더해 트럼프는 취임 초기부터 "백악관 밖으로 나가는 일을 줄이고" 출장 여비를 절약하겠다던 약속과 달리 거의 주말마다 그가 소유한 마라라고 리조트(Mar-a-Lago resort)를 방문하겠다는 신호를 보냈다. 또한, 트럼프의 아내부터 손자까지 가족 18명이 경호대상자로 추가되었다. 트럼프에게는 그가 운영하는 사업에 활발하게 참여하는 두 성인 자녀가 있었고 그들은 업무로 외국을 자주 드나들었다. 비밀경호국은 트럼프가 취임하고 몇 주 만에 예산을 6천만 달러 증액해달라는 요청을 해야만 했다.

누적되는 비용에 비밀경호국을 감독하는 국토안보부 장관 존 켈리(John Kelly, 이하 켈리)도 걱정이 되었다. 이 시기에 백악관 예산실은 트럼프 정부의 우선순위를 알리는 첫 예산안을 짜느라 분주했고, 트럼프는 그의 지지자들이 작은 정부를 원한다는 사실을 알고 있었다. 의회에서 재정 보수주의자로 알려졌던 믹 멀베이니(Mick Mulvaney, 이하 멀베이니) 백

---

* 거물 또는 실력자라는 뜻이다.

악관 예산실장은 트럼프의 의도에 순순히 따를 생각이었다. 그는 환경보호청(Environmental Protection Agency)과 국무부의 예산을 30% 삭감하는 데 기꺼이 동의했으며, 국경에서 불법 이민자들의 입국을 저지하고 사법처리하는 기관들 외에는 모든 부처의 예산을 삭감하였다. 켈리는 이런 분위기 속에서 비밀경호국이 예산을 확보하지 못할 것을 알고는 특수 사업비와 운영비에서 절감 방법을 찾기 시작했다. 그중에서 백악관 울타리를 2m에서 4m 높이로 보강하는 6천만 달러 규모의 사업이 켈리의 눈에 들어왔다. 해당 사업은 2014년 백악관 월담 사건이 발생한 이후에 추진되었던 터라 백악관 경비 강화를 위한 필수 사업이었으나, 켈리에게는 조직운영이 더 시급한 문제였다. 그러나 켈리는 사업을 더 저렴하게 추진할 방법을 찾아보라고 지시함과 동시에 난관에 봉착하고 말았다. 부동산 개발자인 트럼프가 플라자(Trump Plaza)를 개조할 때 화장실 바닥을 녹색 대리석으로 직접 선택했듯이 백악관 시설에 대해서도 강한 애착을 보였다. 트럼프는 비밀경호국이 울타리를 재설계하기를 원했다. 그는 울타리 상단이 창처럼 뾰족하고 레일의 간격이 좁아 "너무 감옥 같다"고 했다.

울타리 교체 사업에는 강도 실험과 더불어 6개의 차량 출입문 보강 공사도 포함되어 있었는데, 트럼프가 차량 출입문도 전면 보수하길 원해 수백만 달러의 공사비용이 추가로 들어갈 판이 되었다. 그가 특히 싫어했던 것은 차량 출입문에 설치된 유압식 바리케이드였는데, 자기가 탄 차량이 지나갈 때 덜컹거리는 느낌이 싫다는 것이 그 이유였다.

예산 담당자들과 켈리는 부분적으로 매립되어 있는 거대한 차량 바리케이드를 파내서 교체하는 데 비용이 너무 많이 든다는 논리로 맞섰다. 그들은 트럼프의 요구사항을 계속 지연시키면 트럼프도 지쳐 포기할 것이라고 생각했다.

예산을 절감할 다른 방법을 찾아야만 했던 켈리는 경호팀으로 시선을 돌렸다. 모두 41개 팀이 운영되고 있었다. 이는 너무 많아서 경호에 필요한 자원이 부족할 정도였다. 한 예로 트럼프 정부 들어 경호를 받는 인원이 경호요원의 개인 차량을 타야만 하는 상황이 발생했고, 비밀경호국 관용차를 사용하려면 두 시간 전에 신청해야 배차가 가능했다. 이는 차량이 절대적으로 부족했기 때문에 벌어지는 현상이었다. 그는 해산시킬 수 있는 경호팀을 물색하다 스티브 므누신(Steve Mnuchin, 이하 므누신) 재무장관을 첫 대상으로 선택했다. 므누신은 목숨을 위협받고 있지 않았다. 재무장관이 경호를 받는 이유는 단지 비밀경호국이 원래 재무부 산하기관이었다는 데 따른 전통 때문이었다. 9·11 테러 이후 비밀경호국이 국토안보부로 이관되었는데도 재무장관은 계속해서 경호를 받고 있었다. 켈리는 전통을 다시 생각해 볼 때라고 말했다. 켈리는 자신의 경호팀 규모를 줄이거나 없앨 테니 므누신도 경호팀을 포기하라고 했다. 그러나 므누신은 그 제안이 내키지 않았다. 그는 서둘러 재러드 쿠슈너(Jared Kushner, 이하 쿠슈너)에게 항의했고, 트럼프와 쿠슈너에게 비밀경호국을 다시 재무부 소속으로 둬야 한다고 설득하기 시작했다.

"므누신은 경호를 신이 주신 권리라고 느꼈습니다. 그는 어떠한 위협도 받지 않았는데도 경호팀을 지키기 위해 수단을 가리지 않았습니다."

익명의 국가안보 관계자가 말했다.

켈리는 비밀경호국을 재무부로 옮기는 것은 막았지만, 경호팀을 유지하겠다는 므누신의 뜻은 꺾지 못했다. 므누신은 여성 각료인 벳시 데보스(Betsy DeVos) 교육부 장관이 살인 협박을 받아 사설 경호원을 고용했어야 할 때도 비밀경호국 경호를 받았다. 결국 비밀경호국은 대통령과 그 가족, 주요 관료 등 40명이 넘는 대상자들을 경호하기 위한 궁여지책으로 각 지부에서 인원을 뽑아 2주간 경호팀 교대근무를 시켰다. 이로 인해 비밀경호국이 트럼프기업에 지불하는 금액은 더 커졌다. 당시 트럼프의 총애를 받던 므누신은 집을 보수하는 동안 워싱턴에 위치한 트럼프인터내셔널호텔의 가장 비싼 프랭클린 스위트(Franklin Suite)에 6개월간 머물렀다. 이 객실은 하루 숙박비가 8,300달러에 달했지만 므누신은 협상을 통해 할인을 받았다. 므누신의 선택으로 트럼프는 많은 수익을 낼 수 있었다. 경호팀도 같은 호텔에 투숙해야 했기에 납세자들이 하루 숙박비로 트럼프기업에 33,000달러를 낸 격이 되었다.

오바마 정부에서 비밀경호국은 자원 부족으로 굴욕적인 경호실패를 경험했고, 그 현상은 트럼프 정부 초기에도 계속되었다. 3월의 어느 주말, 새롭게 구성된 트럼프 경호팀은 연달아 2개의 실수를 범하였다. 그중 하나는 위험한 사태를 초래했고, 나머지는 비밀경호국 명성에 먹칠을 하였다. 이 사건들로 인해 경호팀의 신뢰도에 의문이 제기되었고, 트럼프와 경호팀의 관계를 시험에 들게 했다.

3월 둘째 주, 변덕스러운 날씨로 인해 워싱턴에 초여름 더위가 나타났다. 기온이 20도를 웃돌자 직장인들은 야외에서 점심을 즐기러 옥외 테라스가 있는 카페로 몰려들었다. 하지만 3월 10일 금요일 오후가 되자 다시 겨울 날씨가 찾아들었다. 하늘에는 먹구름이 드리웠고 바람이 거세져 기온은 다시 영하로 떨어졌다. 백악관 외곽에서 근무하던 경관들은 경비초소 안으로 들어가 추위를 피하며 건물 내부로 교대되기만을 기다렸다. 기상의 급격한 변화를 흉내 내듯 백악관 분위기도 어두워졌다.

트럼프 취임 50일이었다. 트럼프의 국내정책팀과 정치 고문들은 들려오는 여러 비보에 동요하고 있었다. 트럼프의 최우선 목표 중 하나인 오바마케어* 폐지를 위해 공화당 하원의원들이 발의한 법안을 일부 공화당 상원의원들이 반대할 것 같다는 소식이 의회에서 들려왔다. 이에 더해 트럼

---

*   오바마 대통령이 주도한 의료보험 개혁안.

프의 입국 제한 행정명령*에 반대하는 소송이 지속 제기되었다. AP통신과 워싱턴포스트에 따르면, 트럼프의 변호사들이 취임식 전부터 전한 내용이 있었다. 이는 국가안보보좌관으로 낙점된 마이클 플린(Michael Flynn)을 외국 정부에 고용된 요원**으로 등록해야 한다는 제언이었다. 그날 오후 늦게 주택도시개발부 장관과 회의를 마친 트럼프는 하루 일과를 마무리했다. 그는 저녁 식사로 자신이 좋아하는 미트로프를 백악관 요리사에게 주문했고, 식사를 마친 후에는 관저에서 국정운영을 비난하는 뉴스를 시청했다.

백악관 입구에서 동쪽으로 수백 미터 떨어진 곳에 서 있던 사람은 불안감을 느끼고 있었다. 조나단 트랜(Jonathan Tran, 이하 트랜)이라는 26세의 엔지니어는 백악관 안으로 가는 방법을 모색하며 북쪽 울타리 주변을 배회했다. 트랜이 펜실베이니아 애비뉴에 다다랐을 때 그는 누군가가 자신을 미행하고 있다고 생각했다. 그의 눈앞에는 재무부 청사가 보였고, 서쪽으로 뻗은 울타리가 백악관 노스론(North Lawn)까지 이어졌다. 트랜은 후드티를 입고 배낭 안에 호신용 스프레이 두 캔, 노트북, 트럼프가 저술한 책과 진정서를 소지하고 있었다. 가난한 베트남 이민자들의 아들인 트랜은 가족 중 처음으로 대학에 진학해 전기공학을 전공한 사람이었다. 하지만 트랜은 2016년 여름에 직장과 여자 친구를 잃어 우울증에 걸렸고, 제때 치료받지 않은 채 고립되어 망상에 빠졌다.

트랜은 몇 개월간 대통령이 암살당할 수 있다고 경고하는 목소리에 시달렸다. 그와 동시에 누군가 자신의 전화와 이메일을 감청하고 있다고 확

---

* 테러 방지라는 명목으로 이란, 이라크, 시리아 등의 국적을 가진 자들의 입국을 금지하는 행정명령이다. 나중에는 북한도 추가되었다. 대다수가 무슬림 국가인 관계로 '무슬림 금지' 명령이라는 비판이 일었다.

** 로비스트 등 다른 나라의 정부, 단체나 개인의 이익을 대표하는 사람들은 이를 법무부에 등록하고 정기적으로 관련 정보를 공개하도록 되어 있다. 마이클 플린은 터키에 고용된 로비스트였다.

신했다. 그는 불안감이 엄습한 상태에서도 트럼프가 대통령직을 지킬 수 있게 러시아 해커들에 대한 중요한 정보를 트럼프에게 제공해야 한다고 믿었다. 실직한 후 불량식품으로 끼니를 때우며 차에서 생활하던 트랜은 생각을 행동으로 옮기기로 결심하고는 2월 말에 직접 차를 몰고 산호세(San Jose)를 출발해 워싱턴까지 이동했다.

2월 27일, 트럼프의 책사인 로저 스톤(Roger Stone)은 자신이 저술한 『2016년 대통령 만들기(The Making of the President 2016)』의 출판을 기념하기 위해 헤이-아담스 호텔에서 멋진 파티를 주최하였다. 트랜은 트럼프와의 대화를 희망하며 그곳으로 갔다. 마호가니 나무로 장식된 접견실에서 어색하게 어슬렁거리던 그는 트럼프의 불참 소식에 실망했다.

"제 잘못입니다. 트럼프 X파일*이요. 제 잘못입니다. 제가 썼어요."

트랜이 파티에서 만난 보수 언론 편집자에게 말했다. 카산드라 페어뱅크스(Cassandra Fairbanks) 기자에 따르면 트랜은 트럼프의 "골든 샤워**" 영상이 존재한다는 보도가 조작임을 알고 있는데, CIA와 FBI에서 이를 트럼프에게 알리지 못하게 자신을 미행하고 있다고 말했다 한다.

트랜이 대통령을 만날 궁리를 하는 동안 며칠이 흘렀다. 3월 10일 밤이 되자 트랜은 더 이상 미룰 수 없다고 생각했다. 그는 어두운 후드티를 입고 15번가 근처 펜실베이니아 애비뉴를 어슬렁거렸는데, 그의 야위고 고독한 모습을 눈치챈 경관은 없었다. 그날엔 기온이 곤두박질치고 비와 진눈깨비가 내려 경관들이 얼어붙는 추위를 피해 경비초소 안에서 근무했다.

밤 11시 20분이 막 지났을 무렵, 트랜이 백악관 잔디밭과 접해 있는

---

*　트럼프와 러시아의 유착 의혹을 담은 보고서이다. 크리스토퍼 스틸 전직 MI6 요원이 작성한 것으로 알려져 있다.

**　상대방의 몸에 소변을 보는 성행위이다. 트럼프가 러시아에서 성매매 여성들을 고용해 골든 샤워를 받는 영상이 있다는 소문이 있었다.

1.5m 재무부 울타리를 넘었다. 재무부는 사실상 백악관 경내의 일부였기 때문에 비밀경호국에 경비 책임이 있었다. 이때 비밀경호국 통합상황센터에서는 재무부 지역에서의 침입을 알리는 감지기가 울렸고, 책임자가 즉시 무전기와 경보기를 통해 경내에 있는 전 직원에게 관련 사실을 전파했다.

가장 가까이 있던 비밀경호국 경관이 현장으로 달려갔으나, 트랜은 이미 비밀경호국이 '해자'라 일컫는 재무부 서쪽 경계를 따라 남쪽으로 걸어가고 있었다. 그는 해자 끝에 다다른 후 백악관 동측 광장으로의 접근을 차단하는 2.5m 울타리를 넘었다. 그리고 백악관 파티에 초대받은 손님들이 출입하는 방문자 입구를 향해 걸어가면서 이스트윙 앞에 있는 1m 담장을 또 한 번 넘고는 신발 끈을 묶기 위해 잠시 멈췄다.

이때는 백악관 동측 면에서의 움직임을 감지하는 센서 일부가 꺼져있었거나 고장 났었던 것으로 추정된다. 왜냐하면 센서로 침입자를 탐지하지 못했기 때문이다.

최신 센서는 너무 민감해서 허위 경보가 많았다. 그렇다 보니 공사 등으로 외주업체 직원들이 자주 드나들 때는 꺼놓는 경우마저 있었다. 당시 백악관이 그런 상황이었다. 대규모 폭발에도 견딜 수 있는 극비 건설 프로젝트가 진행 중이었다. 당연히 대통령을 더 안전하게 하려는 목표였지만 아이러니하게도 센서 때문에 안전이 더 취약해진 꼴이 되고 말았다.

몇몇 경관들이 어둠 속에서 비를 맞으며 침입을 알린 최초 경보가 허위인지 아닌지 논의했다.

"아무것도 발견하지 못했습니다."

한 경관이 통합상황센터에 무전으로 보고했다.

경관들이 경보의 진위 여부를 논하는 동안 트랜은 동측 광장에 있는 유인 경비 초소 3개를 지나 백악관 동쪽 입구에 도착했다. 그는 창문 안을 들여다보다 문을 열려고 했지만 잠겨있었다. 그러자 모퉁이를 돌아 남쪽 현관으로 향했다. 거기에는 화려한 대리석 계단과 관저로 이어지는 6개의 출입구가 있었다. 트랜은 15분이라는 짧은 시간 안에 침입 경보를 받은 15명의 훈련된 경관들을 피해 아무런 제지 없이 백악관 경계 200m 안까지 파고들었다.

그때 남측 광장 찰리11 초소에 근무하고 있던 웨인 아제베도(Wayne Azevedo, 이하 아제베도) 경관이 그림자 같은 물체가 움직이는 것을 포착했다. 그는 트랜이 현관 밑에 있는 기둥 뒤로 몸을 숨기려는 찰나에 그를 발견했다.

트랜은 검은 제복을 입은 경관을 보자 몸을 돌려 백악관 반대 방향인 사우스론을 향해 도망치기 시작했다. 아제베도는 그에게 멈추라고 소리쳤다.

"여기서 뭐 하시는 겁니까?"

아제베도가 물었다.

트랜이 얼굴을 마주보고 말했다.

"저는 대통령의 친구예요. 약속이 있어 왔어요."

"여기는 어떻게 들어오셨어요?"

"울타리를 뛰어넘었어요."

그 말에 아제베도는 수갑을 꺼내 트랜을 체포하겠다고 했다. 아제베도는 그의 무전기가 작동하지 않는다는 것을 모른 채 무전으로 지원을 요청했다. 그러고 나서 몸수색을 해 트랜이 입고 있는 재킷 안에서 호신용 스프레이를 발견했다. 트랜의 배낭에서는 또 하나의 호신용 스프레이, 노트북, 트럼프가 저술한 책과 대통령에게 전달하려는 서한이 발견되었다. 서한에는 러시아 해커들에 대한 중요한 정보가 있다고 적혀 있었지만 트럼프에게는 전달되지 않았다. 트랜은 자신을 조현병 환자로 보는 사람들이 있다고 인정하고, "제3자"가 그의 전화를 엿듣고 이메일을 해킹했다고 주장했다. 비밀경호국은 트랜을 경찰에 넘겼고 그는 워싱턴 감옥에 수감되었다.

 토요일 아침, 켈리는 덜레스 공항 근처 포토맥 폴스(Potomac Falls)에 있는 트럼프내셔널 골프클럽(Trump National Golf Club)에서 대통령과의 회의를 준비하기 위해 일찍 기상했는데 그때 아침 뉴스를 통해 백악관에 월담자가 있었다는 사실을 알게 되었다. 몹시 언짢았지만 내색하지 않고 그의 비서실장을 통해 빌리 캘러핸 비밀경호국장 대행에게 신속하게 보고해달라는 뜻을 전달했다.

 트럼프는 그날 꽤 조용한 아침을 보냈다. 골프를 마친 트럼프는 풀기자단을 클럽 안으로 불러 자신이 일부 각료 및 그들의 부인들과 업무오찬을 할 예정이라고 자랑했다. 한 기자가 트럼프에게 백악관에 또 침입자가 나타났는데 어떻게 생각하느냐고 물었다.

 트럼프는 단호하게 대답했다.

 "비밀경호국은 임무를 훌륭하게 수행했습니다. 피의자는 정신적으로 불행한 사람이었는데 매우 안타까운 일입니다."

 켈리는 트럼프 반대편에 앉아 기자들을 등지고 대통령의 답변에 귀를 기울이다가 입술을 깨물었다. 그는 아직 사건 발생 경위에 대한 보고를 기다리고 있었으나, 들은 바에 의하면 "훌륭하다"는 단어는 분명 잘못된 표현이었다. 켈리는 대통령이 성급하게 발표한 입국 제한 행정명령의 여파를 수습하느라 정신이 없었지만, 이 사건의 진상도 밝혀내야 한다고 생각했다. 그는 일반인이 다시 백악관 경내 깊숙이 파고들었다는 게 놀라웠고, 왜 당시 근무 중이던 요원들이 그를 즉시 체포하지 못했는지 알고 싶었다. 그러나 비밀경호국 지도부는 대통령의 말에 안심하고는 모든 경보기가 작동했는지 여부와 월담자가 어떻게 아무런 제지 없이 백악관에 접근했는지를 묻는 기자들의 질문에 대답하기를 거부했다. 캐서린 밀호안(Catherine Milhoan) 비밀경호국 대변인은 "거기에 대해서는 더 이상 말씀드릴 사항이 없다"고 발표했다.

켈리는 이목을 피해 자신의 비서실장인 커스젠 닐슨(Kirstjen Nielsen, 이하 닐슨)에게 어떻게 된 일인지 물었으나, 그녀는 비밀경호국이 아직 사태를 다 파악하지 못해 전체적인 보고를 받지 못했다고 했다.

켈리는 비밀경호국의 상급기관장이었다. 그는 캘러핸이 금요일 밤 CCTV 기록을 갖고 자기에게 당장 보고하기를 원했다. 켈리가 닐슨에게 말했다.

"이제 그런 핑계는 집어치우라고 해. 지금 당장 오라고 해. 우리가 뭘 알았는지, 뭘 몰랐는지 그리고 도대체 무슨 일이 일어났는지 알아야겠어."

캘러핸은 그날 밤에 근무했던 직원들을 아직 조사 중이며 정리된 내용을 파워포인트로 발표할 준비를 하고 있다고 켈리에게 설명했다. 캘러핸은 다가오는 '성 패트릭 데이'인 금요일에 전체 브리핑을 하겠다고 말했다. 이 얘기를 전해 들은 전직 국토안보부 직원 리치 스타로폴리(Rich Staropoli) 요원은 짜증 섞인 말투로 "비밀경호국은 늘 그렇다"고 말했다.

"무엇이 그렇게 끔찍하게 잘못됐는지 보고하기 위해 파워포인트 슬라이드 여러 장이 필요하다면 일을 잘못한다고밖에 볼 수 없다고 생각합니다."

켈리는 보고를 받으며 세계에서 가장 안전하다는 7만㎡에 달하는 부지를 트랜이 침입해 마음껏 돌아다니는 모습이 담긴 영상을 보고 소스라치게 놀랐다.

특히, 백악관 침입을 막기 위해 비밀경호국이 도입한 소위 최첨단 장치들의 조잡한 상태에 경악했다. 거의 모든 장치가 그날 밤 어떤 방식으로든 고장이 나 있었다. 통합상황센터에서는 울타리를 넘는 움직임을 감지하는 센서의 경보가 올리지 않았다. 백악관 내곽에 설치된 동작센서등 중 한 개가 켜지지 않았던 것으로 나타났다. 트랜이 침입한 동쪽 구역을 감시하는 카메라도 문제가 있었다. 침입 17분 후 트랜을 발견한 경관의 어깨에 달린 무전기도 작동하지 않아 용의자 위치가 동료들에게 전달되지 않았다.

켈리가 손을 이마에 갖다 대며 캘러핸에게 어떻게 모든 시스템이 고장 날 수 있냐고 묻자, 보고에 배석했던 켈리의 보좌관 중 한 명은 마음속으로 '좆됐다'고 생각했다. 캘러핸은 예산이 부족해 유지보수에 소홀했다고 해명한 후 예산을 확보하면 장비를 수리하거나 교체할 계획이라고 덧붙였다. 캘러핸과 비밀경호국 지휘부는 백악관이 여러 겹으로 보호되고 있기 때문에 너무 걱정하지 않아도 된다며 켈리를 안심시키려 했다. 켈리는 잠시 입을 다물고 가만히 앉아 있다가 이번 사건의 경우 유인 경비초소, 경호견 등 비밀경호국에서 말하는 보호층이 작동하지 않았다는 점을 짚었다. 그의 생각에는 백악관 경호시스템이 용납할 수 없을 정도로 취약했고, 책임자라는 비밀경호국 지도부는 개의치 않아 하는 것 같았다. 그러나 표현하지 않았을 뿐 캘러핸 또한 이 사건을 아주 심각하게 받아들이고 있었다.

보고가 끝난 무렵에 차페츠 의원실로 전화가 걸려왔다. 발신자는 비밀경호국 내부고발자였다.

"월담 사건에 대해 알려드릴 게 있습니다. 우리가 그를 발견하기까지 15분 이상 걸렸습니다."

차페츠는 나에게 알리기 위해 전화를 걸고 문자를 보냈지만, 그때 샌프란시스코행 비행기에 타고 있어서 연락을 받지 못했다. 비행기가 착륙하고 핸드폰 전원을 켜자 차페츠의 비서관과 비밀경호국 정보원들로부터 걸려 온 부재중 전화로 핸드폰이 울리기 시작했다. 동부 시간은 오후 3시 45분이었다. CNN은 속보로 소식을 전하고 있었다. 기사에 의하면 3월 10일 월담자는 어찌 된 영문인지 들키지 않고 백악관 경내에 들어와 17분 동안이나 머물렀다고 했다.

비밀경호국은 그날 오후 성명을 발표하여 월담자를 성공적으로 제지했다는 이전의 입장을 번복했다. 성명에 따르면 트랜은 오후 11시 21분에 재무부 울타리를 넘어 백악관 경내에서 담장 2개를 더 넘었으며, 오후 11시

5부 과거로의 회귀

38분이 되어서야 발견되었다고 했다. 비밀경호국의 조치가 훌륭하지 않았다는 사실이 만천하에 드러났다.

성명서에는 "비밀경호국은 3월 10일 월담 사건이 발생해서 유감스럽게 생각한다"고 쓰여 있었다.

다음 주 월요일, 켈리는 통합상황센터가 수집한 사건 영상을 보여주기 위해 차페츠를 비공개 브리핑에 초대했다.

트랜이 세 개의 담을 넘었는데도 현장으로 달려가는 요원들이 없는 것을 본 뒤 차페츠도 켈리와 마찬가지로 흠칫했다. 그는 트랜의 느긋한 태도에도 놀랐다. 트랜은 울타리에 기대어 쉬었고, 꿇어앉아 신발 끈을 묶기도 하였다. 그가 이스트윙 문손잡이를 잡아당겼는데도 여전히 그를 제지하는 자가 없었다.

"그날 밤 근무하는 인원이 부족했나요?"

차페츠가 물었다.

"아닙니다."

캘러핸이 답했다.

"항상 하던 방식대로 직원들이 배치되어 있었습니다."

차페츠는 브리핑을 마치고 나에게 전화를 걸어 소감을 말해주었다. 그는 통화 내내 비밀경호국이 사용하는 장비와 관련된 기밀을 누설하지 않으려고 주의했다. 나는 비밀경호국이 적외선과 마이크로파 센서 및 땅에 매설된 동작감지기를 사용한다는 것을 알고 있었지만, 차페츠는 어떤 장비가 설치되어 있고, 그날 밤 무엇이 작동하지 않았는지에 대해 구체적으로 말하고 싶지 않다고 했다.

차페츠는 체념한 목소리였다.

"보는 것만으로도 고통스러웠어요. 모두의 반응이 느렸고, 한심했고, 부적절했습니다. 이번 사건은 단연코 최악이었습니다. 대응을 아예 하지 못했거든요."

차페즈는 이어서 캘러핸에 대한 평가를 쏟아내었다.

"평생을 비밀경호국에 바쳤음에도 그날 일어났던 일 중 단 한 가지도 방어하지 못했어요. 현기증이 났습니다. 그가 변명을 늘어놓지 않은 것에 감사했지만 '이것이 우리가 항상 해왔던 방식이다'라는 반응에는 걱정이 들 수밖에 없었습니다."

캘러핸은 몇 년 전 대통령이 부재중일 때 백악관 경비를 최소화하는 방안을 제안했다. 당시 비밀경호국은 지출을 절약해야만 해서 캘러핸은 손 댈 수 있는 부분을 찾고 있었다.

웨크로우는 3월 10일 발생한 월담사건이 백악관 전체에 경종을 울렸어야 했다고 말했다. 그것은 비밀경호국이 2014년 9월에 드러났던 문제들을 해결하는 데 실패했다는 의미였다.

"비밀경호국은 침입자를 저지하는 데 성공했다고 생각합니다."

웨크로우가 트랜 월담 사건에 대해 말했다.

"그러나 그것은 착각입니다. 공격자의 실패를 두고 경호에 성공했다고 평가해서는 안 됩니다. 이건 빌 캘러핸과 조셉 클랜시가 직무를 유기하는 꼴입니다. 울타리의 높이는 같았고, 첨단장비라는 것이 작동하지 않았습니다. 그동안 받은 훈련도 의미가 없었나 봐요. 모든 측면에서 근본적인 문제가 있었습니다."

3월 10일 금요일은 비밀경호국에 좋지 않게 흘러갔었다. 대통령이 관저에서 자는 동안 트랜이 이스트윙까지 접근했기 때문에 자정이 되기 바로 직전에 경비 수준이 적색으로 상향됐다. 이로 인해 요원들에게는 무슨 사태가 발생하면 2층에 있는 대통령 침실 앞으로 집결하라는 지시가 떨어졌다.

이 사건의 여운이 채 가시지도 않았는데 주말에 또 다른 사태가 터졌다. 대통령경호팀장인 마이크 화이트는 경호와 관련된 사건을 대통령에게 직접 보고해야 했기에, 상황이 악화되자 지쳐가는 자신을 발견했다. 화이트는 부하 직원들의 입장을 대변하면서도 백악관 직원들과 원활한 관계를 유지해 주변에서 호평을 받았다. 이는 그가 다른 요원들과 달리 대통령경호팀에 오래 근무할 수 있던 이유이기도 했다. 하지만 그 순간만큼은 자기 직원들이 한 일을 정당화할 방법이 떠오르지 않았다.

3월 11일 토요일, 월담 사건을 두고 트럼프가 비밀경호국을 칭찬하는 동안, 그의 8살 손자는 경호요원들에 대해 완전히 상반되는 감정을 느끼고 있었다.

그날 오후, 내슈빌과 애틀랜타 지부에서 지원 나온 두 경호요원이 SUV 경호차량 뒷좌석에서 잠이 든 도널드 트럼프 3세[Donald Trump III, 이하 도니(Donnie)]를 집으로 태워다 주고 있었다.

무언가 이상한 낌새에 도니가 깨어났을 때 경호요원 한 명이 자기 옆에 앉아 있었고 나머지 한 명은 낄낄거리며 웃고 있었다. 뒷좌석에 앉은 요원은 인증샷을 남기려 셀카를 찍은 것처럼 보였다.

도니는 무섭기도 하고 불편하기도 하여 집에 도착하자 엄마인 바네사 트럼프(Vanessa Trump, 이하 바네사)에게 있었던 일을 일러바쳤다.

"난 걔네가 싫어. 걔네가 내 사진도 찍었어."

바네사는 화가 났지만 우선 도니를 달래주었다. 그녀가 남편인 도널드 트럼프 주니어(Donald Trump, Jr.)에게 도니가 겪은 일을 얘기했을 때 대통령의 아들은 불같이 화를 냈다.

"뭐라고? 그게 사실이야?"

바네사가 그랬듯이 그도 온갖 상상이 들었지만 바네사는 도니가 셀카 외에 다른 일은 없었다고 했다며 그를 안심시켰다.

대통령 가족 경호에 수많은 인력이 동원되었기 때문에 비밀경호국은 트럼프 가족을 담당하는 팀을 구성하지 못하고 각 지부에서 인력을 지원받아 몇 주마다 교대로 근무시켰다. 그래서 바네사와 도널드 트럼프 주니어는 도니가 겪은 일을 경호책임자와 논의하기 위해 일요일 저녁까지 기다려야만 했다. 이야기를 들은 경호책임자는 이를 본부에 보고해 즉시 조사하겠다고 약속했다.

"본부에서는 해당 요원들에게 '핸드폰을 제출하고 거짓말탐지기 조사를 받으라'고 했습니다. 그들이 찍은 사진을 다른 사람에게 전송했는지 확인하려 했습니다."

한 전직 요원이 말했다. 그의 말대로 두 요원은 본부로 불려 가 조사를 받았고, 사진을 아무한테도 전송하지 않은 것을 증명하기 위해 핸드폰을 제출했다.

화이트는 오랜 염원이었던 대통령경호팀장을 맡게 된 것이 기쁘고 자랑스러웠으나 기회가 너무 늦게 찾아온 감이 있었다.

경호요원들은 대통령경호팀에서 근무하는 1년이 다른 부서에서 4년 근무하는 것과 같다고 말한다. 그만큼 스트레스를 많이 받는다는 얘기다. 화이트는 2007년 5월 대통령 후보였던 오바마 경호팀에서 시작해 오바마가 대통령으로 재임한 8년 동안 경호팀을 벗어난 적이 없었다. 대선 기간 때부터 오바마의 총애를 받던 화이트는 경호팀장이 되겠다는 희망으로 다른 부서로의 전출을 거부했고, 트럼프가 대통령에 당선되며 그 꿈을 이루었다. 하지만 보통 4년 하고 마는 일을 9년 동안 하면서 지친 나머지 친구들에게 다른 부서로 이동하고 싶다는 뜻을 내비치기도 했다. 설상가상으로 두 요원의 어리석은 행동 때문에 화이트는 팀장을 맡은 지 3개월밖에 안 된 시점에 또다시 대통령과 불편한 대화를 할 준비를 해야만 했다.

월요일 아침, 화이트는 사무실 앞에서 숀 스파이서(Sean Spicer, 이하 스파이서) 백악관 대변인을 만나 경호요원 문제로 대통령에게 보고드릴 일이 있으니 시간을 잡아달라고 요청했다. 그는 월담 사건이 발생한 금요일 밤에 트럼프를 관저 내에 보다 안전한 장소로 대피시켰는데, 설상가상으로 안 좋은 소식까지 전해야 해서 마음이 불편했다. 그래서 사건 내용은 간단히 보고하고 비밀경호국에서 취하고 있는 해결책으로 대통령의 주의를 돌릴 계획이었다.

스파이서는 트럼프 일정에 비는 시간이 많지 않다며 어렵다는 반응을 보였다.

"숀, 매우 중요한 일이야."

화이트가 버텼다.

"좋아, 10분 줄게."

스파이서가 승낙했다.

집무실에 들어서자 화이트는 가족을 경호하는 두 요원이 잠들어 있는 트럼프의 손자와 셀카를 찍는 바보 같은 짓을 하다 걸렸다고 솔직하게 보고했다. 그러고는 요원들이 내부 조사를 받고는 즉시 재배치되어 그의 가족이 다시는 이 두 사람을 볼 일이 없다는 점을 강조했다.

트럼프는 놀라서 입을 벌린 채 의자에 앉아 있었다. 그는 화이트에게 처음부터 다시 말해달라고 하였다.

"다시 한번 말해봐. 무슨 일이 있었다고?"

화이트가 재차 보고를 드렸다.

트럼프는 자신이 제대로 이해했는지 확인하기 위해 질문을 하나 던졌다. 그 요원들이 변태라던가 그런 건 아니지?

화이트는 그렇지 않고 단지 요원들이 어리석은 행동을 한 것이라고 장담했다.

트럼프는 믿을 수 없다는 듯 고개를 좌우로 흔들더니 화이트를 노려보며 말했다.

"씨발, 너희들 도대체 왜 그러니?"

트럼프와 그의 아들이 바보 같은 요원들의 행동에 격분하는 사이, 다른 트럼프 가족 두 명은 경호요원들과 위험할 정도로 가까워지고 있었다. 셀카 사건이 발생한 무렵에 도널드 트럼프 주니어 집안에서는 다른 문제가 불거지고 있었다.

도널드 트럼프 주니어는 점점 바빠져 2017년 들어 집을 떠나 있는 시간이 많아졌고, 아내인 바네사는 다섯 아이들을 경호하는 요원들과 일정을 조율해야 하는 등 과거에는 하지 않아도 됐던 일들을 너무 많이 하면서 힘들어하고 있었다.

도널드 트럼프 주니어는 2017년 9월 경호로 인해 불편한 점이 많다며 더 이상 경호를 받지 않겠다는 의지를 비밀경호국에 피력했다. 그의 친구들에 의하면 그는 더 많은 자유와 프라이버시를 원했다. 2018년 3월, 바네사는 이혼소송을 제기했고 그녀 또한 공식적으로 경호를 포기하겠다고 했다. 경호요원들은 바네사가 가족을 담당하던 경호요원 중 한 명과 사귀고 있다고 본부에 보고했다. 하지만 그때는 이미 바네사가 경호의 대상이 아니었기 때문에 그 요원이 징계를 받지는 않았다.

한편, 대통령 가족으로 거의 언급되지 않았던 딸 티파니 트럼프(Tiffany Trump, 이하 티파니)는 대학시절 때부터 사귀던 남자 친구와 헤어졌다. 그 후, 그녀는 자신의 경호요원과 단둘이 이례적으로 많은 시간을 보내기 시작했다. 비밀경호국 지휘부는 티파니가 잘생긴 경호요원과 점점 가까워지는 모습을 우려 섞인 눈초리로 지켜보았다. 경호요원들은 자칫 잘못했다간 객관성을 해치고 경호대상자를 위험에 빠뜨릴 수 있기 때문에 자신이 경호하는 사람들과 개인적 친분을 맺는 것이 금지되어 있었다. 그와 티파니는 둘 사이에 아무 일도 없다며 잡아뗐고, 경호요원은 임무 특성상 둘만 같이 있는 시간이 있을 수밖에 없다는 점을 강조했다. 지휘부의 우려는 그 경호요원이 2019년에 다른 지부로 발령 나며 자연스럽게 해소되었.

티파니와 바네사에 관한 일을 트럼프가 알고 있었는지 그리고 그로 인해 비밀경호국 인사에 개입했는지는 명확하지 않지만, 트럼프는 가끔 비밀경호국 인사권자처럼 행동했다. 트럼프는 영부인경호팀장 민디 오도넬(Mindy O'Donnell, 이하 오도넬)을 교체하려고 두 번이나 그녀에 대한 불평을 늘어놓았다. 트럼프는 그녀가 일할 때 통굽 구두를 신는 것을 싫어했다(몇몇 동료 요원들도 동일하게 생각했다).

"그녀는 너무 작아. 하이힐을 신고 달릴 수는 있어?"

대통령은 비서관들에게 들으라는 듯이 불평했다.

그러나 오도넬은 다른 이유로 경호팀장 자리를 내놓게 되었다. 그녀의 남편은 평판이 꽤 좋은 비밀경호국 간부였는데, 둘이 2018년에 헤어지자 오도넬이 영부인경호팀 직원과 애인관계라는 소문이 돌았다. 이를 빌미로 본부는 그녀를 교체시켰다.

트럼프는 오도넬의 교체를 보고는 흐뭇해했다. 이후에도 트럼프는 과체중인 요원을 보면 그들의 보직을 바꾸려는 데 집착했다.

"뚱뚱한 사람들은 다 경호팀에서 제외해. 달리지도 못하는데 어떻게 나와 내 가족을 보호하겠어?"

트럼프가 비서관들에게 말했다. 하지만 비서관들은 대통령이 사복 요원과 제복 요원을 혼동하고 있다고 생각했다.

27
트럼프를 위한 희생

2017년 4월 8일 토요일 이른 아침, 웨스트 팜 비치(West Palm Beach)에 위치한 트럼프 인터내셔널 골프 클럽(Trump International Golf Club)의 무성한 나무숲 아래에는 성능을 개조한 골프카트 20여 대가 줄지어 서 있었다. 이 카트들은 트럼프가 당선자 시절에 새로운 정부를 구상하고 크리스마스 연휴를 즐길 겸 마라라고 클럽으로 휴양을 떠났을 때 맞춰 제작된 경호 차량이었다. 마이애미에서 생산한 후 I-95 고속도로를 통해 운송된 카트들은 원래 임시 용도로 제작되었지만 그즈음에는 필수품이 되어있었다. 골프 코스에서 반드시 카트를 타는 트럼프의 성향에 맞춰 근무할 필요가 있었기에 더더욱 그러했다.

경호 임무를 위해 제작된 카트들은 몇 가지 특별한 특징이 있었다. 우선 카트 대부분은 클럽 회원들이 대여하는 것과 달리 새것이었다. 또한, 일반 카트보다 마력이 높아서 필요할 경우 사람을 따돌릴 정도의 속력을 낼 수 있었고, 대다수 카트 뒤쪽에 대형 수납장을 설치해 대테러팀의 고화력 총기와 비상 장비를 보관하게 되어 있었다.

오전 9시, 마라라고에서 이틀을 지낸 대통령은 모터케이드를 탔고 약 5분 후 야자수가 늘어선 골프클럽 앞에 도착했다. 대통령은 라운딩에 앞서 간단한 아침 식사를 하기 위해 식당으로 들어갔고 경호팀장이 그 뒤를 따랐다. 맑은 날씨에 선선한 바람이 부는 완벽한 하루였다.

대통령으로 취임한 지 3개월도 안 된 시기였지만 벌써 열두 번째 골프 클럽 방문이었다. 지난 몇 주 동안 대변인 숀 스파이서는 백악관 풀기자들로부터 트럼프가 대통령 임기 초반의 중요한 시기에 국정을 외면한 채 골프만 치는 것 아니냐는 질문을 집요하게 받았다. 기자단은 오바마가 재임 기간에 골프를 친 사안에 대해 트럼프가 시간과 혈세의 낭비였다고 비난하고, 자기는 "국민을 위해 일하느라 너무 바빠" 그렇게 못 할 것이라고 장담했던 일화를 스파이서에게 상기시켰다. 4월 8일까지의 골프장 방문 횟수로 산출해 보면 트럼프가 오바마보다 10배 더 많이 골프장을 방문하게 된다는 계산이 나왔다. 또한, 트럼프가 자신이 소유한 비싼 리조트를 자주 방문해서, 트럼프 일가가 출장비용 명목으로 납세자들에게 청구할 금액도 오바마 일가보다 12배 많을 것으로 전망됐다.

그날 아침, 트럼프와 경호요원들은 기자들의 질문을 피하기 위해 새 전략을 실행하였다. 그것은 근처 도서관 회의실에 기자들을 두고 가는 것이었다. 기자들은 몇 시간 동안 기다리면서 백악관 비서진으로부터 트럼프가 골프장에서 무슨 일을 하는지에 대해 아무런 설명조차 받지 못했다. 백악관 대변인은 트럼프가 중요한 회의와 통화를 하기 위해 주말 동안 클럽에 간다고 사전에 공지했다. 물론 이는 거짓으로 트럼프는 그의 트레이드마크인 흰색 골프 셔츠, 검은색 바지, 그리고 '미국을 다시 위대하게'라는 문구가 박힌 빨간 모자를 쓰고 골프만을 치고 있었다.

정오 조금 지나 라운딩을 마친 트럼프는 점심을 먹으러 클럽하우스로 돌아왔다. 클럽 회원들은 트럼프가 입장하자 박수갈채를 보냈다. 트럼프는 미소로 화답하고는 오스트리아 대사 자리를 맡기고 싶은 친구 패트릭 팍(Patrick Park, 이하 패트릭)에게 손을 흔들며 따뜻한 인사를 건넸다. 패트릭과 그의 일행이 자리에서 일어나자 한 손님이 트럼프에게 골프를 치러 돌아올 것이냐고 물었다.

"네, 저는 부활절에 다시 올 겁니다."

트럼프가 답했다. 누군가 부활절은 다음 주말이라고 말했다.

"부활절이 다음 주인가요? 그럼 다음 주에 오겠네요."

비밀경호국 본부에서도 몇 주간 청구된 출장비가 큰 골칫거리로 대두되었다. 비밀경호국은 연간 7,400만 달러로 책정된 경호출장비 예산을 빠르게 소진하고 있었다. 트럼프는 이에 아랑곳하지 않고 멀리 떨어진 자신의 사유지를 계속 방문하기를 원했다.

예산 부족을 확신한 비밀경호국은 지난 3월 긴급하게 백악관 예산실에 3,300만 달러를 증액해달라고 요청했었다. 내부 문건에 따르면 비밀경호국은 많은 경호대상자들의 출장이 "급박하게 잡혀 미리 계획하기 어려우며, 변동성이 심해 예측할 수 없다"는 점을 예산 증액의 필요성으로 들었다. 그러나 비밀경호국은 트럼프 이전에는 이런 요구를 한 적이 없었고, 오직 트럼프만이 임박해서 일정을 알려주기 때문에 준비할 시간이 부족하다는 점을 언급하지 않았다.

비밀경호국은 대통령이 원하면 어떻게든 방법을 찾아내는 DNA가 있다. 현장에서 근무하는 경호요원들은 출장을 당연하게 생각했고, 대통령의 기호에 따라 얼마나 많은 혈세가 낭비되는지는 신경 쓰지 않았다. 대통령 경호를 위해 비밀경호국이 수년간 지출한 예산에 비하면 마라라고를 방문할 때마다 지불해야 하는 골프카트 대여료 약 2,000달러는 그리 비싸 보이지 않았다. 비밀경호국이 트럼프 타워(Trump Tower) 엘리베이터 유지보수 계약에만 64,000달러를 지불했으니 더욱 그랬을 것이다. 엘리베이터 유지보수와 골프카트 대여 모두 경호를 위해 필요한 일이었다. 현장 요원들은 오히려 대통령이 안심하고 골프를 칠 수 있는 해결책을 발견해 뿌듯했다.

실제로 트럼프가 골프를 치러 마라라고를 방문할 때마다 미군, 해안경비대와 비밀경호국에서 경호비용으로 지출하는 320만 달러에 비하면 골프카트 대여료는 상대적으로 적은 비용이었다. 그러나 대통령의 욕구를 충족시키려는 비밀경호국의 노력과 상관없이 출장비용은 빠르게 누적되었다. 트럼프 비평가들에게는 골프카트 대여료가 대통령이 비밀경호국에 야기하는 고통을 상징하게 된다.

기자들이 4월 중순에 입수한 계약서에 의하면 트럼프가 대통령 임기 첫 3개월 동안 남부 플로리다 클럽들을 방문해 비밀경호국이 카트 대여에 지불한 돈이 35,000달러에 달했다. 팜비치포스트(Palm Beach Post) 칼럼니스트인 프랭크 세라비노(Frank Cerabino)는 트럼프 비판가들에 동조하는 글을 썼다.

"만약 이 추세가 계속된다면, 트럼프는 첫 임기 동안 플로리다 골프카트 대여에 50만 달러 이상 지불하게 될 것이다…. 비밀경호국이 트럼프의 개인 골프장에 가서 트럼프를 경호하며 골프카트를 대여해야 한다는 것은 어딘가 부적절해 보이는 면이 있다. 어쩌면 비밀경호국은 그냥 이용해 먹기 쉬운 기관일 수도 있다. 트럼프가 개인적으로 소유한 뉴욕의 트럼프 타워 엘리베이터 유지보수 비용도 비밀경호국이 지불하고 있지 않은가? 다음에 무슨 일이 있을지 누가 알겠는가? 우리는 국가안보라는 명목으로 마라라고 지붕의 갈라진 타일을 교체하는 경호요원을 볼 수 있을지도 모른다."

카트 대여로 인해 대통령을 삐딱하게 바라보는 국민들의 시선은 부담 요소였다. 트럼프를 싫어하는 국민들은 대통령이 세금을 축내면서 휴일을 즐기는 정치인이라고 생각했다. 그러나 비밀경호국의 가장 큰 부담은 카트 대여료가 아니라 각 방문에 동원되는 경호요원들의 인건비였다. 경호요원을 아무리 적게 편성해도 70명은 필요했다. 비밀경호국은 경호요원들의 호텔 숙박비, 식비, 교통비와 초과근무 비용을 지급해야 했다. 이는 대통령을 수행하는 근접경호와 대테러팀뿐 아니라 행사 경호계획을 수립하는 선발대도 당연히 포함되었다. 비밀경호국은 트럼프가 방문하는 클럽 입구에 검문소를 설치해 폭발물 탐지견으로 일반 이용객 차량을 검사해야 했으며, 건물 입구에는 금속탐지기를 설치해야 했다. 트럼프가 주말마다 클럽을 방문하는 것이 일상이 되었으며, 매 방문 때 경호요원들에게 지급되는 초과근무수당은 수만 달러에 달했다. 트럼프가 마라라고를 방문할 때 비밀경호국이 지급해야 하는 금액은 평균적으로 약 40만 달러에 육박했다. 만약 대통령이 2주일에 한 번씩 골프를 친다면, 국내 출장보다 더 막대한 비용이 수반되는 사우디아라비아, 아일랜드, 파리, 아시아 등으로의 해외 순방과 더불어 대통령 가족과 부통령 수행에 필요한 출장비용을 비밀경호국이 지급할 여력이 있을까?

비판론자들은 오바마가 8년 임기 동안 골프와 하와이 휴가 비용으로 약 9,700만 달러를 지출했다며 그를 힐난했다. 그러나 의회 감시기구 보고서에 따르면, 미국 정부는 트럼프 여행비용으로 1개월간 1,360만 달러를 썼고, 2개월 만에 그 비용이 2,000만 달러로 빠르게 증가한 것으로 나타났다. 만약 트럼프가 이를 지속한다면 4년 임기 동안 6억 달러 이상의 출장비용을 미국 납세자에게 부담시키게 될 것이었다.

하지만 트럼프가 이런 호화 여행만으로 비밀경호국을 힘들게 한 것이 아니었다. 트럼프가 당선자 신분일 때부터 그와 멜라니아 여사가 내린 결정으로 인해 다른 문제가 서서히 표면으로 떠오르고 있었다. 2016년 12월, 대통령 당선인 트럼프는 고급 펜트하우스와 트럼프기업 본부가 위치한 트럼프 타워를 사저로 쓰길 원한다고 비밀경호국에 통보했다. 멜라니아 여사는 아들 배런이 남은 학기를 마치길 원한다며 트럼프 타워에서 함께 5개월 더 머무르겠다 하였다. (비밀경호국은 멜라니아 여사가 다른 속셈이 있다는 사실을 몰랐다. 그녀는 일부러 트럼프를 애달프게 함으로써 이혼합의금을 올리고 아들 배런이 트럼프기업에서 자리를 확보할 수 있게 혼전계약서를 본인에게 더 유리하게 수정하려 꾀했다.) 대통령 경호에 관한 법률은 대통령으로 하여금 비밀경호국이 상시 경호를 제공하는 백악관 외에 하나의 사저를 지정할 수 있게 허용하였다. 이에 따라 부시는 텍사스주 크로퍼드 목장을, 오바마는 시카고에 있는 개인 주택을 선택한 바 있었다.

하지만 트럼프의 선택은 그동안 비밀경호국이 경험하지 못한 새로운 과제를 가져왔다. 그것은 미국에서 가장 큰 도시, 그것도 세계에서 가장 복잡한 쇼핑지구 중 하나인 맨해튼 5번가의 58층짜리 초고층 건물의 안전을 확보하는 일이었다. 트럼프 가족이 거주하는 3층 복층구조 펜트하우스 아파트에 대한 위협을 분석하고 실제로 경호하는 데에는 지금까지와는 비교도 안 되는 비용이 유발되었다. 비밀경호국은 2017년 3월 기존 예산으로는 대통령을 경호할 수 없다는 사실을 깨닫고는 사저 경호를 위해 추가로 필요한 2,830만 달러의 긴급자금을 백악관 예산실에 요청했다. 시카고의 오바마 사저를 경호하는 데 들어간 예산이 연간 수십만 달러에 불과한 점을 감안하면 이는 엄청난 수치였다. 비밀경호국은 또한 뉴욕지부 직원 1/3을 트럼프 타워로 재배치해야 했고, 이로 인해 금융범죄 수사는 차질을 빚을 수밖에 없었다. 뉴욕시는 트럼프 타워 남쪽 도로와 이어지는 골목길을 무기한 폐쇄해야 했다. 비밀경호국은 대통령이 드물게 방문하는 트럼프 타워 경호에 안 그래도 부족한 인력과 예산을 쏟아부어야 했다. 이와 별개로 대통령이 다른 고급 장소를 자주 방문해서 발생되는 비용도 계속해서 쌓여만 갔기에 고층 건물을 경호하는 부담은 점차 커져만 갔다.

4월이 되자 민주당 소속 의원들은 트럼프가 외부로 나갈 때 드는 비용과 그것이 비밀경호국에 미치는 영향에 대한 조사를 요구하기 시작했다. 언론의 관심이 높아지면서 실세 공화당 의원들도 우려를 나타내기 시작했다. 아이오와주 북동부의 한 시청 건물에서 개최한 타운홀 미팅에서 공화당 상원의원 조니 에른스트(Joni Ernst, 이하 에른스트)는 아베 신조 일본 총리와 시진핑 중국 국가주석을 초청한 일을 포함해 대통령의 잦은 마라라고 방문과 관련된 추궁을 받았다. 그러자 에른스트는 공개적으로 마라라고 방문을 비판했으며, 비록 대통령을 지지하지만 그에게 "어떤 결점"이 있다고 덧붙였다.

"저는 그가 워싱턴에서 더 많은 시간을 보내기를 바랍니다."

에른스트가 말했다.

"그것이 백악관이 있는 목적입니다."

한편, 비밀경호국 본부에서는 국장 직무대리와 최고재무책임자가 차년도 대통령 예산안*에 반영된 비밀경호국 예산을 보며 심한 고민에 빠졌다. 트럼프 외부행사 때문에 기관의 재원이 고갈되었다 해도 과언이 아닌데 트럼프는 10월부터 새롭게 시작되는 회계연도에 비밀경호국 예산을 고작 0.8% 증액할 것을 요구하였다. 출장비와 트럼프 타워 경호를 위해 6천만 달러가 추가로 투입되었고, 대통령의 여전한 잦은 출타로 직원들의 초과근무수당이 역대급으로 청구되는 상황에서 예산 부족은 불을 보듯 뻔했다.

설상가상으로 당시 대통령에게 직언할 수 있는 비밀경호국장이 공석 상태였다. 경호팀장으로 오랫동안 오바마의 곁을 지켰던 클랜시 국장은 트럼프가 대통령에 취임하고 몇 주 뒤 트럼프에게 국장을 지명할 기회를 주기 위해 사임한다고 발표했었다.

트럼프는 당선자 경호팀 최고위 간부 토니 오르나토와는 그 관계가 각별할 정도였다. 그래서 그가 곧 경호팀장이 될 것으로 예견되었다. 다만, 그 누구도 대통령이 최종적으로 선택할 때까지는 단언할 수 없었다.

켈리는 트럼프 외부 행사에 소요되는 인력과 예산 때문에 비밀경호국이 다른 업무를 못 한다면서 외부 행사 횟수를 줄이라고 제언했지만 소용없었다.

---

* 대통령 예산안이 우리나라로 치면 정부 예산안이다.

"방법을 찾아. 알겠지?"

트럼프의 반응이었다.

켈리는 새 국장이 필요하다고 생각했지만, 트랜 사건 이후 캘러핸과 그의 수하들에 믿음이 가지 않았다. 그러자 캘러핸은 후보자에서 스스로 물러난 다음, 4월에 암 치료를 받기 위해 몇 달간 병가를 냈다. 켈리는 자신이 잘 알고 신뢰하는 예비역 해병대 장군 랜돌프 "텍스" 알레스(Randolph "Tex" Alles, 이하 알레스)를 추천했다. 하지만 트럼프는 자신이 아는 사람을 고용하고 싶다며 내키지 않아 했다. 더군다나 알레스는 트럼프가 원하는 "외모"를 가지고 있지 않았다. 트럼프가 계속 망설이자 켈리는 더 이상 늦춰선 안 된다고 생각했다. 그는 대통령에게 결정을 내려야 한다고 단호하게 말했고, 트럼프는 마지못해 4월 25일에 알레스를 국장으로 임명했다.

트럼프가 애초에 원하지 않았지만, 알레스는 이렇듯 어려운 순간에 국장직을 맡게 되었다. 이 와중에 많은 비밀경호국 고위 간부와 트럼프 경호팀 구성원들도 알레스가 출신이 다르다며 그를 인정하지 않았다. 알레스는 약 100년 만에 처음으로 국장에 임명된 외부 인사였는데, 이는 비밀경호국 출신들이 전통이 깨질 것을 염려해 맹렬히 저항했던 일이었다.

알레스가 일에 적응하는 동안에도 트럼프는 그의 사유지를 계속 방문했다. 4월 말과 5월이 되어 워싱턴의 기온이 따뜻해지자 대통령은 그의 행사 패턴을 바꾸었다. 백악관 비서관들은 워싱턴 지역의 주말 기상이 맑음으로 예보되면 "소규모 내각 회의"나 업무 통화 일정을 만들어 대통령이 버지니아주 스털링(Sterling)에 있는 트럼프의 내셔널 골프 클럽(National Golf Club)에서 눈치 안 보고 골프를 칠 수 있도록 준비했다(마치 그것이 유일한 목적이지 않은 듯). 여름이 오고 마라라고가 시즌을 마감하자, 트럼프는 북으로 방향을 틀어 뉴저지주 베드민스터(Bedminster)에 있는 500에이커 크기 골프 클럽으로 향했다. 트럼프는 골프 클럽 귀퉁이에서 건초와 염소를 기르면서 해당 재산을 농지라고 주장해 뉴저지주 재산세 수십만 달러를 감면받았지만, 납세자들은 수백만 달러를 지불하게 된다. 이는 "북방 캠프 데이비드(Camp David North)"라는 별명으로 불리게 되는 트럼프의 개인 골프클럽에 경호시스템을 구축하는 데 드는 비용이었다.

한 세기 동안 대통령들이 백악관의 압력으로부터 탈출하고자 선택했던 유서 깊은 캠프 데이비드는 더 경제적인 선택이었을 것이다. 메릴랜드주 프레더릭(Frederick) 근처 구릉지대에 위치한 그곳은 헬리콥터로 40분 거리에 있었고, 해병대와 해군에 의해 상시 통제되는 해군 기지였기 때문에 비밀경호국 요원들이 경호와 경비를 서기 위해 추가로 배치될 필요가 없었다.

그러나 트럼프는 자신의 집을 대리석 욕실과 금박으로 장식할 정도로 취향이 유별났다. 그는 캐탁틴 산(Catoctin Mountains) 중턱에 우거진 숲으로 둘러싸인 별장이 지루하다고 생각했다.

트럼프가 취임 직전 유럽 기자에게 캠프 데이비드에 대해 한 말이다.

"캠프 데이비드는 시골 정취를 느낄 수 있어 좋습니다. 당신도 좋아할 겁니다. 그런데 그 좋은 느낌이 얼마나 지속되는지 알아요? 한 30분 정도입니다."

여름은 다가오는 회계 연도에 대비해 의회가 연방정부 예산을 짜기 시작하는 계절이었다. 6월 하원 세출위원회에 출석한 알레스는 위원들로부터 대통령이 제안한 대로 비밀경호국 예산을 1,800만 달러 증액하면 충분하냐는 질문을 받았다. 증액분은 트럼프 타워를 1년간 경호하는 데 드는 비용에도 모자랐기에 알레스는 망설였다. 그는 결국 직원의 고용과 훈련 그리고 장비 현대화에 필요한 투자를 할 수 있도록 2억에서 3억 달러를 증액하면 좋겠다고 솔직하게 답변했다. 또 다른 질의를 받은 알레스는 경호팀이 백악관을 보호하기 위한 훈련을 실시할 수 있게 비밀경호국 훈련시설에 모의 백악관을 건설하는 것이 "중요하다"는 데 동의하였다. 2014년 월담 사건 이후 전문가들은 수백만 달러를 들여 훈련시설을 신축하는 일이 비밀경호국의 긴급현안이라고 입을 모았으나 트럼프는 해당 사업을 삭제하였다. 대통령 예산안에 의하면 국토안보부 산하기관들 중 비밀경호국의 증가액이 가장 적었다.

반면, 이민세관집행국(Immigration and Customs Enforcement)과 관세국경보호청(Customs and Border Protection)은 각각 29%와 9% 증액이 반영됐다. 이를 탐탁지 않아 한 민주당 의원들은 비밀경호국이 아직 사고를 수습하는 과정에 있고, 트럼프로 인해 직원들이 번아웃 증상을 호소하고 있으며, 퇴사율이 높아 인력난에 시달리고 있다고 언급했다. 그런 상황인데도 대통령이 경호요원들뿐만이 아니라 비밀경호국의 임무인 무결점 경호에도 부담을 주고 있다고 지적했다. 민주당 의원들이 대통령이 살지도 않고 영부인도 곧 거처를 옮길 예정이라는 점을 짚으며, 트럼프 타워를 경호하기 위해 2,600만 달러를 편성한 근거를 알레스에게 묻자 세출위 회의는 더욱 혼란스러워졌다.

보니 왓슨 콜먼(Bonnie Watson Coleman, 이하 왓슨 콜먼) 뉴저지 민주당 의원은 "대통령이 트럼프 타워에 거주하고 있다면 국가에서 그곳을 보호해야 할 책임이 있다는 것을 알고 있다"고 말했다. 왓슨 콜먼은 "영부인이 그곳에 머물며 주요 거주지로 사용하기 때문에 여기에 추가적인 책임이 있다고 생각하지만, 영부인이 남편과 다른 곳에 사는 경우는 다소 전례가 없다"고 하였다.

알레스가 답변했다.

"트럼프 타워는 대통령의 거주지 중 하나로 지정되었습니다. 이것이 이례적이라고 생각되지 않으며, 의원님을 포함해 우리가 부모로서의 관점으로 바라본다면 충분히 이해할 수 있다고 보입니다. 대통령 내외는 아들이 뉴욕에서 학기를 마치기를 원했고, 그에 맞춰 올여름에 워싱턴으로 이사할 계획입니다. 그때에는 뉴욕에서의 업무 부담이 비교적 완화될 것입니다."

"잠깐만요."

왓슨 콜먼이 좋은 소식을 감지한 듯 물었다.

"그럼 트럼프 타워 경호를 1년 365일 24시간 제공하지 않는 건가요? 가족이 있을 때, 그러니까 대통령 가족이 있을 때만 제공한단 말인가요?"

알레스는 그의 답이 의원을 실망시킬 것을 깨닫고 잠시 뜸을 들이다 답했다.

"영식들이 그곳에 있기 때문에 경호는 계속 제공될 것입니다."

트럼프 타워가 대통령의 사저였기 때문에 예산이 많이 수반되는 도로 봉쇄 등의 경호조치는 계속되어야만 했다. 영식들의 사무실이 때마침 같은 건물에 있어 경호의 필요성은 더욱 정당화되었다. 대통령이 취임 첫해 동안 트럼프 타워를 달랑 세 번 방문했다는 사실은 고려될 사항이 아니었다. 비밀경호국은 법에 따라 경호를 제공해야만 했고, 맡은 임무를 어중간하게 할 생각은 추호도 없었다. 이로 인해 납세자들은 피해를 보았지만 비밀경호국의 책임감 덕분에 덕을 보는 승자가 있었다. 그것은 바로 대통령이 소유한 회사였다. 비밀경호국은 트럼프 타워 경호에 사용한 2,600만 달러 중 약 1/4인 630만 달러를 사무실 등에 대한 임대료와 공공요금 용도로 트럼프기업에 지불했다.

알레스는 부임한 지 4개월이 지난 8월이 되자 의회에 더 많은 재정적 도움을 요청해야 한다고 깨달았다. 그가 직원들에게 지급할 수 있는 연간 급여와 초과근무수당 상한선을 없애기 위해서는 의원들의 힘이 필요했다. 경호요원들은 트럼프가 소유한 마라라고, 베드민스터 그리고 버지니아주 스털링을 방문할 때 그 지역을 확보하는 것 외에도 18명에 달하는 트럼프 가족을 경호하기 위해 쉴 틈 없이 일했다. 대통령의 가족 중 성인 자녀들은 트럼프기업 일원으로 조직을 홍보하고 사업을 추진했기 때문에 이들을 경호하기 위해서는 두바이, 우루과이, 사우디아라비아, 아스펜 등 세계 곳곳을 함께 누벼야 했다. 알레스는 약 1,000명에게 초과근무수당을 지급할 예산이 없었다. 그는 조직이 처한 어려움을 호소하기 위해 의원들을 만나기 시작했고, 관련부서에서는 직원과 조직을 위해 고군분투하는 알레스의 노력을 널리 알리기 위해 USA투데이 기자와의 인터뷰를 주선했다.

알레스는 기자에게 트럼프 임기 동안 경호요원들의 임무가 극적으로 확장되었다고 설명했다. 그는 이것이 "새로운 현실"이라고 하였다. 또한, 자신의 부하들이 변함없이 헌신적으로 일해주길 바란다면 합당한 보상을 해줘야 한다고 강조했다. 그는 트럼프 재임 기간만이라도 직원 한 사람당 임금을 27,000달러 인상할 수 있도록 의회의 허가를 구했다.

"직원들이 밤새도록 일을 하고 항상 출장을 다니고 있습니다."

알레스가 말했다.

"지금처럼 전 조직이 총동원되는 경우는 흔치 않습니다."

트럼프는 알레스의 인터뷰가 실린 USA투데이의 8월 21일자 온라인 기사 인쇄물을 보고 분노했다. "트럼프 경호로 비밀경호국 파산 직전"이라는 기사 제목을 보며 트럼프는 비밀경호국장이 예산 부족을 자신의 탓으로 돌리려 한다고 생각했다. 트럼프가 보좌관에게 외쳤다.

"끔찍하네! 그 새끼 도대체 뭐 하는 짓이야?"

최근 트럼프의 비서실장이 된 켈리는 재빨리 알레스에게 트럼프가 열받았다는 소식을 전했다. 켈리는 알레스가 목표하는 바를 지지했다. 그도 비밀경호국 경호를 받았는데 선거유세 기간부터 취임식까지의 보수를 아직 못 받았다는 얘기를 듣고 너무 놀라 화가 났기 때문이다. 켈리가 보기에도 알레스는 직원들의 사기를 진작시키려 했다. 그의 노력을 직원들이 알아야 한다는 점도 인정했다. 그러나 알레스가 언론과 인터뷰한 행위는 실수였다고 보았고, 의도치 않게 대통령에게 부담을 주는 물의를 일으킨 것이 실망스러웠다.

이제 비밀경호국 공보관실이 사태를 수습하기 위해 나서야 할 때였다.

그들은 알레스가 언급한 초과근무수당에 관한 문제가 심각한 수준이 아니고 오래된 "현안"이라는 점을 강조한 발표문을 공지하기 위해 동분서주했다. 알레스는 수정문을 통해 "이 문제는 현 정부에 따른 여건이 아니고, 그동안 증가한 업무로 인해 10년 가까이 계속되고 있었다"고 해명했다.

사실 재정 문제는 현 정부 그리고 더 구체적으로는 비용이나 결과에 대한 고려 없이 결정을 내린 대통령에 기인한다고 보는 게 맞았다. 대통령으로 8개월 재임하면서 트럼프는 30번의 주말 중 26번을 그의 리조트로 골프를 치러 갔고, 비밀경호국은 따라갈 수밖에 없었다. 그의 가족이 워싱턴 밖으로 나간 횟수도 대략 650회에 달했다. 비밀경호국은 오바마와 그의 가족과 일할 때보다 12배나 더 많은 시간을 트럼프와 그의 가족에 할애하고 있었다.

트럼프는 늘 그랬듯이 자신의 행동을 되새겨 보거나 반성하지 않았다. 자신의 발언을 취소하려는 알레스의 노력에도 불구하고 여전히 대통령은 화가 나 있었다. 트럼프는 사석에서 알레스의 충성심과 전문성에 대한 불평을 늘어놓으며 상황을 자신에게 유리하게 만들려고 했다. 그는 비밀경호국 예산이 부족하다면 관리를 잘못한 것 아니냐고 반문하며 비서관들 앞에서 알레스가 똑똑해 보이지 않는다고 불평했다. 대통령은 알레스의 외모도 문제 삼기 시작했다. 이는 트럼프가 불쾌감을 표출하는 습관이었다. 누구든지 외모를 꾸미지 않거나 카메라에 잘 나올 준비를 하지 않는 사람은 트럼프로부터 좋은 평가를 받지 못했다.

"걔 귀 큰 거 봤니?"

어느 날 트럼프가 그의 책상 주변에 모인 수석들에게 물었다.

"코끼리 덤보처럼 생겼어."

그해 8월, 알레스는 대통령의 심기를 건드리지 않으며 신임직원을 채용하고 기존 직원들에게 급여를 지급하는 일이 벅차게 느껴졌다. 알레스의 부하들은 그를 외부인으로 간주했고, 그들이 원하지 않는 방향으로 조직을 변화시킬까 봐 그에게 정보를 숨기는 경우가 부지기수였다. 알레스는 진정으로 직원들을 위하는 마음을 증명하려고 이전 국장들이 상상하지도 못한 일들을 하였다.

"그가 백악관에 나타나 경호요원들과 당직 근무를 했습니다. 오전 5시에 와서 경호요원들과 함께 순찰을 돌기도 했습니다."

알레스를 지켜본 당시 비서실 직원이 말했다. 그러나 대통령경호팀 요원들과 비밀경호국 본부 고위관리들은 그를 받아주지 않았다.

"그들은 알레스가 경호 임무를 직접 수행한 적이 없기 때문에 동료라고 생각하지 않았습니다."

같은 8월에 새로운 위기가 발생했다. 미 국무부의 지역보안담당관*은 알레스에게 기밀 전보로 심각한 문제가 터졌다고 알려왔다. 모스크바 주재 미국 대사관에서 10년 이상 비밀경호국 수사관으로 근무한 여성이 러시아 스파이일 가능성이 농후하다는 내용이었다. 미 국무부 조사관들은 대사관에서 일하는 현지인들을 대상으로 5년마다 실시하는 보안감사를 통해 이 여성이 비밀리에 러시아 정보기관 요원들과 자주 만난다는 것을 발견했다. 그녀가 오랜 기간 근무한 직원이기 때문에 사무실에 혼자 남아 있어도 아무도 문제 삼지 않는 점이 심각성을 더했다.

알레스를 보좌하는 고위관리들은 그 여성 수사관이 민감정보나 기밀사항에 접근할 권한이 없어 국가안보에 피해를 입히지 못했을 것이라고 장담했다. 국무부는 그녀의 해임을 주장했고 알레스는 이에 동의했다. 비밀경호국은 보안사고가 발생하면 보통 즉시 철저한 실태조사를 실시해 원

---

* Regional Security Officer. 이를 줄여 통상 RSO라고 호칭한다. 각 대사관에 파견되어 대사관 보안, 공관직원 안전, 주재국과의 연락관 등의 업무를 책임진다.

인과 피해규모를 파악하였다. 하지만 비밀경호국은 이 사건을 조사하지 않았고, 국무부 또한 별다른 조치를 취하지 않았다. 대사관의 지역보안 담당관은 비밀경호국의 결정에 따라 며칠 후 그녀의 비취인가를 철회하고 해고하는 데 그쳤다. 이후, 블라디미르 푸틴(Vladimir Putin) 러시아 대통령이 9월까지 미국 대사관 규모를 축소하고 직원 700명 이상을 귀국시키라는 방침을 정함에 따라 비밀경호국은 모스크바 사무실을 폐쇄하는 수순을 밟았다.

하지만 이 러시아 간첩 혐의 사건은 보기와 달리 단순하지만은 않았다. 대사관 보안관계자들은 6개월 전부터 그녀가 정보기관 요원들을 접촉하는 사안에 우려를 표했으나, 모스크바 지부 비밀경호국 간부들은 이를 귀담아듣지 않았다. 모스크바 비밀경호국 지부장은 미 국무부로부터 그 여직원이 KGB의 후신인 연방보안국(FSB)과 접촉하고 있다는 정황을 공유받았다. 모스크바 지부장은 러시아를 포함해 유럽 여러 지부를 관장하던 그의 상사이자 파리 지부장 크리스 헨더슨(Chris Henderson, 이하 헨더슨)에게 관련 내용을 보고했다. 모스크바 지부장에 의하면 헨더슨은 반응이 없었다고 한다. 반면, 헨더슨은 이 사건을 지휘부에 보고했다고 하였다. 여하튼 비밀경호국 고위관리들은 실제 조사가 이루어지지 않았는데도, 그 여직원이 중요 또는 민감한 정보에 접근했거나 이를 훔쳤을 가능성 그리고 피해의 정도를 확인해 본 결과 특이사항이 없다고 알레스에게 보고했다.

이 러시아 여성은 정말로 FSB 요원들로부터 대사관 업무에 대해 질문을 받은 것 외에는 아무것도 하지 않았을지도 모른다. 하지만 그녀는 2014년 러시아 정부가 백악관 이메일을 해킹했을 때도 대사관 직원으로 근무하고 있었으며, 비밀경호국 이메일 시스템에 접속이 가능했다. 미 국무부 보안담당자들은 그녀가 사무실 전자 기기에 도청장치 등을 심었을 수 있다고 모스크바 지부장에게 경고하기도 했다. 안타깝지만 제대로 된 조사가 이루어지지 않았기에 비밀경호국은 그녀가 미국의 적에게 민감한 자료를 공유했는지 알 수 없게 되었다.
　한 요원이 모스크바 사건의 처리 방식에 대해 나에게 말했다.
　"당신은 비밀경호국의 열악한 근무 환경에 대해 알잖아요? 거기에다 현재 국장은 비밀경호국 내부 출신이 아니기 때문에 '외부인'으로 취급 받고 있죠. 차장과 본부장들은 국장을 방해하기 위해 국장에게 많은 정보를 숨깁니다. 마치 줄리아 피어슨 전 국장에게 했듯이 말이죠. 피해복구절차 같은 것은 전혀 마련되어 있지 않았고, 그녀가 FSB와 공유한 정보를 파악하기 위한 후속 조사도 없었습니다."
　비밀경호국이 이 사건을 재빨리 은폐한 데에는 또 다른 이유가 있었다. 러시아는 백악관 안에서 민감한 사안이었다. 당시에는 2016년 미국 대선에서 트럼프가 당선될 수 있게 러시아가 개입했다는 설과 트럼프 캠페인의 주요 인사들이 러시아 측과 비밀리에 접촉했다는 의혹을 조사하기 위한 특검이 진행 중이었다. 이 특검이 일으킨 트럼프의 분노는 4개월이 지난 시점에서도 여전했다. 그는 시시때때로 수사가 자신의 명예를 실추시키고 있다고 불평했고, 백악관 법률고문 및 법무장관과 대화하던 중 "좆됐다"며 소리친 적도 있었다. 만일 모스크바 사건까지 알게 되면 대노할 것이 확실했다. 선거기간 중에 러시아 스파이가 미국 대사관을 침투했다는 소식을 대통령이 듣고 싶어 할 리가 없었다.
　전직 비밀경호국 관리들조차 모스크바 지부 여직원이 어떤 정보에 접근했는지 조사하지 않은 사실이 이례적이라고 보았다.
　"전문 사이버보안 수사관들이 수두룩해서 그녀가 어디에 접속했는지 볼 수 있었을 겁니다. 알 필요도 있고, 내부적으로 알고 싶었을 텐데 왜 조사하지 않았을까요?"
　전직 비밀경호국 고위관리가 말했다. 1년 후, 워싱턴포스트에서 러시아 사건을 알게 되고 그녀가 해고된 경위에 대해 새로운 내용을 보도했다. 비밀경호국은 그제야 조사에 착수했는데 누가 정보를 언론에 흘렸는지 알아내는 데 초점이 맞춰져 있었다. 모스크바 지부에 정통한 일부 인사들은 내부감사를 담당하던 데이비드 디츠(David Deetz) 감찰관이 모스크바 주재관으로 근무할 때 여성 수사관과 부적절한 관계를 맺어온 것으로 보인다고 말했다. 그는 워싱턴포스트 보도가 나가고 한 달 후에 직위해제되었다.

에필로그

2018년 6월, 펜실베이니아주에 거주하며 망상증에 시달리는 숀 크리스티(Shawn Christy, 이하 크리스티)는 페이스북 상에서 트럼프의 머리에 총알을 박겠다고 위협했다. 이로 인해 수배자가 되어 쫓기는 신세가 되었는데 무장을 하고 위험한 인물일 것으로 여겨졌다. 경찰은 그를 체포하러 갔지만, 이미 차량을 훔쳐 타고 숲으로 사라진 후였다. 비밀경호국은 그의 배경을 캐면서 그가 '진짜'일 수도 있다는, 즉 다음의 존 힝클리가 될 수 있는 가능성을 암시하는 단서들을 발견하였다. 그는 부통령 후보 사라 페일린(Sarah Palin, 이하 페일린)을 스토킹한 혐의로 접근금지 명령을 받은 적이 있었고, 페일린의 변호사들을 협박해 체포되기도 했었다. 이러한 전과는 과도하게 남의 관심에 집착한다는 신호였다. 그러나 신원조사와 도주자 추적은 차원이 다른 일이다. 트럼프의 지휘 아래 있는 그 어떤 연방 법집행기관도 그를 찾지 못했다.

안달이 난 트럼프는 경호팀장인 토니 오르나토에게 무슨 이유로 일이 지체되는지 물었다. 하지만 트럼프는 1년간 자기를 경호한 오르나토를 좋아했다. 그는 뉴욕지부 출신으로 독설가인 동시에 전형적인 경호원 외모도 갖고 있었다. 그래서 트럼프는 자신이 결코 원하지 않았던 비밀경호국장 알레스를 탓하기로 하였다.

한편, 대통령의 딸 이방카(Ivanka)와 그녀의 남편 재러드 쿠슈너는 경호 관련 사항을 오르나토와 상의했기 때문에 알레스보다 그와 더 가깝다고 생각했다. 그래서인지 두 부부는 오르나토를 비밀경호국장에 앉히려고 백악관 비서실장 존 켈리와 비서실 차장 커스젠 닐슨을 수시로 압박했다. 당시 이방카와 쿠슈너는 켈리와 전쟁을 벌이던 터라 그는 더 큰 부담을 느꼈을 것이다. 쿠슈너가 자신에게 1급 비밀취급인가를 내주면 안 된다고 경고한 전문가 제언을 뒤집으라고 했는데 켈리가 이를 거부했기 때문이다. 알레스는 켈리의 오랜 친구였기 때문에 부부의 입장에서는 국장도 믿을 수 없는 사람이었다. 국토안보부 관계자들은 이방카와 쿠슈너에게 오르나토를 국장으로 임명하려는 계획이 적절하지 않다는 점을 설명하려고 했다. 헌신적이고 평판이 좋다고 해서 그 사람이 20억 달러를 집행하는 복잡한 조직의 뛰어난 관리자가 되는 것은 아니었다. 그러나 이전 정부에서 그랬듯이 트럼프와 그의 가족은 비밀경호국을 이끌 관리자를 찾는 것이 아니었다. 그들은 충성심이 입증되어 편하게 대할 수 있는 사람을 원했다.

그해 여름, 트럼프는 조간신문을 읽다가 자신이 중간선거를 지원하는 데도 공화당에 대한 우호적인 기사 대신 대통령을 죽이려고 하는 사람이 아직도 검거되지 않았다는 기사만 보이자 분노가 끌어 올랐다.

몇 시간 후, 대통령은 회의에 참석하러 들어오는 알레스를 향해 크리스티를 추적하고 체포하는 데 진전이 없다고 분노를 터뜨렸다. 그가 소리를 너무 크게 질러 방 안에 있던 다른 인원들도 몸을 움츠릴 정도였다.

"왜 못 잡는 거야? 이건 나를 욕 먹이는 거야."

트럼프가 고함을 쳤다.

대통령은 수배자를 수색하는 기관이 비밀경호국이 아니고 FBI라는 사실을 이해하지 못하는 것 같았다. 알레스는 이를 설명하려 했지만, 트럼프는 듣기 싫다는 듯이 손을 저었다. 그는 알고 싶어 하지 않았다.

"찾아내!"

대통령이 다시 소리쳤다.

지역 경찰은 10월이 되어서야 오하이오 강변에 숨어있는 크리스티를 붙잡았다.

하지만 켈리가 2018년 말에 비서실장직에서 사임하자 알레스도 곧 그만둬야 할 처지가 되었다. 이 시기에 닐슨이 국토안보부 장관이 되어 있었다. 새해 초, 비서실장으로 취임한 믹 멀베이니는 닐슨에게 알레스가 새로운 일자리를 찾을 시간이 된 것 같다고 말했다. 역설적이게도, 알레스는 비밀경호국의 큰 난제 중 하나인 채용 문제를 해결하는 데 중요한 진전을 이루었다. 이는 겉으로 보기에는 화려하지 않은 성과일지언정 조직 내부적으로는 내실을 다지는 중대한 사안이었다. 비밀경호국은 3년 만에 처음으로 임용률이 퇴직률을 앞서는 궤도에 올랐다.

그럼에도 불구하고 알레스는 2019년 4월에 아무 이유 없이 멀베이니로부터 해고 통보를 받았다. 이와 동시에 트럼프는 닐슨을 국토안보부 장관직에서 제거하고 부처 내 고위직 인사를 단행했다. 트럼프는 오르나토를 비밀경호국장으로 앉히고 싶었지만 오르나토는 다른 계획이 있다면서, 대통령 이·취임식을 준비한 23년차 베테랑이자 자신의 좋은 친구이기도 한 제임스 머레이(James Murray, 이하 머레이)를 추천했다. 트럼프는 약 10분간 머레이를 만나보고는 그를 임명하기로 결정했다. 그는 이어서 충성을 다한 오르나토를 정무직 자리에 앉혔다. 이는 정치적 중립을 지키는 비밀경호국 출신에게는 전례 없는 일이었다. 트럼프의 요구에 따라 오르나토는 백악관 비서실 차장이라는 자리에 올라 대통령 정치 고문을 맡게 되었다.

알레스의 퇴임은 아웃사이더가 비밀경호국 문화를 개혁하는 데 또 한 번 실패했음을 의미했다. 그는 비밀경호국의 채용과정을 진일보시켰지만, 승진제도를 개혁하고 조직에 전략적 비전을 심는 데에는 실패했다. 자신들에게 유리한 체계를 지키려는 기존 기득권층의 저항을 이겨내지 못했던 것이다. 줄리아 피어슨은 개혁을 시도하다 지휘부의 폄훼 등 온갖 저항에 부딪히며 이를 뼈저리게 깨달았고, 일련의 경호실패 사건들에 대한 책임을 지고 2014년에 퇴출당했다.

공화당은 작은 정부를 지향하며 2010년부터 꾸준히 정부 규모를 축소하려는 노력을 기울였다.

그로 인해 몇 년간 예산이 삭감되어 비밀경호국이 어려움을 겪고 있다는 사실을 트럼프는 몰랐다. 휴일을 반납하는 일이 일상이 되어버려 직원들이 번아웃 증상에 시달린다거나, 직원들이 반복적으로 비밀경호국을 연방정부에서 근무하기 가장 비참한 곳 중 하나로 꼽는다는 사실도 몰랐다.

트럼프는 2017년 백악관에 입성할 때도 비밀경호국에 관한 초당적인 보고서에 주목하지 않았다. 그 자료에는 비밀경호국이 "위기에 처한 기관"이라고 평가되어 있었다. 또한, 당시 비밀경호국은 정원 대비 현원 비율이 10년 만에 최저 수준으로 떨어졌는데, 그때까지 지휘부는 이 문제를 해결하기보다는 은폐하는 데 능숙했다고 보았다. 따라서 이러한 지휘부를 대체할 새로운 인물이 절실히 필요하다고 진단했다. 이와 더불어 직원 채용, 장비 현대화, 훈련 프로그램 개선 등을 위해 매년 수억 달러를 추가로 투자해야 조직을 안정적으로 운영할 수 있다는 결론을 내렸다. 이는 2014년 9월 백악관 침투 사건 후 정부와 의회가 비밀경호국에 약속한 사안들이기도 했다. 그러나 트럼프는 자기가 한 공약이 아니었기 때문에 신경 쓰지 않았다.

"그에게 비밀경호국이란 대통령경호팀 구성원, 즉 그를 직접 경호하고 자기와 교류가 있는 요원들을 의미했습니다."

트럼프의 성향을 잘 아는 요원이 말했다.

"그는 비밀경호국이라는 조직에 대해서는 관심이 없었습니다. 자기와 직접적인 연관이 없는 사안에는 그런 식이었습니다."

트럼프는 대통령 임기 마지막 해에 1% 미만으로 증액된 비밀경호국 예산안을 의회에 제출했다. 이는 물가상승률을 감안해야 했기에 초과근무, 출장비, 승진에 따르는 이사 비용, 노후 차량 수리, 통합상황센터 현대화 등의 항목에서 6,200만 달러를 삭감한 예산안이었다. 여기서 짚고 넘어가야 하는 부분은 통합상황센터가 낙후된 기술을 사용하고 있어 침입자에 대한 대응을 제대로 조율하지 못해 백악관이 침투를 당했고, 비밀경호국에 역사상 가장 큰 굴욕을 안겼다는 점이다.

그 사건 이후 비밀경호국은 4년여 간의 노력을 통해 여러 문제점을 보완했지만, 개선되지 못한 측면도 여전히 많았다. 대통령이 트위터와 소셜 미디어 상에서 논쟁을 좋아했던 만큼 비밀경호국은 온라인상에서 위협인물을 식별하는 역량을 강화하는 것처럼 발전한 측면도 있었으나, 대부분의 경우 간신히 현상을 유지하는 상태에 머물렀다.

아웃사이더를 통한 개혁을 무산시키려는 비밀경호국의 노력은 성공적이었다. 개혁 시도는 트럼프 임기 마지막 해까지 있었지만 실패했다. 그렇게 능력보다 충성도에 기반한 승진제도를 유지하고, 성과분석과 전략적 계획에 의한 경영시스템을 등한시하는 20년 된 체계를 지켜냈다. 오바마 시절 좌절감에 빠져 비밀경호국을 떠난 한 요원은 이 책을 집필한다는 얘기를 듣고는, 수소문해 나를 찾았다. 그는 비밀경호국의 문제를 조명해 줘 감사하다는 편지와 함께 자신이 조직을 진단한 내용을 전달했다. 그는 "많은 논의가 있지만 아무것도 하지 않는" 문화를 한탄했다. 이는 내가 책을 쓰면서 자주 들었던 말이다.

"제가 진정으로 사랑했던 조직이 부실하게 관리되고, 가깝게 일했던 사람들이 부당한 처우를 받는 상황을 보면서 좌절감을 느꼈습니다. 그동안 문제점을 파악하려는 시도는 좋았으나 대부분 근본적인 원인을 밝히지는 못한 듯합니다. 저는 그 원인이 2013년 정부 폐쇄나 카르타헤나 사건은 아니라고 자신 있게 말할 수 있습니다. 그것은 전략적이고 전문적인 경영의 부재였습니다. 특히, 역량이 안 되는 사람을 간부와 지휘부로 승진시킨 일이 재앙이었습니다."

이 요원은 비밀경호국의 부패한 승진제도가 마치 마피아 조직 라 코사 노스트라(La Cosa Nostra)를 방불케 한다며, 첫 번째 간부 승진은 보통 경쟁하는 상사들 간의 거래를 통해 이뤄진다고 지적하였다. 그래서 요원들은 인사를 두고 짜고 친 고스톱으로 치부한다는 것이다. 이를 통해 승진에 목메는 요원들은 비위를 은폐해야 하는 한이 있더라도 첫 상사, 같은 부서에서 근무했던 동료 등 자기와 인연을 맺은 '라인(요원들은 이를 가족이라고 칭한다)'에 충성하는 일이 중요하다고 배우게 된다고도 했다.

그 요원이 보낸 편지에는 다음의 내용도 쓰여 있었다.

"일단 간부가 되면 상황에 관계없이 윗선에 충성해야 하고, 새롭게 승진한 간부는 직원들과 조직의 효율성, 사기 및 역량 저하를 고의적으로 무시해야 합니다."

마지막으로 그는 비밀경호국의 보상체계에 문제가 있다고 짚으며, 간부로 하여금 어려운 결단을 내리거나 장기 계획을 세울 인센티브를 제공하지 않는다고 말했다. 간부들은 오로지 충성을 다해 승진하기만을 바라는데 보통 18개월마다 인사이동이 있다 보니, 문제를 해결하려다 욕먹는 것이 싫어 후임자에게 일을 떠넘기는 경향도 있다고 하였다. 간부 인사가 빈번하게 이뤄지는 현상을 빗대 직원들은 간부가 "부서에 와서 커피 한 잔 마시고" 갔다고 종종 표현했다. 퇴직을 앞둔 간부들은 화려한 이력을 앞세워 포춘(Fortune)지 선정 500대 기업과 월스트리트에 위치한 거대 기업에서 높은 연봉을 받는 사내보안 자리를 꿰차기 위해 경쟁하며, 자신들이 충성했던 '라인'의 도움을 받는 경우가 많다고도 하였다.

그 요원은 "간부들 상당수가 가정보다 일을 우선시하는 요원들이 부족할 뿐 직원 사기나 퇴사율 문제는 없다고 주장하지만, 정작 그들은 새로운 일자리를 구할 수 있을 때 이직하려고 안간힘을 쓴다"면서 "자신들이 폄하했던 비밀경호국 이력으로" 그런 노력을 한다고 언급했다.

이런 현상은 비밀경호국이 클린턴 말기에 고도로 정치화되며 나타났고 시간이 지나며 조직문화로 정착되었다. 그 문화의 폐해가 오바마 두 번째 임기 때 드러나자 비밀경호국은 이런저런 개혁을 시도하며 조직문화가 변화하는 듯 했으나, 트럼프가 임기를 마칠 무렵에는 기존 문화가 끈질기게 다시 자리를 잡았다.

비밀경호국은 과거에도 그랬듯이 대통령이 추진하는 정책과 중시하는 가치를 업무에 일부분 반영했다. 하지만 트럼프는 닉슨 이후 그 어떤 대통령보다 비밀경호국을 사유화했다. 물론 트럼프도 경호요원 개개인에 관심을 표명하고 그들의 노고에 감사를 표했다. 하지만 그는 여느 연방정부 기관과 마찬가지로 비밀경호국을 단지 정치적 목표를 달성하기 위해 사용할 수 있는 하나의 도구로 여겼다. 트럼프는 비밀경호국의 장기적인 발전 따위에는 관심이 없었기에 비밀경호국 직원들이 그 피해를 고스란히 입었다. 2020년에 155주년을 맞은 비밀경호국은 지난 정부와 의회 약속대로 예산을 증액 받기는커녕 여전히 쳇바퀴에 갇혀 대통령의 바쁜 일정을 소화하기에 급급했고, 직원들이 받아야 할 초과근무수당은 몇 개월 지연되기 일쑤였다. 그리고 경호시스템을 보수하는 계획은 또다시 지연되었다.

트럼프 본인이 소유한 골프클럽에서 경호를 받을 수 있는 권한은 트럼프에게 이익을 안겨다주는 수익모델의 일부분에 지나지 않았다. 그렇다. 트럼프의 안전을 확보하기 위해 비밀경호국, 국방부 및 기타 연방기관들이 예산을 지출해야만 했고, 그중 일부는 트럼프 기업으로 들어갔다. 하지만 훨씬 더 큰 일이 아주 은밀하게 진행 중이었다. 트럼프에게 청탁하러 클럽을 방문하는 공화당 정치인, 기업 VIP, 로비스트, 외국 대표단 등도 트럼프 기업에 돈을 지불하고 있었다.

트럼프는 임기가 끝나갈 무렵에 재선을 위해 비밀경호국을 이용했다. 자신의 힘을 과시하고, 자신을 추종하는 인종차별주의자들을 자극하기 위한 목적이었다. 아무런 불만 없이 명령에 복종하도록 단련된 일부 경호요원들조차도 이러한 정치 행보가 선을 넘었다고 간주하였고, 오랫동안 숨겨져 있던 조직 내 정치적 균열이 표면 밖으로 드러났다.

트럼프의 행보란 미니애폴리스(Minneapolis) 경찰이 벌건 대낮에 조지 플로이드(George Floyd)라는 흑인 남성을 질식사시킨 사건과 관련이 있었다. 그 장면을 촬영한 휴대폰 영상이 퍼지자 5월 말에 여러 도시에서 경찰의 잔혹성과 조직적인 인종차별에 대한 시위가 벌어졌다. 미니애폴리스에서 촉발된 시위는 시카고, 뉴올리언스(New Orleans), 애틀랜타 그리고 워싱턴으로 빠르게 퍼졌다. 5월 29일 밤, 백악관까지 돌진한 워싱턴 시위대의 규모와 공격성은 비밀경호국을 놀라게 했다. 10여 명이 백악관에 더 가까이 가겠다며 임시 바리케이드를 넘어뜨렸다. 한 남자는 백악관 모퉁이 울타리를 뛰어넘었다. 비밀경호국은 적색경보를 발령하고 사태가 잠잠해질 때까지 약 1시간 동안 대통령 내외와 영식을 지하 벙커로 대피시켰다.

다음 날 아침, 트럼프는 비밀경호국이 경력을 추가 배치했다고 트위터에 올렸다. 그는 경호요원들이 전문 시위꾼들을 진압하고 싶어 근질근질해 하고 있다고 자랑했다.

"전문적으로 조직돼 많은 군중이 모였지만 단 한 명도 울타리 가까이 오지 못했다. 만약 왔다면 그들은 내가 여태까지 본 적 없는 가장 사나운 개들과 가장 살벌한 무기들을 맞닥뜨렸을 것이다."

트럼프가 트위터에 썼다.

"그때는 정말 사람들이 심하게 다쳤을 것이다. 많은 비밀경호국 요원들은 그저 실전을 기다리고 있다. 우리는 젊은 사람들을 최전선에 배치했는데, 선생님, 그들은 그것을 좋아합니다."

트럼프는 특유의 강경한 발언을 쏟은 것뿐이었지만, 비밀경호국 내에서 이를 불편하게 받아들인 사람들을 필두로 정치에 관한 침묵이 깨지기 시작했다. 간부들을 포함한 한 무리의 요원들과 경관들이 트럼프의 거친 정치 쇼에 휘말리기 싫다며 자기들끼리 불평을 늘어놓았다.

"그 글을 보고 정말로 화가 났습니다. 우리는 나치 돌격대처럼 그의 명령을 받고 시위대를 공격하는 기관이 아닙니다."

한 요원이 말했다.

"우리는 민주주의와 우리 정부를 보호하기 위해 존재하는 겁니다."

시위는 주말 내내 계속되었다. 월요일이 되어 대통령이 금요일 밤에 시위대를 피해 지하 벙커로 숨었다는 언론보도가 나오자, 트럼프는 대노하였다. 그는 수년간 경찰의 무력 사용에 반대하고 백악관 앞 공원에서 구호를 외치는 시위대를 "지배"할 수 있다는 것을 보여주어야 한다고 말했다. 그 소원은 그날 저녁 이뤄졌다. 공원을 비우기 위해 공원경찰대가 최루탄과 고무탄을 발포해 시위대를 강제로 해산시키는 작전을 펼쳤고, 비밀경호국이 이를 지원했다. 보좌관들은 트럼프가 백악관 근처 교회로 의기양양하게 걸어가는 모습을 촬영했는데, 이것은 그의 힘을 보여주기 위한 일종의 캠페인 광고이기도 했다.

한편, 성직자, 시위자, 정치인, 군 지휘관, 그리고 심지어 경찰까지 대통령의 전술을 공개적으로 비난했다. 전 국방장관 짐 매티스(Jim Mattis) 역시 오랜 침묵을 깨며 정부에 의한 인종차별을 반대하는 시위대를 진압하기 위해 군과 경찰을 동원한 트럼프 정부에 혐오감을 느낀다고 했다.

무력 사용은 비밀경호국 내 흑인 직원들을 격분하게 만들었다. 그들이 분노한 원인 중에는 백인 경관 조 바달라(Joe Vadala, 이하 바달라)가 올린 제안도 있었다. 바달라는 시위 발생 직후 시위대에 물대포를 사용하자고 건의했다. 그는 "누구는 그것이 옛날 방식이라고 하지만, '옛날 방식'은 효과가 있다!"고 사내 게시판에 글을 올렸다. 아이러니하게도 바달라는 업무상 공적을 인정받아 여러 차례 표창을 받은 직원이었다. 그러자 흑인 직원들은 바달라의 글이 트럼프의 악질적인 본능을 모방하는 비밀경호국의 한 사례라며 비판했다.

동료인 로드니 그랜트(Rodney Grant)는 "미국 수정헌법 제1조에 의해 집회의 자유를 행사하는 미국 시민들에게 물대포를 사용하는 조치는 법적 정당성이 없다"고 적으며 바달라를 포함해 직원들이 국민의 헌법적 권리를 보호하기 위한 맹세를 했다는 점을 상기시켰다.

"역사를 돌아보면 그러한 전술이 민권 운동에 동참한 아프리카계 미국인 남성, 여성과 어린이들에게 공포감을 주기 위해 사용되었다는 사실을 알 수 있다."

에필로그

"사람들에게 물대포를 쏘는 게 괜찮은 제안이라고 생각했다니 믿기지 않는다."

다른 직원이 썼다.

"이런 구태적인 사고방식 때문에 우리 조직이 이 모양 이 꼴이다."

비밀경호국 지휘부는 바달라의 글을 삭제함으로써 소동을 잠재우려고 했지만 흑인 직원들 사이에서는 분노가 계속되었다.

상황이 이렇다보니 월요일에 라파예트 공원에 집결한 시위대를 강제해산시킨 조치는 흑인 직원들의 분노에 기름을 붓는 격이었다. 10일 후, 비밀경호국장은 플로이드의 죽음에 대한 직원들의 우려를 듣기 위해 화상회의를 개최했다. 이는 많은 법집행기관에서 다뤘던 사안으로 민감한 주제가 아니었다. 6월 11일 목요일 낮 12시 30분에 1,000명 이상의 경관과 요원들이 화상회의에 접속했다. 머레이 국장은 허심탄회하게 대화할 기회라고 말문을 열고는 플로이드의 죽음에 대한 안타까움을 표했다.

"미네소타에서 일어난 일은 끔찍했고, 극악무도했으며, 비인간적이었다. 우리가 이 직업에서 가치로 삼는 그 어떤 것과도 상반된다. 많은 사람들이 슬픔과 분노를 느꼈다는 것을 충분히 이해할 수 있다."

그 회의에서 한 행정 직원은 며칠 전 라파예트 공원에서 무력을 사용한 조치를 지휘부에서 지지하는지 물었다. 그 직원은 조직이 경찰의 잔혹행위와 엮이지 않을 방법과 무력 사용 기준을 알고 싶어 했다. 모든 사람이 헌법의 가치를 수호해야 할 정예 조직이 어째서 그 일에 관여했는지 궁금해하며 귀를 기울였다. 회의에 참석한 고위 간부들은 현장에 있던 비밀경호국 경관들이 자신을 방어하기 위해 무력을 사용했을 뿐이며, 폭력이 난무하는 시위 속에서 감탄할 만한 자제력을 보였다고 설명했다.

"TV에서 연막탄이나 섬광탄 등을 던지는 무리는 우리가 아닙니다."

제복경호대장 톰 설리번(Tom Sullivan)이 듣고 있는 직원들에게 말했다. 그러나 시위대를 해산시키라는 명령을 내린 기관은 공원경찰대지만, 그런 조치를 필요로 한 기관은 비밀경호국이었다는 점에 대해서는 말을 아꼈다.

한 직원은 흑인들에 대한 경찰의 잔혹행위를 끝내려는 시위대에 대한 연대의 표시로 백악관 경계를 서는 경관들이 한쪽 무릎을 꿇어도 되느냐고 물었다. 이에 비밀경호국에서 흑인 최고위 간부였던 레온 뉴섬(Leon Newsome) 차장은 전 직원에게 헌법에서 보장하는 표현의 자유가 있지만, 사적 견해가 의무에 위배가 되지 않도록 노력해야 한다고 말했다. 머레이 역시 비밀경호국이 "불가지론적이고 비정치적인" 자세를 유지할 필요가 있다고 재차 강조했다.

"그것은 우리의 권리이기도 하지만 연방정부 공무원과 경호요원으로서의 본분과 임무를 고려하면 간단한 문제가 아니다."

회의가 끝나자 직원들은 다른 부처에 비해 비밀경호국은 보수적인 성향이 강하다며 투덜거렸다. 사실 비밀경호국 일부 직원들은 친트럼프 성향이 너무 강하긴 했다. 그래서 한쪽에만 의무를 강조하는, 불공평한 측면이 있었다. 예를 들어 누군가 공개적으로 진보 진영을 비하하거나 '미국을 다시 위대하게' 모자를 책상 위에 올려놓아도 불만이나 우려를 제기하지 않았다. 이러한 행동은 공무원의 정치활동을 금지하는 해치법을 명백히 위반한 사안으로 보이는데도 말이다. 흑인 직원들은 보수파의 정치적 발언만 허용되는 조직문화에 분노를 느꼈다.

많은 소수계 경관들은 바달라의 물대포 제안이 기관 내의 깊은 인종차별을 반영한다고 느꼈다. 한 행정 직원은 인종차별적인 발언을 한 요원들과 간부들이 왜 승진했는지 물었다. 최고운영책임자인 조지 멀리건(George Mulligan)은 인종차별적이고 성차별적인 행동이 임무 완수에 필요한 팀워크에 해를 끼친다고 언급하며, 보고되었을 때 철저히 조사되었다고 말했다. 형평성 및 직원 지원 서비스 부서의 책임자인 캐롤린 맥밀런(Carolyn McMillon)은 간부 승진 대상자들을 신중하게 조사했고, 우려스러운 과거 행동도 참작했다고 했다.

  몇몇 흑인 직원들은 2시간에 걸친 회의를 마치며 불만이 일부 해소됐다고 느꼈지만, 상황이 바뀌지는 않을 것이라고 생각했다.

  "회의 내용을 반드시 들었어야 하는 사람들이 거기 없었어."

  한 흑인 요원이 동료들에게 말했다.

  "이런 대화가 회의에서만 오가면 변화는 없을 거야."

  동료 한 명이 응답했다.

  "야, 우리 상사는 분명 '미국을 다시 위대하게' 모자를 책상 위에 그대로 둘 거다. 내가 그런 것으로 쫄지 않아서 다행이지."

  또 다른 동료가 말했다.

  트럼프 임기가 막바지에 이르렀을 때 비밀경호국의 많은 직원들은 자신이 지쳐 있다고 느꼈다. 2014년의 경호실패 사건 이후에 권고된 개선사항 중 극히 일부만이 시행되었다. 정치적 중립과는 정반대로 비밀경호국은 또다시 대통령의 꼭두각시로 전락하였다. 신임 국장인 짐 머레이는 직원들을 대변할 줄 아는 사람으로 알려져 있었지만, 트럼프는 그가 역할을 못하게 경호팀장인 토니 오르나토를 백악관 비서실 차장에 임명했다. 이는 자신의 심복을 더 높은 자리에 앉혀 비밀경호국을 통제하겠다는 속셈이었다. 실제로 오르나토는 대통령의 뜻에 따라 6월 1일 시위대를 강제해산하는 사안에 관해 비밀경호국과 조율했다. 오르나토는 또한 경호요원들의 안위는 등한시한 채 트럼프의 희망을 우선시해 선거 유세를 기획한 주요 기안자이기도 했다.

  2020년 1월, 미국에서도 치명적인 코로나바이러스가 발병해 3월에 국가 비상사태가 선포되었음에도 불구하고, 대통령은 그의 지지자들에게 힘을 실어주고 자신의 자아를 높이기 위해 계속 유세를 해야 한다고 고집했다. 대통령은 직원들이 마스크를 쓰지 않는 것을 선호하여 본인뿐만 아니라 남들도 위험에 빠뜨렸다. 마스크 미착용 지침 때문에 오클라호마, 애리조나(Arizona), 펜실베이니아, 플로리다 그리고 심지어 백악관 로즈가든(Rose Garden)에서 개최한 행사 경호에 동원된 수백 명의 요원들과 경관들의 감염 위험이 높아졌다. 이 행사들에 참여했던 사람들은 나중에 "슈퍼전파자"로 평가되었다. 1년 동안, 약 300명의 요원들과 경관들이 코로나바이러스 양성 반응을 보였고, 이들로 인해 가족이 감염되거나 접촉한 동료들이 격리되어야 했다. 트럼프도 바이러스에 감염되어 월터 리드 국립 의료센터(Walter Reed National Medical Center)에 입원해야 했고, 실험 단계에 있는 항체 치료를 받고 회복했다. 이 또한 경호실패였다.

비밀경호국 지휘부 그 누구도 대통령이나 참모들의 잦은 외부 출타를 자제시키지 못했다. 굳이 위험을 감수할 필요가 없다는 말은 트럼프에게 이유가 되지 않았다. 감염된 트럼프가 의료센터 앞 도로에 집결한 지지자들에게 손을 흔들겠다면서 도로까지 차로 태워달라고 고집을 부렸을 때도 그랬다. 전임 국장들은 비밀경호국이 민주주의를 수호하는 기관인 만큼 정치 도구가 되어서는 안 된다고 경고했었는데, 이처럼 대담하게 이용된 적이 없었다.

대통령경호팀의 이너 서클 중 많은 요원들이 트럼프의 재선을 원했다. 선거일 밤 개표가 시작됐을 당시에는 트럼프가 앞섰지만 다음 날 아침에는 판도가 뒤집혀 바이든의 당선이 유력시되었다. 트럼프는 결과를 받아들이지 못하고 부정선거를 주장했다. 4일 후인 11월 7일 토요일, 중요한 경합주인 펜실베이니아에서 바이든의 승리가 명백해졌다. 방송에서는 그의 당선이 확실시된다고 발표했다. 이때까지도 비밀경호국은 현직 대통령과 비슷한 수준으로 당선인에게 제공하던 경호를 승인하지 않았다. 이는 비밀경호국 지휘부가 트럼프한테 받은 지침이었다. 트럼프가 평화적 권력 이양을 막았던 것이다. 이는 다른 나라들이 오랫동안 선망의 대상으로 여긴 미국 민주주의의 관례를 뒤집는 행위였다. 심지어 설명할 수 없는 부정선거의 희생자라고 고집하는 바람에 바이든은 특수 장비를 갖춘 방탄차, 대테러팀과 베테랑 요원들을 즉시 지원받지 못했다. 비밀경호국 지휘부는 혼란스러워하는 직원들에게 트럼프가 결과에 승복하거나 선거인단이 공식 결과를 발표할 때까지 기다리면 된다고 말했다. 그러나 많은 직원들은 당선인이 확정되면 현직 대통령보다 더 큰 테러 목표가 된다고 배워왔기 때문에 경호 지연은 비밀경호국의 원칙과 교리를 스스로 무시하는 조치라고 항변했다.

대통령 후보자 경호를 담당했던 전직 요원은 본인을 포함해 많은 요원들이 보수당을 지지했지만, 개인적인 정치 성향이 경호적 판단에 개입되는 일을 철저하게 경계했다고 말했다. 그는 당시 상황이 이해되지 않는다고 했다.

"제가 책임자였다면 트럼프가 저를 해고한데도 당선인에게 모든 지원을 했을 겁니다. 저희는 정치를 하라고 있는 사람들이 아니니까요."

또 다른 전직 요원은 "어떤 이유에서인지 비밀경호국이 누군가의 편을 드는 것 같다"며 "비밀경호국이 선을 넘고서 어떻게 신뢰를 회복하려는지 모르겠다"고 말했다.

경호 보류 결정은 트럼프가 비밀경호국을 타락시켰다는 바이든 진영의 두려움을 키울 뿐이었다.

트럼프 경호팀 일부를 포함한 다수의 요원들이 공개적으로 트럼프를 지지하는 상황을 깨달은 사람은 많지 않았다. 일부 요원들은 정치적 중립을 맹세했음에도 페이스북과 온라인 커뮤니티에서 부정선거를 언급하고 트럼프를 찍은 표를 세지 않는 투표 기계에 관한 음모론을 퍼뜨렸다. 그들의 생각은 시간이 지나면서 더욱 굳어져 선거 결과를 뒤집기 위해 필사적으로 노력하는 대통령을 응원하였고 이를 본 동료들은 충격을 받았다.

1월 6일, 나라를 분열시키려는 세력들이 국회의사당 광장에서 폭력을 휘둘렀다. 그날 대통령은 연설을 듣기 위해 내셔널몰에 모인 성난 지지자들에게 국회의사당으로 행진하라고 선동했고, 의원들이 부정선거 결과를 공식화하는 것을 막아달라고 부추겼다.

폭도들은 그의 말대로 따랐다. 수천 명이 국회의사당으로 행진했고 서쪽 잔디밭을 막고 있는 경찰 바리케이드를 빠르게 통과했다. 그들은 한 시간가량 의회경찰(Capitol Police)*과 대치하다가, 수백 명이 국회의사당의 창문과 문을 부수고 들어갔다. 후진국에서나 볼 수 있는 소름 끼치는 장면이었다.

펜스 부통령은 선거를 인증하기 위해 국회의원 등과 상원 회의실 안에 있다가 경호팀의 호위를 받으며 비상대피소 겸 사무실로 신속히 피신했다. 몇 초 후, 펜스가 반역자라고 외치던 폭도들이 펜스와 경호요원들이 지나간 2층 복도에 올라왔다.

그날 동료들이 보인 영웅 같은 행위에도 불구하고, 일부 비밀경호국 요원들은 소셜 미디어상에서 국회의사당을 침범한 무장 폭도들의 목적에 공감하고 그들을 변호했다. 이들이 바로 펜스 부통령 요원들을 위험에 빠뜨리고 의회경찰을 쇠파이프와 방망이로 때려눕힌 사람들인데도 말이다. 한 여성 요원은 부정선거를 바로잡으려는 무장 시위대를 "애국자"라 칭했고, 그녀의 친구들에게 안티파(Antifa)** 조직원들이 시위대로 가장해 폭력을 시작했다는 잘못된 정보를 퍼뜨렸다. 한 대통령경호팀 요원은 민주당이 끊임없이 트럼프를 공격한다고 비난하는 화제성 글을 공유하기도 했다.

다음은 글의 본문 내용이다.

"저는 8년 동안 44번(44대 대통령 오바마)이 마음에 안 들어도 참고 침묵

---

* 국회의사당 경비와 더불어 필요시 의원들의 경호를 담당하는 입법부 산하 경찰기관이다.

** 파시즘과 인종차별에 반대하는 미국 내 좌익 단체

을 지켰습니다. 조 바이든이 말하는 '우리 모두 다시 미합중국이 되자'는 말에 대한 제 입장은 이렇습니다. 우리는 4년간의 정치적 공격과 탄핵을 기억합니다. 그리고 반대 진영의 저항과 '우리의 대통령이 아니다'라고 한 말을 기억합니다. 또, 대통령의 대변인이 한 식당에서 쫓겨났던 사건을 기억합니다. 우리는 트럼프 대통령을 지지한 이유만으로 온갖 욕을 먹은 일을 기억합니다."

다른 이들은 진보 진영을 비난하는 친트럼프 음모론자들의 논평을 공유했다. 한 요원은 우익 활동가 라힘 카삼(Raheem Kassam)의 말과 함께 조난 신호인 거꾸로 된 성조기 사진을 재공유했다.

"12개월도 안 되는 기간에 그들은 우리의 사업을 폐쇄하고, 입마개를 착용하도록 강요하고, 가족을 못 만나게 하고, 스포츠 경기를 중단시키고, 우리의 도시를 불태우고, 권력을 강제로 장악하고, 우리의 연설을 중단했습니다. 그러고 나서 우리가 쿠데타를 일으켰다고 몰아세웠습니다."

트럼프가 라파예트 공원을 가로지르는 권위주의적인 행진을 가능하게 한 조치부터, 바이든 당선 결과를 뒤집으려는 시도를 지지한 일까지 지난 한 해 동안 비밀경호국이 보인 행동은 바이든과 그의 측근들의 의심을 사기에 충분했다. 비밀경호국은 바이든의 목숨을 보호하는 임무에 전념할 수 있는 것일까?

트럼프가 비밀경호국을 장악했다는 우려가 너무나 심각해서 바이든 인수위원회는 취임 전에 대통령경호팀 전원을 교체해야 한다고 촉구했다. 이에 비밀경호국은 바이든을 부통령 시절에 경호했던 요원들을 대통령경호팀 간부로 이동시키는 타협안을 제시했다.

한편, 바이든의 고문들은 2021년 상반기에 머레이를 교체할 계획을 세웠다. 그들은 독재정권에서나 볼 법한 사진 촬영 행사뿐 아니라 대중과 직원들의 건강을 위태롭게 하는 캠페인 행사에 조직을 이용하고, 고위 관리가 백악관에서 정치적 역할을 하도록 허락한 국장을 신뢰할 수 없었다. 대선 후, 머레이는 정년이 도래하지 않은 오르나토를 복귀시켜 본부장으로 승진시켰는데, 이로 인해 바이든 측의 불신은 가중되었다.

새출발을 한 전직 요원은 "가장 큰 비극은 트럼프가 정치적 중립을 자부하는 비밀경호국의 일부를 정치화한 것"이라며 "그것이 트럼프 효과"라고 설명했다.

트럼프는 대통령직에서 물러나면서 비밀경호국에 선물(?)을 주었다. 이는 트럼프가 국회의사당에서 무장 반란을 조장하고 대안우파에 정부를 전복시키는 꿈을 심어준 결과이기도 했다. 비밀경호국은 트럼프 정부의 마지막 2주 동안 약 1년간 준비해온 46대 대통령 취임식 경호계획을 전면 수정했다. 그들은 또 다른 폭력적인 상황에 대비하기 위해 도시를 대대적으로 봉쇄하는 작전을 펼쳤다. 이는 현대 역사에서 찾기 힘든 이례적인 조치였다. 비밀경호국은 국방부, FBI 외 수많은 기관들과 협력해 국회의사당, 백악관과 내셔널몰의 많은 기념물 등 바이든이 지나가는 주요 장소들을 날카로운 철사가 달린 검은색 울타리로 둘러쌌다. 취임식을 앞두고 워싱턴 시내와 인접한 지역들로 들어올 수 있는 350개 이상의 도로가 통제됐고, 도시 중심부에 있는 13개 지하철역이 폐쇄되었다. 미국의 상징과도 같은 취임식의 안전을 확보하는 일을 돕기 위해 15,000명 이상의 주 방위군이 배치되었는데, 이들은 수십만 명의 환호하는 관중들을 잠재적 국내 테러리스트로 간주해야만 했다.

트럼프 정부에서 비밀경호국을 감독해 조직이 갖고 있는 약점을 직접 목격한 어느 관리는 트럼프가 남긴 정치적 오점을 후회하기도 했다. 다만 트럼프 이전 대통령들도 별반 다르지 않았다는 사실에 더 큰 우려를 표명했다. 그 사람은 백악관 울타리 감지기가 작동하지 않은 점, 굴욕적인 침입 사고 이후 거의 6년이 지나도록 낡은 울타리를 완전히 교체하지 못한 점, 관용차 상태가 불량하여 직원들이 개인차를 이용해야 했던 점, 그리고 생물학 무기와 복합테러에 충분히 대비하지 못한 점 등을 되짚더니, 이 모든 것이 직원들의 잘못이 아니라고 고백했다.

"저는 여전히 비밀경호국이 현대화해야 한다고 굳게 믿습니다."

그 관리가 말했다.

"신기술 도입이 첫 번째입니다. 만약 누군가가 드라마 『24』를 보고 비밀경호국의 실상을 본다면 까무러치겠죠. 장난인 줄 알 거예요. 진짜 기절할 겁니다."

오늘날, 비밀경호국은 여전히 위험할 정도로 인력 부족에 시달리면서도 변함없이 대통령 및 부통령과 그 가족, 주요 고위 지도자들과 매년 미국을 방문하는 수백 명의 국빈들을 경호하고 있다. 이와 더불어 광범위한 금융범죄를 수사하고, 구두, 서면, 또는 온라인상으로 가한 위협 또한 평가하고 조사하고 있다.

이뿐만이 아니다. 비밀경호국은 학교에서 발생한 총기난사 사건과 그 예방방안을 연구하고, 실종되고 착취당한 아이들을 추적하는 업무를 돕는 등 다양한 일을 하고 있다. 앞서 언급한 관리는 자신을 포함해 국가안보 종사자들이 비밀경호국 요원들의 헌신을 존경한다고 말했다. 그와 동시에 임무 수행을 위한 예산, 인력과 장비를 충분히 지원받지 못하는 현실을 걱정한다고 밝혔다.

이러한 소홀함으로 인해 민주주의에 심각한 타격이 발생할 여지가 생긴다.

"누군가는 그들의 임무가 무엇인지 치열하게 고민할 필요가 있습니다. 지금 당장 그들이 해야 할 임무를 제대로 수행할 수 없는 상황이니까요. 이 사람들은 애국자입니다. 우리는 그들을 실망시키고 있으며 국가를 위험에 빠뜨리고 있습니다."

그 사람 말대로, 우리 모두가 고민해야 할 일이다.

미국 비밀경호국의 흥망성쇠

경호, 실패는 없다

초판 1쇄 인쇄일 2025년 8월 5일
초판 1쇄 발행일 2025년 8월 13일

지은이 캐럴 리오닉 Carol Leonnig
옮긴이 오상민
펴낸이 양옥매
디자인 표지혜 송다희
마케팅 송용호
교 정 이원희

펴낸곳 도서출판 책과나무
출판등록 제2012-000376
주소 서울특별시 마포구 방울내로 79 이노빌딩 302호
대표전화 02.372.1537 **팩스** 02.372.1538
이메일 booknamu2007@naver.com
홈페이지 www.booknamu.com
ISBN 979-11-6752-655-7 (03300)

* 저작권법에 의해 보호를 받는 저작물이므로 저자와 출판사의 동의 없이
  내용의 일부를 인용하거나 발췌하는 것을 금합니다.
* 파손된 책은 구입처에서 교환해 드립니다.